大學用書

管理數學

戴久永　著

三民書局　印行

國家圖書館出版品預行編目資料

管理數學／戴久永著. ——初版九刷. ——臺北市：三民，2007
面：　公分
ISBN 957-14-2001-8　(平裝)

1. 應用數學

319　　82006062

著作人　戴久永
發行人　劉振強
著作財產權人　三民書局股份有限公司
臺北市復興北路386號
發行所　三民書局股份有限公司
地址／臺北市復興北路386號
電話／(02)25006600
郵撥／0009998-5
印刷所　三民書局股份有限公司
門市部　復北店／臺北市復興北路386號
重南店／臺北市重慶南路一段61號
初版一刷　1993年9月
初版九刷　2007年9月
編　號　S 311690
定　價　新臺幣640元
行政院新聞局登記證局版臺業字第〇二〇〇號

ISBN　957-14-2001-8　(平裝)

http : // www.sanmin.com.tw　三民網路書店

序

在如今這個多元衝擊下，競爭激烈但充滿良機卻也遍佈危機的經營環境中，管理決策的良窳對於企業經營的成敗往往有著決定性的影響。企業管理的內涵十分繁雜，舉凡研發、製造、品管、行銷、售後服務等無不包括在內。企業管理的決策涉及經費、人力、機械設備以及其他種種資源的配置與運用。所謂「企業管理的決策」其實就是指面對產生各種後果（consequences）的各種行動途徑（action courses）應如何取捨抉擇的考量。

在科學管理未發達之前的歲月，由於當時企業大多規模小，管理者所面對的局面也較單純，大多數的管理者均依據傳統的習慣和個人的眼光與經驗從事決策制訂。在那些年代，將數學應用於管理問題的作法並不多見。然而處在如今這個變化多端的時代，企業規模不斷逐漸擴大化與複雜化，各階層管理者如果仍然想要完全依憑個人直覺判斷來處理各類的問題，必將為應付層出不窮的各式各樣困擾而陷於動彈不得的窘境。正本清源之道，就是在於管理者必須運用系統觀念去分析問題，整合問題，以及有效地用科學方法及統計原理，建立各種數學模式，從模式中找出答案，作為決策的依據，以發揮資源整合的效果。

正因如此，近數十年來，數量方法在管理上所扮演的角色日益重要。本書的目的就在於介紹這些方法的數學基礎，並建立一些應用上的基本觀念，以作為學生日後進入社會解決問題的有效工具的參考。在這裏要特別提醒讀者的一點是，由數學模式所得解答不應取代決策者本身的經驗與直覺，但它是正確決策時的重要參考。

我國企業由於多為中小企業，長久以來管理決策者在管理上多為偏重個人直覺與經驗，因此在內部管制的效率不彰，對本身的競爭力形成一大阻力。由於近些年來大量受過管理訓練的學生走入社會，同時企業界第一代企業主面臨交棒，而第二代企業主在管理學識的普遍提高，如果在管理上確能重視數量方法，必將能使國內管理水準全面提昇。面對自由化、國際化的衝擊以及日趨激烈的競爭，國內管理者如何跳出傳統直覺經驗式的決策而走向理論化與科學化的作為，以加強企業內部的管制與管理，實有待新一代企業人士的深思。

上帝創造人類時最公平的莫過於讓智識不能遺傳，讓每一個嬰兒都從頭學起。身為教師的人都背負著傳道授業的重責大任，如何使學生們能以最高效率吸收前人的經驗正是一大重點。教科書的內容安排是否恰當對學習效果有重大影響。雖然教科書的編纂只不過是把前人累積的知識，設法加以整理與表達，但是面對眾多的資料如何去蕪存菁，達到最易被讀者吸收理解的目的，卻有賴於編著者的匠心獨運了。

本書分為基礎與模式兩部分。前者顧名思義就是為後二篇提供基本工具。其中第二章及第三章探討線性代數中最基本的部分，主要是做為第五章至第八章線性規劃的基礎，第四章介紹現代機率理論的基本概念，以利第九章至第十二章等隨機模式的進行。

經由上述二類數學模式的示範與解說，讀者將可以理解如何將複雜的管理問題轉換成數學模式，並且學習如何經由各種模式的運算與分析，對於所探討問題有更深一層的瞭解。

本書在編寫期間，承蒙本系所同仁許錫美、劉復華、巫木誠以及鍾淑馨諸位教授熱心協助，特此致謝。至於本書實際成效如何，則有待讀者和專家的不吝指正了。

戴 久 永

於新竹交大

管　理　數　學

序

第 一 章　概論 ………………………………………… 1

第Ⅰ篇　基礎篇

第 二 章　矩陣與行列式 ………………………………… 23

第 三 章　線性方程式組 ………………………………… 67

第 四 章　機率初步 …………………………………… 113

第Ⅱ篇　確定模式篇

第 五 章　線性規劃（Ⅰ） ……………………………… 205

——模式建構與圖解法

第 六 章　線性規劃（Ⅱ） ……………………………… 245

——單形法

第 七 章　線性規劃（Ⅲ） ……………………………… 313

——對偶性與敏感度分析

第 八 章　特殊形式的線性規劃問題 …………………… 383

第Ⅲ篇　機遇模式篇

第 九 章　馬可夫鏈 ········· 451
第 十 章　決策理論 ········· 493
第十一章　競賽理論 ········· 547
第十二章　專案規劃技術 ········· 609
參考書目 ········· 661
索　　引 ········· 663
附　　錄 ········· 679

第一章　概　　論

1.1　何謂管理數學

自從二次大戰結束至如今的半世紀以來，雖然其間仍有一些零星地域性的戰事，如韓戰和越戰，但大體而言，世界局勢可說是相對地穩定。因此各國政府莫不積極發展經濟，藉以提高國民所得，改善國民生活水準。企業界在這種安定的環境下，逐漸蓬勃發展。

企業管理的內容十分繁雜，舉凡研發、製造、品管、行銷、售後服務等都包括在內，另外又涉及經費、人力、機械設備和其他種種資源的配置與運用。所謂「企管的決策」就是指面對產生不同可能的結果（consequences）的多種行動途徑（action courses）應如何抉擇的考量。

過去企業管理的決策過程，由於當時企業規模較小，所面對的局面也較單純，大多依賴管理者個人的眼光和經驗。但是當如今企業經營環境變得越來越複雜，同業間競爭越來越激烈，管理者在面對投資金額龐大，考量因素大幅增多，經營規模擴大之類的現實狀況中，假若仍然只是依據傳統的經驗或試誤法（trial and error）來制訂決策，幾乎已是不可能。因而求助於計量方法與工具，輔助自己的經驗與判斷，產生更爲理性和明確的決策，以及減低錯誤決策所引發不良後果的風險的需求日漸增多。

原來自從 19 世紀美國的「科學管理之父」泰勒 (F. W. Taylor) 提倡科學管理以來，各種管理思潮不斷的發展的結果，形成了各種學派林立的盛況，其中計量學派的發展是由於二次大戰期間，美國爲了動員各種資源以求爭取勝利所發展出來的計量技術，於戰後被民間企業應用於企業資源管理並獲得重大的進展。

計量學派或稱爲管理科學學派，通常將管理看成爲計量的工具和方法之學，用以協助管理者決定有關作業及生產上複雜決策的事項。計量學派的學者特別對「決策」感到興趣。他們的注意力，主要是集中在目標和問題的認定上。這些人士運用有秩序且合邏輯的方法，構築種種模式，以期解決複雜的問題。這些方法確屬相當有效，尤其是在解決有關存貨管制、物料管制、及生產管制等問題方面，成果最爲卓著。

1950 年代以後，電腦技術的發展，又使計量技術的應用更上一層樓；1980年代微電腦技術，結合了通訊技術與電腦網路技術的進步，更使得計量學派的各種數量方法與技術的運用普遍化，大大提昇企業主管的決策能力。

近十數年來，計量學派已經獲得了許多企業人士的支持。電腦使用的日益普遍，再加上各種極其複雜的工商企業的模式的建立，在在都說明了計量學派近年間的重大發展。

除此之外，計量學派在管理思想的發展中也頗佔了一席之地，鼓勵人們以一種有條理的方式來解決問題，看清楚與問題有關的各項因素及其關係 (請參閱圖1.1)。同時，計量學派也促成了世人對「目標釐訂」以及「績效測定」需要的重視。

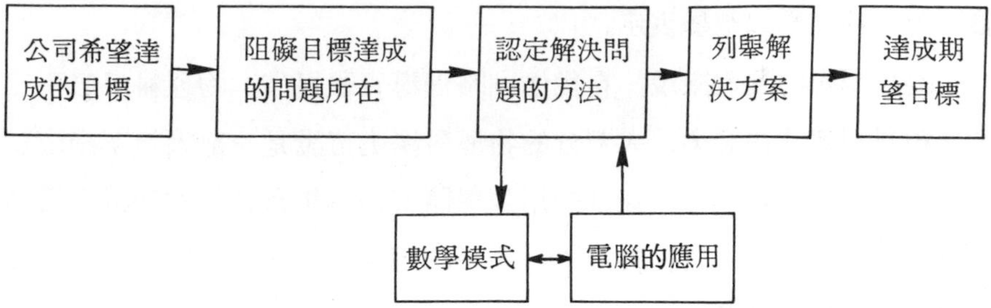

圖 1.1　以計量方法解決問題

因此，美國各大學管理學院的相關系所中紛紛開設這類關於解決管理上問題的計量方法的課程，通常使用 Quantitative Methods for Management 或 Quantitative Analysis for Management 或 Operations Research（作業研究）之類的名稱。另一方面，有些學校的商學院也開設有 Finite Mathematics 的課程，供大學部學生研習。所謂 Finite Mathematics 的內容是以考量「有限 (finite) 問題」，也就是不涉及無限集合、極限過程 (limiting processes)、連續 (continuity) 等等概念的問題。

國內的「管理數學」課程內容至今仍然莫衷一是。市面上管理數學教科書有些是包括微積分應用、微分方程及其應用、差分方程及其應用、線性代數如矩陣代數及應用以及機率導論等內容。有些則是由作業研究中選擇一些基本的概念為內容。本書採取後者的作法。

1.2　數學模式

人類文明之所以能發展到如今這麼昌盛的地步，其重要原因之一在於人類不斷探究與分析自身所處的環境，增進對於生存空間的瞭解，進而採取種種措施，改善生活環境。一般而言，觀察與實驗是兩大重要方法，研究人員將所得到的結果建立模式與理論，解釋現實眞象，並用以解決實際問題。有些模式為以口述表達，例如社會學中的社會變遷理論。另一些則爲以數學表示。

從科學史的觀點來說，自從伽利略倡導實驗以來，物理科學吸引了大多數科學家的注意力，大部分的物理科學史可說是一部人類不斷嚐試有系統地陳述物理概念，並且採用數學語言描述現實世界的紀錄。近些年來的社會科學，尤其是經濟學，發展的趨向顯示也逐漸偏重於運用數學得出數量化的理論。

簡單的說，一個數學模式就是至少能部分解釋所研究的現象的數學理論。科學家企望數學模式能與所考慮的現象相類似，經由數學理論所導出的結果能對該現象提供資訊 (information)。換句話說，假若模式能以數學模式「忠實地」反映出所感興趣現象過程的屬性，那麼必定可以依據採用的模式，用數學方法推演出有關該過程的結論。

一般而言，數學模式可分爲兩大類，確定模式 (deterministic model) 和隨機模式 (stochastic model)。前者是指一個試驗的條件完全決定其結果。譬如有人想要測量一下某湖所涵蓋的面積 (圖 1.2)。

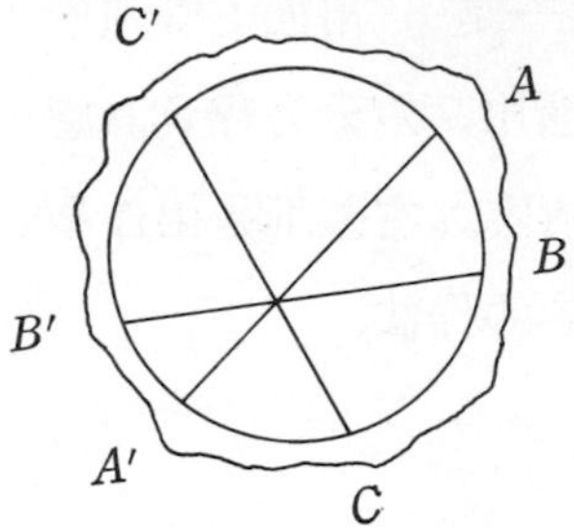

圖 1.2

假設湖大致有呈圓形的湖岸線，則湖的面積 $A=\pi r^2$，其中 r 爲湖的半徑 (例如：找若干湖邊相對的兩點，測其距離，而後採這些距離的平均值爲直徑)，代入 $A=\pi r^2$ 的公式，就可以大致決定湖的面積。這時 $A=\pi r^2$ 就是一個確定模式。由於湖岸線在某些部分必會有點不規則，不可能形成一個眞圓形，然而即使湖並非呈眞正圓形，模式還是提供一個有用的面積與半徑關係，有助於得到湖的面積的估計。當然如果湖的形狀越不呈圓形，則模式與眞値相差愈大，終至必須另找一個新模式。

另外一個確定模式的實例就是歐姆定律 $I=E/R$。它描述電流 I 與電壓 E 成正比，而與電阻 R 成反比，將電池置於一個簡單的電路中，一旦獲知電壓E和電阻R的數值，就能測出電流量I。即使重複上項試驗數次，只要保持同樣的電路（即E和R值不變），就會測出相同的電流量。在電阻爲一歐姆的電阻器的兩端，施以一伏特的電壓，然後測量通過的電流強度，卽一安培。若施以二伏特的電壓，必定量得電流強度爲二安培。在這個實驗中，決定電流強度的要件是電阻器兩端的電位差，只要能控制電位差，就能控制電流的強度。

確定模式對於自然界的許多現象，頗爲適合。例如重力法則精確地描述了在某種穩定情況下，落體運動的情形。刻卜勒定律刻劃了行星的運轉。

然而在另外一些狀況下，卻需要另一種全然不同的數學模式來描述現象。例如: 隨手丢擲一枚硬幣時，沒有人會預先知道最後出現的是正面朝上還是反面朝上，因爲它是由硬幣擲出瞬時的狀態、所落地面以及硬幣的各種物理性質決定，而這些因素對於隨手拋擲硬幣的人來說，都是未知的或無法控制的因素。其他如觀察棒球比賽中打擊者是否擊中，或拋擲骰子出現的點數也都是屬於這類性質的試驗，通稱爲隨機試驗 (random experiments)。諸如有一種能放射α質點的放射性物質，藉助計數器，能紀錄在一段時間內所放射的α質點數，然而卽使確知這放射性物質的形狀、大小、化學成分及其質量，卻仍然無法準確地預測出在一段時間內該物質放射出的質點數，因此似乎沒有合宜的確定模式能將放射出的α質點數n表爲放射物質的各種特性的函數，所以只有另行考慮機遇模式了。

隨機試驗可視爲對某一隨機現象的片面觀察。科學上只考慮能够一再地予以獨立觀察的現象，因爲只有這種現象才有可能進行科學分析，研究人員所考慮的隨機現象也必須如此。由於試驗的目的是在瞭解現象，如果無法從試驗的各個出象中找出任何規律，就無法對相關的現象提出科學性的結論，這種現象對人們而言便是令人迷惑的現象，必須做進一步的觀察才行。

總而言之，確定模式是指一試驗的條件完全決定其出象(outcome)，而隨機模式則是指試驗的條件僅是決定其出象的機遇行爲。換句話說，在確定模式中可以預測其出象，而於機遇模式中相同的考慮卻僅明示其出象的機率分布。

另一方面，數學模式也可分爲靜態 (static) 模式，即關係式不隨時間變動；以及動態 (dynamic) 模式，即關係式隨時間而異。其他可分爲線性 (linear) 模式，爲所有變數的冪數 (exponent) 均是一或零的模式；非線性(non-linear)模式，則是所有變數的冪數均不爲一或零，這時函數是一條曲線而非直線。還有可區分爲單變數 (univariate) 模式，即只是隨著一因素而改變；多變數 (multivariate) 模式，是隨著多個因素而變動。也有人分爲算則式 (algorithmic) 模式，有一組解題程序；或啟發式 (heuristic) 模式，就是當狀況不同時，依據經驗法則以及適應性試誤程序而改變解題方向。雖然還有其他區分方式，但是上述多種分類方式是各種類型模式中的主要分類法。

讀者請注意，我們必須特別瞭解現象的本身和其數學模式。雖然在選取模式時，研究人員可以憑著自己的判斷選擇，但是數學模式不會影響他所觀察的現象。美國名學者聶曼 (J. Neyman) 教授對此曾經有如下的表示:「我們若欲將宇宙間所發生的現象加以探討，首先必須依據所觀測的事實，建立一數學模式，而這模式要能簡化事實和刪除不重要的因素。模式建立的成功與否端賴它是否能將現象加以簡化，其所導出的結果可能正確也可能不正確，因爲這假設的模式並不能保證沒有偏誤。在觀測值得到以前，通常很難確定一個數學模式建立的適當與否。爲了要查驗模式的有效性，我們必須將數學模式所演繹的結果和眞實觀測值加以比較。任何人想要建立模式時，應牢記上面所述的觀念。」

從來沒有一個模式是現實世界的精確映像。近似 (approximation)

總是必需的，在某些情況下我們能發展出高度準確的模式，由模式計算所得的答案與眞值相較正確至小數點後十位。在另一些情況下，即使是經由我們所能得到的最佳模式所計算出的答案，與實際測度所得的結果相較，仍然大有出入。事實上，有時候我們只期望模式能達到一個目的，就是以質的形態預測變數的變動情形，也就是說，我們對模式精確度的要求全看求取該模式的目的而定。

當然，決定一個模式是否「好」的終極準則，在於其是否能提供有用的資訊。以實用觀點來判斷模式的觀點，引發了利用數個不同的模式於同一現象的可能。這種情形並不罕見。例如對於光的現象通常有兩種模式——微波模式和微粒模式。每一種模式對於「解釋」另一種模式無法闡明的光的某些景象非常有用。因此兩種模式均不可偏廢。但是讀者請注意，用任一種模式表示光，並非聲稱光就是那種「東西」。對於讀者而言，切實明辨模式和實際眞象（reality）之間的分際實屬至要。

數學模式的建立，有賴於研究者的經驗與智慧，同一個問題，可能建立不同的模式。模式的差異會導致不同的求解效率。

一般而言，數學模式應具備下列的性質：

(1) 合宜性（adequacy）：模式必須足以描述合乎該問題的限制條件。

(2) 簡潔性（simplicity）：在儘可能的情況下，採用簡化的近似值，使模式形式簡明，卻又不犧牲適切性的特質。

(3) 參數精簡性（parsimony in parameters）：採用太多個參數將會降低問題分析的品質，假若有二模式均能切合實際地近似所欲表達的機遇行爲，則應選取較少個未知參數的模式。

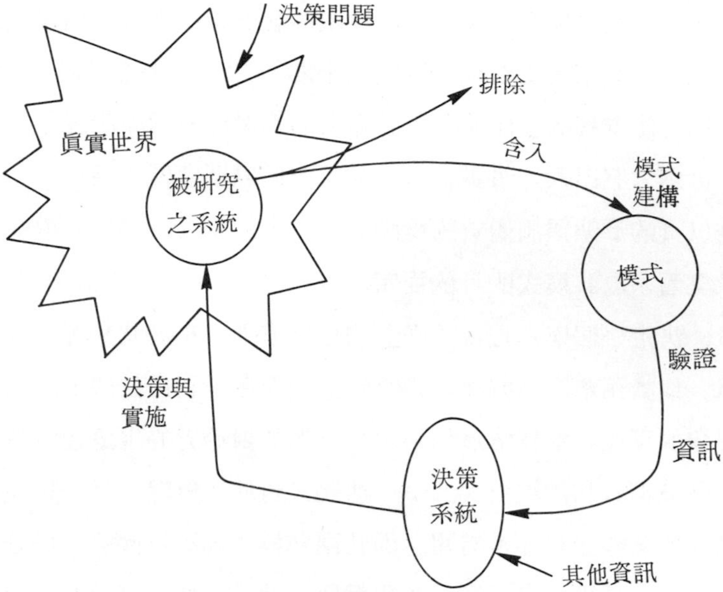

圖 1.3 模式與決策過程

以數學模式描述管理決策問題是近半世紀才盛行的現象。現描述模式構建的進行過程（圖 1.3）如下：當一個決策問題，即感興趣的小系統（system of interest），有待解決，這時產生了對模式的需求。我們不妨檢視一下決策制訂過程以及管理數學在何處切入。

步驟 1 確認問題的存在，並界定該問題。

首要的步驟爲將問題由大系統中劃分出來，並且對該問題組成的元素進行瞭解。然後決定某些元素應包括在模式內，某些元素應排除於模式之外。

這個步驟並不如一般人所誤認的那麼簡單，因爲研究者最初所看到的往往只是問題的表象徵狀，問題形成的眞因並不是很輕易就可掌握。本步驟的要點之一爲進行成本效益分析，以便獲知須花費多少錢於解題。

步驟 2 開發適當的數學模式。模式構建過程將於下節中詳述。

步驟 3 決定模式的資料需求，蒐集必要的數據。

如果有某些必要的資料無法取得，或許有必要建構一個新模式，值得牢記的是不要忘記將蒐集資料的成本列入考慮。

步驟 4 利用模式求出「紙面」解答。

完成上述這些步驟之後，這個模式就可用以產出提供決策過程之用的資訊。決策者利用這些資訊以及得自其他來源的資訊做個全盤的考量，得出一個決策。

本步驟的要點在於執行敏感度分析 (sensitivity analysis)，也就是要確定各參數改變時對解答的影響。

步驟 5 決定相對於紙面解答的眞實世界的行動。

應確定解答爲合理且適當。

步驟 6 執行必要的行動。

在上述步驟 2 及步驟 4 中，尤其是後者，是數學最能用武之地。

1.3 計量技術的重要性

一般而言，管理決策的決策制訂採用計量方法的主要理由至少有下述四項:

1. 問題過於複雜。管理者的各人經驗與判斷不足以得出一個良好的答案，因而不得不求助於計量方法。
2. 問題十分重要（例如涉及重大投資金額），管理者希望在正式決定之前對該問題有一個徹底的分析瞭解。
3. 管理者面對完全沒有過去經驗，也就是未曾遭遇過的新的複雜問題。因而希望透過計量分析，獲致參考資訊。
4. 問題重覆發生，管理者爲了節省時間，希望能找到一個可依賴的數量化程序，做爲例行決策的建議。

然而，數學方法雖然是研究管理理論一個良好而且有效的工具，但是卻不是唯一的工具。換句話說，應用數學方法固然有其不可磨滅的貢獻，但是過於重視數學方法也有其流弊。大致來說，數學方法應用於管理理論，至少有如下述四大優點:

(1) 「語言」較簡潔精確。

(2) 有大量數學定理可供利用。

(3) 迫使使用者明確地列出假設，做爲應用數學定理的先決條件，使他們免於落在無意間採用不必要的潛在假設。應用數學的推理能力來處理管理理論，往往能獲得用文字推理無法獲致的結論，而且這種結論也常常不易用文字加以敍述。利用數學方法並可以處理一般多變數的情況。

(4) 應用數學方法，再加上統計資料的分析，對文字推理所獲得的結論，常能進行實證性的檢定。

但是讀者也請注意，倘若過分重視數學方法，也可能產生下列流弊:

(1) 使管理理論走上煩瑣的傾向而內容空洞。

(2) 爲了數學上的便利，而採用並不適當的管理學假設。過於重視分析的方法，而疏忽管理原理的本身，形成反賓爲主的局面，使管理學變爲數學遊戲。

(3) 養成偏見或成見，僅重視用數學方法所獲得的理論，而輕視用其他方法所獲得的理論。

(4) 受到數學方法的限制，潛意識地把某些無法用數學方法分析的問題，排除而不予考慮，使管理理論的範圍愈來愈狹窄，甚至與管理現實脫節。

1.4 模式構建過程

一般而言，任一模式構建過程 (modeling process) 都有五個基本要項：(1) 抽象化，(2) 驗證 (validation)，(3) 預測，(4) 評估以及 (5) 修訂。如圖 1.4 所示。

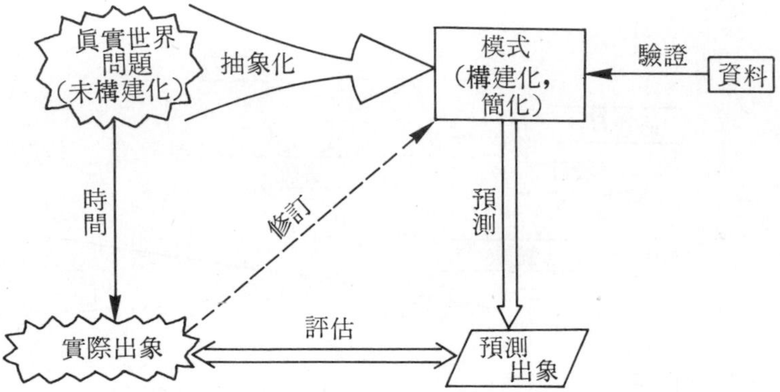

圖 1.4 模式構建過程

眞實世界的問題大多涵義不明，並且沒有良好的界定(ill-structured and not well defined)。透過抽象化的過程，研究人員將問題簡化，釐清其重要關係式，並且建構一個足以代表其問題組成精義的主要因素的模式。他們必須評估該模式並且應用於手頭上類似問題已知狀況以驗證模式的可用性。如果模式被認定大致合理可用，它可用以預測各種不同的行動途徑的結果，然後利用這些預測結果做爲選取「最佳」行動途徑的基礎，否則就設法加以修訂。

人類面對問題，思索著如何解決的時候，實際上是一項學習過程。研究工作所欲解決的問題，如前所述，往往是問題本身還不太清楚的問題，而大多數數學模式的答案也並非原本就已藏在腦中某處等候備用的。答案的本身必須經過試探、瞭解的重複過程，一步步前進，經過累積資訊及不斷修訂的過程之後才可能獲致（參閱圖 1.5）。

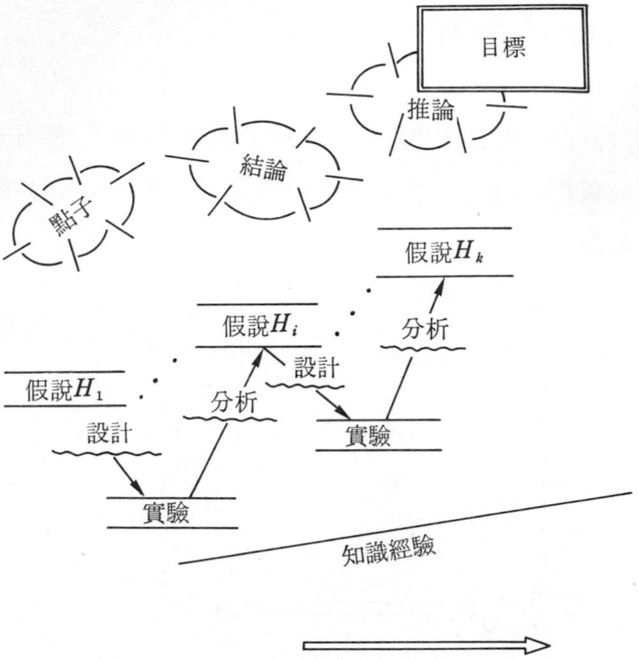

圖 1.5　求解的反覆過程

（註）Hare, L. B. *Statistics in Quality Engineering Quality Progress*/June 1992.

雖然數學模式的研究並非一成不變的程序，它大致可描述為一種由看似雜亂無章的世界中挖掘隱藏未顯的規律性的努力。為了解釋現象而提出暫時性的模式或理論，然後由所設立的假設進行邏輯推理，演繹所得結果與所尋獲事實相對照，修正模式後再嘗試尋求更合理的解釋（圖 1.6(a)）。一般來說，演繹法可以協助研究者探求「未知」，歸納法所得則局限於「已知」。換句話說，研究者可用歸納法「溫故」，用演繹法「知新」。

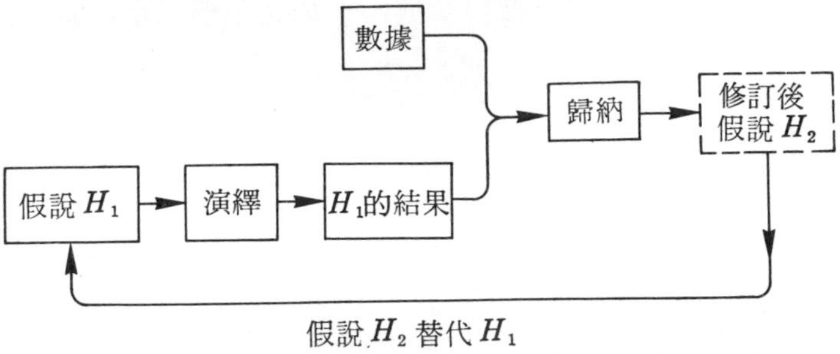

圖 1.6(a) 如同回饋圈的學習過程

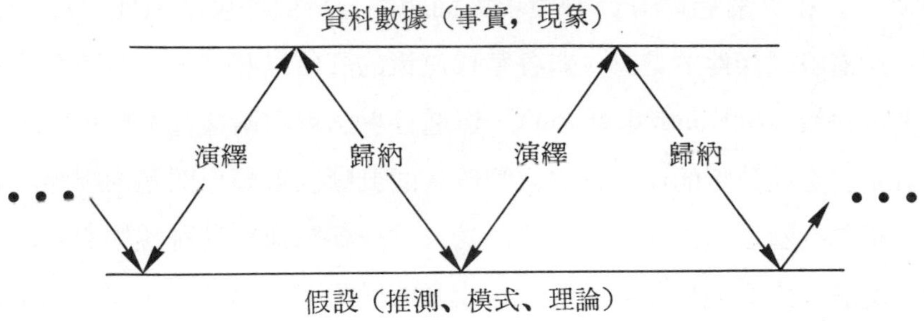

圖 1.6(b) 逐次學習過程

學習正如圖 1.6(b) 逐步地推進著。最初的假設由於演繹法的過程而得到某些可與資料比較所需要的結論。當結論與資料不盡相符時，利用歸納過程以修正假設與資料間的差異。然後又開始次一回合的逐步學習過程，將修正後的假設經由演繹過程得到某些結論，再次與資料相對照而導正更進一步的修正，如此「得寸進尺」循環不已，最後當可得出與資料相符合的模式。

假若發覺現有知識對所欲研究的主題有所不足，有許多調查方法可增進這種瞭解。例如專注一個更特定的目標，設計資料分析，蒐集資訊，以便回答諸如下列的問題：「由資料所提供的證據，對所研究的現象，能得出什麼通則?」、「假設條件與資料相抵觸嗎?」、「資料顯示，必須另尋求一個新理論以解釋現象嗎?」如此不斷循環，直到獲得答案爲止。

1.4.1 模式開發

雖然在本書所將探討的模式各有其獨有的特色，但是對所有最佳化模式 (optimization model)，某些基本內容卻是共通的。

我們注意到模式建立的過程啟始於問題的呈現，然後管理者必須負責由眾多可能決策方案中，制訂一個決策或選取一個導出問題解答的行動途徑。在決策過程中，管理者對問題的分析或許包括特定目標的敍述，所有限制條件的確認，對各替代決策的評估以及選取一個顯然「最佳」的決策 (optimal decision)。這種分析過程有兩種基本形式: 定性和計量。定性分析的作法是依據管理者的判斷及對類似問題的經驗，這類分析包括管理者對問題直覺的感受，是一種藝術重於科學的層次，假若管理者過去有類似問題的經驗，或者問題相對的單純，他或許相當依賴這類分析，並且因而做出最後的決策。然而，假若管理者在過去並沒有類似問題的經驗，或者該決策問題相當重要而且複雜，這時問題的計量分析在管理者最後的決策中成爲重要考量的依據。

定性或計量方法在管理決策制定所扮演的角色可由圖 1.7 中明確的看出。

決策的制訂到底應依賴直覺或採計量方法，是一個已爭論多年的老問題。本書認爲在理想的狀況，二者實爲相輔相成，因爲幾乎所有複雜的問題必然同時包括主觀和客觀的成分。

決策制訂者如果完全依賴主觀評估，只是平白讓自己喪失了一個效益已獲證實的強有力的分析工具。反過來說，那些只是盲目一昧將一個複雜問題改寫爲一組嚴密的數學公式的人也忽略了潛在重要的行爲因

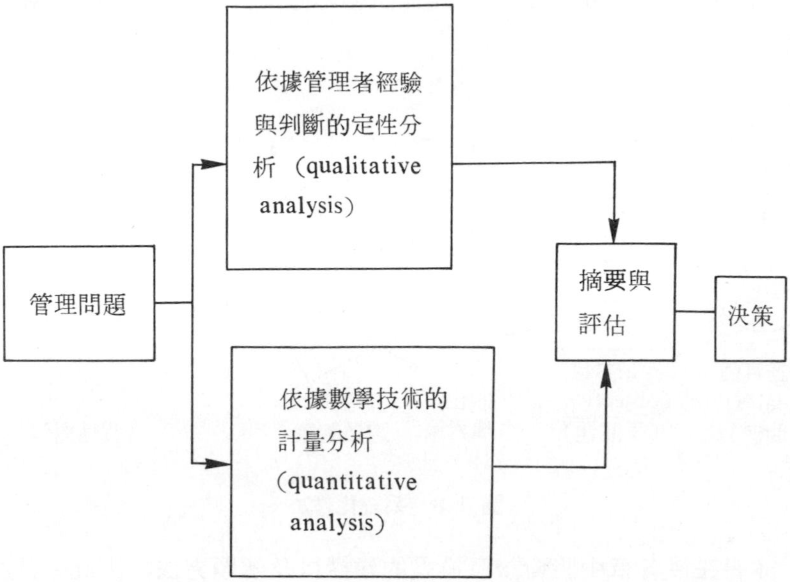

圖 1.7 定性與計量方法的應用

素。眞正有效率的主管會同時注重這兩大類型分析，他所得出的決策必將比上述二者各偏執一端的決策要思慮周全得多。

在問題的計量方法中，分析者將會專注於與問題相關的數學事實或資料，並且開發描述存在於問題的目標、限制以及關係式。然後，利用一個或多個計量「工具」，分析者依據問題的計量層面提供建議給管理者作爲參考之用。

定性方式的技巧來自管理者的天賦，並且隨著經驗的增進而增加。計量方式的技巧則只有詳究計量分析的假設和方法才學習得到，管理者透過學習更多有關計量方法以及深入理解其對決策過程的貢獻，而使他的決策效益達到極致。

1.4.2 計量分析的過程

建立數學模式然後求解的作法，其優點在於能對問題有較深入的理解以及用系統化的步驟解題，因而能够思考周詳，程序條理分明（圖1.8)。

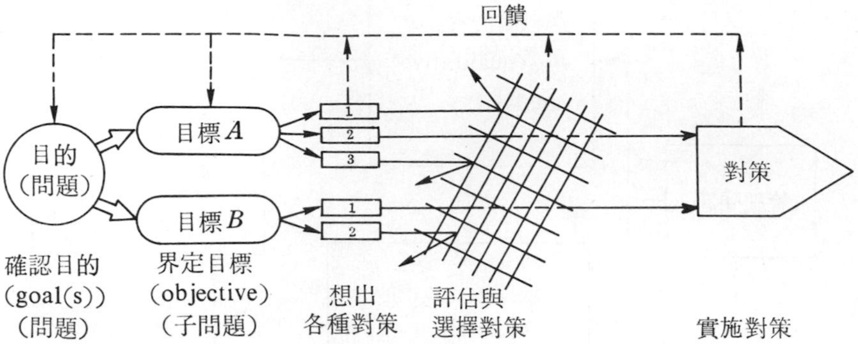

圖 1.8 系統化作法

本書在後各章中將會談及模式的建構以及解題方法，因此在此特地先將計量分析的整個過程以下述五個步驟表示:

1. 界定問題，確立目的 (goals)。
2. 界定目標 (objectives)。
3. 產生各種替代對策。
4. 評估各對策並選取其中之一。
5. 利用回饋 (feedback) 改進模式。

現分別解說如下:

1. 界定問題，確立目的

解決問題的首要步驟在於指出所要解決的問題，以及該問題的目的何在，只有在問題明確化之後，才有進一步解決的可能。例如一個「庫存過多」的問題，經過多時的思考、想像以及努力，才能將它轉變爲一個良好界定(well-defined)的問題，以其特定目標以及限制條件表示。

請讀者注意，在學術環境中教導學生模式建構和對策程序有其可能，然而在現實環境中，問題確認、目標設定以及執行都是藝術層次的考量，很難傳授。因爲後者在問題解決過程中的各階段涉及高度個人主觀、問題相關、人性相關和組織相關的本質。

2. 界定目標

其次是將目的以更爲具體的目標表示，這個重要的步驟有時候並不容易決定。例如一家公司有意推出新產品上市，其合理的目標或許是:

(1) 在下年度獲最大利潤。

(2) 在未來 10 年間獲最大利潤。

(3) 在未來 10 年間獲最大投資回收。

(4) 在未來 10 年後，使公司淨值爲最大。

(5) 獲得儘可能大的市場佔有率，每年利潤不低於 1,000,000 元。

(6) 獲得最大可能的銷售量，每年利潤不低於 1,000,000 元。

當然，上述只不過是許多目標中的少數個，每個不同的目標都將嚴重影響所做決策能滿足的程度。例如甲決策以 A 目標來評估時得到很高的評價， 但改以 B 目標來評估時， 卻可能得到很低的評價。 當影響決策的部分因素爲變數（並非確知的數值），問題變得更爲複雜。例如在「新產品例」中，決策相關因素包括售價、品質、包裝等等，而需求量並不確知。研究人員固然可做出預測，但那只是估計值，必然有誤差存在。

關於模式的目標，本書做如下的補充說明:

(1) 每個模式都有一個或多個目標，這些目標必須明述。

(2) 每個模式都有變數， 代表足以改變問題的因素 。 變數有可控變數 (controllable variable) 或稱內生變數 (endogenous)，和不可控變數 (uncontrollable variable) 或稱外在變數 (exogenous)。例如在新產品研發的例中，可控變數如:

(a) 售價的決定。

(b) 包裝設計。

(c) 擬用的行銷流通策略。

(d) 用以生產新產品的機器數的採購。

不可控變數如原料成本、未來的經濟狀況、可能推出類似產品的公司家數或其他這類因素， 這些都是並非完全在決策者控制之下的「力量」所決定。

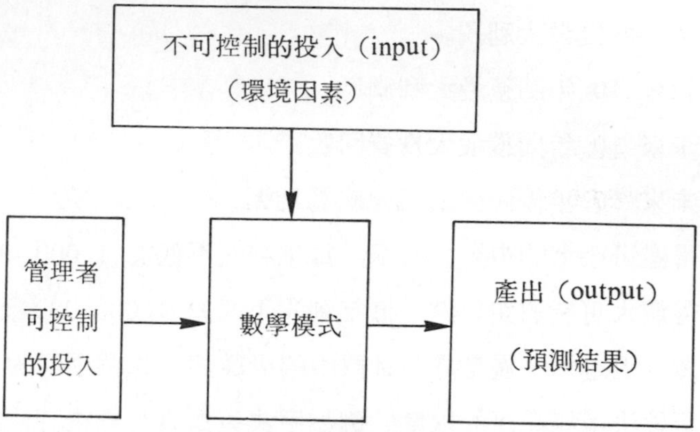

圖 1.9 將投入轉變爲產出

(3) 除了變數之外，還有一些數值爲已知或固定值，稱爲參數 (parameter)。

(4) 將模式所代表關係以變數與參數表示。有些關係爲一因素會引起另一因素發生的因果關係，另一種關係爲兩變數一起變動，但並非某一變數控制另一變數。此外，關係也可爲在本質上屬直接或間接的相關。

(5) 爲了保持模式的有效性 (validity)， 模式通常都有邊際條件 (boundaries)，稱爲限制式 (constraint)，這些限制式往往代表資源的有限性。

(6) 爲了建立及驗證一個模式， 通常研究者應能得到一些資訊。資訊 (information) 與資料 (data) 二者有重大差異，後者只是一堆數值，而前者則是經過組織具有結構及有意義的數字。

3. 產生各種替代對策

對於每個目標，研究者應產生數個可能的替代對策。在本步驟中最重要的一點是切忌讓早先的對策阻礙了新對策的產生，同時應審愼考慮每個對策的可行性。所謂「可行對策」(feasible alternative solution) 是指不違反問題的所有限制條件的對策。

4. 評估各對策、並選取其中之一

接下來，研究者應評估各對策，考慮其優缺點所在及目標達成度，並且由其中挑選出最佳的對策。在本步驟，數量分析的工具最能派上用場，量測各種行動途徑切合目標的有效性。模式的適切應用，可以導致選用一個最佳行動途徑。

在獲致問題的對策（解答）之後，必須測試其對於構成模式的假設（限制式）變動時的穩定性，這個過程稱爲「敏感度分析」(sensitivity analysis)。

5. 利用回饋、改進模式

在系統分析的過程，必須廣泛使用回饋，回饋是指在決策過程的每一階段都要查驗，以確保我們所產生的對策、用以評估對策的準則，以及我們選取實施的對策眞是與最初所指明的目標或目的相一致。事實上，發現對策必須加以修訂的情形十分常見，有時往往需要經過多次重覆的循環才終於找到最佳對策。如果沒有有效的回饋，很可能無法找到最佳對策。

1.5 本書內容概要

管理決策在企業管理的工作中幾乎無所不在。管理數學方法也幾乎到處可用，唯一的要求是決策變數必須可用計量方式表示。由於篇幅所限，本書將僅介紹如下的數種數學模式。

章號	課題	首創者	概略時間	模式
第五六七章	線性規劃(Ⅰ,Ⅱ,Ⅲ) linear programming	Dantzig	1947	確定模式
第八章	運輸問題 transportation problem	Hitchcock	1941	
第八章	指派問題 assignment problem	Egervary	1931	
第九章	馬可夫鏈 Markov chain	Markov	1907	隨機模式
第十章	決策理論 decision theory	Schlaifer	1959	
第十一章	競賽理論 game theory	Von Neumann and Orgenstern	1944	
第十二章	專案規劃技術 PERT/CPM	Fazar	1958	

數學在管理科學中扮演著雙重的角色，一方面它可用以預測各種不同行動途徑的結果，另一方面則是當行動途徑太多時，協助由其中選出最佳途徑。本書並非建議未來的管理者必須是數學家，同時也不意謂所有決策制訂都可轉爲數學，更沒有宣稱數學是可用於制作決策的唯一科學工具。但是在未來的歲月中，管理者將越來越需要諮詢數學家的意見，因而管理者有必要具備足够的數學知識才能理解數學家的建議。

本書探討的各種課題雖然並不足以使讀者成爲一個問題解決專家，但確有助於使讀者成爲一個較有效率的決策制訂者，同時讓讀者對整個決策制訂過程有一個較深入的洞察。本書所提供的「一大袋工具」可以適用於讀者諸君的專業領域以及任何您想解決的問題。然而，除了您本人，沒有任何人在適當時機會告訴您應用何種方法，解決某類型問題，這方面正是前述屬於藝術層次的部分，有待讀者自己多多體驗了。

第 I 篇

基　礎　篇

第二章　矩陣與行列式

2.1 緒　言

近些年來，在應用問題中使用長方形序列的情形有顯著的增加，這類序列，稱爲矩陣 (matrix)，諸如

$$\begin{bmatrix} 0 & 1 & 3 \\ 2 & 6 & -4 \end{bmatrix}$$

被視爲單一個體，並且順從各種數學運算法則。市面上有關矩陣的專書很多（註），例如大多數線性代數 (linear algebra) 中都有論述。本章的目的在於提供最基本的概念，以供往後若干章節的應用。

2.2 矩陣簡史

矩陣這個名詞是英國數學家凱萊 (Arthur Cayley, 1821-1895) 和席爾維斯特 (James Joseph Sylvester, 1814-1893) 所創用。他們二人最早開始有系統地研究矩陣，1858年凱萊首創以矩陣的符號簡縮線性方程式組:

（註）戴久永，《線性代數導論》，東華書局，民國74年 6 月出版。

$$\begin{cases} a_{11}x_1+a_{12}x_2+\cdots\cdots+a_{1n}x_n=b_1 \\ a_{21}x_1+a_{22}x_2+\cdots\cdots+a_{2n}x_n=b_2 \\ \vdots \qquad \vdots \qquad \qquad \vdots \quad \vdots \\ a_{m1}x_1+a_{m2}x_2+\cdots\cdots+a_{mn}x_n=b_m \end{cases} \tag{2.1}$$

以 A，$\mathbf{x}$，$\mathbf{b}$ 分別表示矩陣

$$A=\begin{bmatrix} a_{11} & a_{12}\cdots\cdots & a_{1n} \\ a_{21} & a_{22}\cdots\cdots & a_{2n} \\ \vdots & \vdots & \vdots \\ a_{m1} & a_{m2}\cdots\cdots & a_{mn} \end{bmatrix}, \quad \mathbf{x}=\begin{bmatrix} x_1 \\ x_2 \\ \vdots \\ x_n \end{bmatrix},$$

$$\mathbf{b}=\begin{bmatrix} b_1 \\ b_2 \\ \vdots \\ b_m \end{bmatrix}$$

而將（2.1）表爲 $A\mathbf{x}=\mathbf{b}$。

凱萊的這項創舉在發明的當時被視爲一種怪異的作法，理由之一是這個體系中，通常 AB 與 BA 並不相等，換言之，交換律不能成立。但是隨着時間的消逝，尤其是在討論線性方程組、向量以及其他應用時，人們逐漸接受採用矩陣，例如 1925 年海森堡（W. Heisenberg）發現矩陣爲他研究量子力學上非常適宜的運算工具。

在不多年前，矩陣的內容除了在少數大學代數教本中略爲介紹外，大多由數學家們專門研究，如今矩陣理論卻甚至比微積分都來的重要，成爲應用最廣泛的數學工具之一。例如矩陣非常有效地解出商業問題中的線性方程式組，用以探究社會科學中的圖形理論(graph theory)和生物科學中的馬可夫鏈問題，以及經濟學中的對局理論（game theory），於統計學中表示和應用廻歸技巧。同時矩陣列示即使沒有什麼數學基礎的人也易於閱讀和解釋。

隨着歲月的增長，各種學科均陸續發現可應用矩陣。舉些例子來說：電機工程方面的電路和電流分析，工業工程方面的工廠管理和作業

研究，心理學方面的多因子分析，統計學上很多分支以及經濟學上模式經濟 (model economics) 建立。矩陣也應用於稱爲線性規劃 (linear programming) 的管理數學，毫無疑問地未來必可發現矩陣更多的新用途。

2.3　矩陣的定義

正如前節所述，矩陣的用途確實非常廣泛。事實上，甚至日常的活動，也可將一些有關的數字或關係、圖形，依照某種適當的順序排成一矩形，以作爲紀錄，如此至少能達到簡單明瞭易懂的目的。

定義 2.1　若 m 及 n 爲正整數，且每一個 $a_{ij}(\,1 \leq i \leq m\,,\ 1 \leq j \leq n\,)$ 皆爲實數（或複數），則：

$$A = \begin{bmatrix} a_{11} & a_{12}\cdots\cdots a_{1n} \\ a_{21} & a_{22}\cdots\cdots a_{2n} \\ \vdots \\ a_{m1} & a_{m2}\cdots\cdots a_{mn} \end{bmatrix} \qquad (2.2)$$

稱爲一個實數（或複數）矩陣。

定義 2.1 中的矩陣可簡記爲 $A = [a_{ij}]_{m \times n}$，其階數 (order) 爲 $m \times n$，即 A 有 m 列 (row) 及 n 行 (column)。當 $m = n$ 時，A 爲一方陣 (square matrix) 以 $A = [a_{ij}]_n$ 表示。符號 a_{ij} 代表位於第 i 列及第 j 行交點的元素 (element entry)。

$$\begin{matrix} & \text{第 } j \text{ 行} \\ \text{第 } i \text{ 列} & \begin{bmatrix} & \vdots & \\ \cdots\cdots & a_{ij} & \cdots\cdots \\ & \vdots & \end{bmatrix} \end{matrix}$$

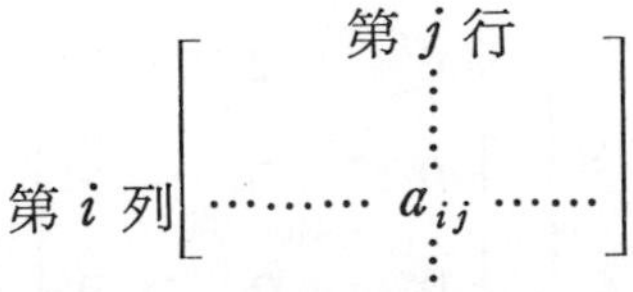

圖 2.1

每一元素均爲 0 的矩陣稱爲零矩陣 (zero matrix, null matrix)

以 0 或〔 0 〕$_{m\times n}$ 代表之。在一個 n 階方陣 $A=[a_{ij}]_n$ 中，元素 $a_{11}, a_{22}, \cdots\cdots, a_{nn}$ 構成主對角線 (main diagonal)，不在主對角線上的元素皆爲 0 的方陣稱爲對角方陣 (diagonal matrix)。對角方陣

$$\begin{bmatrix} a_{11} & & 0 \\ & a_{22} & \\ & & \ddots \\ 0 & & & a_{nn} \end{bmatrix}$$ 可簡記爲 diag $(a_{11}, a_{22}, \cdots\cdots, a_{nn})$

一個 n 階對角方陣若主對角線上的元素皆爲 1，則稱爲 n 階單位方陣 (identity matrix of order n) 以 I_n 代表之。設 K 爲對角方陣，若其對角線上元素均爲相同數字 k 時，即 $K=kI$，則稱 K 爲純量方陣 (scalar matrix)，例如:

$$K=\begin{bmatrix} 2 & 0 & 0 \\ 0 & 2 & 0 \\ 0 & 0 & 2 \end{bmatrix}=2I_3,\quad I_2=\begin{bmatrix} 1 & 0 \\ 0 & 1 \end{bmatrix}=\text{diag}(1, 1),$$

$$I_3=\begin{bmatrix} 1 & 0 & 0 \\ 0 & 1 & 0 \\ 0 & 0 & 1 \end{bmatrix}=\text{diag}(1, 1, 1)$$

如果不論階數，則 I 代表單位方陣 (identity matrix)。若一方陣的對角線以下（上）元素均爲 0，則稱之爲上（下）三角方陣。

例 2.1

(1) $$\begin{bmatrix} 1 & -2 & 3 \\ 0 & 4 & -5 \\ 0 & 0 & 6 \end{bmatrix},\ \begin{bmatrix} 0 & -2 & 7 \\ 0 & 0 & -3 \\ 0 & 0 & 0 \end{bmatrix},\ \begin{bmatrix} 0 & 0 & -1 \\ 0 & 0 & 0 \\ 0 & 0 & 0 \end{bmatrix}$$

均爲上三角方陣。

$$(2)\ \begin{bmatrix} 1 & 0 & 0 \\ 3 & -9 & 0 \\ -5 & 0 & 7 \end{bmatrix},\ \begin{bmatrix} 0 & 0 & 0 \\ -1 & 0 & 0 \\ 2 & 3 & 0 \end{bmatrix},\ \begin{bmatrix} 0 & 0 & 0 \\ 0 & 0 & 0 \\ 11 & 0 & 0 \end{bmatrix}$$

均爲下三角方陣。

只有一行的矩陣稱爲行矩陣（column matrix）或行向量（column vector）；只有一列的矩陣稱爲列矩陣（row matrix）或列向量（row vector）。本書以 e_j 表第 j 元素爲 1，其他元素爲 0 的單位向量（unit vector），例如 $e_2=[0, 1, 0, 0]$。

2.4 矩陣的運算

界定過矩陣的意義之後，本節將介紹矩陣之間相等、相加、相減、相乘之類的運算法則，然後研究矩陣的一些基本性質。

2.4.1 二矩陣的相等

定義 2.2 兩矩陣 $A=[a_{ij}]$ 和 $B=[b_{ij}]$ 相等的充要條件爲:

(1) A 和 B 有相同的行數和列數;

(2) 所有相對應位置的元素均相等，即對所有 i、j，$a_{ij}=b_{ij}$，若 A 和 B 相等，以 $A=B$ 表示之，否則以 $A\neq B$ 表示。

由於矩陣是由數字組成的，矩陣的操作方法自然與數字的代數運算有關，而且其基本性質也大致與數字的基本性質相同。

2.4.2 二矩陣的相加

定義 2.3 若 $A=[a_{ij}]$ 和 $B=[b_{ij}]$ 均爲 $m\times n$ 矩陣，則其和仍爲一同階矩陣 $C=[c_{ij}]$，其中

$$c_{ij}=a_{ij}+b_{ij}\ (1\le i\le m,\ 1\le j\le n)$$

若用矩陣符號表示，則為

$$A+B=[a_{ij}]+[b_{ij}]=[a_{ij}+b_{ij}]=[c_{ij}]=C$$

例 2.2

$$\begin{bmatrix} x+1 & -2 \\ 1 & y-7 \end{bmatrix}+\begin{bmatrix} -1 & a \\ b & 1 \end{bmatrix}=\begin{bmatrix} x & a-2 \\ 1+b & y-6 \end{bmatrix}$$

既然兩矩陣的和僅將各矩陣對應的元素相加而得，顯然矩陣相加的法則與一般數字相加的法則相同。因為

$$(a_{ij}+b_{ij})+c_{ij}=a_{ij}+(b_{ij}+c_{ij})\quad (1\le i\le m,\ 1\le j\le n)$$

$$(a_{ij}+b_{ij})=(b_{ij}+a_{ij})\quad (1\le i\le m,\ 1\le j\le n)$$

我們得到以下定理:

定理 2.1 矩陣加法滿足結合律和交換律

(1) $(A+B)+C=A+(B+C)$ 結合律 (associative law) (2.3)

(2) $A+B=B+A$ 交換律 (commutative law) (2.4)

換言之，兩矩陣相加時其先後順序並不重要，在此特別提出這個事實是因為在以後研究兩矩陣相乘時，並不滿足矩陣的交換律。矩陣的先後順序對於乘法運算有其特殊的重要性。

本章定義 $-A$ 為含 $-a_{ij}$ 元素的矩陣，因為

$$A+(-A)=[a_{ij}]+[-a_{ij}]=[0]=0$$

現在可以界定矩陣的減法如下:

$$\begin{aligned} B-A=B+(-A)&=[b_{ij}]+[-a_{ij}] \\ &=[b_{ij}-a_{ij}] \end{aligned}$$

依據加法的定義，可知 $2A=A+A=[2a_{ij}]$，一般而言，若 n 爲一整數，則 $nA=[na_{ij}]$。

2.4.3　矩陣的倍數

定義 2.4　若 A 爲一矩陣，λ 爲一數值，則:

$$\lambda A=[\lambda a_{ij}] \tag{2.5}$$

換言之，λA 爲由 A 內每一元素均爲 λ 倍的矩陣。

接着先來看一下兩個特殊矩陣的相乘，卽一個 $1\times m$ 列矩陣和一個 $m\times 1$ 行矩陣的相乘。這是往後定義一般矩陣相乘的基本單位運算。

2.4.4　二矩陣的相乘

定義 2.5

$$設\ \mathbf{u}=[u_1, u_2, \cdots\cdots, u_m],\quad \mathbf{v}=\begin{bmatrix} v_1 \\ v_2 \\ \vdots \\ v_m \end{bmatrix} \tag{2.6}$$

則其乘積 $\mathbf{uv}=[u_1v_1+u_2v_2+\cdots\cdots+u_mv_m]=[\sum_{i=1}^{m} u_iv_i]$

例 2.3

$$[4, -1, -3]\begin{bmatrix} 2 \\ 1 \\ -5 \end{bmatrix}$$

$$=[4\cdot 2+(-1)\cdot 1+(-3)\cdot(-5)]=[22]$$

定義 2.6　若 $A=[a_{ij}]_{m\times n}$，$B=[b_{ij}]_{n\times p}$，則可以把它們分別寫成如下的列矩陣和行矩陣。

$$\mathbf{a}^{(1)}=[a_{11}, a_{12}, \cdots\cdots, a_{1n}]$$

$$\mathbf{a}^{(2)}=[a_{21}, a_{22}, \cdots\cdots, a_{2n}]$$
$$\vdots$$
$$\mathbf{a}^{(m)}=[a_{m1}, a_{m2}, \cdots\cdots, a_{mn}]$$

$$\mathbf{b}_{(1)}=\begin{bmatrix} b_{11} \\ b_{21} \\ \vdots \\ b_{n1} \end{bmatrix},\quad \mathbf{b}_{(2)}=\begin{bmatrix} b_{12} \\ b_{22} \\ \vdots \\ b_{n2} \end{bmatrix},\ \cdots,\quad \mathbf{b}_{(p)}=\begin{bmatrix} b_{1p} \\ b_{2p} \\ \vdots \\ b_{np} \end{bmatrix}$$

定義A乘以B的積爲 $AB=[\mathbf{a}^{(i)}\mathbf{b}_{(k)}]_{m\times p}$。

注意：兩矩陣相乘時，僅當A的行數和B的列數相等，AB 才有意義。當$A=[a_{ij}]$ 爲 $m\times n$ 階，$B=[b_{ij}]$ 爲$n\times p$ 階，則 $AB=[c_{ij}]$ 的階數爲$m\times p$，且 AB 在（i，k）位置的元素爲

$$c_{ik}=\mathbf{a}^{(i)}\mathbf{b}_{(k)}=a_{i1}b_{1k}+a_{i2}b_{2k}+\cdots\cdots+a_{in}b_{nk}$$

$$=\sum_{j=1}^{n} a_{ij}b_{jk} \tag{2.7}$$

以圖形表示，例如一個 6 × 5 矩陣乘以一個 5 × 4 矩陣，其第（3，2）位置元素如下：

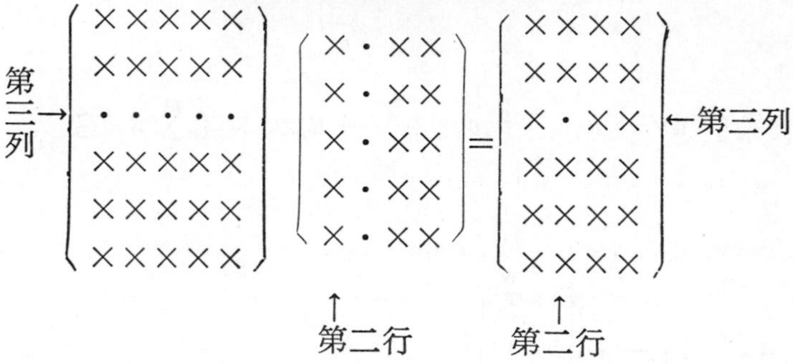

圖 2.2

設$A=\begin{bmatrix} a_1 \\ a_2 \end{bmatrix}$，$B=[b_1, b_2]$，則 $AB=\begin{bmatrix} a_1b_1 & a_1b_2 \\ a_2b_1 & a_2b_2 \end{bmatrix}$，而 $BA=[a_1b_1+a_2b_2]$。AB 和 BA 全然不同，甚至連行數和列數都不相同。有時候卽使 AB 存在，BA 卻不一定存在。設 A爲 $m\times n$ 階矩陣，B

爲 $n \times p$ 階，AB 自然存在，然而除非 $m = p$，否則 BA 不存在。由上說明，可見矩陣乘法不具交換性。

矩陣乘法雖然不滿足交換律，但是分配律與結合律仍然成立。現在我們來看兩個例子:

例 2.4

$$(1)\quad \begin{bmatrix} -a & 0 \\ b & 0 \end{bmatrix} \begin{bmatrix} 0 & 0 \\ p & q \end{bmatrix} = \begin{bmatrix} 0 & 0 \\ 0 & 0 \end{bmatrix}$$

$$(2)\quad \begin{bmatrix} 1 & 2 \\ 2 & 4 \end{bmatrix} \begin{bmatrix} 4 & -6 \\ -2 & 3 \end{bmatrix} = \begin{bmatrix} 0 & 0 \\ 0 & 0 \end{bmatrix}$$

上式實爲 $AB = 0$，而 A、B 均不爲零矩陣。這個例子明示矩陣運算中 $AB = 0$ 並不意謂 $A = 0$ 或 $B = 0$。因此，若 $AB = AC$ 則 $A(B - C) = 0$，然而卻無法得出 $A = 0$ 或 $B = C$ 的結論。換言之，一般而言，消去律不一定成立。

例 2.5

$$A = \begin{bmatrix} 1 & 2 \\ 2 & 4 \end{bmatrix} \quad B = \begin{bmatrix} 2 & 1 \\ 3 & 2 \end{bmatrix} \quad C = \begin{bmatrix} -2 & 7 \\ 5 & -1 \end{bmatrix}$$

則 $$AB = AC = \begin{bmatrix} 8 & 5 \\ 16 & 10 \end{bmatrix}，\text{但 } B \neq C$$

綜合以上說明，現將一些結果明述如下:

定理 2.2　矩陣乘法具有下列諸性質，設 A, B, C 爲三同階矩陣，則:

(1) 一般而言，交換律不成立，即 $AB \neq BA$

(2) 分配律成立

$$A(B + C) = AB + AC \tag{2.8}$$

$$(A + B)C = AC + BC \tag{2.9}$$

(3) 結合律成立

$$A(BC)=(AB)C \qquad (2.10)$$

(4) 一般而言，消去律不成立，即

$AB=0$，並不表示 $A=0$ 或 $B=0$

$AB=AC$，並不表示 $B=C$

為了表達方便起見，本節定義矩陣的乘冪如下:

定義 2.7 設 A 為一個方陣，k 為一正整數，則

(1) $A^0=I$

(2) $A^1=A$

(3) $A^{k+1}=A^kA$ (2.11)

定理 2.3 設 A 為一個 k 階方陣，n 及 m 為非負的整數，則

(1) $A^nA^m=A^{n+m}$ (2.12)

(2) $(A^n)^m=A^{nm}$ (2.13)

因此在運算矩陣乘法時，只要不變動其順序，有些相同的矩陣可以合併之，例如 $(ABA)^2A(AB^3)=ABA^4B^3$，但不可寫成 A^5B^4。在應用上，有時需要把一個矩陣的行與列互調。

定義 2.8 $m\times n$ 矩陣 $A=[a_{ij}]$ 的轉置矩陣 (transpose matrix)，為將 A 的行與列互調而得的 $n\times m$ 矩陣，以 A^T 表示之，即轉置矩陣 A^T 在 (i, j) 位置的元素為 a_{ji}。

$$A^T=\begin{bmatrix} a_{11} & a_{21}\cdots\cdots & a_{m1} \\ a_{12} & a_{22}\cdots\cdots & a_{m2} \\ \vdots & \vdots & \vdots \\ a_{1n} & a_{2n}\cdots\cdots & a_{mn} \end{bmatrix}$$

轉置滿足以下的性質:

(1) $(A^T)^T=A$

(2) $(A+B)^T=A^T+B^T$，其中 A 與 B 均為 $m\times n$ 矩陣

(3) $(AB)^T=B^TA^T$，其中 AB 爲有意義。

定義 2.9 分割矩陣 (partitioned matrix)

一個矩陣可將相鄰的行與列分組爲子矩陣的方式加以分割 (partition)。例如，設

$$A=\begin{bmatrix}1 & 2 & 3 & 4\\ 5 & 6 & 7 & 8\\ 9 & 8 & 7 & 6\end{bmatrix}$$

則 A 可分割爲

$$\left[\begin{array}{c:ccc}1 & 2 & 3 & 4\\ \hdashline 5 & 6 & 7 & 8\\ 9 & 8 & 7 & 6\end{array}\right]=\begin{bmatrix}A_{11} & A_{12}\\ A_{21} & A_{22}\end{bmatrix}$$

也可分割爲

$$\left[\begin{array}{cc:cc}1 & 2 & 3 & 4\\ \hdashline 5 & 6 & 7 & 8\\ 9 & 8 & 7 & 6\end{array}\right]=\begin{bmatrix}A_{11} & A_{12}\\ A_{21} & A_{22}\end{bmatrix}$$

子矩陣以 A_{ij} 表示，其中 i 與 j 表示子矩陣在原矩陣中的位置，每個 A_{ij} 的大小 (size) 視分割情形而定。經分割的二矩陣 A 與 B 可相加，當 A，B 均爲 $m\times n$ 矩陣，且有相同分割方式，或相乘，當二者爲可相乘，設

$$A=\begin{bmatrix}A_{11} & A_{12}\\ A_{21} & A_{22}\end{bmatrix} \text{ 和 } B=\begin{bmatrix}B_{11} & B_{12}\\ B_{21} & B_{22}\end{bmatrix}$$

則

$$A+B=\begin{bmatrix}A_{11}+B_{11} & A_{12}+B_{12}\\ A_{21}+B_{21} & A_{22}+B_{22}\end{bmatrix}$$

同理，假設 A，B 爲可相乘

$$AB=\begin{bmatrix} A_{11}B_{11}+A_{12}B_{21} & A_{11}B_{12}+A_{12}B_{22} \\ A_{21}B_{11}+A_{22}B_{21} & A_{21}B_{12}+A_{22}B_{22} \end{bmatrix}$$

假設A和B有適當的分割

例 2.6 設

$$A=\begin{bmatrix} 1 & 2 & 3 & 4 \\ 5 & 6 & 7 & 8 \end{bmatrix}=\left[\begin{array}{cc:cc} 1 & 2 & 3 & 4 \\ \hdashline 5 & 6 & 7 & 8 \end{array}\right]=\begin{bmatrix} A_{11} & A_{12} \\ A_{21} & A_{22} \end{bmatrix}$$

$$B=\begin{bmatrix} 2 & 1 & 4 & 5 \\ 3 & 2 & 1 & 0 \end{bmatrix}=\left[\begin{array}{cc:cc} 2 & 1 & 4 & 5 \\ \hdashline 3 & 2 & 1 & 0 \end{array}\right]=\begin{bmatrix} B_{11} & B_{12} \\ B_{21} & B_{22} \end{bmatrix}$$

則 $$A+B=\begin{bmatrix} [1 \quad 2]+[2 \quad 1] & [3 \quad 4]+[4 \quad 5] \\ [5 \quad 6]+[3 \quad 2] & [7 \quad 8]+[1 \quad 0] \end{bmatrix}$$

$$=\left[\begin{array}{cc:cc} 3 & 3 & 7 & 9 \\ \hdashline 8 & 8 & 8 & 8 \end{array}\right]$$

設 $$C=\begin{bmatrix} 1 & 2 & 1 & 3 \\ 4 & 0 & 1 & 2 \end{bmatrix}=\left[\begin{array}{cc:cc} 1 & 2 & 1 & 3 \\ \hdashline 4 & 0 & 1 & 2 \end{array}\right]=\begin{bmatrix} C_{11} & C_{12} \\ C_{21} & C_{22} \end{bmatrix}$$

和 $$D=\begin{pmatrix} 3 & 2 & 3 \\ 1 & 2 & 2 \\ 2 & 1 & 0 \\ 1 & 1 & 1 \end{pmatrix}=\left(\begin{array}{cc:c} 3 & 2 & 3 \\ 1 & 2 & 2 \\ \hdashline 2 & 1 & 0 \\ 1 & 1 & 1 \end{array}\right)=\begin{bmatrix} D_{11} & D_{12} \\ D_{21} & D_{22} \end{bmatrix}$$

則 $$CD=\begin{bmatrix} C_{11}D_{11}+C_{12}D_{21} & C_{11}D_{12}+C_{12}D_{22} \\ C_{21}D_{11}+C_{22}D_{21} & C_{21}D_{12}+C_{22}D_{22} \end{bmatrix}$$

和 $$C_{11}D_{11}=[1 \quad 2]\begin{bmatrix} 3 & 2 \\ 1 & 2 \end{bmatrix}=[5 \quad 6]$$

$$C_{12}D_{21}=[1 \quad 3]\begin{bmatrix} 2 & 1 \\ 1 & 1 \end{bmatrix}=[5 \quad 4]$$

$$C_{11}D_{12}=[1 \quad 2]\begin{bmatrix}3\\2\end{bmatrix}=[7]$$

$$C_{12}D_{22}=[1 \quad 3]\begin{bmatrix}0\\1\end{bmatrix}=[3]$$

$$C_{21}D_{11}=[4 \quad 0]\begin{bmatrix}3 & 2\\1 & 2\end{bmatrix}=[12 \quad 8]$$

$$C_{22}D_{21}=[1 \quad 2]\begin{bmatrix}2 & 1\\1 & 1\end{bmatrix}=[4 \quad 3]$$

$$C_{21}D_{12}=[4 \quad 0]\begin{bmatrix}0\\2\end{bmatrix}=[12]$$

$$C_{22}D_{22}=[1 \quad 2]\begin{bmatrix}0\\1\end{bmatrix}=[2]$$

因此

$$CD=\begin{bmatrix}[5 \quad 6]+[5 \quad 4] & [7]+[3]\\ [12 \quad 8]+[4 \quad 3] & [12]+[2]\end{bmatrix}=\begin{bmatrix}[10 \quad 10] & [10]\\ [16 \quad 11] & [14]\end{bmatrix}$$

$$=\begin{bmatrix}10 & 10 & 10\\16 & 11 & 14\end{bmatrix}$$

2.4.5 線性相依

行向量或列向量在矩陣理論中佔有重要地位，這類矩陣通常稱爲向量 (vector)。因此

$$\mathbf{x}=[x_1, x_2, \cdots, x_n]$$

爲一列向量 (row vector)，而

$$\mathbf{x}=[x_1, x_2, \cdots, x_n]^T$$

稱爲行向量 (column vector)。一個含 n 元素的向量通常稱爲 n 向量 (n-vector)。例如 $\mathbf{x}=[1, 4, -2, 7]$ 爲一個 4 向量。所有 n 元素均爲 0 的向量稱爲零向量 (null vector), 即

$$0=[0, 0, \cdots, 0] \text{ 或 } 0=[0, 0, \cdots, 0]^T$$

向量在矩陣理論中扮演重要角色的理由: 一是任何一個 $m\times n$ 矩陣均可分割爲 m 個列向量或 n 個行向量, 同時矩陣的重要性質可依據這些向量來分析。

設有一組同型的 n 向量 (即全爲列向量或行向量)

$$\mathbf{x}_1, \mathbf{x}_2, \cdots, \mathbf{x}_m$$

定義 2.10 一組向量 $\mathbf{x}_1, \mathbf{x}_2, \cdots, \mathbf{x}_m$, 若存有 m 個不全爲 0 的常數

$c_1, c_2, \cdots, c_m$

使得 $c_1\mathbf{x}_1+c_2\mathbf{x}_2+\cdots+c_m\mathbf{x}_m=0$, 則稱爲線性相依 (linearly dependent) 否則稱該組向量爲線性獨立 (linearly independent)。

例 2.7 設 $\mathbf{x}_1=[1, 1, 1]$, $\mathbf{x}_2=[0, 1, 1]$和$\mathbf{x}_3=[2, 5, 5]$

則 $2\mathbf{x}_1+3\mathbf{x}_2-\mathbf{x}_3=0$ 或 $\mathbf{x}_3=2\mathbf{x}_1+3\mathbf{x}_2$

即 $\mathbf{x}_1, \mathbf{x}_2, \mathbf{x}_3$ 爲線性相依, 因爲其中之一可表成其他二向量的線性組合 (linear combination)。

然而, 若 $\mathbf{x}_3$ 改爲 $\mathbf{x}_3=[2, 5, 6]$, 則 $\mathbf{x}_1, \mathbf{x}_2, \mathbf{x}_3$ 爲線性獨立。

定義 2.11 一組向量的秩 (rank) 爲由該組中可選出的線性獨立的向量的最大數。

例如在上例中$\mathbf{x}_1, \mathbf{x}_2$ 和 $\mathbf{x}_3$ 的秩爲 2, 但若改用另一$\mathbf{x}_3$, 則秩爲 3。

定義 2.12 一組向量集合的基底 (basis) 爲由該集合中所選出的線性獨立向量, 使得該集合中每一向量均可表爲這些線性獨立向量的線性組合。

定理 2.4 (取代定理)

設 $\{\boldsymbol{u}_1, \boldsymbol{u}_2, \cdots, \boldsymbol{u}_r\}$ 爲一個基底, $\boldsymbol{w}$ 爲同型非零向量, 則 $\boldsymbol{w}$ 可表爲

$\{u_i\}_1^r$的線性組合，即

$$w=\sum_{i=1}^{r}\alpha_i u_i$$

若將任一係數非零的向量 u_j 以 w取代，則該新的向量集合仍爲一基底。

上述取代定理以一個非零新向量取代基底中一個原有向量而構成新基底的技巧是解線性規劃問題的方法——單形法 (simplex method) 的基本方式。

例 2.8 假設我們想以向量 $w=[3, 0, 4]^T$ 取代基底 $\{e_1, e_2, e_3\}$ 中的任一向量，因爲 $w=3e_1+0e_2+4e_3$，依據前面的討論，我們可去除 e_1 或 e_3 得到新基底，即 $\{e_2, e_3, w\}$ 或 $\{e_1, e_2, w\}$ 形成 $\mathscr{R}^3$ 的新基底，但是代換 e_2 則不能得到新基底（參閱圖 2.3），因爲 e_1, e_3, w 在同一平面上，爲線性相依。但是刪除 e_1 或 e_3，新的向量集合仍不在同一平面上。

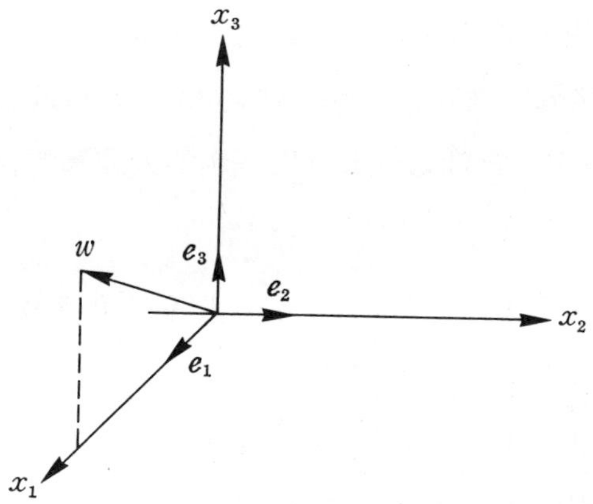

圖 2.3

定義 2.13 矩陣的秩 (rank) 爲矩陣內線性獨立最多個數行或列。因此，對於 $m\times n$ 矩陣A，其秩以 r(A) 表示

$r(A) \leq \min(m, n)$

若 $r(A)=\min(m, n)$，則A稱爲全秩 (full rank)。

$r(A)=k$ 的充要條件爲 A 經有限次數的基本矩陣運作可簡化爲

$$\left[\begin{array}{c:c} I_k & B \\ \hdashline 0 & 0 \end{array}\right]$$

定義 2.14 若方陣爲全秩，則稱爲非特異矩陣(nonsingular matrix)，否則該方陣稱爲特異矩陣 (singular matrix)。

2.4.6 基本列運算

定義 2.15 矩陣的基本列運算 (elementary row operation) 有三:

(1) 互調兩列 (以 $R_i \leftrightarrow R_j$ 表示第 i，j 列互調)。

(2) 以非零的數乘以某一列的元素 (以 αR_i 表示 α 乘以第 i 列)。

(3) 以非零的數乘以某一列的元素後，加到另一列的對應位置的元素 (以 $\alpha R_i + R_j$ 表示 α 乘以第 i 列後加到第 j 列)。

定義 2.16 若矩陣 A 經過一次或數次的基本列運算後變成矩陣B，則稱A和 B爲列同義 (row equivalent)，並以$A \overset{R}{\sim} B$表之。通常在計算的過程中，在符號～上寫出基本的列運算的符號。

例 2.9

$$\begin{bmatrix} 2 & 1 & 1 & 1 \\ 4 & 1 & 0 & -2 \\ -2 & 2 & 1 & 7 \end{bmatrix} \underset{\sim}{\frac{1}{2}R_1} \begin{bmatrix} 1 & 0.5 & 0.5 & 0.5 \\ 4 & 1 & 0 & -2 \\ -2 & 2 & 1 & 7 \end{bmatrix}$$

$$\begin{matrix} -4R_1+R_2 \\ \sim \\ 2R_1+R_3 \end{matrix} \begin{bmatrix} 1 & 0.5 & 0.5 & 0.5 \\ 0 & -1 & -2 & -4 \\ 0 & 3 & 2 & 8 \end{bmatrix}$$

$$\xrightarrow{-R_2}\begin{bmatrix}1 & 0.5 & 0.5 & 0.5\\0 & 1 & 2 & 4\\0 & 3 & 2 & 8\end{bmatrix}$$

$$\xrightarrow{-3R_2+R_3}\begin{bmatrix}1 & 0.5 & 0.5 & 0.5\\0 & 1 & 2 & 4\\0 & 0 & 4 & 4\end{bmatrix}$$

$$\xrightarrow{\frac{1}{4}R_3}\begin{bmatrix}1 & 0.5 & 0.5 & 0.5\\0 & 1 & 2 & 4\\0 & 0 & 1 & 1\end{bmatrix}$$

因此

$$\begin{bmatrix}2 & 1 & 1 & 1\\4 & 1 & 0 & -2\\-2 & 2 & 1 & 7\end{bmatrix}\underset{\smile}{R}\begin{bmatrix}1 & 0.5 & 0.5 & 0.5\\0 & 1 & 2 & 4\\0 & 0 & 1 & 1\end{bmatrix}$$

二者同義。

2.5 行列式

在數學的課題中，有些是爲了解決問題而引進的處理方法。像高中數學中座標幾何的處理和向量幾何的引進都是設法用某種代數化的處理來解決幾何上的問題。其他像隨機變數的引進以處理機率的問題，以及導數 (derivative) 的介紹以處理切線問題等等都是典型的例子。可是在數學上還有些課題比較上屬於技術性的層次，是處理問題的過程中出現的一些技巧性問題，着重的是一種「算法」(這兩種分野當然往往不是絕對的)，「行列式」正是後者的一個典型的例子。

行列式 (determinant) 就是一個與方陣相關的數值。 行列式的起源和聯立線性方程式解法的研究有相當密切的關係。在本世紀初葉，行列式一度曾頗受數學家的重視，人們發覺行列式在解 n 個未知數的 n 個線性方程式、計算面積和體積以及敍述某些線性代數的定理上頗爲有用。事實上，倘若我們所要解的聯立線性方程式的係數矩陣大於 3×3（卽多於三個未知數三個方程式），由實用及快速求解的觀點來說，行列式實在沒有多大價值，但是行列式在理論討論時用以表達答案及逆方陣則仍有其優點存在。

2.5.1 行列式的定義

定義 2.17 設 $A=\begin{bmatrix} a_{11} & a_{12} \\ a_{21} & a_{22} \end{bmatrix}$，則數值 $a_{11}a_{22}-a_{12}a_{21}$ 稱爲 A 的行列式。以 $|A|$ 表示。

本節將推廣前述所得結果，定義一個 n 階方陣 $A=[a_{ij}]$ 的行列式，方陣A的階數就是行列式$|A|$的階。n階的行列式將用 $(n-1)$ 階行列式表示， 3階行列式就可以用2階行列式表示， 4階行列式可用 3階行列式表示。在界定n階方陣的行列式之前，首先有下述定義:

定義 2.18 將 $n\times n$ 方陣A的第 i 列和第 j 行刪除後所形成的 $(n-1)\times(n-1)$ 方陣的行列式稱爲 a_{ij} 的子行列式 (minor)，以 M_{ij} 表示。數值

$$A_{ij}=(-1)^{i+j}M_{ij} \tag{2.14}$$

稱爲 a_{ij} 的餘因式 (cofactor)。

2.5.2 行列式的展開

定義 2.19 一個n階方陣A的行列式定義爲

$$|A|=\sum_{i=1}^{n}a_{i1}A_{i1} \tag{2.15}$$

$$=\sum_{j=1}^{n}a_{1j}A_{1j} \tag{2.16}$$

換句話說，A的行列式爲第一行元素與其對應餘因式的乘積的和，也等於第一列元素與其對應餘因式的乘積的和。（2.15）式稱爲行列式的行展開式（column expansion），（2.16）式爲行列式的列展開式（row expansion）。

現在來看一些簡單的例子：

若A爲 2 階方陣$\begin{bmatrix} a_{11} & a_{12} \\ a_{21} & a_{22} \end{bmatrix}$則

$$|A|=a_{11}A_{11}+a_{12}A_{12}=a_{11}a_{22}-a_{12}a_{21}$$

若A爲 3 階方陣$\begin{bmatrix} a_{11} & a_{12} & a_{13} \\ a_{21} & a_{22} & a_{23} \\ a_{31} & a_{32} & a_{33} \end{bmatrix}$

則$|A|=a_{11}A_{11}+a_{21}A_{21}+a_{31}A_{31}$

$\quad=a_{11}M_{11}-a_{21}M_{21}+a_{31}M_{31}$

其中 A_{i1} 爲將A中與 a_{i1} 相同的行與列去掉後所餘的方陣的行列式

$$\text{即}A_{11}=(-1)^{1+1}\begin{vmatrix} \not{a}_{11} & \not{a}_{12} & \not{a}_{13} \\ \not{a}_{21} & a_{22} & a_{23} \\ \not{a}_{31} & a_{32} & a_{33} \end{vmatrix}=\begin{vmatrix} a_{22} & a_{23} \\ a_{32} & a_{33} \end{vmatrix}$$

$$A_{21}=(-1)^{2+1}\begin{vmatrix} \not{a}_{11} & a_{12} & a_{13} \\ \not{a}_{21} & \not{a}_{22} & \not{a}_{23} \\ \not{a}_{31} & a_{32} & a_{33} \end{vmatrix}=-\begin{vmatrix} a_{12} & a_{13} \\ a_{32} & a_{33} \end{vmatrix}$$

$$A_{31}=(-1)^{3+1}\begin{vmatrix} a_{11} & a_{12} & a_{13} \\ a_{21} & a_{22} & a_{23} \\ a_{31} & a_{32} & a_{33} \end{vmatrix}=\begin{vmatrix} a_{12} & a_{13} \\ a_{22} & a_{23} \end{vmatrix}$$

例 2.10

$$\begin{vmatrix} 2 & 1 & 1 \\ 3 & 2 & -1 \\ -1 & 3 & -2 \end{vmatrix}=2\begin{vmatrix} 2 & -1 \\ 3 & -2 \end{vmatrix}-3\begin{vmatrix} 1 & 1 \\ 3 & -2 \end{vmatrix}+(-1)\begin{vmatrix} 1 & 1 \\ 2 & -1 \end{vmatrix}$$

$$=2(-4+3)-3(-2-3)-1(-1-2)$$

$$=-2+15+3$$

$$=16$$

設 A 爲 4 階方陣 $\begin{bmatrix} a_{11} & a_{12} & a_{13} & a_{14} \\ a_{21} & a_{22} & a_{23} & a_{24} \\ a_{31} & a_{32} & a_{33} & a_{34} \\ a_{41} & a_{42} & a_{43} & a_{44} \end{bmatrix}$

其行列式 $|A|$ 定義爲

$$|A|=a_{11}A_{11}+a_{21}A_{21}+a_{31}A_{31}+a_{41}A_{41}$$

$$=a_{11}M_{11}-a_{21}M_{21}+a_{31}A_{31}-a_{41}M_{41}$$

例 2.11

若 $A=\begin{bmatrix} 1 & 2 & 3 & 4 \\ 3 & 7 & -1 & 0 \\ 2 & 1 & 4 & -2 \\ 1 & 3 & 2 & 4 \end{bmatrix}$

則 $|A|=1\begin{vmatrix} 7 & -1 & 0 \\ 1 & 4 & -2 \\ 3 & 2 & 4 \end{vmatrix}-3\begin{vmatrix} 2 & 3 & 4 \\ 1 & 4 & -2 \\ 3 & 2 & 4 \end{vmatrix}+2\begin{vmatrix} 2 & 3 & 4 \\ 7 & -1 & 0 \\ 3 & 2 & 4 \end{vmatrix}$

$$-1\begin{vmatrix}2 & 3 & 4\\ 7 & -1 & 0\\ 1 & 4 & -2\end{vmatrix}$$

每一個3階方陣可依例2.1方法計算

$$M_{11}=\begin{vmatrix}7 & -1 & 0\\ 1 & 4 & -2\\ 3 & 2 & 4\end{vmatrix}=7\begin{vmatrix}4 & -2\\ 2 & 4\end{vmatrix}-1\begin{vmatrix}-1 & 0\\ 2 & 4\end{vmatrix}+3\begin{vmatrix}-1 & 0\\ 4 & -2\end{vmatrix}$$

$$=7(20)-1(-4)+3(2)=150$$

$$M_{21}=\begin{vmatrix}2 & 3 & 4\\ 1 & 4 & -2\\ 3 & 2 & 4\end{vmatrix}=2\begin{vmatrix}4 & -2\\ 2 & 4\end{vmatrix}-1\begin{vmatrix}3 & 4\\ 2 & 4\end{vmatrix}+3\begin{vmatrix}3 & 4\\ 4 & -2\end{vmatrix}$$

$$=2(20)-1(4)+3(-22)=-30$$

$$M_{31}=\begin{vmatrix}2 & 3 & 4\\ 7 & -1 & 0\\ 3 & 2 & 4\end{vmatrix}=2\begin{vmatrix}-1 & 0\\ 2 & 4\end{vmatrix}-7\begin{vmatrix}3 & 4\\ 2 & 4\end{vmatrix}+3\begin{vmatrix}3 & 4\\ -1 & 0\end{vmatrix}$$

$$=2(-4)-7(4)+3(4)=-24$$

$$M_{41}=\begin{vmatrix}2 & 3 & 4\\ 7 & -1 & 0\\ 1 & 4 & -2\end{vmatrix}=2\begin{vmatrix}-1 & 0\\ 4 & -2\end{vmatrix}-7\begin{vmatrix}3 & 4\\ 4 & -2\end{vmatrix}+1\begin{vmatrix}3 & 4\\ -1 & 0\end{vmatrix}$$

$$=2(2)-7(-22)+1(4)=162$$

因此 $|A|=1(150)-3(-30)+2(-24)-1(162)$

$=30$

事實上，A的行列式可用任一行（列）與其對應餘因式的乘積的和表示。

$$|A|=a_{21}A_{21}+a_{22}A_{22}+a_{23}A_{23}$$

$$=a_{11}A_{11}+a_{21}A_{21}+a_{31}A_{31}$$

$$=a_{13}A_{13}+a_{23}A_{23}+a_{33}A_{33}$$ 等等。

定理 2.5　一方陣的行列式等於其中任一行（列）的元素與其相對應的餘因式的乘積之和。若以符號表示，對於所有 p， q

$$|A|=\sum_{j=1}^{n} a_{pj}A_{pj} \tag{2.17}$$

$$=\sum_{i=1}^{n} a_{iq}A_{iq} \tag{2.18}$$

（2.17）式為行列式的列展開的一般形式，（2.18）式為行展開的一般形式。

在計算 3 × 3 矩陣的行列式時，常見的方法有如下二種。茲舉例示範如下：

$$\begin{vmatrix} b_{11} & b_{12} & b_{13} \\ b_{21} & b_{22} & b_{23} \\ b_{31} & b_{32} & b_{33} \end{vmatrix}$$

方法 1

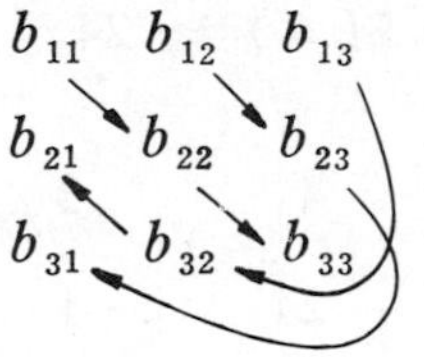

$(b_{11}b_{22}b_{33}+b_{12}b_{23}b_{31}+b_{13}b_{32}b_{21})$

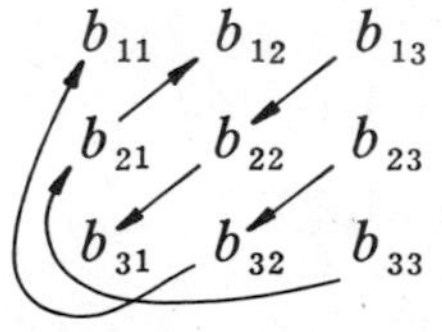

$(b_{13}b_{22}b_{31}+b_{23}b_{32}b_{11}+b_{33}b_{21}b_{12})$

$$|A|=b_{11}b_{22}b_{33}+b_{12}b_{23}b_{31}+b_{13}b_{32}b_{21}$$

$$-[b_{13}b_{22}b_{31}+b_{23}b_{32}b_{11}+b_{33}b_{21}b_{12}]$$

方法 2

將行列式的前二行抄錄於行列式的右邊，如圖所示：

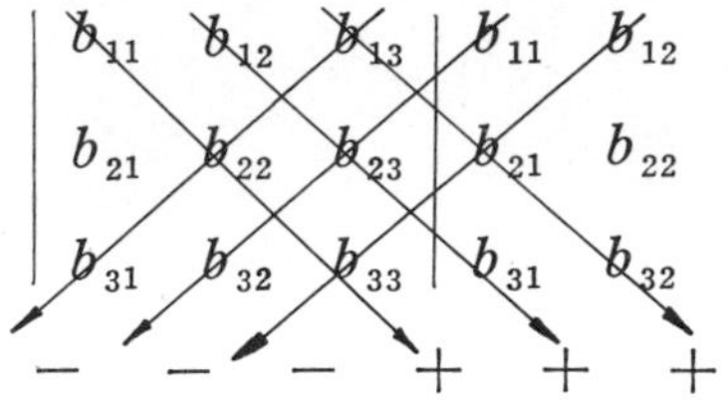

可得相同結果。

一般而言，當方陣的階數愈來愈高時，其行列式的計算也愈來愈繁。例如A爲5×5方陣則

$$|A|=a_{11}M_{11}-a_{21}M_{21}+a_{31}M_{31}-a_{41}M_{41}+a_{51}M_{51}$$

上式中的每一子行列式均有 4 階，因此爲了計算$|A|$，首先，必須計算 5 個 4 階子行列式，由於每一 4 階行列式必須用 3 階子行列式表示而每一 3 階行列式有 3 個 2 階子行列式，換言之，爲了求出 5 階方陣A的行列式$|A|$，必須計算 60 個 2 階行列式（6 階方陣的行列式需要計算 360 個 2 階行列式），其工作量實爲驚人，因此有必要探討一些可以用來化簡行列式計算的原則。尤其若能於計算時，將行列式中某些行或列化爲零，就可不必費時計算，而達到「不戰而勝」的目的。

2.5.3　行列式的基本性質

定理 2.6　均一性（homogeneity）

設A爲一n階方陣，若將A中任一列（行）的每一元素均乘以λ後的方陣稱爲B，則

$$|B|=\lambda|A| \tag{2.19}$$

因爲上式中的λ並無限制，因此即使$\lambda=0$仍然成立。

系： 若一方陣含有一列（行）的元素均爲零，則其行列式爲零。

例 2.12

$$A=\begin{vmatrix} 2 & -1 & 3 \\ 1 & 3 & -1 \\ 2 & 3 & 4 \end{vmatrix}=27$$

$$B=\begin{vmatrix} 4 & -2 & 6 \\ 1 & 3 & -1 \\ 2 & 3 & 4 \end{vmatrix}=54=2\begin{vmatrix} 2 & -1 & 3 \\ 1 & 3 & -1 \\ 2 & 3 & 4 \end{vmatrix}=2A$$

定理 2.7 相加性 (additivity)

若同階方陣 A_1，A_2 爲除了第 k 列（行）外，其他各列（行）均爲相等，A_3 爲除了第 k 列（行）爲 A_1 和 A_2 第 k 列（行）的和外，其他各列（行）均與 A_1，A_2 相同的同階方陣，則

$$|A_3|=|A_1|+|A_2| \tag{2.20}$$

例 2.13

(1) $$\begin{vmatrix} a_{11} & a_{12} & a_{13} \\ a_{21} & a_{22} & a_{23} \\ a_{31} & a_{32} & a_{33} \end{vmatrix}+\begin{vmatrix} a_{11} & a_{12} & a_{13} \\ b_{21} & b_{22} & b_{23} \\ a_{31} & a_{32} & a_{33} \end{vmatrix}=\begin{vmatrix} a_{11} & a_{12} & a_{13} \\ a_{21}+b_{21} & a_{22}+b_{22} & a_{23}+b_{23} \\ a_{31} & a_{32} & a_{33} \end{vmatrix}$$

(2) $$\begin{vmatrix} \lambda_1 a_{11}+\lambda_2 b_{11}+\lambda_3 c_{11} & a_{12}\cdots\cdots a_{1n} \\ \lambda_1 a_{21}+\lambda_2 b_{21}+\lambda_3 c_{21} & a_{22}\cdots\cdots a_{2n} \\ \vdots & \vdots \\ \lambda_1 a_{n1}+\lambda_2 b_{n1}+\lambda_3 c_{n1} & a_{n2}\cdots\cdots a_{nn} \end{vmatrix}$$

$$=\lambda_1\begin{vmatrix} a_{11}a_{12}\cdots a_{1n} \\ a_{21}a_{22}\cdots a_{2n} \\ \vdots \\ a_{n1}a_{n2}\cdots a_{nn} \end{vmatrix}+\lambda_2\begin{vmatrix} b_{11}a_{12}\cdots a_{1n} \\ b_{21}a_{22}\cdots a_{2n} \\ \vdots \quad \vdots \quad \vdots \\ b_{n1}a_{n2}\cdots a_{nn} \end{vmatrix}+\lambda_3\begin{vmatrix} c_{11}a_{12}\cdots a_{1n} \\ c_{21}a_{22}\cdots a_{2n} \\ \vdots \quad \vdots \quad \vdots \\ c_{n1}a_{n2}\cdots a_{nn} \end{vmatrix}$$

注意：一般而言，若 A 和 B 爲任意 n 階方陣，$|A+B|\neq|A|+|B|$。

定理 2.8 若矩陣 A 可分割如下：

$$A=\left[\begin{array}{c:c} B & 0 \\ \hdashline D & C \end{array}\right]$$

則 $|A|=|B||C|$

定理 2.9　若二矩陣A與B可相乘

則 $|AB|=|A|\cdot|B|$

定理 2.10　若將方陣 A 內任意相鄰的二列（行）互調之後的方陣稱為 B，則$|B|=-|A|$。

譬如:

$$A=\begin{bmatrix} a_{11} & a_{12} & a_{13} \\ a_{21} & a_{22} & a_{23} \\ a_{31} & a_{32} & a_{33} \end{bmatrix}$$

則

$$|A|=a_{11}\begin{vmatrix} a_{22} & a_{23} \\ a_{32} & a_{33} \end{vmatrix}-a_{21}\begin{vmatrix} a_{12} & a_{13} \\ a_{32} & a_{33} \end{vmatrix}+a_{31}\begin{vmatrix} a_{12} & a_{13} \\ a_{22} & a_{23} \end{vmatrix}$$

$$=a_{11}M_{11}-a_{21}M_{21}+a_{31}M_{31}$$

現設　$B=\begin{bmatrix} a_{21} & a_{22} & a_{23} \\ a_{11} & a_{12} & a_{13} \\ a_{31} & a_{32} & a_{33} \end{bmatrix}$

則　$|B|=a_{21}\begin{vmatrix} a_{12} & a_{13} \\ a_{32} & a_{33} \end{vmatrix}-a_{11}\begin{vmatrix} a_{22} & a_{23} \\ a_{32} & a_{33} \end{vmatrix}+a_{31}\begin{vmatrix} a_{22} & a_{23} \\ a_{12} & a_{13} \end{vmatrix}$

$$=a_{21}M_{21}-a_{11}M_{11}+a_{31}\begin{vmatrix} a_{22} & a_{23} \\ a_{12} & a_{13} \end{vmatrix}$$

而　$\begin{vmatrix} a_{22} & a_{23} \\ a_{12} & a_{13} \end{vmatrix}=-\begin{vmatrix} a_{12} & a_{13} \\ a_{22} & a_{23} \end{vmatrix}=-M_{31}$

因此　$|B|=-a_{11}M_{11}+a_{21}M_{21}-a_{31}M_{31}$

$$=-(a_{11}M_{11}-a_{21}M_{21}+a_{31}M_{31})$$

$$=-|A|$$

定理 2.11 若將方陣內任意二列（行）互調之後的方陣稱爲B，則 $|B|=-|A|$。

例 2.14

$$\begin{vmatrix} 3 & 4 & 10 \\ 5 & 1 & 8 \\ 3 & -1 & 2 \end{vmatrix} = 6 = -\begin{vmatrix} 3 & -1 & 2 \\ 5 & 1 & 8 \\ 3 & 4 & 10 \end{vmatrix} = -(-6)$$

定理 2.12 若一 n 階方陣A內任意二不同列（行）的元素全然相同，則 $|A|=0$。

例 2.15 試證 $\begin{vmatrix} b+c & a-b & a \\ c+a & b-c & b \\ a+b & c-a & c \end{vmatrix} = 3abc-a^3-b^3-c^3$

證:

$$\begin{vmatrix} b+c & a-b & a \\ c+a & b-c & b \\ a+b & c-a & c \end{vmatrix} = \begin{vmatrix} b & a-b & a \\ c & b-c & b \\ a & c-a & c \end{vmatrix} + \begin{vmatrix} c & a-b & a \\ a & b-c & b \\ b & c-a & c \end{vmatrix}$$

$$= \begin{vmatrix} b & a & a \\ c & b & b \\ a & c & c \end{vmatrix} - \begin{vmatrix} b & b & a \\ c & c & b \\ a & a & c \end{vmatrix} + \begin{vmatrix} c & a & a \\ a & b & b \\ b & c & c \end{vmatrix} - \begin{vmatrix} c & b & a \\ a & c & b \\ b & a & c \end{vmatrix}$$

$$= 0 - 0 + 0 - \begin{vmatrix} c & b & a \\ a & c & b \\ b & a & c \end{vmatrix}$$

$$= -[c^3+a^3+b^3-abc-abc-abc]$$

$$= 3abc-a^3-b^3-c^3$$

定理 2.13 若一n階方陣A內之任一列（行）元素爲另一列（行）元素的倍數時，則 $|A|=0$。

例 2.16

$$|A|=\begin{vmatrix} a_1 & a_2 & a_3 \\ ka_1 & ka_2 & ka_3 \\ c_1 & c_2 & c_3 \end{vmatrix}$$

$$=a_1\begin{vmatrix} ka_2 & ka_3 \\ c_2 & c_3 \end{vmatrix}-ka_1\begin{vmatrix} a_2 & a_3 \\ c_2 & c_3 \end{vmatrix}+c_1\begin{vmatrix} a_2 & a_3 \\ ka_2 & ka_3 \end{vmatrix}$$

$$=a_1(ka_2c_3-ka_3c_2)-ka_1(a_2c_3-c_2a_3)+c_1(a_2ka_3-ka_2a_3)$$

$$=0$$

定理 2.14 若 A 爲一 n 階方陣，同階方陣 B 的第 i 列（行）中的各元素，分別爲相對應位置 A 的第 i 列（行）元素加上 k 乘以第 j 列（行）元素之和，其他各列（行）元素與 A 全然相同，則 $|B|=|A|$。譬如:

$$A=\begin{bmatrix} a_{11} & a_{12} & a_{13} & a_{14} \\ a_{21} & a_{22} & a_{23} & a_{24} \\ a_{31} & a_{32} & a_{33} & a_{34} \\ a_{41} & a_{42} & a_{43} & a_{44} \end{bmatrix}$$

$$B=\begin{bmatrix} a_{11} & a_{12} & a_{13} & a_{14} \\ a_{21} & a_{22} & a_{23} & a_{24} \\ a_{31}+ka_{11} & a_{32}+ka_{12} & a_{33}+ka_{13} & a_{34}+ka_{14} \\ a_{41} & a_{42} & a_{43} & a_{44} \end{bmatrix}$$

則

$$|B|=\begin{vmatrix} a_{11} & a_{12} & a_{13} & a_{14} \\ a_{21} & a_{22} & a_{23} & a_{24} \\ a_{31}+ka_{11} & a_{32}+ka_{12} & a_{33}+ka_{13} & a_{34}+ka_{14} \\ a_{41} & a_{42} & a_{43} & a_{44} \end{vmatrix}$$

$$=\begin{vmatrix} a_{11} & a_{12} & a_{13} & a_{14} \\ a_{21} & a_{22} & a_{23} & a_{24} \\ a_{31} & a_{32} & a_{33} & a_{34} \\ a_{41} & a_{42} & a_{43} & a_{44} \end{vmatrix} + \begin{vmatrix} a_{11} & a_{12} & a_{13} & a_{14} \\ a_{21} & a_{22} & a_{23} & a_{24} \\ ka_{11} & ka_{12} & ka_{13} & ka_{14} \\ a_{41} & a_{42} & a_{43} & a_{44} \end{vmatrix}$$

$$=|A|+0$$

$$=|A|$$

所以 $|B|=|A|$

例 2.17 試求行列式 $\begin{vmatrix} 67 & 19 & 21 \\ 39 & 13 & 14 \\ 81 & 24 & 26 \end{vmatrix}$ 的值。

解:

$$\begin{vmatrix} 67 & 19 & 21 \\ 39 & 13 & 14 \\ 81 & 24 & 26 \end{vmatrix} = \begin{vmatrix} 10+57 & 19 & 21 \\ 0+39 & 13 & 14 \\ 9+72 & 24 & 26 \end{vmatrix}$$

$$= \begin{vmatrix} 10 & 19 & 21 \\ 0 & 13 & 14 \\ 9 & 24 & 26 \end{vmatrix} + \begin{vmatrix} 57 & 19 & 21 \\ 39 & 13 & 14 \\ 72 & 24 & 26 \end{vmatrix}$$

$$= \begin{vmatrix} 10 & 19 & 19+2 \\ 0 & 13 & 13+1 \\ 9 & 24 & 24+2 \end{vmatrix} + \begin{vmatrix} 57+(-3)(19) & 19 & 21 \\ 39+(-3)(13) & 13 & 14 \\ 72+(-3)(24) & 24 & 26 \end{vmatrix}$$

$$= \begin{vmatrix} 10 & 19 & 19 \\ 0 & 13 & 13 \\ 9 & 24 & 24 \end{vmatrix} + \begin{vmatrix} 10 & 19 & 2 \\ 0 & 13 & 1 \\ 9 & 24 & 2 \end{vmatrix} + \begin{vmatrix} 0 & 19 & 21 \\ 0 & 13 & 14 \\ 0 & 24 & 26 \end{vmatrix}$$

$$=\begin{vmatrix} 10 & 19 & 2 \\ 0 & 13 & 1 \\ 9 & 24 & 2 \end{vmatrix}$$

$$=10\begin{vmatrix} 13 & 1 \\ 24 & 2 \end{vmatrix}+9\begin{vmatrix} 19 & 2 \\ 13 & 1 \end{vmatrix}$$

$$=10(26-24)+9(19-26)$$

$$=20-63$$

$$=-43$$

利用上述定理，有助於簡化矩陣的計算。

例 2.18　考慮矩陣

$$A=\begin{bmatrix} 2 & 1 & 6 \\ 1 & 1 & -3 \\ 3 & 6 & -2 \end{bmatrix}$$，試計算行列式 $|A|$。

解 (法一):

依據行列式的定義

$$|A|=(2)(1)(-2)+(1)(-3)(3)+(6)(1)(6)$$
$$-(2)(-3)(6)-(1)(1)(-2)-(6)(1)(3)$$
$$=43$$

(另法):

對矩陣 A 施行某些列運算。首先將第一列除 2

$$A_1=\begin{bmatrix} 1 & \frac{1}{2} & 3 \\ 1 & 1 & -3 \\ 3 & 6 & -2 \end{bmatrix}$$　　則 $|A_1|=\frac{1}{2}|A|$

其次，由第二列減第一列

$$A_2=\begin{bmatrix} 1 & \frac{1}{2} & 3 \\ 0 & \frac{1}{2} & -6 \\ 3 & 6 & -2 \end{bmatrix} \quad 則 \ |A_2|=|A_1|=\frac{1}{2}|A|$$

接着，由第三列減去（第一列乘 3）

$$A_3=\begin{bmatrix} 1 & \frac{1}{2} & 3 \\ 0 & \frac{1}{2} & -6 \\ 0 & \frac{9}{2} & -11 \end{bmatrix} \quad 則 \ |A_3|=|A_2|=|A_1|=\frac{1}{2}|A|$$

因此 $|A_3|=(1)(-1)^{1+1}\begin{vmatrix} \frac{1}{2} & -6 \\ \frac{9}{2} & -11 \end{vmatrix}-(0)(-1)^{2+1}\begin{vmatrix} \frac{1}{2} & 3 \\ \frac{9}{2} & -11 \end{vmatrix}$

$$+(0)(-1)^{3+1}\begin{vmatrix} \frac{1}{2} & 3 \\ \frac{1}{2} & -6 \end{vmatrix}$$

$$=1\left(-\frac{11}{2}+\frac{54}{2}\right)=\frac{43}{2}$$

即 $|A|=2|A_3|=43$

定理 2.15 若 A 與 B 爲二 $n\times$ 階方陣，則

$$|AB|=|A||B|$$

一般而言，於計算方陣 A 的行列式的值時，定理 2.10 相當具有實用價值，現以例題說明如下:

例 2.19　試求下列二行列式的值。

$$(1)\begin{vmatrix} 1 & 2 & -1 \\ -2 & 1 & 4 \\ 3 & 0 & 5 \end{vmatrix} \qquad (2)\begin{vmatrix} 1 & a & a^2 \\ 1 & b & b^2 \\ 1 & c & c^2 \end{vmatrix}$$

解:

(1) 利用定理 2.10 進行運算

$$\begin{vmatrix} 1 & 2 & -1 \\ -2 & 1 & 4 \\ 3 & 0 & 5 \end{vmatrix} = \begin{vmatrix} 1 & 0 & 0 \\ -2 & 5 & 2 \\ 3 & -6 & 8 \end{vmatrix} = 1 \cdot \begin{vmatrix} 5 & 2 \\ -6 & 8 \end{vmatrix} = 52$$

(2) 利用定理 2.10 進行運算

$$\begin{vmatrix} 1 & a & a^2 \\ 1 & b & b^2 \\ 1 & c & c^2 \end{vmatrix} = \begin{vmatrix} 0 & a-c & a^2-c^2 \\ 0 & b-c & b^2-c^2 \\ 1 & c & c^2 \end{vmatrix} = 1 \cdot \begin{vmatrix} a-c & a^2-c^2 \\ b-c & b^2-c^2 \end{vmatrix}$$

$$=(a-c)(b-c)\begin{vmatrix} 1 & a-c \\ 1 & b-c \end{vmatrix}$$

$$=(a-c)(b-c)(b-a)$$

另外，倘若能將方陣A化爲三角方陣的形式，則 $|A|$ 的值也很容易得出，因爲三角方陣的行列式的值等於對角線元素的乘積。

$$\begin{vmatrix} a_{11} & a_{12}\cdots a_{1n} \\ 0 & a_{22}\cdots a_{2n} \\ \vdots & \vdots \\ 0 & 0\ \cdots a_{nn} \end{vmatrix} = a_{11}\begin{vmatrix} a_{22} & a_{23}\cdots a_{2n} \\ 0 & a_{33}\cdots a_{3n} \\ \vdots & \vdots \\ 0 & 0\ \cdots a_{nn} \end{vmatrix} = \cdots = a_{11}a_{22}\cdots a_{nn}$$

例 2.20　試將 $\begin{vmatrix} 4 & 2 & 3 \\ 5 & -2 & 4 \\ -3 & 6 & 8 \end{vmatrix}$ 化爲三角矩陣的行列式的形式求值。

解:
$$\begin{vmatrix} 4 & 2 & 3 \\ 5 & -2 & 4 \\ -3 & 6 & 8 \end{vmatrix} = 4\begin{vmatrix} 1 & \frac{1}{2} & \frac{3}{4} \\ 5 & -2 & 4 \\ -3 & 6 & 8 \end{vmatrix} = 4\begin{vmatrix} 1 & \frac{1}{2} & \frac{3}{4} \\ 0 & -\frac{9}{2} & \frac{1}{4} \\ 0 & \frac{15}{2} & \frac{41}{4} \end{vmatrix}$$

$$= 4\left(-\frac{9}{2}\right)\begin{vmatrix} 1 & \frac{1}{2} & \frac{3}{4} \\ 0 & 1 & -\frac{1}{18} \\ 0 & \frac{15}{2} & \frac{41}{4} \end{vmatrix}$$

$$= 4\left(-\frac{9}{2}\right)\begin{vmatrix} 1 & \frac{1}{2} & \frac{3}{4} \\ 0 & 1 & -\frac{1}{18} \\ 0 & 0 & \frac{32}{3} \end{vmatrix}$$

$$= 4\left(-\frac{9}{2}\right)\left(\frac{32}{3}\right)$$

$$= -192$$

事實上,以上這個運算程序就是高斯焦丹三角化程序(Gauss-Jordan triangularization process),本法比直接按定義展開要簡捷得多,尤其對高階行列式更爲有效率。

定義 2.20 若A爲一n階方陣,A_{ij}爲元素a_{ij}的餘因式,則方陣 $\text{adj}A = [A_{ij}]^T$稱爲A的伴隨方陣 (adjoint matrix)。

例 2.21

設$A=\begin{bmatrix} 3 & -2 & 1 \\ 5 & 6 & 2 \\ 1 & 0 & -3 \end{bmatrix}$,試求伴隨方陣 $\text{adj}A$。

解:

$$A_{11}=(-1)^{1+1}\begin{vmatrix}6 & 2\\ 0 & -3\end{vmatrix}=-18,\ A_{21}=-6,\ A_{31}=-10$$

$$A_{12}=(-1)^{1+2}\begin{vmatrix}5 & 2\\ 1 & -3\end{vmatrix}=17,\ A_{22}=-10,\ A_{32}=-1$$

$$A_{13}=(-1)^{1+3}\begin{vmatrix}5 & 6\\ 1 & 0\end{vmatrix}=-6,\ A_{23}=-2,\ A_{33}=28$$

因此A的伴隨方陣

$$\text{adj}A=\begin{bmatrix}-18 & -6 & -10\\ 17 & -10 & -1\\ -6 & -2 & 28\end{bmatrix}$$

定理 2.16 若A爲一n階方陣，則

$$A\cdot\text{adj}A=(\text{adj}A)\cdot A=(|A|)\cdot I \tag{2.21}$$

例 2.22

設矩陣$A=\begin{bmatrix}1 & 0 & -1\\ 1 & 1 & -1\\ 1 & 2 & 1\end{bmatrix}$，試求 adj$A$，並驗證定理2.11。

解:

$$\text{adj}A=\begin{bmatrix}3 & -2 & 1\\ -2 & 2 & -2\\ 1 & 0 & 1\end{bmatrix}^T=\begin{bmatrix}3 & -2 & 1\\ -2 & 2 & 0\\ 1 & -2 & 1\end{bmatrix}$$

因此 $(\text{adj}A)A=\begin{bmatrix}3 & -2 & 1\\ -2 & 2 & 0\\ 1 & -2 & 1\end{bmatrix}\begin{bmatrix}1 & 0 & -1\\ 1 & 1 & -1\\ 1 & 2 & 1\end{bmatrix}$

$$=\begin{bmatrix}2&0&0\\0&2&0\\0&0&2\end{bmatrix}=2I$$

$$(A)(\text{adj}A)=\begin{bmatrix}1&0&-1\\1&1&-1\\1&2&1\end{bmatrix}\begin{bmatrix}3&-2&1\\-2&2&0\\1&-2&1\end{bmatrix}=2I$$

同時 $|A|=2$

所以 $(\text{adj}A)(A)=A(\text{adj}A)=(|A|)I$

2.6 逆矩陣

有逆方陣 (invertible matrix) 的方陣，在理論的探討和實際應用上都很重要，因此我們必須對一個方陣是否有逆方陣存在以及倘若存在，應如何求取，進行徹底的研究。

2.6.1 逆矩陣的定義

單位方陣 I 在矩陣的運算操作中所扮演的角色和實數中的「1」非常類似。若 A 爲一 $m\times n$ 矩陣，則 $I_mA=AI_n=A$。爲了方便起見，在意義不含混的情況下，簡寫爲 $IA=AI=A$。

定義 2.21 設矩陣 A 爲 n 階方陣，若一個 $n\times m$ 矩陣 G 使 $GA=I_n$ 成立，則稱 G 爲 A 的一個左逆矩陣；若一個 $n\times m$ 矩陣 H 使 $AH=I_m$ 成立，則稱 H 爲 A 的一個右逆矩陣。

矩陣的逆矩陣可能存在也可能不存在，事實上，只有非特異矩陣才會有逆矩陣存在。

定理 2.17 若一方陣的一個左逆方陣和一個右逆方陣均存在，則二者必相等，同時該逆方陣爲唯一。

定義 2.22　若方陣 A 的左右逆方陣均存在，則稱其爲 A 的逆方陣 (inverse matrix) 以 A^{-1} 表示之。

每當看到一個方陣，必然想知道它是否爲可逆？最簡單的方法爲求該矩陣的行列式，若行列式不爲零，則必爲可逆。由某些可逆方陣，可以得知與它相關的其他方陣也是可逆。

2.6.2　逆方陣的性質

定理 2.18　若 A 和 B 均爲同階可逆方陣，則

(1) $(A^{-1})^{-1}=A$，亦即 A^{-1} 也是可逆方陣。

(2) $(AB)^{-1}=B^{-1}A^{-1}$，亦即 AB 便是可逆。

系：若 $A_1, A_2, \cdots, A_k$ 均爲同階的可逆方陣，則其相乘積的逆方陣爲 $(A_1A_2\cdots A_k)^{-1}=A_k^{-1}A_{k-1}^{-1}\cdots A_2^{-1}A^{-1}$。

可逆方陣的負指數冪，可以定義如下：

定義 2.23　若 k 爲一正整數，A 爲一可逆方陣，則 $A^{-k}=(A^{-1})^k$。

定理 2.19　**左消去律**：設 A 爲一可逆的 m 階方陣，B 和 C 爲 $m\times n$ 矩陣，若 $AB=AC$，則 $B=C$。

右消去律：設 A 爲一可逆的 n 階方陣，B 和 C 爲 $m\times n$ 矩陣，若 $BA=CA$，則 $B=C$。

系：若方陣 A 爲可逆，且 $AB=I$，則 $B=A^{-1}$，同時 $BA=I$。

細心的讀者若回想矩陣消去律不成立的理由中必將發現是方陣 A 的逆方陣不存在的緣故。如果矩陣 A 的逆矩陣 A^{-1} 存在，則當 $AB=AC$，得 $B=C$。

定理 2.20　任意 n 階方陣 A 爲可逆的充要條件是 A 與 I_n 爲列同義。

系：同階的可逆方陣必爲列同義。

定理 2.21　若方陣 A 和 B 滿足 $AB=I_n$，則 A 和 B 皆爲可逆方陣，且

$B=A^{-1}$，同時$A=B^{-1}$（即 $AB=BA=I_n$）。

定理 2.22　若A爲B的左逆方陣或B爲 A 的右逆方陣，則A和B都是可逆且互爲逆方陣。

2.6.3　逆方陣的計算法

定理 2.23　若n階方陣A滿足〔$A : I_n$〕$\overset{R}{\sim}$〔$I_n : B$〕，則 $B=A^{-1}$，即B爲A的逆矩陣。

在上述求逆方陣A^{-1}的過程中，倘若三角化之後所得方陣中有一列元素均爲零，則可知矩陣A的逆方陣不存在。

例 2.23　試求$A=\begin{bmatrix}1 & 2 & -3\\ 1 & -2 & 1\\ 5 & -2 & -3\end{bmatrix}$的逆方陣 A^{-1}。

解:

$$\begin{bmatrix}1 & 2 & -3 & 1 & 0 & 0\\ 1 & -2 & 1 & 0 & 1 & 0\\ 5 & -2 & -3 & 0 & 0 & 1\end{bmatrix}$$

三角化之後，即得

$$\begin{bmatrix}1 & 2 & -3 & 7 & 0 & 0\\ 0 & -4 & 4 & -1 & 1 & 0\\ 0 & 0 & 0 & -2 & 3 & 1\end{bmatrix}$$

因爲 $\begin{bmatrix}1 & 2 & -3\\ 0 & -4 & 4\\ 0 & 0 & 0\end{bmatrix}$

中有一列元素均爲 0，所以得知本例逆矩陣 A^{-1} 不存在。

注意：在求 A^{-1} 之前，不必事先獲知 A^{-1} 是否存在，使用上述方法，

結果必然會得出 A^{-1} 或得知 A^{-1} 不存在。

例 2.24　設 A 如上例所示，則

$$[A, I]=\left[\begin{array}{ccc:ccc} 2 & 1 & 6 & 1 & 0 & 0 \\ 1 & 1 & -3 & 0 & 1 & 0 \\ 3 & 6 & -2 & 0 & 0 & 1 \end{array}\right]$$

$$\underbrace{\tfrac{1}{2}R_1}\left[\begin{array}{ccc:ccc} 1 & \frac{1}{2} & 3 & \frac{1}{2} & 0 & 0 \\ 1 & 1 & -3 & 0 & 1 & 0 \\ 3 & 6 & -2 & 0 & 0 & 1 \end{array}\right]$$

$$\underset{R_3-3R_1}{\underbrace{R_2-R_1}}\left[\begin{array}{ccc:ccc} 1 & \frac{1}{2} & 3 & \frac{1}{2} & 0 & 0 \\ 0 & \frac{1}{2} & -6 & -\frac{1}{2} & 1 & 0 \\ 0 & \frac{9}{2} & -11 & -\frac{3}{2} & 0 & 1 \end{array}\right]$$

$$\underset{R_3-9R_2}{\underbrace{R_1-R_2}}\left[\begin{array}{ccc:ccc} 1 & 0 & 9 & 1 & -1 & 0 \\ 0 & 1 & -12 & -1 & 2 & 0 \\ 0 & 0 & 43 & 3 & -9 & 1 \end{array}\right]$$

$$\underbrace{\tfrac{1}{43}R_3}\left[\begin{array}{ccc:ccc} 1 & 0 & 9 & 1 & -1 & 0 \\ 0 & 1 & -12 & -1 & 2 & 0 \\ 0 & 0 & 1 & \frac{3}{43} & \frac{-9}{43} & \frac{1}{43} \end{array}\right]$$

$$\underset{R_1-9R_3}{\underbrace{12R_3+R_2}}\left[\begin{array}{ccc:ccc} 1 & 0 & 0 & \frac{16}{43} & \frac{38}{43} & \frac{-9}{43} \\ 0 & 1 & 0 & \frac{-7}{43} & \frac{-22}{43} & \frac{12}{43} \\ 0 & 0 & 1 & \frac{3}{43} & \frac{-9}{43} & \frac{1}{43} \end{array}\right]$$

$$因此 \quad A^{-1}=\begin{bmatrix} \frac{16}{43} & \frac{38}{43} & \frac{-9}{43} \\ \frac{-7}{43} & \frac{-22}{43} & \frac{12}{43} \\ \frac{3}{43} & \frac{-9}{43} & \frac{1}{43} \end{bmatrix}$$

定理 2.24　若A爲一n階方陣，同時 $|A|\neq 0$，則逆方陣

$$A^{-1}=\frac{1}{|A|}(\text{adj}A)。 \qquad (2.22)$$

例 2.25　由例 2.16 得知矩陣

$$A=\begin{bmatrix} 1 & 0 & -1 \\ 1 & 1 & -1 \\ 1 & 2 & 1 \end{bmatrix} 的 \ \text{adj}A=\begin{bmatrix} 3 & -2 & 1 \\ -2 & 2 & 0 \\ 1 & -2 & 1 \end{bmatrix}$$

(1) 試求 $|A|$。

(2) 若 $|A|\neq 0$，試求 A^{-1}。

解:

$$(1)\ |A|=\begin{vmatrix} 1 & 0 & -1 \\ 1 & 1 & -1 \\ 1 & 2 & 1 \end{vmatrix}=\begin{vmatrix} 2 & 2 & 0 \\ 2 & 3 & 0 \\ 1 & 2 & 1 \end{vmatrix}$$

$$=\begin{vmatrix} 2 & 2 \\ 2 & 3 \end{vmatrix}=6-4=2$$

$$(2)\ A^{-1}=\frac{1}{|A|}\text{adj}A=\frac{1}{2}\begin{bmatrix} 3 & -2 & 1 \\ -2 & 2 & 0 \\ 1 & -2 & 1 \end{bmatrix}$$

$$= \begin{bmatrix} \frac{3}{2} & -1 & \frac{1}{2} \\ -1 & 1 & 0 \\ \frac{1}{2} & -1 & \frac{1}{2} \end{bmatrix}$$

定理 2.25　若 n 階矩陣 A 的逆矩陣 A^{-1} 存在，則其行列式

爲　$|A^{-1}| = \dfrac{1}{|A|}$

上式的成立是由於 $A^{-1} \cdot A = I$，因此

$$|A^{-1} \cdot A| = |A^{-1}||A| = |I| = 1$$

所以　$|A^{-1}| = \dfrac{1}{|A|}$

例 2.26　設 A 與 B 爲二 3 階方陣，行列式 $|A| = 4$ 和 $|B| = 5$，試求下列各值

(1) $|AB|$　(2) $|3A|$　(3) $|2AB|$　(4) $|A^{-1}B|$

解:

(1) $|AB| = |A| \cdot |B| = (4)(5) = 20$

(2) $|3A| = 3^3|A| = (27)(4) = 108$　（因 $|\alpha A| = \alpha^n|A|$）

(3) $|2AB| = 2^3|A| \cdot |B| = (8)(4)(5) = 160$

(4) $|A^{-1}B| = |A^{-1}||B| = \dfrac{1}{|A|}|B| = \dfrac{5}{4}$

定理 2.26　逆矩陣滿足下列性質

1. 若 A 爲非特異矩陣，則 A^T 也是非特異矩陣
   $(A^T)^{-1} = (A^T)^{-1}$
2. 若 A 和 B 均爲 n 階非特異矩陣，則 AB 也是非特異矩陣，且
   $(AB)^{-1} = B^{-1}A^{-1}$
3. 對角線上非零的三角形矩陣爲非特異矩陣，其逆矩陣也是三角

形矩陣

4. 若A可分割為$A=\left[\begin{array}{c|c} I & C \\ \hline 0 & B \end{array}\right]$，其中$B$為非特異，則$A$也是非特異，且$A^{-1}=\left[\begin{array}{c|c} I & -CB^{-1} \\ \hline 0 & B^{-1} \end{array}\right]$

習　　題

1. 設$D=\begin{bmatrix}2&0&0\\0&5&0\\0&0&7\end{bmatrix}$爲三階對角矩陣，(a) 若 $DB=I_3$ 時，試求 $B=$？

(b) 設$A=\begin{bmatrix}1&3&2\\4&0&6\\7&1&1\end{bmatrix}$，試求$AD$ 及 DA。由本例能否發現一矩陣乘以對角矩陣具有何種性質？

2. (a) 設$A=\begin{bmatrix}1&1\\0&1\end{bmatrix}$，試證 $A^2=\begin{bmatrix}1&2\\0&1\end{bmatrix}$，又 $A^n=$ ？

(b) 設$A=\begin{bmatrix}1&1&1\\0&1&1\\0&0&1\end{bmatrix}$，試證 $A^2=\begin{bmatrix}1&2&3\\0&1&2\\0&0&1\end{bmatrix}$，並試求$A^3$，$A^4$及$A^n$。

3. 設$A=\begin{bmatrix}1&0\\-1&1\end{bmatrix}$，試證 $A^2=2A-I_2$，並求 $A^{100}=$？

4. 設三階方陣$M=\begin{bmatrix}1&0&2\\2&1&-1\\1&1&2\end{bmatrix}$。若其乘法逆元素$M^{-1}=\begin{bmatrix}b_{11}&b_{12}&b_{13}\\b_{21}&b_{22}&b_{23}\\b_{31}&b_{32}&b_{33}\end{bmatrix}$，則 $b_{11},b_{13},b_{22},b_{23},b_{32}$ 之值分別爲何？

5. 若$A=\begin{bmatrix}1&0&1\\0&2&-1\\-2&1&3\end{bmatrix}$且 $A^{-1}=\begin{bmatrix}x_{11}&x_{12}&x_{13}\\x_{21}&x_{22}&x_{23}\\x_{31}&x_{32}&x_{33}\end{bmatrix}$，則 x_{22} 之值爲何？

6. 令$R=\begin{bmatrix}1&3&1\\0&-2&1\\1&0&2\end{bmatrix}$，$S=\begin{bmatrix}-4&x&5\\1&1&-1\\2&3&-2\end{bmatrix}$，若 $RS=I=\begin{bmatrix}1&0&0\\0&1&0\\0&0&1\end{bmatrix}$，

則 x 之值爲何?

7. 設 $I=\begin{bmatrix} 1 & 0 & 0 & 0 & 0 \\ 0 & 1 & 0 & 0 & 0 \\ 0 & 0 & 1 & 0 & 0 \\ 0 & 0 & 0 & 1 & 0 \\ 0 & 0 & 0 & 0 & 1 \end{bmatrix}$，$J=\begin{bmatrix} 1 & 1 & 1 & 1 & 1 \\ 1 & 1 & 1 & 1 & 1 \\ 1 & 1 & 1 & 1 & 1 \\ 1 & 1 & 1 & 1 & 1 \\ 1 & 1 & 1 & 1 & 1 \end{bmatrix}$。

試將方陣 $\left(I+\frac{1}{5}J\right)^8$ 化爲 $aI+bJ$ 的形式（a，b 爲實數），並求出 a，b 之值。

8. 試求 $A=\begin{bmatrix} 0 & 2 & 4 \\ 2 & 4 & 2 \\ 3 & 3 & 1 \end{bmatrix}$ 的逆矩陣。

9. 設 $A=\begin{bmatrix} a_{11} & a_{12} & a_{13} \\ a_{21} & a_{22} & a_{23} \\ a_{31} & a_{32} & a_{33} \end{bmatrix}$ 且 $A^{-1}=\begin{bmatrix} x_{11} & x_{12} & x_{13} \\ x_{21} & x_{22} & x_{23} \\ x_{31} & x_{32} & x_{33} \end{bmatrix}$，

試證 $x_{ij}=\dfrac{(-1)^{i+j}A_{ji}}{|A|}$ 式中 A_{ji} 表 a_{ji} 所對應的子行列式值。

10. 設 $A=\begin{bmatrix} 1 & 2 & 0 & 2 \\ -1 & 2 & 3 & 1 \\ -3 & 2 & -1 & 0 \\ 2 & -3 & -2 & 1 \end{bmatrix}$，試求行列式 $|A|$ 之值。

11. 試求下列各行列式的值

(a) $\begin{vmatrix} 3 & 1 & 1 \\ 1 & 3 & 1 \\ 1 & 1 & 3 \end{vmatrix}$　(b) $\begin{vmatrix} 3 & 1 & 1 & 1 & 1 \\ 1 & 3 & 1 & 1 & 1 \\ 1 & 1 & 3 & 1 & 1 \\ 1 & 1 & 1 & 3 & 1 \\ 1 & 1 & 1 & 1 & 3 \end{vmatrix}$　(c) $\begin{vmatrix} 1 & 2 & 3 & 5 \\ 2 & 1 & 5 & 3 \\ 3 & 5 & 1 & 2 \\ 5 & 3 & 2 & 1 \end{vmatrix}$

12. 試求下列方程式的根　(a) $\begin{vmatrix} 1 & 1 & 1 & 1 \\ 1 & 2 & 4 & 8 \\ 1 & 3 & 9 & 27 \\ 1 & 4 & x^2 & x^3 \end{vmatrix}=0$　(b) $\begin{vmatrix} 2 & 1 & x \\ 1 & 5 & 2x \\ x & 2x & 9 \end{vmatrix}=0$

13. 設 $a=\frac{1}{\sqrt{2}}(1+i)$，試求行列式 $\begin{vmatrix} 1 & a & a^2 & a^3 \\ -a^3 & 1 & -a & a^2 \\ a^2 & a^3 & 1 & a \\ -a & a^2 & -a^3 & 1 \end{vmatrix}$ 之值。

14. 試求方程式 $\begin{vmatrix} 1 & 1 & 1 & -1 \\ 2 & x & 2 & -2 \\ -3 & -2 & x & 3 \\ -5 & 2 & -4 & 2x \end{vmatrix}=0$ 的三根的和與積之值。

15. 設 $a=\cos 72^\circ+i\sin 72^\circ$，則行列式 $\begin{vmatrix} a & -1 & 0 & 0 \\ 0 & a & -1 & 0 \\ 0 & 0 & a & -1 \\ 1 & 1 & 1 & a+1 \end{vmatrix}$ 之值爲何?

16. 假設 a，b，c，d，e，f 均爲實數，試證下列行列式恒爲非負，即

$$\begin{vmatrix} 0 & a & b & c \\ -a & 0 & d & e \\ -b & -d & 0 & f \\ -c & -e & -f & 0 \end{vmatrix}\geq 0$$

17. 已知矩陣 $A=\begin{bmatrix} \frac{1}{2} & -\frac{1}{4} \\ 3 & \frac{1}{2} \end{bmatrix}$，以及 $A^{10}=\begin{bmatrix} a & b \\ c & d \end{bmatrix}$，試求 a，b，c，d 的值。

18. 一般而言，二 n 階矩陣相乘無交換性，即 $AB\neq BA$。但若 A 與 B 都是對角矩陣，則 $AB=BA$。試舉例示範之。

19. 設 $D_1=\begin{vmatrix} a & b & c \\ tx & ty & tz \\ g & h & k \end{vmatrix}$ 及 $D_2=\begin{vmatrix} a & g & x \\ b & h & y \\ c & k & z \end{vmatrix}$，

試求二行列式之間的關係。

20. 設一個 3 × 3 方陣 A 可分解爲如下二方陣的乘積

$$\begin{bmatrix} 1 & 0 & 0 \\ l_{21} & 1 & 0 \\ l_{31} & l_{32} & 1 \end{bmatrix} \begin{bmatrix} u_{11} & u_{12} & u_{13} \\ 0 & u_{22} & u_{23} \\ 0 & 0 & u_{33} \end{bmatrix}$$

試決定行列式 $|A|$ 的值。

21. 已知 $A=\begin{bmatrix} t+3 & -1 & 1 \\ 5 & t-3 & 1 \\ 6 & -6 & t+4 \end{bmatrix}$，若 $|A|=0$，則 $t=$?

第三章　線性方程式組

3.1 緒　　言

線性方程式組在科學的研究上佔有相當重要的地位。線性代數的起源之一就是對線性方程式組理論的探究。既然線性方程式組這麼重要，自然有必要加以討論了。

線性方程式組出現在多數線性模式 (linear model) 中。通常其方程式個數和未知數個數相同。在這種狀況下，大多可得出唯一解。倘若未知數個數比方程式個數多，一般而言，可得到無限多組解。有時候也會有方程式個數比未知數個數多的情形，這時可能有許多方程式是多餘的，因此必須先找出獨立的方程式，然後再求解。

根據以往解題的經驗，讀者們也許已發現方程式的解僅與該方程式的係數有關，求解的過程也僅是相關係數的運算，所以只要係數間的相關位置不改變，未知數是否寫出並不影響求解的過程。因此，可以採用分離係數法，而且線性方程式組的係數可以依照其在方程式中出現的順序排成矩陣形式。以矩陣代表線性方程式組不但簡明並且方便，同時矩陣的性質有助於瞭解方程式組的解集合，這是本書在第二章就先介紹矩陣的用意所在。

3.2 節介紹以矩陣表示線性方程式組，3.3 節探討以高斯消去法求解， 3.4 節討論線性方程式組的解的存在性， 3.5 節介紹最簡列梯形，3.6 節以秩的概念判別方程式組是否有解，3.7 節中介紹如何用柯拉謨法則(Cramer's rule)求出線性方程式組的解，最後在 3.8節中舉例說明線性方程式組的應用，並在 3.9 節介紹一個線性生產模式的實例。

3.2　線性方程式組的矩陣表示

定義 3.1　一組 n 個變數 $x_1, x_2, \cdots\cdots, x_n$ 的 m 個線性方程式組

$$\begin{cases} a_{11}x_1+a_{12}x_2+\cdots\cdots+a_{1n}x_n=b_1 \\ a_{21}x_1+a_{22}x_2+\cdots\cdots+a_{2n}x_n=b_2 \\ \vdots \qquad \vdots \qquad \vdots \qquad \vdots \\ a_{m1}x_1+a_{m2}x_2+\cdots\cdots+a_{mn}x_n=b_m \end{cases} \tag{3.1}$$

其中 $a_{11}, a_{12}, \cdots\cdots, a_{mn}$ 及常數項皆為實數，稱為線性方程式組。若有一組數值（c_1, $c_2, \cdots\cdots, c_n$）當以 $x_i=c_i$（$i=1, 2, \cdots\cdots, n$）代入（3.1）時該方程式組能成立，稱之為方程式組（3.1）的解 (solution)。所有可能的解的集合稱為解集合 (solution set)。

定義 3.2　對於線性方程式組 (3.1) 而言，矩陣

$$A=\begin{bmatrix} a_{11} & a_{12}\cdots\cdots & a_{1n} \\ a_{21} & a_{22}\cdots\cdots & a_{2n} \\ \vdots & \vdots & \vdots \\ a_{m1} & a_{m2}\cdots\cdots & a_{mn} \end{bmatrix}, \qquad \mathbf{b}=\begin{bmatrix} b_1 \\ b_2 \\ \vdots \\ b_m \end{bmatrix}$$

分別稱為係數矩陣 (coefficient matrix) 和常數項矩陣 (matrix of constants)，而矩陣〔A : $\mathbf{b}$〕稱為其增廣矩陣 (augmented matrix)。

因此，線性方程式組 (3.1) 的增廣矩陣如下所示:

$$\begin{bmatrix} a_{11} & a_{12}\cdots\cdots & a_{1n} & b_1 \\ a_{21} & a_{22}\cdots\cdots & a_{2n} & b_2 \\ \vdots & \vdots & \vdots & \vdots \\ a_{m1} & a_{m2}\cdots\cdots & a_{mn} & b_m \end{bmatrix}$$

定義 3.3 方程式的右端若爲零，則稱該方程式爲齊次方程式 (homogeneous equation)。若一組線性方程式中每一方程式均爲齊次方程式，則稱其爲線性齊次方程式組。反之，一方程式的右端爲非零的純量，則稱該方程式爲非齊次方程式 (non-homogeneous equation)。線性方程式組的右端常數部分若不全爲零，則爲線性非齊次方程式組。

例如:

$$\begin{cases} 2x_1+3x_2=0 \\ 2x_1+\ x_2=0 \end{cases} \qquad \begin{bmatrix} 2 & 3 \\ 2 & 1 \end{bmatrix} \begin{bmatrix} x_1 \\ x_2 \end{bmatrix} = \begin{bmatrix} 0 \\ 0 \end{bmatrix}$$

即爲線性齊次方程式組，而

$$\begin{cases} 2x_1+3x_2=5 \\ 2x_1+\ x_2=6 \end{cases} \qquad \begin{bmatrix} 2 & 3 \\ 2 & 1 \end{bmatrix} \begin{bmatrix} x_1 \\ x_2 \end{bmatrix} = \begin{bmatrix} 5 \\ 6 \end{bmatrix}$$

則爲線性非齊次方程式組。以上二方程式組的增廣矩陣分別爲:

$$\begin{bmatrix} 2 & 3 & 0 \\ 2 & 1 & 0 \end{bmatrix} \text{ 和 } \begin{bmatrix} 2 & 3 & 5 \\ 2 & 1 & 6 \end{bmatrix}$$

3.3 高斯消去法

定義 3.4 有相同解集合的二方程式組稱爲同義(equivalent)方程式組。

我們很容易了解:

(1) 反身律: 任一方程式和其本身同義。

(2) 對稱律: 若 $A\mathbf{x}=\mathbf{b}$ 和 $C\mathbf{x}=\mathbf{d}$ 同義，則$C\mathbf{x}=\mathbf{d}$ 和 $A\mathbf{x}=\mathbf{b}$ 同義。

(3) 遞移律: 若$A\mathbf{x}=\mathbf{b}$ 和$C\mathbf{x}=\mathbf{d}$ 同義，而且 $C\mathbf{x}=\mathbf{d}$ 和 $G\mathbf{x}=\mathbf{h}$ 同義，則 $A\mathbf{x}=\mathbf{b}$ 和 $G\mathbf{x}=\mathbf{h}$ 同義。

在一般線性方程式組的求解過程中，每一組新的線性方程式組不外是由下述三種運算方法得到的。

定義 3.5 求解線性方程式組時，以下的三種操作方法通稱爲方程式組的基本運算。

(1) 互調兩個方程式。

(2) 以一個非零的數乘以一個方程式。

(3) 以一個非零的數乘以一個方程式之後與另一個方程式相加。

這三種基本運算可以達到求解線性方程式組的目的，因爲每經一次基本運算就可以得到較爲簡化的同義線性方程式組。最後可由「最簡化」的線性方程式組獲知原線性方程式組的解集合。

定理 3.1 一個線性方程式組經任一種方程式組的基本運算之後，仍然變成同義的線性方程式組。

定理 3.1 確實是求解線性方程式組時最重要的定理，它使我們肯定於求解線性方程式組過程中，最後所得線性方程式組的解就是所要的答案。

線性方程式組有很多不同的解法，本節介紹其中最重要的一個方法，稱爲高斯消去法 (method of Gaussian elimination)。茲舉例解說如下:

例 3.1 試解線性方程式組

$$\begin{aligned} 2x_1+x_2+x_3&=1\\ 4x_1+x_2\qquad&=-2\\ -2x_1+2x_2+x_3&=7 \end{aligned}\qquad(3.2)$$

高斯消去法爲將上列 3 個方程式 3 個未知數的線性方程式組，利用其中之一方程式消去其他二方程式中的一個未知數，而將其化簡爲 2 個方程式 2 個未知數，同法再化簡一次即得一個方程式一個未知數，這時即可得到該未知數的值，然後採用後向代入法(backward-substitution),

求得其他未知數，即將該求出之未知數的值代入前一方程式，求出另一未知數的值，餘類推。

首先將第一個方程式每個係數被 x_1 的係數除，得

$$x_1+0.5x_2+0.5x_3=0.5 \tag{3.3}$$

而後利用這個式子消去（3.2）中其餘二方程式中的 x_1

$$\begin{aligned} x_1+0.5x_2+0.5x_3&=\ \ 0.5\\ -\ \ x_2-\ \ 2x_3&=-4\\ 3x_2+\ \ 2x_3&=\ \ 8 \end{aligned} \tag{3.4}$$

將（3.4）中第二式 x_2 前係數化為 1 得

$$x_2+2x_3=4 \tag{3.5}$$

利用（3.5）將（3.4）中的第三方程式中 x_2 消去，結果如下:

$$\begin{aligned} x_1+0.5x_2+0.5x_3&=0.5\\ x_2+\ \ 2x_3&=4\\ 4x_3&=4 \end{aligned} \tag{3.6}$$

因此可以立卽得出 $x_3=1$。將 $x_3=1$ 代入第二式可得 $x_2=2$，將 x_2、x_3 值代入第一式得出 $x_1=-1$。

在上述的消去過程中，事實上沒有必要每次都寫出未知數 x_1，x_2，x_3 以及等號。整個程序可以系統地直接利用矩陣來運算。

（3.2）式的增廣矩陣可表示如下:

$$\begin{bmatrix} 2 & 1 & 1 & 1\\ 4 & 1 & 0 & -2\\ -2 & 2 & 1 & 7 \end{bmatrix} \tag{3.7}$$

將（3.7）式的第一列每個元素除以 2，而後將其他列的第一個元素消去，得到

$$\begin{bmatrix} 1 & 0.5 & 0.5 & 0.5 \\ 0 & -1 & -2 & -4 \\ 0 & 3 & 2 & 8 \end{bmatrix} \qquad (3.8)$$

〔試與（3.4）式比較〕，同法將第二列各乘以－1，而後利用第二列消除第三列中的第二元素，即得

$$\begin{bmatrix} 1 & 0.5 & 0.5 & 0.5 \\ 0 & 1 & 2 & 4 \\ 0 & 0 & 4 & 4 \end{bmatrix} \qquad (3.9)$$

〔試與（3.6）式相較〕，最後將第三式各元素均乘以$\frac{1}{4}$，得到

$$\begin{bmatrix} 1 & 0.5 & 0.5 & 0.5 \\ 0 & 1 & 2 & 4 \\ 0 & 0 & 1 & 1 \end{bmatrix} \qquad (3.10)$$

將（3.10）式寫成線性方程式組形式，即

$$\begin{aligned} x_1+0.5x_2+0.5x_3&=0.5 \\ x_2+\ 2x_3&=4 \\ x_3&=1 \end{aligned}$$

所得與（3.6）式全然相同。

爲了理論上的理由，有時將上述程序稍做修改。就是不把後向取代留在最後再做，而是與運算同時進行。這種修改，稱爲高斯—焦丹法（Gauss-Jordan method)，現在仍用上例來說明，並且把方程式組和與其相對應的矩陣並列出來。

首先把（3.2）中的後二方程式中x_1消去，

$$\begin{aligned} x_1+0.5x_2+0.5x_3&=\ 0.5 \\ -\ x_2-\ 2x_3&=-4 \\ 3x_2+\ 2x_3&=\ 8 \end{aligned} \qquad \begin{bmatrix} 1 & 0.5 & 0.5 & 0.5 \\ 0 & -1 & -2 & -4 \\ 0 & 3 & 2 & 8 \end{bmatrix} \qquad (3.11)$$

然後利用第二式將所有其他二式的 x_2 項消去。

$$\begin{array}{l} x_1 \qquad -0.5x_3=-1.5 \\ \qquad x_2+\ \ 2x_3=\ \ 4 \\ \qquad\quad -\ \ 4x_3=-4 \end{array} \quad \begin{bmatrix} 1 & 0 & -0.5 & -1.5 \\ 0 & 1 & 2 & 4 \\ 0 & 0 & -4 & -4 \end{bmatrix} \tag{3.12}$$

同法用（3.12）中的第三式消去其他二式的 x_3 項

$$\begin{array}{l} x_1 \qquad\qquad =-1 \\ \qquad x_2 \qquad =\ \ 2 \\ \qquad\qquad x_3=\ \ 1 \end{array} \quad \begin{bmatrix} 1 & 0 & 0 & -1 \\ 0 & 1 & 0 & 2 \\ 0 & 0 & 1 & 1 \end{bmatrix} \tag{3.13}$$

然後由（3.13）式直接可得出答案。

總之，高斯消去法是先將方程式組化成上三角形式，然後再行後向代入；而高斯一焦丹法卻是一面運算，同時一面進行後向取代的程序。因此，其答案在最後形式即可直接得出。然而，倘若算一下所牽涉的加法和乘法次數，卻可發現高斯消去法要比高斯一焦丹法來得有效率（efficient），因爲它所需運算較少；而高斯一焦丹法在理論討論上比較方便，這就是本節介紹它的理由。

在上例中，我們系統化地操作，用第一個方程式消去其他方程式中的第一個未知數等等。在第 r 個步驟時，用第 r 個方程式消去所餘方程式的第 r 個未知數。如果希望在任意步驟時，利用一方程式消去其他方程式中的一個未知數，則該方程式中該未知數前的係數稱爲基準點（pivot point）。例如在（3.4）式中基準點爲第二式中 x_2 的係數，即－1。在這裏要強調線性方程式組的消去法與矩陣的列運算剛好相對應。方才提到在消去程序中的基準點，正是相對應於矩陣列運算中用以將其他元素化爲 0 的元素。例如在將（3.8）式化爲（3.9）式時，（3.8）式中的第二行與第二列的位置就是基準點，即 0.5。

早先本節曾經提到並沒有必要一定利用第一個方程式來消去第一個

未知數，如上例所示。事實上，基準點的選取有很多不同的選法。但有一個限制，現在就用下例來說明。

例 3.2 試解線性方程式組

$$\begin{aligned} x_2 + x_3 &= 0 \\ x_1 - 5x_2 + 3x_3 &= 0 \\ 2x_1 + x_2 - 4x_3 &= -1 \end{aligned}$$

解: 顯然本例無法用第一式消去其他二式中 x_1 的係數。由矩陣的觀點來說，如果想把下式化爲較簡單的形式。

$$\begin{bmatrix} 0 & 1 & 1 & 0 \\ 1 & -5 & 3 & 0 \\ 2 & 1 & -4 & -1 \end{bmatrix}$$

顯然不能用（1，1）位置的元素爲基準點，但是可以用（1，2）或（1，3）位置的元素爲基準點。

由於實際的問題所牽涉的未知數個數和方程式個數相當多，在解題的過程中，顯得非常繁雜，不但費時，而且計算容易出錯，因此在過去僅停留在理論上的探討。近些年來，由於電腦的興起，研究者們可利用它來執行計算工作，因而再度引起人們探討和使用線性方程式組的興趣。

假設有數組線性方程式待解，$A\mathbf{x}_1=\mathbf{b}_1$，$A\mathbf{x}_2=\mathbf{b}_2$, ……, $A\mathbf{x}_n=\mathbf{b}_n$，由於各 $A\mathbf{x}_j=\mathbf{b}_j$ 的係數矩陣 A 相同，而高斯消去法將 A 化簡爲上三角形的過程並不受 $\mathbf{b}$ 不同的影響，所以可以同時一併解之。

例 3.3 試解 $A\mathbf{x}_j=\mathbf{b}_j$，其中

$$A=\begin{bmatrix} 2 & 1 & 1 \\ 4 & 1 & 0 \\ -2 & 2 & 1 \end{bmatrix}, \quad \mathbf{b}_1=\begin{bmatrix} 3 \\ 1 \\ 0 \end{bmatrix}, \quad \mathbf{b}_2=\begin{bmatrix} -5 \\ -2 \\ 5 \end{bmatrix}, \quad \mathbf{b}_3=\begin{bmatrix} -6 \\ -2 \\ 4 \end{bmatrix}$$

解: 本題增廣矩陣可表示如下

$$\left[\begin{array}{ccc|c|c|c} 2 & 1 & 1 & 3 & -5 & -6 \\ 4 & 1 & 0 & 1 & -2 & -2 \\ -2 & 1 & 1 & 0 & 5 & 4 \end{array}\right]$$

應用高斯消去法，以基本列運算將A化簡爲上三角矩陣

$$\left[\begin{array}{ccc|c|c|c} 1 & 0.5 & 0.5 & 1.5 & -2.5 & -3 \\ 0 & 1 & 2 & 5 & -8 & -10 \\ 0 & 0 & 1 & 3 & 6 & -9 \end{array}\right]$$

因此，我們有如下三組方程式

$$\begin{bmatrix} 1 & 0.5 & 0.5 \\ 0 & 1 & 2 \\ 0 & 0 & 1 \end{bmatrix} \begin{bmatrix} x_{11} \\ x_{12} \\ x_{13} \end{bmatrix} = \begin{bmatrix} 1.5 \\ 5 \\ 3 \end{bmatrix}$$

$$\begin{bmatrix} 1 & 0.5 & 0.5 \\ 0 & 1 & 2 \\ 0 & 0 & 1 \end{bmatrix} \begin{bmatrix} x_{21} \\ x_{22} \\ x_{23} \end{bmatrix} = \begin{bmatrix} -2.5 \\ -8 \\ 6 \end{bmatrix}$$

$$\begin{bmatrix} 1 & 0.5 & 0.5 \\ 0 & 1 & 2 \\ 0 & 0 & 1 \end{bmatrix} \begin{bmatrix} x_{31} \\ x_{32} \\ x_{33} \end{bmatrix} = \begin{bmatrix} -3 \\ -10 \\ -9 \end{bmatrix}$$

分別解得

$$x_1 = \begin{bmatrix} 0.5 \\ -1 \\ 3 \end{bmatrix}, \quad x_2 = \begin{bmatrix} 4.5 \\ -20 \\ 6 \end{bmatrix}, \quad x_3 = \begin{bmatrix} 2 \\ -1 \\ -9 \end{bmatrix}$$

3.4 線性方程式組之解的存在性

到前節中曾經考慮了線性方程式組求解的方法，然而並沒有顧慮到其解是否存在，以及如果存在，是否爲唯一之類的理論性問題，這些問題的討論就是本節的主要內容。

首先來看一下方程式 $ax=b$，其中 a，b，x 爲純量 (scalar)。解題者直覺的反應是其解爲 $x=b/a$，然而事實上，有三種可能性:

1. 若 $a\neq 0$，則 $x=b/a$ 爲唯一解，當 $b=0$ 則 $x=0$。
2. 若 $a=0$，則有兩個可能性，視 b 值而定。
   (i) 若 $b\neq 0$，則方程式爲 $0\cdot x=b\neq 0$，無解。
   (ii) 若 $b=0$，則任意數均爲方程式的解，因爲 $0\cdot x=0$，無論 x 爲任何值，在無限多解。

當有兩個未知數兩個方程式時，其解存在的可能性與一個未知數一個方程式 $ax=b$ 的情形全然相同，例如:

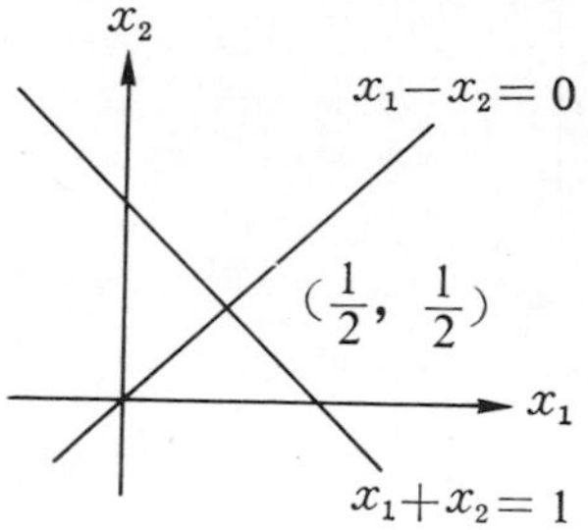

圖 3.1

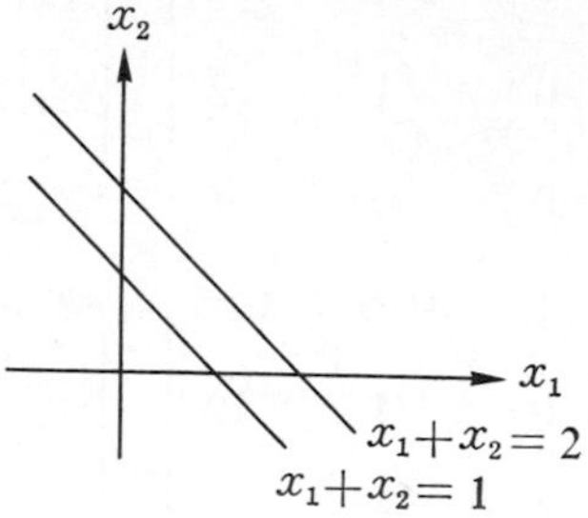

圖 3.2

$$\begin{cases} x_1+x_2=1 \\ x_1-x_2=0 \end{cases}$$

有唯一解。

$$\begin{cases} x_1+x_2=1 \\ x_1+x_2=2 \end{cases}$$

爲不一致 (inconsistent)，無解。而

$$\begin{cases} x_1+\ x_2=1 \\ 2x_1+2x_2=2 \end{cases}$$

則有無限多解。即$x_1=\alpha$，$x_2=1-\alpha$，α爲任意值。

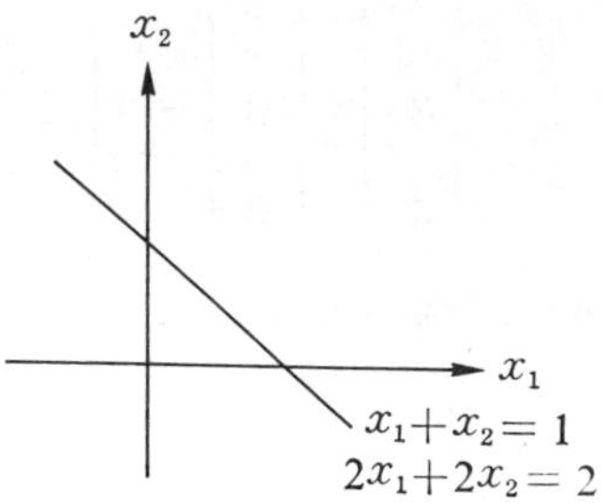

圖 3.3

甚至 n 個方程式 n 個未知數的一般情形的解也有相同的三種可能性。我們均可用前節所述方法，或利用將增廣矩陣三角簡化的方式求解。

例 3.4　試解

$$\begin{cases} x_1+2x_2-5x_3=2 \\ 2x_1-3x_2+4x_3=4 \\ 4x_1+\ x_2-6x_3=8 \end{cases} \tag{3.14}$$

其增廣矩陣爲

$$\begin{bmatrix} 1 & 2 & -5 & 2 \\ 2 & -3 & 4 & 4 \\ 4 & 1 & -6 & 8 \end{bmatrix}$$

上式可簡化爲

$$\begin{bmatrix} 1 & 0 & -1 & 2 \\ 0 & 1 & -2 & 0 \\ 0 & 0 & 0 & 0 \end{bmatrix} \tag{3.15}$$

注意第三列的元素全爲零。這表示第三式已被化成 $0\cdot x_3=0$，因此 $x_3=\alpha$，α 可以爲任意實數。後向代入法得出 $x_2=2\alpha$，$x_1=2+\alpha$，本解可寫成

$$\begin{bmatrix} x_1 \\ x_2 \\ x_3 \end{bmatrix} = \begin{bmatrix} 2 \\ 0 \\ 0 \end{bmatrix} + \alpha \begin{bmatrix} 1 \\ 2 \\ 1 \end{bmatrix} \tag{3.16}$$

稱爲原線性方程式組的全解（complete solution），其中 x_3 可以爲任意數，稱爲參數（parameter）。若以特定的數代入x_3，則所得的解稱爲特殊解（particular solution）。例如

$x_3 = 1$ 時

$$\begin{cases} x_1 = 3 \\ x_2 = 2 \\ x_3 = 1 \end{cases}$$

爲一特殊解。

但是如果（3.14）的第三式改爲 $4x_1 + x_2 - 6x_3 = 0$，我們所得的增廣矩陣經過簡化後成爲

$$\begin{bmatrix} 1 & 0 & -1 & 2 \\ 0 & 1 & -2 & 0 \\ 0 & 0 & 0 & 1 \end{bmatrix} \tag{3.17}$$

第三式變成 $0 \cdot x_3 = 1$，意卽該組方程式不一致，因此無解。

到目前爲止，本節所考慮的例子都是未知數個數和方程式個數相同的情形。實際上，同樣的方法也可用來檢驗 m 個方程式 n 個未知數，其中 m，n 爲任意正整數，爲有唯一解、無解、或無限多解的可能性。

例 3.5 試解

$$\begin{cases} x_1 + 2x_2 - 5x_3 = 2 \\ 2x_1 - 3x_2 + 4x_3 = 4 \\ 4x_1 + x_2 - 6x_3 = 8 \\ x_1 + x_2 + x_3 = 6 \end{cases}$$

其增廣矩陣為

$$\begin{bmatrix} 1 & 2 & -5 & 2 \\ 2 & -3 & 4 & 4 \\ 4 & 1 & -6 & 8 \\ 1 & 1 & 1 & 6 \end{bmatrix}$$

經過化簡後，可得

$$\begin{bmatrix} 1 & 0 & 0 & 3 \\ 0 & 1 & 0 & 2 \\ 0 & 0 & 1 & 1 \\ 0 & 0 & 0 & 0 \end{bmatrix}$$

即方程式組有唯一解 $x_1=3$，$x_2=2$，$x_3=1$

例 3.6 試解

$$\begin{cases} x_1+2x_2-5x_3=2 \\ 2x_1-3x_2+4x_3=4 \\ 4x_1+x_2-6x_3=8 \\ 3x_1-x_2-x_3=6 \end{cases}$$

其增廣矩陣為

$$\begin{bmatrix} 1 & 2 & -5 & 2 \\ 2 & -3 & 4 & 4 \\ 4 & 1 & -6 & 8 \\ 3 & -1 & -1 & 6 \end{bmatrix}$$

經過化簡後，即得

$$\begin{bmatrix} 1 & 2 & -5 & 2 \\ 0 & 1 & -2 & 0 \\ 0 & 0 & 0 & 0 \\ 0 & 0 & 0 & 0 \end{bmatrix}$$

設 $x_3=\alpha$ (常數)

其解爲 $\begin{bmatrix} x_1 \\ x_2 \\ x_3 \end{bmatrix}=\begin{bmatrix} 5 \\ 2 \\ 1 \end{bmatrix}\alpha+\begin{bmatrix} 2 \\ 0 \\ 0 \end{bmatrix}$

例 3.7 試解

$$\begin{cases} x_1+2x_2-5x_3=2 \\ 2x_1-3x_2+4x_3=4 \end{cases}$$

將增廣矩陣 $\begin{bmatrix} 1 & 2 & -5 & 2 \\ 2 & -3 & 4 & 4 \end{bmatrix}$ 化簡後得

$$\begin{bmatrix} 1 & 2 & -5 & 2 \\ 0 & 1 & -2 & 0 \end{bmatrix} \tag{3.18}$$

其解與上例相同。

由以上數例看來，一般而言，我們實在無法僅依據方程式個數 m 和未知數個數 n 的數值來判斷線性方程式組爲無解，唯一解或無限多解的可能性。然而我們卻很希望能有一個判別準則，以便獲知線性方程式組之解是否存在，這便要牽涉到秩的概念。爲了要探討線性方程式組的秩，便要先考慮最簡列梯形 (reduced row echelonform) 的概念。

3.5 最簡列梯形

若線性方程式組 $A\mathbf{x}=\mathbf{b}$ 的係數方陣 A 能與單位方陣 I 爲列同義時，則有唯一解。但是一般而言，一個線性方程式組中，變數的個數和方程式的個數並不必要相等，卽 A 不必爲一方陣，因此不會和單位方陣成列同義。然而如果係數矩陣 A 能與下述形式的矩陣成列同義，線性方程式組 $A\mathbf{x}=\mathbf{b}$ 的解仍可能很容易求得。

定義 3.6 一個 $m\times n$ 矩陣如果滿足下列三大性質，則稱爲列梯形 (row echelon form) 或列梯矩陣 (row echelon matrix)。

(1) 矩陣的前 k （$1\leq k\leq m$）列中，每一列的元素不全爲零，其餘的（$m-k$）列均爲零。

(2) 每一列中的第一個非零元素爲 1 。

(3) 在第 2，3，……，k 列的這個 1 （卽各該列的第一個非零元素）必在前一列的 1 的行位置的右邊。

列梯矩陣如果還滿足下述第四性質，則稱爲最簡列梯形或最簡列梯矩陣。

(4) 第 1，2，……，k 列中的第一個非零元素 1 同時也是它所在的行中唯一非零元素，這些行稱爲基本行 (basic column)。

例如：下述矩陣卽爲一個列梯矩陣，此時 $k=3$ 。

$$\begin{pmatrix} 0 & 1 & * & * & * & * \\ 0 & 0 & 1 & * & * & * \\ 0 & 0 & 0 & 0 & 1 & * \\ 0 & 0 & 0 & 0 & 0 & 0 \\ 0 & 0 & 0 & 0 & 0 & 0 \end{pmatrix}$$

又如

$$\begin{pmatrix} 1 & * & 0 & * & 0 & * \\ 0 & 0 & 1 & * & 0 & * \\ 0 & 0 & 0 & 0 & 1 & * \\ 0 & 0 & 0 & 0 & 0 & 0 \end{pmatrix}$$

是一個最簡列梯矩陣。上述二矩陣中 * 所代表的數字無論以任何數代替，都不會變更矩陣既定的形式。

觀察上一最簡列梯形，有三列的元素不全爲零，即 $k=3$，並且我們有三單位行向量 c_1, c_2, c_3，即$c_1=1$，$c_2=3$，$c_3=5$，顯然 $c_1<c_2<c_3$，即 c_1 在 c_2, c_3 左邊，c_2 在 c_3 左邊。

例 3.8

(1) 以下各矩陣均爲列梯形

$$\begin{bmatrix} 1 & 4 & 2 \\ 0 & 1 & 3 \\ 0 & 0 & 1 \end{bmatrix}, \begin{bmatrix} 1 & 2 & 3 \\ 0 & 0 & 1 \\ 0 & 0 & 0 \end{bmatrix}, \begin{bmatrix} 1 & 3 & 0 & 0 \\ 0 & 0 & 1 & 3 \\ 0 & 0 & 0 & 0 \end{bmatrix}$$

(2) 以下各矩陣均非列梯形

$$\begin{bmatrix} 2 & 4 & 6 \\ 0 & 3 & 5 \\ 0 & 0 & 4 \end{bmatrix}, \begin{bmatrix} 0 & 0 & 0 \\ 0 & 1 & 0 \end{bmatrix}, \begin{bmatrix} 0 & 1 \\ 1 & 0 \end{bmatrix}$$

任何$m\times n$矩陣均可利用基本列運算，化簡成爲列梯形，雖然我們在把矩陣化爲列梯形的過程中，基本列運算的順序可隨意安排。然而，無論我們用何種運算程序，最後必然得到相同的列梯形，這個重要的結論將在下節中證明之。矩陣的列梯形在本書中，是一個解答各種理論性問題的重要工具。例如在 3.9 節中，我們將利用一組線性線性方程式組所對應的增廣矩陣的列梯形來分析解集合的性質。

應用高斯消去法解線性方程式組的要點在於將線性方程式組的增廣矩陣應用基本列運算化爲列梯形。我們將證明此法必然爲可行。

定理 3.2　任何非零$m\times n$矩陣均可與一個列梯形爲列同義。

例 3.9　試化矩陣A爲最簡列梯矩陣

$$A=\begin{bmatrix}1&1&1&5\\3&2&2&13\\0&1&1&4\end{bmatrix}$$

解:

$$\begin{bmatrix}1&1&1&5\\3&2&2&13\\0&1&1&4\end{bmatrix}\underbrace{-3R_1+R_2}\begin{bmatrix}1&1&1&5\\0&-1&-1&-2\\0&1&1&4\end{bmatrix}$$

$$\underset{R_2+R_3}{\underbrace{R_2+R_1}}\begin{bmatrix}1&0&0&3\\0&-1&-1&-2\\0&0&0&2\end{bmatrix}\underset{\frac{1}{2}R_3}{\underbrace{-R_2}}\begin{bmatrix}1&0&0&3\\0&1&1&2\\0&0&0&1\end{bmatrix}$$

$$\underset{-3R_3+R_1}{\underbrace{-2R_3+R_3}}\begin{bmatrix}1&0&0&0\\0&1&1&0\\0&0&0&1\end{bmatrix}$$

即　$A\overset{R}{\sim}\begin{bmatrix}1&0&0&0\\0&1&1&0\\0&0&0&1\end{bmatrix}$

依據列梯形的定義，讀者可觀察到下列數點事實

(1) 矩陣的某些行 $c_1,c_2,\cdots\cdots,c_k$ 實爲 $e_1,e_2,\cdots\cdots,e_k$，其中 e_j 爲第 j 單位行向量，$j=1,2,\cdots\cdots,e$。

(2) $c_1<c_2<\cdots\cdots<c_k$，其中「$c_i<c_j$」表 c_i 在 c_j 之左。

(3) 若第 c 行在 c_1 之左，則該行必爲元素均爲 0 的行。若第 c 行在 c_i

與 c_{i+1} 之間，則其最後 $m-i$ 元素必均爲 0。若第 c 行在 c_k 之右，則該行最後 $m-k$ 元素必爲 0。

例如　4 × 7 矩陣

$$\begin{bmatrix} 0 & 1 & * & 0 & 0 & * & * \\ 0 & 0 & 0 & 1 & 0 & * & * \\ 0 & 0 & 0 & 0 & 1 & * & * \\ 0 & 0 & 0 & 0 & 0 & 0 & 0 \end{bmatrix}$$

$c_1 = 2 \quad c_2 = 4 \quad c_3 = 5$

本例的 $k = 3$

換句話說:

(4) 列梯形的前 k 列不全爲 0，最後 $m-k$ 列均爲 0。

(5) 在下三角形（i，j）位置，$j < i$ 的元素均爲 0。

(6) 每列的第一個非零元素是 1，第 i 列的前 $c_i - 1$ 元素均爲 0，當 $i \neq j$ 時，第 i 列的第 c_j 元素爲 0。

定理 3.3　每個矩陣均有唯一的最簡列梯形，無論採用何種順序的基本列運算所得到的最簡列梯形，其中不爲 0 的列向量個數 k 必爲相同。

矩陣的列梯形中，非零的列數對於往後在線性代數的討論上佔有相當重要的地位，因此，特給這個數值一個專用的名稱，就是在前章曾定義的秩。矩陣 A 的列梯形中，非 0 的列數稱爲 A 的秩，以 $r(A)$ 表示。

嚴格地說，我們應稱上述的概念爲列秩 (row rank)，另一個類似的概念行秩 (column rank) 可由行運算去行梯形中界定，然而由於矩陣的列秩和行秩必然相等，因此，我們簡稱其爲秩。

3.6 再談線性方程式組的解的存在性

在 3.4 節中我們曾經探討過 $A\mathbf{x}=\mathbf{b}$ 的解的存在性，當時我們僅談到線性方程式組 $A\mathbf{x}=\mathbf{b}$ 的解有三種可能性:

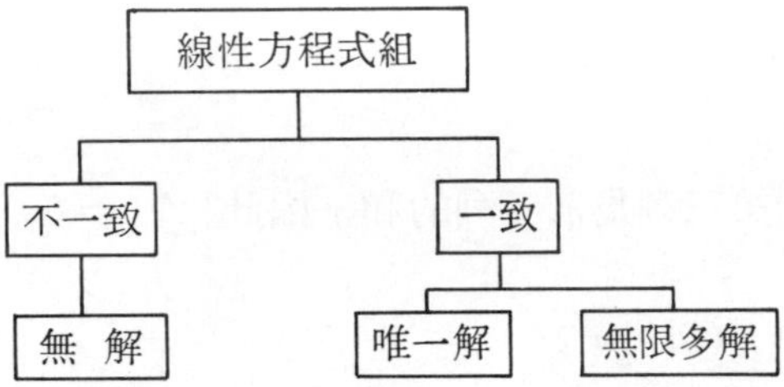

圖 3.4

然而並沒有提到應如何判別。在本節中，我們將應用矩陣的列梯形的唯一性和秩的概念來辨別 $A\mathbf{x}=\mathbf{b}$ 屬於上述那一種情形。

設有一線性方程式組 $A\mathbf{x}=\mathbf{b}$ 組待解，A 爲 $m\times n$ 矩陣，在上節我們應用列運算把線性方程式組化簡，或將其增廣矩陣 $[A, \mathbf{b}]$ 化爲最簡列梯形。定理 3.1 曾保證這種變換爲列同義，亦即原來的線性方程式組和其最簡列梯形的解必相同。定理 3.1 可以改述如下:

定理 3.4 假設線性方程式組 $A\mathbf{x}=\mathbf{b}$ 經由列運算化簡爲: $A'\mathbf{x}=\mathbf{b}'$，則此二組線性方程式組的解集合必相同。即若 $\mathbf{x}$ 滿足 $A\mathbf{x}=\mathbf{b}$，亦必滿足 $A'\mathbf{x}=\mathbf{b}$，反之亦然。

設 $A\mathbf{x}=\mathbf{b}$，其中 $A=[a_{ij}]$，$\mathbf{x}=[x_1, \cdots\cdots, x_n]^T$，$\mathbf{b}=[b_1, b_2, \cdots\cdots, b_n]^T$，該線性方程式組有解的條件爲 $r[A, \mathbf{b}]=r(A)$。否則 $\mathbf{b}$ 無法表爲 A 的各行的線性組合。換句話說，沒有 $x_1, x_2, \cdots\cdots, x_n$，使得 $\boldsymbol{a}_1x_1+\boldsymbol{a}_2x_2+\cdots\cdots+\boldsymbol{a}_nx_n=\mathbf{b}$，其中各 $\boldsymbol{a}_i$ 爲 A 的行。這時 $A\mathbf{x}=\mathbf{b}$ 爲不一致。

例 3.10 試解線性方程式組

$$2x_1+3x_2+x_3=4$$
$$x_1+2x_2+3x_3=2$$
$$3x_1+5x_2+4x_3=10$$

$$A=\begin{bmatrix}2&3&1\\1&2&3\\3&5&4\end{bmatrix}$$

由於A的第三列為前二列的和，因此$|A|=0$。又由於$\begin{vmatrix}2&3\\1&2\end{vmatrix}=1$，所以秩$r(A)=2$。

但因 $r\,[A,\mathbf{b}]=r\begin{bmatrix}2&3&1&4\\1&2&3&2\\3&5&4&10\end{bmatrix}=3$

$$\begin{vmatrix}2&3&4\\1&2&2\\3&5&10\end{vmatrix}=4$$

因此，本題無解。

假設 $A\mathbf{x}=\mathbf{b}$的解存在，即$A\mathbf{x}=\mathbf{b}$為一致 (consistent)，則有下列兩種狀況

狀況 1　$m=n$，且A為非特異，這時 $\mathbf{x}=A^{-1}\mathbf{b}$ 為唯一解。

狀況 2　$r(A)=k<n$，這時A無逆矩陣存在。

若$r(A)=k$，則我們可調動各方程式的上下順序，而使前k個方程式為線性獨立，由於 $r(A)=r[A,\mathbf{b}]=k$，因此$[A,\mathbf{b}]$的前k列也是線性獨立。若有某向量$\mathbf{x}$滿足原方程式組的前k方程式，必要時可調動方程式，則$\mathbf{x}$也可滿足其餘方程式。換句話說，欲求滿足 $A\mathbf{x}=$

$\mathbf{b}$ 的 $\mathbf{x}$，僅需找能滿足首 k 方程式的 $\mathbf{x}$。所以僅需要 k 個方程式就可決定解 $\mathbf{x}$，其餘 $m-k$ 式爲多餘。

設若將 A 分割爲二子矩陣 A_1 和 A_2，其中 A_1 爲 $k\times n$ 以及 A_2 爲 $(m-k)\times n$，卽 A_1 對應首 k 式而 A_2 對應其餘方程式。因此解 $A\mathbf{x}=\mathbf{b}$ 相當於解

$$A_1\mathbf{x}=\mathbf{b}_1 \quad 其中\ \mathbf{b}_1=(b_1, b_2, \cdots\cdots, b_k)$$

由於 $r(A_1)=k$，卽有 k 個線性獨立行在 A_1，所以可分割 A_1 爲 $A_1=[B:N]$，其中 B 爲 $k\times k$ 的非特異方陣而 N 爲 $k\times(n-k)$ 矩陣。B 爲基底矩陣(basic matrix)，N 爲非基底矩陣(nonbasic matrix)

若將 $\mathbf{x}$ 依 A_1 的方式分割，卽 $\mathbf{x}=\begin{bmatrix}\mathbf{x}_B\\ \hdashline \mathbf{x}_N\end{bmatrix}$

其中 $\mathbf{x}_B=[x_1, x_2, \cdots, x_k]^T$ 和 $\mathbf{x}_N=[\mathbf{x}_{k+1}, (\cdots), \mathbf{x}_n]^T$

則 $A_1\mathbf{x}=\mathbf{b}_1$ 可改寫爲 $[B:N]\begin{bmatrix}\mathbf{x}_B\\ \hdashline \mathbf{x}_N\end{bmatrix}=\mathbf{b}_1$

或 $B\mathbf{x}_B+N\mathbf{x}_N=\mathbf{b}_1$ 或 $B\mathbf{x}_B=\mathbf{b}_1-N\mathbf{x}_N$

由於 B 爲非特異方陣，有逆方陣存在

$$所以\quad \mathbf{x}_B=B^{-1}\mathbf{b}_1-B^{-1}N\mathbf{x}_N \tag{3.19}$$

讀者請注意，若 $k=n$，則矩陣 N 爲空集合，且 $\mathbf{x}_B=\mathbf{x}$ 爲唯一存在，這時就是狀況 1。既然 $k<n$，對於每一個隨意選取 $\mathbf{x}_N$ 值，有唯一 $\mathbf{x}_B$，這時 $A_1\mathbf{x}=\mathbf{b}_1$ 有無限多解 $\mathbf{x}$，$\mathbf{x}_N=0$ 的解稱爲基本解 (basic solution)。

定義 3.7 設線性方程式組 $A\mathbf{x}=\mathbf{b}$ 有解，令參數的值爲 0，所得的特殊解稱爲基本解 (basic solution)。

定義 3.8 設線性方程式組 $A\mathbf{x}=\mathbf{b}$ 的全解有 k 個參數，一個基本解若含有多於 k 個的零值，則稱其爲退化的基本解 (degenerate basic solution)，否則稱之爲非退化的基本解 (nondegenerate basic solution)。

例 3.11 試解方程式組

$$
\begin{aligned}
x_1+x_2-2x_3+x_4+3x_5&=1\\
2x_1-x_2+2x_3+2x_4+6x_5&=2\\
3x_1+2x_2-4x_3-3x_4-9x_5&=3
\end{aligned}
$$

解:

$$
[A,\ \mathbf{b}]=\begin{bmatrix}1&1&-2&1&3&1\\2&-1&2&2&6&2\\3&2&-4&-3&9&3\end{bmatrix}
$$

$$
\xrightarrow[R_3-3R_1]{R_2-2R_1}\begin{bmatrix}1&1&-2&1&3&1\\0&-3&6&0&0&0\\0&-1&2&-6&-18&0\end{bmatrix}
$$

$$
\xrightarrow[R_1-R_2,\ R_2+R_3]{-\frac{1}{3}R_2}\begin{bmatrix}1&0&0&1&3&1\\0&1&-2&0&0&0\\0&0&0&-6&-18&0\end{bmatrix}
$$

$$
\xrightarrow[R_1-R_3]{-\frac{1}{6}R_3}\begin{bmatrix}1&0&0&0&0&1\\0&1&-2&0&0&0\\0&0&0&1&3&0\end{bmatrix}
$$

$x_1=1$

$x_2-2x_3=0$ 或 $x_2=2x_3$

$x_4+3x_5=0$ 或 $x_4=-3x_5$

設 $x_3=a$ 及 $x_5=b$

可得解

$x_1=1\qquad x_3=a\qquad x_4=-3b$

$x_2=2a\qquad x_5=b$

其中 a，b 爲任意二常數，因而有無限多解存在基本解爲 x_1，x_2 和 x_4，非基本解爲 x_3 和 x_5。在本例中，$r(A)=r[A, \mathbf{b}]=3$ 所以 $A_1=A$ 及 $\mathbf{b}_1=\mathbf{b}$，因 $|B|=18\neq 0$，即

$$B=\begin{bmatrix} 1 & 1 & 1 \\ 2 & -1 & 2 \\ 3 & 2 & -3 \end{bmatrix}$$ 爲非特異方陣

因此 $\mathbf{x}_B=\begin{bmatrix} x_1 \\ x_2 \\ x_4 \end{bmatrix}$，$\mathbf{x}_N=\begin{bmatrix} x_3 \\ x_5 \end{bmatrix}$，$N=\begin{bmatrix} -2 & 3 \\ 2 & 6 \\ -4 & 9 \end{bmatrix}$

由於 $$B^{-1}=\begin{bmatrix} -\frac{1}{18} & \frac{5}{18} & \frac{3}{18} \\ \frac{2}{3} & -\frac{1}{3} & 0 \\ \frac{7}{18} & \frac{1}{18} & -\frac{3}{18} \end{bmatrix}$$

可得

$$\mathbf{x}_B=B^{-1}\mathbf{b}_1-B^{-1}N\mathbf{x}_N$$

$$=\begin{bmatrix} -\frac{1}{18} & \frac{5}{18} & \frac{3}{18} \\ \frac{2}{3} & -\frac{1}{3} & 0 \\ \frac{7}{18} & \frac{1}{18} & -\frac{3}{18} \end{bmatrix}\begin{bmatrix} 1 \\ 2 \\ 3 \end{bmatrix}$$

$$-\begin{bmatrix} -\frac{1}{18} & \frac{5}{18} & \frac{3}{18} \\ \frac{2}{3} & -\frac{1}{3} & 0 \\ \frac{7}{18} & \frac{1}{18} & -\frac{3}{18} \end{bmatrix}\begin{bmatrix} -2 & 3 \\ 2 & 6 \\ -4 & -9 \end{bmatrix}\begin{bmatrix} x_3 \\ x_5 \end{bmatrix}$$

$$=\begin{bmatrix}1\\0\\0\end{bmatrix}-\begin{bmatrix}0&0\\-2&0\\0&3\end{bmatrix}\begin{bmatrix}x_3\\x_5\end{bmatrix}$$

$$=\begin{bmatrix}1\\2x_3\\-3x_5\end{bmatrix}$$

設 a，b 爲任意數，令 $x_3=a$ 及 $x_5=b$，則可得出無限多組解。當 $x_3=x_5=0$，則有退化基本解 $x_1=1$，$x_2=0$，$x_3=0$，$x_4=0$，$x_5=0$。

定理 3.5　對於線性方程式組 $A\mathbf{x}=\mathbf{b}$，A 爲 $m\times n$ 矩陣，必有下列情形之一成立:

(1) 如果 $r([A,\mathbf{b}])>r(A)$，則線性方程式組爲不一致，卽無解。

(2) 如果 $r([A,\mathbf{b}])=r(A)=n$，則線性方程式組有唯一解。

(3) 如果 $r([A,\mathbf{b}])=r(A)<n$，則線性方程式組有無限多解。

例 3.12　試分析線性方程式組用參數 α 表示的解集合

$$(1)\begin{cases}x_1-3x_2=-2\\2x_1+x_2=3\\3x_1-2x_2=\alpha\end{cases}\qquad(2)\begin{cases}x_1+x_2+x_3=4\\2x_1+x_2+2x_3=5\\3x_1+2x_2+3x_3=\alpha\end{cases}$$

解:

(1) 增廣矩陣爲

$$\begin{bmatrix}1&-3&-2\\2&1&3\\3&-2&\alpha\end{bmatrix}\sim\begin{bmatrix}1&-3&-2\\0&7&7\\0&7&\alpha+6\end{bmatrix}\sim\begin{bmatrix}1&-3&-2\\0&1&1\\0&0&\alpha-1\end{bmatrix}$$

可輕易地化爲最簡列梯形

$$\begin{bmatrix} 1 & 0 & 1 \\ 0 & 1 & 1 \\ 0 & 0 & \alpha-1 \end{bmatrix}$$

若 $\alpha \neq 1$，則無解。

若 $\alpha = 1$，則 $k = n = 2$ 有唯一解 $x_1 = 1$，$x_2 = 1$。

(2) 增廣矩陣為

$$\begin{bmatrix} 1 & 1 & 1 & 4 \\ 2 & 1 & 2 & 5 \\ 3 & 2 & 3 & \alpha \end{bmatrix}$$

可化為最簡列梯形

$$\begin{bmatrix} 1 & 0 & 0 & 1 \\ 0 & 1 & 0 & 3 \\ 0 & 0 & 0 & \alpha-9 \end{bmatrix}$$

若 $\alpha \neq 9$ 則無解，若 $\alpha = 9$ 則 $k = 2 < 3 = n$。$c_1 = 1$，$c_2 = 2$，因此可令 x_3 為任意數 β，則 $x_1 = 1$，$x_2 = 3$，$x_3 = \beta$，有無限多解。

由這個例子可知做為參數的變數 x_3 是在非基本行上，而在基本行上的變數 x_1 和 x_2 都是 x_3 的函數。這些在基本行上的變數均稱為基本變數 (basic variables)。

當 n 元線性方程式組 $A\mathbf{x} = \mathbf{b}$ 的秩 $r(A) = r < n$ 時，有 $n - r$ 個變數可以做為參數，其餘的變數都可表成前述 $n - r$ 個參數的函數，這 r 個變數形成一組基本變數。

例 3.13　試決定線性方程式組的基本變數

$$\begin{cases} 2x_1 - x_2 - 4x_3 = 0 \\ x_1 + 3x_2 - 2x_3 = 1 \end{cases}$$

解:

$$\begin{bmatrix} 1 & 3 & -2 & 1 \\ 2 & -1 & -4 & 0 \end{bmatrix} \overset{R}{\sim} \begin{bmatrix} 1 & 0 & -2 & \frac{1}{7} \\ 0 & 1 & 0 & \frac{2}{7} \end{bmatrix}$$

原方程式的秩 $r(A)=2$，其全解中含有一個參數，因此有兩組基本變數：(1)x_1 和 x_2 為一組基本變數，x_3 為參數。(2)x_2 和 x_3 為另一組基本變數，x_1 為參數。

例 3.14 試求線性方程式組（$r=2$，$n-r=2$）

$$2x_1+5x_2-x_3-x_4=5$$

$$3x_1-2x_2-x_3-4x_4=-2$$

的基本解。

解：

$$\begin{bmatrix} 2 & 5 & -1 & -1 & 5 \\ 3 & -2 & -1 & -4 & -2 \end{bmatrix} \sim \begin{bmatrix} 1 & -7 & 0 & -3 & -7 \\ 0 & -19 & 1 & -5 & -19 \end{bmatrix}$$

每一組基本變數決定一個基本解如下：

基本變數	基本解	解的性質	參數
x_1，x_2	$[0, 1, 0, 0]$	退化	x_3，x_4
x_1，x_3	$[-7, 0, -19, 0]$	非退化	x_2，x_4
x_1，x_4	$\left[\frac{22}{5}, 0, 0, \frac{19}{5}\right]$	非退化	x_2，x_3
x_2，x_3	$[0, 1, 0, 0]$	退化	x_1，x_4
x_2，x_4	$[0, 1, 0, 0]$	退化	x_1，x_3

在本節結束之前，順便討論一下線性方程式組 $A\mathbf{x}=0$ 的解的存在性。設 A 為 $m\times n$ 矩陣，因為 $A\mathbf{x}=0$ 不可能有不一致結果發生，亦即至少有一解 $\mathbf{x}=0$ 存在。$\mathbf{x}=0$ 通常稱之為顯明解 (trivial solution)，其他的解稱為非顯明解 (nontrivial solution)。換言之，齊次方程式的

解僅有兩種可能：唯一解 $\mathbf{x}=0$ 和無限多解。

齊次方程式 $A\mathbf{x}=0$ 的解的可能性可依下述定理判定。

定理 3.6 齊次方程式 $A\mathbf{x}=0$ 必不會有不一致的情況發生，即若 A 為 $m\times n$ 矩陣，而 $r(A)=k$，則下列兩種情形之一必然成立：

(1) $k=n$，則 $A\mathbf{x}=0$ 有唯一解 $\mathbf{x}=0$。

(2) $k<n$，則 $A\mathbf{x}=0$ 有無限多組解。（有非零解）$r(A)=k<n$

尤其當 $m<n$ 時，$A\mathbf{x}=0$ 必有無限多組解。

例 3.15 試解

$$\begin{cases} x_1+2x_2-5x_3=0 \\ 2x_1-3x_2+4x_3=0 \\ 4x_1+x_2-6x_3=0 \\ x_1+x_2+x_3=0 \end{cases}$$

解： 增廣矩陣為

$$\begin{bmatrix} 1 & 2 & -5 & 0 \\ 2 & -3 & 4 & 0 \\ 4 & 1 & -6 & 0 \\ 1 & 1 & 1 & 0 \end{bmatrix}$$

經過化簡後，可得

$$\begin{bmatrix} 1 & 0 & 0 & 0 \\ 0 & 1 & 0 & 0 \\ 0 & 0 & 1 & 0 \\ 0 & 0 & 0 & 0 \end{bmatrix}$$

即該線性方程式組有唯一解 $x_1=0$，$x_2=0$，$x_3=0$。

例 3.16 試解

$$\begin{cases} x_1-x_2 \qquad +2x_4+3x_5=0 \\ x_1-x_2+\ x_3+3x_4+\ x_5=0 \\ x_1-x_2-2x_3 \qquad +7x_5=0 \end{cases}$$

解: 增廣矩陣為

$$\begin{bmatrix} 1 & -1 & 0 & 2 & 3 & 0 \\ 1 & -1 & 1 & 3 & 1 & 0 \\ 1 & -1 & -2 & 0 & 7 & 0 \end{bmatrix}$$

經過化簡後可得

$$\begin{bmatrix} 1 & -1 & 0 & 2 & 3 & 0 \\ 0 & 0 & 1 & 4 & -2 & 0 \\ 0 & 0 & 0 & 0 & 0 & 0 \end{bmatrix}$$

$$\begin{cases} x_1-x_2 \qquad +2x_4+3x_5=0 \\ \qquad\qquad x_3+4x_4-2x_5=0 \end{cases}$$

令 $x_2=\lambda_1$，$x_4=\lambda_2$，$x_5=\lambda_3$

可得 $x_1=\lambda_1-2\lambda_2-3\lambda_3$

$x_3=\quad -4\lambda_2+2\lambda_3$

因此 $x_1=\lambda_1-2\lambda_2-3\lambda_3$

$x_2=\lambda_1$

$x_3=\quad -4\lambda_2+2\lambda_3$

$x_4=\quad \lambda_2$

$x_5=\quad \lambda_3$

亦即本題的全解為

$$\begin{bmatrix} x_1 \\ x_2 \\ x_3 \\ x_4 \\ x_5 \end{bmatrix} = \lambda_1 \begin{bmatrix} 1 \\ 1 \\ 0 \\ 0 \\ 0 \end{bmatrix} + \lambda_2 \begin{bmatrix} -2 \\ 0 \\ -4 \\ 1 \\ 0 \end{bmatrix} + \lambda_3 \begin{bmatrix} -3 \\ 0 \\ 2 \\ 0 \\ 1 \end{bmatrix}$$

若取　$\lambda_1 = 1$，$\lambda_2 = 0$，$\lambda_3 = 1$

則　　$x_1 = -2$，$x_2 = 1$，$x_3 = 2$，$x_4 = 0$，$x_5 = 1$ 爲一特殊解。

3.7　柯拉謨法則

在前面曾討論如何用增廣矩陣求解 n 個未知數的 n 個線性方程式組。在本節中將討論一下另一種方法，即如何用行列式來表示 n 個未知數的 n 個線性方程式組的解法。事實上就是眾所周知的柯拉謨法則。另一方面，判定一方陣 A 是否可逆的最簡單方式爲計算其行列式 $|A|$，若 $|A| = 0$，則 A 爲不可逆。

定理 3.7　設 A 爲一 n 階方陣，則

(1) $$\sum_{i=1}^{n} a_{ij}A_{ik} = \begin{cases} |A|, & j = k \\ 0 & j \neq k \end{cases} \tag{3.20}$$

(2) $$\sum_{j=1}^{n} a_{ij}A_{kj} = \begin{cases} |A|, & i = k \\ 0 & i \neq k \end{cases} \tag{3.21}$$

定理 3.8　柯拉謨法則

若 $|A| \neq 0$，則線性方程式組 $A\mathbf{x} = \mathbf{b}$ 的解 $\mathbf{x} = [x_i]$ 即爲

$$x_i = \frac{|A^{(i)}|}{|A|};\quad i = 1, 2, \cdots\cdots, n \tag{3.22}$$

其中 $A^{(i)}$ 爲將方陣 A 之第 i 行被 $\mathbf{b}$ 取代後的方陣。

例 3.17

$$|A|=\begin{vmatrix} 2 & -3 & 2 & 5 \\ 1 & -1 & 1 & 2 \\ 3 & 2 & 2 & 1 \\ 1 & 1 & -3 & -1 \end{vmatrix}$$

讀者可驗證 $A_{13}=-5$，$A_{23}=13$，$A_{33}=-1$，$A_{43}=0$

我們來驗證定理 3.7

$$2(-5)+1(13)+3(-1)+1(0)=0$$
$$-3(-5)-1(13)+2(-1)+1(0)=0$$
$$2(-5)+1(13)+2(-1)-3(0)=1$$
$$5(-5)+2(13)+1(-1)-1(0)=0$$

本節將要利用定理 3.7 說明柯拉謨法則表示 n 個未知數 n 個方程式的解，為了簡潔起見，首先驗證一下 $n=3$ 的情形，

$$\begin{cases} a_{11}x_1+a_{12}x_2+a_{13}x_3=b_1 \\ a_{21}x_1+a_{22}x_2+a_{23}x_3=b_2 \\ a_{31}x_1+a_{32}x_2+a_{33}x_3=b_3 \end{cases}$$

若將第一式乘以 A_{11}，第二式乘以 A_{21}，第三式乘以 A_{31} 而後相加，依定理 3.7，x_2 和 x_3 的係數均為零，

即得 $(a_{11}A_{11}+a_{21}A_{21}+a_{31}A_{31})x_1=(b_1A_{11}-b_2A_{21}+b_3A_{31})$

或 $$\begin{vmatrix} a_{11} & a_{12} & a_{13} \\ a_{21} & a_{22} & a_{23} \\ a_{31} & a_{32} & a_{33} \end{vmatrix} x_1=\begin{vmatrix} b_1 & a_{12} & a_{13} \\ b_2 & a_{22} & a_{23} \\ b_3 & a_{32} & a_{33} \end{vmatrix}$$

例 3.18　試解下列線性方程式組

$$\begin{cases} -2x_1+3x_2-x_3= & 1 \\ x_1+2x_2-x_3= & 4 \\ -2x_1-x_2+x_3= & -3 \end{cases}$$

解:

$$|A|=\begin{vmatrix} -2 & 3 & -1 \\ 1 & 2 & -1 \\ -2 & -1 & 1 \end{vmatrix}=-2$$

因此 $$x_1=\frac{\begin{vmatrix} 1 & 3 & -1 \\ 4 & 2 & -1 \\ -3 & -1 & 1 \end{vmatrix}}{|A|}=\frac{-4}{-2}=2$$

$$x_2=\frac{\begin{vmatrix} -2 & 1 & -1 \\ 1 & 4 & -1 \\ -2 & -3 & 1 \end{vmatrix}}{|A|}=\frac{-6}{-2}=3$$

$$x_3=\frac{\begin{vmatrix} -2 & 3 & 1 \\ 1 & 2 & 4 \\ -2 & -1 & -3 \end{vmatrix}}{|A|}=\frac{-8}{-2}=4$$

3.8　線性方程式組的應用

例 3.19　烏有市的市區中相鄰的兩組單行道如下圖所示。 圖中數字表尖峰時段每小時的平均進出交通流量，試決定各交叉路口間的交通量。

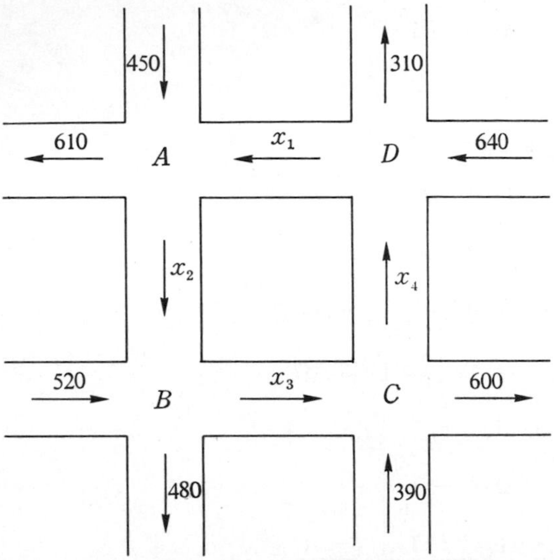

解:

在各交叉路口，進入的汽車數必須與出外的輛數相等。例如，在交叉路口 A，進入 x_1+450 輛，出外的輛數爲 x_2+610，因此

$x_1+450=x_2+610$（交叉路口 A）

$x_2+520=x_3+480$（交叉路口 B）

$x_3+390=x_4+600$（交叉路口 C）

$x_4+640=x_1+310$（交叉路口 D）

以上方程式組可改寫成

$$\left[\begin{array}{cccc|c} 1 & -1 & 0 & 0 & 160 \\ 0 & 1 & -1 & 0 & -40 \\ 0 & 0 & 1 & -1 & 210 \\ -1 & 0 & 0 & 1 & -330 \end{array}\right] \overset{R}{\sim} \left[\begin{array}{cccc|c} 1 & 0 & 0 & -1 & 330 \\ 0 & 1 & 0 & -1 & 170 \\ 0 & 0 & 1 & -1 & 210 \\ 0 & 0 & 0 & 0 & 0 \end{array}\right]$$

即 $x_1 \qquad -x_4=330$

$x_2 \qquad -x_4=170$

$x_3-x_4=210$

或 $x_1=x_4+330$

$x_2=x_4+170$

$x_3=x_4+210$

例 3.20 羽生皮飾公司生產皮夾，皮帶，皮包和鎖匙包，每樣產品都必須經過切割，設計，染整以及裝配四大階段，各種產品必須經過各階段的時間如下表所示:

階段	所需時間（人工小時）				可用時間
	皮夾	皮帶	皮包	鎖匙包	
切割	$\frac{1}{8}$	$\frac{1}{10}$	$\frac{1}{4}$	$\frac{1}{20}$	39
設計	$\frac{1}{2}$	$\frac{1}{2}$	$\frac{3}{4}$	$\frac{1}{4}$	161
染整	$\frac{1}{8}$	$\frac{1}{12}$	$\frac{1}{4}$	$\frac{1}{20}$	37
裝配	$\frac{1}{4}$	$\frac{1}{15}$	$\frac{1}{2}$	$\frac{1}{25}$	56

試問各樣產品應生產多少才能將可用時間完全利用?

解:

設 x＝皮夾生產個數

y＝皮帶生產條數

z＝皮包生產個數

w＝鎖匙包生產個數

依題意可知

切割 $\frac{1}{8}x+\frac{1}{10}y+\frac{1}{4}z+\frac{1}{20}w=39$

設計 $\frac{1}{2}x+\frac{1}{2}y+\frac{3}{4}z+\frac{1}{4}w=161$

染整 $\frac{1}{8}x+\frac{1}{12}y+\frac{1}{4}z+\frac{1}{20}w=37$

裝配 $\frac{1}{4}x+\frac{1}{15}y+\frac{1}{2}z+\frac{1}{25}w=56$

上述各式可改為矩陣形式如下

$$\left[\begin{array}{cccc|c} \frac{1}{8} & \frac{1}{10} & \frac{1}{4} & \frac{1}{20} & 39 \\ \frac{1}{2} & \frac{1}{2} & \frac{3}{4} & \frac{1}{4} & 161 \\ \frac{1}{8} & \frac{1}{12} & \frac{1}{4} & \frac{1}{20} & 37 \\ \frac{1}{4} & \frac{1}{15} & \frac{1}{2} & \frac{1}{25} & 56 \end{array}\right]$$

為了計算方便起見，將各列分別乘以 40，4，120 和 300，成為整數

$$\left[\begin{array}{cccc|c} 5 & 4 & 10 & 2 & 1560 \\ 2 & 2 & 3 & 1 & 644 \\ 15 & 10 & 30 & 6 & 4440 \\ 75 & 20 & 150 & 12 & 16800 \end{array}\right] \sim \left[\begin{array}{cccc|c} 5 & 4 & 10 & 2 & 1560 \\ 0 & 0.4 & -1 & 0.2 & 20 \\ 0 & -2 & 0 & 0 & -240 \\ 0 & -40 & 0 & -18 & -6600 \end{array}\right]$$

$$\sim \left[\begin{array}{cccc|c} 5 & 4 & 10 & 2 & 1560 \\ 0 & 0.4 & -1 & 0.2 & 20 \\ 0 & 0 & -5 & 1 & -140 \\ 0 & 0 & -100 & 2 & -4600 \end{array}\right] \sim \left[\begin{array}{cccc|c} 5 & 4 & 10 & 2 & 1560 \\ 0 & 0.4 & -1 & 0.2 & 20 \\ 0 & 0 & -5 & 1 & -140 \\ 0 & 0 & 0 & -18 & -1800 \end{array}\right]$$

可得 $x=80$，$y=120$，$z=48$ 和 $w=100$

即生產皮夾 80 個，皮帶 120 條，皮包 48 個和鎖匙包 100 個。

例 3.21 水生紙業公司有兩座紙漿廠 A 和 B，以及兩座造紙廠 I 和 II。紙漿廠A與B每週分別可生產和供應 100 噸和 150 噸的紙漿。另一方面，造紙廠 I 和 II 每週分別可完成 120 噸和 130 噸的紙張。試問應如何決定紙漿廠與造紙廠的運送量。

解:

設　x_i＝由紙漿廠A運至造紙廠 i 的噸數　　　$i=1, 2$

　　y_j＝由紙漿廠B運至造紙廠 j 的噸數　　　$j=1, 2$

$$\begin{aligned} x_1+x_2 \qquad\qquad &=100 \\ y_1+y_2 &=150 \\ x_1 \qquad +y_1 \qquad &=120 \\ x_2 \qquad +y_2 &=130 \end{aligned}$$

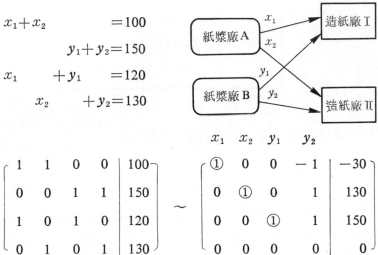

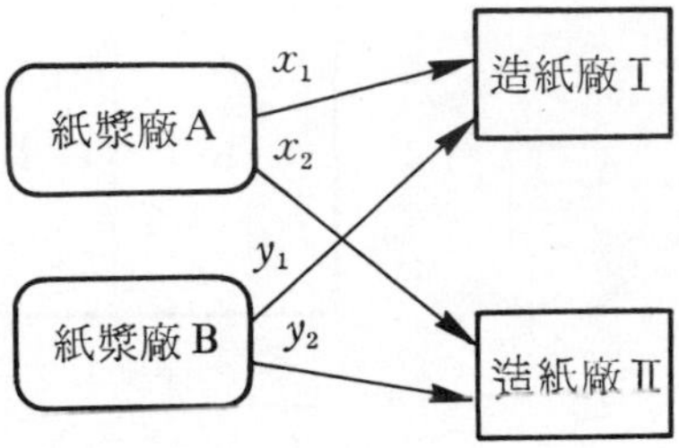

$$\left[\begin{array}{cccc|c} 1 & 1 & 0 & 0 & 100 \\ 0 & 0 & 1 & 1 & 150 \\ 1 & 0 & 1 & 0 & 120 \\ 0 & 1 & 0 & 1 & 130 \end{array}\right] \sim \begin{array}{c} \begin{array}{cccc} x_1 & x_2 & y_1 & y_2 \end{array} \\ \left[\begin{array}{cccc|c} ① & 0 & 0 & -1 & -30 \\ 0 & ① & 0 & 1 & 130 \\ 0 & 0 & ① & 1 & 150 \\ 0 & 0 & 0 & 0 & 0 \end{array}\right] \end{array}$$

因此可得

$x_1= \quad t - 30$

$x_2=-t+130$

$y_1=-t+150$

$y_2= \quad t$ （常數）

由於　$x_1\geq 0$，$x_2\geq 0$，$y_1\geq 0$，$y_2\geq 0$

因此　$30\leq t\leq 130$，例如設 $t=30$

則

由＼至	廠 Ⅰ	廠 Ⅱ
A	0	100
B	120	30

通解爲

由＼至	廠 Ⅰ	廠 Ⅱ
A	$t-30$	$-t+130$
B	$-t+150$	t
	其中 $30\leq t\leq 130$	

3.9 案例研究：線性生產模式

1974 年諾貝爾經濟學獎得主李昂提夫(Wassily Leontief)曾經開創一種研究經濟的工具，稱爲投入一產出分析 (input-output analysis)。本節將對這個觀念略加介紹。

考慮一個包含數個工業的經濟體系，這些工業之間的關係，是一工業的產品產出必須依賴體系中其他工業所產產品的投入。例如，製造業需要能源方能生產機械。除了供應產品給體系內的其他工業之外，每種工業輸出產品給體系外的消費者。到底每種工業必須生產多少才能滿足體系內其他工業的需要、同時又能提供產品以符合外部需求？爲了量測體系內工業間產品的流量以及輸出，因此須使用標準貨幣單位，現以一例輔助以上解說。

例 3.22 假設將某國經濟分爲三大部門——製造業 (M)，農業 (A) 以及能源 (E)。假若已知下列資料

生產價值 1 元產品	所需如下價值產品		
	M	A	E
M	0.4	0.2	0.2
A	0.1	0.3	0.1
E	0.4	0.2	0.3

請注意，一部門在其生產過程中所消費的產品價值視其總生產量而定。例如，當製造業部門的生產量增加，它消費更多本身的產品，而其比率爲每 1 元的生產消費 0.4元。爲了表示產品在體系內的消費，

設 x_1＝製造業所生產產品的總價值

x_2＝農業所生產產品的總值價

x_3＝能源所生產產品的總價值

則，例如被製造業、農業和能源所用的製成品的價值分別爲 $0.4x_1$、$0.2x_2$ 和 $0.2x_3$。在體系內被用的製成品總價值爲

$$0.4x_1+0.2x_2+0.2x_3$$

另外，在體系內被用的農產品和能源總價值分別爲

$$0.1x_1+0.3x_2+0.1x_3$$

和 $$0.4x_1+0.2x_2+0.3x_3$$

在體系內產品的流動可用圖 3.5 表示。

體系內各部門間產品的消費可用矩陣乘法表示如下

$$\begin{bmatrix} 0.4 & 0.2 & 0.2 \\ 0.1 & 0.3 & 0.1 \\ 0.4 & 0.2 & 0.3 \end{bmatrix} \begin{bmatrix} x_1 \\ x_2 \\ x_3 \end{bmatrix}$$

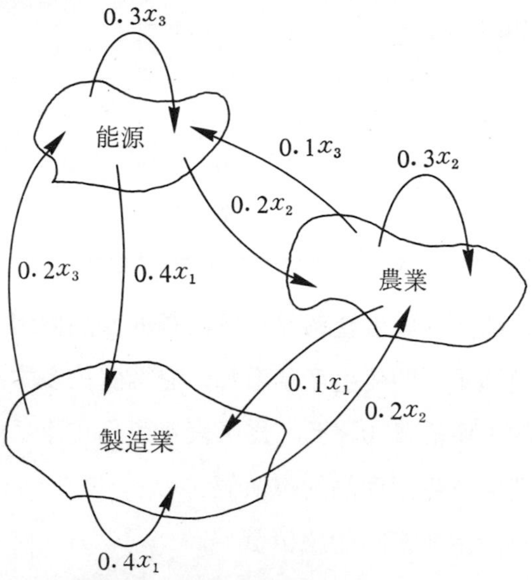

圖 3.5 各部門間產品的流動

矩陣

至 / 由	M	A	E
M	0.4	0.2	0.2
A	0.1	0.3	0.1
E	0.4	0.2	0.3

稱爲投入—產出矩陣 (input-output matrix) 。

其次，假設製成品，農產品和能源「輸出」供應體系外需求（以百萬元爲單位），分別爲105、95 和 70。我們的問題在於決定對已知的需求向量 (demand vector)

$$D=\begin{bmatrix}105\\95\\70\end{bmatrix}$$

能滿足體系需求和外界需求的密度向量（intensity vector），換句話說，我們的問題在於求解方程式組

$$x_1=0.4x_1+0.2x_2+0.2x_3+105$$

$$x_2=0.1x_1+0.3x_2+0.1x_3+95$$

$$x_3=0.4x_1+0.2x_2+0.3x_3+70$$

或以矩陣形式表示

$$\mathbf{x}=A\mathbf{x}+D$$

$$I\mathbf{x}-A\mathbf{x}=D$$

$$(I-A)\mathbf{x}=D$$

假若 $(I-A)$ 的逆矩陣存在，則

$$\mathbf{x}=(I-A)^{-1}D$$

然而，我們所要的解的每一元素都是非負值。由於 D 中每一元素都是非負值，當 $(I-A)^{-1}$ 內的每一元素都是非負值，則 $(I-A)^{-1}D$ 的每一元素爲非負值。

定義 3.9　若 $(I-A)^{-1}$ 存在，同時其中每一元素都是非負值，則投入—產出矩陣 A 稱爲具生產性（productive）。

定理 3.9　若投入—產出矩陣 A 的每一列的元素總和都小於 1，則 A 必具生產性。

上述定理的要點在於如果體系中的投入產出矩陣爲具生產性，則該體系能以唯一的密度 $\mathbf{x}$ 來生產出既定的需求 D。

例 3.23　在前述的投入—產出矩陣 A 之下

$$A=\begin{bmatrix}0.4 & 0.2 & 0.2\\ 0.1 & 0.3 & 0.1\\ 0.4 & 0.2 & 0.3\end{bmatrix}$$

如果已知需求向量 $D=[105, 95, 70]^T$，試求密度向量 $\mathbf{x}=[x_1, x_2, x_3]^T$ 之值。

解: 首先可求得

$$I-A=\begin{bmatrix}0.6 & -0.2 & -0.2\\ -0.1 & 0.7 & -0.1\\ -0.4 & -0.2 & 0.7\end{bmatrix}$$

和 $$(I-A)^{-1}=\begin{bmatrix}2.35 & 0.90 & 0.80\\ 0.55 & 1.70 & 0.40\\ 1.50 & 1.00 & 2.00\end{bmatrix}$$

因此

$$\mathbf{x}=(I-A)^{-1}\begin{bmatrix}150\\ 95\\ 70\end{bmatrix}=\begin{bmatrix}494\\ 272\\ 460\end{bmatrix}$$

換句話說，製造業應生產 494 百萬元價值的產品，農業應生產 272 百萬元價值的產品，以及能源應生產 460 百萬元價值的產品。

一般而言，體系內的投入產出矩陣通常保持不變，但需求向量則可能改變，例如若 $D=[200, 100, 80]^T$，則新的密度向量

$$\mathbf{x}=\begin{bmatrix}2.35 & 0.90 & 0.80\\ 0.55 & 1.70 & 0.40\\ 1.50 & 1.00 & 2.00\end{bmatrix}\begin{bmatrix}200\\ 100\\ 80\end{bmatrix}=\begin{bmatrix}624\\ 312\\ 560\end{bmatrix}$$

上述計算可利用電腦程式進行，可輕易得到結果。

例 3.24　某經濟體系有兩種產品，木材與鋼鐵。假設二者產品之間的關係如下表所示

生產 1 單位產品	所需單位數	
	木　材	鋼　鐵
木　　材	0.6	0.6
鋼　　鐵	0.5	0.2

試決定（$I-A$）的逆矩陣是否所有元素均爲正值。

解:

設　x_1=所製木材品單位數

x_2=所製鋼鐵品單位數

d_1=木材的外部需求

d_2=鋼鐵的外部需求

由上表可知

$$x_1=.6x_1+.6x_2+d_1$$

$$x_2=.5x_1+.2x_2+d_2$$

因此　$A=\begin{bmatrix} .6 & .6 \\ .5 & .2 \end{bmatrix}$ 和 $I-A=\begin{bmatrix} .4 & -.6 \\ -.5 & .8 \end{bmatrix}$

將　$\left[\begin{array}{cc|cc} .4 & -.6 & 1 & 0 \\ -.5 & .8 & 0 & 1 \end{array}\right]$進行運算，可得

$$\left[\begin{array}{cc|cc} 1 & 0 & 40 & 30 \\ 0 & 1 & 25 & 20 \end{array}\right]$$

即　$I-A=\begin{bmatrix} 40 & 30 \\ 25 & 20 \end{bmatrix}$，其中所有元素都是正值。

習 題

1. 試求線性方程式組的所有基本解

$$\begin{cases} 2x_1 - x_2 - x_3 = -1 \\ x_1 + 3x_3 = -1 \\ x_1 + 2x_2 - 2x_3 + x_4 = 2 \end{cases}$$

2. 試解線性方程式組

$$\begin{cases} x_1 + x_2 + x_3 = 3 \\ 2x_1 - x_2 + 2x_3 = 3 \end{cases}$$

3. 試求下列線性方程式組的通解

$$\begin{cases} x_1 + x_2 + x_3 + x_4 = 4 \\ x_1 + x_2 + 2x_3 + 3x_4 = 7 \\ 3x_1 + 3x_2 + 5x_3 + 4x_4 = 15 \end{cases}$$

4. 試求下列線性方程式組解

(a) $\begin{cases} 2x_1 + 3x_2 = 5 \\ 4x_1 + 2x_2 = 6 \\ 2x_1 - x_2 = 1 \end{cases}$ (b) $\begin{cases} x_1 + x_2 + x_3 = 3 \\ 2x_1 - x_2 + 2x_3 = 3 \\ 4x_1 + x_2 + 4x_3 = 9 \end{cases}$ (c) $\begin{cases} x_1 + x_2 + x_3 = 3 \\ 2x_1 + 2x_2 + x_3 = 5 \\ x_1 + 2x_2 + 3x_3 = 6 \end{cases}$

5. 試求下列線性方程式組的解

(a) $\begin{cases} x_1 - x_2 + x_3 = 3 \\ 4x_1 - 3x_2 - x_3 = 6 \\ 3x_1 + x_2 + 2x_3 = 4 \end{cases}$ (b) $\begin{cases} x_1 - 4x_2 + 2x_3 = 1 \\ 3x_1 + 3x_2 + 2x_3 = 2 \\ 4x_2 - x_3 = 1 \end{cases}$

6. 解方程式組

$$\begin{cases} x_1 + 2x_2 + x_3 - x_4 = 2 \\ x_1 + x_2 + x_3 = 3 \\ 3x_1 + 2x_2 + 3x_3 - 2x_4 = 1 \end{cases}$$

7. 試解方程式組

$$\begin{cases} 2x_1+3x_2+x_3+4x_4-9x_5=17 \\ x_1+x_2+x_3+x_4-3x_5=6 \\ x_1+x_2+x_3+2x_4-5x_5=8 \\ 2x_1+2x_2+2x_3+3x_4-8x_5=14 \end{cases}$$

8. 試解下列線性方程式組

(a) $$\begin{cases} 2x_1-2x_2+4x_3-6x_4=10 \\ 2x_1-2x_2+5x_3-5x_4=9 \\ x_2-x_3=5 \\ -3x_1+2x_2+x_3+16x_4=-18 \end{cases}$$

(b) $$\begin{cases} 2x_1+4x_2+8x_3=-14 \\ -x_1-2x_2+x_3=2 \\ 2x_1+6x_2+2x_3=-12 \end{cases}$$

(c) $$\begin{cases} x+2y+3z=4 \\ 3x+7y+8z=14 \\ -x-5z=1 \end{cases}$$

9. 試解下列線性方程式組

(a) $$\begin{cases} 3x_1-2x_2+6x_3+x_4=9 \\ x_1+\frac{1}{3}x_2+2x_3+\frac{1}{3}x_4=5 \\ 3x_1-4x_2+6x_3+3x_4=9 \\ 2x_1-\frac{13}{3}x_2+10x_3+\frac{5}{3}x_4=11 \end{cases}$$

(b) $$\begin{cases} x_1-2x_2+3x_4=4 \\ 2x_1-4x_2+x_3+2x_4=3 \\ -5x_1+10x_2-3x_3-3x_4=-5 \\ x_1-2x_2+x_3-x_4=-1 \end{cases}$$

(c) $$\begin{cases} x_1-x_2-x_3=0 \\ 2x_1+3x_2-x_4=0 \\ 5x_2+3x_3+x_4=0 \end{cases}$$

10. 試求下列線性方程式組

(a) $$\begin{cases} x_1-x_2-x_3=3 \\ 2x_1+3x_2-x_4=5 \\ 5x_2+3x_3+x_4=1 \end{cases}$$

(b) $$\begin{cases} 2x_1+x_2+4x_3=-8 \\ -3x_1+x_2-11x_3=22 \\ 2x_1-3x_2+12x_3=-19 \end{cases}$$

11. 試用柯拉讓法則求解下列方程式組

(a) $\begin{cases} x_1+2x_2+3x_3=2 \\ x_1 \qquad\;\; +\ x_3=3 \\ x_1+\ x_2-\ x_3=1 \end{cases}$ (b) $\begin{cases} x_1+2x_2+\ x_3=5 \\ 2x_1+2x_2+\ x_3=6 \\ x_1+2x_2+3x_3=9 \end{cases}$

12. 已知下列方程式組有解，其中α，β都是非整數的常數，試求α，β之值。

$$\begin{cases} x+\ y+2z=-2 \\ x+2y+3z=\alpha \\ x+3y+4z=\beta \\ x+4y+5z=\beta^2 \end{cases}$$

13. （續例3.19）假若路上的交通如下圖所示，則x_1, x_2, x_3和x_4的值各為若干？

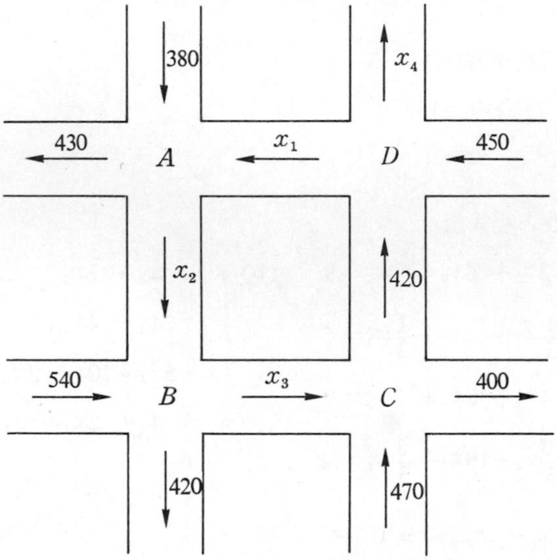

14. （續上題）若 a_1, a_2, a_3, a_4 和 b_1, b_2, b_3, b_4 均為正整數，試構建下圖交通流量的線性方程式組，並證明該方程式組具一致性的條件為

$$a_1+a_2+a_3+a_4=b_1+b_2+b_3+b_4$$

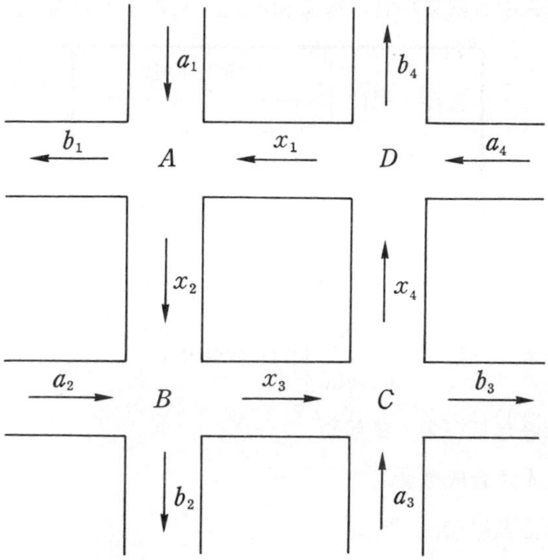

15. 丁先生有 50,000 元可用於投資三類基金，第一種年息8%，第二、三種年息分別爲10%和13%。試問他應各投資多少而使年利爲 5,500元？

16. 民生飼料廠生產狗食包出售，狗食爲由三種食料 A, B, C 混合而成。其要求爲含 24.5%蛋白質和 10.8%的脂肪。已知下列資料

	蛋白質	脂 肪
食料 A	26%	12%
B	22%	8%
C	20%	9%

試問三種食料各取多少以便混合成50公斤狗食？

17. 某經濟體系包括三類物資：木材，鋼鐵和煤。

假若 生產 1 單位木材需用0.5單位木材，0.2單位鋼和 1 單位煤

生產 1 單位鋼鐵需用0.4單位煤和0.8單位鋼

生產 1 單位煤需用0.2單位煤和0.12單位鋼

試求滿足外部需求 $D=[5, 3, 4]^T$ 的生產排程 X。

18. 某經濟體系中有兩類物資，鋼鐵和水泥，二者之間的相依關係如下表所示

生產 1 單位	所需單位數	
	S	C
S	0.2	0.1
C	1	0

試求符合生產排程$X=\begin{bmatrix}1,200\\2,600\end{bmatrix}$的外部需求$D$。

19. 某經濟體系包括三類工業部門

Ⅰ——基本及合成金屬

Ⅱ——石油及煤產品

Ⅲ——化學品及化工品

各部門之間的相依關係如下表所示

生產 1 元價值	所需價值之物		
	Ⅰ	Ⅱ	Ⅲ
Ⅰ	0.29	0.21	0 03
Ⅱ	0.01	0.07	0.05
Ⅲ	0.02	0.03	0.22

假若外界對這三類工業品的需求，以百萬元爲單位，分別是60,510元，22,863 元和 33,295 元試求密度向量 $\mathbf{x}=[x_1, x_2, x_3]$ 之值。

第四章　機率初步

4.1 緒　　言

機遇 (chance) 就是我們在日常生活中所熟悉的「運氣」。著名的莫非定律 (Murphy's law) 說：「任何可能會發生的倒楣事就會發生。」(If anything can go wrong, it will.) 就是指任何意外事件無論其發生的機率有多小，只要有可能發生，都會眞正的發生，而且可能那個倒楣鬼正是你自己。佛家說：「生命在呼吸之間」，當一個人呼出一口氣後，下一口氣是否能吸進來並非無庸置疑地理所當然，它是一個機率問題，而且當身體脆弱或年齡很老時，下一口氣能吸進來的機率越來越低，終至趨近於零。機率是機遇「出象」(outcome) 可能發生的數量性評估，而機率理論是關於隨機試驗 (random experiment) 的數學模式的理論，它探討關於機遇現象所遵循的法則。

管理者往往必須面對許多後果不確定的未來狀況定決策，這時最好能借助機率理論來表示。換句話說，機率在管理決策的隨機模式中扮演重要的角色。由於機率理論已有很多專書，本章受篇幅所限，僅討論一些最基本的概念，以供往後各章之用。其他內容請參考專書。(註)

本章在正式探討機率的概念之前，首先在 4.2 節介紹三個基本定

(註) 戴久永，《機率導論》，三民書局，民國72年出版。

義，在 4. 3 節中介紹機率各種界定法，包括古典機率（classical probability）的先驗機率（prior probability）和後驗機率以及主觀機率(subjective probability)以及現代公設化機率。4. 4 節條件機率和統計獨立是探討一些機率理論的相關知識，在往後各章中將可能用到。4. 5 節所介紹抽樣與計數技巧是實際應用機率概念時的計算技巧。4. 6 節探討貝氏定理，這個定理在決策理論(decision theory)中佔有重要地位。在 4. 7 節提及現代機率理論的基礎——隨機變數（random variable）的意義，本節並且也介紹期望值的概念。任何人於面對不確定的狀況而有多種抉擇時，通常都會先衡量各抉擇所引起後果，發生的機率以及該後果發生時所帶來的利益或損失。針對這些資料進行分析，然後選擇一個自認爲對自己最爲有利的決策，期望值正是對後果的衡量工具。4. 8 節介紹隨機變數的期望值與變異數，4. 9 節是探討二變數或以上的各變數間的相關性。4. 10節中獨立隨機變數的和與差在往後的機遇模式中有需要。最後在4. 11節中介紹三個最爲常用的機率分配，二項分配，波瓦松分配以及常態分配。

4.2 隨機試驗，樣本空間與事件

4. 2. 1 隨機試驗

前面曾經提及隨機試驗是正式施行試驗之前，其所得出象無法預知的試驗。隨機試驗有下列共通特性:

(1) 可重複性 (repeatable): 在相同狀況下，該試驗可重複施行。

(2) 不可預測性（unpredictable): 雖然每次試驗的出象無法預知，但是其可能發生的所有出象卻可事先確知。

(3) 有跡可尋性 (patternable): 當大量重複試驗後，各出象發生的次數逐漸趨向於一個定值。

4.2.2　樣本空間

定義 4.1　一個隨機試驗的所有可能出象所組成的集合，稱爲隨機試驗的樣本空間 (sample space)，以 S 表示。其中每一元素稱爲它的樣本點 (sample point)。

以下爲一些隨機試驗及其樣本空間的例題。

例 4.1　投擲一粒骰子和一個硬幣各一次，將出象以有序對表示，第一部分表示骰子出現點數，第二部分表示硬幣的出象，則 $S=\{(1,H),(2,H),(3,H),(4,H),(5,H),(6,H),(1,T),(2,T),(3,T),(4,T),(5,T),(6,T)\}$

我們必須注意到既然「試驗」和「出象」爲未經定義的名詞，因此不同的人很可能對相同的現象採用不同的樣本空間。

例 4.2　假設進行投擲二粒骰子的試驗，其一爲紅色一爲綠色，有人可能只對兩骰所出現點數和感興趣，因此他的樣本空間爲集合

$S=\{2,3,\cdots\cdots,12\}$，另一人可能對記錄紅骰，綠骰每次的出象感興趣，我們可以用有序對 $(x,\ y)$ 表示，第一分量表示紅骰出現的點數，第二分量表示綠骰出現的點數，因此所得樣本空間爲集合

$S=\{(1,1),(1,2),\cdots\cdots,(2,1),(2,2),\cdots\cdots,(6,6)\}$。

例 4.3　假設 S 代表三個由送驗批中隨機抽取的樣品構成的樣本空間。若以 C 代表良品，N 表示不良品，則

$$S=\{CCC, CCN, CNC, CNN, NCC, NCN, NNC, NNN\}$$

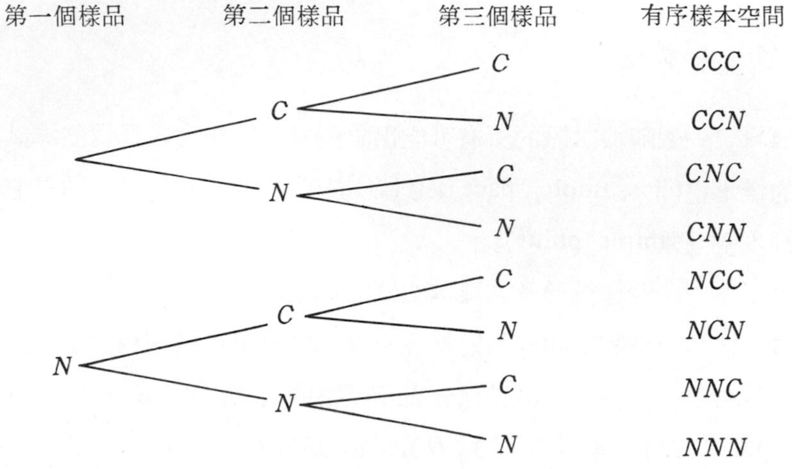

圖 4.1

假若檢驗員只注意其中的不良品個數，則樣本空間

$S_1=\{0, 1, 2, 3\}$。

由此可知隨機試驗的樣本空間描述的方式並非唯一。

例 4.4 在含 N 個產品的送驗批中有 r（$r<N$）個爲不良品則將該批產品一一檢驗至發現一個不良品爲止，若以 x 表示檢驗至發現一個不良品的次數，則 $S=\{x=1, 2, \cdots\cdots, N-r+1\}$。

例 4.5 在上例中，若檢驗至找出所有不良品爲止，若以 y 表示檢驗至找出所有不良品的次數，則 $S=\{y \mid y=r, r+1, \cdots\cdots, N\}$。

例 4.6 若某棒球隊員連續打擊至第一次擊中爲止，以 s 代表擊中，m 代表未擊中，則 $S=\{s, ms, mms, mmms, \cdots\cdots\}$，若設 x 表示至第一次擊中爲止的打擊次數，則 $S=\{x \mid x=1, 2, 3, \cdots\cdots\}$。

例 4.7 雲達燈泡工廠的品管課進行燈泡壽命試驗，將燈泡插入插座直至其燒壞爲止來測其壽命，則 $S=\{t \mid t>0\}$。

含有限個數出象的樣本空間稱爲有限樣本空間，非有限樣本空間稱

爲無限樣本空間 (infinite sample space)。例如：例題4.4 至 4.5 均爲有限樣本空間，而例 4.6 及 4.7 爲無限樣本空間。

在此或許值得指明數學「理想化」的樣本空間和實驗可行的樣本空間的差異。當我們試圖精確的記錄，例 4.7 燈泡的壽命 t 小時，顯然我們受到測度儀器精密度的限制。例如我們有一測量儀器能測量至小數第二位，由於這種限制，我們的樣本空間變成可數無限 (0.00, 0.01, 0.02, ……) 我們進一步可假設燈泡的壽命不可能超過 H 小時，樣本空間就成爲有限樣本空間 $\{0.00, 0.01, \cdots\cdots, H\}$，其元素共 $\frac{H}{0.01}+1$ 個。若 H 很大，如 $H=100$，則該值將相當大，爲了數學上的簡便起見，我們假設所有 $t\geq 0$ 均爲可能結果。這就成爲一個數學理想化的樣本空間。

4.2.3 事件

機率理論的另一個基本觀念就是事件 (event) 的概念。

定義 4.2 一個事件就是樣本空間的子集合。

回想早先所討論的，我們知道 S 本身就是事件，空集合也是一個事件。

例 4.8 投擲二公正骰子一次，其出象以 (x_1, x_2) 表示，x_i 代表第 i 骰子的出象，$i=1, 2$，則樣本空間爲

$$S=\left\{\begin{array}{l}(1,1),(1,2),\ \cdots\cdots,\ (1,6)\\(2,1),(2,2),\ \cdots\cdots,\ (2,6)\\\cdots\cdots\cdots\cdots\cdots\cdots\cdots\cdots\cdots\\(6,1),\ \cdots\cdots\cdots\cdots\cdots\cdots,\ (6,6)\end{array}\right\}$$

$E=\{(x_1, x_2)\mid x_1+x_2=10\}$

$F=\{(x_1, x_2)\mid x_1>x_2\}$ 爲二事件，也可表爲

$$E=\{(5,5),(4,6),(6,4)\}$$

$$F=\{(2,1),(3,1),(3,2),\cdots\cdots,(6,5)\}$$

於隨機試驗中，假若任何屬於事件 E 的出象發生，則稱事件 E 發生。

讀者若能明確地掌握以下的討論，對於有效的應用往後將談到的機率理論非常重要，我們的目的在於示範如何將口語描述化爲同義的集合符號。

已知一些事件的聚合，我們可將其重組，得到新的事件。例如，若 E 和 F 爲二事件，則我們能將其合併得到新的事件。如:「事件 E 或 F 發生」，「E 和 F 發生」，「E 發生而 F 不發生」，「E 不發生」等等。我們如何以集合符號表示以上諸事件呢? 要點在於一事件發生的定義。

事件 E 或 F 發生，若且唯若事件 E 內之一出象發生或 F 內之一出象發生（或一屬於兩者的出象發生）。換言之，E 或 F 發生爲當一屬於 $E\cup F$ 內的出象發生，因此「事件 E 或 F 發生」，以集合表示卽事件 $E\cup F$。

同時我們也可得出: 若 E_1, E_2，……爲事件的聚合，則這些事件中至少有一事件發生的事件爲當「至少屬於其中一事件的一出象發生」，因此事件「至少有一 E_i」相對於 $\bigcup_{i=1}^{\infty} E_i$。同理,「或」,「和」與「非」可分別在集合論中以 $\cup$（聯集），$\cap$（交集），和補集表示。

例 4.9 爲了支援廣告決策，王經理設計了一次工業客戶的調查。客戶依地點和規模大小分類成如下表所示

表 4.1

規模＼地域	西區	中區	東區
大	Ⅰ	Ⅱ	Ⅲ
中	Ⅳ	Ⅴ	Ⅵ
小	Ⅶ	Ⅷ	Ⅸ

他決定由表中隨機選取一類客戶做爲抽樣程序的一部分，九類中每一類都是包含所有工業客戶的樣本空間的一個事件，譬如事件Ⅱ爲位於中區的大型客戶。位於中區的客戶的事件以M表示，則

$$M=\text{Ⅱ}\cup\text{Ⅴ}\cup\text{Ⅷ}$$

例 4.10　若S爲樣本空間，E、F、G爲三事件，試用集合符號表示下列諸事件。

(1) E、F、G至少有一發生。

(2) E與F發生，G不發生。

(3) 恰有二事件發生。

(4) 僅E發生。

(5) E、F、G恰有一事件發生。

(6) E、F、G均不發生。

(7) 至多二事件發生。

(8) 至少有二事件發生。

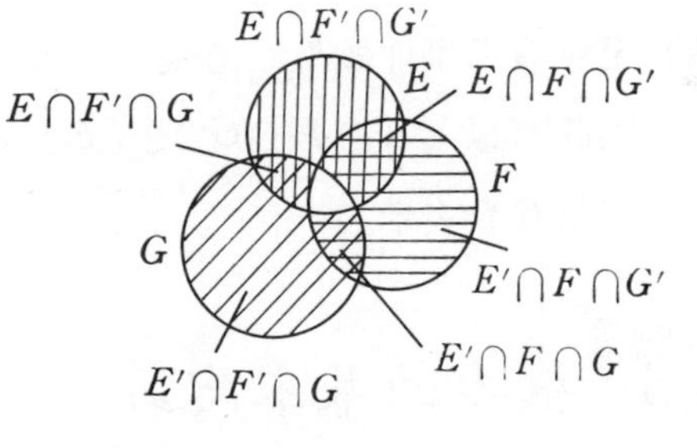

圖 4.2

解:

(1) 至少有一事件發生意爲（E發生或F發生或G發生），因此這事件以$E\cup F\cup G$表示。

(2) E和F發生而G不發生意爲（E 發生和 F 發生和非 G 發生），即$E\cap F\cap G'$。

(3) 恰有二事件發生意爲（E與F發生G不發生）或（E與G發生，F不發生）或（F與G發生，E不發生）。亦即

$$(E\cap F\cap G')\cup(E\cap F'\cap G)\cup(E'\cap F\cap G)$$

(4) 僅E發生，卽F、G不發生，因此以 $E\cap F'\cap G'$ 表示。

(5) E、F、G 恰有一事件發生，卽（僅E發生）或（僅F發生）或（僅G發生），卽$(E\cap F'\cap G')\cup(E'\cap F\cap G')\cup(E'\cap F'\cap G)$。

(6) 三事件均不發生意爲（E不發生）和（F不發生）和（G不發生）以 $E'\cap F'\cap G'$ 表之。

(7) 至多有二事件發生意爲（均不發生）或（恰有一事件發生）或（恰有二事件發生）由(3),(5),(6)，可知表爲 $(E'\cap F'\cap G')\cup(E\cap F'\cap G')\cup(E'\cap F\cap G')\cup(E'\cap F'\cap G)\cup(E\cap F\cap G')\cup(E\cap F'\cap G)\cup(E'\cap F\cap G)$，同義地，一個比較簡捷的方式是把「至多有二事件發生」，視爲非（E，F與G同時發生）之事件，因此可以用（$E\cap F\cap G'$）表示。

(8) 至少有二事件發生，意爲(恰有二事件發生)或(恰有三事件發生)，因此可以 $(E\cap F\cap G')\cup(E\cap F'\cap G)\cup(E'\cap F\cap G)\cup(E\cap F\cap G)$ 表示。

4.3 機率的基本定義

4.3.1 機率的各種界定法

談到機率的概念，我們有兩大重要基本問題必須研討:

（一）如何解釋機率。換言之，就是機率的意義。

（二）如何獲得機率的數值，就是用什麼方法求出一事件發生的機率的確定數值。

解決兩大問題的機率理論約可分成以下四種:

1. 先驗的或古典的機率理論 (a prior or classical theory of probability)。
2. 後驗的或次數比的機率理論 (a posterior or frequency ratio theory of probability)。
3. 主觀的機率理論 (subjective theory of probability)。
4. 機率的公設觀點 (axiomatic approach)。

現分別順序說明之:

1. 先驗的(或古典的)機率理論

(1) 機率的定義: 設一隨機試驗有 n 種互斥且相等可能的出象，其中有 n_E 種滿足性質 E，則事件 E 發生的機率 $P(E)$ 為 $P(E)=\frac{n_E}{n}$

(2) 根據本理論，分別解答上述兩大基本問題如下:

(a) 機率的意義: 機率爲合乎某性質出象的個數與出象總個數之比。

(b) 機率求算的方法: 只需找出合乎某性質出象的個數及出象的總個數，純粹推理而不必經過實驗，即可求得該事件發生的機率。例: 一粒「公正」骰子有六面，$n=6$，設 E 爲出現 5 點的事件，由於骰子的對稱性，我們推理 $P(E)=\frac{1}{6}$。

(3) 本理論的特點: 根據本理論，一隨機試驗不必試行，就可求得某事件發生的機率。本理論雖似非常容易使用，但需對「互斥」「相等可能」和「隨機」等詞特別留意。如某人期望求得擲一枚公正硬幣二次均出現正面的機率。他可能認爲擲硬幣兩次，有三種出象: 二正面、二反面或一正一反，其中之一就是二正面; 因此，出現二正面的機率爲 1/3。這個似是而非的求法就是錯在這三種出象並非相等可能。因爲一正一反的出象有兩種可能，即 HT 和 TH，而本例實際上有四種出象（HH, HT, TH, TT），所以 $P(HH)=\frac{1}{4}$。又如某人想計算由一副「洗」得很勻（well-shuffled）的撲克牌中任抽一張，其為10點或黑桃的機率，若他認為10點有 4 張，黑桃有13張，因此出現 10 點或黑桃的事件有 17 種出象，他就犯了忽視「互斥」的錯誤；因為其中一張黑桃10點，是10點又是黑桃。因此正確的答案應為16/52或4/13。

(4) 本理論的缺點

(a) 本理論對機率的定義用了「相等可能」的辭句，用「機遇性」來定義「機遇性」，犯了循環（circular）的毛病。

(b) 出象的總個數無限時，無法求得機率。例如由所有正整數中隨機選取一數，其為奇數的機率為若干？依直覺知道其機率應為1/2。但是，因為正整數的個數為無限個；因此根據本理論，無法求出所抽為奇數的機率。

(c) 各出象不為相等可能時，也無法求得機率。例如一枚不公正的硬幣，其出現正面的機率為何？因為該硬幣正面與反面出現不為相等可能；因此，依本理論無法求得其出現正面的機率。

(d) 相等可能的假設，沒有理由被視為當然，必須小心的加以證明。有些實驗，可以如此假設，但也有很多情況，這項假設會導致錯誤的結果，例如假定清晨 1 點到 2 點，打進總機交換臺的電話次數，和早上 8 點到 9 點打進的電話次數為相等可能，顯然不太合理。

(e) 其他諸如某人參加普考，考取的機率為何？或一男子於50歲前去世的機率為何？公賣盃女籃賽中，國泰勝亞東的機率為何？均不能依本理論求得答案。

2. 後驗的（或次數比的）機率理論

(1) 機率的定義：一試驗重複施行，則某事件發生的機率界定爲在長期的施行中，該事件出現的次數與實驗總次數之比。設事件爲E，則事件E出現的機率爲

$$P(E)=\lim_{f\to\infty}\frac{f_E}{f}。$$

當實驗進行次數不斷增加時，某事件出現的次數與實驗總次數之比會趨於某定值。例如投擲一枚硬幣，若該硬幣爲公正，則最初出現正面的次數與投擲總次數之比在 1/2 附近的波動幅度較大，當實驗次數增加，其比值會漸趨穩定，而以 1/2 爲其極限。

(2) 根據本理論解答上述兩大問題如下：

(a) 機率的定義：機率乃一事件長期實驗的結果。

(b) 機率求算的方法：將一事件實驗若干次，取其次數比，即可求得該事件發生的機率。例如一枚硬幣投擲1000次，其中出現正面 498 次，則該枚硬幣出現正面的機率爲

$$P(E)=\frac{f_E}{f}=\frac{498}{1000}=0.498。$$

根據本理論，即使是非公正硬幣，也可得出該硬幣正面發生的機率。

(3) 本理論的特點：根據本理論，機率須經實驗後才可得到。因此又稱爲統計的機率（statistical probability）或經驗機率（empirical probability）。

(4) 本理論的缺點：①本理論雖然沒有先驗理論的缺點，但是若一種事件無法重複試行時，即無法求得其機率。②即使一實驗可重複施行，仍有兩項不太合理的地方：

(a) 我們知道 p 之前，n 需多大不很明顯，是 1000？2000？或是 10000 呢？

(b) 如果我們已完全知道了實驗，且已知事件E，則我們需求的數據不該依實驗或憑運氣而定。（例如，對公正的硬幣，連投10次，可能得到 9 次正面， 1 次反面，則事件$E=$ {出現正面} 的相對次數為9/10，但很可能在下一次的投擲中，其結果剛好相反。）我們所看的是不必經由實驗，即可得到此數值。對於我們所想求的數值要有意義起見，當重複相當多次的時候，任何連續的實驗應得到一很接近此要求數值的相對次數。

3. **主觀的機率理論**

(1) 機率的定義：機率為人們相信某一事件發生的程度大小（degree of confidence）的測度。

例如拳擊賽前，某人預測某一選手會獲勝的程度大小。

(2) 根據本理論解答前述兩大問題如下：

(a) 機率的意義：機率是個人對一事件發生可能性的主觀判斷。

(b) 機率求算的方法：個人主觀的評價。

(3) 本理論的缺點：主觀機率理論雖能適用於求取無法實驗的事件發生的機率，但因對同一事件，每個人對其發生相信度並不盡然相同，為引起爭論最多的缺憾。

雖然它有這種缺點，但是主觀的機率在企業決策上非常有用，例如對於未來市場情況的估計、銷售數量的估計、供應數量的估計皆不易有可靠的客觀機率可供應用。在前述客觀機率中，過去的資料，相同的經驗（客觀證據），都是決定機率的後盾，但在做主觀機率的決定時，很可能根本沒有任何的資料可供參考，此時個人的經驗代替了客觀的證據，成為決定機率的主要依據，由於在企業決策情況下常常不能得到客觀證據，因此只好採用主觀機率。

例如：一企業家想決定他是否購買一所新工廠，這工廠是否會成功，和五年內是否將有不景氣發生有密切關係。發生不景氣的機率必然是主觀機率。因爲這種情形下，根據以往資料及經驗以預測將來的情況，並不像投擲硬幣那般可靠。但是事實上，考慮「不景氣」因素是有其必要的。這時，這位企業家可能在蒐集一些資料後，利用他自身的判斷，來決定一個「不景氣」的機率。當然這個機率不像取出紅球或投擲硬幣出現人頭面那樣可靠。在本書第10章決策理論中討論企業決策，將經常對那些和企業決策有關的事件定出一些主觀機率，以協助決策者將他自身的行動和所有可能的狀況連在一起，從而加以判斷做出決策。

4. 機率的公設觀點

現代機率理論始自1933年俄國數學家柯摩哥羅夫所著《機率理論之基礎》一書。該書首創由測度論之觀點探討機率，使機率論有一嶄新的面貌，不再以古典學派之相對次數的狹隘概念爲主體，而改以公設機率（axiomatic probability）爲重心來研究機率。

4.3.2 機率公設

定義 4.3 設 S 爲與隨機試驗相關的樣本空間，對於每一事件 E 相對一實數（即一測度值），稱爲事件 E 發生的機率，以 $P(E)$ 表示，必須滿足下列公設:

(P_1) $0 \leq P(E) \leq 1$ (4.1)

(P_2) $P(S)=1$ (4.2)

(P_3) 可數相加性（countable additivity）

若 $\{E_i\}_1^\infty$ 爲一序列 (Sequence) 的互斥事件，即若 $i \neq j$ 則 $E_i \cap E_j=\phi$，則

$$P\left(\bigcup_{i=1}^{\infty} E_i\right)=\sum_{i=1}^{\infty} P(E_i) \qquad (4.3)$$

雖然機率的測度定義並沒有明白告示我們如何去求得事件 E 發生的機率，但是肯定知道機率 $P(E)$ 存在。

在日常生活中，師長們常訓誡青年學子追求理想要「坐而言不如起而行」。因爲「行者常至，爲者常成」。換句話說，行動並不保證一定可達成目標，但是成功的機率大於 0，但不保證等於 1。又如常聽到一句俗話：「久行夜路必遇鬼，多行不義必自斃」，則是很肯定地指出做壞事的後果，自取滅亡的機率等於 1。

4.3.3 常用的機率定理

爲了能求得各有關事件的機率起見，我們在此進一步地列出一些 $P(E)$ 所具有的性質，以便後面各節引用。

定理 4.1 若 ϕ 爲空集合，則 $P(\phi)=0$。

讀者請注意，本結果的反逆定理不爲眞。卽若 $P(E)=0$，一般而言無法得出 $E=\phi$ 的結論，因爲有時可指定一可能發生的稀有事件機率爲 0。

依據本定理，立卽可以尋出公設 (P_3) 可應用於有限個集合的事實，稱爲有限可加性 (finitely additivity)。

定理 4.2 若 $E_1, E_2, \cdots\cdots, E_n$ 爲互斥事件，則

$$P\left(\bigcup_{i=1}^{n} E_i\right)=\sum_{i=1}^{n} P(E_i)$$

定理 4.3 對於任意事件 E，$P(E')=1-P(E)$。

換言之，一事件不發生的機率等於一減去其可發生的機率。

定理 4.4 單調性 (monotone property)

若二事件 E 和 F 中，$F\subset E$，則 $P(F)\leq P(E)$

定理 4.5 對於任意二事件 E 與 F

$$P(E\cup F)=P(E)+P(F)-P(E\cap F) \tag{4.4}$$

定理 4.6 布爾不等式 (Boole's inequality)

若有任意事件 E_i，$i=1, 2, \cdots\cdots, n$，則

$$P\left(\bigcup_{i=1}^{n} E_i\right) \leq \sum_{i=1}^{n} P(E_i) \qquad (4.5)$$

例 4.11　設E、F、G三事件有下列性質:

(1) $P(E)=P(F)=P(G)=\frac{1}{4}$

(2) $P(E\cap F)=P(F\cap G)=0$

(3) $P(E\cap G)=\frac{1}{8}$

試求E、F和G至少有一事件發生的機率。

解: $P(E\cup F\cup G)=P(E)+P(F)+P(G)-P(E\cap F)$

$-P(F\cap G)-P(E\cap G)+P(E\cap F\cap G)$

右端各項中，僅 $P(E\cap F\cap G)$ 未知，但是 $(E\cap F\cap G)\subset(E\cap F)$，依機率的單調性

$$P(E\cap F\cap G)\leq P(E\cap F)=0$$

得　$P(E\cap F\cap G)=0$

因此　$P(E\cup F\cup G)=\frac{5}{8}$

例 4.12　由正整數 1，2，3，……，1000 中隨機抽取一個正整數，試求所抽取的數 (1) 可被 6 或 8 整除的機率 (2) 可被 6，8，10 中恰有二整數整除的機率。

解: (1) 令 E_6 爲由可被 6 整除的正整數的事件

E_8 爲由可被 8 整除的正整數的事件

$S=\{1,2,3,\cdots\cdots,1000\}$ 有 1000 個出象

$E_6=\{6,12,18,\cdots\cdots,990,996\}$ 有 166 個出象

$E_8=\{8,16,24,\cdots\cdots,992,1000\}$ 有 125 個出象

$E_6\cap E_8$ 表示同時可被 6 和 8 整除的數的事件，即可看成被 24 整除，因此 $E_6\cap E_8=\{24,48,\cdots\cdots,984\}$，有 41 個出象，所以

$P(E_6)=\frac{166}{1000}$　$P(E_8)=\frac{125}{1000}$　$P(E_6\cap E_8)=\frac{41}{1000}$ 所抽取之數能被 6 或 8 整除的機率爲

$$P(E_6\cup E_8)=P(E_6)+P(E_8)-P(E_6\cap E_8)=\frac{1}{4}$$

(2) 令 E_{10} 爲數字能被10整除的事件，E_6，E_8 和 E_{10} 三事件，恰有二發生的機率爲

$$P(E_6\cap E_8)+P(E_8\cap E_{10})+P(E_{10}\cap E_6)-3P(E_6\cap E_8\cap E_{10}) \tag{4.6}$$

類似於 (1)，我們可得

$$P(E_6\cap E_{10})=\frac{33}{1000}\qquad P(E_8\cap E_{10})=\frac{25}{1000}$$

和 $P(E_6\cap E_8\cap E_{10})=\frac{8}{1000}$

代入 (4.6) 式等於

$$\frac{41}{1000}+\frac{25}{1000}+\frac{33}{1000}-3\times\frac{8}{1000}=\frac{3}{40}$$

4.4 條件機率和統計獨立

假設 S 爲與某隨機試驗相關的樣本空間，在應用問題中經常會碰到如「在已知事件 F 發生的狀況下，事件 E 發生的機率爲何?」的問題。

例 4.13 假設在20個產品的送驗批中有 16 個良品，4 個不良品。我們用兩種方法來抽取二產品 (1) 放回方式 (2) 不放回方式，定義 E 及 F 兩事件:

$F=\{$第一次抽樣是不良品$\}$

$E=\{$第二次抽樣是不良品$\}$

如果以 (1) 放回方式抽樣，則 $P(E)=P(F)=\frac{4}{20}=\frac{1}{5}$。因爲在每次抽樣的羣體中，總有 4 個不良品存在。但是如果以 (2) 不放回方式抽樣，則其結果不大相同。很顯然的 $P(F)=\frac{1}{5}$，但 $P(E)=?$ 我們必須先知道第二次抽樣時，樣本的組成情形如何？亦卽視事件 F 發生與否而定，因此我們需要一個新的機率概念。

定義 4.4　若 S 爲與隨機試驗相關的樣本空間，E 和 F 爲二事件，$P(F)>0$，則對於每一事件 E，可界定一個新的機率函數

$$P(E\mid F)=\frac{P(E\cap F)}{P(F)} \tag{4.7}$$

稱爲 F 已知時事件 E 發生的條件機率。

讀者請注意下列事項:

(1) 若 $F=S$，則 $P(E\mid S)=P(E\cap S)/P(S)=P(E)$。

(2) 對於每一事件 $E\subset S$，我們可相對地得出兩個數值非條件機率 $P(E)$ 和已知 F 時的條件機率 $P(E\mid F)$。一般而言，這兩個數值不同，正如上例所示。本章中我們將會討論 $P(E)$ 和 $P(E\mid F)$ 相等的重要特例。

(3) 在條件機率公式中，$P(F)>0$ 並不僅是因數學運算上分數分母不得爲零的限制，同時也有常識的意義。例如擲骰子一次，得知出現偶數，這時如果我們想求 $P(2\mid 奇數)$，顯然沒有意義。若 $P(F)=0$ 則 $P(E\mid F)$ 爲未定義 (undefined)。

條件機率和非條件機率所服從的機率法則全然相同，只是前者在緊縮樣本空間 (reduced sample space) F 中討論，而後者則在樣本空間 S 中討論。

定理 4.7　$P(\cdot\mid F)$ 的性質

(1) $P(\phi\mid F)=0$

(2) 若 $E_1, E_2, \cdots\cdots, E_n$ 爲互斥事件，則

$$P(E_1 \cup E_2 \cup \cdots\cdots \cup E_n | F) = \sum_{i=1}^{n} P(E_i | F) \tag{4.8}$$

(3) 若 E 爲一事件，則 $P(E' | F) = 1 - P(E | F)$

(4) 若 E_1, E_2 爲任意二事件，則

$$P(E_1 \cap E_2' | F) = P(E_1 | F) - P(E_1 \cap E_2 | F) \tag{4.9}$$

(5) 對於任意二事件 E_1 和 E_2

$$P(E_1 \cup E_2 | F) = P(E_1 | F) + P(E_2 | F) - P(E_1 \cap E_2 | F) \tag{4.10}$$

(6) 對於任意二事件 E_1 和 E_2，若 $E_1 \subset E_2$，則

$$P(E_1 | F) \leq P(E_2 | F) \tag{4.11}$$

(7) 對於任意 n 事件 $E_1, E_2, \cdots\cdots, E_n$

$$P(E_1 \cup E_2 \cup \cdots\cdots \cup E_n | F) \leq \sum_{i=1}^{n} P(E_j | F) \tag{4.12}$$

例 4.14 由整數 1，2，3，……，1000 中隨機抽取一數字，現已知該數字可被 4 整除，試求該數 (1) 可被 6 整除但不被 8 整除的機率 (2) 可被 6 或 8 整除的機率 (3) 恰被 6 或 8 之一整除的機率。

解: 請將本題與例4.12 相比較。E_4 有 250 個出象，E_6 有 166 個出象，E_8 有 125 個出象，$E_4 \cap E_6$ 有 83 個出象，$E_6 \cap E_8$ 有 41 個出象。

(1) $P(E_6 \cap E_8' | E_4) = P(E_6 | E_4) - P(E_6 \cap E_8 | E_4)$

$$= \frac{83}{250} - \frac{41}{250} = \frac{21}{125}$$

(2) $P(E_6 \cup E_8 | E_4) = P(E_6 | E_4) + P(E_8 | E_4) - P(E_6 \cap E_8 | E_4)$

$$= \frac{83}{250} + \frac{125}{250} - \frac{41}{250} = \frac{167}{250}$$

(3) $P(E_6 \cap E_8' | E_4) + P(E_6' \cap E_8 | E_4)$

$= P(E_6 | E_4) + P(E_8 | E_4) - 2P(E_6 \cap E_8 | E_4)$

$$=\frac{83}{250}+\frac{125}{250}-\frac{2\cdot 41}{250}=\frac{126}{250}=\frac{63}{125}$$

一般而言，我們有兩種方法求條件機率 $P(E\mid F)$

(1) 直接由緊縮的樣本空間 F，以求得 E 的機率。

(2) 利用上述的定義 4.4，直接由原來的樣本空間 S 而求 $P(E\cap F)$ 和 $P(F)$。

以上條件機率的定義，可以得出很重要的形式，如下所列:

$$P(E\cap F)=P(F\mid E)P(E) \tag{4.13 a}$$

也可表爲 $$P(E\cap F)=P(E\mid F)P(F) \tag{4.13 b}$$

有時稱此爲機率的廣義乘法法則 (general multiplication rule) 或複合機率定理 (theorem of compound probability)。我們能用這定理求出事件 E 和 F 同時發生的機率。

例 4.15 在例 4.13 中若以不放回的方式隨機選取兩件，求兩件均是不良品的機率爲何?

解: 如前所定義事件 E 和 F 爲

$F=${所抽第一件爲不良品}

$E=${所抽第二件爲不良品}

因此需要求 $P(E\cap F)$，由上面的公式可求出

$$P(E\mid F)=\frac{3}{19},\quad P(F)=\frac{1}{5}$$

故 $$P(E\cap F)=P(E\mid F)P(F)=\frac{3}{19}\cdot\frac{1}{5}=\frac{3}{95}$$

接着看一下定理 4.8。

定理 4.8 設 E_1, E_2, E_3 爲樣本空間 S 的任意三事件，則若 $(E_1\cap E_2)\neq\phi$

$$P(E_1\cap E_2\cap E_3)=P(E_1)P(E_2\mid E_1)P(E_3\mid E_1\cap E_2)$$

上述的乘法定理也可以推廣到 n 事件如下:

定理 4.9 設 E_1, E_2, ……E_n 爲樣本空間 S 的任意事件，則

$$P(E_1 \cap E_2 \cap \cdots\cdots \cap E_n)$$
$$= P(E_1)P(E_2 | E_1)P(E_3 | E_1 \cap E_2)\cdots\cdots$$
$$P(E_n | E_1 \cap \cdots\cdots \cap E_{n-1}) \qquad (4.14)$$

假若在樣本空間 S 的二事件 E 與 F，事件 F 的發生與 E 是否發生無關，即 $P(F | E) = P(F)$，則

$$P(E \cap F) = P(F | E)P(E) = P(F)P(E)$$

這時 E 與 F 之一的發生與否，不會影響另一事件的發生與否。

定義 4.5 事件 E 與 F 若滿足條件

$$P(E \cap F) = P(E)P(F) \qquad (4.15)$$

則稱 E 與 F 爲統計獨立，即 E 與 F 爲二獨立事件。

例 4.16 甲車突遇紅燈，由於緊急煞車導致與後面乙車相撞。此時有路邊張三、李四、王五三位目擊者。若張三、李四、王五在此種情況下會說謊的機率分別爲0.1, 0.2, 0.3。問 (1) 三人皆會指證事實的機率爲何? (2) 其中至少兩人指證事實的機率爲何? (假設三人之指證互相獨立)

解: 令 A, B, C 分別表張三、李四、王五指證事實之事件，則 $P(A) = 0.9$，$P(B) = 0.8$，$P(C) = 0.7$。

(1) 三人皆會指證事實的機率爲

$$P(A \cap B \cap C) = P(A) \cdot P(B) \cdot P(C) = 0.9 \times 0.8 \times 0.7$$
$$= 0.504$$

(2) 至少兩人指證事實的機率爲

$$P[(A \cap B \cap C) \cup (A \cap B \cap C') \cup (A \cap B' \cap C) \cup$$
$$(A' \cap B \cap C)]$$

$$=P(A)P(B)P(C)+P(A)P(B)P(C')$$
$$+P(A)P(B')P(C)+P(A')P(B)P(C)$$
$$=0.504+0.9\times 0.8\times 0.3+0.9\times 0.2\times 0.7+0.1\times 0.8\times 0.7$$
$$=0.504+0.398=0.902$$

4.5 抽樣與計數技巧

於研討應用機率的問題時，我們經常會碰到由一堆N個不同的物品中，隨機抽取n個的情形，這種程序稱之爲抽樣，並稱所抽取產品是爲個數n的樣本。

抽樣程序的技巧相當重要，一種方法是於抽取其次一個之前，把原先抽取的物體放回，稱爲放回抽樣。在這個情形下，由於可能多於一次抽取同一物體，樣本數大小沒有限制，n可以爲任意正整數。假若取出的物體不放回，則稱爲不放回抽樣，顯然這種抽樣的樣本數n有一上限N。

有許多機率問題的答案，端賴計算屬於某一特定集合內元素的個數，當該集合內元素個數不多時，我們固然可以直接加以點計，然而當個數多時直接點計的方法顯然並不實際，這時我們就必須採用其他有效的方法處理。

例 4.17　某送驗批含100個產品，其中80個爲良品，20個爲不良品，現以不放回方式隨機抽取10個產品，試問其中含5個不良品的機率爲若干？

爲了考慮分析上述問題，我們首先考慮其樣本空間S，每一S的元素包含由批中取出的10個可能產品，設爲$(e_{i_1}, e_{i_2}, \cdots\cdots, e_{i_{10}})$，則$S$有多少個這樣的元素呢？在這些元素中又有多少個爲含5個不良品呢？顯然我們必須先要能回答這些問題，方才能解決本題。其他有許多問題也與本題相類似，因此特於本節介紹一些計數技巧。

4.5.1 樹形圖 (tree diagram)

樹形圖的概念對於分析某些問題相當有用。

例 4.18 甲乙二人比賽網球 5 局，約定最先連勝 2 局或先勝 3 局的人為贏家，試列出所有可能結果:

解:

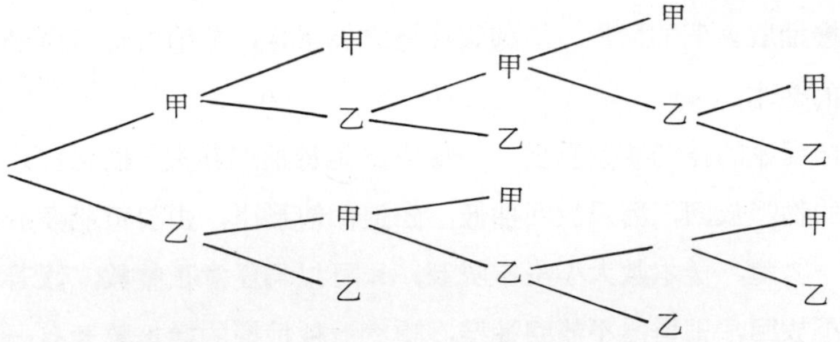

圖 4.3

本樹形圖共有 10 個終點 (endpoint)，相對於 10 種可能出象，甲甲、甲乙甲甲、甲乙甲乙甲、甲乙甲乙乙、甲乙乙、乙甲甲、乙甲乙甲甲、乙甲乙甲乙、乙甲乙乙、乙乙。其中每一樹枝 (path) 的終點就是贏家。

例 4.19 甲至賭城拉斯維加 (Las Vegas, Nevada) 觀光，臨時有急事發生，他至多僅有時間玩 5 次輪盤，每次甲贏或輸 1 元，他以 1 元參加賭局，若於 5 局前輸去他所有的本錢或贏 3 元 (卽共有 4 元) 時就停止，試列出甲參加賭戲所有可能發生的出象。

解: 下圖中列出所有可能發生的出象，卽甲的賭戲共有 11 種不同的可能，每一枝的終點卽為甲最後所有。

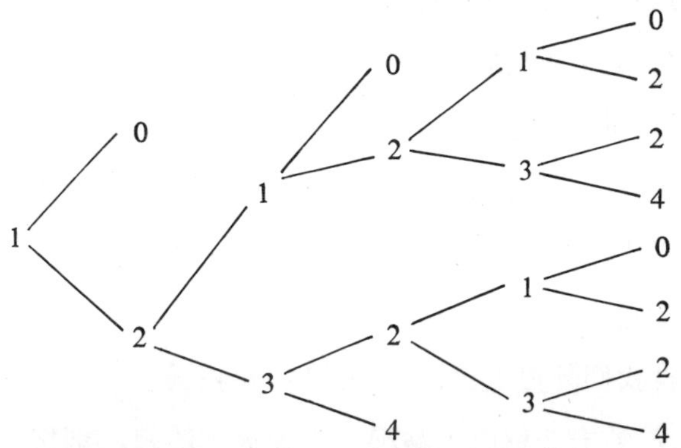

圖 4.4

注意：由圖可知甲於5局前結束賭戲，僅有3種情形。

當問題牽涉致個數增多時，樹形圖會變得相當繁複，而其有用性則相對減少。

4.5.2　基本計數原理

1. 乘法原理

假設由 P 至 L_1 有 n_1 種走法，由 L_1 至 L_2 有 n_2 種走法，則由 P 至 L_2 共有 $n_1 \times n_2$ 種不同走法。

我們可以將乘法原理推廣，如下：假設 P 至 L_1 有 n_1 種走法，由 L_i 至 L_{i+1} 有 n_i 種走法，$i=1, 2, 3, \cdots\cdots, k$，則由 P 至 L_{k+1} 共有 $n_1 \times n_2 \times n_3 \times \cdots\cdots \times n_k$ 種走法。

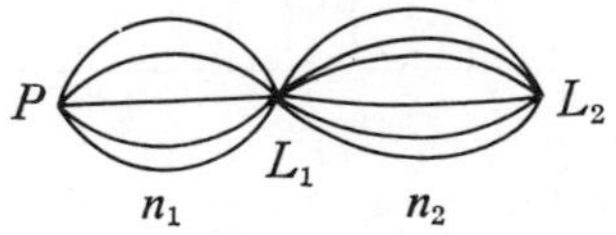

圖 4.5

例 4.20　某人有三件不同上衣，6條不同領帶和5條不同褲子，則他有3・6・5＝90 種不同搭配的穿法。

2. 加法原理

假設由 P 至 L_1 有 n_1 種走法，由 P 至 L_2 有 n_2 種走法，且假設由

P至 L_1 或 L_2 無法同時進行，則由P至 L_1 或 L_2 的走法共有 n_1+n_2 種。

本原理也可推廣如下，由P至 L_i 的走法爲 n_i， $i=1,2,\cdots\cdots k$，且假設無法同時進行，則由P至L_1或 L_2 或……L_k的走法共有 $n_1+n_2+\cdots\cdots+n_k$ 種走法。

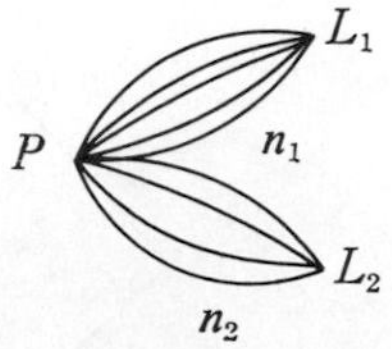

圖 4.6

例 4.21 假設我們計畫去旅行， 而且決定搭乘火車或是巴士，若有3種巴士路線， 2種火車路線，則旅行的可能不同路線有（3＋2）種。

4.5.3 排列

(1) 將n 種不同的物品排列，則其排法數 $_nP_n$ 爲多少？例如有三件物品a，b，c，則其可能的排列爲abc, acb, bac, bca, cab和cba，一共是6種。排列n件物品，相當於按某一特定次序將它們放入有n個格子的盒子中。

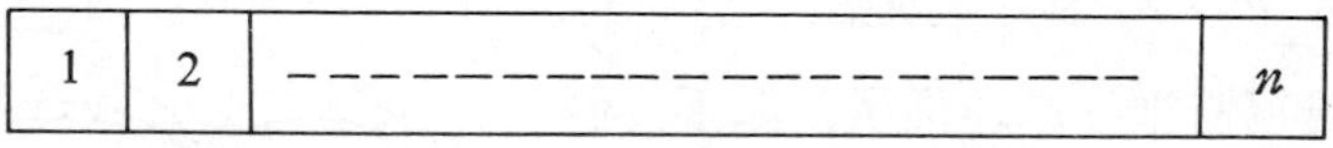

圖 4.7

第一個格子有n種方法放入物品，第二個格子則有（$n-1$）種方法，……，最後一格則只恰有一種方法。由乘法原理我們知道，將物品放入格子的方法有$n\times(n-1)\times(n-2)\cdots\cdots\times 1$種。此數經常出現，我們賦予它一特別名稱和符號。

定義 4.6 如果n爲正整數，界定$n!=n(n-1)(n-2)\cdots\cdots\times 1$，

稱之爲n之階乘（n-factorial)，且$0!=1$

於是 n 件不同物品排列方法數為 ${}_nP_n=n!$

(2) 考慮 n 件不同物品，由這些物品中，選取 r 件，$0\leq r\leq n$，加以排列，並以 ${}_nP_r$ 表示此種選取排列的個數。同樣將物品放入有 n 個格子的盒子內，這次我們在擺進第 r 個格子後就停止。於是第一個格子有 n 種方法放入物品，第二個格子有 $(n-1)$ 種，……第 r 個格子有 $(n-r+1)$ 種，再利用乘法原理，所以其方法共有 $n(n-1)\cdots\cdots(n-r+1)$ 種，利用前面所介紹的階乘定義，可以記為

$$
{}_nP_r=\frac{n!}{(n-r)!} \tag{4.16}
$$

4.5.4 組合

再考慮 n 件不同物品，同時也是由其中選取 r 件，但不考慮其順序，稱為組合。例如：有四件物品 a, b, c, d，令 $r=2$，則有 ab, ac, ad, bc, bd, cd，請注意我們不考慮其先後順序。

再回想一下，由 n 件不同物品選取 r 件，而加以排列的方法數是 $\frac{n!}{(n-r)!}$，設由 n 件不同物品取 r 件而不計其順序的方法數為 C。只要 r 件物品被選出，排列的方法有 $r!$ 種，因此，由乘法定理及上面的結果，所以

$$
C\cdot r!=\frac{n!}{(n-r)!}
$$

亦即　$C=\dfrac{n!}{(n-r)!r!}$

這種形式的數值經常用到，我們特將其記為

$$
\frac{n!}{r!(n-r)!}=\binom{n}{r} \tag{4.17}
$$

$\binom{n}{r}$有許多有趣的性質，此處僅提其中兩種（除非特別聲明，我們

假設 n 是正整數，r 是非負整數，$0 \leq r \leq n$)。

(1) $$\binom{n}{r}=\binom{n}{n-r} \tag{4.18}$$

(2) $$\binom{n}{r}=\binom{n-1}{r-1}+\binom{n-1}{r} \tag{4.19}$$

$$1$$

$$\binom{1}{0} \quad \binom{1}{1}$$

$$\binom{2}{0} \quad \binom{2}{1} \quad \binom{2}{2}$$

$$\binom{3}{0} \quad \binom{3}{1} \quad \binom{3}{2} \quad \binom{3}{3}$$

圖 4.8 巴斯卡三角形

上述的兩項性質很容易用代數方法得證。

(1) $\binom{n}{r}$ 是由 n 件不同的物品中取出 r 件的組合方法數，當我們從 n 件物品中，取出 r 件時，我們也同時留下 $(n-r)$ 件，因此從 n 件中取 r 件，相當於從 n 件中取 $(n-r)$ 件，此即我們要證明的 (4.18) 式。換言之，由 n 件物品中選取 r 件的方法數，相當於由 n 件中剔除 $(n-r)$ 件的方法數。例如，我們想要由八本書中選出三本書，其方法數與由八本書中取五本不看的方法數相同。

(2) 首先由 n 件中選取一件，稱之爲 a，則由 n 件物品中選取 r 件物品時，可能含 a，也可能不含 a。若不含 a，我們必須由其餘的 $(n-1)$ 件中取出 r 件，有 $\binom{n-1}{r}$ 種方法，若含 a，則只須由其餘的 $(n-1)$ 件中取出 $(r-1)$ 件，有 $\binom{n-1}{r-1}$ 種方法。由加法原理，我們得到 $\binom{n}{r}=\binom{n-1}{r-1}+\binom{n-1}{r}$，即所要證明的 (4.19) 式。

$\binom{n}{r}$通常稱為二項式係數（binomial coefficients），因為（$x+y$）^{n} 展開式的係數就如 $\binom{n}{r}$。若 n 是正整數，則（$x+y$）^{n}＝$\underbrace{(x+y)\cdots\cdots(x+y)}_{n\text{次}}$展開時，每一項含有 r 個 x 與（$n-r$）個 y 的乘積 $r=0,1,\cdots\cdots,n$ 形如 $x^r y^{n-r}$ 有多少項？我們只要數一數由 n 個 x 中取 r 個，不計次序的方法數，但該數即為$\binom{n}{r}$。因此，即得著名的二項式定理（binomial theorem）。

定理 4.10　$(x+y)^n=\sum_{r=0}^{n}\binom{n}{r}x^r y^{n-r}$　　(4.20)

另證：利用數學歸納法

$$n=1 \qquad (x+y)=\binom{1}{0}x^0y+\binom{1}{1}x^1y^0=x+y$$

設 $n=m-1$ 成立

$$(x+y)^{m-1}=\sum_{r=0}^{m-1}\binom{m-1}{r}x^r y^{(m-1)-r}$$

則 $n=m$時

$$(x+y)^m=(x+y)(x+y)^{m-1}$$
$$=(x+y)\sum_{r=0}^{m-1}\binom{m-1}{r}x^r y^{m-1-r}$$
$$=\sum_{r=0}^{m-1}\binom{m-1}{r}x^{r+1}y^{m-1-r}+\sum_{r=0}^{m-1}\binom{m-1}{r}x^r y^{m-r}$$

在右式第一項中含 $i=r+1$，第二項中令 $i=r$

則　$$(x+y)^m=\sum_{i=1}^{m}\binom{m-1}{i-1}x^i y^{m-i}+\sum_{i=0}^{m-1}\binom{m-1}{i}x^i y^{m-i}$$
$$=x^m+\sum_{i=1}^{m-1}\left[\binom{m-1}{i-1}+\binom{m-1}{i}\right]x^i y^{m-i}+y^m$$
$$=x^m+\sum_{i=1}^{m-1}\binom{m}{i}x^i y^{m-i}+y^m$$

$$=\sum_{i=0}^{m}\binom{m}{i}x^i y^{m-i}$$

故得證。

組合數$\binom{n}{r}$於計算成數值時，並不容易，解決這個問題的方法之一是使用史廸林公式 (Stirling formula)，求得各階乘數的近似值。

史廸林公式爲

$$n!\sim(2\pi n)^{\frac{1}{2}}n^n e^{-n} \tag{4.21}$$

因當$n\to\infty$，左右兩邊的比值會趨於1，史廸林公式在早期機率論中曾扮演重要角色。

例 4.22 試計算 50! 的值。

解: 依史廸林公式

$$50!\sim\sqrt{2\pi(50)}\,50^{50}e^{-50}\equiv N$$

爲了計算N，兩邊取以10爲底的對數

$$\log N=\log(\sqrt{100\pi}\,50^{50}e^{-50})$$

$$=\frac{1}{2}\log 100+\frac{1}{2}\log 3.1416+50\log 50-50\log 2.718$$

$$=\frac{1}{2}(2)+\frac{1}{2}(0.4972)+50(1.6990)-50(0.4343)$$

$$=64.4836$$

即 $N=3.04\times10^{64}$

又上文中，二項式係數$\binom{n}{r}$只有在n爲正整數，r爲非負整數，$0\leq r\leq n$時才有意義，然而如果我們寫成

$$\binom{n}{r}=\frac{n!}{r!(n-r)!}=\frac{n(n-1)\cdots\cdots(n-r+1)}{r!} \tag{4.22}$$

則只要 n 爲實數，r 爲任意非負整數，就有意義。這時 $\binom{n}{r}$ 稱爲概化的二項式係數 (generalized binomial coefficient)，這時 $\binom{n}{0}$ 仍然界定爲 1。

例 4.23

(1) $\binom{\frac{1}{2}}{3}=\dfrac{\left(\frac{1}{2}\right)\left(\frac{1}{2}-1\right)\left(\frac{1}{2}-2\right)}{3!}=\dfrac{1}{16}$

(2) $\binom{1}{2}=\dfrac{(1)(0)}{2}=0$

(3) $\binom{-1}{2}=\dfrac{(-1)(-2)}{2}=1$

例 4.24　華通公司一工廠在試驗一種由 G_1 與 G_2 兩公司所供應的電子零件，以用於工廠某一系統中。該零件已裝置於三種系統 E_1，E_2 與 E_3 中，每一系統均在不同環境條件下操作。當各系統操作 7 小時後，此零件在各系統之損壞數記於表 1 中。

表　1

G \ E	E_1	E_2	E_3	總　和
G_1	30	20	10	60
G_2	10	15	35	60
總　和	40	35	45	120

事件 $G_i\cap E_j$，$i=1，2$，及 $j=1，2，3$ 的聯合機率如下式所示爲:

$$P(G_i \cap E_j)=\frac{n_{ij}}{n}=p_{ij}$$

將表 1 中計算所得的 p_{ij} 列於表 2 中。譬如，從 G_1 公司所得的零件用於 E_3 系統中，則有 1/12 故障。

表 2

G \ E	E_1	E_2	E_3	總 和
G_1	$\frac{1}{4}$	$\frac{1}{6}$	$\frac{1}{12}$	$\frac{1}{2}$
G_2	$\frac{1}{12}$	$\frac{1}{8}$	$\frac{7}{24}$	$\frac{1}{2}$
總 和	$\frac{1}{3}$	$\frac{7}{24}$	$\frac{3}{8}$	1

(1) 若隨機選一系統並檢查此種零件，若發現已損壞，則其得自 G_1 公司的機率為何?

(2) 若隨機選一系統，而發現零件損壞，則此零件裝置於系統 E_3 的機率為何?

解:

(1) 本問題的解即為事件 G_1 之邊際機率，亦即

$$P(G_1)=\sum_{j=1}^{?} P(G_1 \cap E_j)=\frac{1}{n}\sum_{j=1}^{3} n_{ij}$$

$$=\frac{30+20+10}{120}=\frac{1}{2}$$

因此，在表 2 中總和那行所示即為 G_1 與 G_2 事件的邊際機率。

(2) 本問題的解即為 E_3 的邊際機率

$$P(E_3)=\sum_{i=1}^{?} P(G_i \cap E_3)=\frac{1}{n}\sum_{i=1}^{?} n_{12}$$

$$=\frac{10+35}{120}=\frac{3}{8}$$

因此，在表 2 中最後一列就是 E_1, E_2 及 E_3 的邊際機率。

至於下列各機率也可求出

$$P(G_1|E_1)=\frac{P(G_1\cap E_1)}{P(E_1)}=\frac{\frac{1}{4}}{\frac{1}{3}}=\frac{3}{4}$$

爲隨機從系統 E_1 中選出一不良零件，而其得自 G_1 公司的機率。

$$P(E_1|G_2)=\frac{P(G_2\cap E_1)}{P(G_2)}=\frac{\frac{1}{12}}{\frac{1}{2}}=\frac{1}{6}$$

爲已知零件得自 G_2 公司，而從系統 E_1 中得一不良零件的機率。

4.6 貝氏定理

前面我們曾利用條件機率的觀念，以計算兩事件同時發生的機率。我們也能利用這觀念以另外一種方法， 計算事件 E 發生的非條件機率 (unconditional probability)。

定義 4.7 事件 $F_1, F_2, \cdots\cdots, F_k$ 若滿足以下三條件

(a) 對於任二相異事件，$F_i\cap F_j=\phi$

(b) $\bigcup_{i=1}^{k} F_i=S$

(c) 對於每個事件 F_i，$P(F_i)>0$

則 $F_1, F_2, \cdots\cdots, F_k$ 稱爲樣本空間 S 的一個分割 (Partition)。

例如，投擲一粒骰子，$F_1=\{1,2\}$，$F_2=\{3,4,5\}$，$F_3=\{6\}$，就是樣本空間的一個分割，而 $G_1=\{1,2,3,4\}$，$G_2=\{4,5,6\}$則

不是。

設E表S的某事件，並且 $F_1, F_2, \cdots\cdots, F_k$是$S$的一個分割，圖說明$k=8$的情形，我們可以將$E$寫成

$$E=(E\cap F_1)\cup(E\cap F_2)\cup\cdots\cdots\cup(E\cap F_k)$$

當然，有些集合 $E\cap F_i$ 可能是空集合，但並不影響上式的正確性。最重要的是所有事件（$E\cap F_1$)，……($E\cap F_k$）均為互斥。因此利用互斥事件的加法性質。

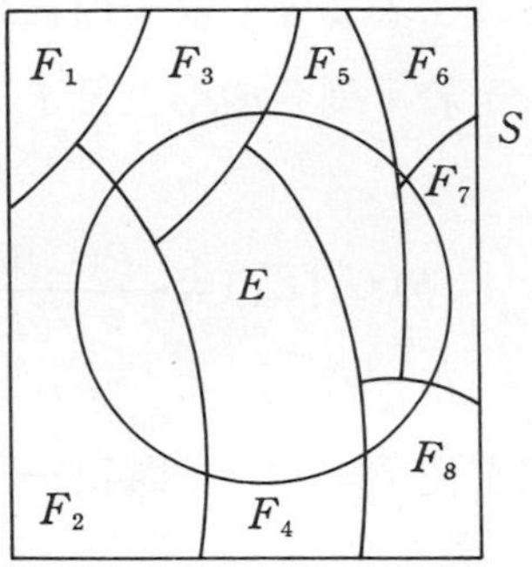

圖 4.9

$$P(E)=P(E\cap F_1)+P(E\cap F_2)+\cdots\cdots+P(E\cap F_k) \quad (4.23)$$

然而每一項 $P(E\cap F_i)$ 均能表示為 $P(E|F_i)P(F_i)$

因此得到全機率（total probability）的定理如下

$$P(E)=P(E|F_1)P(F_1)+P(E|F_2)P(F_2)+\cdots\cdots+P(E|F_k)P(F_k) \quad (4.24)$$

這結果相當有用，因為需要 $P(E)$ 時，往往很難直接計算 $P(E)$ 。然而假設 F_i 為已知，則可以先計算 $P(E|F_j)$，然後再利用上式求得 $P(E)$。

當$k=2$時，(4.24）式變成

$$P(E)=P(E|F)P(F)+P(E|F')P(F') \quad (4.25)$$

例 4.25 雲達公司的甲產品由三個廠 I，II，III分別製造。已知在某一時期內廠 I 的產量為廠 II 的兩倍，廠 II 和廠 III 有同樣的產量。又知廠 I 和廠 II 所製產品不良品佔 2 %，廠 III 則佔 4 %，所有產品都被儲入倉庫內，現從倉庫內隨機抽取一件產品，求其為不良品的機率為若干?

解: 首先我們設

$E=\{$產品為不良品$\}$

$F_1=\{$產品來自廠Ⅰ$\}$

$F_2=\{$產品來自廠Ⅱ$\}$

$F_3=\{$產品來自廠Ⅲ$\}$

利用上面的結果求 $P(E)$

$$P(E)=P(E\mid F_1)P(F_1)+P(E\mid F_2)P(F_2)+P(E\mid F_3)P(F_3)$$

現在　$P(F_1)=\frac{1}{2}$，$P(F_2)=P(F_3)=\frac{1}{4}$

同時　$P(E\mid F_1)=P(E\mid F_2)=0.02$

而　$P(E\mid F_3)=0.04$

將這些數值代入上式可以求得

$P(E)=0.025$

我們可以由下例得到其他重要的結果。

例 4.26　在上例中，假若從倉庫中隨機取一產品，發現它是不良品，試求該產品是來自廠Ⅰ的機率為何?

利用以前所介紹過的符號，我們所要求的是 $P(F_1\mid E)$，設 F_1, F_2, ……, F_k 是樣本空間 S 的一個分割，而且 E 為 S 的一事件，利用條件機率的定義可得到

$$S=\bigcup_{j=1}^{k}F_j$$

$$E=\bigcup_{j=1}^{k}(E\cap F_j)$$

$$P(E)=\sum_{j=1}^{k}P(E\cap E_j)$$

$$=\sum_{j=1}^{k}P(E\mid E_j)P(E_j)$$

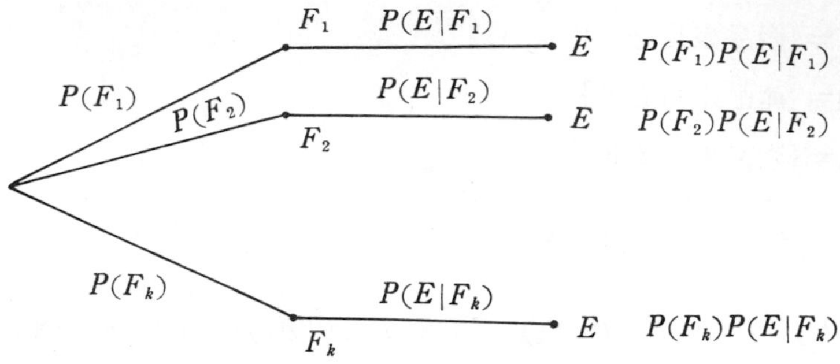

圖 4.10

因此 $$P(F_j|E)=\frac{P(E|F_j)}{P(E)}$$

$$=\frac{P(E|F_j)P(F_j)}{\sum_{i=1}^{k}P(E|F_i)P(F_i)}$$

$$j=1,2,\cdots\cdots,k$$

這個結果稱爲貝氏定理 (Bayes' theorem) 。

假若把事件 F_j 視爲關於某一事情的可能「假設」，則貝氏定理可以解釋爲如何依據試驗所得證據來修正試驗前所做關於假設成立的意見。

貝氏定理是統計學上貝氏統計推論(Bayesian statistical inference)的理論基礎，其中 $P(F_j)$， $j=1,2,\cdots\cdots,k$ 稱爲先驗機率。利用貝氏定理最大的困難在於確立 $P(F_j)$ 的數值，通常是根據過去的經驗來指定，但是這種方式也常引起爭議。

依據貝氏定理，例 4.24 可表示如下

$$P(F_1|E)=\frac{(0.02)\left(\frac{1}{2}\right)}{(0.02)\left(\frac{1}{2}\right)+(0.02)\left(\frac{1}{4}\right)+(0.04)\left(\frac{1}{4}\right)}$$

$$=0.4$$

定理 4.10　貝氏定理

設 $F_1, F_2, \cdots\cdots, F_k$ 爲樣本空間 S 的一個分割，E 爲 S 的一個事件，則

$$P(F_j \mid E)=\frac{P(E \mid F_j)P(F_j)}{\sum_{i=1}^{k} P(E \mid F_i)P(F_j)} \tag{4.26}$$

$$j=1, 2, 3, \cdots\cdots k$$

4.7　隨機變數

4.7.1　隨機變數的定義

科學研究只考慮能夠一再地予以獨立觀察的現象，因爲只有這種現象才有可能進行科學分析。我們所考慮的隨機現象也必須如此，試驗的目的是在瞭解現象，如果無法從試驗的各個出象中找出任何規律，就無法對相關的現象提出科學性的結論，這種現象對人們而言便是迷惑的現象，必須做進一步的觀察才行。

早先本章曾經提到隨機試驗是對某一隨機現象的片面觀察。「可重覆」性是說可以一而再、再而三的重覆施行及觀測該試驗而得到類似的資料；可以大致描述羣體!「不可預測」性是說雖然可以大致描述羣體（所有可能值），但無法預知觀察的出象。而「有跡可尋」意卽當觀察時間夠長，數據夠多時，數據的分佈情況是大致可以掌握的! 這個分佈狀況就是相對次數圖（relative frequency diagram）的極限，也就是所謂的機率分配（probability distribution）。所以所觀察的出象是一個可重覆而不可預測卻又有跡可尋的出象，稱之爲隨機變數（random variable）。

一般而言，研究人員可以定性地（qualitative）或定量地（quantitative）來描述一個試驗的出象。例如工廠的每日生產量就是一個量或數值，而所製造產品爲良品或不良品則爲質的敍述。通常對於一個隨機試驗，研究人員所關切的往往不是每一個樣本點的詳情，而是一個出象的數值描述。例如由一送驗批中隨機檢驗三個完成品，檢驗員可能對不良品個數感興趣，而不是各種良品不良品順序的情形。由於出象的定性描述不易以數學操作，因此研究者較偏好計量的表示方式。在本例中，不良品個數可爲 0，1，2，3。這種隨機觀測數值就是隨機變數而樣本空間 $S=\{0，1，2，3\}$。隨機變數的概念，實爲現代機率理論的基石，讀者應確實掌握。

在許多隨機試驗的情況下，對於樣本空間 S 中的每一元素，給予一個實數，亦卽 $x=X(s)$ 是由樣本空間 S 對應到實數 R 的函數 X 的值。現在爲隨機變數 $X：S\to R$ 下一個正式的定義。

定義 4.8 設 S 爲一隨機試驗有關的樣本空間，對於每一元素 $s\in S$，函數 X 賦予一個實數 $X(s)$，這個函數稱爲隨機變數。

讀者應注意，並不是任意一個函數都可視爲隨機變數，然而一般而言，對於每一實數 x，事件 $\{X(s)=x\}$ 和每一區間 I，事件 $\{X(s)\in I\}$ 大多可滿足機率的基本公設。

有時樣本空間的出象 s 已具有我們想要記錄的數值特性時，我們取 $X(s)=s$。

例 4.27 投擲一公正骰子一次，其樣本空間 $S=\{1，2，3，4，5，6\}$，我們卽取 $X(1)=1$，$X(2)=2$ 等等。

隨機變數的數值依試驗的出象而決定，然而卽使同一試驗，其隨機變數可依我們所關心的對象不同而改變，例如投擲三枚硬幣一次，並沒有人規定其隨機變數必得是出現正面的枚數，它也可能是任意兩枚硬幣間之最大距離，或其他實驗者感興趣的與試驗有關的數量特性。

例 4.28　甲，乙，丙三人參加開心俱樂部舉行的晚會，將他們的外套交給衣帽間的管理員保管，散會時，管理員將外套隨機取出，依甲，乙，丙的順序每人退還一件，試列出該三件外套所有可能退還順序，並且求出代表正確匹配數的隨機變數M之值。

解: 現以A，B，C分別代表甲，乙，丙的外套，則退還外套的所有可能排列數及正確配對數爲

s	$M=m$
$A\ \ B\ \ C$	3
$A\ \ C\ \ B$	1
$B\ \ A\ \ C$	1
$C\ \ B\ \ A$	1
$B\ \ C\ \ A$	0
$C\ \ A\ \ B$	0

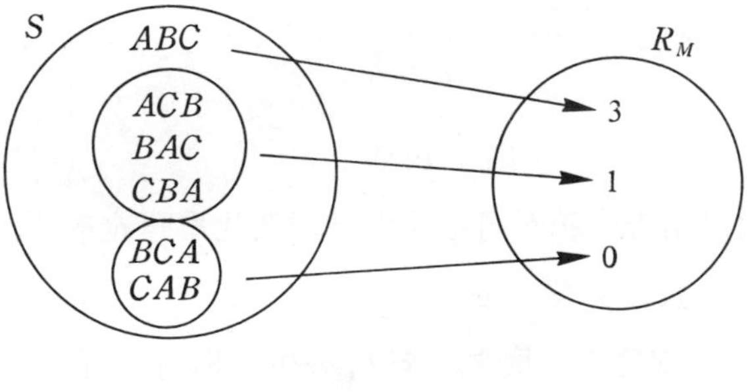

圖 4.11

在上題中，所有 ABC 的可能排列構成一個樣本空間S。每一個 $s\in S$剛好對應一值 $M(s)$，但是不同元素 s 可能對應相同數值。例如$M(ACB)=M(BAC)=M(CBA)=1$，空間R_M是所有M可能數值的集合，有時稱爲值域（range space）。R_M 是與隨機變數M 有關的樣本空

間。

通常我們採用大寫X，Y，Z等來表示隨機變數，但若提到隨機變數的值時，則用小寫的x，y，z表示。

此外，爲了討論與樣本空間S有關的事件，我們必須討論關於隨機變數X的事件，亦卽值空間的部分集合。

4.7.2 隨機變數的機率分配

定義 4.9 設S是隨機試驗的樣本空間，現界定X爲S的隨機變數，R_X爲其值域。設F是與R_X有關的事件，卽$F \subset R_X$。若事件E定義爲$E = \{ s \in S \mid X(s) \in F \}$，換句話說，$E$是由所有滿足$X(s) \in F$的$s$所組成的集合，則稱$E$與$F$爲同義事件 (equivalent event)。

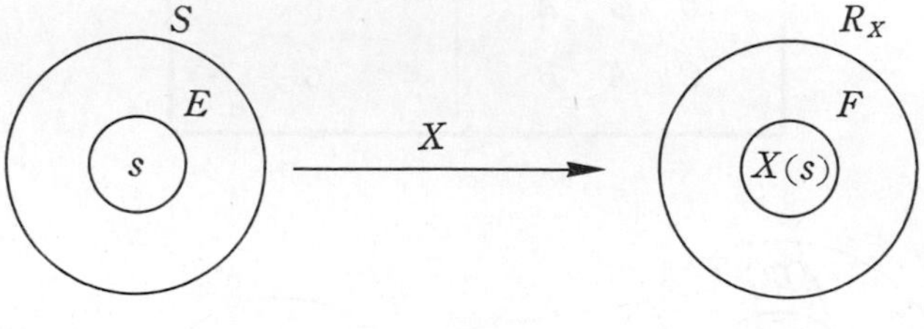

圖 4.12

較非正式的說法是若E和F同時發生，則彼此爲同義事件。亦卽E發生時，F亦發生；反之亦然。因爲E發生，則有一出象s發生，使$X(s) \in F$，因此F也就發生。反之，若F發生，則有一值$X(s)$使$s \in E$，因此E亦發生。

例 4.29 由送驗批中隨機抽取三個樣本，檢驗其爲良品C或不良品N，則樣本空間

$$S = \{CCC, CCN, CNC, NCC, CNN, NCN, NNC, NNN\}$$

設若隨機變數X代表不良品個數

即　$R_X = \{0, 1, 2, 3\}$

若　$F = \{1\}$，因爲

$X(CCN) = X(CNC) = X(NCC) = 1$

因此，$E = \{CCN, CNC, NCC\}$　與 F 爲同義事件。

有了上述同義事件的定義之後，方才可決定同義事件的機率。

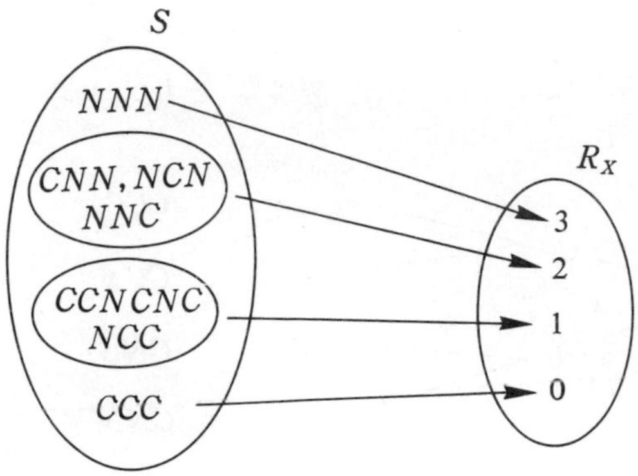

圖 4.13

定義 4.10　令 F 表值域 R_X 中的一個事件，若

$$E = \{ s \in S \mid X(s) \in F \}$$

則定義　$P(F)$ 爲 $P(F) = P(E)$

任何與值域 R_X 有關的機率，我們均可以利用定義 4.3以界定於樣本空間 S 上的機率表示它。

由於事件 E，F 屬於不同的樣本空間，本來我們應使用不同的符號。如 $P(E)$ 和 $P_X(F)$，但在不會引起混淆的情形下，仍僅用 $P(E)$ 和 $P(F)$ 表示。

例 4.30 若上例中所有出象爲相同發生可能，因此

$$P(CCN)=P(CNC)=P(NCC)=\frac{1}{8}$$

$$P(\{CCN, CNC, NCC\})=\frac{1}{8}+\frac{1}{8}+\frac{1}{8}=\frac{3}{8}$$

因事件 $\{X=1\}$ 與事件 $\{CCN, CNC, NCC\}$ 爲同義。因此

$$P(X=1)=P(\{CCN, CNC, NCC\})=\frac{3}{8}$$

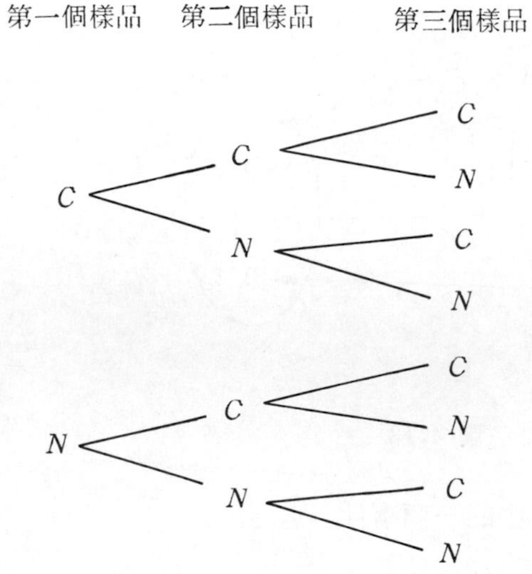

第一個樣品	第二個樣品	第三個樣品	樣本空間	x	機率
		C	CCC	0	$\frac{1}{8}$
	C	N	CCN	1	$\frac{1}{8}$
C	N	C	CNC	1	$\frac{1}{8}$
		N	CNN	2	$\frac{1}{8}$
		C	NCC	1	$\frac{1}{8}$
	C	N	NCN	2	$\frac{1}{8}$
N	N	C	NNC	2	$\frac{1}{8}$
		N	NNN	3	$\frac{1}{8}$

圖 4.14

例 4.31 例 4.28 的機率可以表示如下

$$P(M=0)=P(\{BCA, CAB\})=\frac{1}{6}+\frac{1}{6}=\frac{1}{3}$$

$$P(M=1)=P(\{ACB, BAC, CBA\})=\frac{1}{6}+\frac{1}{6}+\frac{1}{6}=\frac{1}{2}$$

$$P(M=3)=P(\{ABC\})=\frac{1}{6}$$

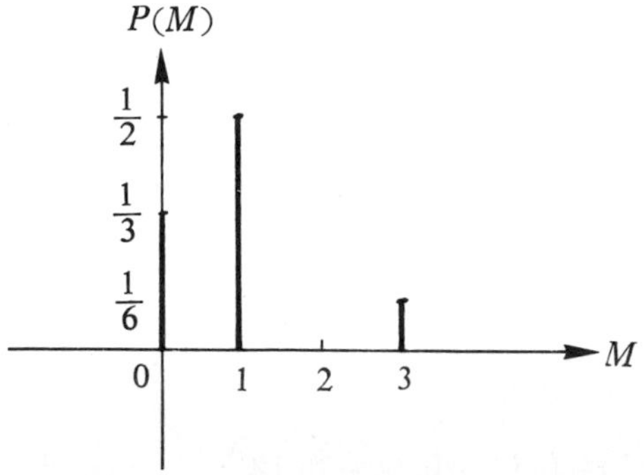

圖 4.15

一旦決定了與值域 R_X 的各事件的機率之後，通常對原樣本空間 S 略而不談。例如於上例原本關心 $R_M=\{0, 1, 3\}$ 和其相關機率 $\left(\frac{1}{3}, \frac{1}{2}, \frac{1}{6}\right)$，假若只對於研究隨機變數 X 的值有興趣的話，則通常不再關切這個機率爲由原樣本空間 S 的機率函數所決定的事實。

例 4.32　丁工程師對一工作計畫進行完成日數的評估，他將該計畫分解成 A，B，C，D 和 E 等五個子計畫，各項子計畫的完成時間如表所示，試求完成該項工作的所需時間的機率分布。

	完成時間（天）	機率
A	5	1.0
B	2 3	0.4 0.6
C	1 2	0.7 0.3
D	3 4	0.5 0.5
E	2	1.0

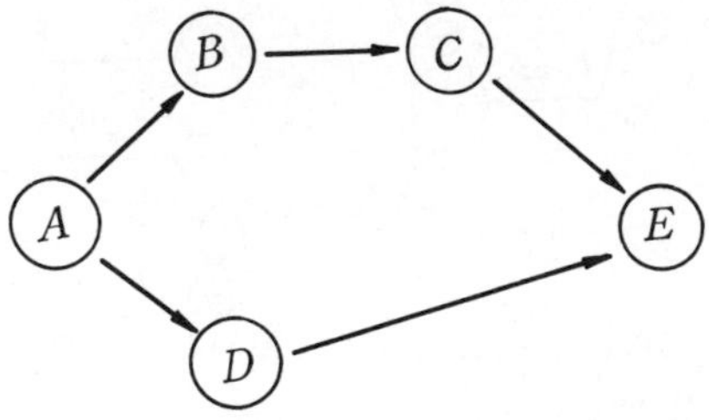

圖 4.16　工作流程圖

解: 設T表計畫完成的時間， t_A, t_B, t_C, t_D, t_E 分別表各子計畫完成時間，則

$$T=t_A+t_E+\max[(t_B+t_C), t_D]$$

我們可利用樹形圖將樣本空間列出，其機率分布如下

$$P(T=10)=0.14$$

$$P(T=11)=0.14+0.06+0.06+0.21+0.21$$
$$=0.68$$

$$P(T=12)=0.09+0.09=0.18$$

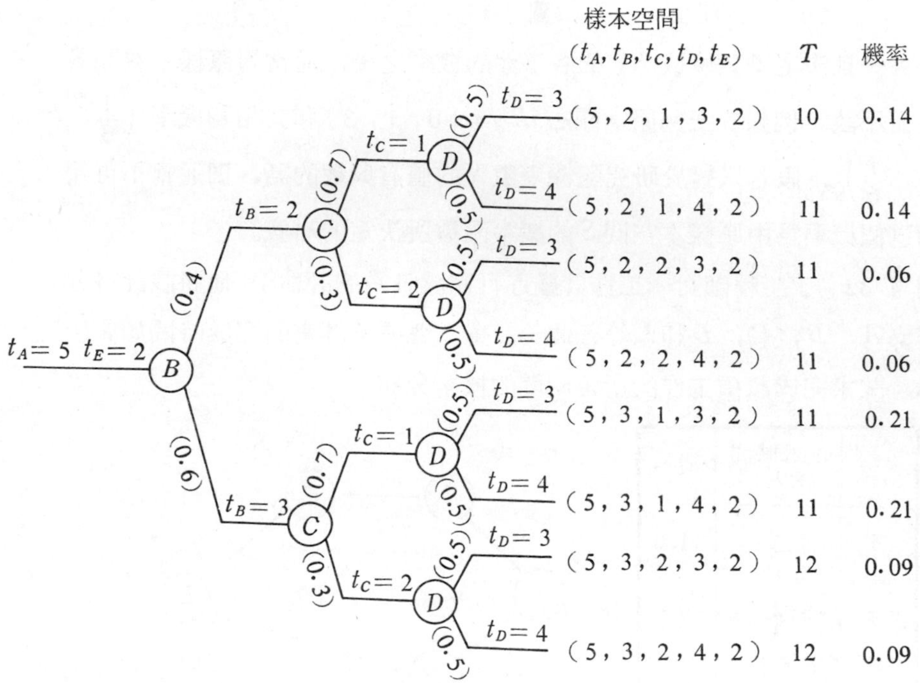

圖 4.17 樹形圖

4.8　隨機變數的期望值

在確定模式中，通常把關係式 $ax+by=0$ 視爲 x 和 y 之間的線性關係，常數 a，b 爲該關係式的參數 (parameters)，就是說任意選取 a 和 b，就可以得到一個線性方程式。在其他情形下，例如 $y=ax^2+bx+c$ 就需要更多的參數來決定該函數的關係式。但如 $y=e^{-kx}$ 則只要一個參數就够了。一個關係式固然會受不同參數的影響，反過來說，關係式也能定義適切的參數。例如：若 $ax+by=0$ 則 $m=-\frac{a}{b}$ 代表該直線的斜率。在隨機數學模式中，參數也可以決定機率分布的特性。尤其對許多的機率分布來說，參數實大有助益於了解分布的性質。在本章中將討論機率理論上兩個重要的參數：期望值（平均數）和變異數。

4.8.1　期望值的定義

定義 4.11　期望值的界定

倘若隨機變數及其機率分布均已確定，我們是否可以設法利用一些適切的參數來表示機率分布呢？於回答這個問題之前，首先考慮下面的例子。

例 4.33　某工廠的電纜切割機，將電纜切成一定的長度，但由於機器並不十分精密，因此所切成的電纜長度 L 爲介於〔115, 125〕間的隨機變數。原訂標準長度爲 120 公分，已知若 $117\leq L<122$，每段電纜可賺 25 元，若 $L\geq 122$，電纜可重新切割，最後利潤爲 10 元，若 $L\leq 117$，則電纜必須作廢，損失 2 元。經統計計算結果，發現 $P(L\geq 122)=0.3$，$P(117\leq L<122)=0.5$，$P(L<117)=0.2$，假設我們共切割了 N 段，令 N_S 表 $L<117$ 的電纜段數，N_L 表 $L>122$ 的電纜段數，

N_R 則表 $117 \leq L < 122$ 的段數，因此，總利潤T為

$$T = N_S(-2) + N_R(25) + N_L(10)$$

若每段的利潤為W

$$W = \frac{N_S}{N}(-2) + \frac{N_R}{N}(25) + \frac{N_L}{N}(10)$$

我們在前面曾提到，如果試驗重複次數相當多的話，則一事件的相對次數會接近於事件的發生機率。因此，倘若 N 很大，則$\frac{N_R}{N}$將趨近 0.2，$\frac{N_S}{N} \to 0.5$，$\frac{N_L}{N} \to 0.3$，則W趨近於

$$W \approx (0.2)(-2) + (0.5)(25) + (0.3)(10) = 151$$

換句話說，若該工廠製造很多的電纜，每小段電纜期望能賺 151 元，這個數值稱為W的期望值 (expectation, expected value)。

定義 4.12

(1) 設X為一離散隨機變數，其可能值為 $x_1, x_2 \cdots\cdots x_n, \cdots\cdots$，設 $P(x_i) = P(X = x_i)$，$i = 1, 2 \cdots\cdots n, \cdots\cdots$

則X的期望值以 $E(X)$ 或 μ 表示。若級數 $\sum_{i=1}^{\infty} x_i P(x_i)$ 為絕對收斂，亦即 $\sum_{i=1}^{\infty} |x_i| P(x_i) < \infty$，則界定

$$E(X) = \sum_{i=1}^{\infty} x_i P(x_i) \tag{4.27}$$

這數值也稱為X的平均數 (mean value)。

(2) 設X為一連續隨機變數，其機率密度函數為 $f(x)$，則

$$E(X) = \int_{-\infty}^{\infty} x f(x) dx$$

若X的可能值個數為有限，則上式 $E(X) = \sum_{i=1}^{n} P(x_i) x_i$ 也可視為 $x_1, x_2, \cdots\cdots, x_n$ 的加權平均 (weighted average)，假若所有 x_i 出現

的機率相同，則 $E(X)=\frac{1}{n}\sum_{i=1}^{n}x_i$ 代表 x_1, x_2, ……, x_n 等 n 個數的算術平均數 (arithmetic mean)。

例如投擲一公正骰子，隨機變數 X 代表出現的點數，則

$$E(X)=\frac{1}{6}(1+2+3+4+5+6)=\frac{7}{2}$$

事實上，$E(X)=\frac{7}{2}$ 並不是 X 的可能值，而是我們重複觀察很多次獨立的出象， 得到 x_1, x_2, ……x_n， 然後將這些數值平均所得的平均數值。在通常的情形下，算術平均數會很接近 $E(X)$。例如在上例情況中，倘若投擲骰子越多次，則平均數將愈接近 7/2。

例 4.34 某檢驗將三件產品分為 D （不良品）或 N （良品）則其樣本空間為

$$S=\{NNN, NND, NDN, DNN, NDD, DND, DDN, DDD\}$$

設 X 表不良品數，而且 S 內各出象為相等可能，則

$$\begin{aligned}E(X)&=\sum_{s\in S}X(s)P(s)\\&=0\cdot\frac{1}{8}+1\cdot\frac{1}{8}+1\cdot\frac{1}{8}+1\cdot\frac{1}{8}+2\cdot\frac{1}{8}+2\cdot\frac{1}{8}\\&\quad+2\cdot\frac{1}{8}+3\cdot\frac{1}{8}\\&=\frac{3}{2}\end{aligned}$$

當然，本結果利用 (4.27) 式很容易得到，然而要利用該式必須要先知道隨機變數 X 的機率分布 $P(x_i)$。

例 4.35 順發公司生產某種潤滑油， 若該產品儲存超過某段時間，則失去一些特性，而告報廢。設 X 代表每年售出潤滑油的單位數量（一單位數量代表 10^3 加侖），若 X 為連續隨機變數，均等分布於〔2，4〕。已知每售出一單位可淨賺 300 元，若產品在一年內沒有售出而廢棄，則每

單位損失 100 元。假定廠商必須於每個年度開始之前就決定其產量，試問應生產多少單位方能使其期望利潤爲最大。

解: 由題意知X之機率密度函數爲

$$f(x)=\frac{1}{2} \qquad 2\leq x\leq 4$$
$$=0 \qquad \text{其他}$$

設廠商預定生產u單位，每年利潤爲 $g(u)$

則
$$g(u)=300u \qquad \text{若} \quad x\geq u$$
$$=300x+(-100)(u-x) \qquad \text{若} \quad x<u$$
$$=400x-100u$$

因此 $E[g(u)]=\int_{-\infty}^{\infty} g(u)f(x)dx$

$$=\frac{1}{2}\int_{2}^{4} g(u)dx$$

依題意知，欲求使 $E(g(u))$ 爲極大的u值

爲了求出上式積分，必須考慮三種情形

(1) $u\leq 2$ $\quad E(g(u))=\frac{1}{2}\int_{2}^{4} 300u\,dx=300u$

(2) $2<u<4$ 可分爲 $2<x<u<4$ 和 $2<u<x<4$ 兩種情形

$$E(g(u))=\frac{1}{2}\int_{2}^{u}(400x-100u)dx+\frac{1}{2}\int_{u}^{4} 300u\,dx$$
$$=-100u^2+700u-400$$

(3) $4\leq u$ $\quad E(g(u))=\frac{1}{2}\int_{2}^{4}(400x-100u)dx$

$$=1200-100u$$

欲使期望利潤爲極大，則 $\frac{dE(g(u))}{du}=0$ 得 $u=3.5$

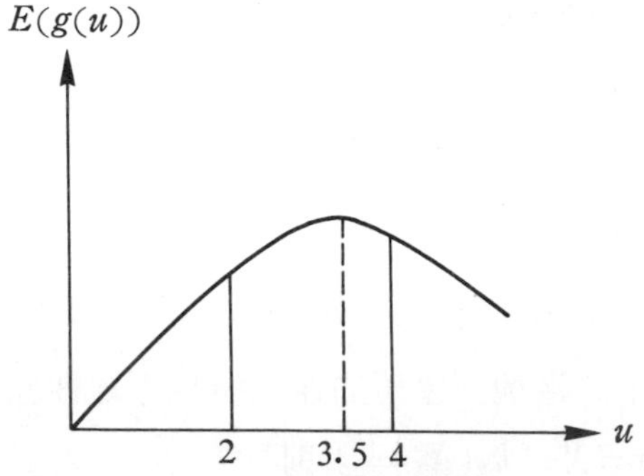

圖 4.18　$E(g(u))$ 的圖形

期望值的概念也可用於日常生活，例如我們從事任何工作，往往涉及一些意想不到的因素，俗話說：「謀事在人，成事在天」，因此正確的處世態度應是盡人事，而後聽天命。期望值的概念有助於在面臨不定性的抉擇時，做出「最佳」決策。例如彩券 10 張（規定不得一人獨佔），其中僅 1 張有獎，甲購 9 張，乙購 1 張，理論上，甲的期望值較高，但是開獎時，或許是乙中彩。甲已「盡其在我」，因此未中彩只能歸之於「命」了。推而廣之，我們做事應力求使該事成功的期望值極大化，而該事是否確實能成功，則非人力所可確定，常聽有人說：「煮熟的鴨子飛了」，正是「成事在天」最佳的寫照。

4.8.2　期望值的性質

在本節中我們將列舉一些隨機變數的期望值的重要性質，這些性質對往後計算相當有用。

定理 4.11

(1) 對於任何常數 c，若 $X \equiv c$ 則

$$E(X) = c \tag{4.28}$$

(2) 若 h_1 和 h_2 爲實數值函數，a，b 爲任意實數，則

$$E[ah_1(X)+bh_2(X)]$$
$$=aE(h_1(X))+bE(h_2(X)) \qquad (4.29)$$

$ah_1(X)+bh_2(X)$ 稱爲隨機變數 $h_1(X), h_2(X)$ 的線性組合，而 $aE(h_1(X))+bE(h_2(X))$ 爲實數 $E(h_1(X)), E(h_2(X))$ 的線性組合，上式若以文字敍述則爲「隨機變數的線性組合的期望值，等於其期望值的線性組合」。這種期望值的運算稱爲「線性性質」。

特例　令 $h_1(X)=X$，$h_2(X)=1$ 則

$$E(a(X)+b)=aE(X)+b \qquad (4.30\text{ a})$$

性質 (2) 可推廣如下:

若有 r 個隨機變數函數 $h_1(x), h_2(x)$，……，$h_r(x), a_1, a_2, \ldots\ldots, a_r$ 爲實數

則 $$E\left(\sum_{i=1}^{r} a_i h_i(X)\right)=\sum_{i=1}^{r} a_i E(h_i(X)) \qquad (4.30\text{ b})$$

4.8.3 隨機變數函數的期望值

假設已知隨機變數及其機率分布，但我們並非想要計算 $E(X)$，而是要求 X 的函數 $g(X)$ 的期望值，例如: $E(X^2)$ 或 $E(e^X)$，應如何下手呢? 方法之一如下: 因爲 $g(X)$ 本身也是隨機變數，必有一機率分布，由 X 的分布可求得 $g(X)$ 的分布，然後依期望值的定義即可求出 $E[g(X)]$。

雖然採用上述方法必然能求得 $E(g(X))$ 的值，然而另外一個求 $E(g(X))$ 的方法，不必先計算 $g(X)$ 的機率函數，似乎比較簡便。

定理 4.12

(1) 若 X 爲一離散隨機變數，其機率函數爲 $P(x)$，則對於任意實數值函數 $g(x)$

$$E(g(X))=\sum_{X:P(x)>0} g(x)P(x) \quad (4.31)$$

(2) 若X爲一連續隨機變數，其機率密度函數爲 $f(x)$，則對於任意實數值函數 $g(x)$

$$E(g(X))=\int_{-\infty}^{\infty} g(x)f(x)dx \quad (4.32)$$

4.8.4 隨機變數的變異數

隨機變數X的期望值 $E(X)$ 代表什麼意義呢？假設X表示一批燈泡的壽命時數。$E(X)=1000$ 小時表示可能大部分的燈泡壽命長度爲 900 至 1100 小時之間，也可能這批燈泡是全然不同的兩類，有一半屬於高品質，其壽命約 1300 小時，另一半爲低品質，壽命約 700 小時。

從上例可知，顯然需要有一種數量測度來區分上例的兩種不同情形，變異數 (variance) 或稱變方，就是最常用以表示對期望值 $E(X)$ 的分散程度的測度。

定義 4.13 隨機變數X的分布的變異數，以$V(X)$ 或 σ_X^2 表示，界定爲

$$\text{Var}(X)=E[(X-E(X))^2] \quad (4.33)$$

$\text{Var}(X)$ 的正平方根稱爲 X 的標準差 (standard deviation)，以 σ_X 表之。

讀者請注意:

(1) $\text{Var}(X)$ 的單位是 X 的平方單位，例如 X 的單位是小時，則 $\text{Var}(X)$ 的單位是 (小時)^2，這是要採用標準差的理由之一，因爲標準差和X有相同的單位。

(2) 本來也可用 $E[|X-E(X)|]$ 爲測度，但因 X^2 比 $|X|$ 在數學上容易處理，因此變異數較受歡迎。

(3) 變異數 $\text{Var}(X)$

$$\text{Var}(X)=\int_{-\infty}^{\infty}(x-\mu)^2f(x)dx \quad \text{連續型}$$
$$=\sum_i(x_i-\mu)^2P(x_i) \quad \text{離散型}$$

由於 $(x-\mu)^2f(x)\geq 0$，所以$\int_{-\infty}^{\infty}(x-\mu)^2f(x)dx\geq 0$

同時 $(x_i-\mu)^2P(x_i)\geq 0$，所以 $\sum_i(x_i-\mu)^2P(x_i)\geq 0$

換句話說，對於任意隨機變數，$\text{Var}(X)\geq 0$。

(4) 隨機變數X對於任意點a

$$E[(X-a)^2]=E\{[(X-\mu)+(\mu-a)]^2\}$$
$$=E[(X-\mu)^2]+2(\mu-a)E(X-\mu)$$
$$+(\mu-a)^2$$
$$=E[(X-\mu)^2]+(\mu-a)^2$$

因此

$$E[(X-a)^2]\geq E[(X-\mu)^2]=\text{Var}(X)$$

$\text{Var}(X)$ 的計算可以藉下列結果簡化

定理 4.13

(1) $\text{Var}(X)=E(X^2)-[E(X)]^2$ (4.34)

(2) $\text{Var}(X)=E(X(X-1))+E(X)-[E(X)]^2$ (4.35)

本式對離散隨機變數，尤爲重要。

由於 $\text{Var}(X)=E(X^2)-[E(X)]^2$，同時 $\text{Var}(X)\geq 0$，因此對於任意隨機變數 $E(X^2)\geq[E(X)]^2$。

4.9 共變數與相關係數

共變數 (covariance) 爲測度二隨機變數X和Y之間的相關程度，通常多以 $\text{Cov}(X, Y)$ 表示。

定義 4.14　隨機變數X，Y的共變數，記爲 $\mathrm{Cov}(X, Y)$，界定爲

$$\mathrm{Cov}(X, Y)=E[(X-\mu_1)(Y-\mu_2)] \tag{4.36}$$

其中　$\mu_1=E(X)$，$\mu_2=E(Y)$

在上述定義中，令$X=Y$，則

$$\mathrm{Cov}(X, X)=E[(X-\mu)^2]=V(X)$$

換句話說，一個隨機變數與其自身的共變數即其變異數。

一般於計算共變數時，以使用下述形式較爲便利。

$$\mathrm{Cov}(X, Y)=E(XY)-E(X)E(Y) \tag{4.37}$$

讀者請注意:

若X和Y爲獨立隨機變數，則因 $E(XY)=E(X)E(Y)$，因此

$$\mathrm{Cov}(X, Y)=E(XY)-E(X)E(Y)=0$$

但其逆定理不成立。換句話說，若二隨機變數 X，Y 爲獨立，則 $\mathrm{Cov}(X, Y)=0$，反之，當 $\mathrm{Cov}(X, Y)=0$，並非一定表示 X，Y 爲獨立。

例 4.36　設二隨機變數X與Y的聯合機率函數如下所示

X \ Y	-1	0	1	$P(X)$
0	0	$\frac{1}{3}$	0	$\frac{1}{3}$
1	$\frac{1}{3}$	0	$\frac{1}{3}$	$\frac{2}{3}$
$P(Y)$	$\frac{1}{3}$	$\frac{1}{3}$	$\frac{1}{3}$	1

(1) 試證 $\mathrm{Cov}(X, Y)=0$。

(2) 試證X與Y並非獨立。

解:

(1) $E(XY)=0(-1)0+0\cdot 0\left(\frac{1}{3}\right)+0(1)0$

$$+(1)(-1)\left(\frac{1}{3}\right)+1\cdot 0\cdot 0+(1)(1)\left(\frac{1}{3}\right)$$

$$=-\frac{1}{3}+\frac{1}{3}=0$$

$$E(X)=0\left(\frac{1}{3}\right)+(1)\left(\frac{2}{3}\right)=\frac{2}{3}$$

$$E(Y)=(-1)\left(\frac{1}{3}\right)+(0)\left(\frac{1}{3}\right)+(1)\left(\frac{1}{3}\right)=0$$

$$E(XY)=0-\left(\frac{2}{3}\right)(0)=0$$

(2) $P(X=0)=\frac{1}{3}\quad P(Y=-1)=\frac{1}{3}$

$$P(X=0)P(Y=-1)=\left(\frac{1}{3}\right)\left(\frac{1}{3}\right)=\frac{1}{9}$$

但 $P(X=0,Y=-1)=0\neq P(X=0)P(Y=-1)$，因此可知$X$與$Y$並非獨立。

例 4.37 設隨機變數X的機率密度函數

$$f(x)=\begin{cases}\frac{1}{2} & -1<x<1\\ 0 & \text{其他}\end{cases}$$

令 $y=x^2$ 試證$E(XY)=E(X)E(Y)$

解:

$$E(X)=\int_{-1}^{1}xf(x)dx=\int_{-1}^{1}\frac{1}{2}xdx$$

$$=\frac{1}{2}\int_{-1}^{1}xdx=\frac{1}{4}x^2\Big|_{-1}^{1}$$

$$=\frac{1}{4}(1-1)=0$$

$$E(Y)=\int_{-1}^{1}x^2\frac{1}{2}dx=\frac{1}{2}\cdot\frac{1}{3}x^3\Big|_{-1}^{1}$$

$$=\frac{1}{6}(1-(-1))=\frac{1}{3}$$

$$E(XY)=E(X^3)=\int_{-1}^{1}x^3\cdot\frac{1}{2}dx$$

$$=\frac{1}{2}\cdot\frac{1}{4}x^4\Big|_{-1}^{1}=\frac{1}{8}x^4\Big|_{-1}^{1}=0$$

$$E(XY)=E(X)E(Y)$$

由上可知 y 與 x 有密切關係（$y=x^2$），但卻滿足 $E(XY)=E(X)E(Y)$ 的條件。

共變數的數值爲正時，表示 X 和 Y 爲正相關，即當 X 增大時，Y 亦增大，X 變小時，Y 亦變小；共變數爲負值時，表示 X 和 Y 爲負相關，即 X 增大時，Y 變小，X 變小時，Y 增大。共變數雖能表達 X 和 Y 的相關程度，但是其數值卻深受 X 和 Y 所用單位的影響。例如在決定父子身高相關程度時，則以吋爲單位和以呎爲單位所得其變數的數值爲12的倍數。爲了避免這種不便，我們通常改以相關係數（correlation coefficient）表示二變數相關的程度，以 $\rho(X,Y)$ 表示。

定義 4.15 隨機變數 X 和 Y 之間的相關係數，以 $\rho(X,Y)$ 表示，界定爲

$$\rho(X,Y)=\frac{\mathrm{Cov}(X,Y)}{\sqrt{\mathrm{Var}(X)\mathrm{Var}(Y)}} \qquad (4.38)$$

如此一來，相關係數變成了無因次的量(dimensionless quantity)，即與 X，Y 的單位無關的數值。同時，相關係數爲

$-1\leq\rho(X,Y)\leq 1$。

例 4.38 已知隨機變數 X 和 Y 的聯合機率密度函數爲

X \ Y	0	1	P(Y)
0	$\frac{1}{3}$	$\frac{1}{3}$	$\frac{2}{3}$
1	$\frac{1}{3}$	0	$\frac{1}{3}$
P(X)	$\frac{2}{3}$	$\frac{1}{3}$	1

試求X和Y的相關係數。

解:

$$E(X)=0\left(\frac{2}{3}\right)+1\left(\frac{1}{3}\right)=\frac{1}{3},\quad E(X^2)=0^2\left(\frac{2}{3}\right)+1^2\left(\frac{1}{3}\right)=\frac{1}{3}$$

$$E(Y)=0\left(\frac{2}{3}\right)+1\left(\frac{1}{3}\right)=\frac{1}{3},\quad E(Y^2)=0^2\left(\frac{2}{3}\right)+1^2\left(\frac{1}{3}\right)=\frac{1}{3}$$

$$E(XY)=0\cdot 0\left(\frac{1}{3}\right)+0\cdot 1\left(\frac{1}{3}\right)+1\cdot 0\left(\frac{1}{3}\right)+1\cdot 1\cdot 0=0$$

$$\text{Var}(X)=E(X^2)-[E(X)]^2=\frac{1}{3}-\frac{1}{9}=\frac{2}{9}$$

$$\text{Var}(Y)=E(Y^2)-[E(Y)]^2=\frac{1}{3}-\frac{1}{9}=\frac{2}{9}$$

$$\rho(X,Y)=\frac{E(XY)-E(X)E(Y)}{\sqrt{\text{Var}(X)\text{Var}(Y)}}=\frac{0-\frac{1}{3}\cdot\frac{1}{3}}{\sqrt{\frac{2}{9}\cdot\frac{2}{9}}}=-\frac{1}{2}$$

例 4.39 隨機變數X和Y的聯合機率密度函數爲

$$f(x,y)=\begin{cases} x+y & 0<x<1,\ 0<y<1 \\ 0 & \text{其他} \end{cases}$$

試計算X和Y的相關係數。

解:

$$\mu_1=E(X)=\int_0^1\int_0^1(x+y)\,dy\,dx=\frac{7}{12}$$

$$\sigma_1^2=E(X^2)-\mu_1^2=\int_0^1\left[\int_0^1(x+y)^2dy\right]^2dx-\left(\frac{7}{12}\right)^2=\frac{11}{144}$$

同理 $\mu^2=E(Y)=\frac{7}{12}$

$$\sigma_2^2=E(Y^2)-\mu_2^2=\frac{11}{144}$$

$$\mathrm{Cov}(X,Y)=E(XY)-\mu_1\mu_2=\int_0^1\int_0^1 xy(x+y)dxdy-\left(\frac{7}{12}\right)^2$$

$$=-\frac{1}{144}$$

因此

$$\rho(X,Y)=\frac{-\frac{1}{144}}{\sqrt{\frac{11}{144}\cdot\frac{11}{144}}}=-\frac{1}{11}$$

請注意，相關係數必介於±1之間，$-1\leq\rho(X,Y)\leq 1$。最後，我們順便提一下二相依隨機變數和與差的變異數。

定理 4.14　若X與Y爲二相依隨機變數，則

$$\mathrm{Var}(X\pm Y)=\mathrm{Var}(X)+\mathrm{Var}(Y)\pm 2\mathrm{Cov}(X,Y) \tag{4.39}$$

上式也可推廣到多變數的情況。

定理 4.15　設 $X_1, X_2, \cdots\cdots, X_n$ 及$Y_1, Y_2, \cdots\cdots, Y_m$ 爲隨機變數，a_1, $a_2, \cdots\cdots, a_n$及$b_1, b_2, \cdots\cdots, b_m$爲常數，若$S=\sum_{i=1}^{n}a_iX_i$，$T=\sum_{j=1}^{m}b_jY_j$，則

$$\mathrm{Cov}(S,T)=\sum_{i=1}^{n}\sum_{j=1}^{m}a_ib_j\mathrm{Cov}(X_i,Y_j) \tag{4.40}$$

4.10　獨立隨機變數的和與差

二獨立隨機變數的和與差是經常碰到的狀況。

例 4.40

(1) X表推銷員甲所得分紅，Y表推銷員乙所得分紅，則$T=X+Y$表二推銷員所得分紅。

(2) X表一季的銷售利潤，Y表一季的成本，則$P=X-Y$表一季的淨利。

定理 4.16

(1) 若X和Y爲二隨機變數，則

$$E(X\pm Y)=E(X)\pm E(Y) \tag{4.41}$$

(2) 若X和Y爲獨立，則 $\mathrm{Cov}(X,Y)=0$，因此，(4.43) 變成

$$\mathrm{Var}(X\pm Y)=\mathrm{Var}(X)+\mathrm{Var}(Y) \tag{4.42}$$

定理 4.17 設$X_1, X_2, \cdots\cdots, X_n$ 爲 n 個獨立隨機變數，若$T=\sum_{i=1}^{n} X_i$，則

$$E(T)=\sum_{i=1}^{n} E(X_i) \tag{4.43}$$

$$\mathrm{Var}(T)=\sum_{i=1}^{n} \mathrm{Var}(Xi) \tag{4.44}$$

一般而言，若有 r 個隨機變數函數 $h_1(x), h_2(x), \cdots\cdots, h_r(x)$，及實數 $a_1, a_2, \cdots\cdots, a_r$，則

$$E\left[\sum_{i=1}^{r} a_i h_i(X)\right]=\sum_{i=1}^{r} a_i E(h_i(X)) \tag{4.45}$$

4.11 常用的機率分配

常用的機率分配很多，由於篇幅所限，本書僅介紹三種，在離散隨機變數方面爲二項分配和波瓦松分配；在連續隨機變數方面爲大多數人熟知的常態分配。

4.11.1　二項分配

定義 4.16　若E爲隨機試驗的一事件，假定 $P(E)=p$，則 $P(E')=1-p$。在相同條件試驗進行n次，若隨機變數X表示事件E發生的次數，則稱X是參數爲n和p的二項分配，以$B(n, p)$表示，$X=k$的機率分配爲

$$P(X=k)=\binom{n}{r}p^k(1-p)^{n-k} \qquad k=0, 1, 2, \cdots\cdots, n$$

$$=0 \qquad \text{其他} \tag{4.46}$$

例 4.41　設自製成品批中隨機抽取 $n=3$ 個產品進行檢驗，若抽到不良品的機率爲 $p=0.2$，則共有 8 種可能出象 S_i，$i=1, 2, \cdots\cdots, 8$。各X_i 有 2 種不同可能值。由於隨機變數 X_1, X_2, X_3 均爲獨立，同時 $P(X_i=1)=0.2$ 及 $P(X_i=0)=0.8$。

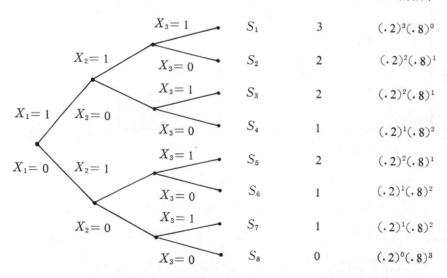

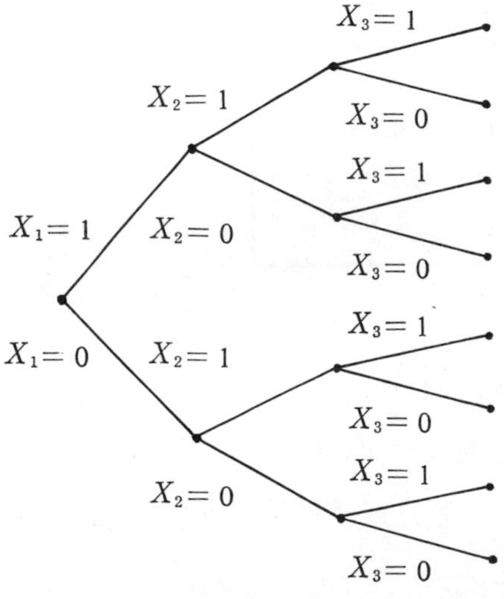

序列	$X=X_1+X_2+X_3$	序列的機率
S_1	3	$(.2)^3(.8)^0$
S_2	2	$(.2)^2(.8)^1$
S_3	2	$(.2)^2(.8)^1$
S_4	1	$(.2)^1(.8)^2$
S_5	2	$(.2)^2(.8)^1$
S_6	1	$(.2)^1(.8)^2$
S_7	1	$(.2)^1(.8)^2$
S_8	0	$(.2)^0(.8)^3$

圖 4.19　二項機率函數 $n=3$，$P=0.2$ 的圖示

因此，譬如 S_4 發生，則其機率爲

$$P(S_4)=P(X_1=1)P(X_2=0)P(X_3=0)=(0.2)(0.8)(0.8)$$
$$=(0.2)(0.8)^2$$

同法可得

$$P(S_6)=(0.2)(0.8)^2$$
$$P(S_7)=(0.2)(0.8)^2$$

由於 S_4，S_6 及 S_7 爲互斥事件，因此

$$P(X=1)=P(S_4)+P(S_6)+P(S_7)=3(0.2)(0.8)^2$$
$$=0.3840$$

我們可分別得$X=0$，1，2，3 的機率如下:

X	$P(X)$
0	$\binom{3}{0}(0.2)^0(0.8)^3=0.5120$
1	$\binom{3}{1}(0.2)(0.8)^2=0.3840$
2	$\binom{3}{2}(0.2)^2(0.8)=0.0960$
3	$\binom{3}{3}(0.2)^3(0.8)^0=0.0080$
合　計	1.0000

上述計算可推廣如下:

(1) 當有 n 個獨立試行，而每個$P(X_i=1)=p$，則以某一序列排列，得到 k 個 1 及（$n-k$）個 0 的機率爲$p^k(1-p)^{n-k}$。

(2) 可得到 k 個 1 及（$n-k$）個 0 的序列或相異排列的個數爲以二項係數$\binom{n}{k}$表示。

(3) 綜合上述結果，可知 $P(k)$ 只不過是$\binom{n}{k}$個序列機率的和，每一

個爲 $p^k(1-p)^{n-k}$，即 $P(X=k)=\binom{n}{k}p^k(1-p)^{n-k}$。

例 4.42 某電子元件大量製造後，以自動測試機一一測試，依據其電氣反應特性，自動測試機將它區分爲良品和不良品。若同一元件測試二次，理論上測試機應給出相同的分類。然而由於某種不明原因，測試機每次有機率 q 會犯錯。爲了提高分類的精確度，我們將同一元件測試 r 次，依大多次數該元件被分爲那一類而將其歸於該類。爲了避免發生歸爲良品及不良品的次數相同的現象，設 r 爲奇數。現在我們來看一下這一過程如何減低分類錯誤的機率。

設每一元件測試 r 次，若第 j 次的測試正確，則稱第 j 次測試爲成功，其機率爲 $p=1-q$。設 X 表 r 次測試中成功的次數，當 $X>\frac{r}{2}$ 則歸類正確，例如每一元件測試 5 次，並且設歸類錯誤的機率爲 0.1，即成功的機率爲 0.9。因此同一元件歸類正確的機率爲

$$P\left(X>\frac{5}{2}\right)=\sum_{k=3}^{5} b(k;5,0.9)$$

$$\cong 0.991$$

因此，上述程序將犯錯的機率由 0.1 降低爲 0.009。

二項機率的計算相當麻煩，幸好對於各不同 n 值和 p 值的二項分配 $B(n,p)$，$k=0,1,2,\cdots\cdots,n$ 均有數值表可供查閱，一般數表均列出 $p\leq 0.5$ 的情形。若 $p>0.5$ 則數值 $b(k;n,p)$ 能以 $b(k;n,p)=b(n-k;n,1-p)$ 關係式查出，因爲

$$b(k;n,p)=\binom{n}{k}p^k(1-p)^{n-k}$$

$$=\binom{n}{n-k}(1-p)^{n-k}[1-(1-p)]^{n-(n-k)}$$

$$=b(n-k;n,1-p)$$

因此例如

$b(6;10,0.7)=b(4;10,0.3)=0.2001$

例 4.43 試利用附錄二項分布數表計算下列諸題

(1) 求 $b(3;7,0.9)$

(2) 若X爲$B(10,0.3)$ 試求$P(X\geq 6)$

(3) 若X爲$B(10,0.8)$ 試求$P(X\geq 6)$

(4) 若X爲$B(10,0.7)$ 試求正整數r，使$P(X\geq r)=0.8497$

解: (1) $b(3;7,0.9)=b(4;7,0.1)=0.0026$

(2) $P(X\geq 6)=\sum_{k=6}^{10} b(k;10,0.3)$

$=0.0368+0.0090+0.0014+0.001$

$=0.0473$

(3) 本題中，$p>0.5$，因此可利用

$b(k;n,p)=b(n-k;n,1-p)$

得 $P(X\geq 6)=\sum_{k=6}^{10} b(k;10,0.8)=\sum_{r=0}^{5} b(r;10,0.2)$

$=0.1074+0.2684+0.3020+0.2013+0.0881$

$=0.9672$

(4) 本題想求一個正整數r，使$P(X\geq r)=0.8497$

即 $\sum_{k=r}^{10} b(k;10,0.7)=0.8497$ 亦即

$\sum_{k=0}^{10-r} b(k;10,0.3)=0.8497$ 由數表得知

$\sum_{k=0}^{4} b(k;10,0.3)=0.8497$，因此$10-r=4$，$r=6$

定理 4.18 二項分布的基本性質爲

(1) 期望值 $E(X)=np$ (4.47)

(2) 變異數　$V(X)=np(1-p)$　　(4.48)

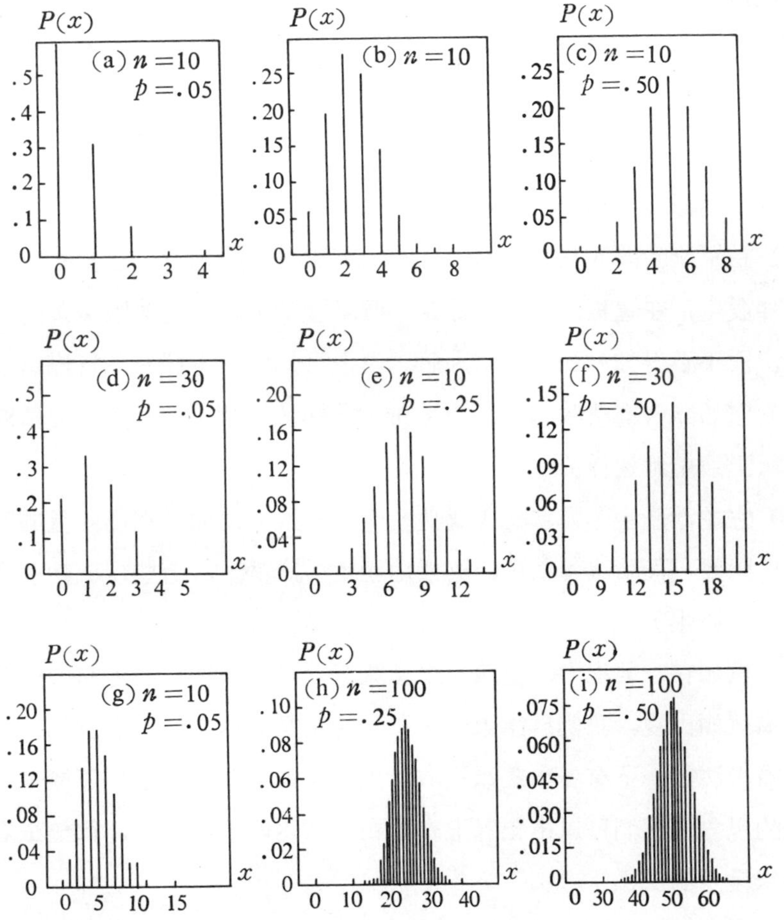

圖 4.20　n 和 p 變動時二項分布的不同形狀

4.11.2　波氏分配

二項分布描述在 n 次獨立試行中，事件 S 發生次數的機遇變動，其中每一試行中，$P(S)=p$。當 n 值相當大，p 值相當小時，二項機率的計算十分不便。本節所介紹的一個重要機率分配，稱為波瓦松機率

(Poisson distribution)，簡稱波氏分配，不但本身可用以描述許多機遇現象，同時也可用為二項機率提供近似值。

當討論在固定時段（或空間）內，隨機發生某事件的次數時，若僅有的資訊為單位時間（或空間）內的平均發生次數 np，則波氏過程為描述這種狀況的有用模式。由於在某一事件可能發生的一固定時段內，任一時刻都可視為一潛在試行，其中事件可能發生也可能不發生。事實上，在單位時間（空間）內，雖其中有無限多次試行，通常僅有少數次事件發生，在這種狀況下，需要一個只涉及平均發生次數 np 的機率模式，而不必得知 n 和 p 的個別值。由上可知波氏過程有二特點:

(1) 它並非含有離散試行，而是在一已知量的時間、距離、面積或體積上連續地運作。

(2) 它並不產生一連串的「成功」與「失敗」，而是在已知量的時間、距離、面積或體積中，隨機地產生「成功」，這些「成功」通稱為「發生」。

例如在一製程中，連續地生產寬三公尺的布匹，在這布匹中會隨機地有線頭出現，我們只能數一下在一特定長度的布面上有幾個線頭，卻沒有辦法數一下有多少線頭沒有出現。又如在一工廠中，停機是一個隨機的現象，我們可以由紀錄上查出在一週內停機多少次，卻無法看出停機未發生的次數。

其他例子如下:

1. 在單位時間內一事件的發生次數:

(1) 某校電話總機在一小時內接到電話的次數;

(2) 航空公司拾遺辦公室在一天內所接到行李件數;

(3) 某熱鬧路段十字路口在一個月內發生的車禍數。

2. 在一單位距離內一事件的發生:

(1) 50公尺絕緣電線上發現的缺點數;

(2) 某貨車行駛 10,000 公里的輪胎修補次數。

3. 在一已知面積內一事件的發生:

(1) 書本任一頁上的錯字個數;

(2) 一平方公尺布匹上的線頭數。

波氏分配有三個公設:

(1) 獨立性 (independence): S 在任一時段發生的次數與其他不相鄰時段爲獨立。

(2) 不聚集 (lack of clustering): 兩次或以上次數同時發生的機會設其爲零。

(3) 比率 (rate): 每單位時段內發生的平均次數爲固定值 λ。

定義 4.17 設隨機變數 X 在單位時段 (空間) 內 S 發生的次數, 在上述三個公設下, X 的機率分配爲

$$P(X=x)=\frac{e^{-\lambda}\lambda^{x}}{x!},\qquad x=0,1,2,\cdots\cdots \tag{4.49}$$

以 $P(\lambda)$ 表示。

波氏分配就其本身而言, 適於描述很多的隨機現象, 已如上述。因此, 它扮演一個相當重要的角色。

例 4.44 設電話進入總機的次數, 在某段 3 小時內是 270 次, 平均每分鐘 1.5 次。據上面的事實, 想要計算以後的 3 分鐘內總機收到電話的次數爲 0, 1, ……次等等的機率爲何? 當考慮進入總機的電話的次數時, 我們可以認爲任何時刻進入的電話次數機率與其他時刻相同, 但問題是卽使在很短的時間區間內, 電話次數不僅是無限而且不可數。因此要導出一連串的估計值。首先將 3 分鐘區間細分爲 9 個小區間, 每個區間 20 秒, 然後視每一小區間爲獨立隨機試驗, 在每一試驗中, 我們觀察進入總機的電話, 有一次 (成功) 或沒進入 (失敗)。其成功率

$p=(1.5)\left(\frac{20}{60}\right)=0.5$。因此，我們可說在 3 分鐘內，有一次電話進入的機率爲$\binom{9}{1}\left(\frac{1}{2}\right)\left(\frac{1}{2}\right)^9=\frac{9}{512}$。但是忽略在 20 秒內進入總機的次數有 2 次、3 次，等其他的情形出現。若將這種可能性也考慮在內，則上面使用的二項分配就有點不合理了！爲了避免這種問題出現，用第二種估計值。事實上，即使使用一連串的估計值，有一種可令我們相當確定。在一很短的區間內，最多只有一次電話進入總機的方法是把時間區間縮成很短，我們可考慮將原來 9 個區間，每區間20秒的情形換成18個區間，每區間10秒的更小區間，就可視爲18個獨立試驗，其成功率 $p=1.5\left(\frac{10}{60}\right)=0.25$，因而在 3 分鐘內有 2 次進入總機的機率$\binom{18}{2}(0.25)^2(0.75)^{16}$。雖然我們所考慮的二項分配（$n=18$，$p=0.25$）和原先的（$n=9$，$p=0.5$）不一樣，但期望值卻未變，即 $np=18(0.25)=9(0.5)=4.5$。

如果將小區間個數增加，同時將減少進入交換電話次數的機率，因而 np 保持不變。

對於上述實例，一個有趣的問題是：如果 $n\to\infty$，且 $p\to 0$ 而 np 不變。令 $np=\lambda$，則二項分配$\binom{n}{k}(p)^k(1-p)^{r-k}$ 將發生什麼現象呢？答案如下：

定理 4.19 X爲二項分配隨機變數，其參數爲 p（基於 n 次重複），亦即

$$P(k)=\binom{n}{k}p^k(1-p)^{n-k}$$

假設 $n\to\infty$ 時，$np=\lambda$（常數），或當 $n\to\infty$，$p\to 0$，使 $np\to\lambda$。在滿足這條件下

$$\lim_{n\to\infty} P(k)=\frac{e^{-\lambda}\lambda^k}{k!} \tag{4.50}$$

這就是參數爲 λ 的波氏分配。

讀者請注意下列各要點:

(1) 以上的計算是說明 n 很大而 p 很小時，這時可用波氏分配來估計二項分配。

(2) 早先已證實若 X 爲二項分配，則 $E(X)=np$；因此，若 X 是波氏分配，則 $E(X)=\lambda$，爲波氏分配的參數。

(3) 二項分配是由兩個參數 n 與 p 來決定，而波氏分配只由一參數 $\lambda=np$ 表示。λ 代表單位時間內成功的期望值，該參數也稱分配的強度 (intensity of the distribution)。讀者須留意區分每單位時間內發生的期望次數，和指定時間內發生的期望次數。

(4) 在此可以考慮下面的理論，來求參數爲 λ 的波氏隨機變數 X 的變異數。X 可視爲參數 n 和 p 的二項分布隨機變數 Y 的一個極限情形。$n\to\infty$，$p\to 0$，$np\to\lambda$，因 $E(Y)=np$，$\text{Var}(Y)=np(1-p)$，因此在極限時

$$\text{Var}(Y)=np(1-p)\to\lambda(1)=\lambda=\text{Var}(X)。$$

定理 4.20　波氏分配的基本性質

(1) 期望值　$E(X)=\lambda$　(4.51)

(2) 變異數　$\text{Var}(X)=\lambda$　(4.52)

例 4.45　設一製造過程所產的產品，其不良率爲 p，設某送驗批內含 n 件產品，則恰有 k 件不良品的機率可由如下的二項分布中求出。若 X 是不良品件數，$P(X=k)=\binom{n}{k}p^k(1-p)^{n-k}$，如果 n 很大，p 很小，我們可估計爲

$$P(k)\simeq\frac{e^{-np}(np)^k}{k!}$$

譬如我們假定 1,000 件中有一件不良品，則 $p=0.001$，利用二項分布可發現 500 件中沒有不良品的機率是 $(0.999)^{500}=0.609$，如我們用波氏估計值，此機率變爲 $e^{-0.5}=0.61$，而發現 2 件或更多件不良品的機率依波氏估計值爲 $1-e^{-0.5}(1+0.5)=0.085$。

4.11.3 常態分配

對於某些讀者來說，或許早就已對常態分配（Normal distribution）的鐘形曲線十分熟悉。常態分配的曲線首先逐漸上昇至極大而後下降，呈對稱形式。雖然常態曲線並不是唯一呈現這種形狀的曲線，但是人們發現在相當多的情勢下，它可提供一相當合理的近似值。在統計發展的早期，曾經有一段時日，人們誤以爲每一種眞實數據的分配必須符合鐘形常態曲線，否則數據蒐集的過程就遭受懷疑，就是在這種想法之下，本曲線因而被命名爲常態曲線。然而，如果仔細查驗數據，常發現常態分配仍有其不足之處。事實上，常態曲線的普及性只是一種「迷思」(myth)，相當「非常態」的分配在各種研究領域中俯拾即是。雖然如此，常態分配在統計學上仍扮演主角的角色，而具常態分配的假設在統計推論程序中有廣泛的應用性，並且形成現代統計方法的主幹。上述的評論適用於常態分配的整個族類，每個分配可由在機率密度函數中訂定期望值 μ 及標準差 σ 而完全確定。

定義 4.18 常態分配的機率密度函數爲

$$f(X)=\frac{1}{\sqrt{2\pi}\sigma}e^{-\frac{(X-\mu)^2}{2\sigma^2}} \tag{4.53}$$

式中，X 表示隨機變數。

其中 μ 爲平均數，σ 爲標準差。常態分配通常以 $N(\mu,\sigma^2)$ 表示 X 在平均數左右各一標準差的區間內的機率爲

$$P[\mu-\sigma<X<\mu+\sigma]=0.6826$$

在平均數左右各二標準差的機率為

$$P[\mu-2\sigma<X<\mu+2\sigma]=0.9544$$

在平均數左右各三標準差的機率為

$$P[\mu-3\sigma<X<\mu+3\sigma]=0.9973$$

常態分配的重要性來自於其兩個基本的應用:

（一）由於其「良好」的數學性質，它可做為在發展統計推論程序中的量測變數的基本機率模式。大多數自然界和工業產品的變異，均適用常態曲線的次數分配。例如，當談到人類的身高時，只有極少部分的

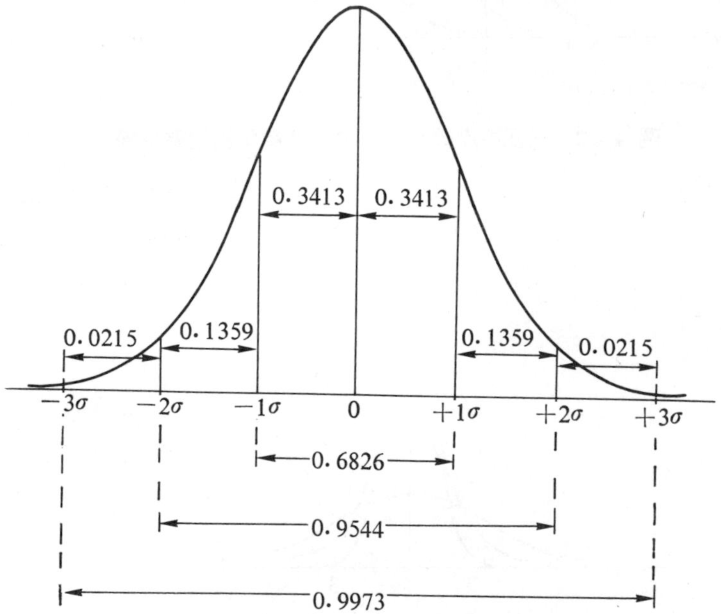

圖 4.21　各標準差值之間所包括的面積的百分率

人特別高或特別矮，而大部分人的身高都在平均值附近。常態曲線也是工業上大多數品質特性變異的良好說明。工業產品所發生的變異，諸如不鏽鑄件的重量、60-W 電燈泡的壽命、活塞鋼環的尺寸等，都可用常態曲線描述。常態分配也是許多品質管制技術的基礎。

（二）更重要的應用是當樣本量「大」時，中央極限定理保證參數估計量的抽樣分配爲常態分配。

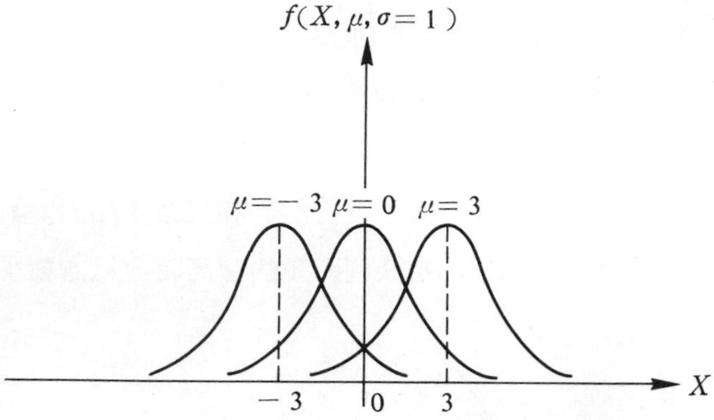

圖 4.22 三個平均數不同，標準差相同的常態曲線

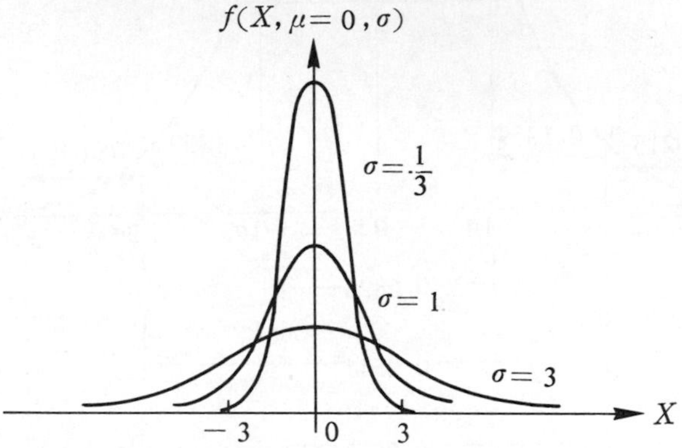

圖 4.23 三個平均數相同，標準差不同的常態曲線

當 μ 和 σ 變動時，就有不同的常態曲線。在計算常態機率時，常把 X 值轉換成標準常態值 Z，其轉換的公式如下所示，稱爲標準化 (standardization)，

$$Z=\frac{X-\mu}{\sigma}$$

這時，$f(Z)=\frac{1}{\sqrt{2\pi}}e^{-\frac{Z^2}{2}} \quad -\infty<Z<\sigma$ (4.54)

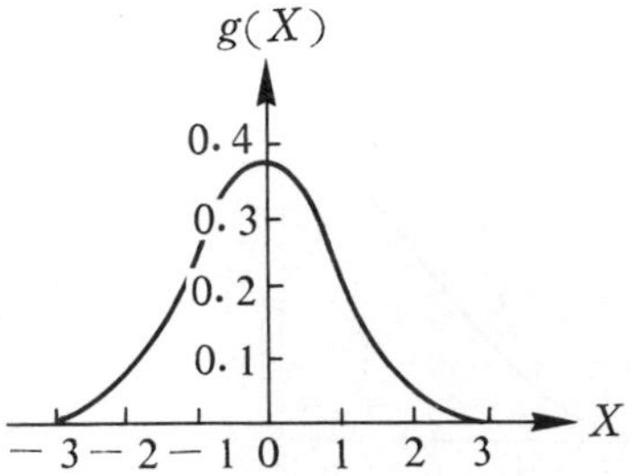

圖 4.24　標準常態曲線圖（平均數爲 0，標準差爲 1）

上圖是標準常態曲線，它的平均數是 0，標準差是 1。通常以 $N(0,1)$ 表示，即以平均數決定它的位置，以及用標準差來決定它的形狀。圖 4.22 表示三個不同平均數、相同標準差的常態曲線；可以看出僅只改變它的位置。圖 4.23 表示三個相同平均數、不同標準差的常態曲線。由圖可見標準差愈小，曲線愈尖窄（數據分散得愈窄）。如果標準差是 0，則所有數值和平均數完全相同，就沒有曲線了。

設 Z 表標準常態隨機變數，假若欲求 $P(-1<Z<1.5)$ 的值，依據機率定義

$$P(-1<Z<1.5)=\int_{-1}^{1.5}\frac{1}{\sqrt{2\pi}}e^{-\frac{Z^2}{2}}dZ。$$

上式積分的計算並不容易，幸好統計學家早已將這類的計算編成數表，一般人只要會查表，立即得出答案。設

$$\Phi(Z)=\int_{-\infty}^{Z}\frac{1}{\sqrt{2\pi}}e^{-\frac{\omega^2}{2}}d\omega \quad (4.55)$$

本書將標準常態分布的數表附於附錄，以供使用者查用。由表可輕

易查得所需機率，例如 $\Phi(1.5)=0.9332$，其圖形如圖 4.25 所示。

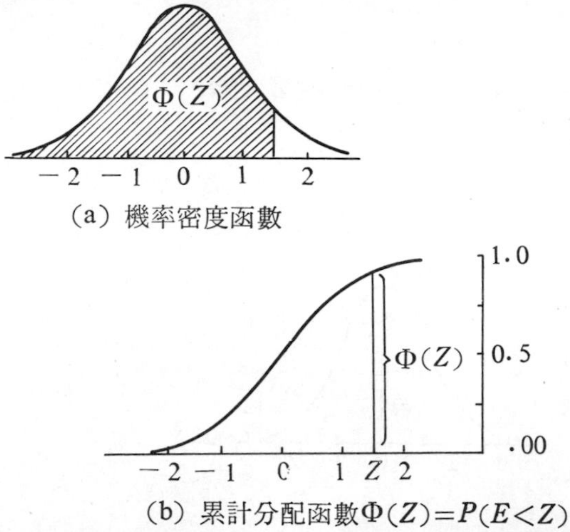

圖 4.25 標準常態分配的機率密度函數及累計分配

由圖可見雖然機率密度函數和累計分布函數提供相同的資訊，但是似乎前者較能顯示分配的意義。依據上述的符號，我們可將機率 $P(-1<Z<1.5)$ 表示如下:

$$P(-1<Z<1.5)=\Phi(1.5)-\Phi(-1)$$

由表中查不到 $\Phi(-1)$ 的值，但是依據 $f(Z)$ 對稱於 $Z=0$ 的性質，可得

$$\Phi(-Z)=1-\Phi(Z) \tag{4.56}$$

因此 $P(-1<Z<1.5)=\Phi(1.5)-[1-\Phi(1)]$

$$=0.9332-(1-0.8413)$$

$$=0.7745$$

設 X 為 $N(\mu,\sigma^2)$，欲求 $P(a<X<b)$，這時的解法為將 X 標準化，如圖 4.26 所示，即

$$P(a<X<b)=P\left(\frac{a-\mu}{\sigma}<\frac{X-\mu}{\sigma}<\frac{b-\mu}{\sigma}\right)$$

$$=\Phi\left(\frac{b-\mu}{\sigma}\right)-\Phi\left(\frac{a-\mu}{\sigma}\right) \tag{4.57}$$

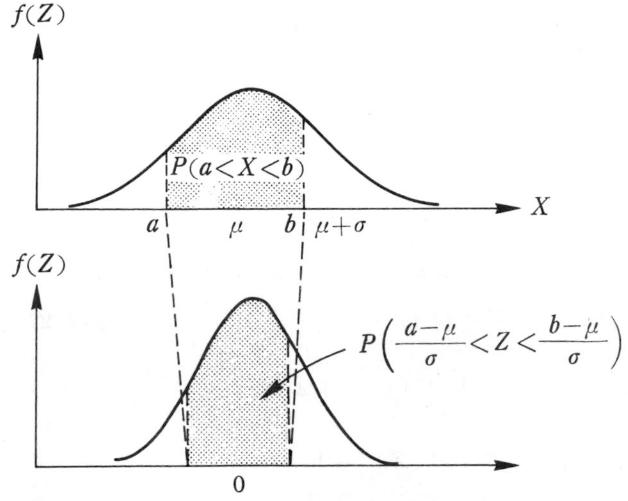

圖 4.26　標準化圖示

常見關於常態分布的問題大致可分成兩大類型: (1) 已知 μ 及 σ 求機率; (2) 已知某些機率，求 μ 及 σ。上題就是第一類的問題，下面我們看一個第二類的例子。

例 4.46　雲達建材公司購買石粒提供雲嵐建築公司使用。假設沙石廠所送來的石粒大小不一，雲達公司必須以機械將之依大小分成 A，B 及 C 三級。已知石粒大小約為平均數135，標準差為 14 的近似常態分配。已知

等級	尺寸 X	每噸淨利（百元）
A	$150\leq X\leq 160$	50
B	$115\leq X<150$	25
C	$X<115$ 或 $X>160$	-5

試求進料一噸石粒的期望淨利為若干?

解:　設 X 表石粒大小

$P(150<X\leq 160)$

$=P\left(Z\leq\frac{160-135}{14}\right)$

$-P\left(Z\leq\frac{150-135}{14}\right)$

$=P(Z\leq 1.785)-P(Z\leq 1.071)$

$=0.9630-0.8577=0.1053$

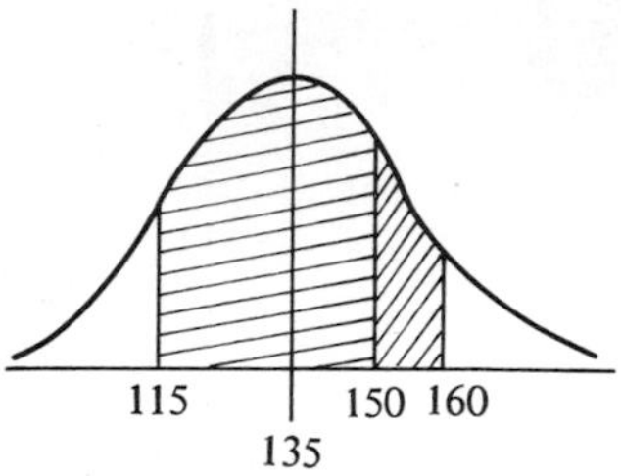

圖 4.27

$P(115\leq X\leq 150)$

$=P(Z\leq 1.071)-P\left(Z\leq\frac{115-135}{14}\right)$

$=0.8577-P(Z\leq -1.43)$

$=0.8577-0.0764=0.7813$

$E(X)=50(0.1053)+25(0.7813)+(-5)(0.1134)$

$=5.265+19.5325-0.567$

$=24.23$

即每噸混合石粒的期望利潤爲 24.23（百元）。

例 4.47 假設某產品的重量爲常態分配，其中百分之 6.68 低於 60 公斤，百分之 77.45 在 60 公斤至 80 公斤之間，試決定此分布的參數 μ 和 σ。

解: 設 X 代表該產品的重量，由題意得知

$P(X\leq 60)=0.0668$，和 $P(60<X\leq 80)=0.7745$

因 $P(60<X\leq 80)=P(X\leq 80)-P(X\leq 60)$

即 $P(X\leq 80)=0.8413$

即

$$\Phi\left(\frac{60-\mu}{\sigma}\right)=0.0668 \quad \Phi\left(\frac{80-\mu}{\sigma}\right)=0.8413$$

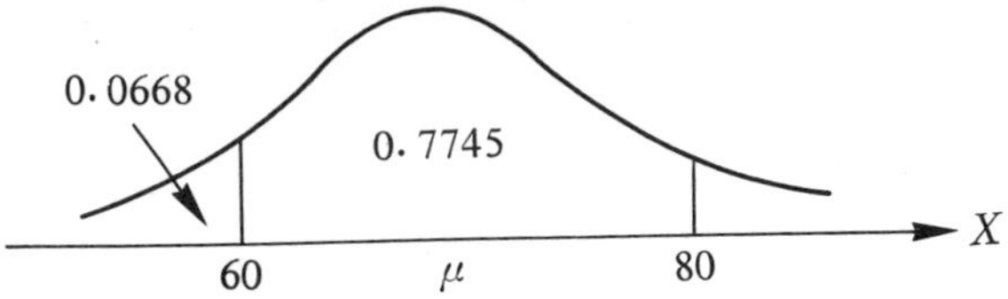

圖 4.28

查閱附表 C.1 常態分配表得

$\Phi(-1.5)=0.0668 \qquad \Phi(1)=0.8413$

因此

$(60-\mu)/\sigma=-1.5 \qquad (80-\mu)/\sigma=1$

解聯立方程式，得 $\mu=72$， $\sigma=8$。

4.11.4 以常態分配計算二項分配的近似值

早先本章曾經提及二項分配爲描述在 n 次獨立柏努利試行中，成功次數 X 的分布。當 n 相當大，而 p 值並不接近 0 或 1，則常態分配可做爲計算二項機率的良好近似值。本書不擬在此進行數學證明，現以例題說明其可行性。

圖 4.29 分別代表 $n=5$，12 及 25，而 $p=0.4$ 的二項分配。請留意當 n 增大時，各直方圖所呈鐘形。雖然 $p=0.4$ 的二項分配並非對稱，當 n 大時，其非對稱性越來越不明顯。

由於常態分配爲連續型而二項分配卻是離散型，如何以常態機率近似二項機率 $P(X=k)=\binom{n}{k}p^k(1-p)^{n-k}$ 呢?

因爲常態機率對於任何一點 x 的值爲 0。然而，對於區間 $x-1/2$ 及 $x+1/2$ 則有機率值存在，這加1/2及減 1/2 稱爲連續化校正值 (continuity correction)。例如當 $n=15$，$p=0.4$，欲求 $X=7$ 的機率。查附錄二項機率

$$P(X=7)=0.7869-0.6098=0.1771$$

另一方面，

$$\mu=E(X)=np=(15)(0.4)=6$$

$$\text{Var}(X)=np(1-p)=15(0.4)(0.6)=3.6$$

$$\sigma=1.897$$

$$P[6.5<X<7.5]=P\left[\frac{6.5-6}{1.897}<\frac{X-6}{1.897}<\frac{7.5-6}{1.897}\right]$$

$$=P[0.264<Z<0.791]=0.7855-0.6041$$

$$=0.1814$$

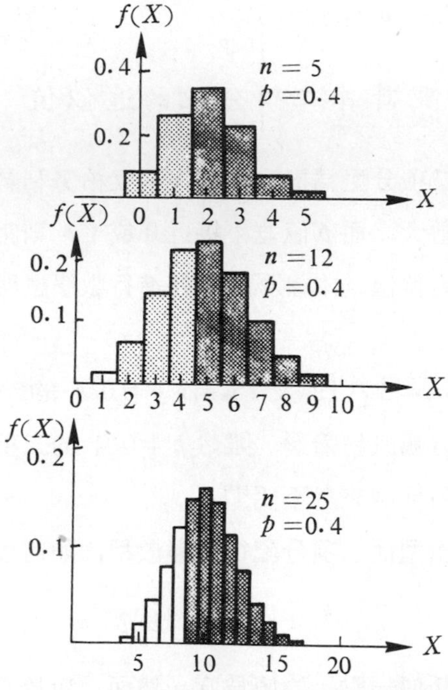

圖 4.29　二項分配 $p=0.4$，$n=5, 12, 25$

由上例可知，即使 $n=15$，樣本量相當小，利用常態機率所得近似值 0.1814 與眞正機率 0.1771 相較，相差可說相當有限，尤其值得注

意的一點是當 n 值增大，近似值與眞值之間的誤差將更縮小。

當 n 值大以及成功機率 p 不太靠近 0 或 1 時，則二項機率 $P[a\leq X\leq b]$ 可以常態機率 $P[a-\frac{1}{2}\leq X\leq b+\frac{1}{2}]$ 求得近似值。

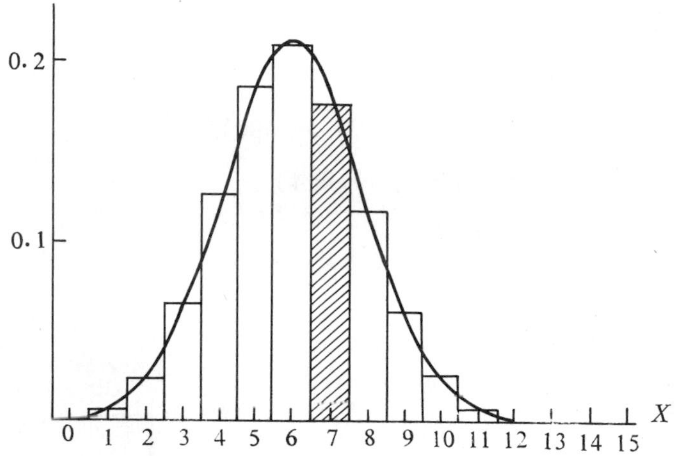

圖 4.30　$n=15$，$p=0.4$的二項分配

定理 4.21　常態分配近似於二項分配

當 np 及 $n(1-p)$ 均大時，例如二者大於 5，則二項分配可用常態分配 $N(\mu,\sigma^2)$ 求得良好近似值。其中 $\mu=np$ 及 $\sigma=\sqrt{np(1-p)}$，換句話說

$$Z=\frac{X-np}{\sqrt{np(1-p)}} \tag{4.58}$$

爲近似標準常態$N(0,1)$。

例 4.48　甘研究員在五年前曾經執行的大型調查結果顯示，於成年人口中平均有30%爲含酒精飲料的飲用者。設若這個比率仍然未變，隨機抽取 $n=1,000$ 成年人，試求飲用含酒精飲料的人數滿足下列條件的機率 (1) 少於 280 人 (2) 至少爲 316 人。

解: 設 X 表飲用含酒精成分飲料的人數

$n=1,000 \qquad p=0.3$

$\mu=np=1,000(0.3)=300$

$\sigma=\sqrt{np(1-p)}=\sqrt{210}=14.5$

因此 X 近似 $N(300,(14.5)^2)$

(1) $P(X<280)\approx P(X\leq 279)$

$=P[Z\leq(279.5-300)/14.5]$

$=P[Z\leq -1.414]$

$=0.0787$

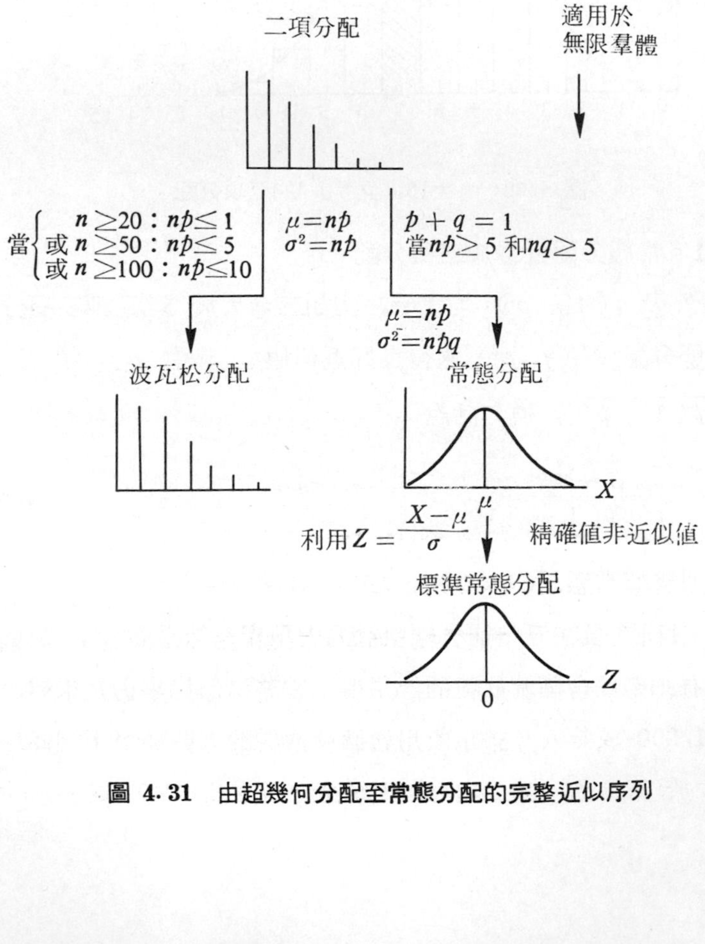

圖 4.31 由超幾何分配至常態分配的完整近似序列

(2) $P(X\geq 316)\approx P[Z\geq(315.5-300)/14.5]$

$=P[Z\geq 1.07]$

$=1-0.8577$

$=0.1423$

讀者請注意：

如果目的在於計算二項機率，目前最好的方法是利用現成的統計計算套裝軟體直接計算求值。然而，當 $np\geq 5$ 及 $n(1-p)\geq 5$ 時，$\frac{Z-np}{\sqrt{np(1-p)}}$ 爲近似常態$N(0,1)$的結果仍然重要。

最後仍然必要介紹一個特殊的機率分配性質，稱爲再生性 (reproductive property)。這個性質只有多數機率分配才具有，即若二隨機變數X與Y爲獨立的某一相同機率分配，則其和仍爲相同的機率分配，茲說明如下。

定理 4.22 再生性

(1) 若二獨立隨機變數X與Y均爲有相同參數p的二項分配，
即X爲$B(n_1, p)$ 和Y爲$B(n_2, p)$，則
$X+Y$爲二項分配$B(n_1+n_2, p)$

(2) 若二獨立隨機變數X與Y均爲波氏分配，即
X爲 $P(\lambda_1)$ 和Y爲 $P(\lambda_2)$ ，則 $X+Y$爲波氏分配 $P(\lambda_1+\lambda_2)$

(3) 若二獨立隨機變數X與Y均爲常態分配，即
X爲 $N(\mu_1, \sigma_1^2)$ 及Y爲 $N(\mu_2, \sigma_2^2)$，則
$X+Y$爲常態分配 $N(\mu_1+\mu_2, \sigma_1^2+\sigma_2^2)$

例 4.49 某公司在臺北和高雄的分公司各新雇4位及 5 位職員，設X和Y爲分別表這些新進員工在公司可能服務至少三年的人數。假設X和Y爲獨立的二項隨機變數，其相同參數 $p=0.7$。設 $T=X+Y$，試求

(1) $E(T)$ 和 $\text{Var}(T)$。

(2) 所有 9 位新雇職員在三年內均未離職的機率。

解: (1) $T = X + Y$ 爲二項隨機變數 $n = 9$ 及 $p = 0.7$

由於 X 爲二項分配 $n = 4$, $p = 0.7$

$E(X) = 2.8 \quad \text{Var}(X) = 4(0.7)(0.3) = 0.84$

同理 $E(Y) = 3.5 \quad \text{Var}(Y) = 5(0.7)(0.3) = 1.05$

因此 $E(T) = E(X) + E(Y) = 2.8 + 3.5 = 6.3$

$\text{Var}(T) = \text{Var}(X) + \text{Var}(Y) = 0.84 + 1.05 = 1.89$

(2) $P(T = 9) = \binom{9}{9}(0.7)^9(0.3)^0 \doteq 0.0409$

例 4.50 電視臺播映中斷的主要原因爲機件故障及人爲錯誤兩大類，若每播映 4 小時由於這兩個原因而中斷的次數爲獨立波氏隨機變數，參數分別是 $\lambda_1 = 0.4$ 及 $\lambda_2 = 1.1$，則由這兩種原因而播映中斷的次數仍爲波氏隨機變數，$\lambda = 0.4 + 1.1 = 1.5$。因此在未來 1,000 小時內沒有任何因這兩種原因而中斷播出的機率爲 $P(0) = 0.2231$（查附錄表 C.6中 $\lambda = 1.5$，$X = 0$）。

例 4.51 某建築計畫的材料費用爲獨立常態隨機變數 X，$\mu_1 = 60$百萬，標準差 $\sigma_1 = 4$ 百萬；工資費用爲一獨立常態隨機變數 Y，$\mu_2 = 20$ 百萬及標準差 $\sigma_2 = 3$ 百萬，試求總成本不超過 85 百萬的機率。

解: 由上述定理可知 $X + Y$ 仍爲常態分配，$\mu = \mu_1 + \mu_2 = 80$（百萬）

$\sigma^2 = 4^2 + 3^2 = 25$（百萬），因此標準差爲 $\sigma = 5$ （百萬）

$$P(X + Y \leq 85) = P(Z \leq (85 - 80)/5)$$
$$= P(Z \leq 1.00)$$
$$= 0.8413$$

4.12 案例研究

華通工廠使用某項機器20部，均爲同樣設備，其目前修護方式是就發生故障者加以檢修，未生故障機器則繼續操作，這項因故障而作的零星檢修是每部機器檢修費爲 10,000 元。依以往經驗，該項機器經檢修後，使用 1 個月即再生故障而需檢修者佔 .10；使用 2 個月故障檢修佔 .30；使用 3 個月故障檢修佔 .40；使用 4 個月故障檢修佔 .20。可列表表示這項壽命期間如下：

使用 1 個月	.10
使用 2 個月	.30
使用 3 個月	.40
使用 4 個月	.20

(1) 試決定其每月平均檢修成本爲若干？

(2) 現該廠爲求改進起見，考慮配合定期檢修制度，也就是每隔一定期間，予以全部檢修。由於全部檢修可以集體進行於停機時間迅速一次完成，其成本較低，據估計每次作全部檢修的成本爲 30,000 元。但定期檢修並不能完全消除零星檢修，於定期檢修前這段期間內仍將與以往一樣會發生臨時的故障而需作零星檢修。因此在決定可否採行這種定期檢修制度之前，還需先瞭解在定期檢修前這期間內的可能發生故障情形。同時這項故障情形又與定期的期間長短有關。試依上述使用壽命期間長短的機率資料，估計各種長短期間內的故障部數，並決定每隔多久檢修一次最划算。

解：(1) 其平均使用壽命爲$(1\times .10)+(2\times .30)+(3\times .40)+(4\times .20)=2.7$個月。就該廠20部機器言，依目前檢修方式，每月平均檢修數量是$20\div 2.7=7.4074$部。換句話說，其每月平均檢修成本爲$(20\div 2.7)\times 10,000=74,074$元。

(2) 1 個月內可能故障機器數 $20\times .10=2$

2 個月內可能故障機器數 (20×.30)+(2×.10)=6.2

3 個月內可能故障機器數

(20×.40)+(2×.30)+(6.2×.10)=9.22

4 個月內可能故障機器數

(20×.20)+(2×.40)+(6.2×.30)+(9.22×.10)=7.58

依據上列資料，可分析各種定期期間全部檢修辦法的總成本及每月平均總成本如下表:

定期期間（Ⅰ）	全部檢修成本（Ⅱ）	期間內零星故障檢修成本（Ⅲ）	總成本（Ⅳ）=（Ⅱ）+（Ⅲ）	每月平均總成本（Ⅴ）=（Ⅳ）/（Ⅰ）
1 個月	30,000	2×10,000=20,000	50,000	50,000
2 個月	30,000	(2+6.2)×10,000=82,000	112,000	56,000
3 個月	30,000	(2+6.2+9.22)×10,000=174,200	204,200	68,067
4 個月	30,000	(2+6.2+9.22+7.58)×10,000=250,000	280,000	70,000

自上表分析可知，如果改採定期全部檢修辦法，則每月平均總成本均較目前所行零星檢修辦法爲低。而定期檢修辦法中，又以每個月定期檢修一次每月平均總成本 50,000 元爲最低。所以應考慮改採每個月定期全部檢修一次爲宜。

習　　題

1. 有 4 種顏色塗右圖的小丑面具，每區域恰用一種顏色，但相鄰部分不得同色，試問共有幾種塗法？

2. 一列火車從第一車到第十車共10節車廂，要指定其中 3 節車廂准許吸煙，則共有多少種指定方法？若更要求此 3 節准許吸煙的車廂兩兩不相銜接，則共有多少種指定方法？

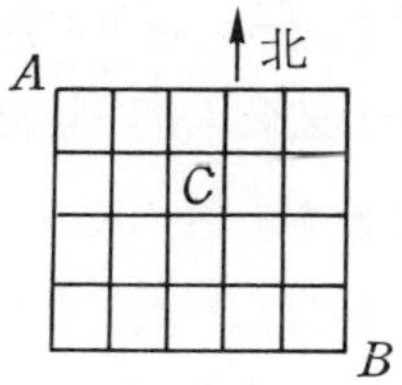

3. 設有棋盤型街道如右圖，今欲從西北隅 A 地行至東南隅 B 地，若只許東向及南向行走，則
   (a) 所有可能的路線總數為若干？
   (b) 若不許經過 C 地，則路線總數為若干？

4. 利用二項式定理求 $C_1^n+2C_2^n+3C_3^n+\cdots\cdots+nC_n^n$ 之和。

5. 設從區間〔-5，5〕$=\{x:-5\leq x\leq 5\}$ 中任意選出一個實數 x，試求 $\log_{14}(x^3-5x+12)<1$ 之機率 p。

6. 甲，乙，丙，丁 4 人合住一室，每天抽籤決定一人打掃，試求「在 8 天中，每人恰好各打掃了 2 天」的機率（取 2 位有效數字）？

7. 有街道如下圖（每一小方格皆為正方形），甲自 P 往 Q，乙自 Q 往 P，二人同時出發，以相同速度，沿最短路線前進。
   假設在每一分叉路口時，選擇前進方向的機率都相等，問甲、乙二人在路上 A, B, C 相遇的機率各有多大？

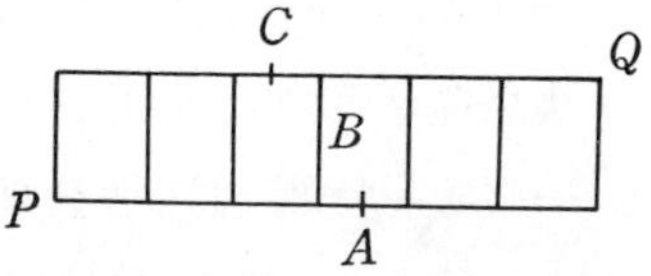

8. 由 8 位男生，6 位女生中，選取 4 人組成一個小組，試求此小組純為男生之機率，取一位有效數字，並且用科學記法，則為

$M\cdot10^{-N}$，$M\in A$，$N\in A$，試決定M及N的值。

9. T市的市民徹底實行家庭計畫：每個家庭假若第一胎生雙胞胎或三胞胎，就不再生了，否則一定要生第二胎，但一定不生第三胎。假設生雙胞胎的機率為α，生三胞胎的機率為α^2，生多於三胞胎的機率為 0。問T市每個家庭平均有幾個小孩？（請將答案按α的升冪排列）

10. (1) 連續拋擲銅板 4 次，出現偶數次（包括零次）正面的機率為何？

(2) 連續拋擲銅板10次，如果已經知道前面的 4 次中出現了偶數次（包括零次）正面，那麼全部10次拋擲中出現 6 次正面的條件機率為何？

11. 有一人流浪於A, B, C, D 4 鎮間，此 4 鎮相鄰關係如右圖。假設每日清晨，此人決定當日夜晚繼續留宿該鎮，或改而前往相鄰任一鎮之機率皆為$\frac{1}{3}$。

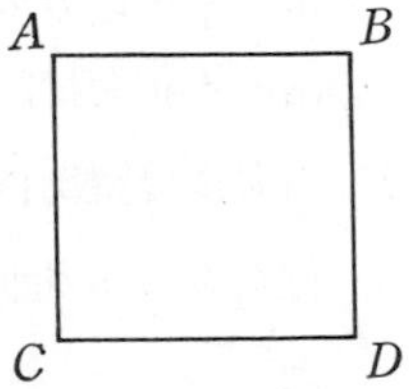

(a) 若此人第一夜宿於A鎮，則第三夜亦宿於A鎮之機率為何？(b) 第五夜此人宿於 A 鎮之機率為何？宿於B鎮之機率為何？

12. 有 8 位旅客，搭乘一列掛有 4 節車廂的火車，則

(1) 第一節車廂恰有其中 2 位旅客的機率為何？

(2) 每節車廂皆有其中 2 位旅客的機率為何？

13. 擲 3 粒均勻骰子，計其點數總和，試求總和為 5 的倍數之機率。

14. 右圖中，每一小格皆為正方形，P為如圖所示之一格子點。若在圖中任取其他二相異格子點，則此二點與P三點共線之機率為何？

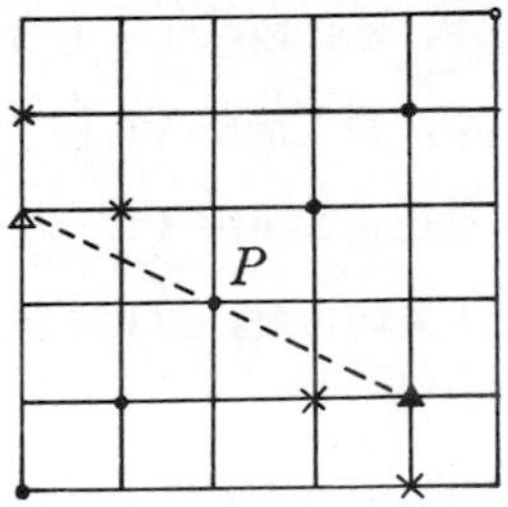

15. 假設任意取得之統一發票，其號碼之個位數字為 0，1，……，9 中任一數字，且這些數出現之機率均相等。今自三不同場所，各取得一張統一發票，則三張發票號碼個位數字中

(1) 至少有一個為 0 之機率為何？

(2) 至少有一個為 0，且至少有一個為 9 之機率為何？

16. 有二自然數，已知其和為 100，試求其積大於 1,000 之機率。

17. 某保險公司意外險部門將投保人分爲機車騎士和非機車騎士兩大類，根據統計，機車騎士在一年內發生意外的機率爲 0.3，非機車騎士則爲 0.1。若已知可能投保的人口中機車騎士佔40%，非機車騎士佔60%。現已知某甲投保意外險。

(i) 在未知他是否機車騎士時，問他在一年內發生意外的機率爲何?

(ii) 若某甲在一年內果然發生意外，問他是機車騎士的機率爲何?

18. 12張分別標以 1，2，……，12的卡片，任意分成兩疊，每疊各 6 張。

(1) 若 1，2，3 三張在同一疊的機率爲$\frac{l}{m}$，其中 l，m 爲互質的正整數，則 l 與 m 各爲何值?

(2) 若 1，2，3，4 四張中，每疊各有兩張的機率爲$\frac{n}{m}$，其中 n，m 爲互質的正整數，則 n =?

19. 某桌球選手對比賽對手贏球機率爲$\frac{2}{3}$。

(1) 若此選手在 5 場比賽中 3 勝 2 負的機率 p，則 p =?

(2) 若此選手在 7 場比賽中 4 勝 3 負的機率爲 g，則 g =?

20. 設 E，F 爲二事件，已知:

(a) $P(E)>0, P(F)>0$　(b) $P(E)+P(F)=\frac{3}{4}$

(c) $P(E|F)+P(F|E)=1$

試將 $P(E\cap F')$ 以 $P(E)$ 表之。

21. 一機率分布

$$P(D=d)=c\cdot\frac{2^d}{d!}\quad d=1, 2, 3, 4$$

D 爲每日需求量

(a) 試求 c 值。

(b) 試求每日期望需求量。

(c) 假定生產者每日生產 k 件，每件售價 5 元，而該產品爲易腐品，隔日即成廢物。當天生產而未售出的產品每件損失 3 元，試求 k 值，以期生產者能獲得最大的利潤。

22. 老馬在華通大學附近擺了一座書報攤，他預期晴天時每天可以獲利 600 元，陰天可以獲利 300 元，雨天只有 100 元。假定晴天、陰天和雨天三個事件的機率分別爲 0.6，0.3 和 0.1，試問 (a) 老馬的預期利潤爲若干? (b) 如果老馬投保了 400 元的「雨天險」，保費爲 90 元，這種情況下他的預期利潤爲若干?

23. 華通保險公司深信駕駛人可分成有肇事傾向者和無肇事傾向者之兩大類，依據該公司的統計資料顯示，一有肇事傾向者在一年期內會肇事的機率爲 0.4，而另一類人會肇事的機率則僅爲 0.2，設若羣體中有 30%的人爲屬於第一類。

(a) 試求一新投保人於購買保險的一年內會肇事的機率爲若干?

(b) 已知一新投保人於一年內肇事，試求其爲屬於肇事傾向者的機率?

24. 將劃有「+」號的紙條給甲，甲可能將之改爲「-」然後再交給乙，乙也可能將符號改變然後再交給丙，丙又可能將符號改變然後把紙條交給丁，丁又同樣地可能把符號改變最後遞給戊，設若戊發現紙條上的符號爲「+」號，設甲乙丙丁改變紙條上符號之機會相等，同時各人的決定爲獨立，試求甲未改變「+」號的機率?

25. 若有兩個大箱子，每箱有30個電子零件。已知第一箱中有26個良件及 4 個不良件，第二箱中有28個良件及 2 個不良件。

(i) 假設由兩箱中挑選零件的機率相等，現隨機選一零件而欲求其爲良件的機率。

(ii) 若已知所選的零件爲良件，而欲求此零件係自 S_1 箱中選出的機率，$Pr(S_1|S^*)$。

26. 有三種武器系統均射向同一靶子。就設計觀點論，每種武器系統中靶的機會相等；但在實際演習時發現這些武器系統準確性並不相同；亦卽，第一種武器在 12 發中通常有 10 發中靶；第二種有 9 發中靶；第三種有 8 發中靶。若已知靶被射中，現欲求其爲第三種武器射中的機率。

27. 有兩支槍同射一靶。令 S_1 與 S_2 分別代表 1 號槍與 2 號槍中靶的事件。S_1

事件發生的機率顯然不受 S_2 發生與否的影響。已知 $Pr(S_1)=\frac{1}{3}$，及 $Pr(S_2)=\frac{1}{4}$。試求兩槍均射中靶的機率。

28. 令 S_1 與 S_2 分別代表某日購買某件運動外套與一條長褲之事件。已知 $Pr(S_1)=Pr(S_2)=.46$，且 $Pr(S_1\cap S_2)=.23$。試決定條件機率 $Pr(S_1|S_2)$ 與 $Pr(S_2|S_1)$，以及總機率 $Pr(S_1\cup S_2)$。事件 S_1 與 S_2 是否獨立?

29. 華通化工廠於生產時需使用某項特殊原料，該原料的有效期間極短，僅可廠內儲存一個月，若需每月月初採購一次，該原料的耗用情形依過去資料如下:

可能使用數量（單位）	機　率
0	.05
1	.10
2	.40
3	.30
4	.15
合　計	1.00

由於該項特殊原料的性質，所以其採購成本也與一般情形相異。該料每單位單價爲1,000元，若每次購買不超過 5 個單位，則無論購買幾單位，其運費固定爲 5,000元。但若月初購買不足，而於月中零星購買，則每單位連運費需費 4,000元。試問該廠應於月初採購時每次購買若干單位爲有最低成本?

30. 已知X，Y的聯合機率分布如下所示，試求相關係數 $\rho(X,Y)$。

X \ Y	0	1
0	$\frac{1}{3}$	$\frac{1}{3}$
1	0	$\frac{1}{3}$

31. 建設大厦分成規劃和施工兩階段，已知規劃X和施工Y所需時間（以年爲單位）爲二獨立隨機變數，其機率函數分別爲

$$f(x)=\begin{cases}(0.8)(0.2)^{x-1} & x=1,2,3,\cdots\cdots \\ 0 & \text{其他}\end{cases}$$

$$g(y)=\begin{cases}(0.5)(0.5)^{y-2} & y=2,3,\cdots\cdots \\ 0 & \text{其他}\end{cases}$$

大厦完工時間$T=X+Y$，若$T>4$時，則承包商要受罰，試求其不受罰的機率。

32. 三個人擲不偏硬幣爲戲，若某人硬幣出現面與其他二人不相同，則此人須請客吃消夜，若三人硬幣均出現相同之面，再投之，試求須投次數少於4次的機率?

33. 擲5枚錢幣試驗中，令隨機變數X代表出現正面數。因此，X可能值爲0，1，2，3，4，或5。現欲建立其機率密度函數。

(a) 試求擲5枚錢幣恰得3個正面的機率。

(b) 試求隨機變數X最多爲4個正面的機率。

(c) 試求隨機變數X至少爲3個正面的機率。

(d) 試求隨機變數X在閉區間〔2，4〕的機率。

(e) 試求已知X不大於3的條件下，X等於2的機率。

(f) 已知正面數少於4時，X少於或等於2的機率。

34. 一橄欖球隊中，某四分衞之傳球成功率爲.62。若在一球賽中，他企圖傳16個球，試問(a) 12 球都傳成功之機率爲何?(b) 半數以上傳成功的機率爲何?

35. 小王射靶6次，其中靶的機率爲.40。試問(a) 小王最少中靶一次的機率爲何?(b) 他必須射靶幾次方可使其至少中靶一次機率大於.77?

36. 交清電料行收到兩批電子零件。已知第一批貨之不良零件比例爲$q_1=1-p_1=.01$；而第二批貨中$q_2=1-p_2=.02$。現從每批貨中隨機取出一個零件，並令隨機變數X_i，$i=1,2$，爲1代表可用件，爲0代表不良件。因此，隨機變數$X=X_1+X_2$的值可爲0，1，2，其分別代表沒有，一

個，或兩個零件爲可用件。同時知，$p_1=Pr(X_1=1)=.99$及$p_2=Pr(X_2=1)=.98$，試求X的機率分配。

37. 華通電子公司生產一種特殊型態之眞空管。已知平均100個眞空管有3個不良品。該公司將400個眞空管裝一箱內。試問400個眞空管內包含 (a) r個不良眞空管; (b) 至少k個不良品; 及 (c) 至多一個不良品的機率各爲何?

38. 若已知某本數學教科書 400 頁中 200 個錯印處隨機分配於整本書中。試求下列各機率 (a) 某頁中無錯印處; (b) 某頁中有三處或更多處印錯。

39. 已知X爲二項分布$B(3,p)$，Y爲一$B(2,p)$，若$P(X\geq 1)=\frac{26}{27}$，試求$P(Y\leq 1)$之值。

40. 設從事重複隨機試驗n次，其成功機率$\frac{1}{4}$，若以X表成功的次數，試求在$P(X\geq 1)\geq 0.7$ 的情況下應試驗多少次?

41. 某批商品中平均有1%的不良品，這些商品分裝於若干個箱內，若希望每箱至少有 100 個良品的機率在 95%以上，試問至少每箱需裝多少商品?

42. 有 10 人在春江餐廳聚餐，餐後有兩種甜點可供選擇，一爲布丁，一爲冰淇淋。假定每人只可取一種甜點，且對這兩種甜點的選擇，人數也似無差異。今餐廳的布丁稍有不足，若餐廳主人至多願冒 0.05 的風險，試問布丁應準備多少份 (冰淇淋除外)?

43. 設一公尺長的銅絲中恰好有一個瑕疵的機率大約爲 0.001，有兩個或兩個以上瑕疵的機率，就實用目的言，可令其爲0。試計算3,000公尺長的銅絲中，恰好有5個瑕疵的機率。

44. 一個盒子裏有100顆珠子，其中4顆爲紅色。設X表示取出的 10 顆珠子中紅珠子的個數，

(a) 計算$X=2$的機率。

(b) 應用二項分布計算該機率的近似值。

(c) 應用波瓦松分布計算該機率的近似值。

45. 如果X有一個波瓦松分布，使得 $3P(X=1)=P(X=2)$，試找出$P(X=4)$。

46. 交通汽車公司所生產的新車刹車器有缺點的機率約爲0.002，試求在1,000輛新車中有二輛以上的刹車器有缺點的機率。

47. 如果在一個非常熱的日子裏舉行遊行，根據經驗，得知一位參加遊行的人中暑暈倒的機率爲0.001。試問3,000名參加遊行的人當中，有8人中暑暈倒的機率爲若干？（用波瓦松分布解題）

48. 某人每天到工廠上班，他發現由家到工廠所需時間爲 $\mu=35.5$ 分，$\sigma=3.11$ 分，若他每天在8:20離開家，而必須在9:00到達工廠，設一年上班240天，試問平均他一年會遲到多少次？

49. 本校應屆畢業考試呈 $\mu=500$分，$\sigma=100$ 分的常態分布。今有674人參加考試，若希望有550人及格，則最低及格成績應爲幾分？

50. 假定一項測驗的成績近似常態分布，其平均數爲 $\mu=70$，且變異數爲 $\sigma^2=64$。假定一位教授想按照下述的方式評定等級：

分數	等級
低於$70-1.5\sigma$	F
$70-1.5\sigma$到$70-0.5\sigma$	D
$70-0.5\sigma$到$70+0.5\sigma$	C
$70+0.5\sigma$到$70+1.5\sigma$	B
$70+1.5\sigma$以上	A

試找出獲得各等級的學生所佔的比例。（實際運用上，我們常用全班學生成績的樣本平均數$\overline{x}$和樣本標準差s代換μ和σ。）

51. 某飛行駕駛學校對於學員的一項智能測驗爲要求他在短時間內完成一連串的操作程序（以分鐘爲單位）。假設學員們完成所需動作的時間爲常態分布$N(90,(20)^2)$，

(a) 若在80分內完成測驗方屬及格，試問有多少百分比的學員可以通過測驗？

(b) 若僅有動作最快的5％學員可獲頒結業證書，試問學員的動作應快到

多少分鐘之內才可得到該張證書?

52. 一律師來往於市郊住處至市區事務所，平均單程需時 24 分鐘，標準差爲 3.8 分，假設行走時間的分布爲常態。

(a) 求單程至少需費時半小時的機率?

(b) 若辦公時間爲上午九時正，而他每日上午八時四十五分離家，求遲到的機率?

(c) 若他在上午八時三十五分離家，而事務所於上午八時五十分至九時提供咖啡，求來不及趕上喝咖啡的機率?

53. 假定光陽牌電動攪拌器的使用壽命是常態分布 $N(2,200, 120^2)$，以小時爲單位，試問某臺攪拌器使用壽命在 1,900 小時以下的機率?

54. 某次考試之成績 X，可假設爲一常態分配連續隨機變數，而 $\mu=75$，$\sigma^2=64$。試求下列之機率:

(a) 隨機所選之成績介於 80 與 85 之間。

(b) 成績將高於 85。

(c) 成績將低於 90。

55. 某公司所生產高爾夫球的直徑假設爲常態分布，且知 $\mu=1.96$ 吋，$\sigma=.04$ 吋，若一高爾夫球的直徑少於 1.9 吋或超過 2.02 吋均被視爲不良品。試問此公司生產不良品所佔的比率爲若干?

第 II 篇

確定模式篇

第五章　線性規劃（I）

——模式建構與圖解法

5.1 緒　　言

自古以來，對於各式各樣的問題尋求最佳的解答——極大，極小或一般而言，最佳解（optimum solution）——一直深深地吸引了才智之士的注意。例如歐幾里得曾經描述如何能用已知周長圍成最大面積的平行四邊形的各種方法。17、18世紀的數學家們曾發展出新的最佳化程序（optimization procedure）解決複雜的幾何上、力學上和物理學上的各類問題，讀者在微積分課程中都曾學過這些解法。例如拉氏乘數法（method of Lagrange multiplier）就是其中方法之一。

事實上，最佳化的最根本的源頭在於人們「趨吉避凶」的原始動機，目的是求得最爲利己的結果。在日常生活中，一般人所關切的問題：走那一條路上班最省時間；如何讀書可使效果最好；那些食物的營養最好又售價最廉。事實上，在我們的日常生活、工作和學習中，任何牽涉到「最」字的問題，都可看成是最佳化問題，也就是說，我們希望事情的結果，從某一標準來說是最佳的。名作家張曉風女士在其著作《曉風吹起》（註）中所談及的生活原則或許是個很好的實例，她在文中提及：「我並不要求跟別人比，只要求保持自己的最佳狀態。所謂最佳

（註）張曉風：《曉風吹起》（第三版），文經社印行，民國79年6月。

狀態，並不是一定要有什麼具體的驕人成就。而是說，如果我生病了，我就要做一個最好的病人。生病的時候，我可能什麼事情都沒做，可能做事效率很差，可能心中充滿挫敗感。可是，我要做一個優秀的病人、肯努力的病人、合作的病人、勇敢的病人。我要使疾病趕快離我而去，使病痛減到最低程度，使家人因我的疾病而產生的痛苦與不便減到最小，我的意志力要發揮到最強，忍耐心要發揮到最高。不同的年齡、不同的環境下，可以有不同的最佳狀態。能時時使自己居於最佳狀態，才對得起對我們有所期望的人。」

張女士的這段文字充分顯示了最佳化的精神，也就是積極入世的態度。又如學生如果想要使自己的學習效果最佳化，就必須靜心分析思考自己吸收資訊是屬於「聽」型或「看」型。又如自己的精神是白天好或是夜晚好。總而言之，就是注重讀書效率及效果，而不是「埋頭苦幹」，否則效率必然不佳，不符「最佳化」的精神。數學中的最佳化問題只不過是將這種最佳化的概念應用於可數量化的領域。

一般而言，目標、條件、行動和策略是最佳化四大要素，我們在討論最佳化問題時要牢牢把握上述要素。事實上，對於一般的最佳化問題，並不需要使用高深的數學或科學原理，只需要一般的邏輯推理，就可運用方法來解決最常遇到、最關心或是最感頭痛的問題。

從人們的日常生活到全球的經濟角逐，有許許多多問題需要作決策。如果我們能培養自己學會用最佳化的思想方法，來分析問題和解決問題，就能運籌帷幄，事半而功倍，無往而不利。

一般問題的解決程序如下:

1. 闡述問題
2. 訂出最佳化目標
3. 找出限制條件
4. 選擇可採取的行動

5. 制定最佳化策略

6. 執行、檢驗並改進

要抓住問題的主要重心，明確最佳化的主要目標，權衡目標和限制條件之間的得失，制定最佳化的基本策略和行動時間表。執行後再不斷檢驗效果並作出必要改進。

如果我們回顧一下歷史，就不難發現，不論是在戰場還是商場，勝者往往很好的運用了最佳化策略，而敗者往往違反了最佳化原則。如果說日常生活和工作中的最佳化，能使我們個人受益匪淺，則在工業生產、企業經營、工程設計、經濟管理等領域中的最佳化，其意義更是重大和深遠。

近些年來，隨着管理科學化的興起，一種新的最佳化問題（optimization problem）越來越盛行，就是如何將有限的經濟資源作最有效的調配與選用，以求發揮資源的最高效能，俾能以最低的代價，獲取最大的效益。例如政府機構和工商企業所可能運用的人力、物資、資金、設備、空間與時間等等，都需要付出相當的代價，同時這些資源均非取之不盡用之不竭的。由於資源的有限及其他客觀條件的限制，決策者如何妥善支配，才能以最低的代價獲取最大的成果，確實是個值得深思的問題。一般而言，管理和工程方面的最佳化問題，一般都較複雜，很難用直觀的邏輯推理求得，往往用數學方式求解是最方便的。線性規劃（linear programming, LP）問題是其中應用最爲廣泛的一種。

自從 1950 年代早期發展以來，線性規劃在大多數的各類工業中找到應用。在過去的10年中，線性規劃已廣泛地應用於包括長程規劃，運輸及流通，產品原料的配裝以及生產排程。美國石油業者尤其廣泛使用線性規劃，例如有一家大型石油公司的資料處理部經理指出該公司的電腦有 5 %至10%的時間用來處理線性規劃和其相關模式（註）。

（註）Schrage, Linus(1985), *LINDO*, 3rd ed. The Scientific Press, p. 2.

使用線性規劃所遭受的主要困難至少有兩點(1)蒐集必要投入資料的成本以及(2)解決眞正大型線性規劃模式的成本。許多公司在整合資訊和資料基礎體系的努力以及電腦硬體成本的大幅下跌對克服上述困難有重大貢獻。這些科技的持續發展將使線性規劃的威力迅速地擴充。

本章內容主旨在解說線性規劃解題的原理，將介紹圖解法(graphical method)，然後在下一章介紹單形法(simplex method)，在第七章則探討更深入的問題。

5.2 線性規劃模式的構建

一般而言，數學規劃(mathematical programming)的通式如下所示:

最佳化限制式

$$f=f(x_1, x_2, \cdots\cdots, x_n)$$

$$g_1(x_1, x_2, \cdots\cdots, x_n)\{\leq=\geq\}\ 0$$

$$g_2(x_1, x_2, \cdots\cdots, x_n)\{\leq=\geq\}\ 0$$

$$\cdots\cdots\cdots\cdots\cdots\cdots\cdots\cdots$$

$$g_m(x_1, x_2, \cdots\cdots, x_n)\{\leq=\geq\}\ 0$$

其中 $x_1, x_2, \cdots\cdots, x_n$ 稱爲決策變數(decision variable)，$f=f(x_1, x_2, \cdots\cdots, x_n)$ 稱爲目標函數(objective function)，以及 $g_1(\cdot)$，$g_2(\cdot), \cdots\cdots, g_m(\cdot)$ 代表限制式。線性規劃是指函數 f 以及 $g_1, g_2, \cdots\cdots, g_m$ 通爲線性。例如線性規劃模式

$$\text{Max}\quad f=c_1x_1+c_2x_2+\cdots\cdots+c_nx_n$$

限制式

$$a_{11}x_1+a_{12}x_2+\cdots\cdots+a_{1n}x_n\leq b_1$$

$$a_{21}x_1+a_{22}x_2+\cdots\cdots+a_{2n}x_n\leq b_2$$

$$\cdots\cdots\cdots\cdots\cdots\cdots\cdots\cdots$$

$$a_{i1}x_1+a_{i2}x_2+\cdots\cdots+a_{in}x_n\leq b_i$$

$$a_{m1}x_1+a_{m2}x_2+\cdots\cdots+a_{mn}x_n\leq b_m$$

$$x_1, x_2, \cdots\cdots, x_n\geq 0$$

有如下四個假設條件：

(1) 比例性 (proportionality)：比例性是指若 x_j 加倍，則它對目標函數 (c_jx_j) 及每一限制式 ($a_{ij}x_j$) 的貢獻也隨之加倍。

(2) 相加性 (additivity)： 本假設意爲總利潤爲所有個別利潤的總和，同時對第 i 限制式的總影響爲各 x_j 的個別影響的加總。

(3) 可除性 (divisibility)：本假設是指每一個 x_j 均可爲非整數值。

(4) 非負性 (non-negativity)：本假設指所有 x_j 均爲正値或零。

前兩項性質正是線性 (linearity) 的特質， 值得一提的是「規劃」(programming) 一詞在此並無與電腦程式 (computer programming) 有任何關聯，而是表示「尋求一個行動的途徑 (course) 或方案 (program)」之意(註)。

我們可將線性規劃標準的型式以符號表示如下：

最佳化 $f=c_1x_1+c_2x_2+\cdots\cdots+c_nx_n=\sum_{j=1}^{n}c_jx_j$

限制條件 $a_{11}x_1+a_{12}x_2+\cdots\cdots+a_{1n}x_n\leq b_1$

$$a_{21}x_1+a_{22}x_2+\cdots\cdots+a_{2n}x_n\leq b_2$$

$$\cdots\cdots\cdots\cdots\cdots\cdots\cdots\cdots\cdots\cdots\cdots$$

$$a_{i1}x_1+a_{i2}x_2+\cdots\cdots+a_{in}x_n\leq b_i$$

$$\cdots\cdots\cdots\cdots\cdots\cdots\cdots\cdots\cdots\cdots\cdots$$

$$a_{m1}x_1+a_{m2}x_2+\cdots\cdots+a_{mn}x_n\leq b_m$$

或 $\sum_{j=1}^{n}a_{ij}x_j\leq b_j \quad i=1, 2, \cdots\cdots, m$

(註) Wu, Nesa, Richard Coppins (1981), *Linear Programming and Extensions*, McGraw-Hill, p. xvi.

$$x_1, x_2, \cdots\cdots, x_n \geq 0$$

其中 $x_1, x_2, \cdots\cdots, x_n$＝決策變數

f＝目標函數

$c_1, c_2, \cdots\cdots, c_n$＝目標函數中決策變數的係數

$a_{i1}, a_{i2}, \cdots\cdots, a_{im}$＝第 i 限制式的決策函數的係數

b_i＝第 i 限制式的右邊常數

如果改以向量和矩陣表示，則可表示如下:

最佳化 $f = C'\mathbf{x}$

限制式 $A\mathbf{x} \leq \mathbf{b}$

$\mathbf{x} \geq 0$

其中 C，$\mathbf{x}$，0 爲 $n \times 1$ 向量，$A = [a_{ij}]$ 爲 $m \times n$ 矩陣及 $\mathbf{b}$ 爲 $m \times 1$ 向量。矩陣 A 稱爲技術矩陣 (technological matrix)，而 a_{ij} 稱爲技術係數 (technological coefficient) 或替代係數 (substitution coefficient)。

在線性規劃問題的求解過程，可分爲如下 5 大主要步驟:

(1) 瞭解眞正的問題

(2) 構建線性規劃模式

a. 選擇目標函數。通常爲投資最少、產量最高、能耗最小、品質最穩定、時間最短、效率最高等等。

b. 找出限制條件。通常爲與目標函數相關，且有矛盾的函數或變量的允許範圍，一般用一些等式和不等式來表示。

c. 決定控制變量和可調參數。控制變量，一般可由某種控制算法和裝置予以控制。如溫度、壓力、流量等。可調參數，一般可人爲設定，這些變量和參數在其允許範圍內，可以影響目標函數，由此達到最佳化目標。

(3) 蒐集投入資料，例如物料每單位成本等

(4) 求解該模式

(5) 實施該解答

一般而言，在求解該模式時，很少能在第一回合就能得出適切模式。事實上，任何模式的構建主要都涉及兩大反覆性步驟 (1) 構建所欲建立的模式(2) 操作或求解該模式並查證結果是否合理，如果答案爲否定，則回到步驟 (1)。

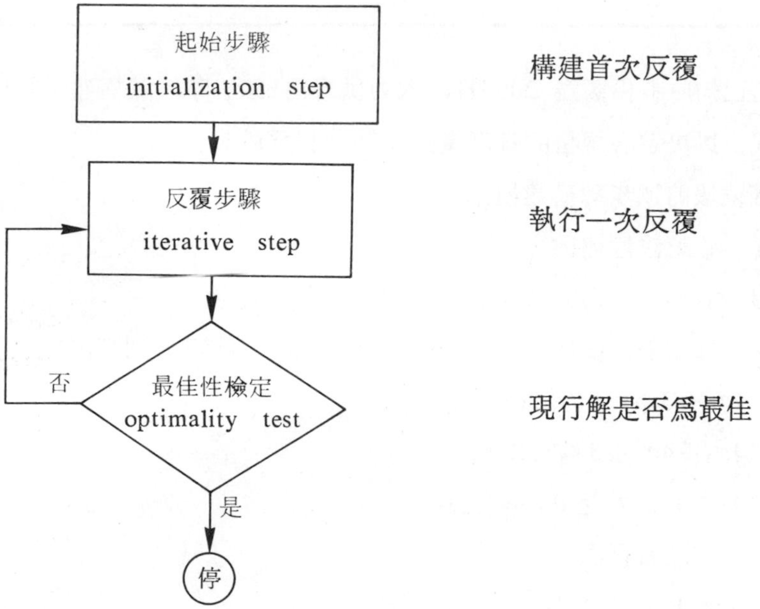

圖 5.1　線性規劃的求解示意圖

本節將以數例示範其構建過程。

例 5.1　達嵐公司希望爲其厨具生產排定生產時程，該產品需要兩種資源——人力與物料。公司考慮三種不同規格，生產工程部門提供了下列資料:

表 5.1

資源 \ 規格	A	B	C
人力（小時/個）	7	3	6
物料（磅/個）	4	4	5
利潤（元/個）	4	2	3

若已知原料供應爲 200/日，人力供應爲150小時，試構建一線性規劃模式，以決定各規格的日產量以使總利潤爲最高。

解: 茲依據前述步驟構建模式

步驟 1　確認決策變數

設 x_1, x_2, x_3 分別表規格 A，B，C 的日產量

步驟 2　確認限制條件，由於物料及人力受限，因此可分別列出二限制式

$$7x_1+3x_2+6x_3\leq 150$$

$$4x_1+4x_2+5x_3\leq 200$$

$$x_1\geq 0,\ x_2\geq 0,\ x_3\geq 0$$

步驟 3　確認目標函數

$$f=4x_1+2x_2+3x_3$$

因此整個線性規劃模式如下，試求 x_1, x_2, x_3 使得

$$\text{Max}\quad f=4x_1+2x_2+3x_3$$

$$7x_1+3x_2+6x_3\leq 150$$

$$4x_1+4x_2+5x_3\leq 200$$

$$x_1\geq 0,\ x_2\geq 0,\ x_3\geq 0$$

例 5.2　（品檢員問題）達嵐公司的品檢員分爲甲乙二級。

表 5.2

品　檢　員	每小時檢驗數(件)	準確度	時薪(元)
甲　　級	25	0.98	4
乙　　級	15	0.95	3

設若每天 8 小時至少應檢驗 1,800 件產品，每次誤判將使公司損失 2 元。公司至多可雇 8 位甲級品檢員及10位乙級品檢員，試問應如何指派使總檢驗成本爲最低?

解: 設 x_1, x_2 分別表指派檢驗工作的甲級和乙級品檢員人數

$$x_1 \leq 8 \quad x_2 \leq 10$$

$$8(25)x_1 + 8(15)x_2 \geq 1,800$$

或　$200x_1 + 120x_2 \geq 1,800$

即　$5x_1 + 3x_2 \geq 45$

在檢驗時公司負擔的成本爲在甲級品檢員方面

$$4 + 2(25)(0.02) = 5$$

同理，乙級品檢員方面

$$3 + 2(15)(0.05) = 4.5$$

因此　目標函數爲

$$f = 8(5x_1 + 4.5x_2) = 40x_1 + 36x_2$$

即　Min $f = 40x_1 + 36x_2$

$$\begin{aligned} x_1 \quad\quad & \leq 8 \\ x_2 & \leq 10 \\ 5x_1 + 3x_2 & \geq 45 \\ x_1 \geq 0, x_2 & \geq 0 \end{aligned}$$

例 5.3　達嵐公司的新竹廠生產甲，乙兩種產品，原料爲 A，B 兩種。

每一種產品所需的原料量及勞力和利潤如下表所示，試問甲乙二產品各應生產若干，方使獲利爲最大。

表 5.3

資源 產品	*A*原料 單位/個	*B*原料 單位/個	勞力 小時/個	利潤 元/個
甲	5	2	4	12
乙	2	3	2	8
庫存量	150單位	100單位	80人工小時	

解:

設 x_1＝甲產品的生產個數

x_2＝乙產品的生產個數

Max $f=12x_1+8x_2$

限制式 $5x_1+2x_2\leq 150$ *A*原料

$2x_1+3x_2\leq 100$ *B*原料

$4x_1+2x_2\leq 80$ 人工小時

$x_1,\quad x_2\geq 0$ 非負性

若以矩陣形式表示，則應表爲

Max $f=C'\mathbf{x}$

限制式 $A\mathbf{x}\leq \mathbf{b}\quad \mathbf{x}\geq 0$

其中

$$\mathbf{x}=\begin{bmatrix} x_1 \\ x_1 \end{bmatrix}\qquad C=\begin{bmatrix} 12 \\ 8 \end{bmatrix}\qquad \mathbf{b}=\begin{bmatrix} 150 \\ 100 \\ 80 \end{bmatrix}$$

$$A=\begin{bmatrix} 5 & 2 \\ 2 & 3 \\ 4 & 2 \end{bmatrix},\qquad O=\begin{bmatrix} 0 \\ 0 \end{bmatrix}$$

5.3 凸 集 合

線性規劃問題與凸集合有密切關係，首先先界定一些名詞如下:

定義 5.1 點 x 若滿足下列二條件，則稱爲點 $x_1, x_2, \cdots\cdots, x_n$ 的凸組合 (convex combination)。

(1) $x=\alpha_1 x_1+\alpha_2 x_2+\cdots\cdots+\alpha_n x_n$

(2) $\alpha_1 \geq 0$，$\sum_{i=1}^{n} \alpha_i=1$

定義 5.2 若$\mathscr{C}$爲 R^n 的一子集合，對於$\mathscr{C}$內任意二點 x_1, x_2，若任何 $\alpha x_1+(1-\alpha)x_2$ 仍在$\mathscr{C}$內，則稱$\mathscr{C}$爲一凸集合 (convex set)。

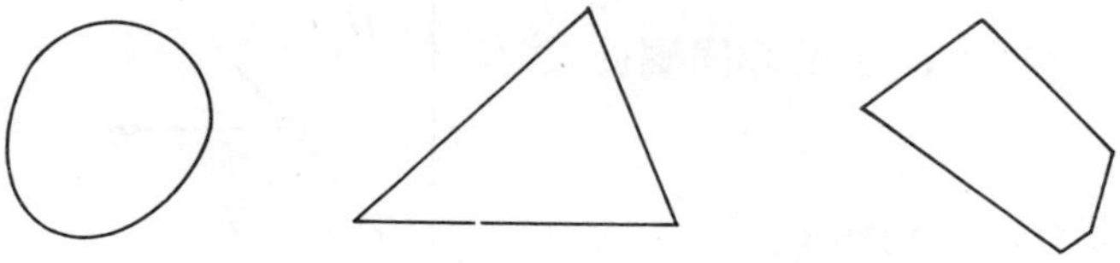

(a)以上爲凸集合的例子

(b)以上爲非凸集合的例子

圖 5.2

定義 5.3 若凸集合 $\mathscr{C}$ 上一點 a 無法以 $\mathscr{C}$ 內任何其他的二點的凸組合表示，則稱 a 爲一端點 (extreme point)。

定義 5.4 空間 $\mathscr{R}^n$ 的一超平面 (hyperplane) 爲一點集 $\mathbf{x} = (x_1, x_2, \cdots\cdots, x_n)$ 滿足 $h_1 x_1 + h_2 x_2 + \cdots\cdots + h_n x_n = \mathbf{b}$

或 $h\mathbf{x} = \mathbf{b}$

其中 $\mathbf{b}$ 和 h_i （非均爲 0 ）爲已知。

例 5.4

(1) 在 $\mathscr{R}^2$，$h_1 x_1 + h_2 x_2 = \mathbf{b}$ 爲一直線

(2) 在 $\mathscr{R}^3$，$h_1 x_1 + h_2 x_2 + h_3 x_3 = \mathbf{b}$ 爲一平面

注意: 一超平面通過原點的充要條件爲 $\mathbf{b} = 0$ ，一個超平面將 $\mathscr{R}^n$ 分爲二半空間以

$$H^+ = \{\, \mathbf{x} \mid h\mathbf{x} \geq \mathbf{b} \,\} \text{ 和 } H^- = \{\, \mathbf{x} \mid h\mathbf{x} \leq \mathbf{b} \,\}$$

表示。

例 5.5 $\mathscr{R}^2$ 上平面 $3x_1 - 2x_2 = 6$ 將平面 $\mathscr{R}^2$ 劃分爲

$$H^+ = \{(x_1, x_2) \mid 3x_1 - 2x_2 \geq 6 \}$$

$$H^- = \{(x_1, x_2) \mid 3x_1 - 2x_2 \leq 6 \}$$

在直線 $3x_1 - 2x_2 = 6$ 上的點同屬於二平面。

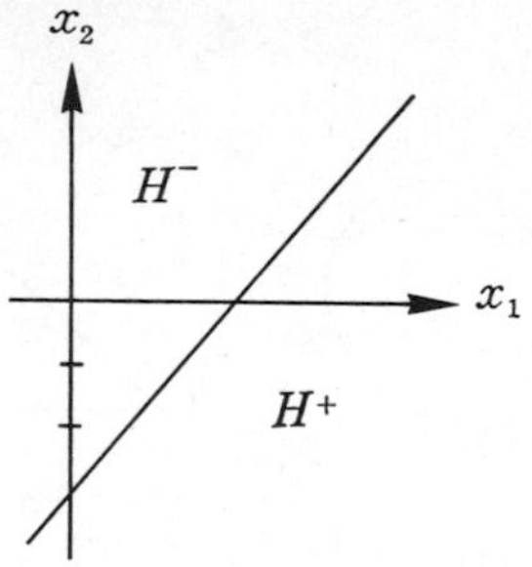

圖 5.3

一超平面爲一凸集合，證明如下:

設 x_1 和 x_2 爲超平面上的任意二點，卽

$$h x_1 = b, \quad h x_2 = b$$

設 $\mathbf{x} = \lambda x_1 + (1 - \lambda) x_2$，則

$$\begin{aligned}
h\mathbf{x} &= h[\lambda x_1 + (1 - \lambda) x_2] \\
&= \lambda h x_1 + (1 - \lambda) h x_2 \\
&= \lambda b + (1 - \lambda) b \\
&= b
\end{aligned}$$

卽 x 也在該超平面上。

　　二凸集合的交集仍然是一凸集合，因此二超平面（或半空間）的交集是一凸集合。事實上，任意有限個超平面或半空間的交集仍然是凸集合。

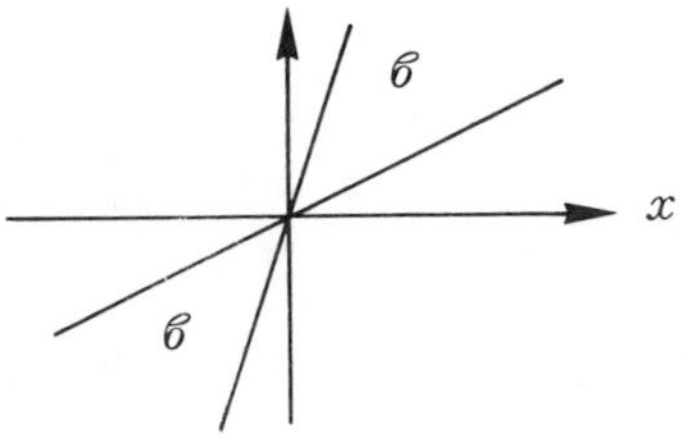

圖 5.4

定義 5.5　一錐體（cone）$\mathscr{C}$為一點集 **x** 滿足下述條件：若 **x** 在 $\mathscr{C}$ 則對所有 $\mu \geq 0$，有 $\mu\mathbf{x}$ 在 $\mathscr{C}$。在 $\mathscr{R}^2$ 和 $\mathscr{R}^2$，一錐體與平常我們所熟知的圖形相同。注意，錐體必然含原點。凸錐體（convex cone）是一凸集合。

定義 5.6　一有限個點的 所有凸組 合的集合 稱為凸 多邊形 （convex polyhedron）。

定義 5.7　由 $\mathscr{R}^2$ 中不均在一起平面上的 $n+1$ 點（卽有 $n+1$ 個頂點）所展成的凸多邊形稱為單形（simplex）。

例 5.6　在 $\mathscr{R}^2$ 上，一單形是三角形及其內點。

在 $\mathscr{R}^2$ 上，一單形是四面體及其內點。

　　對於一個多邊凸集合 $\mathscr{C}$ 和一線性函數

$$C'\mathbf{x} = c_1 x_1 + c_2 x_2 + \cdots\cdots + c_n x_n$$
$$= (c_1, c_2, \cdots\cdots, c_n)(x_1, x_2, \cdots\cdots, x_n)^T$$

欲證函數 $C\mathbf{x}$ 的極大值或極小值必發生於 $\mathscr{C}$ 的端點，可用 $n=2$ 時解說如下：

當$n=2$時，線性函數 $c_1x_1+c_2x_2$ 的線段上任意一點的值必介於二端點的值之間。

設線段上任意一點以 $(x_1, x_2)^T$ 表示，二端點以 $p=(x_1', x_2')^T$和 $q=(x_1'', x_2'')^T$ 表示，則任何介於 p 與 q 二點之間的點可表成

$$tp+(1-t)q, \quad 0\leq t\leq 1$$

設 $(c_1, c_2)(x_1', x_2')^T=Cp=P$

$(c_1, c_2)(x_1'', x_2'')^T=Cq=Q$

設$P\geq Q$，則介於 p 和 q 二點之間的任意點的值爲

$$\begin{aligned} tP+(1-t)Q &= Q+(P-Q)t \\ &= P-(1-t)(P-Q) \qquad (5.1) \end{aligned}$$

也就是介於 p 和 q 二點的任意點的值爲介於P和Q之間。

定理 5.1 一線性函數 $C\mathbf{x}$ 界定於一凸多邊集合$\mathscr{C}$，則其極大值（和極小值）必在$\mathscr{C}$的端點上。

在此以$n=2$，解說如下：

設端點p 時，函數 $C\mathbf{x}$ 的值 P 大於或等於在其他端點的值，同時 $C\mathbf{x}$ 在端點 q 的值Q小於或等於在其他端點的值，設 r 爲凸多邊形內之一任意點，由p至 r 畫一直線延長至凸多邊形的邊，相交於一點稱爲 u，設u在二端點 s 和 t 之間，由假設，$C\mathbf{x}$ 在任何端點的值必在P和Q之間，由上述作圖結果，函數在u點的值必介於在 s 點和在 t 點的值之間，因此也必介於P和Q之間，而函數在 r 點的值必介於其在u點和 p 點的值之間，所以也必介於P和Q之間，卽 $C\mathbf{x}$ 的極大或極小值必出現於端點。

根據定理 5.1，在利用圖解法解題時，僅需得出各端點的座標，而後代入目標函數，就可選得最佳解。

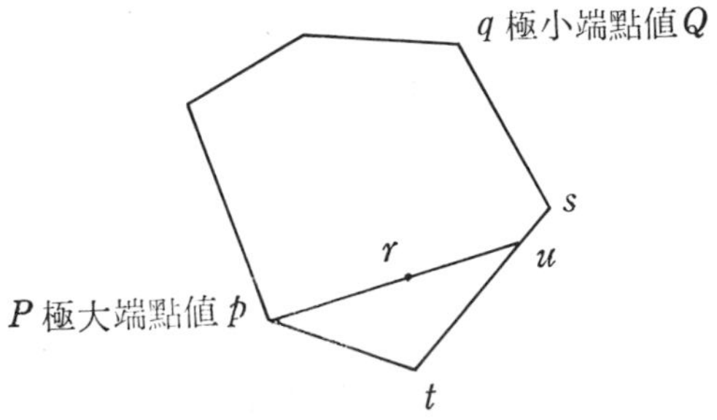

圖 5.5

5.4　線性規劃的圖解法

當所探討的線性規劃問題僅涉及二變數時，可用圖解的方式求得解答。雖然在實務上，二變數的情形十分少見，但圖解程序可示範某些用以解決大型線性規劃問題的基本概念。

例 5.7　試以圖解法求解例 5.3

Max　$f=12x_1+8x_2$

限制式　$5x_1+2x_2\leq150$

$2x_1+3x_2\leq100$

$4x_1+2x_2\leq80$

$x_1\geq0$，$x_2\geq0$

我們熟悉如何繪製直線，但是線性規劃問題的限制式往往是不等式，應如何畫呢？由於 $x_1\geq0$，$x_2\geq0$，因此僅考慮第一象限。以 $5x_1+2x_2\leq150$ 爲例，由於超平面 (hyperplane) 將其空間 $\mathscr{R}^2$ 分割爲二，$H^+=\{X\mid CX\geq \mathbf{b}\}$和$H^-=\{X\mid CX\leq \mathbf{b}\}$，因此考慮超平面

H：$5x_1+2x_2=150$

它是平面上一直線，將平面一分爲兩部分，$5x_1+2x_2\leq150$ 是 H^- 這一半。

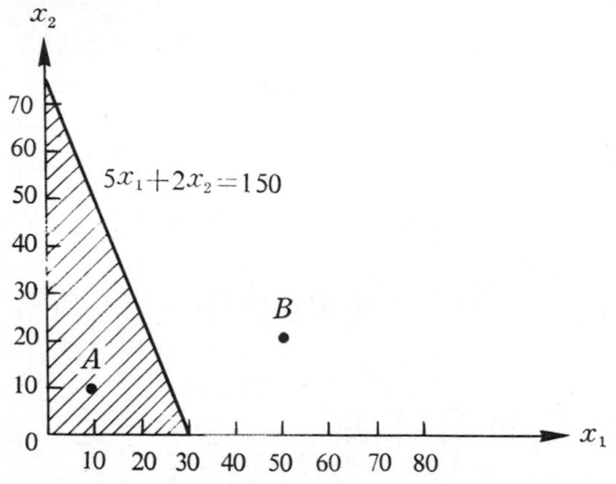

圖 5.6 (a)

例如考慮 $A=(10,10)$，因爲 $5\times10+2\times10=70\leq150$，$A$ 點爲滿足限制式，稱之爲可行解 (feasible solution)。而 $B=(40,20)$，$5\times40+2\times20=200>150$，因此 B 爲不可行解 (infeasible solution)。上圖 5.6(a) 斜線部分稱爲可行域 (feasible region)。

同法，可繪出另二限制式如下:

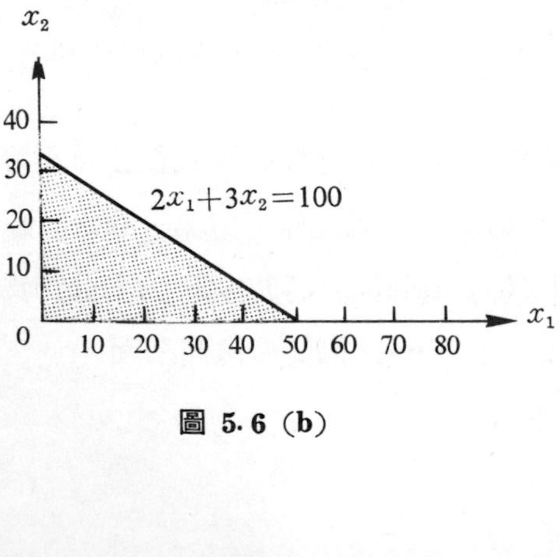

圖 5.6 (b)

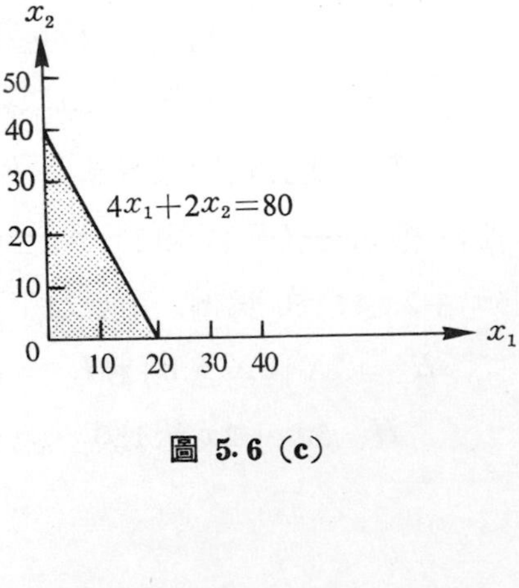

圖 5.6 (c)

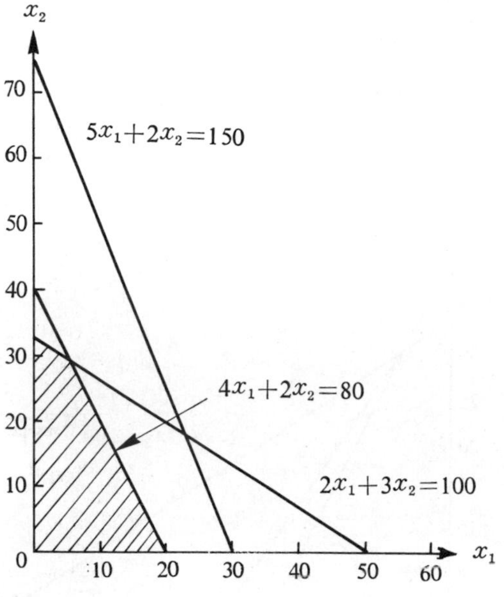

圖 5.7 例 5.3 的三個限制式

將三個限制圖都畫出來後，找出共同的可行域，如圖 5.7 的斜線部分。最後繪製目標函數 $f=12x_1+8x_2$。若 f 爲一已知數，則爲一直

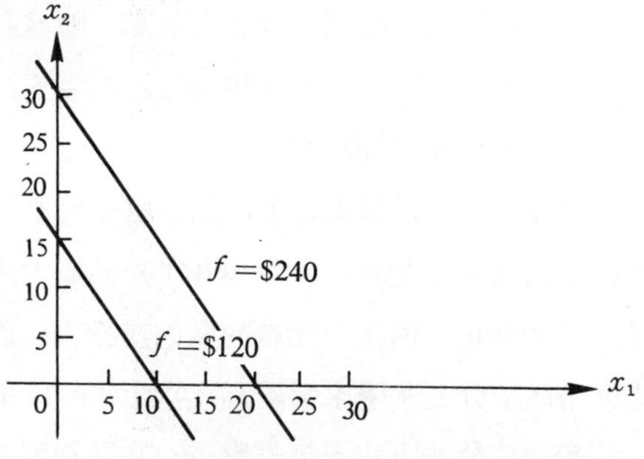

圖 5.8 例 5.3 的目標函數值

線，不同 f 值得出平行的直線，如圖 5.8 所示。

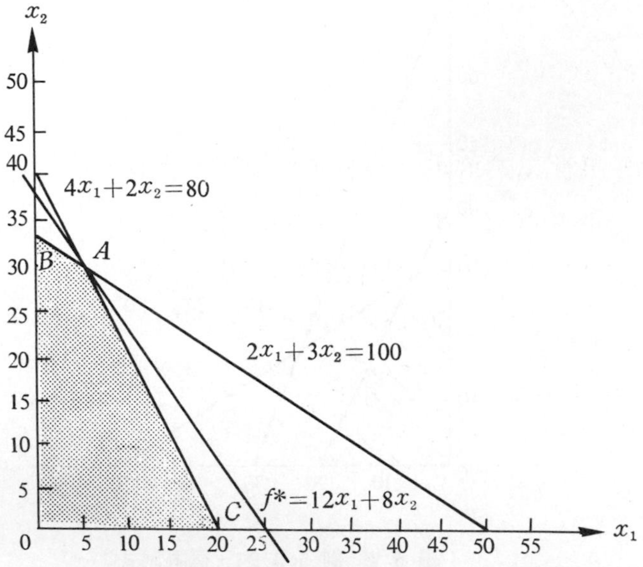

圖 5.9

既然是求 f 的極大值，而當 f 離原點越遠時，所得 f 值越大，因此最佳值爲在可行域內離開原點最遠的點。我們可想像將一條與 $f=12x_1+8x_2$ 平行的直線推至可行域內最遠的一點，即 A 點，A 點的坐標可由解 $2x_1+3x_2=100$ 及 $4x_1+2x_2=80$ 得出 $x_1=5$，$x_2=30$。這時 $f^*=12\times5+8\times30=300$ 爲最佳點。

由於上述問題爲在一些限制式之下，以一組線性不等式或等式的方式表示，求線性目標函數 (objective function) 爲極大或極小的問題，相當於在一區域 (region) 內求一函數的極大或極小，因此必然有人會問爲什麼不能應用微積分上所學求極端點 (extremes) 的方法解決這些問題? 答案是使用微積分的方法求極端點時，在該極端點的偏微分必須存在，而線性函數的極端點都得自定義域 (region of definition) 的邊界，而邊界上的偏微分不存在，正由於這個事實才迫使人們另闢蹊徑，以便解決這類問題。線性規劃就是數學家們針對這類問題研究所得的解法。在上例中，我們見到最佳解出現於可行域的端點，這必非一種巧合，事實上，線性規劃問題的解必然發生於可行域的端點。

定義 5.8

(1) 可行域 (feasible region)：滿足限制條件的區域

(2) 最佳解 (optimal solution)：在極大（小）化問題，最佳解卽可行域中能使目標值爲最大（小）的點

(3) 端點可行解 (corner-point feasible solution)：可行域中的端點

(4) 相鄰解 (adjacent solution)：相鄰的端點解

例 5.8(a)　安全礦業公司擁有一銅礦和一銀礦。已知銅礦每天可獲利200元，銀礦爲500元，而公司只能雇用一組 3 人，3 人每週工作 5 天，基於安全的因素，銅礦每週的工作天不得超過 3 天，銀礦不得超過 4 天，如果你擁有這家公司，應如何安排 3 位工人的工作，使公司獲利最大？

解：設　x_1＝分配至銅礦的工作天數

x_2＝分配至銀礦的工作天數

則
$x_1+x_2\leq 5$　工人的供給限制

$x_1\leq 3$　銅礦的安全限制

$x_2\leq 4$　銀礦的安全限制

$x_1\geq 0$，$x_2\geq 0$　非負數的限制

目標是 Max $f=200x_1+500x_2$

由作圖得端點 $O(0, 0)$，$A(0, 4)$，$B(1, 4)$，$C(3, 2)$及 $D(3, 0)$

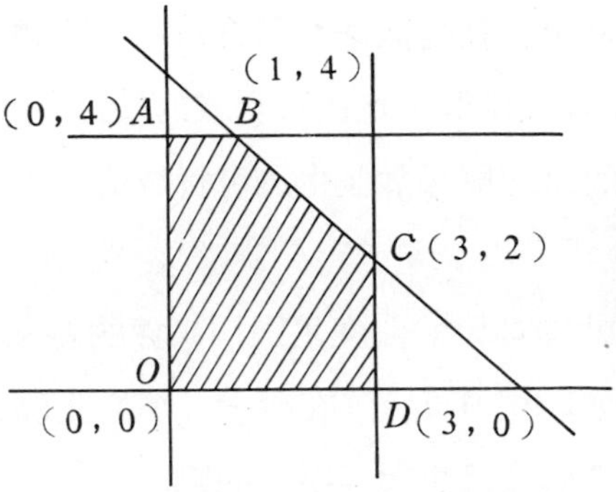

圖 5.10

(1)(0，0)　$200x_1+500x_2=0$

(2)(0，4)　$200x_1+500x_2=2,000$

(3)(1，4)　$200x_1+500x_2=2,200$

(4)(3，2)　$200x_1+500x_2=1,600$

(5)(3，0)　$200x_1+500x_2=600$

卽指派 3 人在銅礦工作 1 天，銀礦工作 4 天，可得最大利潤 2,200 元。

最佳解:(1，4)

端點可行解:(0，0),(0，4),(1，4),(3，2),(3，0)

相鄰解:(1，4)的相鄰端點解爲(0，4)和(3，2)

一般而言，端點可行解有如下的特性:

1.a 若最佳解爲唯一，則一定是端點可行解。

1.b 若最佳解爲多重解，則至少有二個是相隣的端點可行解。

2. 端點可行解的數目是有限。

3. 某個端點可行解優於或等於所有的相鄰解，則該端點可行解必定是最佳解。

單形法的解題程序如下

(1) 起始步驟：由一端點可行解開始

(2) 反覆步驟：在求極大（小）問題，移向使目標函數增大（減小）的相鄰點移動

(3) 最佳性檢定：若現行端點解沒有任何相鄰端點使目標函數的值更優，則該端點解就是最佳解

例 5.8(b)　若以例 5.8(a) 爲例

1. 起始步驟：由座標原點（0，0）開始

2a. 反覆 1：由（0，0）移至（0，4）

2b. 反覆 2：由（0，4）移至（1，4）

反覆 3：由（1，4）移至（3，2）

3. 最佳性檢定：（0，4）及（3，2）的目標函數值都小於（1，4）的目標函數值，因此（1，4）爲最佳解

例 5.9　試求解例 5.2 的品檢員問題

解：

在本例中，欲求 x_1, x_2 的值，在滿足限制條件之下使目標函數爲最小。首先，將限制條件繪出，如圖 5.11 中的三角形 $\triangle ABC$，這個區域就是本例的可行域。三端點分別爲 $A\left(8, \frac{5}{3}\right)$，$B(8, 10)$ 及 $C(3, 10)$，在 $\triangle ABC$ 中使 f 值爲最小的點爲 $\left(8, \frac{5}{3}\right)$，這時 $f=380$。

換句話說，公司雇用 8 位甲級品檢員，1.67位乙級品檢員，也就是說，有一位乙級品檢員只使用67%時間。如果無法如此做，則應將小數點以四捨五入方式求得整數解（一般而言，該整數解並非最佳解）。

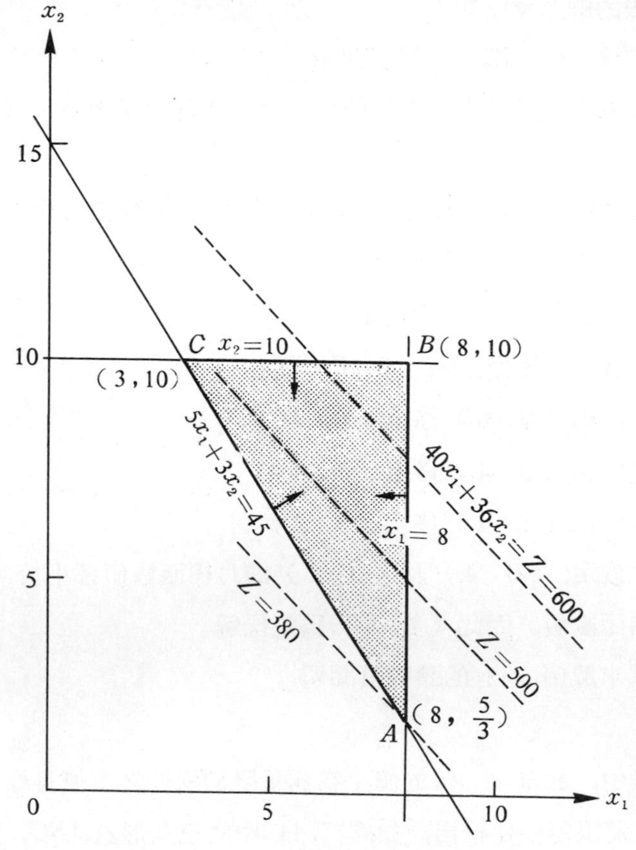

圖 5.11

例 5.10 中國酵素公司使用尿素與蜜糖作爲原料生產味精，今有甲、乙兩種方法生產，甲法需使用 1,000 公斤尿素及 500 公斤蜜糖始可生產味精 90 公斤，若採用乙法，則需使用 1,500 公斤尿素及 400 公斤蜜糖始可生產味精 100 公斤，已知庫存尿素 6,000 公斤，蜜糖 2,000 公斤，問該公司至多可生產多少公斤味精?

解: 可將題中所述數據列表如下

表 5.4

生產方法	所需原料量（公斤）		味精產量（公斤）
	尿素	蜜糖	
甲	1,000	500	90
乙	1,500	400	100
庫存量	6,000	2,000	

從上表所列的數字看，採用乙法所得味精產量要比用甲法的多，所以只要把庫存的原料全部投入乙法生產，所得的味精產量不就是我們期望的最大產量嗎？這個想法不見得最好，然而用甲法的產量更差，因爲每 500 公斤蜜糖才能生產 90 公斤味精，庫存 2,000 公斤蜜糖頂多可生產 4 ×90＝360公斤味精，何況生產這 360 公斤味精只需用 4,000 公斤尿素，還剩 6,000－4,000＝2,000 公斤尿素未能發揮生產效果。而乙法要 1,500 公斤尿素配合 400 公斤蜜糖才會生產 100 公斤味精。換句話說，用乙法平均每生產 1 公斤味精要 15 公斤尿素和 4 公斤蜜糖。現在庫存尿素 6,000 公斤，所以頂多够生產 400 公斤味精，同時只需配合 400× 4 ＝1,600 公斤的蜜糖就够了。另一方面，題目雖然只提到有甲、乙兩種生產方法，但並沒有限制只准用一種方法生產，爲了要充分使用原料，可能兩種方法都得採用。

設 x_1＝用甲法生產的味精比率

x_2＝用乙法生產的味精比率

$$\text{Max} \quad f = 90x_1 + 100x_2$$

$$1,000x_1 + 1,500x_2 \leq 6,000$$

$$500x_1 + 400x_2 \leq 2,000$$

$$x_1, x_2 \geq 0$$

或簡化爲

$$\text{Max} \quad f=90x_1+100x_2$$
$$2x_1+\ \ 3x_2\leq 12$$
$$5x_1+\ \ 4x_2\leq 20$$
$$x_1, x_2\geq 0$$

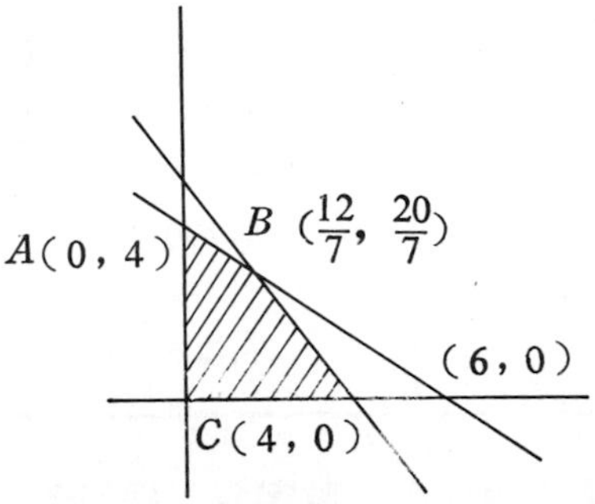

圖 5.12

查驗目標函數在端點

A（0，4），$B\left(\frac{12}{7}, \frac{20}{7}\right)$，

C（4，0）的值，可知

(1) $A(0, 4)$

$$90x_1+100x_2=400$$

(2) $B\left(\frac{12}{7}, \frac{20}{7}\right)$

$$90x_1+100x_2=440$$

(3) $C(4, 0)$

$$90x_1+100x_2=360$$

$x_1=\frac{12}{7}$，$x_2=\frac{20}{7}$爲最佳解，得味精 440 公斤。

5.5 線性規劃問題的解

線性規劃問題如果有解，並不必然是唯一解，如圖 5.13 所示。本節將深入探討各種狀況。

5.5.1 多重解

例 5.11 試求 $\text{Max} \quad f=3x_1+2x_2$

$$6x_1+4x_2\leq 24$$

$$10x_1+3x_2\leq 30$$

$$x_1\geq 0, \quad x_2\geq 0$$

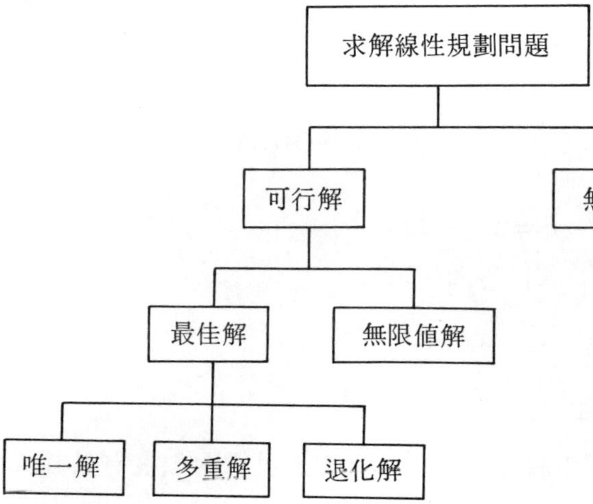

圖 5.13　求解的結果

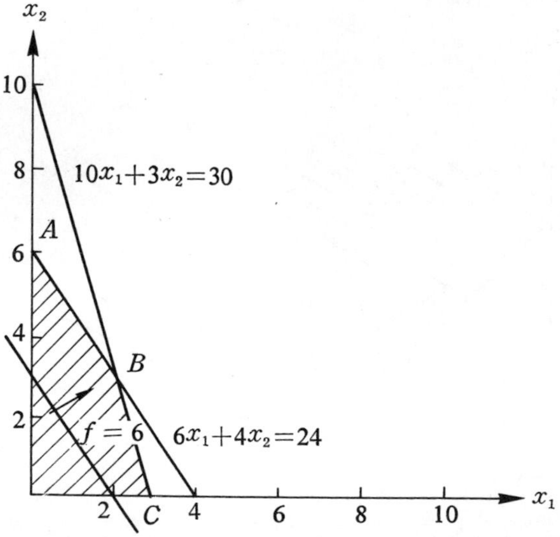

圖 5.14

上圖斜線部分爲可行域，所有在線 AB 上的點都是最佳解，目標函數值爲12。換句話說，本例有無限多組：$A=(0, 6)$ 及 $B=\left(\frac{24}{11}, \frac{30}{11}\right)$ 以及任何介於其中的點。本例之所以有無限多解，是因爲目標函數與 $6x_1+4x_2=24$ 有相同斜率。

5.5.2 無限值解 (unbounded solution)

例 5.12 試求 Max $f=2x_1+3x_2$

$$x_1+x_2\geq 3$$
$$x_1-2x_2\leq 4$$
$$x_1,\quad x_2\geq 0$$

本題的可行域如下圖斜線部分所示，對於目標函數沒有限制。事實上，可行點可在 $x_1-2x_2=4$ 上找到。在本例，我們可說最佳解爲當 x_1 和 x_2 變大時的 $x_1-2x_2=4$ 線上。由於現實上沒有這種解，因此本結果顯示問題構建有誤。

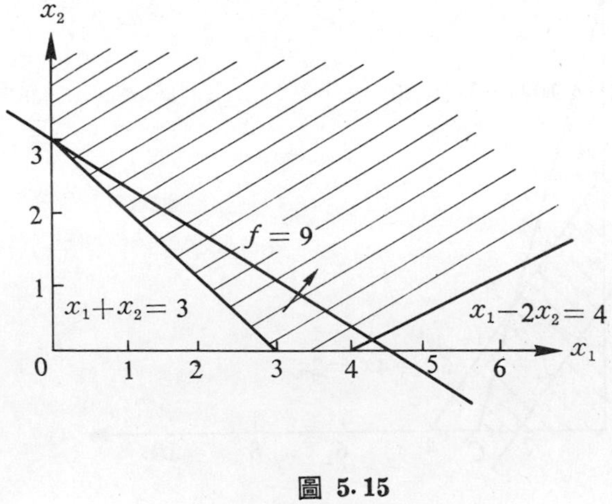

圖 5.15

5.5.3 不可行解

如果線性規劃問題的可行域爲空集合，換句話說，沒有點能滿足所有限制條件，則該問題爲不可行 (infeasible)。

例 5.13 試求 Max $f=4x_1+3x_2$

$$x_1+x_2\leq 3$$
$$2x_1-x_2\leq 3$$
$$x_1\geq 4$$
$$x_1,\ x_2\geq 0$$

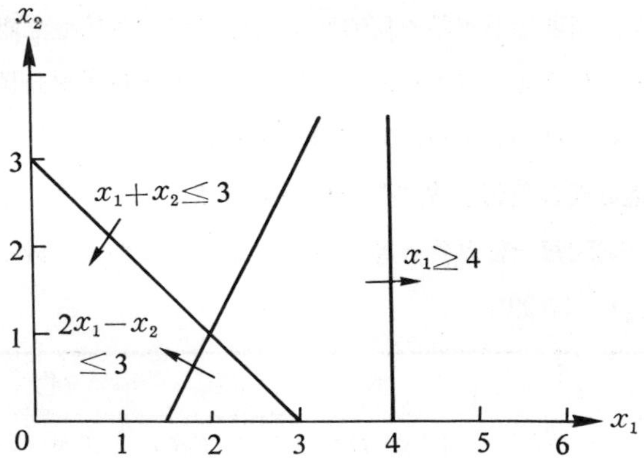

圖 5.16

本例的限制條件如上圖所示，沒有完全滿足所有不等式的點，因此本例爲不可行。

習　　題

1. 中生公司生產三種型式的原子筆——A型、B型、C型。製造這些原子筆的成本包括 \$12,000 的固定成本加變動成本。每種型式產品的變動成本和貢獻如下:

型　　式	變動成本 (\$)	貢　獻 (\$)
A 型	8.00	1.50
B 型	6.00	1.20
C 型	2.00	1.00
(貢獻＝出售－變動成本)		

公司要知道不賺不虧情形下，每種型式產品應生產多少，使得在損益兩平點時總變動成本為最小。先前銷售委員會要求公司至少生產A型、B型、C型產品分別為250、200、600個。

2. 人體每天必須滿足某些最低的營養要求，而食物中所含營養成分並不相同，試問每一種食物各應消費多少才能以最小成本滿足營養要求。假設有關資料列表如下:

		食物			最低需求量
		牛奶 (盒)	牛肉 (磅)	鷄蛋 (打)	
維他命	A	1	1	1	1
	C	100	10	10	50
	D	10	100	10	10
成本 (元)		40	50	25	

試列出線性規劃的數學形式。

3. 土生公司須生產含有成分A與B的混合飼料 200 磅。配料中，A至多 80 磅，B則至少要用達60磅。A每磅 3 元，B每磅 8 元。若公司要使成本降至最小程度，則每種配料究應作如何的比例混合？

4. 水生食品廠對某項水菓罐頭原料的採購問題，經研究分析後，其資料如下表所示:

產　品	甲地產	乙地產	銷售潛能
整　片	.2	.3	1.8
半　片	.2	.1	1.2
碎　片	.3	.3	2.4
廢　品	.3	.3	
利　潤	5	6	極大

其意義爲購自甲地出產原料，可有20%者製成整片；20%製成半片；30% 製成碎片罐頭水菓，其餘 30% 則爲廢品。產自乙地原料，則分別30%；10%；30%可製成整片、半片、碎片罐頭。銷售潛能係指各型罐頭可以銷售之數量，其單位爲百萬箱或其他單位。利潤則爲每單位的獲利，其單位爲百萬元，或其他單位金額。試以線性規劃形式表示。

5. 設平生企業生產甲、乙、丙三種產品，均須使用車床及鑽床兩種設備。而這兩種設備於計畫時間內的可供使用時間，最多各爲 100小時。如果已知生產甲、乙、丙產品各一件所需的設備時間，如下表所列數值。生產甲一件可獲利 4 元，乙一件可獲利 3 元，丙一件可獲利 7 元:

設備	單位產品生產需用時間			可供使用時間
	甲	乙	丙	
鑽　床	1	2	2	100
車　床	3	1	3	100
利　潤	4	3	7	極大

試列出線性規劃形式。

6. 合生工廠生產A與B兩種產品，共有 4 種作業方式，其生產方式的選擇，如下列資料所示，試列出線性規劃的形式。

產品 / 資源	A產品		B產品		總能量
	作業甲	作業乙	作業丙	作業乙	
人工（時）	1	1	1	1	15
原料 W	7	5	3	2	120
原料 Y	3	5	10	15	100
單位利潤	4	5	9	11	極大
生產量	X_1	X_2	X_3	X_4	

7. 臺生電子工廠生產兩種型式的計算器——商業型和科學型。商業型計算器僅能執行基本的算術功能，而科學型產品附有額外功能，例如三角函數。兩種型式的產品須使用數字顯示器、電阻器及其他許多零件，但是數字顯示器和電阻器一週的供應量限制分別為 1,000 個和 700 個。

每一個商業型計算器須使用 3 個數字顯示器和 2 個電阻器，而每一個科學型計算器須使用 2 個數字顯示器和 5 個電阻器。每一個商業型計算器有利潤 \$8，而每一個科學型計算器有利潤 \$11。工廠想獲得總利潤為最大。

8. 國生化工公司產銷A、B兩種產品，其製造過程須經過甲、乙兩種機器，A產品一單位要用甲機器 2 小時，乙機器 3 小時。B產品需甲 3 小時，乙 4 小時，甲、乙兩種機器可用時間分別是16及24小時。B產品之製造過程中，可以不增加成本而獲副產品C，雖然副產品可以售出而獲利，但若不能出售，則需另花成本予以銷毀。

A、B、C三種產品單位利潤分別是 4、10及 3 元，C產品單位銷毀成本為 2 元，B產品每單位可產生兩單位的副產品C。據營業部門估計，副產品C最多只能售出 5 單位。試問在最大利潤目標下，每種產品應產銷若干?

9. 民生工廠製造三種產品，各產品的單位貢獻如下:

A產品＝2元/單位，B產品＝4元/單位，C產品＝3元/單位，每種產品需經過三個不同的機器生產過程，各產品經過每一過程所需時間，及每一機器下週可用時間如下:

機器中心	各產品所需時間（小時/單位）			每機器中心下週可用總時間（小時）
	A	B	C	
I	3	4	2	60
II	2	1	2	40
III	1	3	2	80

試以線性規劃的數學形式表示，下週生產計畫的最佳產品組合。

10. 中生公司產製養牛飼料，每 100公斤飼料至少應含有維他命 A3 單位，蛋白質 5 單位，醣 8 單位，經過分析，三種主要配料所含的成分如下:

成分（單位: 斗）

配料	重量（斤/斗）	維他命A	蛋白質	醣	成本($/斗)
玉米	70	2	1	6	125
燕麥	30	1	2	6	75
大豆	60	4	3	4	345

試以線性規劃的數學形式表示在追求最低成本目標下，配料應如何組合?

11. 華生塑膠公司可以生產普及型及豪華型兩種手提箱，其有關資料如下表所示:

		產品		可供使用時間
		普及型	豪華型	
機器(時)	切割	7/10	1	630
	縫合	1/2	5/6	600
	檢驗及包裝	1	2/3	708
利潤(元)		10	9	

試建立線性規劃數學模式。

12. 美生工廠生產混合飼料，爲以穀類甲、乙、丙三項混合而成。每種穀類所含營養成分（單位重量）與該飼料所需的最低營養成分規定量、各穀類的單位成本等項資料如下:

	單位重量穀類所含營養成分量			單位重量飼料所需最低營養成分規定量
	甲穀類	乙穀類	丙穀類	單位重點
營養成分 A	2	3	7	1,250
營養成分 B	1	1	0	250
營養成分 C	5	3	0	900
營養成分 D	1.6	1.25	1	232.5
成本	41	35	96	極小
混合使用重量	X_1	X_2	X_3	

試依上述資料， 列出求解混合飼料最低成本的原料使用量的線性規劃形式。

13. 本生公司生產甲、乙、丙三種產品，均須經過加工、裝配、包裝三項程序。其中甲、乙兩種產品的加工程序，可以外包給其他工廠代爲加工，惟費用較高，而且裝配和包裝兩項程序，仍須由本廠自製。丙產品則不能委

由其他廠加工，必須全部自製。現將產品的單位售價及成本(直接成本)，列表如下:

單位售價及成本	甲產品	乙產品	丙產品
售價	$1.50	$1.80	$1.97
成本: 加工:			
自　製	.30	.50	.40
外　包	.50	.60	—*
裝配:	.20	.10	.27
包裝:	.30	.20	.20

*: 丙產品加工不能外包

該公司製造三種產品，其使用加工、裝配、包裝各項設備的時間情形如下表（每件耗用時數):

設備＼產品	甲產品		乙產品		丙產品	可供使用時間
	自做	加工外包	自做	加工外包	自做	
加工	6	0	10	0	8	8,000
裝配	6	6	3	3	8	12,000
包裝	3	3	2	2	2	10,000

試將上述情形以線性規劃形式表示。

14. 日生公司已經雇用交清廣告代理公司計畫一項活動以達成最高可能暴露率（exposure rating)。暴露率是一種測量顯示每元花費在廣告上所產生的產品需求。公司準備花費$200,000，但每種廣告（雜誌、電視、報紙）不願花費超過$120,000。這項限制的目的是阻止過分暴露訊息於一種特定的觀眾，而沒有獲得其他的觀眾。

廣告成本和經由媒體的暴露率如下:

媒體 （型式）	廣告每單位成本 （單位：千元）	暴露率 （每單位）
雜誌:		
文學性	8	120
專業性	15	180
報紙:		
日報	24	300
晚報	16	100
電視:		
晚間	36	350
日間	20	130

試問公司應採行多少每種型式媒體的廣告單位量。

15 鈺星原油提煉廠經由兩種種類的汽油混合生產兩種型式的汽油——飛行汽油，發動機汽油。混合汽油的兩種特性如下:

	蒸氣壓	碳化氫比率
A 型	5.5	105
B 型	8.5	95

最後產品——飛行和發動機汽油，可由混合操作中獲得，每種產品最小碳化氫比率分別爲 102 和 98；可容許最大蒸氣壓分別爲 5 和 8。

A型和B型汽油可用數量爲 25,000 和 60,000 桶。而任何數量的發動機汽油每桶可賣 \$8.40，飛行汽油最大數量爲 16,000 桶，每桶價格爲 \$11.50。

當A型和B型汽油混合，混合物中按每型汽油數量含有等比例的碳化氫和蒸氣壓。卽假如有 100 桶A型汽油和 100 桶B型汽油，混合物中碳化氫含量爲:

$$\frac{(100\times105)+(100\times95)}{200}=\frac{105+95}{2}=100$$

同理，混合物中蒸氣壓含量爲:

$$\frac{(100\times5.5)+(100\times8.5)}{200}=\frac{5.5+8.5}{2}=7$$

試決定飛行汽油和發動機汽油的生產量，使銷貨收入爲最大。

16. 一個多國籍公司（MNC）已經同意分別在甲、乙、丙三國共建立三個工廠。該公司僅提供二千五百萬資金中的8百萬元來建立三個工廠。每個工廠的最小資本需求如下:

地　　點	最小資本（百萬）
甲　　國	10
乙　　國	6
丙　　國	9
總 資 本 額	25

多國籍公司已邀請A、B兩個投資公司提出參與投資計畫的報償，以獲得額外的一千七百萬的資本。兩個投資公司已經表明它們所能提供資金的最大數額，有興趣參與的最低資金以及資金的投資報酬率。這些彙總如下表:

投資公司	資金（百萬）		資金投資報酬率		
	最　大	最　小	甲　國	乙　國	丙　國
A	18	6	15%	20%	20%
B	25	15	18%	15%	20%

多國籍公司在評估政治穩定性、政府政策之後，決定不要爲8百萬元資金如何分配給三個地區而困擾。MNC想投入本身的8百萬資金，且因爲所有剩餘的利潤（在投資公司獲得投資報酬之後）將歸於MNC所有，

他們要以A、B兩個投資公司的報酬數額爲最小的方式來獲得額外的一千七百萬元資金。

17. 水生化粧品製造公司有三個工廠和四個倉庫位於市場中心附近。工廠產能和倉庫需求量如下表所示:

工 廠	產 能 (單位: 仟)	倉 庫	需 求 量 (單位: 仟)
1	80	1	45
2	50	2	10
3	45	3	36
		4	24

從一個工廠運送產品到不同的倉庫，每 1,000 單位產品的運輸成本如下表:

從工廠	運輸成本到倉庫 ($)			
	1	2	3	4
1	90	120	60	180
2	140	180	130	100
3	100	130	120	140

試問應如何運送方能使總運輸成本爲最少?

18. 金生公司需要50部新機器。機器有兩年的經濟壽命，能够每部以$4,500購得或者以每年支付$2,800租得。已購買的機器在兩年後，沒有殘餘價值。公司有 $100,000 的未動用基金可在第 1 年初用來購買或租借機器。公司每年可獲得利率 10%的貸款額 $200,000，根據貸款規定金生公司每年年底必須償付借款額及利息。假設每部機器每年可獲利 $3,000， 第 1 年盈餘可被用來做租借費用和第 2 年初償付債款。公司要使能用 2 年期間的50部機器的總成本爲最小。

19. 木生煉油廠欲將 4 種不同成分的原料拌入A、B、C三級汽油產品，則應

採用何種組合才能使利潤獲得極大，其有關資料如下:

成　分	可供使用量（桶）	每桶成本
1	3,000	3
2	2,000	6
3	4,000	4
4	1,000	5

各級汽油成分規格及其售價如下:

汽　油	規　　格	每桶售價
A	成分 1 不得超過30%	$5.50
	成分 2 不得少於40%	
	成分 3 不得超過50%	
B	成分 1 不得超過50%	$4.50
	成分 2 不得少於10%	
C	成分 1 不得超過70%	$3.50

試建立線性規劃數學模式。

20. 木生化工廠用二種原料甲、乙溶液配成二種產品 *A*、*B*，其規格及利益如下:

*A*產品規格含甲成分不得大於全量的80%　價格 5 元

*B*產品規格含甲成分不得大於全量的60%　價格 6 元

原料來源及成本各爲

原　料	來　　源	成　本
甲	每天最多可供30公斤	2 元/公斤
乙	每天最多可供40公斤	3 元/公斤

若其配合爲線性，則該工廠應如何分配生產，以得最大利益?

21. 試以代數方法證明 $S=\{(x_1, x_2)\in R^2 | x_1+x_2\geq 1\}$ 爲一凸集合。

22. 火生電子廠生產兩型計時器：標準型和精準型，其淨利分別爲10和15元。該廠的生產能力每天總共至多生產50個，而且由於原料不足，4 種零件的庫存分別如下所示

零件	庫存	每個計時器所用零件數	
		標準型	精準型
a	220	4	2
b	160	2	4
c	370	2	10
d	300	5	6

試以繪圖法決定最佳淨利值。假若標準型計時器的淨利可變動，則在不改變原最佳淨利值的條件下，最多可變動多少元?

23. 丁老板的研究室有 5 個櫥櫃，12 張辦公桌和 12 個壁架有待清理。他雇用了兩位工讀生小陳和小玉。假設小玉每天能清理 1 個櫥櫃，3 張辦公桌和 3 個壁架，而小陳則能清理 1 個櫥櫃，2 張辦公桌和 6 個壁架，小陳每天工資22 元，小玉每天工資 25 元。在最節省經費的條件下 2 人各應雇用幾天?

24. 鈓生機械廠生產兩類汽車零件。該廠主要加工作業爲車削，鑽孔，以及磨光，每小時的生產能力如下表所示:

	零件 A	零件 B
車削能力	25	40
鑽孔能力	28	35
磨光能力	35	25

已知加工成本零件 A 每個 2 元，零件 B 每個 3 元，售價則分別爲 5 元及 6

元。三類機械的每小時營運成本分別爲 20 元， 14 元和 19.5 元，假設零件A和B的任何數量都可售出，試問應如何組合，方能使利潤爲最大?

25. 小販喬治推一輛手推車做小生意。他賣熱狗和汽水，他的車子可支撑 210 磅的重量，已知熱狗每條重 2 兩，汽水每瓶重 8 兩，依據經驗，他每天至少必須賣 60 瓶汽水和 80 條熱狗。另一方面，他也知道每賣 2 條熱狗，至少會賣出 1 瓶汽水。假設每條熱狗的利潤爲 0.08 元，汽水每瓶的利潤爲 0.04 元，試問他應賣多少汽水和熱狗方能使利潤爲極大?

26. 金生貿易公司有兩座倉庫 W_1，W_2 和三家門市部 O_1，O_2 和 O_3，由倉庫至門市部的單位運輸成本如下表所示

至 / 由	O_1	O_2	O_3	供應量
W_1	3	5	3	12
W_2	2	7	1	8
需求量	8	7	5	

假若倉庫的每日供應量和需求量如表所示，試問應如何運送能使運輸成本爲最低?（本題爲運輸問題，有特殊解法，請參閱專章討論）

27. 木生公司生產兩種吸塵器。標準型爲在新竹廠製造，每月產量 1,000架，豪華型爲在臺北廠製造，每月產量 850 架，公司的零件庫存足够供應生產標準型 1,175 架或豪華型 1,880 架。員工生產力可造 1,800 架標準型或 1,080 架豪華型。假若標準型每架可獲利 100 元，豪華型獲利 125 元，爲了獲得最大利潤，試問二者應各生產若干?

28. 水生出版社最近將出版一本新書，該書可以精裝或平裝出版。已知每本精裝本的淨利爲 4 元， 平裝本的淨利爲 3 元， 另外又知精裝一本費時 3 分鐘，平裝 2 分鐘，總裝訂時數爲 800 小時。依據過去經驗得知需求量爲精裝本至少10,000 本，平裝本至多 6,000 本，試問精裝與平裝各應多少本方能使利潤爲最大?

29. 嵐生公司生產 4 種產品，其中有 3 種資源的供應爲有限。每單位產品的相關資料如下表所示:

	產品				每月可用量
	A	*B*	*C*	*D*	
包裝人工（小時）	2	5	—	—	8,000小時
機械時間（小時）	4	1	—	—	4,000小時
專技人工（小時）	—	—	3	4	6,000小時
售　價（元）	25	27	25	24	
單位成本（元）	22	18	20	16	

試以圖解法決定各產品的產量，使利潤爲極大。

第六章　線性規劃（Ⅱ）

——單形法

6.1 緒　　言

上章所述圖形法固然是線性規劃一個有力的解題方法，可惜卻僅適用於二變數。事實上線性規劃所牽涉變數和限制條件式都相當多，因此必須使用圖解法之外的解法，最常見的是單形法。(simplex method)單形法是1947年由美國 George B Dantzig 教授首創，方法本身是一重覆的程序 (iterative procedure)，直到得出最佳解才停止。單形法的步驟對應於查驗線性規劃可行解凸集合的端點，當變數和限制條件多時，其端點必然也爲數可觀，若要列出所有端點座標，而後代入目標函數，取其使目標函數值爲極大（或極小）的端點爲最佳解，這種方式似不十分可行。單形法的基本原理爲首先選出一組可行解和一判斷準則，判斷目前的解是否爲最佳解，若不是，則設法取另一端點取代現有可行解中一點，使目標函數值增大（或減小），如此不斷進行，直至得出最佳解爲止。一般管理和工程問題的最佳化數學模型，都較複雜。雖然人們在數十年前對此就開始有研究，眞正的推廣應用，還是在電腦普及之後。

例如線性規劃的解決過程因本質上是一種反覆的性質，因此卽使是中型問題，往往都必須求助於電腦求解。本章將針對單形法做較詳盡的探討，並且以目前常見的電腦程式 LINDO 做一個說明和示範，LINDO

詳細的用法則請參閱其使用手册。

6.2 標準形式

在前節中我們曾指出線性規劃問題的可行解可於可行凸集合的端點找到，這類端點對應於基本可行解（basic feasible solution)。事實上，基本可行解爲一組線性方程式的解，本章的線性規劃中限制式卻大多爲不等式。因此有必要將不等式改寫爲方程式，所有限制條件爲方程式的線性規劃稱爲其標準式 (standard form)。

例如限制條件爲 $3x_1+2x_2-6x_3\geq35$ 改寫爲方程式時，可於左式減去一個惰變數 (slack variable) x_4，即 $3x_1+2x_2-6x_3-x_4=35$，$x_4\geq0$。又如限制條件爲$3x_1+12x_2-4x_3\leq29$ 改寫爲方程式時，可於左式加上一個剩餘變數(surplus variable) x_4，即$3x_1+12x_2-4x_3+x_4=29$，$x_4\geq0$。

例 6.1 改寫

$$
\begin{aligned}
\text{Max}\quad f&=4x_1+2x_2-x_3+5x_4\\
3x_1+x_2+3x_3+4x_4&\leq25\\
2x_1-5x_2+4x_3+2x_4&\geq15\\
x_1+2x_2+3x_3+x_4&=20\\
x_1,x_2,x_3,x_4&\geq0
\end{aligned}
$$

爲標準型式

解:

$$
\begin{aligned}
\text{Max}\quad f&=4x_1+2x_2-x_3+5x_4+0x_5+0x_6\\
3x_1+x_2+3x_3+4x_4+x_5&=25\\
2x_1-5x_2+4x_3+2x_4-x_6&=15\\
x_1+2x_2+3x_3+x_4&=20
\end{aligned}
$$

$$x_1, x_2, x_3, x_4, x_5, x_6 \geq 0$$

例 6.2　改寫

Max　$f=10x_1+9x_2$

限制式　$\frac{7}{10}x_1+x_2 \leq 630$

$$\frac{1}{2}x_1+\frac{5}{6}x_2 \leq 600$$

$$x_1+\frac{2}{3}x_2 \leq 708$$

$$\frac{1}{10}x_1+\frac{1}{4}x_2 \leq 135$$

$$x_1 \geq 100$$

$$x_2 \geq 100$$

$$x_1, x_2 \geq 0$$

為標準型式

解:

Max　$f=10x_1+9x_2+0x_3+0x_4+0x_5+0x_6+0x_7+0x_8$

限制式

$$\begin{aligned}
\frac{7}{10}x_1+x_2+x_3 &= 630\\
\frac{1}{2}x_1+\frac{5}{6}x_2+x_4 &= 600\\
x_1+\frac{2}{3}x_2+x_5 &= 708\\
\frac{1}{10}x_1+\frac{1}{4}x_2+x_6 &= 135\\
x_1-x_7 &= 100\\
x_2-x_8 &= 100
\end{aligned}$$

$$x_i \geq 0,\quad i=1, 2, 3, \cdots\cdots, 8$$

6.3 單形法

依據線性規劃的描述，可知限制式必爲不等式或等式，因此可行域必然形成凸集合。非極端點必可表爲端點的凸組合 (convex combination)。因此有下述定理:

定理 6.1 若一線性規劃問題有一可行解，則它有基本可行解。在早先章節中可見在二變數的線性規劃問題的圖形中有解出現於端點。下列定理描述端點的代數性質並再次肯定我們啟發式論點 (heuristic argument)。因此，我們確定不會有非端點解。

定理 6.2 可行域的端點集合對應於基本可行解集合。換句話說，端點爲基本可行解，反之亦然。

定理 6.3 若一最佳解存在（即爲有限値），則有一最佳端點解存在。

最後，由於端點個數爲有限，以及單形法僅考慮改進目前解的端點，因而有下述定理。

定理 6.4 除非是退化 (degeneracy) 狀況，否則單形法會在有限次數的反覆中停止，得出最佳端點解或得出目標函數爲無限値，或者原始問題無可行解的結論。

上述定理說明了爲什麼單形法爲線性規劃問題的解題程序。同時讓我們安心地將注意力集中於基本可行解，並且確信可在數次重覆後，終止計算。

6.3.1 單形法的表列計算

爲了便利線性規劃問題的計算，一般的做法是將其以圖 6.1(a) 的表列 (tableau) 方式表示，並以圖 6.1 (b) 的方式進行計算。

		目標函數列							
i	c_B　x_B	x_1	x_2	x_3	……	x_{n-1}	x_n	b_i	θ_i
1 2 ⋮ m	目前的基本變數和利潤			替代係數				目前的解的變數值	那一目前變數退出解
	f_j	淨利潤計算						目標函數的值	
	c_j-f_j								

圖 6.1(a)　單形表列的基本結構

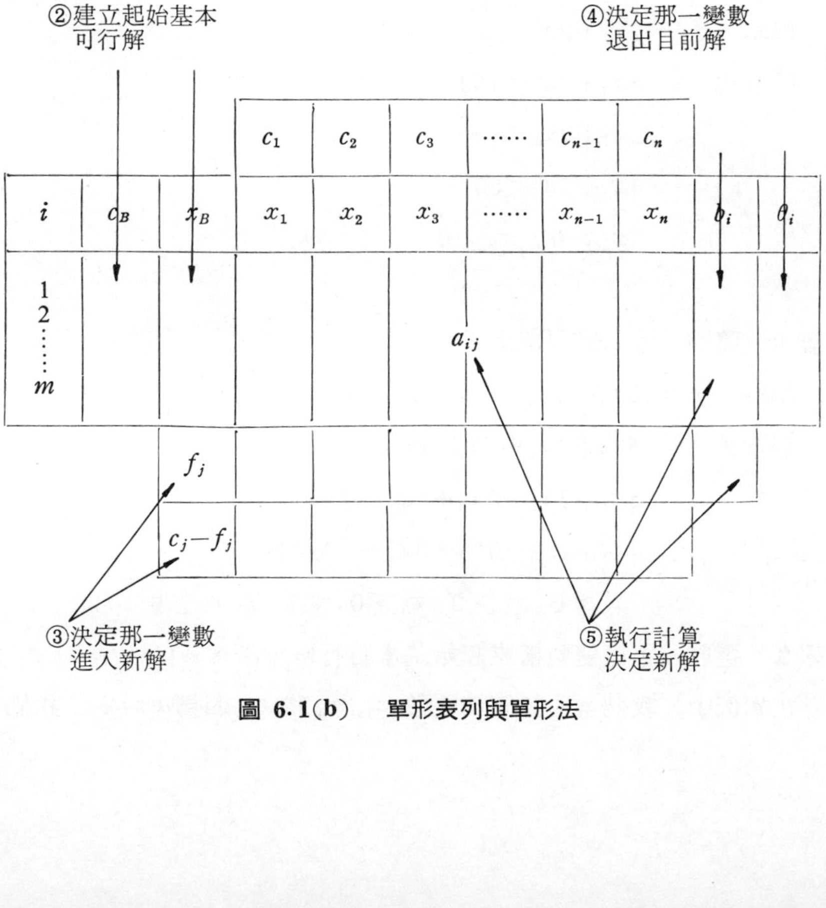

圖 6.1(b)　單形表列與單形法

(1) 起始步驟: 構建一組起始可行解，通常爲利用閒置變數，假若沒有閒置變數或其個數不足，則可引進人工變數(artificial variable)，然後利用大M法 (big M method) 或二階段法 (two-phase method) 解題。

(2) 反覆步驟: 在本步驟應考量如下三大問題

問題1: 進入基底的變數的選取準則爲何

問題2: 如何辨認現行基底中那一個變數應退出

問題3: 如何能最爲便利地辨認新基本可行解

(3) 最佳性檢定

單形法的整個求解程序如圖 6-2 流程圖所示:

現在以一個例子示範如何利用上示表列進行運算。

例 6.3

Max $f=12x_1+8x_2$

限制式 $5x_1+2x_2\leq 150$

$2x_1+3x_2\leq 100$

$4x_1+2x_2\leq 80$

$x_1\geq 0$，$x_2\geq 0$

解:

步驟 1 將問題改寫成標準形式

Max $f=12x_1+8x_2+0x_3+0x_4+0x_5$

限制式 $5x_1+2x_2+x_3+0x_4+0x_5=150$

$2x_1+3x_2+0x_3+x_4+0x_5=100$

$4x_1+2x_2+0x_3+0x_4+x_5=80$

$x_1\geq 0, x_2\geq 0, x_3\geq 0, x_4\geq 0, x_5\geq 0$

步驟 2 選取一組以變數構成起始基本可行解

在本例中，我們選取三個惰變數 x_3、x_4 和 x_5，因爲 $m=3$。我們可

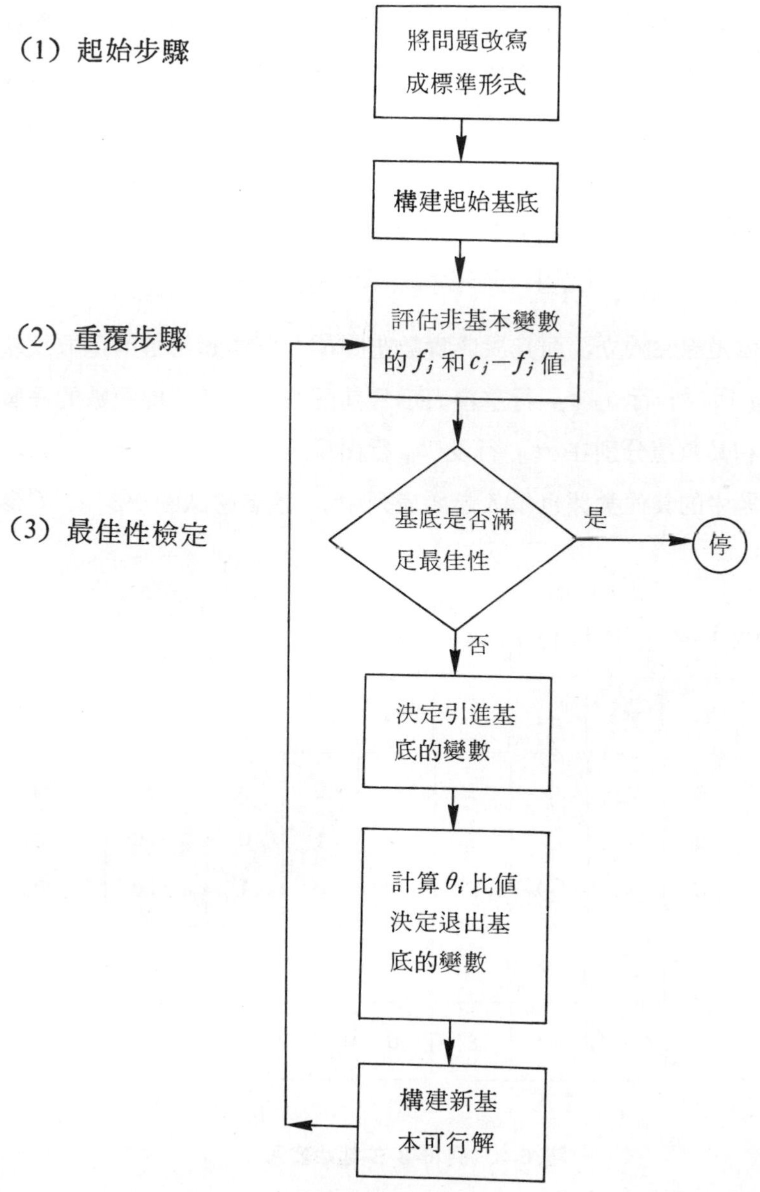
(1) 起始步驟
(2) 重覆步驟
(3) 最佳性檢定
將問題改寫成標準形式
構建起始基底
評估非基本變數的 f_j 和 c_j-f_j 值
基底是否滿足最佳性
是
停
否
決定引進基底的變數
計算 θ_i 比值決定退出基底的變數
構建新基本可行解

圖 6.2　單形法求解程序

以直接決定他們的值，由於所剩的兩個變數（x_1與x_2）都是非基本解，所以每個的值為零。因此，$x_3=150$，$x_4=100$ 和 $x_5=80$。每當有一個惰變數在標準形中出現，它們都會出現於起始解中。

讀者請注意，三個惰變數構成一個基底，因為它們的行分別是

$$\begin{bmatrix}1\\0\\0\end{bmatrix},\begin{bmatrix}0\\1\\0\end{bmatrix},\begin{bmatrix}0\\0\\1\end{bmatrix}$$

不但是線性獨立，而且展成實數空間R^3。這個起始解的選取反映於 c_B，x_B 與 b_i 行。c_B 行重覆表示目前解的變數在目標函數的係數解的變數和其數值分別在 x_B 行及 b_i 行出現。

問題中的其他數據也填入起始表列中，讀者應試圖辨認。（參閱圖 6.3）

		Maximize c_j	12	8	0	0	0			
i	c_B	x_B	x_1	x_2	x_3	x_4	x_5	b_i	θ_i	
1	0	x_3	5	2	1	0	0	150	30	
2	0	x_4	2	3	0	1	0	100	50	
3	0	x_5	④	2	0	0	1	80	20	出→
		f_j	0	0	0	0	0	0		
		c_j-f_j	12	8	0	0	0			
			↑入							

圖 6.3 例 6.3 的起始表列

步驟 3 在 f_j 列和 c_j-f_j 列完成評估所有非基本變數的工作

設變數 x_j 並非在現行解中，則 f_j 為產生 1 單位 x_j 的機會成本，

其值爲 $\sum_{i=1}^{m} c_{Bi}a_{ij}$，其中 c_{Bi} 爲第 i 列的目標函數係數。a_{ij} 爲替代係數。因此，a_{ij} 爲交換產生 1 單位 x_j 的第一個基本變數的數量。這個數量的值爲 c_1a_{1j}。所以，我們看到 f_j 的計算實際上涉及必須產生 1 單位 x_j 的所有利潤的值。由於 c_j 爲每單位 x_j 的利潤，產生 1 單位 x_j 在目標函數的淨改變爲 c_j-f_j。對於求極大的問題，有最大正 c_j-f_j 的變數將是進入變數（爲什麼?），而對求極小的問題，最小的負 c_j-f_j 將進入解中。倘若在求極大問題中沒有正 c_j-f_j，則目前的基本解就已是最佳解。相對應對進入解的非基本變數的行稱爲樞轉行（pivot column），並以寫上「入」的箭頭指示。

例 6.3 的起始解的 f_j 和 c_j-f_j 的計算結果如圖 6.4 所示。在 x_1 行，5 表示必須 5 單位 x_3 才能交換生產 1 單位 x_1（爲什麼?），答案在表列的第一列。因單形表列主體中的每一列都代表一方程式，所以第一列就是

$$5x_1+2x_2+x_3+0x_4+0x_5=150$$

或 $$x_3=150-5x_1-2x_2$$

我們可見每增加一個單位 x_1，必須減少 5 單位 x_3。因爲 x_3 爲一惰變數，因此這些單位的值是 $5\times 0=0$。同樣，2 表示生產 1 單位 x_1 需要 2 單位 x_4 交換。因爲

$$2x_1+3x_2+0x_3+x_4+0x_5=100$$

$$x_4=100-2x_1-3x_2$$

這些單位的值又是 $2\times\$0=\$0$。最後，生產 1 單位 x_1 需要交換 4 單位的 x_5（人工小時），價值爲 $4\times\$0=\$0$。因此

$$f_1=\$0\times 5+\$0\times 2+\$0\times 4=\$0$$

同理 $$f_2=\$0\times 2+\$0\times 3+\$0\times 2=\$0$$

基本變數的 f_j 的計算很容易，因爲每一行只包含一個正值 1。b_i

行的 f_j 的計算給出目標函數的現值（為何?），在本例中，

$$f = \$0\times150+\$0\times100+\$0\times80=\$0$$

c_j-f_j 列的計算只不過是由該行的 c_j 值減去 f_j 值。因此，$c_1-f_1=\$12-\$0=\$12$ 和 $c_2-f_2=\$8-\$0=\$8$。這些數字表示每生產 1 單位 x_1 可使目標函數增加 12 元，而每生產 1 單位 x_2 則可使目標函數增加 8 元。讀者請注意，c_j-f_j 的值會在解題過程中改變。由於生產 x_1 的利潤大於生產 x_2，因此 x_1 應進入基底。這是以箭頭在 x_1 行下標示。這個行稱為樞轉行。

c_j-f_j 的值稱為降低的成本 (reduced costs) 只對非基本變數有意義。這是由於對基本變數來說，$f_j=1\times c_j=c_j$，因此 $c_j-f_j=c_j-c_j=0$。從實務上說，降低的成本為以現行解（基底）來評估，也就是說，每一降低的成本給出相對於現行解之下，該變數對目標函數的淨影響。因此，現行解相對於本身必然有零淨影響。

步驟 4　假設變數 x_{j*} 已被選取為進入變數。由於我們知道該變數對目標函數有最大的單位淨改進，我們希望使 x_{j*} 在下一個（新）解的值越大越好。基本變數 b_i 相對應於樞轉行的係數 a_{ij*} 的比值指出 x_{j*} 的大小。我們只考量 a_{ij*} 為正的情形，$i=1, 2, \cdots\cdots, m$。

事實上，

$$x_{j*}=\text{Min}\frac{b_i}{a_{ij*}}=\text{Min }\theta_i$$

請注意，每一個 a_{ij*} 告訴我們必須使用多少單位的基本變數 x_{Bi} 才能生產 1 單位 x_{j*}。由於在現行解中有 b_i 單位的 x_{Bi}，因此比值

$$\theta_i=\frac{b_i}{a_{ij*}}$$

告訴我們至多可生產若干單位 x_{j*}。當 $a_{ij*}=0$，生產 x_{j*} 不影響 x_{Bi}，而若 $a_{ij*}<0$，則生產 x_{j*} 實際上會增加 x_{Bi} 的值，因為資源

的重新配置。因此，我們只考量 $a_{ij*}>0$ 的情況。當選取極小比值，我們可確保在新解中不致有任何變數成負值。這樣才不致違反線性規劃有非負性的限制。

給出極小比值 θ_i 的元素 a_{ij*} 稱爲樞轉元素（pivot element），以圓圈標示。現行解中的第 i 列的基本變數將由新解中退出而成爲非基本變數，第 i 列稱爲樞轉列（pivot row）。

如果用數學術語來說，這時只不過進行一次基底改變。新基本變數的選取是想改進目標函數的值。

現在再次考慮圖 6.3，我們知道 x_1 爲進入變數；因此我們必須計算 θ_i 行，以決定那一個基本變數必須由基底中退出

$$\theta_1=\frac{b_1}{a_{11}}=\frac{150}{5}=30$$

$$\theta_2=\frac{b_2}{a_{21}}=\frac{100}{2}=50$$

$$\theta_3=\frac{b_3}{a_{31}}=\frac{80}{4}=20$$

最小比值爲 20，因此 x_5 必須由基底中退出，而被 x_1 所取代。另外，x_1 在新解中的值將是 θ_3 的值20(爲何?）。x_5 列爲樞轉列，而元素 $a_{31}=4$ 爲樞轉元素（請參閱圖 6.3)。

步驟 5 以樞轉（pivoting）作業進行基底改變。這項運算涉及一連串列運算以便在除了樞轉列之外的所有其他列中消去 x_{j*}。這計算的結果展示於單形法的新表列中。

爲了完成樞轉作業，應執行下列運算。首先，將樞轉列中每一元素以樞轉元素除之。這將使變數 x_{j*} 在該列有係數 1。

在例 6.4 中，x_{j*} 列爲舊 x_5 列除以樞轉元素（4)。

	$a_{3,1}$	$a_{3,2}$	$a_{3,3}$	$a_{3,4}$	$a_{3,5}$	b_3
舊 x_5 列	4	2	0	0	1	80
新 x_5 列	1	$\frac{1}{2}$	0	0	$\frac{1}{4}$	20

其次，執行列運算，由所有其他列中消去 x_{j^*}。在例 6.4 中，我們執行如下列運算

新第一列＝舊第一列－(5 ×x_1 列)

	$a_{1,1}$	$a_{1,2}$	$a_{1,3}$	$a_{1,4}$	$a_{1,5}$	b_1
舊第一列	5	2	1	0	0	150
－(5×x_1列)	－5	$-\frac{5}{2}$	0	0	$-\frac{5}{4}$	－100
新第一列	0	$-\frac{1}{2}$	1	0	$-\frac{5}{4}$	50

新第二列（x_4 列）的計算如下:

新第二列＝舊第二列－(2 ×x_4 列)

	$a_{2,1}$	$a_{2,2}$	$a_{2,3}$	$a_{2,4}$	$a_{2,5}$	b_2
舊第二列	2	3	0	1	0	100
－(2×x_4列)	－2	－1	0	0	$-\frac{1}{2}$	－40
新第二列	0	2	0	1	$-\frac{1}{2}$	60

這些結果如圖 6.4 所示。請注意，列運算的結果能使我們直接由 b_i 行中讀出現行基本變數的值。例如圖中 x_1 列告訴我們

$$x_1+\frac{1}{2}x_2+\frac{1}{4}x_5=20$$

同時，因爲 x_2 和 x_4 爲非基本變數，其值爲零，因此 $x_1=20$ 爲該方

程式的解

同理，x_3 列告訴我們

$$-\frac{1}{2}x_2+x_3-\frac{5}{4}x_5=50，\text{而得}\ x_3=50$$

最後，x_4 列給出

$$2x_2+x_4-\frac{1}{2}x_5=60，\text{而得}\ x_4=60$$

		Maximize	12	8	0	0	0		
i	c_B	x_B	x_1	x_2	x_3	x_4	x_5	b_i	θ_i
1	0	x_3	0	$-\frac{1}{2}$	1	0	$-\frac{5}{4}$	50	—
2	0	x_4	0	②	0	1	$-\frac{1}{2}$	60	30 →出
3	12	x_1	1	$\frac{1}{2}$	0	0	$\frac{1}{4}$	20	40
		f_j	12	6	0	0	3	240	
		c_j-f_j	0	2	0	0	-3		
				入↑					

圖 6.4　例 6.3 的第二表列

列運算的執行可讓我們直接讀出基本變數，當以樞轉維持本性質時，我們總是實施列運算。

步驟 6　單形程序重覆時，表示 f_j 和 c_j-f_j 列必須計算。由於 x_1，x_3 和 x_4 爲基本變數，其 f_j 值只是等於他們的目標函數係數 c_j，因此他們的 c_j-f_j 值都是零。非基本變數爲 x_2 和 x_4。

對 x_2 來說，

$$f_2=0\times\left(-\frac{1}{2}\right)+0\times 2+12\times\frac{1}{2}=6$$

因此

$$c_2-f_2=8-6=2>0$$

而 $$f_5=0\times\left(-\frac{5}{4}\right)+0\times\left(-\frac{1}{2}\right)+12\times\frac{1}{4}=3$$

因此 $c_5-f_5=0-3=-3<0$

由於 c_2-f_2 爲正，因此如果將 x_2 引入基底，則目標函數將可比目前增加 240 元。所以 x_2 行成爲樞轉行。

步驟 7 我們必須計算 θ_i 比值，以便決定基本變數必須退出基底

θ_1＝不可計算，因爲 $a_{12}<0$

$$\theta_2=\frac{b_2}{a_{22}}=\frac{60}{2}=30$$

$$\theta_3=\frac{b_3}{a_{32}}=\frac{20}{\frac{1}{2}}=40$$

最小比值爲 $\theta_2=30$，因此 x_2 必須自基底中退出而以 x_2 取代。第二列爲樞轉列，同時 $a_{22}=2$ 爲樞轉元素。

在此順便探討爲何 θ_1 無法計算。因爲相對於 x_3 列的方程式爲

$$-\frac{1}{2}x_2+x_3-\frac{5}{4}x_5=50$$

或 $$x_3=50+\frac{1}{2}x_2+\frac{5}{4}x_5$$

由於 x_5 並非基本變數，即 $x_5=0$，所以上式成爲

$$x_3=50+\frac{1}{2}x_2$$

也就是說，當 x_2 增大，x_3 也隨之增大，即 x_2 和 x_3 無法互易。

步驟 8 執行樞轉運算，由第一列及第三列中消除 x_2，並使第二列僅餘 x_2。

首先，將第二列被樞轉元素除

	$a_{2,1}$	$a_{2,2}$	$a_{2,3}$	$a_{2,4}$	$a_{2,5}$	b_2
舊第二列	0	2	0	1	$-\frac{1}{2}$	60
新第二列	0	1	0	$\frac{1}{2}$	$-\frac{1}{4}$	30

其次，執行列運算，由其他各列消除 x_2

$$新第一列=舊第一列-\left(-\frac{1}{2}\right)\times x_2\ 列$$

$$=舊第一列+\frac{1}{2}\times x_2\ 列$$

	$a_{1,1}$	$a_{1,2}$	$a_{1,3}$	$a_{1,4}$	$a_{1,5}$	b_1
舊第一列	0	$-\frac{1}{2}$	1	0		50
$+\frac{1}{2}\times x_2$列	0	$\frac{1}{2}$	0	$\frac{1}{4}$	$-\frac{1}{8}$	15
新第一列	0	0	1	$\frac{1}{4}$	$-\frac{11}{8}$	65

$$新第三列=舊第三列-\frac{1}{2}\times x_2\ 列$$

	$a_{3,1}$	$a_{3,2}$	$a_{3,3}$	$a_{3,4}$	$a_{3,5}$	b_3
舊第三列	1	$\frac{1}{2}$	0	0	$\frac{1}{4}$	20
$-\frac{1}{2}\times x_2$列	0	$-\frac{1}{2}$	0	$-\frac{1}{4}$	$\frac{1}{8}$	−15
新第三列	1	0	0	$-\frac{1}{4}$	$\frac{3}{8}$	5

經由上述計算得到如下結果

		Maximize	12	8	0	0	0		
i	c_B	x_B	x_1	x_2	x_3	x_4	x_5	b_i	θ_i
1	0	x_3	0	0	1	$\frac{1}{4}$	$-\frac{11}{8}$	65	
2	8	x_2	0	1	0	$\frac{1}{2}$	$-\frac{1}{4}$	30	
3	12	x_1	1	0	0	$-\frac{1}{4}$	$\frac{3}{8}$	5	
		f_j	12	8	0	1	$\frac{5}{2}$	300	
		c_j-f_j	0	0	0	-1	$-\frac{5}{2}$		

圖 6.5 例 6.3 的第三表列

步驟 9 我們必須再次評估非基本變數，這次是 x_4 和 x_5

$$f_4=\$0\times\frac{1}{4}+\$8\times\frac{1}{2}+\$12\times\left(-\frac{1}{4}\right)$$

$$=\$0+\$4-\$3=\$1$$

因此 $c_4-f_4=\$0-\$1=-\$1$

$$f_5=\$0\times\left(-\frac{11}{8}\right)+\$8\times\left(-\frac{1}{4}\right)+\$12\times\frac{3}{8}$$

$$=\$0-\$2+\$4.50=\$2.50$$

因此 $c_5-z_5=\$0-\$2.50=-\$2.50$

由於對 x_4 和 x_5 而言，$c_i-f_i<0$，因此目前的解已是最佳解。各變數的最佳值分別爲

$$x_1^*=5 \qquad x_4^*=0$$

$$x_2^*=30 \qquad x_5^*=0$$

$$x_3^*=65 \qquad f^*=\$300$$

如果將上述結果與例 6.7 的結果相比，可知應用單形法所得解與早

先圖解法的解相同。單形法需要兩次反覆。相對應對單形法所產生的表列的端點分別如下所示（請參閱圖 5.9）

第一表列	O（原點）
第二表列	C
第三表列	A

6.3.2　起始基本解的產生（大M法）

在上節中，本書曾經提及，我們總是可用惰變數構成起始基本解。然而，萬一沒有惰變數或惰變數的個數不够構成一基底，這時應如何解決呢？我們以下例來說明：

例 6.4　試求

$$\text{Max}\quad f=4x_1+2x_2-x_3+5x_4$$

$$\text{限制式}\quad 3x_1+x_2+2x_3+4x_4\leq 25$$

$$2x_1-x_2+x_3+2x_4\geq 15$$

$$x_1+2x_2+3x_3+x_4=20$$

$$x_1\geq 0,\ x_2\geq 0,\ x_3\geq 0,\ x_4\geq 0$$

解:　首先改寫成標準形式如下

$$\text{Max}\quad f=4x_1+2x_2-x_3+5x_4+0x_5+0x_6 \tag{6.1}$$

$$\text{限制式}\quad 3x_1+x_2+2x_3+4x_4+x_5=25 \tag{6.2}$$

$$2x_1-x_2+x_3+2x_4-x_6=15 \tag{6.3}$$

$$x_1+2x_2+3x_3+x_4=20 \tag{6.4}$$

$$x_1,\cdots\cdots,x_6\geq 0$$

一般而言，我們並不使用任何決策變數於起始基底。在本例中，x_1, x_2, x_3 和 x_4 都是非基本變數，只有一個惰變數 x_5 可用。因此 $x_5=25$。但是人工變數 x_6 無法用於起始基底。因爲 x_1, x_2, x_3 和 x_4 都是 0，如果我們使用 x_6，則得

$-x_6=15$ 或 $x_6=-15$

這個結果違反非負性。

爲了解決這個問題， 本題應引入人工變數 (artificial variable) x_7。(6.3) 式變爲

$$2x_1-x_2+x_3+2x_4-x_6+x_7=15 \tag{6.3'}$$

因此可用 x_7 於起始基底，$x_7=15$

對於 (6.4) 式也是類似問題，應引進人工變數 x_8

$$x_1+2x_2+3x_3+x_4+x_8=20 \tag{6.4'}$$

那麼我們應如何決定人工變數在目標函數的係數呢? 我們對惰變數和剩餘變數的意義都有合理的解釋，但是對於人工變數卻不是如此。另一方面，當達成最佳性時，所有的人工變數必須都是 0，否則原有限制條件無法滿足。例如，設 (6.4′) 式中 $x_8=1$，則

$$x_1+2x_2+3x_3+x_4=19$$

當然無法滿足 (6.4) 式。 爲了使所有人工變數在最終表列中強迫等於 0，則這些變數必須指派其成本爲無限大。但是由於無限大的概念不易使用， 因而改爲採用一個很大的數 M 在目標函數中做爲人工變數的係數，$M\gg 0$（讀爲「M比 0 大很多」）。由於在極大化問題中，利潤爲正號，而成本爲負號。因此，所有人工變數的係數都是$-M$。在極小化問題，則正好完全相反。

因此，本例應改寫成爲

$$\text{Max}\quad f=4x_1+2x_2-x_3+5x_4+0x_5+0x_6-Mx_7-Mx_8$$

$$\begin{aligned}\text{限制式}\quad 3x_1+x_2-2x_3+4x_4+x_5 &=25\\ 2x_1-x_2+x_3+2x_4-x_6+x_7 &=15\\ x_1+2x_2+3x_3+x_4+x_8 &=20\\ x_1,\cdots\cdots,x_8 &\geq 0\end{aligned}$$

起始基底包括惰變數 x_5 和人工變數 x_7 與 x_8。起始表列如圖 6.6

所示。

		Maximize	4	2	−1	5	0	0	$-M$	$-M$	
i	c_B	x_B	x_1	x_2	x_3	x_4	x_5	x_6	x_7	x_8	b_i
1	0	x_5	3	1	−2	4	1	0	0	0	25
2	$-M$	x_7	2	−1	1	2	0	−1	1	0	15
3	$-M$	x_8	1	2	3	1	0	0	0	1	20
		f_j	$-3M$	$-M$	$-4M$	$-3M$	0	M	$-M$	$-M$	$-35M$
		c_j-f_j	$4+3M$	$2+M$	$4M-1$	$5+3M$	0	$-M$	0	0	

圖 6.6　例 6.4 的起始表列

請注意，上圖中的 f_j 列和 c_j-f_j 列需要多次反覆。本節將以另一個較單純問題爲例示範整個計算過程，並指出如何解說其結論。

總括以上敍述，可得如下兩大要點

（1）若一惰變數出現於標準形式的方程式中，則它可用於起始基底。

（2）萬一沒有惰變數出現，則應增設人工變數，以便構築起始基底。在求極大問題中，人工變數在目標函數的係數爲 $-M$，而在求極小問題中則係數爲 $+M$。這個方法稱爲大M法。另一個求起始基底的方法稱爲二階段法，將於 6.6 節中解說。

例 6.5　試解下面求極大問題

Max　$f=4x_1+5x_2$

限制式　$5x_1+4x_2\leq 200$

$3x_1+6x_2=180$

$8x_1+5x_2\geq 160$

$x_1, x_2\geq 0$

解:

步驟 1 首先將問題改寫成標準形式

$$\text{Max} \quad f=4x_1+5x_2+0x_3+0x_4$$

$$\begin{aligned} \text{限制式} \quad & 5x_1+4x_2+x_3 = 200 \\ & 3x_1+6x_2 = 180 \\ & 8x_1+5x_2 - x_4 = 160 \\ & x_1, x_2, x_3, x_4 \geq 0 \end{aligned}$$

步驟 2 其次於第二式和第三式中增列人工變數 x_5 和 x_6，以構築起始基底

$$\text{Max} \quad f=4x_1+5x_2+0x_3+0x_4-Mx_5-Mx_6$$

$$\begin{aligned} \text{限制式} \quad & 5x_1+4x_2+x_3 = 200 \\ & 3x_1+6x_2 + x_5 = 180 \\ & 8x_1+5x_2 - x_4 + x_6 = 160 \\ & x_1, \cdots\cdots, x_6 \geq 0 \end{aligned}$$

起始基底包括 x_3, x_5 和 x_6，其值分別爲 200，180 和 160。起始表列如下圖所示。

本組解並非原題的最佳解，因爲目標函數的值爲 $-340M$。

步驟 3 變數 x_1, x_2 和 x_4 並非基本變數，必須評估各 f_i 及 c_j-f_j

$$f_1=\$0\times 5+(-\$M)\times 3+(-\$M)\times 8=-\$11M$$

$$c_1-f_1=\$4+\$11M$$

$$f_2=\$0\times 4+(-\$M)\times 6+(-\$M)\times 5=-\$11M$$

$$c_2-f_2=\$5+\$11M$$

$$f_4=\$0\times 0+\$0\times 0+(-\$M)\times -1=\$M$$

$$c_4-f_4=-\$M$$

由上述計算中可知將 x_2 引入基底，將可使目標函數增大最多。

Maximize			4	5	0	0	$-M$	$-M$			
i	c_B	x_B	x_1	x_2	x_3	x_4	x_5	x_6	b_i	θ_i	
1	0	x_3	5	4	1	0	0	0	200	50	
2	$-M$	x_5	3	⑥	0	0	1	0	180	30	出 →
3	$-M$	x_6	8	5	0	-1	0	1	160	32	
		f_j	$-11M$	$-11M$	0	$+M$	$-M$	$-M$	$-340M$		
		c_j-f_j	$4+11M$	$5+11M$	0	M	0	0			
				入↑							

圖 6.7 例 6.5 的起始表列

步驟 4 由 θ_i 比例計算，以決定那一個變數應退出基底

$$\theta_1=\frac{b_1}{a_{1,2}}=\frac{200}{4}=50$$

$$\theta_2=\frac{b_2}{a_{2,2}}=\frac{180}{6}=30$$

$$\theta_3=\frac{b_3}{a_{3,2}}=\frac{160}{5}=32$$

因 $\theta_2=30$ 爲最小，所以 x_5 應退出基底。第二列爲樞轉列，而 $a_{22}=6$ 爲樞轉元素。

步驟 5 爲了執行樞轉，首先將樞轉列以 6 除之。其次，進行如下表所示計算

	$a_{2,1}$	$a_{2,2}$	$a_{2,3}$	$a_{2,4}$	$a_{2,5}$	$a_{2,6}$	b_2
舊二列	3	6	0	0	1	0	180
新二列	$\frac{1}{2}$	1	0	0	$\frac{1}{6}$	0	30

表 6.1

新 x_3 列＝舊 x_3 列－4 ×x_2 列	新 x_6 列＝舊 x_6 列－5 ×x_2 列
$5-4\times\frac{1}{2}=3$	$8-5\times\frac{1}{2}=\frac{11}{2}$
$4-4\times1=0$	$5-5\times1=0$
$1-4\times0=1$	$0-5\times0=0$
$0-4\times0=0$	$-1-5\times0=-1$
$0-4\times\frac{1}{6}=-\frac{2}{3}$	$0-5\times\frac{1}{6}=-\frac{5}{6}$
$0-4\times0=0$	$1-5\times0=1$
$200-4\times30=80$	$160-5\times30=10$

		Maximize	4	5	0	0	$-M$	$-M$		
i	c_B	x_B	x_1	x_2	x_3	x_4	x_5	x_6	b_i	θ_i
1	0	x_3	3	0	1	0	$-\frac{2}{3}$	0	80	$\frac{80}{3}$
2	5	x_2	$\frac{1}{2}$	1	0	0	$\frac{1}{6}$	0	30	60
3	$-M$	x_6	($\frac{11}{2}$)	0	0	-1	$-\frac{5}{6}$	1	10	$\frac{20}{11}$ 出→
		f_j	$\frac{5-11M}{2}$	5	0	$+M$	$\frac{5+5M}{6}$	$-M$	$150-10M$	
		c_j-f_j	$\frac{3+11M}{2}$	0	0	$-M$	$\frac{-5-11M}{6}$	0		
			↑入							

圖 6.8 例 6.5 的第二表列

步驟 3　變數 x_1, x_4 和 x_5 爲非基本變數，必須接受評估

$$c_1-f_1=\$4-\left(\$0\times 3+\$5\times\frac{1}{2}+(-\$M)\times\frac{1}{2}\right)=\$1.50+\$5.50M$$

$$c_4-f_4=\$0-\left(\$0\times 0+\$5\times 0+(-\$M)\times(-1)\right)=-\$M$$

$$c_5-f_5=(-\$M)-\left(\$0\times(-\frac{2}{3})+\$5\times\frac{1}{6}+(-\$M)\times(-\frac{5}{6})\right)$$

$$=-\$0.83-\$1.83M$$

因此　x_1 應進入基底

步驟 4　計算 θ_i 比值

$$\theta_1=\frac{b_1}{a_{1,1}}=\frac{80}{3}=26\frac{2}{3}$$

$$\theta_2=\frac{b_2}{a_{2,3}}=\frac{30}{\frac{1}{2}}=60$$

$$\theta_3=\frac{b_3}{a_{3,1}}=\frac{10}{\frac{11}{2}}=\frac{20}{11}=1\frac{9}{11}$$

$\theta_3=\frac{20}{11}$爲最小，因此x_6退出基底，等三列爲樞轉列，同時 $a_{31}=\frac{11}{2}$爲樞轉元素。

步驟 5　將樞轉列各數除以$\frac{11}{2}$，並進行如下表的運算

	$a_{3,1}$	$a_{3,2}$	$a_{3,3}$	$a_{3,4}$	$a_{3,5}$	$a_{3,6}$	b_3
舊列	$\frac{11}{2}$	0	0	-1	$-\frac{5}{6}$	1	10
新列	1	0	0	$-\frac{2}{11}$	$-\frac{5}{33}$	$\frac{2}{11}$	$\frac{20}{11}$

表 6.2

新 x_3 列＝舊 x_3 列－ 3 ×x_1 列	新 x_2 列＝舊 x_2 列－$\frac{1}{2}$×x_1 列
$3-3\times\ 1=0$	$\frac{1}{2}-\frac{1}{2}\times\ 1=0$
$0-3\times\ 0=0$	$1-\frac{1}{2}\times\ 0=1$
$1-3\times\ 0=1$	$0-\frac{1}{2}\times\ 0=0$
$0-3\times-\frac{2}{11}=\frac{6}{11}$	$0-\frac{1}{2}\times-\frac{2}{11}=\frac{1}{11}$
$-\frac{2}{3}-3\times-\frac{5}{33}=-\frac{7}{33}$	$\frac{1}{6}-\frac{1}{2}\times-\frac{5}{33}=\frac{8}{33}$
$0-3\times\ \frac{2}{11}=-\frac{6}{11}$	$0-\frac{1}{2}\times\ \frac{2}{11}=-\frac{1}{11}$
$80-3\times\ \frac{21}{11}=\frac{820}{11}$	$30-\frac{1}{2}\times\ \frac{20}{11}=\frac{320}{11}$

Maximize			4	5	0	0	$-M$	$-M$			
i	c_B	x_B	x_1	x_2	x_3	x_4	x_5	x_6	b_i	θ_i	
1	0	x_3	0	0	1	($\frac{6}{11}$)	$-\frac{7}{33}$	$-\frac{6}{11}$	$\frac{820}{11}$	$\frac{410}{3}$	出 →
2	5	x_2	0	1	0	$\frac{1}{11}$	$\frac{8}{33}$	$-\frac{1}{11}$	$\frac{320}{11}$	320	
3	4	x_1	1	0	0	$-\frac{2}{11}$	$-\frac{5}{33}$	$\frac{2}{11}$	$\frac{20}{11}$	—	
		f_j	4	5	0	$-\frac{3}{11}$	$\frac{20}{33}$	$\frac{3}{11}$	$\frac{1680}{11}$		
		c_j-f_j	0	0 M	0	$\frac{3}{11}$	$-\frac{20}{30}-M$	$-\frac{3}{11}-M$			
						↑入					

圖 6.9 例 6.5 的第三表列

新的表列如圖 6.9 所示。由於兩個人工變數都已不在基底，因此新基底對原題已為可行解。

步驟 3　評估各非基本變數得知 x_4 應進入基底。到如今，我們發現有如下結果：人工變數一旦離開基底，它必將不再回來（為何?），所以我們不必留意 x_5 或 x_6 行，因此在下一表列中將不再將它們表出。

步驟 4　計算 θ_i 比值

$$\theta_1=\frac{b_1}{a_{1,4}}=\frac{\frac{820}{11}}{\frac{6}{11}}=\frac{820}{6}=136\frac{2}{3}$$

$$\theta_2=\frac{b_2}{a_{2,4}}=\frac{\frac{320}{11}}{\frac{1}{11}}=320$$

由於 $a_{34}<0$，因此不計算 θ_3。最小比值為 $\theta_1=136\frac{2}{3}$，因此 x_3 退出基底，第一列為樞轉列，同時 $a_{14}=\frac{6}{11}$為樞轉元素。

步驟 5　再次進行樞轉作業，樞轉列各數除以$\frac{6}{11}$

	$a_{1,1}$	$a_{1,2}$	$a_{1,3}$	$a_{1,4}$	b_1
舊（x_3）列	0	0	1	$\frac{6}{11}$	$\frac{820}{11}$
新（x_4）列	0	0	$\frac{11}{6}$	1	$\frac{410}{3}$

表 6.3

新 x_2 列＝舊 x_2 列$-\frac{1}{11}\times x_4$ 列	新 x_1 列＝舊 x_1 列$+\frac{2}{11}\times x_4$ 列
$0-\frac{1}{11}\times 0 \ =0$	$1+\frac{2}{11}\times 0 \ =1$
$1-\frac{1}{11}\times 0 \ =0$	$0+\frac{2}{11}\times 0 \ =0$
$0-\frac{1}{11}\times\frac{11}{6} \ =-\frac{1}{6}$	$0+\frac{2}{11}\times\frac{11}{6} \ =\frac{1}{3}$
$\frac{1}{11}-\frac{1}{11}\times 1 \ =0$	$-\frac{2}{11}+\frac{2}{11}\times 1 \ =0$
$\frac{320}{11}-\frac{1}{11}\times\frac{410}{3}=\frac{50}{3}$	$\frac{20}{11}+\frac{2}{11}\times\frac{420}{3}=\frac{80}{3}$

新的表列如下圖所示

		Maximize	4	5	0	0		
i	c_B	x_B	x_1	x_2	x_3	x_4	b_i	θ_i
1	0	x_4	0	0	$\frac{11}{6}$	1	$\frac{410}{3}$	
2	5	x_2	0	1	$-\frac{1}{6}$	0	$\frac{50}{3}$	
3	4	x_1	1	0	$\frac{1}{3}$	0	$\frac{80}{3}$	
		f_j	4	5	$\frac{1}{2}$	0	190	
		c_j-f_j	0	0	$-\frac{1}{2}$	0		

圖 6.10 例 6.6 的第四表列

步驟 3 評估所降低的成本顯示，第四表列中的基底已滿足最佳性，因此，最佳解爲

$x_1^* = \frac{80}{3}$　　　$x_3^* = 0$

$x_2^* = \frac{50}{3}$　　　$x_4^* = \frac{410}{3}$

$f^* = \$190$

6.4　極小問題的求解

到目前爲止，本書僅考慮極大化問題，假若遇到極小化問題時應如何應對呢？讀者如果回顧單形法的各步驟，必將發現只有步驟 3 受到影響。在極大化問題中，我們選取最大 $c_j - f_j$ 的非基本變數進入基底，因爲它可增大目標函數的值，因此，在極小化問題中，我們應取 $c_j - f_j$ 最小的非基本變數進入基底，因爲它有助於減低目標函數的值。

例 6.6　試解下述求極小的線性規劃問題

$$\text{Min} \quad f = 12x_1 + 5x_2$$

$$\begin{aligned} \text{限制式} \quad 4x_1 + 2x_2 &\geq 80 \\ 2x_1 + 3x_2 &\geq 90 \\ x_1, x_2 &\geq 0 \end{aligned}$$

解:

步驟 1　將問題改寫成標準形式

$$\text{Min} \quad f = 12x_1 + 5x_2 + 0x_3 + 0x_4$$

$$\begin{aligned} \text{限制式} \quad 4x_1 + 2x_2 - x_3 \quad\quad &= 80 \\ 2x_1 + 3x_2 \quad\quad - x_4 &= 90 \\ x_1, x_2, x_3, x_4 &\geq 0 \end{aligned}$$

步驟 2　爲了構築起始基底，必須引入兩個人工變數 x_4 和 x_5。由於本題爲極小化問題，因此人工變數在目標函數的係數爲 $+M$。

$$\text{Min} \quad f = 12x_1 + 5x_2 + 0x_3 + 0x_4 + Mx_5 + Mx_6$$

$$\text{限制式} \quad \begin{aligned} 4x_1 + 2x_2 - x_3 \quad + x_5 \quad &= 80 \\ 2x_1 + 3x_2 \quad - x_4 \quad + x_6 &= 90 \\ x_1, x_2, x_3, x_4, x_5, x_6 &\geq 0 \end{aligned}$$

將上述方程式，以表列顯示如下圖

		Minimize	12	5	0	0	M	M			
i	c_B	x_B	x_1	x_2	x_3	x_4	x_5	x_6	b_i	θ_i	
1	M	x_5	④	2	−1	0	1	0	80	20	出→
2	M	x_6	2	3	0	−1	0	1	90	45	
		f_j	$6M$	$5M$	$-M$	M	M	M	$170M$		
		c_j-f_j	$12-6M$	$5-5M$	M	M	0	0			
			↑入								

圖 6.11 例 6.6 的第一表列

步驟 3 評估非基本變數，可知 x_1 與 x_2 都是「候選人」。

由於 \$12−\$6M<\$5−\$5M< 0，因此選取 x_1 進入基底。

步驟 4 計算 θ_i 比值

$$\theta_1 = \frac{b_1}{a_{1,1}} = \frac{80}{4} = 20$$

$$\theta_2 = \frac{b_2}{a_{2,1}} = \frac{90}{2} = 45$$

由於 $\theta_1 = 20$ 最小，因此 x_5 退出基底，第一列為樞轉列，同時 $a_{11} = 4$ 為樞轉元素。

步驟 5　第二表列如圖 6.12 所示。請注意，這時該解仍不爲原題的可行解，因爲 $x_6=50$

		Minimize	12	5	0	0	M	M			
i	c_B	x_B	x_1	x_2	x_3	x_4	x_5	x_6	b_i	θ_i	
1	12	x_1	1	$\frac{1}{2}$	$-\frac{1}{4}$	0	$\frac{1}{4}$	0	20	40	
2	M	x_6	0	②	$\frac{1}{2}$	-1	$-\frac{1}{2}$	1	50	25	出→
		f_j	12	$6+2M$	$-3+M/2$	$-M$	$3-M/2$	M	$240+50M$		
		c_j-f_j	0	$-1-2M$	$3-M/2$	0	$-3+3M/2$	0			
				↑入							

圖 6.12　例 6.6 的第二表列

本題又經如下兩次反覆，才達成最佳性，讀者請自行計算核對

		Minimize	12	5	0	0			
i	c_B	x_B	x_1	x_2	x_3	x_4	b_1	θ_i	
1	12	x_1	1	0	$-\frac{3}{8}$	$\textcircled{\frac{1}{4}}$	$\frac{15}{2}$	30	出→
2	5	x_2	0	1	$\frac{1}{4}$	$-\frac{1}{2}$	25	—	
		f_j	12	5	$-\frac{13}{4}$	$\frac{1}{2}$	215		
		c_j-f_j	0	0	$\frac{13}{4}$	$-\frac{1}{2}$			
						↑入			

圖 6.13　例 6.6 的第三表列

		Minimize	12	5	0	0	
i	c_B	x_B	x_1	x_2	x_3	x_4	b_i
1	0	x_4	4	0	$-\frac{3}{2}$	1	30
2	5	x_2	2	1	$-\frac{1}{2}$	0	40
		f_j	10	5	$-\frac{5}{2}$	0	200
		c_j-f_j	2	0	$\frac{5}{2}$	0	

圖 6.14　例 6.6 的第四表列

本題的最佳解為

$x_1^*=\ 0\qquad x_3^*=0$

$x_2^*=\ 40\qquad x_4^*=30$

$f^*=\$200$

經由上例可知，極大化和極小化的唯一差別在於選取非基本變數進入基底的準則不同：前者為選取有最大的 c_j-z_j 值的非基本變數，後者正好相反。

6.5　再論線性規劃問題

由 5.5 節可知線性規劃問題的解有多種特殊狀況，本節將探討如何由單形法表列中辨認之。

6.5.1　多重最佳解

在早先介紹線性規劃的圖解法時就曾經提及這類問題的解並不一定

爲唯一解，當利用單形法解題時，多個最佳解的情形可由最後一個表列中看出，當至少有一個非基本變數有 $c_j-f_j=0$，則最佳解爲非唯一。理由是每一個這種非基本變數可樞轉入基底（改變基本變數的值），但卻不會改變目標函數的值。

例 6.7 試解

$$\text{Max} \quad f = 3x_1+2x_2$$

$$\text{限制式} \quad 6x_1+4x_2 \leq 24$$

$$10x_1+3x_2 \leq 30$$

$$x_1, x_2 \geq 0$$

本例的起始單形表列和最終表列如圖 6.15 和圖 6.16 所示

		Maximize	3	2	0	0			
i	c_B	x_B	x_1	x_2	x_3	x_4	b_i	θ_i	
1	2	x_3	6	4	1	0	24	4	
2	0	x_4	⑩	3	0	1	30	3	→出
		f_j	0	0	0	0	0		
		c_j-f_j	3	2	0	0			
			↑入						

圖 6.15　例 6.7 的起始表列

Maximize			3	2	0	0			
i	c_B	x_B	x_1	x_2	x_3	x_4	b_i	θ_i	
1	2	x_2	0	1	$\frac{5}{11}$	$-\frac{3}{11}$	$\frac{30}{11}$	—	
2	3	x_1	1	0	$-\frac{3}{22}$	($\frac{2}{11}$)	$\frac{24}{11}$	12	→出
		f_j	3	2	$\frac{1}{2}$	0	12		
		c_j-f_j	0	0	$-\frac{1}{2}$	0			
						↑入			

圖 6.16 例 6.7 的最終表列

圖 6.17 顯示已達最佳性，因爲非基本變數 x_3 與 x_4 的 c_j-f_j 爲負值或零。

Maximize			3	2	0	0	
i	c_B	x_B	x_1	x_2	x_3	x_4	b_i
1	2	x_2	$\frac{3}{2}$	1	$\frac{1}{4}$	0	6
2	0	x_4	$\frac{11}{2}$	0	$-\frac{3}{4}$	1	12
		f_j	3	2	$\frac{1}{2}$	0	12
		c_j-f_j	0	0	$-\frac{1}{2}$	0	

圖 6.17 例 6.7 的另一組最佳解

因此，最佳解為

$$x_1^*=\frac{24}{11},\quad x_2^*=\frac{30}{11},\quad f^*=\$12$$

然而，由於 $c_4-f_4=0$，x_4 可進入基底而產生一組新解，但目標函數值不變，即

$$x_1^*=0,\quad x_2^*=6,\quad f^*=\$12$$

在圖 6.17 中，x_1 的值為 0，如果將 x_1 引入基底，則可得表列如圖 6.16 所示。換句話說，本例僅有兩組最佳解。

如果繪出其圖示，如圖 6.18 所示，則可行域為 $OABC$ ，最佳解發生於 A 點和 B 點或 AB 之間的任意點。

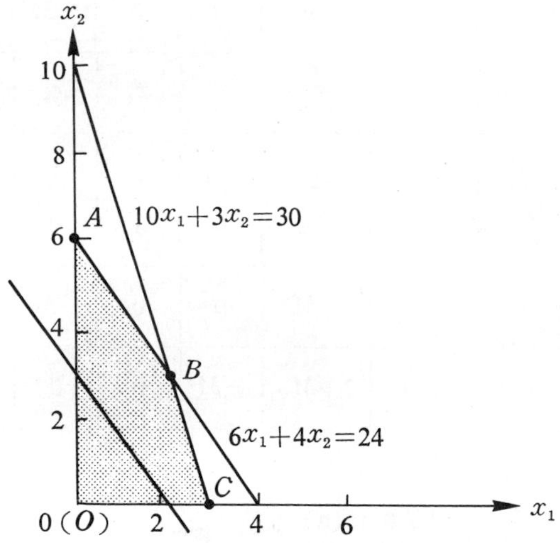

圖 6.18 例 6.7 的圖示

讀者請注意，多重解的最佳解為決策制定者提供一個有趣的情況：必須增加主觀的或次要的考量以選取一個最好的解。譬如在本例中，決策者或許是由於市場狀況而會決定同時生產 x_1 和 x_2，而非只生產 x_2。

6.5.2 無限值的解

正如在 5.5 節中，線性規劃問題中的目標函數的值可能爲無限值。在此重新再考慮該例

例 6.8 試解

Max $f=2x_1+3x_2$

限制式 $x_1+x_2\geq 3$

$x_1-2x_2\leq 4$

$x_1, x_2\geq 0$

解: 本題的第一和第二個單形法表列如圖 6.19(a) 所示

		Maximize	2	3	0	0	$-M$			
i	c_B	x_B	x_1	x_2	x_3	x_4	x_5	b_i	θ_i	
1	$-M$	x_5	1	①	-1	0	1	3	3	→出
2	0	x_4	1	-2	0	1	0	4	—	
		f_j	$-M$	$-M$	M	0	$-M$	$-3M$		
		c_j-f_j	$2+M$	$3+M$	$-M$	0	0			
				入↑						

圖 6.19(a)　第一表列

在第二表列中，基本行仍不是最佳解，因爲 x_3 必須進入基底。然而卻找不到應退出的變數: a_{13} 和 a_{23} 都是負值，所以都無法做爲樞轉元素。換句話說，x_2 和 x_4 隨着 x_3 的增大而增大。因此，除非違反非負性，否則找不到變數退出基底，原因是 x_2 或 x_4 都沒有極限而使得 x_3 的值也不受限。因此，我們可隨意得到無論多大的利潤。

		Maximize	2	3	0	0			
i	c_B	x_B	x_1	x_2	x_3	x_4	b_i	θ_i	
1	3	x_2	1	1	−1	0	3	—	?
2	0	x_4	3	0	−2	1	10	—	?
		f_j	3	3	−3	0	9		
		c_j-f_j	−1	0	3	0			
					入↑				

圖 6.19(b) 例 6.8 的第二表列

上述說法應如何驗證呢？只要將相對於圖 6.19(b) 的第一、二列寫成方程式，則第一式爲

$$x_1+x_2-x_3=3$$

或 $$x_3=3+x_2-x_1$$

第二式爲

$$3x_1-2x_3+x_4=10$$

或 $$x_4=10+2x_3-3x_1$$

由於 x_1 爲非基本變數，其值爲0，由以上二式中消去 x_1 剩下

$$x_2=3+x_3$$

$$x_4=10+2x_3$$

所以當 x_3 增大，x_2 和 x_4 也隨之增大。

當然，在「現實世界」並不可能允許我們獲取無限利潤。當在線性規劃模式中出現這種結果時，表示在模式中存有缺陷。或許是遺漏了一二項限制條件，甚至有可能應採用非線性模式。

6.5.3 不可行問題

有些線性規劃問題沒有可行解，單形法指出這個事實的方式是當達到最佳性時仍有一個或多個正值的人工變數在最終基底中。

例 6.9 試解

$$\text{Max} \quad f = 4x_1 + 3x_2$$

$$\text{限制式} \quad \begin{aligned} x_1 + x_2 &\le 3 \\ 2x_1 - x_2 &\ge 3 \\ x_1 \quad\; &\ge 4 \\ x_1, x_2 &\ge 0 \end{aligned}$$

解: 本題的起始單形法表列和最終表列如圖 6.20 和圖 6.21 所示。

		Maximize	4	3	0	0	0	$-M$			
i	c_B	x_B	x_1	x_2	x_3	x_4	x_5	x_6	b_i	θ_i	
1	0	x_3	1	1	1	0	0	0	3	3	
2	0	x_4	②	-1	0	1	0	0	3	$\frac{1}{2}$	出→
3	$-M$	x_6	1	0	0	0	-1	1	4	4	
		f_j	$-M$	0	0	0	M	$-M$	$-4M$		
		c_j-f_j	$4+M$	3	0	0	$-M$	0			
			入↑								

圖 6.20 例 6.9 的起始表列

在圖 6.21 中，讀者可見已達成最佳性，因爲所有非基本變數 (x_3, x_4 及 x_5) 都是 $c_i - f_j < 0$。然而，基本解 $x_1^* = 2$，$x_2^* = 1$，

Maximize			4	3	0	0	0	$-M$	
i	c_B	x_B	x_1	x_2	x_3	x_4	x_5	x_6	b_i
1	3	x_2	0	1	$\frac{2}{3}$	$-\frac{1}{3}$	0	0	1
2	4	x_1	1	0	$\frac{1}{3}$	$\frac{1}{3}$	0	0	2
3	$-M$	x_6	0	0	$-\frac{1}{3}$	$-\frac{1}{3}$	-1	1	2
		f_j	4	3	$\frac{10+M}{3}$	$\frac{1+M}{3}$	$+M$	$-M$	$11-2M$
		c_j-f_j	0	0	$\frac{-10-M}{3}$	$\frac{-1-M}{3}$	$-M$	0	

圖 6.21 例 6.10 的最終表列

$x_6^*=2$ 顯然對原題而言並非可行解。這個事實意謂着在不使人工變數為正的條件不可能滿足原題的限制條件。

6.5.4 退化解

如同早先第三章中所說，線性方程式的基本解有可能是基本變數等於 0 。這種解稱為退化解 (degenerate solution)。同樣的情況可能會發生於線性規劃問題(因為單形法中正是解線性方程式組)。這時會出現計算上的困擾。本節旨在探討退化解是如何發生的，並說明其隱含的意義。

例 6.10 試解

Max $f=5x_1+3x_2$

限制式 $4x_1+2x_2\leq 12$

$4x_1+x_2\leq 10$

$x_1+x_2\leq 4$

$x_1, x_2\geq 0$

解: 首先將問題改寫成標準形式

Max $f=5x_1+3x_2+0x_3+0x_4+0x_5$

限制式 $4x_1+2x_2+x_3=12$

$4x_1+x_2+x_4=10$

$x_1+x_2+x_5=4$

$x_1, x_2, x_3, x_4, x_5 \geq 0$

本題的起始單形法表列和第二表列如下二圖所示。

		Maximize	5	3	0	0	0			
i	c_B	x_B	x_1	x_2	x_3	x_4	x_5	b_i	θ_i	
1	0	x_3	4	2	1	0	0	12	3	
2	0	x_4	④	1	0	1	0	10	$\frac{5}{2}$	→出
3	0	x_5	1	1	0	0	1	4	4	
		f_j	0	0	0	0	0	0		
		c_j-f_j	5	3	0	0	0			
			入↑							

圖 6.22 例 6.10 的起始表列

在第二表列中，我們應將 x_2 引入基底，因為 $c_2-f_2>0$。但是那一個變數應退出基底呢？x_3 或 x_5 都有可能。然而，除非遵循 Bland (註)

(註) Bland, Robert, G. (1977) "New Finite Pivoting Rules for the Simplex Method", *Mathematics of Operations Research*, Vol. 2(2), May.

Maximize			5	3	0	0	0			
i	c_B	x_B	x_1	x_2	x_3	x_4	x_5	b_i	θ_i	
1	0	x_3	0	1	1	-1	0	2	2	?
2	5	x_1	1	$\frac{1}{4}$	0	$\frac{1}{4}$	0	$\frac{5}{2}$	10	
3	0	x_5	0	$\frac{3}{4}$	0	$-\frac{1}{4}$	1	$\frac{3}{2}$	2	?
		f_j	5	$\frac{5}{4}$	0	$\frac{5}{4}$	0	$\frac{25}{2}$		
		c_j-f_j	0	$\frac{7}{4}$	0	$-\frac{5}{4}$	0			
				↑入						

圖 6.23　例 6.10 的第二表列

Maximize			5	3	0	0	0			
i	c_B	x_B	x_1	x_2	x_3	x_4	x_5	b_i	θ_i	
1	3	x_2	0	1	1	-1	0	2	—	
2	5	x_1	1	0	$-\frac{1}{4}$	$\frac{1}{2}$	0	2	4	
3	0	x_5	0	0	$-\frac{3}{4}$	($\frac{1}{2}$)	1	0	0	出
		f_j	5	3	$\frac{7}{4}$	$-\frac{1}{2}$	0	16		
		c_j-f_j	0	0	$-\frac{7}{4}$	$\frac{1}{2}$	0			
						入↑				

圖 6.24　第三表列

所提計算程序， 否則會陷入「循環不止」(cycling) 的窘境。 他的法則如下:（1）在極大化問題中，對所有滿足 $c_j-f_j>0$ 的非基本變數中，選取最小下標 (subscript) 的非基本變數做爲進入變數 (entering variable)。（2） 選取 θ_i 比值最小的變數做爲退出變數 (outgoing variable)。 萬一發生二個或以上 θ_i 比值相同 (tie)， 則選取基底中下標最小的變數。

在圖 6. 23 中，x_3 應退出基底，因爲它是 x_{B1}，而 x_5 爲 x_{B3}（前者在第一列而後者在第三列），既然知道 x_3 應退出基底，現在可繼續推演下去。

第三表列如圖 6. 24 所示，這時仍未滿足最佳性，因爲 x_4 應引入基底，讀者應審愼研究 θ_i 行。

由於 $a_{14}<0$，因此不計算 θ_1

$$\theta_2=\frac{b_2}{a_{2,4}}=\frac{2}{\frac{1}{2}}=4$$

$$\theta_3=\frac{b_3}{a_{3,4}}=\frac{0}{\frac{1}{2}}=0$$

最小比值爲 $\theta_3=0$，當退化發生，最小 θ_i 比值往往爲 0 。但請勿因此感到困擾，應仍繼續推演下去，第四表列如圖所示。

第四表列爲最後一個表列 。最佳解爲 $x_1^*=2$，$x_2^*=2$ 以及 $x_4^*=0$，且 $f^*=16$。

如果比較圖 6. 24 的第三表列和圖 6. 25 的第四表列，讀者將會發現 x_1, x_2 和 f（以及甚至 x_3, x_4 與 x_5）完全相同。到底是怎麼一回事呢? 這必須由其圖形來看， 在圖中的可行解集合爲 $OABC$， 最佳解發生於 B 點，$x_1^*=x_2^*=2$ 及 $f^*=16$。

請注意，所有三個限制式都在 B 點重合，正是由於 B 點同時滿足三

		Maximize	5	3	0	0	0	
i	c_B	x_B	x_1	x_2	x_3	x_4	x_5	b_i
1	3	x_2	0	1	$-\frac{1}{2}$	0	2	2
2	5	x_1	1	0	$\frac{1}{2}$	0	-1	2
3	0	x_4	0	0	$-\frac{3}{2}$	1	2	0
		f_j	5	3	1	0	1	16
		c_j-f_j	0	0	-1	0	-1	

圖 6.25　例 6.10 的第四表列

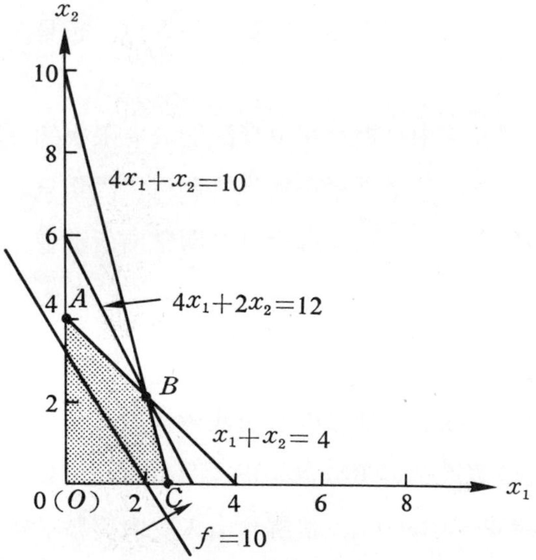

圖 6.26　例 6.10 的圖示

個或以上限制式才引發退化解。

讀者如果回顧基本解的定義，可知應有足够（非基本）變數被迫等於0，而使每一方程式剩下一個（基本）變數。現在本例的標準形式有三個方程式，因此基底應包括三個變數。但在相對應於 B 點的基本變數，$x_1=x_2=2$，所以 x_1 和 x_2 必須爲基本變數，但仍需要一個變數才可構成一基底。換句話說，三個惰變數（x_3, x_4 或 x_5）必須進入基底，這三個限制式都是當取等號時在 B 點爲成立。也就是說 $x_3=x_4=x_5=0$。因此，無論是那一個惰變數被選入基底，基底都是退化解。事實上，我們建構三個不同基底相對應 B 點。

基底 1	基底 2	基底 3
$\begin{Bmatrix} x_1=2 \\ x_2=2 \\ x_3=0 \end{Bmatrix}$	$\begin{Bmatrix} x_1=2 \\ x_2=2 \\ x_4=0 \end{Bmatrix}$	$\begin{Bmatrix} x_1=2 \\ x_2=2 \\ x_5=0 \end{Bmatrix}$

因此，實際上有三個端點「重疊」在 B 點。正是多個端點重疊而造成困擾。

早先在定理 6.4 中曾提及在單形法能於有限次的反覆步驟找到最佳解，有一個基本假設就是不存在退化的狀況。因爲只有在非退化的狀況下，才有可能每經一次重覆步驟對目標函數有所改進。

6.5.5 未受限變數

到目前爲止，我們都是假設所有決策變數必須具非負性。然而，事實上有時會有一個或多個變數會是正、負或零，這類變數稱爲未受限變數 (unrestricted variable)。當解含有未受限變數的線性規劃問題時，必須先將這些變數改以非負變數表示，然後用與先前完全相同的單形法求解。

例如，有一個問題的某一變數 x_j 爲未受限變數，我們可用二變數取代該變數

$$x_j = x_j' - x_j'',\quad x_j' \geq 0,\quad x_j'' \geq 0$$

如此一來，新的線性規劃問題只有非負變數。

例 6.11　試解

$$\text{Max}\quad f = 3x_1 + 2x_2 + x_3$$

$$\begin{aligned} \text{限制式}\quad & 2x_1 + 5x_2 + x_3 \leq 12 \\ & 6x_1 + 8x_2 \leq 22 \\ & x_3 \geq 0 \\ & x_1 \text{ 未受限} \end{aligned}$$

爲了解這個例題，令 $x_1 = x_1' - x_1''$，$x_1' \geq 0$，$x_1'' \geq 0$，因此問題改寫如下

$$\text{Max}\quad f = 3x_1' - 3x_1'' + 2x_2 + x_3$$

$$\begin{aligned} \text{限制式}\quad & 2x_1' - 2x_1'' + 5x_2 + x_3 \leq 12 \\ & 6x_1' - 6x_1'' + 8x_2 \leq 22 \\ & x_1', x_1'', x_2, x_3 \geq 0 \end{aligned}$$

請注意，本例的係數矩陣（技術矩陣）

$$A = \begin{bmatrix} 2 & -2 & 5 & 1 \\ 6 & -6 & 8 & 0 \end{bmatrix}$$

中的 x_1' 與 x_1'' 的係數行爲線性相依，因此 x_1' 和 x_1'' 不得同時在任一基底中出現。

我們可將上述問題改寫如下

令 $y_1 = x_1'$ $\qquad y_3 = x_2$

$y_2 = x_1''$ $\qquad y_4 = x_3$

Max $\quad f = 3y_1 - 3y_2 + 2y_3 + y_4$

限制式 $\quad 2y_1 - 2y_2 + 5y_3 + y_4 \leq 12$

$6y_1 - 6y_2 + 8y_3 \qquad \leq 22$

$y_1, y_2, y_3, y_4 \geq 0$

本例的單形法最終表列如下圖所示

		Maximize	3	−3	2	1	0	0	
i	c_B	y_B	y_1	y_2	y_3	y_4	y_5	y_6	b_i
1	1	y_4	0	0	$\frac{7}{3}$	1	1	$-\frac{1}{3}$	$\frac{14}{3}$
2	3	y_1	1	−1	$\frac{4}{3}$	0	0	$\frac{1}{6}$	$\frac{11}{3}$
		f_j	3	−3	$\frac{19}{3}$	1	1	$\frac{1}{6}$	$\frac{47}{3}$
		$c_j - f_j$	0	0	$-\frac{13}{3}$	0	−1	$-\frac{1}{6}$	

圖 6.27 例 6.11 的最終表列

最佳解爲 $y_1^* = \frac{11}{3}$，$y_4^* = \frac{14}{3}$ 且 $f^* = \frac{47}{3}$，也就是原題的最佳解爲

$$x_1^* = \frac{11}{3}, \quad x_3'' = \frac{14}{3}$$

6.6 二階段法

在上節中曾提及如果線性規劃的標準形式中沒有惰變數或缺少足够

個數則必須引進人工變數，以便構建起始基底，我們應留意當最佳性達成時，所有人工變數的值必須等於 0，爲了做到這一點，曾經採用大M法。然而大M法最大的缺點在於如果是利用電腦解題時，M值到底應指定爲若干？顯然該值必須大於目標函數中任何其他的係數。然而，由於電腦有固定的數字個數，因而有可能會導致失去其精確度，甚至不正確的答案。

爲了避免這種不便，另一種做法就是本節將介紹的二階段法 (two-phase method)。一般的概念如下：在階段 I 中，我們試圖由基底中消除所有人工變數，以便得出一個可行解。然後在階段 II 中，以前階段所得的基本可行解爲起點，使原題的目標函數達最佳化。

6.6.1 階段 I

在本階段中，指派所有人工變數的成本爲＋1，而其他變數的成本則爲 0。然後，不採用原目標函數，而是致力於使下述函數極小化

$$\text{Min} \quad f' = \sum_{i=1}^{p} x_{a_i} = x_{a_1} + x_{a_2} + \cdots\cdots + x_{a_r}$$
$$= 1 \cdot X_a$$

其中 X_a 爲包含人工變數的 $p \times 1$ 向量。由於每個 x_a 都是非負，因此其總和 f' 必然大於或等於 0。只有當所有人工變數的值都是 0，f' 才會等於 0。所以在階段 I 的終結，有如下的三種可能：

狀況 1　Min　$f' > 0$

這時有一個或以上的人工變數有正值在最佳基底中，因此原題爲無解。

狀況 2　Min　$f' = 0$

同時沒有人工變數在最佳基底中，這時已找到一個原題的基本可行解。

狀況 3　Min　$f'=0$

但仍有一個或以上的零值人工變數在基底中，這時已找到一個原題的基本可行解。另一方面，人工變數的顯現表示在原題的限制條件中有多餘的限制式。

如果遇到狀況 1，則停止運算。否則就進入階段 II。

6.6.2 階段 II

在本階段，實際的目標函數係數 c_i 指派給各決策變數 x_i，對所有惰變數和剩餘變數則指派其係數爲 0。

如果在階段 I 爲遇上狀況 2，則在本階段的運算中，將所有人工變數自表列中刪除，對其他非基本變數計算其 f_j 及 c_j-f_j 值，並依單形法一般程序處置。

然而，如果在階段 I 爲遇到狀況 3，卽有一個或以上人工變數出現於最佳表列。多餘的限制式可輕易地辨認。因爲在該列中對於相對應於 j 的任何決策變數，惰變數或剩餘變數的所有 a_{ij} 都是 0，將這些多餘的限制式自表列中刪除。否則，只要指派人工變數在目標函數的係數爲 0，並在儘可能早的時機將它自基底中除去。

例 6.12　試求

Min　$f=12x_1+5x_2$

限制式　$4x_1+2x_2\geq 80$

$2x_1+3x_2\geq 90$

$x_1\geq 0$，$x_2\geq 0$

本題將以二階段法解之。在階段 I 中，f_j 列以 f'_j 表示，同時 c_j-f_j 列也以 $c'_j-f'_j$ 表示，我們將兩組目標函數係數都列出，以利轉變至階段 II。

階段 I　本階段的起始表列及最終表列如圖 6.28 及圖 6.29 所示。

		(Minimize)	(12	5	0	0)					
		Minimize	0	0	0	0	1	1			
i	c_B	x_B	x_1	x_2	x_3	x_4	x_5	x_6	b_i	θ_i	
1	1	x_5	④	2	−1	0	1	0	80	20	出→
2	1	x_6	2	3	0	−1	0	1	90	45	
		f'_j	6	5	−1	−1	1	1	170		
		$c'_j-f'_j$	−6	−5	1	1	0	0			
			↑入								

圖 6.28　階段 I 的起始表列

		(Minimize)	(12	5	0	0)	—	—			
		Minimize	0	0	0	0	1	1			
i	c_B	x_B	x_1	x_2	x_3	x_4	x_5	x_6	b_i	θ_i	
1	(12)0	x_1	1	0	$-\frac{3}{8}$	$\frac{1}{4}$ (circled)	$\frac{3}{8}$	$-\frac{1}{4}$	$\frac{15}{2}$	30	→出
2	(5)0	x_2	0	1	$\frac{1}{4}$	$-\frac{1}{2}$	$-\frac{1}{4}$	$\frac{1}{2}$	25	—	
		f'_j	0	0	0	0	0	0	0		
		$c'_j-f'_j$	0	0	0	0	1	1			
		f_j	12	5	$-\frac{13}{4}$	$\frac{1}{2}$	—	—	215		
		c_j-f_j	0	0	$\frac{13}{4}$	$-\frac{1}{2}$	—	—			
						入↑					

圖 6.29　階段 I 的最終表列

階段 II 由於不再有必要，因此 x_5 和 x_6 由表列中刪除。本階段僅計算 f_j 和 c_j-f_j，如同一般正常程序。

本例最佳解爲 $x_1^*=0$，$x_2^*=40$，$x_4^*=30$ 和 $f^*=200$

		Minimize	12	5	0	0	
i	c_B	x_B	x_1	x_2	x_3	x_4	b_i
1	0	x_4	4	0	$-\frac{3}{2}$	1	30
2	5	x_2	2	1	$-\frac{1}{2}$	0	40
		f_j	10	5	$-\frac{5}{2}$	0	200
		c_j-f_j	2	0	$\frac{5}{2}$	0	

圖 6.30 階段 II 的最終表列

例 6.13 試求

$$\text{Min} \quad f=-x_1+2x_2-3x_3$$

$$\begin{aligned} \text{限制式} \qquad x_1+\ x_2+\ x_3&=6 \\ -x_1+\ x_2+2x_3&=4 \\ 2x_2+3x_3&=10 \\ x_3&\leq 2 \\ x_1, x_2, x_3&\geq 0 \end{aligned}$$

解: 本例的第三限制式爲前二限制式相加得出，然而，爲了示範二階段法的階段 I 中狀況 3，暫時任它存在，爲了將上述式子改寫成標準形式，增添一惰變數 x_4 和三個人工變數 x_5, x_6 和 x_7。

階段 I

$$\text{Min} \quad f'=x_5+x_6+x_7$$

			x_1	x_2	x_3	x_4	x_5	x_6	x_7			
(Minimize)			−1	2	−3	0						
Minimize			0	0	0	0	1	1	1			
i	c_B	x_B	x_1	x_2	x_3	x_4	x_5	x_6	x_7	b_i	θ_i	
1	1	x_5	1	1	1	0	1	0	0	6	6	
2	1	x_6	−1	1	2	0	0	1	0	4	2	
3	1	x_7	0	2	3	0	0	0	1	10	$\frac{10}{3}$	
4	0	x_4	0	0	①	1	0	0	0	2	2	出→
		f'_j	0	4	6	0	1	1	1	20		
		$c'_j-f'_j$	0	−4	−6	0	0	0	0			
					↑入							

圖 6.31　階段 I 的起始表列

			x_1	x_2	x_3	x_4	x_5	x_6	x_7			
(Minimize)			−1	2	−3	0						
Minimize			0	0	0	0	1	1	1			
i	c_B	x_B	x_1	x_2	x_3	x_4	x_5	x_6	x_7	b_i	θ_i	
1	1	x_5	1	1	0	−1	1	0	0	4	4	
2	1	x_6	−1	①	0	−2	0	1	0	0	0	→出
3	1	x_7	0	2	0	−3	0	0	1	4	2	
4	0	x_3	0	0	1	1	0	0	0	2	—	
		f'_j	0	4	0	−6	1	1	1	8		
		$c'_j-f'_j$	0	−4	0	6	0	0	0			
				↑入								

圖 6.32　階段 I 的第二表列

(Minimize) (−1 2 −3 0)

i	c_B	x_B	x_1	x_2	x_3	x_4	x_5	x_6	x_7	b_i	θ_i	
		Minimize	0	0	0	0	1	1	1			
1	1	x_5	②	0	0	1	1	−1	0	4	2	→出
2	0	x_2	−1	1	0	−2	0	1	0	0		
3	1	x_7	2	0	1	1	0	−2	1	4	2	
4	0	x_3	0	0	0	1	0	0	0	2		
		f'_j	4	0	0	2	1	−3	1	8		
		$c'_j-f'_j$	−4	0	0	−2	0	4	0			
			入↑									

圖 6.33 階段 I 的第三表列

(Minimize) (−1 2 −3 0)

i	c_B	x_B	x_1	x_2	x_3	x_4	x_5	x_6	x_7	b_i
		Minimize	0	0	0	0	1	1	1	
1	0	x_1	1	0	0	$\frac{1}{2}$	$\frac{1}{2}$	$-\frac{1}{2}$	0	2
2	0	x_2	0	1	0	$-\frac{3}{2}$	$\frac{1}{2}$	$\frac{1}{2}$	0	2
3	1	x_7	0	0	0	0	−1	−1	1	0
4	0	x_3	0	0	1	1	0	0	0	2
		f'_j	0	0	0	0	−1	−1	1	0
		$c'_j-f'_j$	0	0	0	0	2	2	0	

圖 6.34 階段 I 的第四表列

限制式 $x_1+x_2+\ x_3+x_5=6$

$$-x_1+x_2+2x_3+x_6=4$$

$$2x_2+3x_3+x_7=10$$

$$x_3+x_4=2$$

在階段 I 的第四表列中，人工變數 $x_7=0$ 在基底中出現。另外，$x_1=x_2=x_3=x_4=0$ 出現於第三列，即本列爲多餘列，因此可刪除。

Minimize			-1	2	-3	0	
i	c_B	x_B	x_1	x_2	x_3	x_4	b_i
1	-1	x_1	1	0	0	$\frac{1}{2}$	2
2	2	x_2	0	1	0	$-\frac{3}{2}$	2
3	-3	x_3	0	0	1	1	2
		f_j	-1	2	-3	$-\frac{13}{2}$	-4
		c_j-f_j	0	0	0	$\frac{13}{2}$	

圖 6.35 階段 II 的起始表列

本例的最佳解爲 $x_1^*=2$，$x_2^*=2$，$x_3^*=2$ 和 $f^*=-4$

6.7 LINDO 簡介

LINDO (Linear Interactive and Discrete Optimizer) 爲 1986 年由美國芝加哥大學企管學院的 Linus Schrage（註）所開發出來，可

（註）Linus Schrage (1991) *LINDO: An Optimization Modeling System* 4th ed, The Scientific Press.

用以解線性規劃，整數規劃（Integer Programming）和二次規劃(Quadratic Programming)等問題。它是一種具親和力(user friendly)的電腦套裝軟體。本節將概略引介 LINDO 的用法。爲了便利說明起見，將用實例示範。

LINDO 的常用指示有如下數個:

1. MAX. Start input of max problem.
2. MIN. Start input of min problem.
3. END. End problem input and get LINDO ready to accept other commands.
4. GO. Solve the current problem and display solution.
5. LOOK. Display selected portions of the current formulation.
6. ALTER. Alter an element of the current formulation.
7. EXT. Add one or more constraints to the current formulation.
8. DEL. Delete one or more constraints from the current formulation.
9. DIVERT. Divert output to a file so the output can be printed.
10. RVRT. Terminate the DIVERT command.
11. SAVE. Save an LP so it can be retrieved for later use.
12. RETRIEVE. Retrieve a previously saved LP file. (Allows you to resolve or change the LP.)

1. MAX＝開始輸入求極大問題

2. MIN＝開始輸入求極小問題
3. END＝結束問題輸入，並使 LINDO 準備接受其他指令
4. GO＝解出現行問題，並展示解答
5. LOOK＝展示目前架構的選取部分
6. ALTER＝變更現行架構的元素
7. EXT＝增列一個或多個限制式至現行架構
8. DEL＝刪除一個或多個限制式至現行架構
9. DIVERT＝將輸出轉入一檔案，以利印出
10. RVRT＝停止 DIVERT 指令
11. SAVE＝保留這架構，以利往後取用
12. RETRIEVE＝取用先前保留的架構

例 6.14 木生傢俱公司生產書桌、餐桌和椅子。每種傢俱都需要木材和二類技工：磨光工人和木匠。相關資料如下表所示

資源	書桌	餐桌	椅子	存量
木材	8單位	6單位	1單位	48
磨光工（小時）	4	2	1.5	20
木匠（小時）	2	1.5	0.5	8
售價（元）	60	30	20	

木生公司依據過去經驗得知書桌和椅子十分暢銷，但餐桌每週至多賣出 5 張，試問在上述狀況下，如何決定各種產品的產量，以使利潤爲最高?

本例的線性規劃形式如下

Max $60x_1+30x_2+20x_3$

限制式 $8x_1+6x_2+x_3\leq 48$

$$4x_1 + 2x_2 + 1.5x_3 \leq 20$$
$$2x_1 + 1.5x_2 + 0.5x_3 \leq 8$$
$$x_2 \leq 5$$
$$x_1, \quad x_2, \quad x_3 \geq 0$$

LINDO 的報表將會印出如下:

Max 60 DESKS+ 30 TABLES+ 20 CHAIRS

S. t. 8 DESKS+ 6 TABLES+ CHAIRS≤48

4 DESKS+ 2 TABLES+1.5 CHAIRS≤20

2 DESKS+1.5 TABLES+0.5 CHAIRS≤ 8

TABLES ≤ 5

DESKS, TABLES, CHAIRS≥0

在電腦上輸入時應注意用“#”和“:”的符號。

```
#LINDO[CR]
LINDO (UC Dec 6 82)  (Response from LINDO)
:MAX 60 DESKS+30 TABLES+20 CHAIRS [CR]
#ST [CR] (ST means "subject to")
#8 DESKS+6 TABLES+CHAIRS<48 [CR]
#4 DESKS+2 TABLES+1.5 CHAIRS<20 [CR]
#2 DESKS+1.5 TABLES+.5 CHAIRS<8 [CR]
# TABLES<5 [CR]
# END
```

LINDO 的設計爲假設各變數都是非負值, 因此不必再列出各變數大於等於 0 的敍述。

當整個線性規劃問題的架構完成輸入之後, 可用指令 LOOK, 例如第×列, 或×—××列, 或 ALL。如果想要改變目前內容, 則用 ALTER 指令。LINDO 會詢問列號, 變數名稱和新係數。如果想改變限制式等號右端，則鍵入 RHS，如果想將限制式中≥改爲≤，則鍵入 DIR，增加一列用 EXT，刪除一列用 DEL，而於某列增加一個變數則用 APPC。

當您確認輸入爲正確無誤，則可用 SAVE 指令，在鍵入 SAVE 之後 LINDO 會問您檔名爲何，當在後來想抽取先前保留的問題，可用 RETRIEVE 指令。

如果想在終端機上查看線性規劃問題的答案，只須鍵入指令 GO，如果想將結果印出，必須想創立一個輸出檔名，然後印出該檔，做法是用指令 DIVERT。LINDO 會問您檔名，如此將建立一個輸出檔案。這時最好鍵入 LOOK ALL，以確定是否您所想要的內容。其次鍵入 GO，您在螢光幕上將僅看到最佳解的數值，完整的資料均已在檔名之下。這時 LINDO 會問您是否要敏感度或範圍分析，您可鍵入 YES 或 NO。這時 LINDO 會出現“：”號。如果您未犯錯，整個工作就已完成。如果想跳離 LINDO，鍵入 QUIT，所有您所建立的檔案會在您的帳號之下。任何曾被指令 DIVERT 所建的檔案這時會送往印表機。

現以

Max　$2x+3y$

S. t　$4x+3y\leq 10$

　　　$3x+5y\leq 12$

爲例示範如何在 PC 使用 LINDO

（1）進入 LINDO

- 教育版：LINDO
- 商業版：LINDO87

（2）螢幕將顯示“：”，按模式輸入即可（大小寫均可）

：max 2x+3y

? st

? 4x＋3y＜＝10

? 3x＋5y＜＝12

? end

: look all 看整個模式

: go

產生結果，並詢問是否要執行敏感度分析?

: quit

(3) 修改模式

: alter

ROW:

?2

VAR:

?x

NEW COEFFICIENT:

?6

: look

ROW:

?2

* 1. 目標式視爲 ROW 1

2. 改變 RHS

: alter 2 rhs

NEW COEFFICIENT:

?4

3. 改變不等式的方向

: alter 3 dir

NEW DIRECTION:

?＜

(4) 一般大都以ＰＥⅡ編輯、修改

```
max 2x+3y
st
4x+3y<=10
3x+5y<=12
: take test.dat
: leave
```

(5) 存入檔案

```
: divert test.out
: go
:rvrt
```

木生傢俱例的整個報表如下所示:

```
MAX  60 DESKS+30 TABLES+20 CHAIRS
SUBJECT TO
   2) 8 DESKS+6   TABLES+     CHAIRS<=48
   3) 4 DESKS+2   TABLES+1.5 CHAIRS<=20
   4) 2 DESKS+1.5 TABLES+0.5 CHAIRS<=8
   5) TABLES<=5
END
   LP OPTIMUM FOUND AT STEP 2
     OBJECTIVE FUNCTION VALUE
   1)          280.000000
 VARIABLE       VALUE        REDUCED COST
   DESKS        2.000000      0.000000
   TABLES       0.000000      5.000000
   CHAIRS       8.000000      0.000000
```

ROW	SLACK OR SURPLUS	DUAL PRICES
2)	24.000000	0.000000
3)	0.000000	10.000000
4)	0.000000	10.000000
5)	5.000000	0.000000

NO. ITERATIONS=2

RANGES IN WHICH THE BASIS IS UNCHANGED

		OBJ COEFFICIENT RANGES	
VARIABLE	CURRENT COEF	ALLOWABLE INCREASE	ALLOWABLE DECREASE
DESKS	60.000000	20.000000	4.000000
TABLES	30.000000	5.000000	INFINITY
CHAIRS	20.000000	2.500000	5.000000

		RIGHTHAND SIDE RANGES	
ROW	CURRENT RHS	ALLOWABLE INCREASE	ALLOWABLE DECREASE
2	48.000000	INFINITY	24.000000
3	20.000000	4.000000	4.000000
4	8.000000	2.000000	1.333333
5	5.000000	INFINITY	5.000000

由報表中可明確看到本例經過二次反覆的程序，目標函數值爲280。書桌、餐桌和椅子產量分別爲 2，0 和8。對於基本變數來說，reduced cost 爲 0，非基本變數 x_j 的 reduced cost 表每增加 x_j 一個單位，最佳值將會下降的金額（其他非基本變數不變的條件下）。在本例中，若木生公司被迫生產餐桌，每生產一張時利潤將下降 5 元。

您如果對LINDO的使用有任何問題，應鍵入 HELP 或參閱 LINDO

使用者手册。最後順便一提，LINDO 不接受括號或逗點，因此 100（x_1+x_2）應輸入 100 x_1+100 x_2 而 1,000 應輸入 1000。

例 **6.15** 蓮生公司接到 1,000 輛貨車的訂單，公司有 4 個工廠，各廠生產一輛貨車的成本以及其他相關資料如下表所示。

工 廠	成 本（千元）	人 工（小時）	原 料（單位）
甲	15	2	3
乙	10	3	4
丙	9	4	5
丁	7	5	6

汽車工人工會要求至少有 400 輛必須在丙廠製造。已知公司有 3,300 小時人工及 4,000 單位原料可配置給各工廠，試構建一線性規劃模式使公司產製 1,000 輛貨車的成本爲最低。

解: 設 x_1 表甲廠產量

x_2 表乙廠產量

x_3 表丙廠產量

x_4 表丁廠產量

則 Min $f=15x_1+10x_2+9x_3+7x_4$

限制式

$$x_1+x_2+x_3+x_4=1000$$
$$x_3\geq 400$$
$$2x_1+3x_2+4x_3+5x_4\leq 3300$$
$$3x_1+4x_2+5x_3+6x_4\leq 4000$$
$$x_1,\ x_2,\ x_3\geq 0$$

MIN $15x_1+10x_2+9x_3+7x_4$

SUBJECT TO

2) $x_1+x_2+x_3+x_4=1000$

3) $x_3>=400$

4) $2x_1+3x_2+4x_3+5x_4<=3300$

5) $3x_1+4x_2+5x_3+6x_4<=4000$

END

LP OPTIMUM FOUND AT STEP 3

OBJECTIVE FUNCTION VALUE

1) 11600.0000

VARIABLE	VALUE	REDUCED COST
x_1	400.000000	.000000
x_2	200.000000	.000000
x_3	400.000000	.000000
x_4	.000000	7.000000

ROW	SLACK OR SURPLUS	DUAL PRICES
2)	.000000	−30.000000
3)	.000000	− 4.000000
4)	300.000000	.000000
5)	.000000	5.000000

NO. ITERATIONS=3

RANGES IN WHICH THE BASIS IS UNCHANGED:

OBJ COEFFICIENT RANGES

VARIABLE	CURRENT COEF	ALLOWABLE INCREASE	ALLOWABLE DECREASE
x_1	15.000000	INFINITY	3.500000

X_2	10.000000	2.000000	INFINITY
X_3	9.000000	INFINITY	4.000000
X_4	7.000000	INFINITY	7.000000

RIGHTHAND SIDE RANGES

ROW	CURRENT RHS	ALLOWABLE INCREASE	ALLOWABLE DECREASE
2	1000.000000	66.666660	100.000000
3	400.000000	100.000000	400.000000
4	3300.000000	INFINITY	300.000000
5	4000.000000	300.000000	200.000000

習　題

1. 試將下列各題寫成其標準形式

(a) Max　$f=4x_1+3x_2$

限制式
$$2x_1+3x_2\leq 6$$
$$-3x_1+2x_2\leq 3$$
$$2x_2\leq 5$$
$$2x_1+x_2\leq 4$$
$$x_1,\ x_2\geq 0$$

(b) Min　$f=x_1+x_2+\frac{1}{2}x_3-\frac{13}{3}x_4$

限制式
$$2x_1-\frac{1}{2}x_2+x_3+x_4\leq 2$$
$$x_1+2x_2+2x_3-3x_4+x_5\geq 3$$
$$x_1-x_3+x_4-x_5\geq\frac{2}{3}$$
$$3x_1-x_2+2x_4-\frac{3}{2}x_5=1$$
$$x_i\geq 0,\quad i=1,2,\cdots,5$$

(c) Max　$f=3x_1+x_2$

限制式
$$2x_1-x_2\leq -10$$
$$x_1+2x_2\leq 14$$
$$x_1\leq 12$$
$$x_1\geq 0$$
$$x_2\geq 0$$

2. 試求線性規劃問題的起始可行解

Min　$f=2x_1+x_2-x_3$

限制式
$$x_1+x_2+x_3\leq 3$$
$$x_2+x_3\geq 2$$

$$x_1 \quad +x_3=1$$

$$x_1, x_2, x_3 \geq 0$$

3. 試求線性規劃問題

Max $f=5x+6y$

限制式 $3x+y\leq 1$

$3x+4y\leq 0$

x，y 都是未受限變數

4. 試解線性規劃問題

Max $f=3x_1+2x_2+x_3$

限制式 $2x_1+5x_2+x_3\leq 12$

$6x_1+8x_2 \quad \leq 22$

$x_2, x_3\geq 0$

x_1 未受限

5. 宜生公司生產兩類油漆，塑膠漆 x_1 每百加侖的淨利為 6（千元），而水泥漆 x_2 每百加侖的淨利為 8（千元）。這兩類油漆的產量都受限於原料的庫存量和人工小時，假設每百加侖 x_1 需要 4 單位原料，但每百加侖 x_2 卻只需要 1 單位原料，然而在人工小時方面，每百加侖 x_1 費 1 人工小時，而每百加侖 x_2 則費 4 人工小時，最後，已知每週該公司只有 20 單位原料和 40 人工小時，試問應生產多少 x_1 和 x_2 使獲利為最大?

6. 蘭生公司生產兩種產品，相關資料如下表所示:

	A	B	最大供應量
物料（公斤/單位）	4	1	800公斤/日
人工小時（單位）	2	3	900（小時/日）
單位變動成本（元）	18	11	
售價	24	16	
最大銷售量	180	320	

試問公司應如何決定A，B的生產量，以使獲利爲最大？（試以單形法解之）

7. 試以大M法求解線性規劃問題

Max　$f=2x_1+3x_2$

限制式　$x_1+x_2\geq 3$

$x_1-2x_2\leq 4$

$x_1,\ x_2\geq 0$

8. 試解線性規劃問題

(a) Max　$f=4x_1+3x_2+7x_3$

限制式　$2x_1+x_2+3x_3\leq 120$

$x_1+3x_2+2x_3=120$

$x_1, x_2, x_3\geq 0$

(b) Max　$f=19x_1+6x_2$

限制式　$3x_1+x_2\leq 48$

$3x_1+4x_2\geq 120$

$x_1, x_2\geq 0$

(c) Max　$f=2x_1+3x_2$

限制式　$x_1+x_2\leq 10$

$x_1+x_2\geq 20$

$x_1, x_2\geq 0$

9. 試用二階段法求解

(a) Min　$f=x_1-2x_2$

限制式　$x_1+x_2\geq 2$

$-x_1+x_2\geq 1$

$x_2\leq 3$

$x_1, x_2\geq 0$

(b) Min　$f=-x_1+2x_2-3x_3$

限制式　$x_1+x_2+x_3=6$

$$-x_1+x_2+2x_3=4$$
$$2x_2+3x_3=10$$
$$x_3\leq 2$$
$$x_1, x_2, x_3\geq 0$$

(c) Max $f=x_1+x_2$

限制式 $3x_1+2x_2\leq 20$

$2x_1+3x_2\leq 20$

$x_1+2x_2\geq 2$

$x_1, x_2\geq 0$

10. 試分別利用大M法及二階段法求解線性規劃

Min $f=0.4x_1+0.5x_2$

限制式 $0.3x_1+0.1x_2\leq 2.7$

$0.5x_1+0.5x_2=6$

$0.6x_1+0.4x_2\geq 6$

$x_1, x_2\geq 0$

11. 水生公司以滲合蘋果西打和蘋果汁的方式製造一種新飲料命名爲蘋香。已知每 1 唡的蘋果西打含 0.5唡的糖分和 1 克的維生素C。每 1 唡的原汁含 0.25唡的糖分和 3 克的維生素C。公司製造 1 唡的蘋果西打和原汁的成本分別爲 0.02 元和 0.03 元。公司的行銷部門決定每瓶 10 唡的蘋香必須至少含 20 克維生素C和至多 4 唡的糖分。試以線性規劃決定如何以最低成本滿足行銷部門的要求。

試用 LINDO 求解下列各題

12. 蓮生公司接到 1000 輛貨車的訂單，公司有 4 個工廠，各廠生產一輛貨車

工 廠	成本（千元）	人工（小時）	原料（單位）
甲	15	2	3
乙	10	3	4
丙	9	4	5
丁	7	5	6

的成本以及其他相關資料如上表所示。

汽車工人工會要求至少有 400 輛必須在丙廠製造。已知公司有 3,300 小時人工及 4,000 單位原料可配置給各工廠，試構建一線性規劃模式使公司產製 1,000 輛貨車的成本為最低。

13. 農夫老丁在他的 45 英畝農地上種小麥和玉米兩種作物。他至多可售出140 蒲耳（bushel）的小麥和 120 蒲耳的玉米。已知每一英畝可生產 5 蒲耳的小麥或 4 蒲耳的玉米，小麥和玉米一蒲耳的價格分別為 30 元及 50 元，為了收成一英畝的小麥，需 6 小時人工，而一英畝玉米則費時為 10 小時人工，共有 350 小時人工可以每小時 10 元的工資得到。試問老丁應如何決定方能使其利潤為極大?

14. 金生公司有兩座工廠，該公司產製 3 種產品。各廠生產 1 單位產品的相關成本如表所示:

	產 品 1	產 品 2	產 品 3
1 廠	5元	6元	8元
2 廠	8元	7元	10元

各廠可生產總量為10,000 單位。已知公司必須至少生產產品 1 為 6,000單位，產品 2 為 8,000 單位和產品 3 為 5,000 單位，試問公司應如何決定，以使在最低成本滿足產量的要求?

15. 宏生電腦公司生產兩類電腦: PC 和 VAX，該公司有兩座工廠，分別在 N，L 兩地。若 N 廠的產能為 800 架電腦，L 廠產能為 1,000 架，每架電腦的相關資料如下:

	N 廠		L 廠	
	PC	VAX	PC	VAX
淨 利（元）	600	800	1,000	1,300
人工（小時）	2 小時	2	3	4

已知公司共有 4,000 小時人工可用，及公司至多可售出 900 架 PC 和 900 架 VAX。

設 XNP＝在N地廠的 PC 產量

XLP＝在L地廠的 PC 產量

XNV＝在N地廠的 VAX 產量

XLV＝在L地廠的 VAX 產量

試求應如何配置產量組合，以使獲利爲最大?

16. 福生公司製造汽車與貨車，每輛汽車的淨利爲 300 元，而貨車的淨利爲 400 元，每生產一輛車的相關資料如下:

	使用型 1 機械的天數	使用型 2 機械的天數	用鋼量（噸）
汽　車	0.8	0.6	2
貨　車	1	0.7	3

已知每天公司可租用至多 98 架型 1 機械（每架50元）。目前，公司本身有 73 架型 2 機械和 260 噸鋼料。行銷部門指出訂單至少有 88 輛汽車和至少 26 輛貨車。試問公司應如何決定各類車的產量和型 1 機械的租用量，以使獲利爲最大?

第七章　線性規劃（Ⅲ）

——對偶性與敏感度分析

7.1 緒　　言

線性規劃在早期發展中最爲重要的成就之一是對偶性（duality）的概念及其許多相關的結果。這個發現顯示每一個線性規劃問題都有另一個相關的問題，稱爲其對偶問題（dual problem）。對偶問題及其稱爲原始問題（primal problem）的原題，之間的關係有多方面的應用。例如早先所提及的影子價格，實際上正是由對偶問題的最佳解所提供。

對偶性理論的主要應用之一是敏感度分析（sensitivity analysis）的解說和實施。敏感度分析是每個線性規劃研究中重要的部分。由於在原始模式中的一些或所有參數的數值只是未來狀況的估計值，因此萬一原題中某些條件變動，其對最佳解的影響值得深入探討。另外，諸如資源數量之類的參數值，代表管理者的決策，往往更是值得討論的主題，這些都可透過敏感度分析而達成。

在上一章中，本書曾介紹了線性規劃問題的構建以及其解題的方法與程序，本章主旨爲針對線性規劃的對偶性略加介紹，並解說其重要應用，以及其在經濟上的意義。另外也將對敏感度分析進行解說。至於更深一層的探討則請參閱專書。

7.2 對偶性

7.2.1 例題回顧

例 7.1 在前章的例 5.3 中，本書曾提及有兩種原料A和B用以製造兩種產品：甲產品和乙產品。在資源方面，A原料有 150 單位，B原料有 100 單位，以及 80 人工小時待用。已知製造一個甲產品需用 5 單位A原料，2 單位B原料以及 4 人工小時。而製造一個乙產品需用 2 單位A原料，3 單位B原料以及 2 人工小時。每個甲產品的利潤爲 12 元，乙產品的利潤爲 8 元。上述問題的線性規劃形式爲

$$
\begin{aligned}
\text{Max} \quad & f = 12x_1 + 8x_2 \\
\text{限制式} \quad & 5x_1 + 2x_2 \leq 150 \\
& 2x_1 + 3x_2 \leq 100 \\
& 4x_1 + 2x_2 \leq 80 \\
& x_1, \quad x_2 \geq 0
\end{aligned}
$$

上述的構建稱爲原始問題 (primal problem)。我們也將本例的單形法起始表列以及最終表列再次列出如下

		Maximize	12	8	0	0	0		
i	c_B	x_B	x_1	x_2	x_3	x_4	x_5	b_i	θ_i
1	0	x_3	5	2	1	0	0	150	30
2	0	x_4	2	3	0	1	0	100	50
3	0	x_5	(4)	2	0	0	1	80	20 → 出
		f_j	0	0	0	0	0	0	
		$c_j - f_j$	12	8	0	0	0		
			↑入						

圖 7.1 起始表列

		Maximize	12	8	0	0	0	
i	c_B	x_B	x_1	x_2	x_3	x_4	x_5	b_i
1	0	x_3	0	0	1	$\frac{1}{4}$	$-\frac{11}{8}$	65
2	8	x_2	0	1	0	$\frac{1}{2}$	$-\frac{1}{4}$	30
3	12	x_1	1	0	0	$-\frac{1}{4}$	$\frac{3}{8}$	5
		f_j	12	8	0	1	2.50	300
		$c_j - f_j$	0	0	0	−1	−2.50	

圖 7.2 最終表列

最佳解爲製造 5 單位甲產品（x_1^*）和30單位乙產品（x_2^*），其最大利潤爲 300 元。在這個解之下，仍有 65 單位的A原料未用，而所有B原料以及人工小時則全部用畢。

在本例中，讀者明顯可見假若有更多B原料以及人工小時可用，當可生產更多的甲、乙二產品，因而賺取更多的利潤。在此最大的問題是每單位B原料以及每單位人工小時可提昇多少利潤？假若改用經濟學用語，這些數量稱爲B原料和人工的邊際價值（marginal values）或影子價格（shadow prices）。由於A原料仍有 65 單位未用，因此更多的A原料只不過是堆積在倉庫，對製造者沒有實質價值。所以A原料的邊際價值爲 0 。將來我們將可看到，所有原始資源的邊際價值都可在原始問題的最終單形表列中找到 。然而，目前我們將上題改表成其對偶形式（dual form），對於瞭解最佳解的意義很有助益。

本題的對偶形式如下：爲了製造甲產品和乙產品，需要兩類的原料A和B。

設 $y_1 = 1$ 單位A原料對製造者的價值

$y_2 = 1$ 單位B原料的價值

$y_3 = 1$ 單位人工小時的價值

因此製造甲產品和乙產品的總成本爲

$150y_1 + 100y_2 + 80y_3$

對偶問題的目標函數爲極小化 $g = 150y_1 + 100y_2 + 80y_3$，也就是使生產成本爲最低。

那麼對偶問題的限制式又是如何呢？經濟學理論指出生產量應滿足「其邊際成本等於邊際利潤」的條件。由於我們是研究一個線性問題，每一單位產品的邊際成本和邊際利潤都是定值。甲產品邊際利潤爲每單位 12 元。由於每個甲產品使用 5 單位A原料，2 單位B原料以及 4 人工小時，因此生產一個甲產品的邊際成本爲

$5y_1+2y_2+4y_3$

當在最佳點時，必然是邊際成本≥邊際利潤。如果等號成立，該產品仍應生產，但當邊際成本大於邊際利潤時，生產該產品就不合算了。因此，對甲產品而言

$5y_1+2y_2+4y_3\geq 12$

同理，對乙產品而言，

$2y_1+3y_2+2y_3\geq 8$

如果我們重新考慮目標函數，用以製造甲產品及乙產品的總邊際成本為 $150y_1+100y_2+80y_3$，應設法儘量降低。

總結上述解說，對偶問題為

Min $g=150y_1+100y_2+80y_3$

限制式 $5y_1+2y_2+4y_3\geq 12$

$2y_1+3y_2+2y_3\geq 8$

$y_1,\ y_2,\ y_3\geq 0$

我們也可以用一個想要併購該公司的局外人提出對人員及原料的建議價格的比喻來構建對偶問題。假設這位局外人願以每單位 A 原料為 y_1 元，每單位 B 原料為 y_2 元以及每人工小時 y_3 元的價格買下這些資源，則對這些資源的總付出為

$150y_1+100y_2+80y_3$

當然，這個局外人希望總價越低越好。

原主自然有權拒絕這項交易。一個理性的原主必然不會在有損失的狀況下出售任何資源。換句話說，併購者所願出的價錢應至少與原主保留這些資源以製造產品的獲利相同。因此，對甲產品來說

$5y_1+2y_2+4y_3\geq 12$

以及對乙產品而言

$2y_1+3y_2+2y_3\geq 8$

對偶問題的起始表列以及最終表列如圖 7.3 和圖 7.4 所示，其中 y_4 和 y_5 爲二剩餘變數，y_6 和 y_7 爲二人工變數。

		Minimize	150	100	80	0	0	M	M		
i	c_B	y_B	y_1	y_2	y_3	y_4	y_5	y_6	y_7	b_i	θ_i
1	M	y_6	(5)	2	4	−1	0	1	0	12	2.4 → 出
2	M	y_7	2	3	2	0	−1	0	1	8	4
		f_j	7M	5M	6M	−M	−M	M	M	20M	
		c_j-f_j	150−7M	100−5M	80−6M	M	M	0	0		
			↑入								

圖 7.3 起始表列

		Minimize	150	100	80	0	0	
i	c_B	y_B	y_1	y_2	y_3	y_4	y_5	b_i
1	80	y_3	$\frac{11}{8}$	0	1	$-\frac{3}{8}$	$\frac{1}{4}$	2.50
2	100	y_2	$-\frac{1}{4}$	1	0	$\frac{1}{4}$	$-\frac{1}{2}$	1
		f_j	85	100	80	−5	−30	300
		c_j-f_j	65	0	0	5	30	

圖 7.4 最終表列

最佳解爲 $y_1^*=\$0$，$y_2^*=\$1$，$y_3^*=\$2.50$，$y_4^*=0$，$y_5^*=\$0$；目標函數的值爲 300 元。換句話說，A原料、B原料以及人工小時的邊際價值分別爲每單位 0 元，1 元和 2.5 元。這意謂着，若多 1 單位的B原料，則製造者可提高 1 元的利潤。

在不增加人工小時的條件下，想要利用增多的B原料將會使甲乙二產品的產量有所改變，在後面的討論中，讀者將會看到新解爲生產 $4\frac{3}{4}$ 單位甲產品和$30\frac{1}{2}$單位乙產品，其利潤爲 301 元，正是增多 1 元。

7.2.2 對偶問題的構建

在將原始線性規劃問題轉換爲其對偶形式之前，首先應將原始問題寫成其規範形式 (canonical form)。對於求極大問題， 其規範形式是所有限制式都表爲「小於或等於」的關係。對於求極小問題，則規範形式是所有限制式都表爲「大於或等於」 的關係 。 值得特別一提的是，在規範形式中的右邊並不必然具非負性。假若一問題有一個等號的限制式，則該限制式必須用二關係式取代，一個是「小於或等於」，另一個則是「大於或等於」，其中一個必須在式子左右各乘以（－１）以改變其不等式的方向。

例 7.2 試將下述問題改寫成規範形式

Max $f=10x_1+6x_2$

限制式 $2x_1+3x_2\leq 90$ (7.1)

$4x_1+2x_2\leq 80$ (7.2)

$x_2\geq 15$ (7.3)

$5x_1+x_2=25$ (7.4)

$x_1,\ x_2\geq 0$

解: 將（7.3）式左右各乘（－１）

$-x_2\leq -15$ (7.3′)

將（7.4）式改寫如下

$5x_1+x_2\leq 25$ (7.4a)

$$5x_1+x_2\geq 25 \tag{7.4b}$$

然後將（7.4b）式左右各乘（－1）

$$-5x_1-x_2\leq -25 \tag{7.4b'}$$

因此，本例的規範形式爲

Max　$f=10x_1+6x_2$

限制式　$2x_1-3x_2\leq \ 90$　(7.1)

$4x_1+2x_2\leq \ 80$　(7.2)

$-\ x_2\leq -15$　(7.3′)

$5x_1+\ x_2\leq \ 25$　(7.4a)

$-5x_1-\ x_2\leq -25$　(7.4b′)

$x_1,\ x_2\geq \ 0$

一旦將原始問題改寫成規範形式之後，我們將可依據下列關係得出對偶問題的形式:

1. 原始問題中每一限制式對應其對偶問題的一變數。
2. 原始問題中每一變數對應其對偶問題的一限制式。
3. 原始問題中目標函數係數對應其對偶問題限制式的右手邊常數。
4. 原始問題中限制式右手邊常數對應其對偶問題的目標函數係數。
5. 原始問題中限制式若爲「小於或等於」關係，則其對偶問題限制式爲「大於或等於」關係，反之亦然。
6. 原始問題中限制式的行係數爲其對偶問題限制式的列係數，也就是說，原始的 a_{ji}＝對偶的 a_{ij}。
7. 若原始問題爲求極大，則其對偶爲求極小，反之亦然。

表 7.1(a) 線性規劃的原始—對偶表,(b)(附例 7.1 示範)

(1) 一般情形

			原始問題					
			係數 x_1	x_2	$\cdots$	數 x_n	右手邊	
對偶問題	係數	y_1	a_{11}	a_{12}	$\cdots$	a_{1n}	$\leq b_1$	目標函數的係數(求極小)
		y_2	a_{21}	a_{22}	$\cdots$	a_{2n}	$\leq b_2$	
	數	$\vdots$			$\vdots$		$\vdots$	
		y_m	a_{m1}	a_{m2}	$\cdots$	a_{mn}	$\leq b_m$	
	右手邊		$\geq c_1$	$\geq c_2$	$\cdots$	$\geq c_n$		
			目標函數的係數(求極大)					

(2) 例 7.1

	x_1	x_2	
y_1	5	2	≤ 150
y_2	2	3	≤ 100
y_3	4	2	≤ 80
	$\geq$ 12	$\geq$ 8	

例 7.3 試將例 7.2 的規範形式改寫出其對偶問題

		原始問題		
		x_1	x_2	右手邊
對偶問題	y_1	2	-3	≤ 90
	y_2	4	2	≤ 80
	y_3	0	-1	≤ -15
	y_4	5	1	≤ 25
	y_5	-5	-1	≤ -25
	右手邊	$\geq$ 10	$\geq$ 6	

對偶問題

$$\text{Min}\quad g=90y_1+80y_2-15y_3+25y_4-25y_5$$

限制式 $2y_1+4y_2-0y_3+5y_4-5y_5\geq 10$

$3y_1+2y_2-y_3+y_4-y_5\geq 6$

$y_1, y_2, \cdots\cdots y_5\geq 0$

表 7.1(b) 求極大的原始問題與對偶問題的對照

原始問題形式	對偶問題形式
Max $f=\sum_{j=1}^{n} c_j x_j$ 限制式 $\sum_{j=1}^{n} a_{ij} x_j \leq b_i$ $i=1, 2\cdots\cdots m$ $x_j\geq 0$ $j=1, 2\cdots\cdots n$	Min $g=\sum_{i=1}^{m} b_i y_i$ 限制式 $\sum_{i=1}^{n} a_{ij} y_i\geq c_j$ $j=1, 2\cdots\cdots n$ $y_i\geq 0$ $i=1, 2\cdots\cdots m$
Max $f=\mathbf{c}^T\mathbf{x}$ 限制式 $A\mathbf{x}\leq\mathbf{b}$ $\mathbf{x}\geq 0$	Min $g=\mathbf{b}^T\mathbf{y}$ 限制式 $A^T\mathbf{y}\geq\mathbf{c}$ $\mathbf{y}\geq 0$
Max $f=[12, 8]\begin{bmatrix}x_1\\x_2\end{bmatrix}$ 限制式 $\begin{bmatrix}5&2\\2&3\\4&2\end{bmatrix}\begin{bmatrix}x_1\\x_2\end{bmatrix}\leq\begin{bmatrix}150\\100\\80\end{bmatrix}$ 和 $\begin{bmatrix}x_1\\x_2\end{bmatrix}\geq 0$	Min $g=[150, 100, 80]\begin{bmatrix}y_1\\y_2\\y_3\end{bmatrix}$ 限制式 $\begin{bmatrix}5&2&4\\2&3&2\end{bmatrix}\begin{bmatrix}y_1\\y_2\\y_3\end{bmatrix}\geq[12, 8]$ 和 $\begin{bmatrix}y_1\\y_2\\y_3\end{bmatrix}\geq\begin{bmatrix}0\\0\\0\end{bmatrix}$

例 7.4 試求下述原始問題的對偶問題

$$\text{Min} \quad f=6x_1+8x_2$$

$$\text{限制式} \quad \begin{aligned} 3x_1+\ x_2 &\geq 4 \\ 5x_1+2x_2 &\leq 10 \\ x_1+2x_2 &= 3 \\ x_1,\quad x_2 &\geq 0 \end{aligned}$$

解: 首先將上述式子改寫成規範形式

$$\text{Min} \quad f=6x_1+8x_2$$

$$\text{限制式} \quad \begin{aligned} 3x_1+\ x_2 &\geq 4 \\ -5x_1-2x_2 &\geq -10 \\ x_1+2x_2 &\geq 3 \\ -x_1-2x_2 &\geq -3 \\ x_1,\quad x_2 &\geq 0 \end{aligned}$$

因此

$$\mathbf{b}=\begin{bmatrix} 4 \\ -10 \\ 3 \\ -3 \end{bmatrix}, \quad \mathbf{c}=\begin{bmatrix} 6 \\ 8 \end{bmatrix}, \quad \text{和} A=\begin{bmatrix} 3 & 1 \\ -5 & -2 \\ 1 & 2 \\ -1 & -2 \end{bmatrix}$$

$$\text{即} A^T=\begin{bmatrix} 3 & -5 & 1 & -1 \\ 1 & -2 & 2 & -2 \end{bmatrix}$$

所以對偶形式為

$$\text{Max} \quad g=4y_1-10y_2+3y_3-3y_4$$

$$\text{限制式} \quad \begin{aligned} 3y_1-\ 5y_2+\ y_3-\ y_4 &\leq 6 \\ y_1-\ 2y_2+2y_3-2y_4 &\leq 8 \\ y_1,\quad y_2,\quad y_3,\quad y_4 &\geq 0 \end{aligned}$$

或許有人已注意到變數 y_3 和 y_4 的係數，除了符號之外全然相同。

表 7.2 求極小的原始問題與對偶問題的對照

原始問題形式	對偶問題形式
Min $f=\sum_{j=1}^{n} c_j\ x_j$ 限制式 $\sum_{j=1}^{n} a_{ij}\ x_j \geq b_i$ $i=1,2,\cdots\cdots,m$ $x_j \geq 0$ $j=1,2,\cdots\cdots,n$	Max $g=\sum_{i=1}^{m} b_i\ y_i$ 限制式 $\sum_{i=1}^{n-} a_{ij}\ y_i \geq c_j$ $j=1,2,\cdots\cdots,n$ $y_i \geq 0$ $i=1,2,\cdots\cdots,m$
Min $f=\mathbf{c}^T\mathbf{x}$ 限制式 $A\mathbf{x} \geq \mathbf{b}$ $\mathbf{x} \geq 0$	Max $g=\mathbf{b}^T\mathbf{y}$ 限制式 $A^T\mathbf{y} \leq \mathbf{c}$ $\mathbf{y} \geq 0$
Min $f=[\,6,\ 8\,]\begin{bmatrix} x_1 \\ x_2 \end{bmatrix}$ 限制式 $\begin{bmatrix} 3 & 1 \\ -5 & -2 \\ 1 & 2 \\ -1 & -2 \end{bmatrix}\begin{bmatrix} x_1 \\ x_2 \end{bmatrix} \geq \begin{bmatrix} 4 \\ -10 \\ 3 \\ -3 \end{bmatrix}$ 和 $\begin{bmatrix} x_1 \\ x_2 \end{bmatrix} \geq 0$	Max $g^T=[\,4,\ -10,\ 3,\ -3\,]\begin{bmatrix} y_1 \\ y_2 \\ y_3 \\ y_4 \end{bmatrix}$ 限制式 $\begin{bmatrix} 3 & -5 & 1 & -1 \\ 1 & -2 & 2 & -2 \end{bmatrix}\begin{bmatrix} y_1 \\ y_2 \\ y_3 \\ y_4 \end{bmatrix} \leq [6,\ 8]^2$ 和 $\begin{bmatrix} y_1 \\ y_2 \\ y_3 \\ y_4 \end{bmatrix} \geq \begin{bmatrix} 0 \\ 0 \\ 0 \\ 0 \end{bmatrix}$

在前一章提及未受限變數 x_i 爲以 $x_i'-x_i''$ 表示，其中 $x_i'\geq 0$，$x_i''\geq 0$，因此可知 y_3-y_4 可用 y_3' 表示，其中 y_3' 爲未受限變數。所以上述對偶問題也可表爲

$$\begin{aligned}
\text{Max} \quad & g=4y_1-10y_2+3y_3' \\
\text{限制式} \quad & 3y_1-5y_2+y_3'\leq 6 \\
& y_1-2y_2+2y_3'\leq 8 \\
& y_1,\ y_2 \geq 0 \\
& y_3 \text{ 爲未受限變數}
\end{aligned}$$

因此，一般而言，我們可說原始問題中具等號的限制式相對應於對偶問題的未受限變數。換句話說，如果我們願意有未受限變數在對偶問題中，則不必以二不等式取代原始問題中具等號的限制式。

7.2.3 原始—對偶關係

假設原始問題（以規範形式表示）爲求極大，則對偶爲一極小化問題，其中原始—對偶關係（primal-dual relationship），可用下述定理表示:

定理 7.1 對於一個線性規劃問題而言，下列敍述僅有一個必然成立

(1) (a) 弱對偶性質（weak duality property）

若 $\mathbf{x}$ 爲原始問題的一可行解，以及 $\mathbf{y}$ 爲其對偶問題的一可行解，則 $\mathbf{c}^T\mathbf{x}\leq\mathbf{b}^T\mathbf{y}$。

(b) 強對偶性質（strong duality property）

若 $\mathbf{x}^*$ 爲原始問題的一最佳解，以及 $\mathbf{y}^*$ 爲其對偶問題的一最佳解，則 $\mathbf{c}^T\mathbf{x}^*=\mathbf{b}^T\mathbf{y}^*$。

(2) 若原始問題及其對偶問題其一爲有無限值解，則另一必爲有不可行解。

(3) 原始問題及其對偶問題二者都是有不可行解。

例 7.5 考慮線性規劃問題

$$\text{Max} \quad f=3x_1+2x_2$$

$$\text{限制式} \quad \begin{aligned} 5x_1+4x_2 &\leq 20 \\ 2x_1+4x_2 &\leq 16 \\ x_1, \quad x_2 &\geq 0 \end{aligned}$$

則其對偶問題爲

$$\text{Min} \quad g=20y_1+16y_2$$

$$\text{限制式} \quad \begin{aligned} 5y_1+2y_2 &\geq 3 \\ 4y_1+4y_2 &\geq 2 \\ y_1, \quad y_2 &\geq 0 \end{aligned}$$

對於二點 $\mathbf{x}=\begin{bmatrix} 2 \\ 2 \end{bmatrix}$ 和 $\mathbf{y}=\begin{bmatrix} \frac{1}{2} \\ \frac{1}{2} \end{bmatrix}$

$$f=\mathbf{c}^T\mathbf{x}=[3 \quad 2]\begin{bmatrix} 2 \\ 2 \end{bmatrix}=10$$

$$g=\mathbf{b}^T\mathbf{y}=[20 \quad 16]\begin{bmatrix} \frac{1}{2} \\ \frac{1}{2} \end{bmatrix}=18$$

因此 $f<g$，同時我們知道 f 和 g 的最佳值必然在 10 和 18 之間。

其次，考慮

$$\mathbf{x}=\begin{bmatrix} 4 \\ 0 \end{bmatrix} \quad \text{和} \quad \mathbf{y}=\begin{bmatrix} \frac{3}{5} \\ 0 \end{bmatrix}$$

$$f=\mathbf{c}'\mathbf{x}=[3 \quad 2]\begin{bmatrix} 4 \\ 0 \end{bmatrix}=12$$

和　$g=\mathbf{b}'\mathbf{y}=[20 \quad 16]\begin{bmatrix} \frac{3}{5} \\ 0 \end{bmatrix}=12$

可知 x 和 y 必然是原始和對偶的最佳解。

例 7.6　考慮線性規劃問題

Max　$f=2x_1+3x_2$

限制式　$-x_1-x_2\leq-3$

$x_1-2x_2\leq 4$

$x_1,\ x_2\geq 0$

這個問題在上章中可知為有無限值解，其對偶問題為

Min　$g=-3y_1+4y_2$

限制式　$-y_1+y_2\geq 2$

$-y_1-2y_2\geq 3$

$y_1,\ y_2\geq 0$

其中第二個限制式可改寫為

$y_1+y_2\leq-3$

這個限制式明顯地不滿足 y_1 和 y_2 為非負性的條件，因此對偶問題為有不可行解。

例 7.7　考慮線性規劃問題

Max　$f=x_1+x_2$

限制式　$x_1-x_2\leq-1$

$-x_1+x_2\leq-1$

$x_1,\ x_2\geq 0$

第二限制式可改寫為 $x_1-x_2\geq 1$，由於第一式與第二式相矛盾，可知本例為有不可行解。

上述原始問題的對偶問題為

Min $g=-y_1-y_2$

限制式 $y_1-y_2\geq 1$

$-y_1+y_2\geq 1$

$y_1,\ y_2\geq 0$

如果將第二式改寫，$y_1-y_2\leq -1$，顯然對偶問題也是有不可行解。

定理 7.2 假設 $\mathbf{x}^*$ 和 $\mathbf{y}^*$ 分別爲原始和對偶問題的最佳解，則

(1) 若變數 x_j 爲原始問題最佳解中的基本變數，則第 j 個對偶限制式爲有等號。

(2) 若第 i 個原始限制式在最佳點時爲不等式（這表示該限制式中的閒置變數 x_{n+1} 爲基本變數），則第 i 個對偶變數（y_i）爲 0。

爲了示範定理的意義，現以例題示範如下:

例 7.8 考慮如下原始問題與其對偶問題:

原始問題

Max $f=3x_1+2x_2$

限制式 $5x_1+4x_2\leq 20$ (7.5)

$2x_1+4x_2\leq 16$ (7.6)

$x_1,\ x_2\geq 0$

對偶問題

Min $g=20y_1+16y_2$

限制式 $5y_1+2y_2\geq 3$ (7.7)

$4y_1+4y_2\geq 2$ (7.8)

$y_1,\ y_2\geq 0$

爲了以單形法求解這些問題，首先必須將它們改寫成標準形式

Max $f=3x_1+2x_2+0x_3+0x_4$

限制式 $5x_1+4x_2+x_3=20$

$$2x_1+4x_2 \qquad +x_4=16$$

$$x_1,\quad x_2,\quad x_3,\quad x_4\geq 0$$

Min　$g=20y_1+16y_2+0y_3+0y_4$

限制式　$5y_1+2y_2-y_3 \qquad =3$

$$4y_1+4y_2 \qquad -y_4=2$$

以上二問題的最終表列如圖 7.5(a) 及圖 7.5(b) 所示

		Maximize	3	2	0	0	
i	c_B	x_B	x_1	x_2	x_3	x_4	b_i
1	3	x_1	1	$\frac{4}{5}$	$\frac{1}{5}$	0	4
2	0	x_4	0	$\frac{12}{5}$	$-\frac{2}{5}$	1	8
		f_j	3	$\frac{12}{5}$	$\frac{3}{5}$	0	12
		c_j-f_j	0	$-\frac{2}{5}$	$-\frac{3}{5}$	0	

圖 7.5　(a) 原始問題的單形最終表列

		Minimize	20	16	0	0	
i	c_B	y_B	y_1	y_2	y_3	y_4	b_i
1	0	y_4	0	$-\frac{12}{5}$	$-\frac{4}{5}$	1	$\frac{2}{5}$
2	20	y_1	1	$\frac{2}{5}$	$-\frac{1}{5}$	0	$\frac{3}{5}$
		f_j	20	8	-4	0	12
		c_j-f_j	0	8	4	0	

圖 7.5　(b) 對偶問題的單形最終表列

由圖 7.5(a) 可知 x_1 爲基本變數，依據定理 7.2 的敍述，第一個對偶限制式必須爲等式。變數 y_3 爲非基本變數，因此其值爲 0，這表示 (7.7) 式確爲一等式。同時因爲 $x_4=8$，限制式 (7.6) 爲不等式，則依據定理 7.2 的敍述得知對偶變數 y_2 必須爲零。讀者只要略看一下圖 7.5(b) 即可知確是如此。

7.3 對偶定理的應用

對偶定理至少有如下的應用:

1. 減少計算時間:

當原始問題有 m 個限制式 n 個決策變數，且 $m>n$，若將此問題轉換爲對偶問題，則限制式將減少（n 條）因此計算時間也相對減少。

2. 容易的找到原始問題的上界:

依據弱及強對偶性，若 $\mathbf{x}$ 爲原始問題的可行解，用目測法我們找到對偶問題的一個可行解 $\mathbf{y}$。若 $\mathbf{b}^T\mathbf{y}-\mathbf{c}^T\mathbf{x}$ 值很小，我們知道 $\mathbf{x}$ 離最佳解不遠。

3. 經濟意義的說明:

可以說明原始題中各係數的意義。

例 7.9 試解

Max $\quad f=3x_1-x_2+2x_3+x_4$

限制式 $\quad 3x_1-x_2+2x_3+x_4\leq 2 \qquad (7.9)$

$\quad x_1+x_2+4x_3+x_4\leq 7 \qquad (7.10)$

$\quad x_1,\ x_2,\ x_3,\ x_4\geq 0$

雖然本例有四個變數，但是藉助對偶性定理可讓我們以圖解法解決本題。首先將上例構建其對偶問題，並解題，然後利用上述定理。

上例的對偶問題爲

Min　　$g=2y_1+7y_2$

限制式　　$3y_1+y_2\geq 3$　　(7.11)

$-y_1+y_2\geq 1$　　(7.12)

$2y_1+4y_2\geq 8$　　(7.13)

$y_1+y_2\geq 2$　　(7.14)

$y_1,\quad y_2\geq 0$

這是一個二變數問題，可用圖解法解題。如圖 7.6 所示，最佳解為 $y_1^*=\frac{2}{3}$，$y_2^*=\frac{5}{3}$，$g^*=13$。

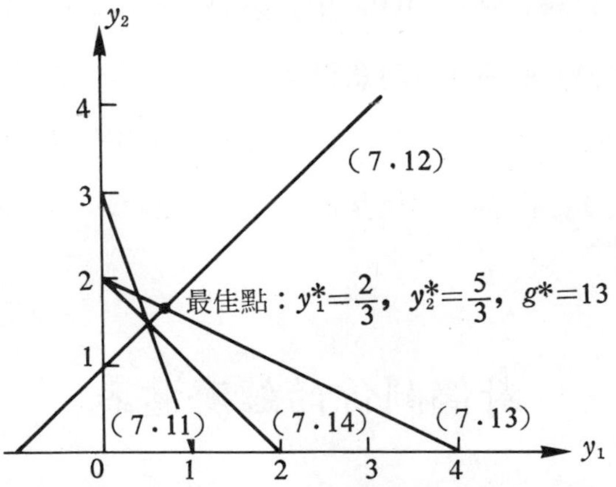

圖 7.6　例 7.9 的對偶問題最佳解

讀者請注意，對偶限制式（7.12）和（7.13）在最佳解為等號，而（7.11）和（7.14）則為不等式。因此依據定理7.2可知 $x_1^*=x_4^*=0$，因為（7.11）和（7.14）為不等式，意即 x_1^* 與 x_4^* 必須為非基本解。另外，由於 y_1^* 和 y_2^* 都是正值，因此二原始限制式必須為等號

$-x_2+2x_3=2$　　(7.15)

$x_2+4x_3=7$　　(7.16)

所以最佳解爲 $x_2^*=1$ 和 $x_3^*=\frac{3}{2}$，且 $f^*=13$。

最後，我們將在此指出，尋求對偶變數的最佳解，並不必將對偶問題求解。

定理 7.3 假設原始問題和其對偶問題都有最佳解，則對偶變數的最佳解爲包含於原始問題的最終表列的 f_j 的惰變數行中。換句話說，若 x_{n+1} 爲第一原始限制式的惰變數，則 $y_1^*=f_{n+1}$ 等等。

現以例 7.7 來說明定理 7.3 的意義。參閱圖 7.5 所示的原始問題和對偶問題的最終表列，讀者可見在圖 7.5(a) 中 f_3 和 f_4 的值分別爲$\frac{3}{5}$和 0，它們恰爲在圖 7.5(b) 中所示 y_1 和 y_2 的最佳解。事實上「原始」和「對偶」的稱呼可隨意對調。換句話說，在圖 7.5(b) 中也可看出 f_j 列中 $f_3=-4$ 和 $f_4=0$，除了 f_3 的符號之外正是 x_1 和 x_2 的最佳解（f_3 的符號相反是因 y_3 是剩餘變數，而非惰變數之故）。

7.4 原始——對偶關係的經濟意義

在 7.21 中的例 7.1 我們曾經引進其對偶以評估有限資源的價值。本節將推廣這些概念

假設原始問題爲

Max $\quad f=\mathbf{c}^T\mathbf{x}$

限制式 $\quad A\mathbf{x}\leq\mathbf{b}$

$\qquad\qquad\mathbf{x}\geq 0$

則其對偶問題爲

Min $\quad g=\mathbf{b}^T\mathbf{y}$

限制式　$A^T\mathbf{y} \geq \mathbf{c}$

$\mathbf{y} \geq 0$

原始問題中各項符號的經濟意義如下所示:

x_j 表第 j 種活動的水準（例如第 j 產品的數量）

c_j 表第 j 種活動的單位利潤

f 表所有活動的總利潤

b_i 表第 i 種資源的可使用量

a_{ij} 表生產一單位的 j 種活動所須耗用的 i 種資源數量

對偶問題中各符號所代表的經濟意義如下所示:

y_i 表原始問題中使用現時基底解 i 資源的單位利潤貢獻

〔$a_{1j}, \cdots\cdots, a_{ij}, \cdots\cdots, a_{mj}$〕表生產一單位的 j 種產品所須耗用的資源 $\sum_{i=1}^{m} a_{ij}y_i$ 爲生產一單位的 j 種產品所耗用的資源現時對利潤的貢獻

$\sum_{i=1}^{m} a_{ij}y_i \geq c_j$ 表已知〔$a_{1j}\cdots\cdots a_{mj}$〕資源，若用於生產 j 產品一單位對利潤的貢獻爲 c_j，〔$a_{1j}\cdots\cdots a_{mj}$〕資源的使用必須使其對利潤的貢獻

$\sum_{i=1}^{m} a_{ij}y_i$ 大於 c_j，否則並非最佳的使用

在現時使用 $\begin{bmatrix} b_1 \\ \vdots \\ b_m \end{bmatrix}$ 這些資源從事生產活動時，其耗用的總值爲

$\sum_{i=1}^{m} b_iy_i$，生產者在進行生產活動時，希望耗用資源的總值越小越好，

Min $g = \sum_{i=1}^{m} b_iy_i$。總結上述解說，可將原始問題和其對偶問題依其經濟意義表示如下:

原始問題爲:

$$\text{Max} \quad f=\sum_{j=1}^{n}(\text{每單位產品 } j \text{ 的利潤})(\text{產品 } j \text{ 的個數})$$

$$=\text{所有產品的總利潤}$$

限制式

$$\sum_{j=1}^{n}\begin{pmatrix}\text{每單位產品 } j \text{ 所}\\ \text{用資源 } i \text{ 的數量}\end{pmatrix}\begin{pmatrix}\text{產品 } j\\ \text{個　數}\end{pmatrix}\leq\begin{pmatrix}\text{資源 } i \text{ 的}\\ \text{總 數 量}\end{pmatrix} \quad i=1, 2\cdots\cdots m$$

$$\text{產品 } j \text{ 的個數}\geq 0 \quad j=1, 2\cdots\cdots n$$

則其對偶問題爲:

$$\text{Min} \quad g=\sum_{i=1}^{m}\begin{pmatrix}\text{資源 } i \text{ 的}\\ \text{總 數 量}\end{pmatrix}\begin{pmatrix}\text{每單位資源}\\ i \text{ 的價值}\end{pmatrix}$$

$$=\text{所有資源的總價值}$$

限制式爲

$$\sum_{i=1}^{m}\begin{pmatrix}\text{每單位產品 } j \text{ 所}\\ \text{用資源 } i \text{ 的數量}\end{pmatrix}\begin{pmatrix}\text{每單位資源}\\ i \text{ 的價值}\end{pmatrix}\geq\begin{pmatrix}\text{每單位產品}\\ j \text{ 的利潤}\end{pmatrix}$$

$j=1, 2\cdots\cdots n$

每單位資源 i 的價值 $\geq 0 \quad i=1, 2\cdots\cdots m$

以上的描述若以口語敍述，則可表示如下:

(1) 原始問題: 已知每一產品 j 的利潤（c_j）和資源 i 的數量（b_i），試問應生產每一產品的個數（x_j）若干才能使所有產品的總利潤爲極大。

(2) 對偶問題: 已知資源 i 的數量（b_i）和每單位產品的利潤（價值）下限（c_j），試問每單位資源的價值（y_i）爲若干方能使資源的總價值爲極小。

變數 y_i 往往稱爲資源的影子價格或機會價格(相對於市場售價)。事實上，假若我們能使資源 i 的數量由 b_i 增爲 b_{i+1}，則利潤將增加 y_i（假設整個最佳解不變）。因此 y_i 衡量 f 對 b_i 的改變率。

7.5 敏感度分析

至目前為止，本書僅對線性規劃問題進行靜態的分析。也就是假設目標函數的係數，限制式的右手邊數值以及技術係數都是已知且固定不變。然而，在許多實際狀況之下，生產產品的利潤或成本隨着原料、勞力、市場售價的改變而變動。另外，生產與資源需求也因時而異。例如，管理者認為利潤邊際（profit margin）有可能會改變，這時自然會影響目標函數的設定。或者認為某些物料可能會缺貨，新設備或製造方法會改變技術係數。敏感度分析有助於線性規劃的解題者瞭解在不致引起最佳解重大改變的條件下，線性規劃模式中各參數的變動範圍。

敏感度分析（sensitivity analysis）或稱後最佳化分析（post-optimality analysis)，是研究當模式中參數改變時，數學模式中各種決策變數的值如何隨之改變的情形。因此，對於線性規劃問題來說，敏感度分析所關切的不但包括如下幾點：①目標函數的係數的改變，②技術係數的改變，③方程式右邊係數的改變等對最佳解的影響，而且也對增多決策變數和限制式的影響感興趣。

為什麼敏感度分析如此重要呢？或許最重要的理由是在不必每次從頭計算的前提下，探討上述這類的主題。如此做法對於中型或大型問題的好處，不言而喻。

讀者也可視敏感度分析為處理不定性的方法。雖然管理者並不完全確知所有問題中參數的數值，但是仍可利用「最為可能」或「最佳猜測」數值求解。然後採用敏感度分析針對改變某些參數的影響加以探討，本節將分成依圖解法以及單形法表列的方式進行探討。

7.5.1 以圖解法分析

1. 目標函數係數 c_j 變動

例 7.10

Max $\quad f=15x_1+5x_2$

限制式 $\quad 2x_1+3x_2\leq 54$

$\quad 2x_1+x_2\leq 20$

$\quad x_1, \quad x_2\geq 0$

本例的可行解凸集合如圖 7.7 所示，其最佳解爲 $x_1=10$，$x_2=0$ 以及 $f=150$。

假若變數 x_2 的獲利性增加 2.5 元，由於只是目標函數的係數變動，顯然可行解凸集合 $OABC$ 並不會受到影響。

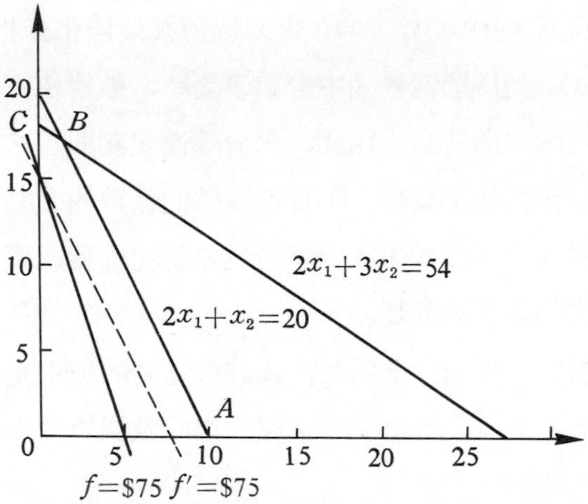

圖 7.7 目標函數係數改變

然而，目標直線的斜率卻改變了，圖中虛線 $f'=75$ 爲新的目標直線。在本例中，所有在 AB 線上的點均爲最佳點。其中 $B=(1.5, 17)$。

假若目標函數中 x_2 的係數 c_2 更進一步的增加，則 B 將成爲唯一解。當 c_2 增至 $c_2=22.5$ 時，點 B 和 C 將均成爲最佳解，而當 $c_2>$

22.5時，點C爲最佳解。總之，只要 $c_2<7.5$，則點A爲最佳解。當 $7.5<c_2<22.5$，點B爲最佳解，而當 $c_2>22.5$，則點 C 爲最佳解。當 $c_2=7.5$ 或 $c_2=22.5$，則有無限多解。當然，當 c_2 值改變，目標函數值也隨之變動，然而決策變數的最佳值只在某些 c_2 值才改變。對於 c_1 也可做類似分析。因此，管理者可評估目標函數係數的數值改變的重要性。

2. 技術係數 a_{ij} 的變動

假若前例中的限制式 $2x_1+x_2\leq 20$ 變動成爲

$$3.5x_1+2x_2\leq 40$$

例 7.11

Max　$f=15x_1+5x_2$

限制式　$2x_1+3x_2\leq 54$

$3.5x_1+2x_2\leq 40$

$x_1,\quad x_2\geq 0$

在本例中的可行凸集合如圖 7.8(a) 所示，其中虛線爲原本的限制式 $2x_1+x_2\leq 20$。最佳解爲由原 $A=(10, 0)$ 改爲 $A'=(11.43, 0)$，新的目標函數最佳解爲 $11.43\times 15=171.45$，增加 21.45。請注意本例的可行域爲由 $OABC$ 改爲 $OA'B'C$。

假若是 $2x_1+3x_2\leq 54$ 中的 x_1 係數（a_{11}）改變，這個係數必須有巨大的變動才會對最佳解有所影響。事實上，如果 a_{11} 減小但仍保持正值或增至 5.4，則對最佳解不致於有任何影響。

我們很清楚地看到技術係數的改變只是所涉及的限制式的轉動而已。這種改變會使可行凸集合有所不同，但對最佳解或許沒有影響。

3. 限制式右手邊常數 b_i 的變動

限制式右邊數值的變動使受影響的限制式得到一條與原限制式平行的直線，這種改變可能會也可能不會影響最佳解的數值。

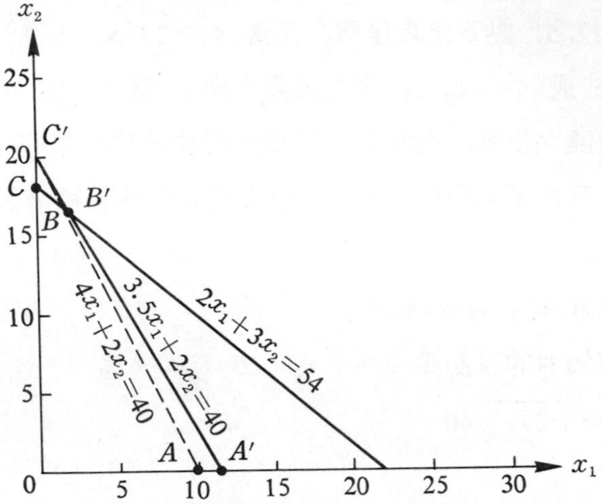

圖 7.8 (a)

假設 $2x_1+3x_2\leq 54$ 改爲 $2x_1+3x_2\leq 60$，如圖 7.8(b) 所示，可行凸集合由 OAC 改爲 $OA'C'$，這時最佳解沒有改變。

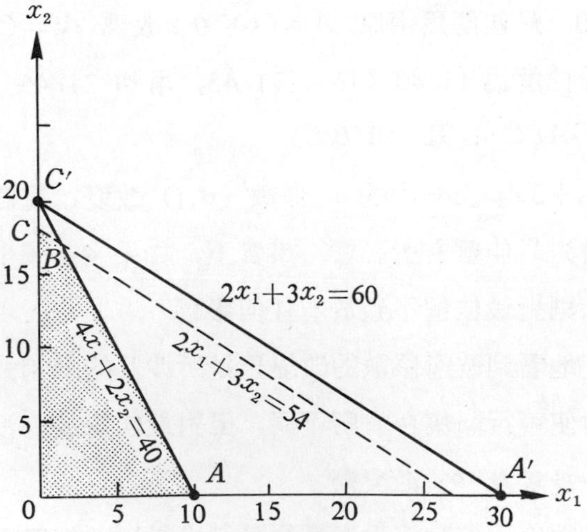

圖 7.8 (b)

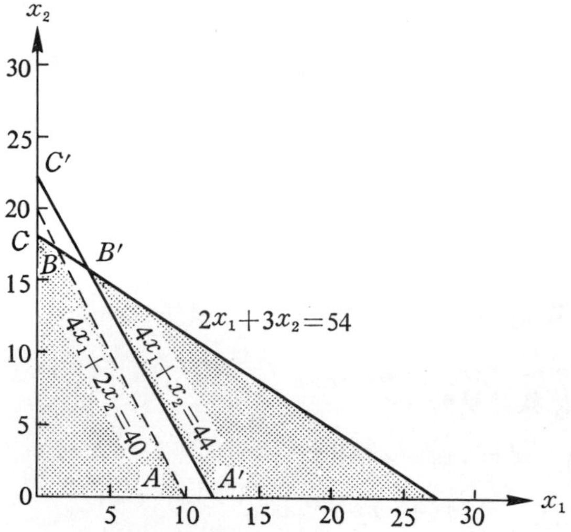

圖 7.8 (c)

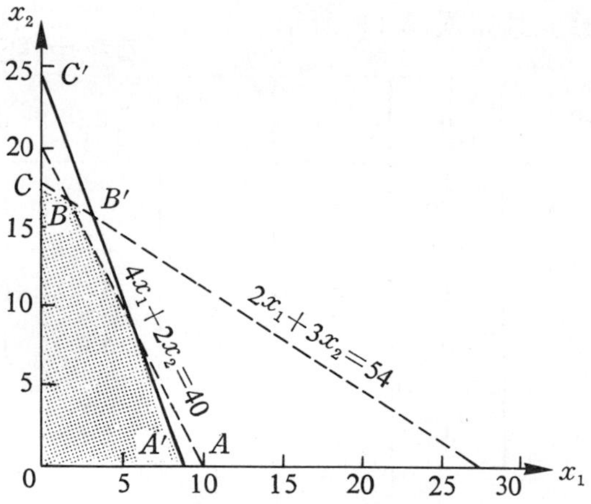

圖 7.9

另一方面，如果限制式 $2x_1+x_2\leq 20$ 改爲 $4x_1+2x_2\leq 44$，這時新的可行凸集合成爲 $OA'B'C$，新的最佳解爲 $x_1=11$，$x_2=0$ 及 $f=165$。

4. 增加限制式

假設在上例中多增加一限制條件 $4x_1+1.5x_2=36$。這時對最佳解是否會有影響？只要查驗最佳解的 (x_1, x_2) 數值是否滿足該新增限制式就可知道。如果答案是肯定的，則沒有影響。但是在本題中 $x_1=10$，$x_2=0$ 並不滿足新限制式。新的最佳解爲 $x_1=9$，$x_2=0$ 及 $f=135$。新的可行域由原先的 $OABC$ 變爲 $OA'B'C$。

7.5.2 以單形法表列分析

1. 目標函數係數的變動

例 7.12 Max $f=4x_1-x_2+x_3$

限制式 $2x_1+x_2+x_3\leq 6$

$-2x_1+2x_2\leq 4$

$x_1, x_2, x_3\geq 0$

單形法的最終表列如圖 7.11 所示

		Maximize	4	−1	1	0	0	
i	c_B	x_B	x_1	x_2	x_3	x_4	x_5	b_i
1	4	x_1	1	$\frac{1}{2}$	$\frac{1}{2}$	$\frac{1}{2}$	0	3
2	0	x_5	0	3	1	1	1	10
		f_j	4	2	2	2	0	12
		c_j-f_j	0	−3	−1	−2	0	

圖 7.10 最終表列

爲了要決定 c_1, c_2 和 c_3 的範圍，分成兩部分討論

(1) 非基本變數係數改變的影響

在本例中，x_2 爲一非基本變數，設 x_2 的係數 -1 以未知數

c_2 取代，新的單形法最終表列如圖 7.11 所示。讀者由該圖中可見 c_j-f_j 列中唯一受影響的是 c_2-f_2。只要 $c_2-f_2\leq 0$，則目前基底將保持為最佳解。

		Maximize	4	c_2	1	0	0	
i	c_B	x_B	x_1	x_2	x_3	x_4	x_5	b_i
1	4	x_1	1	$\frac{1}{2}$	$\frac{1}{2}$	$\frac{1}{2}$	0	3
2	0	x_5	0	3	1	1	1	10
		f_j	4	2	2	2	0	12
		c_j-f_j	0	c_2-2	-1	-2	0	

圖 7.11　新最終表列

即　　$c_2\leq f_2$　或　$c_2\leq \$2$

換句話說，x_2 的利潤只要保持在每單位 2 元或以下，則 x_2 不致進入基底而成為基本變數。萬一 x_2 的利潤每單位超過 2 元，則圖 7.11 不再是最終表列，變數 x_2 必須進入基底，單形運算必須再推演下去。

一般而言，當 x_2 不是最佳解中的基本變數時，對於求極大問題，只要保持 $c_j\leq f_j$，則最佳解不變，若是求極小問題，則必須滿足 $c_j\geq f_j$，最佳解保持不變。利用上述程序，可知 $c_3\leq \$2$。

(2) 基本變數係數改變的影響

在本例中，我們應討論 c_1 的變動範圍。c_1 的改變影響了所有非基本變數的 c_j-f_j 值。由於本題為求極大，只要保持

$$c_2-f_2\leq 0$$

$$c_3-f_3\leq 0$$

$$c_4-f_4\leq 0$$

		Maximize	c_1	-1	1	0	0	
i	c_B	x_B	x_1	x_2	x_3	x_4	x_5	b_i
1	c_1	x_1	1	$\frac{1}{2}$	$\frac{1}{2}$	$\frac{1}{2}$	0	3
2	0	x_5	0	3	1	1	1	10
		f_j	c_1	$0.5c_1$	$0.5c_1$	$0.5c_1$	0	$3c_1$
		c_j-f_j	0	$-1-0.5c_1$	$1-0.5c_1$	$-0.5c_1$	0	

圖 7.12 例 7.12 中 c_1 改變時的最終表列

則 x_2, x_3 和 x_4 不會引入基底

但是 $c_2-f_2\leq 0$

就是 $-1-0.5c_1\leq 0$

或 $-2\leq c_1$

而 $c_3-f_3\leq 0$

就是 $1-0.5c_1\leq 0$

或 $2\leq c_1$

最後 $c_4-f_4\leq 0$

就是 $0-0.5c_1\leq 0$

或 $0\leq c_1$

由於所有限制必須同時成立，所以 \$2$\leq c_1$。換句話說，只要 c_1 不低於 2 元，則變數 x_1 會持續留在最佳解中。但是如果 c_1 大於 2 元，則變數 x_3 將進入基底。

總而言之，基本變數在目標函數的係數改變如果是求極大問題時，只要所有非基本變數的 $c_j-f_j\leq 0$，(或在求極小問題時 $c_j-f_j\geq 0$)，則不致改變最佳解。

2. 限制式右手邊常數 b_i 的變動

早先在第三章中曾經提及，線性方程式可透過一連串列運算而求得基本解，基本變數的值爲

$$\mathbf{x}_B = B^{-1}\mathbf{b} - B^{-1}N\mathbf{x}_N$$

其中　$\mathbf{x}_B$＝基本變數

$\mathbf{x}_N$＝非基本變數

B＝相對於基本變數的技術矩陣 A 部分子矩陣

B^{-1}＝B 的逆矩陣

N＝相對於非基本變數的技術矩陣 A 的部分子矩陣

由於　$\mathbf{x}_N = 0$，

因此　$\mathbf{x}_B = B^{-1}\mathbf{b}$

例如在圖 7.11 中，x_4 和 x_5 行之下

$$B^{-1} = \begin{bmatrix} \frac{1}{2} & 0 \\ 1 & 1 \end{bmatrix}$$

因此 x_1 和 x_5 的值可計算如下

$$\mathbf{x}_B = B^{-1}\mathbf{b} = \begin{bmatrix} \frac{1}{2} & 0 \\ 1 & 1 \end{bmatrix} \begin{bmatrix} 6 \\ 4 \end{bmatrix} = \begin{bmatrix} 3 \\ 10 \end{bmatrix}$$

非基本變數 x_2, x_3 和 x_4 之下各行數值爲以 $B^{-1}N$ 表示，因爲

$$N = \begin{bmatrix} 1 & 1 & 1 \\ 2 & 0 & 0 \end{bmatrix}$$

$$B^{-1}N = \begin{bmatrix} \frac{1}{2} & 0 \\ 1 & 1 \end{bmatrix} \begin{bmatrix} 1 & 1 & 1 \\ 2 & 0 & 0 \end{bmatrix} = \begin{bmatrix} \frac{1}{2} & \frac{1}{2} & \frac{1}{2} \\ 3 & 1 & 1 \end{bmatrix}$$

經由以上分析可知，如果想要分析任一個 b_i 改變的影響，只要將

向量 **b** 中 b_i 的數值以符號 b_i 取代，然後重新計算

$$\mathbf{x}_B=B^{-1}\mathbf{b}$$

另外，因爲可行解爲要求每一個 $x_j\geq 0$，所以可寫成

$$\mathbf{x}_B=B^{-1}\mathbf{b}\geq 0$$

這將可界定 b_i 範圍的界限。

例如考慮 b_1

$$B^{-1}\begin{bmatrix} b_1 \\ 4 \end{bmatrix}\geq\begin{bmatrix} 0 \\ 0 \end{bmatrix}$$

或 $$\begin{bmatrix} \frac{1}{2} & 0 \\ 1 & 1 \end{bmatrix}\begin{bmatrix} b_1 \\ 4 \end{bmatrix}\geq\begin{bmatrix} 0 \\ 0 \end{bmatrix}$$

或 $$\frac{1}{2}b_1+0\geq 0$$

$$b_1+4\geq 0$$

即 $$b_1\geq 0 \text{ 和 } b_1\geq -4$$

以上兩個限制都必須滿足，所以結論爲 $b_1\geq 0$。同理，對於 b_2 的分析可得

$$\begin{bmatrix} \frac{1}{2} & 0 \\ 1 & 1 \end{bmatrix}\begin{bmatrix} 6 \\ b_2 \end{bmatrix}\geq\begin{bmatrix} 0 \\ 0 \end{bmatrix}$$

或 $$3\geq 0$$

$$6+b_2\geq 0$$

即 $$b_2\geq -6$$

這種敏感度在邊際價值分析中必須進行。例如在例 7.1 中的圖 7.2，由於 $f_5=\$2.50$，我們曾說增加一單位人工小時的邊際價值爲2.50千元。然而，這只在 b_3 的有效範圍才成立。因 x_3, x_4 和 x_5，爲惰變數所以

$$B^{-1}=\begin{bmatrix} 1 & \frac{1}{4} & -\frac{11}{8} \\ 0 & \frac{1}{2} & -\frac{1}{4} \\ 0 & -\frac{1}{4} & \frac{3}{8} \end{bmatrix}$$

因此　$B^{-1}\mathbf{b}\geq 0$ 就是

$$\begin{bmatrix} 1 & \frac{1}{4} & -\frac{11}{8} \\ 0 & \frac{1}{2} & -\frac{1}{4} \\ 0 & -\frac{1}{4} & \frac{3}{8} \end{bmatrix}\begin{bmatrix} 150 \\ 100 \\ b_3 \end{bmatrix}\geq\begin{bmatrix} 0 \\ 0 \\ 0 \end{bmatrix}$$

或　$$150+25-\frac{11}{8}b_3\geq 0$$

$$0+50-\frac{1}{4}b_3\geq 3$$

$$0-25+\frac{3}{8}b_3\geq 0$$

所以　$$\frac{1400}{11}\geq b_3$$

$$200\geq b_3$$

$$\frac{200}{3}\leq b_3$$

由於上述條件都必須滿足，因而有

$$\frac{200}{3}\leq b_3\leq\frac{1400}{11}$$

$$66\frac{2}{3}\leq b_3\leq 127\frac{3}{11}$$

換句話說，人工價值每小時 2.5 千元爲在$66\frac{2}{3}$小時與 $127\frac{3}{11}$小時之間才成立。若 b_3 在這區間之外， 則包括 x_1, x_2 和 x_3 的基底不再是最佳解（因爲它們不可行），同時人工小時的邊際價值爲未知。

3. 增加一個新限制式

假設在線性規劃問題已解題之後，有人發現先前認爲是數量很多的某一資源事實上存量有限，也就是說必須對原問題中增列一個限制式。然而我們並不必急着將該限制式併入原題。例如，在例中必須加入限制式 $\frac{1}{3}x_1+\frac{1}{2}x_2\leq 2$，這會引起問題嗎？顯然不會，因爲最佳解 $x_1^*=3$ 和 $x_2^*=0$ 滿足上式。

一般而言，當一個新限制式

$$a_{q1}x_1+a_{q2}x_2+\cdots\cdots+a_{qn}x_n\leq \mathbf{b}_q$$

增列入模式中，只要以決策變數的最佳值來評估它。假若滿足該式，則沒有問題， 否則目前的解並非可行解 。 這時只好將該新限制式加入原題，重新求解。

4. 增加一個新決策變數（產品）

假設有一種新產品也可用問題中的資源製出，這時應否製造該新產品呢？也就是說，應將目前最佳解中的資源分出以生產新產品嗎？以例 7.1 來說，假設有丙產品也可用 A，B 二種原料製造。每一單位丙產品必需用去 2.5 單位 A 原料，1.5 單位 B 原料以及 2.5 人工小時，而利潤爲 7 元。公司是否應製造這種新產品？答案必須視製造丙產品的原料的價值爲若干而定。由於我們已知 A 原料的邊際價值爲 0 元，B 原料的邊際價值爲 1 元，而人工小時爲 2.5 元，生產一單位丙產品的資源價值爲

	2.5 單位A原料×每單位$0	=$0.00（元）
	1.5 單位B原料×每單位$1.0（千元）	=$1.50（元）
+）	2.5 單位人工小時×每單位$2.5（千元）	=$6.25（元）
	所用資料的總價值	=$7.75（元）
−）	利潤	= 7.00（元）
	淨損失	0.75（元）

由於製造一單位丙產品所用資源的總價值比利潤高，因此公司決定不生產丙產品。

假設在以上的分析中，每單位丙產品的利潤爲 8 元，則製造丙產品有利可圖。這時甲、乙、丙三種產品應各生產若干，方使利潤爲極大?回答這問題的方法之一是以三變數重新構建一個問題，然後再解之。但是，我們也有一個更爲有效率的做法。

我們知道非基本變數的行爲以 $B^{-1}N$ 表示。我們可在現行的表列中計算新變數（稱之爲 x_6）的行如下

$$B^{-1}N=\begin{bmatrix} 1 & \frac{1}{4} & -\frac{11}{8} \\ 0 & \frac{1}{2} & -\frac{1}{4} \\ 0 & -\frac{1}{4} & \frac{3}{8} \end{bmatrix}\begin{bmatrix} 2.5 \\ 1.5 \\ 2.5 \end{bmatrix}=\begin{bmatrix} 2.5+0.375-34.375 \\ 0+0.75-0.625 \\ 0-0.375+0.9375 \end{bmatrix}$$

$$=\begin{bmatrix} -31.5 \\ 0.125 \\ 0.5625 \end{bmatrix}$$

換句話說，我們可以在圖 6.22 的表列中增加 x_6 而在其下寫上向量

$$\begin{bmatrix} -31.5 \\ 0.125 \\ 0.5625 \end{bmatrix}$$

並且計算 f_6 和 c_6-f_6。由於 $c_6-f_6>0$，因此 x_6 應引入基底，並且繼續計算單形法表列。

5. 敏感度分析和退化解

上述討論的前提是不致有退化的情形發生。假若最佳解爲退化解，則在計算資源的邊際價值時必須特別留意。

例 7.13 Max $f=5x_1+3x_2$

限制式 $4x_1+2x_2\leq 12$

$4x_1+x_2\leq 10$

$x_1+x_2\leq 4$

$x_1,\quad x_2\geq 0$

本例的單形法最終表列如圖 7.13 所示。最佳解

		Maximize	5	3	0	0	0	
i	c_B	x_B	x_1	x_2	x_3	x_4	x_5	b_i
1	3	x_2	0	1	$-\frac{1}{2}$	0	2	2
2	5	x_1	1	0	$\frac{1}{2}$	0	-1	2
3	0	x_4	0	0	$-\frac{3}{2}$	1	2	0
		f_j	5	3	1	0	1	16
		c_j-f_j	0	0	-1	0	-1	

圖 7.13 原始問題的最終表列

爲 $x_1^*=2$，$x_2^*=2$ 和 $f^*=\$16$。假若由最終表列來看，或許我們會認爲資源的邊際價值分別爲 1，0 和 1，然而這卻不對。

我們如果嘗試解其對偶問題，對偶爲

Min $g=12y_1+10y_2+4y_3$

限制式 $4y_1+4y_2+y_3\geq 5$

$2y_1+y_2+y_3\geq 3$

$y_1,\quad y_2,\quad y_3\geq 0$

單形法的最終表列如圖 7.14 所示。

請注意，非基本變數 y_2 的成本爲 0，同時有多重解存在。在一

Minimize			12	10	4	0	0		
i	c_B	x_B	y_1	y_2	y_3	y_4	y_5	b_i	θ_i
1	12	y_1	1	ⓐ $\frac{3}{2}$	0	$-\frac{1}{2}$	$\frac{1}{2}$	1	$\frac{3}{2}$ → 出
2	4	y_3	0	-2	1	1	-2	1	—
		f_j	12	10	4	-2	-2	16	
		c_j-f_j	0	0	0	2	2		
				↑ 入					

圖 7.14　對偶問題最終表列

Minimize			12	10	4	0	0	
i	c_B	x_B	y_1	y_2	y_3	y_4	y_5	b_i
1	10	y_2	$\frac{2}{3}$	1	0	$-\frac{1}{3}$	$\frac{1}{3}$	$\frac{2}{3}$
2	4	y_3	$\frac{4}{3}$	0	1	$\frac{1}{3}$	$-\frac{4}{3}$	$\frac{7}{3}$
		f_j	12	10	4	-2	-2	16
		c_j-f_j	0	0	0	2	2	

圖 7.15　對偶問題的多重解的最終表列

種情況下，y_i 值分別爲 1，0，1，而另一種情況下的 y_i 值卻是 0，$\frac{2}{3}$和$\frac{7}{3}$。到底那一種才是「正確」答案，也就是說，資源的邊際價值爲若干?

回答這問題最好的辦法是每次加一單位至原限制式，並且個別解下列三個新問題。換句話說

(1) Max $f=5x_1+3x_2$

限制式 $4x_1+2x_2\leq 13$

$4x_1+x_2\leq 10$

$x_1+x_2\leq 4$

$x_1,\ x_2\geq 0$

有解 $x_1^*=2$，$x_2^*=2$，$x_3^*=1$ 和 $f^*=\$16$，因此第一種資源增加 1 單位並不值什麼

(2) Max $f=5x_1+3x_2$

限制式 $4x_1+2x_2\leq 12$

$4x_1+x_2\leq 11$

$x_1+x_2\leq 4$

$x_1,\ x_2\geq 0$

最佳解爲 $x_1^*=2$，$x_2^*=2$，$x_3^*=1$ 和 $f^*=\$16$，因此第二種資源增加一單位也不值什麼，然而

(3) Max $f=5x_1+3x_2$

限制式 $4x_1+2x_2\leq 12$

$4x_1+x_2\leq 10$

$x_1+x_2\leq 5$

$x_1,\ x_2\geq 0$

最佳解爲 $x_1^*=1$，$x_2^*=4$，$x_4^*=2$ 和 $f^*=\$17$，因此第三種資源增加一單位可使利潤增加 1 元。

由這個例題可知退化解會使得資源的邊際價值的解說十分困難。

7.6 LINDO 與敏感度分析

LINDO 的報表中可列出有關各變數的敏感度分析。爲了便於解說如何解讀各項資料的意義，首先分別舉出求極大及極小的例題各一。

例 7.14　屏生公司銷售四種產品。每種產品一單位所需的資源及售價如下表所示:

	產品A	產品B	產品C	產品D
原料	2	3	4	7
人工（小時）	3	4	5	6
售價（元）	4	6	7	8

已知公司的資源爲原料 4,600 單位，人工 5,000 小時，爲了滿足顧客需求，總共必須剛好生產 950 單位，其中產品D至少要有 400 單位。試構建一線性規劃模式，以使公司的獲利爲最大。

解: 設 x_1 表產品A的產量

x_2　　B

x_3　　C

x_4　　D

則　Max　$f=4x_1+6x_2+7x_3+8x_4$

限制式　$x_1+x_2+x_3+x_4=950$

$x_4\geq 400$

$2x_1+3x_2+4x_3+7x_4\leq 4,600$

$3x_1+4x_2+5x_3+6x_4\leq 5,000$

$x_1,\quad x_2,\quad x_3,\quad x_4\geq 0$

```
MAX     4x1+6x2+7x3+8x4
SUBJECT TO
        2) x1+x2+x3+x4=950
        3) x4>=400
        4) 2x1+3x2+4x3+7x4<=4,600
        5) 3x1+4x2+5x3+6x4<=5,000
```

END

LP OPTIMUM FOUND AT STEP 4

OBJECTIVE FUNCTION VALUE

1) 6650.00000

VARIABLE	VALUE	REDUCED COST
x_1	.000000	1.000000
x_2	400.000000	.000000
x_3	150.000000	.000000
x_4	400.000000	.000000

ROW	SLACK OR SURPLUS	DUAL PRICES
2)	.000000	3.000000
3)	.000000	−2.000000
4)	.000000	1.000000
5)	250.000000	.000000

NO. ITERATIONS= 4

RANGES IN WHICH THE BASIS IS UNCHANGED:

OBJ COEFFICIENT RANGES

VARIABLE	CURRENT COEF	ALLOWABLE INCREASE	ALLOWABLE DECREASE
x_1	4.000000	1.000000	INFINITY
x_2	6.000000	.666667	.500000
x_3	7.000000	1.000000	.500000
x_4	8.000000	2.000000	INFINITY

RIGHTHAND SIDE RANGES

ROW	CURRENT RHS	ALLOWABLE INCREASE	ALLOWABLE DECREASE
2	950.000000	50.000000	100.000000
3	400.000000	37.500000	125.000000

4	4600.000000	250.000000	150.000000
5	5000.000000	INFINITY	250.000000

7.6.1 目標函數係數的範圍

在上例中報表目標係數範圍 (objective coefficient ranges) 一欄中 ALLOWABLE INCREASE (AI) 是指該係數可增加不致使最佳解改變的數值。同理，ALLOWABLE DECREASE (AD) 則是指該係數可下降而不致使最佳解改變的數值。例如設 c_i 表 x_i 的係數，則由報表可知

$$-\infty = 4 - \infty \leq c_1 \leq 4 + 1 = 5$$

即 $-\infty \leq c_1 \leq 5$ 的範圍內變動將不致使目前最佳解產生變動。

$$6 - 0.5 \leq c_2 \leq 6 + 0.66667 = 6.66667$$

例 7.15 試依屏生公司例的報表回答下列問題

(1) 若屏生公司將產品 B 的售價每單位提高 0.5 元，則新最佳解爲若干?

(2) 若每單位產品 A 的售價提高 0.6 元，則新最佳解爲何?

(3) 若每單位產品 C 的售價下降 0.6 元，則新最佳解爲何?

解:

(1) 由於產品 B 的 AI 爲 0.66667 元，而目前僅提高 0.5 元，因此現行最佳解保持不變，即 $x_1 = 0$，$x_2 = 400$，$x_3 = 150$，$x_4 = 400$

新最佳值的計算方式有兩種

① $f = 4(0) + 6.5(400) + 7(150) + 8(400) = 6850$

② $f =$ 原值 $+ 400(0.5) = 6650 + 200 = 6850$

(2) 由於產品 A 的 $\text{AI} = 1$，因此最佳解不變，由於 $x_1 = 0$，因此 $f = 6650$ 不變。

(3) 因產品 C 的 AD=0.5，所以若售價下降 0.6 元，則目前最佳解將不再保持爲最佳，必須重新計算才可得知新最佳解爲何。

7.6.2 降低成本與敏感度分析

LINDO 的「降低成本」(REDUCED COST，RC) 部分提供我們有關目標函數中非基本變數的係數改變時對整個問題的影響的訊息。如果現行最佳解爲非退化解，則任何非基本解 x_k 的 RC 值是指 x_k 在目標函數中的係數應改善的數值，當 x_k 的係數增加該 RC 值，則該問題將有多重解發生，其中至少有一組解含 x_k 爲基本變數，以及另一組解含 x_k 爲非基本變數。x_k 的係數 c_k 增加值大於該 RC 值，才會使 x_k 成爲新最佳解的基本變數。譬如在屏生公司例中，x_1 爲非基本變數，其降低成本爲 1 元，這表示該問題有多重解產生，至少有一組爲含 x_1 爲基本解。如果 $x_1 > 0$，c_1 的係數增大多於 1 元，則新最佳解中以 x_1 爲基本變數。

例 7.16 蓮生公司接到 1,000 輛貨車的訂單，公司有 4 個工廠，各廠生產一輛貨車的成本以及其他相關資料如下表所示:

工 廠	成本（千元）	人工（小時）	原料（單位）
甲	15	2	3
乙	10	3	4
丙	9	4	5
丁	7	5	6

汽車工人工會要求至少有 400 輛必須在丙廠製造。已知公司有 3,300 小時人工及 4,000 單位原料可配置給各工廠，試構建一線性規劃模式使公司產製 1,000 輛貨車的成本爲最低。

解:

設 x_1 表甲廠產量

x_2 表乙廠產量

x_3 表丙廠產量

x_4 表丁廠產量

則　Min　$f=15x_1+10x_2+9x_3+7x_4$

限制式

$$x_1+x_2+x_3+x_4=1000$$
$$x_3 \geq 400$$
$$2x_1+3x_2+4x_3+5x_4 \leq 3300$$
$$3x_1+4x_2+5x_3+6x_4 \leq 4000$$
$$x_1,\ x_2,\ x_3 \geq 0$$

MIN　$15x_1+10x_2+9x_3+7x_4$

SUBJECT TO

2)　$x_1+x_2+x_3+x_4=1,000$

3)　$x_3>=400$

4)　$2x_1+3x_2+4x_3+5x_4<=3,300$

5)　$3x_1+4x_2+5x_3+6x_4<=4,000$

END

LP OPTIMUM FOUND AT STEP　3

OBJECTIVE FUNCTION VALUE

1)　11600.0000

VARIABLE	VALUE	REDUCED COST
x_1	400.000000	.000000
x_2	200.000000	.000000
x_3	400.000000	.000000
x_4	.000000	7.000000

ROW	SLACK OR SURPLUS	DUAL PRICES
2)	.000000	−30.000000

3)	.000000	−4.000000
4)	300.000000	.000000
5)	.000000	5.000000

NO. ITERATIONS= 3

RANGES IN WHICH THE BASIS IS UNCHANGED:

OBJ COEFFICIENT RANGES

VARIABLE	CURRENT COEF	ALLOWABLE INCREASE	ALLOWABLE DECREASE
X_1	15.000000	INFINITY	3.500000
X_2	10.000000	2.000000	INFINITY
X_3	9.000000	INFINITY	4.000000
X_4	7.000000	INFINITY	7.000000

RIGHTHAND SIDE RANGES

ROW	CURRENT RHS	ALLOWABLE INCREASE	ALLOWABLE DECREASE
2	1000.000000	66.666660	100.000000
3	400.000000	100.000000	400.000000
4	3300.000000	INFINITY	300.000000
5	4000.000000	300.000000	200.000000

上例是求極小，由報表可知，非基本變數 x_4 有 RC 值 7 元，如果 x_4 的製造成本下降 7 元，則該題有多重解，其中至少有一組解含 x_4 爲基本變數。若 x_4 的製造成本下降多於 7 元，則任何最佳解必含 x_4 爲基本變數。

7.6.3 限制式右手邊值的範圍

限制式右手邊的數值也可有一個變動範圍，在該範圍之內不致影響現行最佳解。以屏生公司例來說，其第一限制式的右手邊以 b_1 表示，

現行值爲 950，如果 b_1 在範圍

$$850=950-100\leq b_1\leq 950+50=1,000$$

內變動，當不致影響現行最佳解。

7.6.4 影子價格和對偶價格

線性規劃的第 i 限制式的影子價格 (shadow prices) 是指當該第 i 限制式的右手邊增加 1 單位時，其最佳值 f 改進的數值（假設這改變不影響現行最佳解）。如果限制式右手邊數值的改變使現行最佳解不再爲最佳，則所有限制式的影子價格或許會改變。每個限制式的影子價格可在 LINDO 報表的 DUAL PRICES 欄中見到。假若我們增加第 i 限制式右手邊數值 b_i 有 Δb_i 之量，同時第 i 限制式右手邊的數值仍在 RIGHTHAND SIDE RANGES 部分的允許範圍之內，則在 b_i 值改變之後，新的最佳值 f 的計算公式分別爲

(1) 在求極大問題

新最佳 f 值＝原最佳 f 值＋（第 i 限制式影子價格）(Δb_i)

(2) 在求極小問題

新最佳 f 值＝原最佳 f 值－（第 i 限制式影子價格）(Δb_i)

例 7.17

(1) 在屏生公司例中，若總共必須生產 980 單位，試決定新最佳 f 值爲若干?

(2) 在屏生公司例中，若有 4,500 單位原料可用，則新最佳 f 值爲何? 又若是 4,400 單位原料可用，新最佳 f 值又爲何?

(3) 在蓮生公司例中，若必須恰好生產 950 輛汽車，則新最佳 f 值應爲若干?

(4) 在蓮生公司例中，若有 4,100 單位物料可用，則新最佳 f 值當爲何?

解:

(1) $\Delta b_1=30$，但因其 AI 爲 50，因此現行最佳解不變，影子價格爲 3 元，所以新最佳 f 值爲

$$f=6,650+30(3)=6,740$$

(2) $\Delta b_2=-100$，由於 b_2 的 AD=150，因此影子價格 1 元仍有效

新最佳 f 值 $=6,650-100(1)=6,550$

若只有 4,400 單位原料可用，則 $\Delta b_2=-200$

由於 b_2 的 AD=150，因此無法決定其新最佳 f 值

(3) $\Delta b_1=-50$，由於 AD=100，其影子價格 $=-30$

新最佳 f 值 $=11,600-(-50)(-30)=10,100$（千元）

(4) $\Delta b_4=100$，其對偶價格爲 5（千元），現行最佳解不變

新最佳 f 值 $=11,600-100(5)=11,100$（千元）

在屛生公司例中，在現行最佳解仍爲不變的假設下，各 b_i 在其可變動範圍內。

限制式	影子價格	意　　義
(1)	3	總需求中每增 1 單位，可增高收益 3 元
(2)	−2	產品 D 每增 1 單位，將減低收益 2 元
(3)	1	增多原料 1 單位，可增高收益 1 元
(4)	0	人工每增 1 小時，對收益無貢獻

限制式中由於現有 5,000 小時人工仍有 250 小時未用，因此不宜再增加人工時間。

在蓮生公司例中

限制式	影子價格	意　　　義
(1)	−30	每增產一輛汽車，降低成本30（千元）
(2)	−4	公司被迫在3廠生產1輛汽車，將降低成本−4（千元），即增加4000元
(3)	0	多增1小時人工，成本不變
(4)	5	若公司多得1單位原料，成本下降5（千元）

7.6.5 影子價格的符號

在“≥”的限制式中必有非正影子價格，而“≤”的限制式則必有非負影子價格，在具等號的限制式中，影子價格爲正，負或零。

限制式類型	b_i 的 AI	b_i 的 AD
≤	＝∞	＝惰變數值
≥	＝剩餘變數值	＝∞

例如在屏生公司例中，由於惰變數＝250， 由報表可知 AI＝∞ 以及 AD＝250，因此，當4,750≤可用人工≤∞，現行最佳解仍爲最佳，在這範圍內，最佳 f 值和基本變數值維持不變。

例 7.18 在屏生公司例中，假若有如下的變動

(1) 有 4,600 單位物料可用，但單位成本 4 元

(2) 有 5,000 小時人工可用，但單位工資 6 元

(3) 單位售價：產品 A 爲30元，B 爲42元，C 爲53元及 D 爲72元

(4) 總產量 950 輛

(5) 其中產品 D 佔 400 輛

試決定公司所願付的最多額外物料單位及額外人工小時。

解: 每單位產品的淨利計算如下

產品A: 30−4(2)−6(3)= 4

B: 42−4(3)−6(4)= 6

C: 53−4(4)−6(5)= 7

D: 72−4(7)−6(6)= 8

因此 Max $f=4x_1+6x_2+7x_3+8x_4$

MAX $4x_1+6x_2+7x_3+8x_4$

SUBJECT TO

2) $x_1+x_2+x_3+x_4=950$

3) $x_4>=400$

4) $2x_1+3x_2+4x_3+7x_4<=4,600$

5) $3x_1+4x_2+5x_3+6_4x<=5,000$

END

LP OPTIMUM FOUND AT STEP 4

OBJECTIVE FUNCTION VALUE

1) 6650.00000

VARIABLE	VALUE	REDUCED COST
x_1	.000000	1.000000
x_2	400.000000	0.000000
x_3	150.000000	0.000000
x_4	400.000000	0.000000

ROW	SLACK OR SURPLUS	DUAL PRICES
2)	.000000	3.000000
3)	.000000	−2.000000
4)	.000000	1.000000
5)	250.000000	.000000

NO. ITERATIONS= 4

RANGES IN WHICH THE BASIS IS UNCHANGED:

OBJ COEFFICIENT RANGES

VARIABLE	CURRENT COEF	ALLOWABLE INCREASE	ALLOWABLE DECREASE
x_1	4.000000	1.000000	INFINITY
x_2	6.000000	.666667	.500000
x_3	7.000000	1.000000	.500000
x_4	8.000000	2.000000	INFINITY

RIGHTHAND SIDE RANGES

ROW	CURRENT RHS	ALLOWABLE INCREASE	ALLOWABLE DECREASE
2	950.000000	50.000000	100.000000
3	400.000000	37.500000	125.000000
4	4600.000000	250.000000	150.000000
5	5000.000000	INFINITY	250.000000

若屏生公司可多購 1 單位物料（每單位 4 元），則利潤增加 1 元。因此，付出 4 ＋ 1 ＝ 5 （元）取得 1 單位物料將會增多利潤 1 － 1 ＝ 0 元，因此，如果低於 5 元則仍有利可圖。對於物料限制式， 1 元的影子價格代表公司爲了取得額外 1 單位物料比現值爲高的極限。人工限制式的影子價格爲 0 元，表示公司不願再增多人工小時。

例 7.19

(1) 蓮生公司至多願爲取得額外 1 人工小時付多少錢?

(2) 蓮生公司至多願爲取得額外 1 單位物料付多少錢?

(3) 有位新客戶願以每輛 25,000 元的價格買 20 輛車，試問公司應否接受該訂單?

解:

(1) 由於人工限制式的影子價格爲 0 ,因此公司不應取得額外人工時間。

(2) 原料的影子價格爲5,000元，因此取得 1 單位物料可降低成本5,000元，即公司願爲取得 1 單位物料付至多 5,000 元。

(3) 限制式 $x_1+x_2+x_3+x_4=1,000$ 的 AI=66.666660 元，由於本限制式的影子價格爲 -30 (千元)。因此如果公司接受該訂單，成本將增加 $(-20)(-30,000)=600,000$，所以不應接受。

習 題

1. 試將下題改寫成規範形式

(a) Min $f=2x_1+4x_2$

限制式 $x_1+5x_2\leq 80$

$4x_1+2x_2\geq 20$

$x_1+x_2=10$

$x_1, x_2\geq 0$

(b) Min $f=4x_1+4x_2+x_3$

限制式 $x_1+x_2+x_3\geq 10$

$x_1+x_2+2x_3\geq 6$

$x_1, x_2, x_3\geq 0$

2. 試求下列各題的對偶及其最佳解

(1) Max $f=4x_1+3x_2$

限制式 $2x_1+x_2\geq 4$

$2x_1-2x_2\leq 5$

$x_1, x_2\geq 0$

(2) Max $f=3x_1+5x_2$

限制式 $x_1-x_2\leq -2$

$x_1-x_2\geq 2$

$x_1, x_2\geq 0$

3. 試求下列各題的對偶

(a) Max $f=x_1+1.5x_2$

限制式 $2x_1+3x_2\leq 25$

$x_1+x_2\geq 1$

$x_1-2x_2=1$

$x_1, x_2\geq 0$

(b) Max $f=2x_1+x_2+x_3-x_4$

限制式 $x_1-x_2+2x_3+2x_4\leq 3$

$2x_1+2x_2-x_3=4$

$x_1-2x_2+3x_3+4x_4\geq 5$

$x_1,\ x_2,\ x_3\geq 0$

x_4 未限制

(c) Max $f=x_1+2x_2$

限制式 $x_1+2x_2\leq 10$

$x_1+x_2\geq 30$

$x_1\geq 0$

$x_2\geq 0$

(d) Max $f=x+3y$

限制式 $6x+19y\leq 100$

$3x+5y\leq 40$

$x-3y\leq 33$

$y\leq 25$

$x\leq 42$

$x,\ y\geq 0$

4. 試以矩陣形式寫出下題的對偶形式

(a) Min $f=4x+8y$

限制式 $2x+y\geq 3$

$4y\geq 8$

$x+6y\geq 5$

$x\geq 0$，$y\geq 0$

(b) Min $f=16x+24y+20z$

限制式 $4x+3y+2z\geq 72$

$x+2y+2z\geq 36$

$5y+4z\geq 68$

$x \geq 0$，$y \geq 0$，$z \geq 0$

5. 試解線性規劃問題

Max　$f = 3x_1 + 8x_2 + 6x_3$

限制式　$20x_1 + 4x_2 + 4x_3 \leq 6{,}000$

$8x_1 + 8x_2 + 4x_3 \leq 10{,}000$

$8x_1 + 4x_2 + 2x_3 \leq 4{,}000$

$x_i \geq 0$，$i = 1, 2, 3$

以求解其對偶題

6. 設線性規劃問題

Max　$f = C^T X$ 限制式 $AX \leq B$ 及 $X \geq 0$ 中

$$A = \begin{bmatrix} 1 & 3 \\ 6 & 2 \end{bmatrix},\ B = \begin{bmatrix} 6 \\ 12 \end{bmatrix} \text{和} C = \begin{bmatrix} 18 \\ 18 \end{bmatrix}$$

試求其最佳解以及其對偶題。

7. 試解線性規劃問題

(1) Min　$f = x_1 + x_2 + x_3$

限制式　$2x_1 + 3x_2 - x_3 \geq 5$

$x_1 + \frac{3}{2}x_2 - 2x_3 \geq 12$

$x_1 \geq 0$，$x_2 \geq 0$，$x_3 \geq 0$

(2) Min　$f = 3x_1 + x_2$

限制式　$-2x_1 + x_2 \geq -2$

$-x_1 - x_2 \geq 2$

$x_1 \geq 0$，$x_2 \geq 0$

8. 試以解線性規劃問題的對偶形式的方式求解

Min　$f = 32x_1 + 48x_2 + 11x_3$

限制式　$x_1 + 4x_2 \geq 1$

$4x_1 + 2x_2 + x_3 \geq 2$

$2x_1 + x_3 \geq 6$

$x_1 \geq 0, x_2 \geq 0, x_3 \geq 0$

9. 試解線性規劃問題

Max　$f = 3x_1 + 8x_2 + 5x_3$

限制式　$2x_1 + x_3 \leq 4$

$x_1 + 4x_2 + 6x_3 \leq 8$

$$x_1 \geq 0，x_2 \geq 0，x_3 \geq 0$$

以求解其對偶。

10. 東生公司爲明年的生產計畫進行規劃，相關資料如下

產品		1	2	3	4
每單位					
售價		55元	53元	97元	86元
原料成本		17元	25元	19元	11元
人工小時:	甲級	10	6	—	—
	乙級	—	—	10	20
	丙級	—	—	12	6
其他變動成本		6	7	5	6

已知公司每年固定間接成本爲35,500元。每級勞工每小時爲 1.5 元，但一級人工不得做另一級的工作。每年每級勞力的限制爲甲級 9,000 小時，乙級 14,500 小時，丙級 12,000 小時，公司的目標在於使利潤爲極大。

(a) 試問各類產品各應生產若干方使利潤爲最大?

(b) 試決定產品 1 仍值得生產的最低售價。

(c) 若甲級勞工時間增加 1 小時，可增多的利潤金額。

(d) 公司可能會生產第 5 種產品，其售價爲 116 元，若物料成本爲29元，勞工時間爲任一級勞工 8 小時，以及其他變動成本 9 元，試問是否應生產該產品?

11. 試分別用圖解法和單形法求解下題

Max $\quad f=35x_1+25x_2$

限制式
$$\begin{aligned} 4x_1+3x_2 &\leq 92 \\ x_1+x_2 &\leq 38 \\ x_1 &\leq 20 \\ x_2 &\leq 20 \\ x_1 \geq 0, x_2 &\geq 0 \end{aligned}$$

12. 誠生製造兩型產品，每型產品都必須經過切割及磨光二程序。有關每單位產品的相關資料如下表所示

	產品	
	豪華型	標準型
切割時間（小時）	2	1
磨光時間（小時）	3	3
單位成本（元）	28	25
單位售價（元）	34	29
最大銷售量（每週）	200	200

已知可用切割時間和磨光時間分別爲每週 390 小時及 810 小時，其他資源未限制。

(a) 爲了使獲利爲最大，試問二型產品各應生產多少個?

(b) 試求在最佳解之下，稀有資源的對偶價值（影子價格）。

(c) 公司可能會生產第三型產品，該產品需要切割及磨光各 2 小時，單位利潤爲 5 元，試問是否值得生產?

(d) 在最佳解保持不變的狀況下，試問豪華型的最大單位利潤變動範圍如何?

13. 錦生公司製造兩型產品，精美型與豪華型。每單位產品相關資料如下所示

	精美型	豪華型
機械時間（小時）	1	2.5
人工時間（小時）	4	3
售價（元）	30	39
單位成本（元）	26	27
最大銷售量（單位/日）	40	30

每日可用的機械時間爲 85 小時，人工 200 小時。公司的目標爲使利潤爲

最大。

(a) 試問各型應生產多少單位才能達成公司目標?

(b) 若機械時間以比現值高 5 元的代價每天增多 1 小時，試問是否值得增加?

(c) 在原本最佳解保持不變的條件之下，試問精美型產品的單位利潤的最大範圍爲何?

14. 嵐生公司生產 4 種產品，其中有 3 種資源的供應爲有限。每單位產品的相關資料如下表所示

	產	品			每月可用量
	A	*B*	*C*	*D*	
包裝人工（小時）	2	5	—	—	8,000小時
機械時間（小時）	4	1	—	—	4,000小時
專技人工（小時）	—	—	3	4	6,000小時
售價（元）	25	27	25	24	
單位成本（元）	22	18	20	16	

(a) 試以單形法決定各產品的產量，使利潤爲極大。

(b) 如果專技人工每小時工資爲 3 元，試問加班費至多爲若干，方值得僱用?

15. 雲生公司目前製造 4 種產品，相關資料如下表所示

	產	品		
	A	*B*	*C*	*D*
目前產量	1,000	900	750	250
單位售價	40	38	35	32
單位成本	26	14	20	12
機械小時（一單位產品）	1	1	1.5	0.5
物料（一單位產品）	1.5	2.5	1	2

已知機械時間和物料爲目前有限且完全利用的物料。線性規劃研究顯現這

兩者的對偶值分別爲 4 元和 9 元。

(a) 試決定產量最高時的利潤爲若干，並指出目前狀況下的機會損失，並決定新生產水準。

(b) 在其他資料不變的狀況下，不賺錢的產品的售價訂爲若干才會成爲值得生產?

16. 依據線性規劃基本定理，若一線性規劃或其對偶無可行點，則另一方必無解，試舉一例說明之。

17. 德生公司製造 A 產品可採經由製程 1 或製程 2 方式。該產品需用兩種資源，當製造一單位產品 A 時，經過單製程或二製程所需資源用量如下所示

製程 1	製程 2	
3	2	資源Ⅰ
2	3	資源Ⅱ

已知公司至多可以每單位 2 元的價格購買資源Ⅰ26單位，以及至多用每單位 1 元的價格購買資源Ⅱ30單位，所有其他的成本都固定不變。公司接到訂單訂貨11單位

(a) 試問應如何製造以使成本爲最低?

(b) 若資源Ⅱ的價格上昇至每單位 3 元，則應如何調整，以使成本爲最低?

(c) 若售價不變的狀況下，二資源都有28單位可用，則應如何配置生產，以使成本爲最低?

18. 丁一仁經營一家小規模的工程公司，以1,500元的代價買了350個電路器。他想將這些用於獲利最大的應用上。他能製造的計有車用小型吸塵器(A)，豪華型家用吸塵器(C)以及標準型家用吸塵器(B)(都是每具用一個電路器)。

	產品		
	A	B	C
零件（元）	15	60	80
裝配時間（小時）	1	3	2
售價（元）	45	110	120
最大需求	350	20	10

已知人工每小時 1 元，固定可用裝備時間 380 小時

(a) 試構建線性規劃模式，以協助丁先生獲至最高利潤。

(b) 若線性規劃的單形法表列最後結果如下所示

			30	50	40	0	0	0	0		
i	c_B	x_B	x_1	x_2	x_3	S_1	S_2	S_3	S_4	b_i	θ_i
1	30	x_1	1	0	$\frac{1}{2}$	$1\frac{1}{2}$	$-\frac{1}{2}$	0	0	335	
2	50	x_2	0	1	$\frac{1}{2}$	$-\frac{1}{2}$	$\frac{1}{2}$	0	0	15	
3	0	S_3	0	0	$-\frac{1}{2}$	$\frac{1}{2}$	$-\frac{1}{2}$	1	0	5	
4	0	S_4	0	0	1	0	0	0	1	10	
		f_j	30	50	40	20	10	0	0	10,800	
		c_j-f_j	0	0	0	-20	-10	0	0		

其中 x_1＝車用吸塵器的產量

x_2＝標準型家用吸塵器的產量

x_3＝豪華型家用吸塵器的產量

S_1＝電路器未用個數

S_2＝裝配時間未用小時數

S_3＝標準型吸塵器未製數

S_4＝豪華型吸塵器未製數

依據該表列，問丁先生該表列的意義?

(c) 若裝配工人願以加班費每小時 3 元的工資工作，試問是否值得僱用，以及最大可獲得利潤爲若干?

(d) 若有可能以每個電路器爲 28 元售出全部或部分電路器，以取代用來製造吸塵器，則線性規劃模式應如何決定?

試利用 LINDO 報表回答下列問題

19. 農夫老丁在他的45英畝農地上種小麥和玉米兩種作物。他至多可售出 140 蒲耳（bushel）的小麥和 120 蒲耳的玉米。已知每一英畝可生產 5 蒲耳的小麥或 4 蒲耳的玉米。小麥和玉米一蒲耳的價格分別為 30 元及 50 元。為了收成一英畝的小麥，需 6 小時人工，而一英畝玉米則費時為 10 小時人工。共有 350 小時人工可以每小時 10 元的工資得到。

設 A_1＝種麥的英畝數

A_2＝種玉米的英畝數

L＝人工小時

則 Max $f=150A_1+200A_2-10L$

限制式 $A_1+A_2\leq 45$

$6A_1+10A_2-L\leq 0$

$L\leq 350$

$5A_1\leq 140$

$4A_2\leq 120 \quad A_1, A_2, L\geq 0$

MAX $150A_1+200A_2-10L$

SUBJECT TO

2） $A_1+A_2<=45$

3） $6A_1+10A_2-L<=0$

4） $L<=350$

5） $5A_1<=140$

6） $4A_2<=120$

END

LP OPTIMUM FOUND AT STEP 4

OBJECTIVE FUNCTION VALUE

1） 4250.00000

VARIABLE	VALUE	REDUCED COST
A_1	25.000000	.000000

A_2	20.000000	.000000
L	350.000000	.000000

ROW	SLACK OR SURPLUS	DUAL PRICES
2)	.000000	75.000000
3)	.000000	12.500000
4)	.000000	2.500000
5)	15.000000	.000000
6)	40.000000	.000000

NO. ITERATIONS= 4

RANGES IN WHICH THE BASIS IS UNCHANGED:

OBJ COEFFICIENT RANGES

VARIABLE	CURRENT COEF	ALLOWABLE INCREASE	ALLOWABLE DECREASE
A_1	150.000000	10.000000	30.000000
A_2	200.000000	50.000000	10.000000
L	−10.000000	INFINITY	2.500000

RIGHTHAND SIDE RANGES

ROW	CURRENT RHS	ALLOWABLE INCREASE	ALLOWABLE DECREASE
2	45.000000	1.200000	6.666667
3	.000000	40.000000	12.000000
4	350.000000	40.000000	12.000000
5	140.000000	INFINITY	15.000000
6	120.000000	INFINITY	40.000000

試回答下列問題

(a) 若老丁只有 40 英畝農地可供種植，則其利潤爲若干?

(b) 若小麥價格下跌爲每單位 26 元，則新最佳解爲何?

(c) 利用報表中 SLACK 部分的資料決定小麥出售的增大量和下降量，如果僅有 130 單位小麥可出售，則本題原答案會改變嗎?

(d) 老丁至多願爲額外增加 1 人工小時付出多少錢？

(e) 老丁至多願爲額外增加 1 英畝農地付出多少錢？

20. 福生公司製造汽車與貨車。每輛汽車的淨利爲 300 元，而貨車的淨利爲 400 元。每生產一輛車的相關資料如下

	使用型 1 機械的天數	使用型 2 機械的天數	用鋼量（噸）
汽車	0.8	0.6	2
貨車	1	0.7	3

已知每天公司可租用至多 98 架型 1 機械（每架50元）。

目前，公司本身有 73 架型 2 機械和 260 噸鋼料。行銷部門指出訂單至少有 88 輛汽車和至少 26 輛貨車。試問公司應如何決定各類車產量和型 1 機械的租用量，以使獲利爲最大？

MAX　$300x_1+400x_2-50M_1$

SUBJECT TO

2) $0.8x_1+x_2-M_1<=0$

3) $M_1<=98$

4) $0.6x_1+0.7x_2<=73$

5) $2x_1+3x_2<=260$

6) $x_1>=88$

7) $x_2>=26$

END

LP OPTIMUM FOUND AT STEP 1

OBJECTIVE FUNCTION VALUE

1) 32540.0000

VARIABLE	VALUE	REDUCED COST
x_1	88.000000	0.000000
x_2	27.599998	0.000000
M_1	98.000000	0.000000

ROW	SLACK OR SURPLUS	DUAL PRICES
2)	0.000000	400.000000
3)	0.000000	350.000000
4)	0.879999	0.000000
5)	1.200003	0.000000
6)	0.000000	−20.000000
7)	1.599999	.000000

NO. ITERATIONS= 1

RANGES IN WHICH THE BASIS IS UNCHANGED:

OBJ COEFFICIENT RANGES

VARIABLE	CURRENT COEF	ALLOWABLE INCREASE	ALLOWABLE DECREASE
x_1	300.000000	20.000000	INFINITY
x_2	400.000000	INFINITY	25.000000
M_1	−50.000000	INFINITY	350.000000

RIGHTHAND SIDE RANGES

ROW	CURRENT RHS	ALLOWABLE INCREASE	ALLOWABLE DECREASE
2	0.000000	0.400001	1.599999
3	98.000000	0.400001	1.599999
4	73.000000	INFINITY	0.879999
5	260.000000	INFINITY	1.200003
6	88.000000	1.999999	3.000008
7	26.000000	1.599999	INFINITY

(a) 若福生公司的汽車每輛淨利爲 310 元，則本題新最佳解爲何?

(b) 若福生公司必須至少產製 86 輛汽車，則公司利潤成爲多少?

21. 金生公司有 2 座工廠，該公司產製 3 種產品。各廠生產 1 單位產品的相關成本如表所示

	產品 1	產品 2	產品 3
1 廠	5 元	6 元	8 元
2 廠	8 元	7 元	10元

各廠可生產總量為 10,000 單位。已知公司必須至少生產產品 1 爲6,000單位，產品 2 爲 8,000 單位和產品 3 爲 5,000 單位，試問公司應如何決定，以使在最低成本滿足產量的要求？

設 x_{ij}=在工廠 i 所製產品 j 的產量

$$i=1,2,\quad j=1,2,3$$

Min $\quad f=5x_{11}+6x_{12}+8x_{13}+8x_{21}+7x_{22}+10x_{23}$

限制式
$$\begin{aligned}
x_{11}+x_{12}+x_{13} &\leq 10,000\\
x_{21}+x_{22}+x_{23} &\leq 10,000\\
x_{11}+x_{21} &\geq 6,000\\
x_{12}+x_{22} &\geq 8,000\\
x_{13}+x_{23} &\geq 5,000\\
x_{ij} &\geq 0
\end{aligned}$$

```
MIN     5x11+6x12+8x13+8x21+7x22+10x23
SUBJECT TO
        2)  x11+x12+x13<=10,000
        3)  x21+x22+x23<=10,000
        4)  x11+x21>=6,000
        5)  x12+x22>=8,000
        6)  x13+x23>=5,000
END
LP OPTIMUM FOUND AT STEP 5
        OBJECTIVE FUNCTION VALUE
        1)      128000.000
```

VARIABLE	VALUE	REDUCED COST
x_{11}	6000.000000	.000000
x_{12}	.000000	1.000000
x_{13}	4000.000000	.000000
x_{21}	.000000	1.000000
x_{22}	8000.000000	.000000
x_{23}	1000.000000	.000000

ROW	SLACK OR SURPLUS	DUAL PRICES
2)	.000000	2.000000
3)	1000.000000	.000000
4)	.000000	−7.000000
5)	.000000	−7.000000
6)	.000000	−10.000000

NO. ITERATIONS= 5

RANGES IN WHICH THE BASIS IS UNCHANGED:

OBJ COEFFICIENT RANGES

VARIABLE	CURRENT COEF	ALLOWABLE INCREASE	ALLOWABLE DECREASE
x_{11}	5.000000	1.000000	7.000000
x_{12}	6.000000	INFINITY	1.000000
x_{13}	8.000000	1.000000	1.000000
x_{21}	8.000000	INFINITY	1.000000
x_{22}	7.000000	1.000000	7.000000
x_{23}	10.000000	1.000000	1.000000

RIGHTHAND SIDE RANGES

ROW	CURRENT RHS	ALLOWABLE INCREASE	ALLOWABLE DECREASE
2	10000.000000	1000.000000	1000.000000

3	10000.000000	INFINITY	1000.000000
4	6000.000000	1000.000000	1000.000000
5	8000.000000	1000.000000	8000.000000
6	5000.000000	1000.000000	1000.000000

試回答下列問題

(a) 爲了要使公司願意在 2 廠生產產品 1，則其成本應改爲若干?

(b) 若 1 廠有 9,000 單位的產能，則總成本爲若干?

(c) 若在 1 廠生產 1 單位產品 3 的成本爲 9 元，則新最佳解爲何?

22. 漢生摩托車公司有 3 座工廠，每座工廠生產一輛車的相關資料如表所示

工廠	所需勞力（小時）	物料	生產成本
1 廠	20	5	50
2 廠	16	8	80
3 廠	10	7	100

假若每座工廠每週最大產能爲 750 輛，該公司的工人每週至多可工作40小時，每小時工資 12.5 元。公司共有工人 525 位和物料 9,400 單位，如果每週至少應產製 1,400 輛車，試問公司如何決定各廠每週產量，以使變動成本（工資＋生產成本）爲最低?

MIN $300x_1+280x_2+225x_3$

SUBJECT TO

2) $20x_1+16x_2+10x_3<=21000$

3) $5x_1+8x_2+7x_3<=9400$

4) $x_1<=750$

5) $x_2<=750$

6) $x_3<=750$

7) $x_1+x_2+x_3>=1400$

END

LP OPTIMUM FOUND AT STEP 3

OBJECTIVE FUNCTION VALUE

1) 357750.000

VARIABLE	VALUE	REDUCED COST
x_1	350.000000	.000000
x_2	300.000000	.000000
x_3	750.000000	.000000

ROW	SLACK OR SURPLUS	DUAL PRICES
2)	1700.000000	.000000
3)	.000000	6.666668
4)	400.000000	.000000
5)	450.000000	.000000
6)	.000000	61.666660
7)	.000000	−333.333300

NO. ITERATIONS= 3

RANGES IN WHICH THE BASIS IS UNCHANGED:

OBJ COEFFICIENT RANGES

VARIABLE	CURRENT COEF	ALLOWABLE INCREASE	ALLOWABLE DECREASE
x_1	300.000000	INFINITY	20.000000
x_2	280.000000	20.000010	92.499990
x_3	225.000000	61.666660	INFINITY

RIGHTHAND SIDE RANGES

ROW	CURRENT RHS	ALLOWABLE INCREASE	ALLOWABLE DECREASE
2	21000.000000	INFINITY	1700.000000
3	9400.000000	1050.000000	900.000000
4	750.000000	INFINITY	400.000000
5	750.000000	INFINITY	450.000000

6	750.000000	450.000000	231.818200
7	1400.000000	63.750000	131.250000

試回答下列問題

(a) 若 1 廠的生產成本爲 40 元，則新最佳解爲何?

(b) 若 3 廠的產能提高 100 輛，則公司可節省多少錢?

(c) 若公司必須再多生產 1 輛車，則成本必須增加多少?

23. 宏生電腦公司生產兩類電腦: PC 和 VAX，該公司有兩座工廠，分別在 N, L 兩地，若 N 廠的產能爲 800 架電腦，L 廠產能爲 1,000 架。每架電腦的相關資料如下

	N廠		L廠	
	PC	VAX	PC	VAX
淨利（元）	600	800	1000	1300
人工（小時）	2	2	3	4

已知公司共有 4,000 小時人工可用，及公司至多可售出900架 PC 和 900 架 VAX。

設 XNP = 在 N 地廠的 PC 產量

XLP = 在 L 地廠的 PC 產量

XNV = 在 N 地廠的 VAX 產量

XLV = 在 L 地廠的 VAX 產量

試求應如何配置產量組合，以使獲利爲最大?

利用 LINDO 得出報表，並回答下述各問題

(a) 若只有 3,000 小時人工可用，則產生的利潤爲何?

(b) 若有一外包商願以 5,000 元的代價協助 N 地廠的產能增至 850 架，宏生公司應否答應?

(c) 試問生產 VAX 的利潤應增至多少，宏生公司才會願意在 L 廠生產 VAX?

(d) 宏生公司最多願爲增多 1 小時人工付出多少錢?

24. 玉生鋼鐵公司利用煤、鐵和勞力以產製三類的鋼品。每噸鋼相關的生產資訊及售價如下所示

	用煤量	用鐵量	勞　力	售　價
鋼品 1	3	1	1	51
鋼品 2	2	0	1	30
鋼品 3	1	1	1	25

已知公司以每噸 10 元價格至多可購煤 200 噸

每噸 8 元價格至多可購鐵 60 噸

每小時 5 元工資至多可得人工 100 小時

MAX　$8x_1+5x_2+2x_3$

SUBJECT TO

2)　$3x_1+2x_2+x_3<=200$

3)　$x_1+x_3<=60$

4)　$x_1+x_2+x_3<=100$

END

LP OPTIMUM FOUND AT STEP 2

OBJECTIVE FUNCTION VALUE

1)　530.000000

VARIABLE	VALUE	REDUCED COST
x_1	60.000000	.000000
x_2	10.000000	.000000
x_3	.000000	1.000000

ROW	SLACK OR SURPLUS	DUAL PRICES
2)	.000000	2.500000
3)	.000000	.500000
4)	30.000000	.000000

NO. ITERATIONS= 2

RANGES IN WHICH THE BASIS IS UNCHANGED:

OBJ COEFFICIENT RANGES

VARIABLE	CURRENT COEF	ALLOWABLE INCREASE	ALLOWABLE DECREASE
x_1	8.000000	INFINITY	.500000
x_2	5.000000	.333333	5.000000
x_3	2.000000	1.000000	INFINITY

RIGHTHAND SIDE RANGES

ROW	CURRENT RHS	ALLOWABLE INCREASE	ALLOWABLE DECREASE
2	200.000000	60.000000	20.000000
3	60.000000	6.666667	60.000000
4	100.000000	INFINITY	30.000000

試回答下列問題

(a) 若公司僅能採購 40 噸鐵，試問利潤爲若干?

(b) 鋼品 3 的每噸售價至少應爲若干才會讓公司願意生產該類鋼品?

(c) 若鋼品 1 每噸售價 55 元，試求新的最佳解。

第八章　特殊形式的線性規劃問題

8.1 緒　　言

俗話說：「條條道路通長安。」同一數學問題往往有多種不同的解法，所謂「殊途同歸」正是這個意思。例如有兩類經常遇到的特殊形式的線性規劃——運輸問題 (transportation problem) 與指派問題 (assignment problem) ——固然也可以用前述線性規劃的方法求解，但是通常多採另外更有效率的特殊方法，那些方法要比用正式線性規劃的單形法解題來得容易。本章將探討這兩大類問題的特殊解法。

雖然上述兩大類問題的那一種先介紹都無所謂，由於指派問題可視爲運輸問題的特殊形式，因此本章擬先讓讀者對運輸問題有所瞭解，然後再介紹指派問題，在學習效果上或許會有所助益。

8.2 運輸問題

本節所探討的問題與解題程序爲關於由數個供應點將物品運送至數個需求點的情形。一般而言，在各供應點（起點）的存量不同，同時各需求點（終點）的需求量也是各不相同，並且已知由各供應點至需求點的運輸成本，運輸問題是求如何以最低成本滿足各需求點的需求。

F. L. Hitchcock 在 1941 年最早提出對本問題的分析，1953 年 George Dantzig 提出線性規劃的解法。1955 年 Charnes 和 Cooper 發展出踏石法 (stepping stone method) 以及 MODI 法 (modified distribution method)。

例 8.1 雲嵐水泥公司有兩座工廠 (S_1 與 S_2)，目前有三個大建築專案 (D_1, D_2 和 D_3) 有待供料。S_1 和 S_2 每日的產量分別為 50 和 100 卡車量。而 D_1, D_2 及 D_3 一天的需求量分別為 40，80 及 30 卡車量。假設卡車來回每一哩的單程成本為 1 元，各地之間的距離如圖 8.1 所示，試決定由第 i 起點運送多少車量水泥至第 j 終點的方式而使運輸成本為最低?

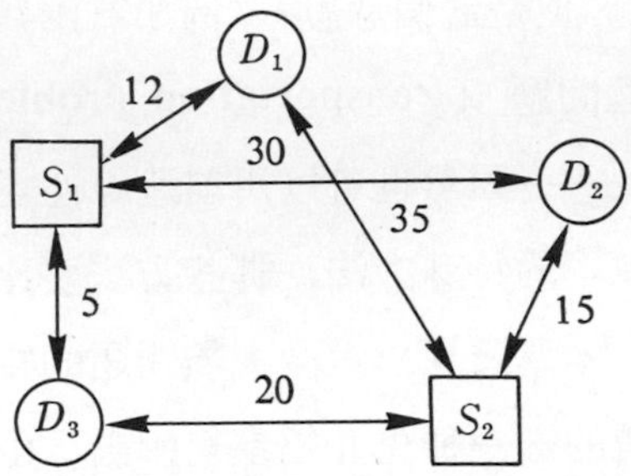

圖 8.1 運送水泥的各地距離（哩）

8.2.1 標準運輸構建

運輸問題的標準架構如圖 8.2 所示。如果總產能與總需求相等，則該問題稱為「平衡型問題」(balanced problem)。

本例如果以線性規劃表示，則形式如下

Min $z=12x_{11}+30x_{12}+5x_{13}+35x_{21}+15x_{22}+20x_{23}$

限制式　來源 1　$x_{11}+x_{12}+x_{13}=50$

來源 2　　$x_{21}+x_{22}+x_{23}=100$

終點 1　　$x_{11}+x_{21}=40$

終點 2　　$x_{12}+x_{22}=80$

終點 3　　$x_{13}+x_{23}=30$

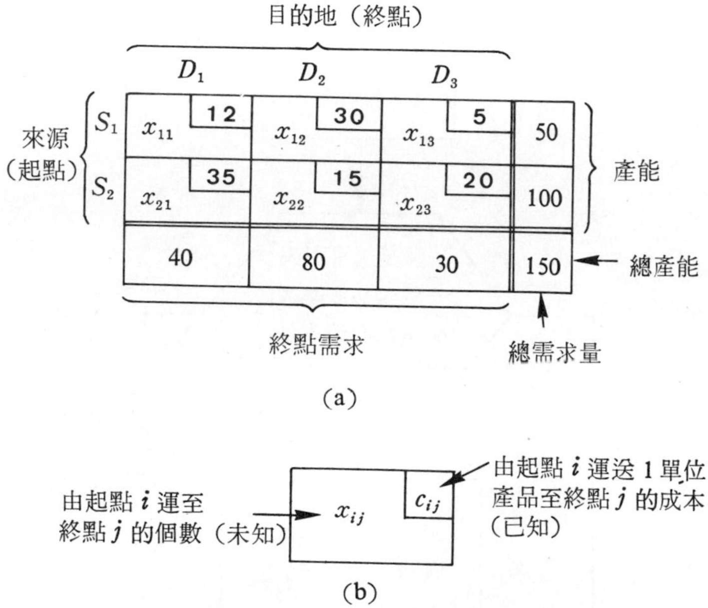

圖 8.2　(a) 水泥例的構建　(b) 一般空格的構建

由於總產能與總需求量相等，這 5 個方程式中只有 4 個爲獨立。因此，解題時必須刪除一個（任何一個）限制式。

假若有 m 列（起點）和 n 行（終點），則運輸問題的線性規劃通式如下

Min　　$z=\sum_{i=1}^{m}\sum_{j=1}^{n}c_{ij}x_{ij}$

限制式　　$\sum_{j=1}^{n}x_{ij}=S_i$　　$i=1,2,\cdots\cdots,m$

$\sum_{i=1}^{m}x_{ij}=D_j$　　$j=1,2,\cdots\cdots,n$

線性獨立限制式的個數爲$m+n-1$。最終或最佳解也只有$m+n-1$個，當m與n的數目大時，必須利用諸如 LINDO 之類的電腦程式解題。

運輸問題的解題程序如下圖所示

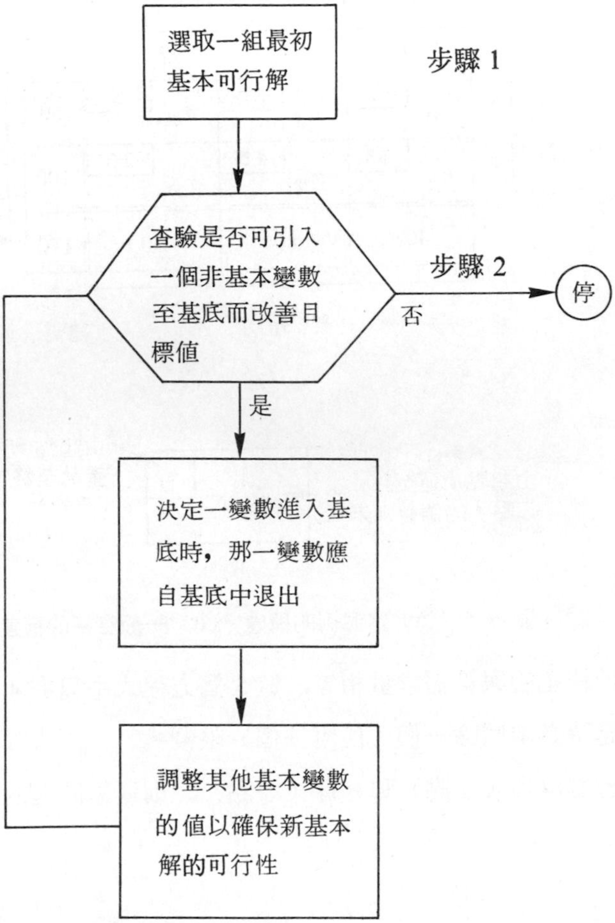

圖 8.3 運輸問題求解的流程圖

本章將介紹三種求最初基本可行解 (initial basic feasible solution) 的方法，即西北角法則 (northwest corner rule)，最小成本法

(least cost method) 以及佛格爾近似法 (Vogel's approximation method, VAM)。另外，探討由初解至最佳解的改進過程方法有兩種，即踏石法 (stepping stone method) 和 MODI 法 (modified distribution method)，或稱 UV 法。

8.2.2　不平衡型問題

假若總產能與總需求量不相等（稱爲不平衡型問題），則必須採取必要對策，務使其成爲平衡型問題，然後才能依循一般程序解題，例如在圖 8.4 中的 (a) 是產能比需求量多 20 個產品的情形，對策是設一個

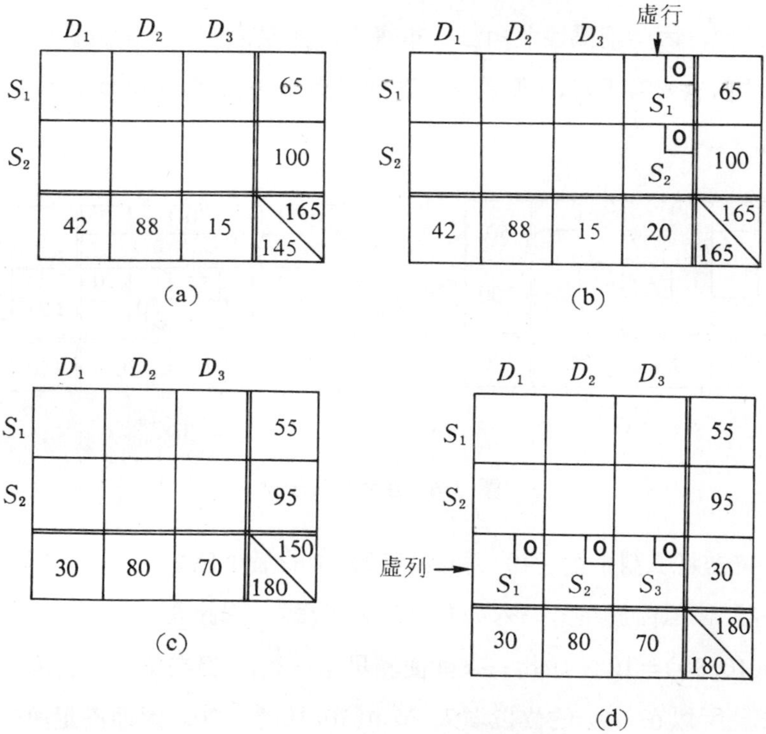

圖 8.4　(a) 產量過多　(c) 需求量過多
(b) (d) 產量＝需求量

虛終點，其需求量爲 20。在這行的變數爲惰變數 (slack variable) 。由於這終點實際並不存在，我們不必運送水泥給它，因此 S_1 和 S_2 的值只是代表在工廠 1 和工廠 2 未用完的水泥量，同時並沒有任何運送發生，成本總是零。

同時，如果需求量超過供應量，如圖 8.4(c) 所示，則應增加一虛來源（第三列），任何來自這來源的水泥量並不眞正運送，同時與這虛來源相關的成本爲零。

求初始解三法

1. 西北角法

本法是求取一個初始解的方法。作法是由上左角的位置開始決定 x_{ij} 的值，因此稱爲西北角法。事實上，如果由右上角的位置開始決定 x_{ij} 的值也未嘗不可，不過這時應稱爲東南角法 (southeast method) 而已。

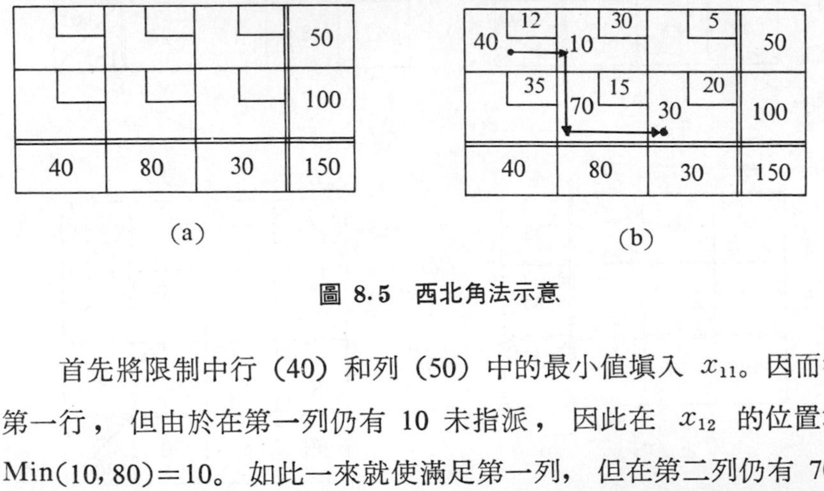

圖 8.5 西北角法示意

首先將限制中行 (40) 和列 (50) 中的最小值塡入 x_{11}。因而滿足第一行，但由於在第一列仍有 10 未指派，因此在 x_{12} 的位置塡入 Min(10, 80)=10。如此一來就使滿足第一列，但在第二列仍有 70 未指派，所以在 x_{22} 的位置塡入 Min(70, 100)=70，因而滿足第二行，這時在第二列仍有 30 未指派，我們將之塡入 x_{23}，如此就完成所有的工作，得到一個初始解。

這時來查證一下各行與各列的數值，以確定所得確實爲一可行解，不失爲一聰明的作法。

列 1	40＋10＝50
列 2	70＋30＝100
行 1	40　　＝40
行 2	10＋70＝80
行 3	30　　＝30

本解的目標函數值如下

$$40(12)+10(30)+0(5)+0(35)+70(15)+30(20)=2,430$$

我們再用一個較大型的問題，示範西北角法的作法如下:

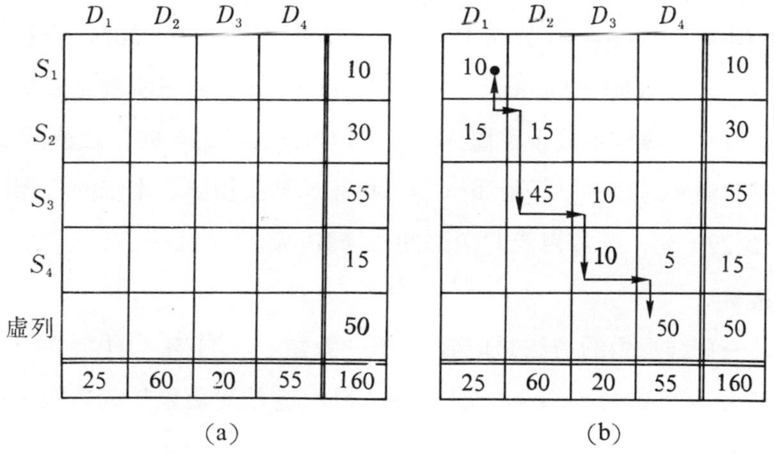

圖 8.6　西北角法示意

2. 最佳空格法

最佳空格法（best cell method） 在極小化問題中稱爲最小成本法（least cost method）。由於在西北角法的指派方式完全未將成本資訊列入考量，因此如果將成本列入考量，必將可得較佳的初始解是相當合理的推想。

[12] 20	[30]	[5] 30	50
[35] 20	[15] 80	[20]	100
40	80	30	150

圖 8.7 最小成本法

最小成本法是首先找出成本最小的位置，而後盡量將運送量塡入該位，而後再找成本次小的位置等等，直到滿足所有供應與需求條件爲止。

現仍以水泥例來說明。在圖 8.7 中的最小成本爲 5 元，在該位置指派 $x_{13}=\text{Min}(30, 50)=30$ 於其中，而後再找成本次小（12元），在該位置指派 $x_{11}=\text{Min}(50-30, 40)=\text{Min}(20, 40)=20$。第三步驟是剩餘各位置中以 15 元爲成本最小，置入 $x_{22}=\text{Min}(80, 100)=80$，最後的 20 個由於限制條件的關係只好指派 $x_{21}=20$ 完成初次指派。本法的目標函數值爲 2,290 元，低於用西北角法的 2,430 元。

3. 佛格爾法

另外一個強有力的方法是處置「第一差額」(first differences) 的佛格爾法 (VAM) 或稱差額法。VAM 的想法是著重於成本相對性的懲罰。如果我們未能在每一行與列將所有供應量和需求量放在成本最小的位置，則必須受罰。在找到有最大受罰值 (penalty value) 的行或列後，我們盡可能指派運送量於最小成本的位置，而後再次評估所剩空位的受罰值，重覆進行這種程序，直到得出一個可行解。

在此仍以水泥例來示範 VAM 的運算程序。所謂「第一差額」是指行或列中最小成本與次小成本的差的值。由圖 8.8(a) 可知第一行爲最大受罰值的行，因此將運送量盡量指派給第一行中成本12元的空位，

12	30	5	50	12－5＝7
× 35	15	20	100	20－15＝5
40	80	30	150	
35－12 ＝㉓	30－15 ＝15	20－5 ＝15		

(a)

40 12	30	5	50	30－5＝㉕
× 35	15	20	100	20－15＝5
40	80	30	150	
	30－15 ＝15	20－5 ＝15		

(b)

40 12	× 30	10 5	50
× 35	15	20	100
40	80	30	150

(c)

40 12	30	10 5	50
35	80 15	20 20	100
40	80	30	150

(d)

圖 8.8 (a) **VAM** 第一步驟 (b) **VAM** 第二步驟
(c) **VAM** 第三步驟 (d) **VAM** 第四步驟

因爲如果不如此做，則對每一卡車量運送品，我們必須付出35－12＝23元的受罰值。因此 $x_{11}=40$。

請注意，旣然第一行的 40 卡車量均已指派，35 元的位置無法使用，通常在該位置畫以「×」號做爲提示。在圖 8.8(b) 中，以受罰值25元爲最高，因此將 (50－40)＝10 卡車量指派給最小成本（5 元）的空位，同時於 30 元位置畫以「×」號，由於在第二行和第三行都只剩一個空位，因此必須將剩餘卡車量分置於這兩個位置，完成如圖8.8(d)

的結果，這種方式所得可行解的目標函數值爲 2,130 元。請注意，在圖 8.8(d) 中已刪除所有「×」號。

例 8.2 試以 VAM 求下述運輸問題的初始解。

11	3	6	10
4	12	9	20
7	2	16	10
12	31	7	50 \ 40

圖 8.9 (a)

解: 首先將上述不平衡型問題增加一虛列，而改爲平衡型問題。

	11	3	6	10
	4	12	9	20
	7	2	16	10
虛列	0	0	0	10
	12	31	7	50

圖 8.9 (b)

11	3	6 ×	10	6 − 3 = 3	11 − 3 = ⑧
4	12	9 ×	20	9 − 4 = 5	12 − 4 = ⑧
7	2	16 ×	10	7 − 2 = 5	7 − 2 = 5
0	0	0 7	10	0 − 0 = 0	0 − 0 = 0
12	31	7	50		
4 − 0 = 4	2 − 0 = 2	6 − 0 = ⑥			

圖 8.9 (c)

[11]	[3] 10	[6]	10
[4] 12	[12] 8	[9]	20
[7]	[2] 10	[16]	10
[0]	[0] 3	[0] 7	50
12	31	7	50

圖 8.9 (d)

VAM 的第一步驟是列出所有行與列的「第一差額」，其中以第三行的 6 爲最大受罰值，因此將 7 指派於成本最小的空位（在此爲 0），並在本行中其他空位畫以「×」號。然後再求剩餘各空位的「第一差額」，我們發現有兩個相同的最大受罰值，我們可隨意選任一列，在此爲選第一列，將 10 指派給最小成本（3 元）的空位，其次爲在第二列中將 12 指派給 4 元的空位，由於受到限制條件的影響，只好將 8 指派在 12 元的空位。第二行中剩下的數字分別指派 10 在 2 元位置，3 在 0 元位置，而完成初始解，其目標函數值爲 194 元。

雖然最小成本法和 VAM 指派初始解的過程比西北角法略爲複雜，但是因其結果較佳，而使達到最佳解的調整次數減少，因此可說是十分有價值的方法。

8.2.3 最佳解檢定

當運輸問題求得初始解之後，爲了檢定該解是否已爲最佳解，有兩種常見的最佳解檢定法，一種是比較直覺的方法，稱爲踏石法或環路法 (loop method)，另一種稱爲 MODI 法（修正法）或 UV 法。

1. 踏石法（環路法）

本法是針對非基本變數（也就是不在解答中運送途徑），考慮其進入基底後對於成本的淨影響。例如就圖 8.9 的 S_1-D_3 方格來討論（亦即 x_{13} 決策變數），該變數若欲增加一個單位，爲了維持 S_1 限制條件，x_{23} 必需減少一單位，而連帶的 x_{22} 又必需增加一單位，x_{12} 必需減少一單位，經過這種轉換後，橫列與縱行的限制條件仍可滿足。由（1，3）→（2，3）→（2，2）→（1，2）稱爲一條「踏石路徑」(stepping-stone path)。如就成本面看來，其淨影響爲:

$$5-20+15-30=-30$$

表示這一轉換方法，每轉換一單位將使淨成本減少30元，由於我們的目標是追求最小成本，所以這種轉換是有利的。又如考慮在 S_2-D_1 方格來討論，如圖 8.10(b) 所示，則其淨影響爲

$$35-15+30-12=38$$

依這原理，對於所有非基本變數均計算其淨影響。因爲其分析過程與圖 8.10相同，所以稱之爲環路法。本法的缺點是在大規模題目中，環路並不簡單，同時在加減過程中，很容易發生錯誤。

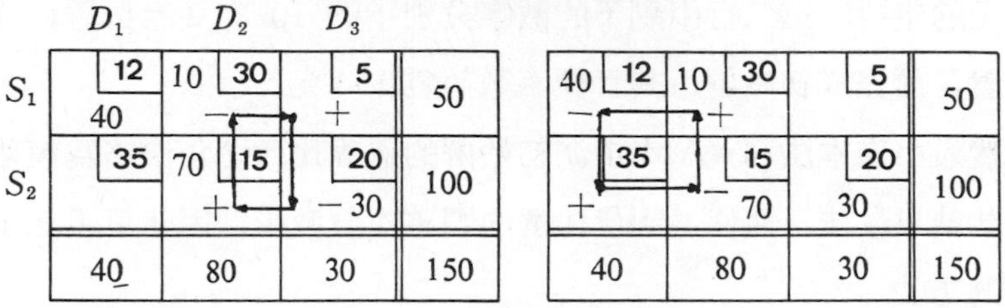

(a) (b)

圖 8.10 踏石路徑

對於任何空格找尋踏石路徑時，我們可以縱向或橫向循直線移動，僅在已屬解答的格子（踏石格）轉向。請注意，固然我們可以踏到很遠的格子，但只有當我們站在「踏石」時才可轉向。對於表中各空格，有且僅有一條踏石路徑同時沒有任何踏石格會有這種閉合路徑 (closed path)。

依據前述分格，可知每引入 1 單位 x_{13} 於解答，可使目標函數值（總成本）降低 30 元，而若引入 1 卡車量的 x_{21}，將會使目標函數值增加 38 元。

由於我們的目標在求極小值，因此決定引進 x_{13}。下一步驟是決定那一個在基本可行解的變數必須退出（請牢記，每次只有$m+n-1=4$變數可在解答中）。同時也將決定有多少單位的 x_{13} 可引入解中（該數值恰為將退出的變數的值）。

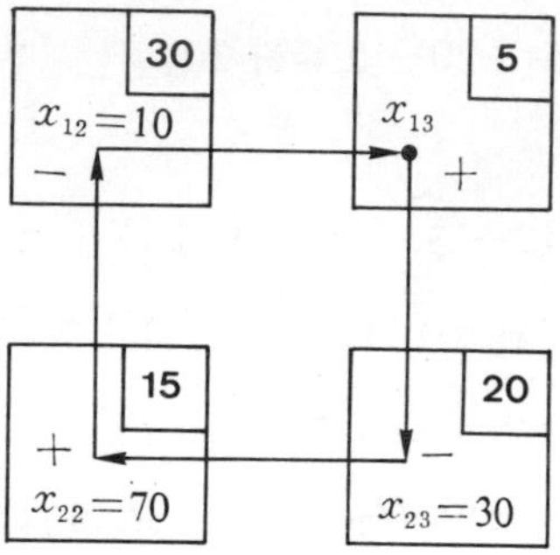

圖 8.11　x_{13} 的踏石路徑

由上圖可知，$x_{12}=10$ 可刪去，而令 $x_{13}=10$ 將可達到降低最多成本的目的，但若 $x_{13}=10$，則應調整 $x_{23}=20$，$x_{22}=80$ 以保持限制條件的滿足，換句話說，x_{12} 退出可行解，而被 x_{13} 所取代，這時所有行與列都滿足，同時仍保持 $m+n-1=4$ 個踏石格。新的目標函數值是

$$40(12)+0(30)+10(5)+0(35)+80(15)+20(20)=2,130$$

比原先的 2,430 元節省 300 元。

為了檢定第二表是否已是最佳解，必須再找剩餘各空格的踏石路徑，以決定是否仍有改進的餘地。

[12] 40	[30]	[5] 10	50
[35]	[15] 80	[20] 20	100
40	80	30	150

(a)

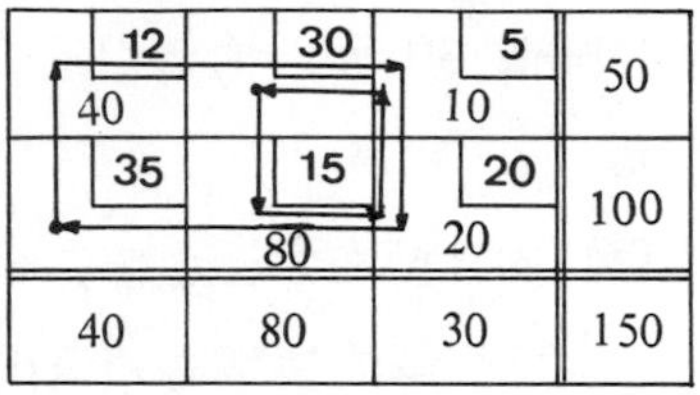

(b)

圖 8.12 (a) 第二表 (b) 剩餘空格的再評估

由上圖可知對於 x_{12} 來說，其改進值（Δf_{12}）爲

$$\Delta f_{12}=+30-5+20-5=+30$$

對於 x_{21} 來說，

$$\Delta f_{21}=+35-12+5-20=+8$$

上述二變數都對求極小化目標值沒有正面貢獻，因此可知已達最佳解。卽由 S_1 運送 40 卡車水泥至 D_1，由 S_1 運送 10 卡車水泥至D_3，由 S_2 運送 80 卡車水泥至 D_2，由 S_2 運送 20 卡車水泥至 D_3，其總成本爲 2,130 元。這個結果與佛格爾法所得相同，可見 VAM 確實是相當有力的工具。

例 8.3 有些運輸問題求解的踏石路徑十分困難，現舉二例如下圖8.13(a) 及圖 8.14(a)。圖 8.13(b) 與圖 8.14(b) 爲解答，其中以圈標示的是各該空位的改進值（Δf_{ij}）。較困難的踏石路徑已明示圖上，請注意，在找空格的踏石路徑時必須查證其可行性（卽滿足各行及各列）以及適當的踏石格（$m+n-1$）。讀者可自行試試看。

2. MODI 法（UV 法）

正如最小成本法和 VAM 是尋找初始解的有力工具，MODI 法在評估各空格的 Δf_{ij} 值要比踏石法快速且容易得多， 尤其對於大型問題而言，效率高。因爲除了將進入可行解的變數外，它不必找出其他各空格的踏石路徑。

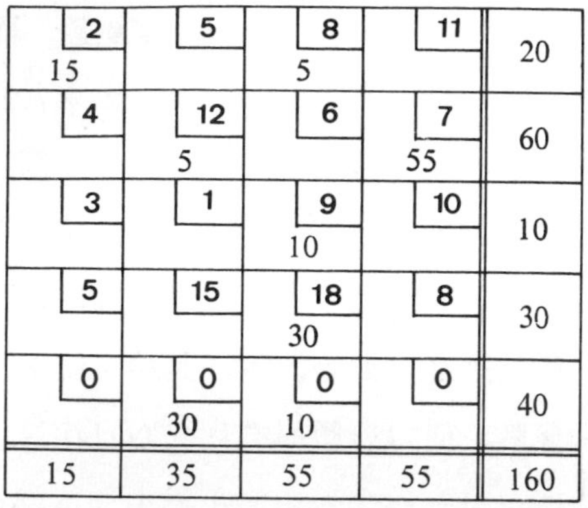

2 5 8 11 20
15 5
4 12 6 7 60
5 55
3 1 9 10 10
10
5 15 18 8 30
30
0 0 0 0 40
30 10
15 35 55 55 160

圖 8.13(a)

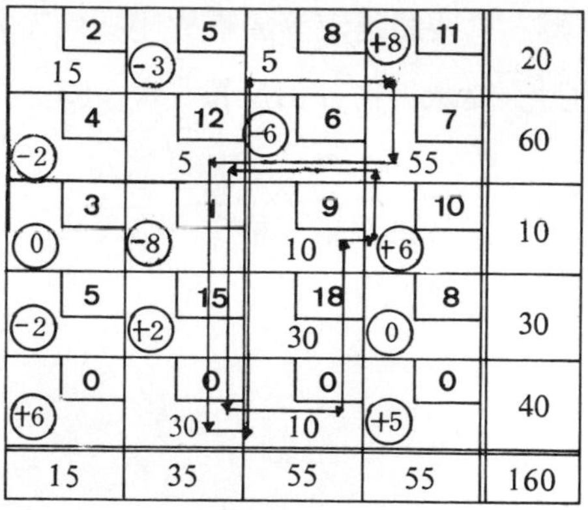

2 5 8 +8 11 20
15 -3 5
4 12 -6 6 7 60
-2 5 55
3 1 9 10 10
0 -8 10 +6
5 15 18 8 30
-2 +2 30 0
0 0 0 0 40
+6 30 10 +5
15 35 55 55 160

圖 8.13(b)

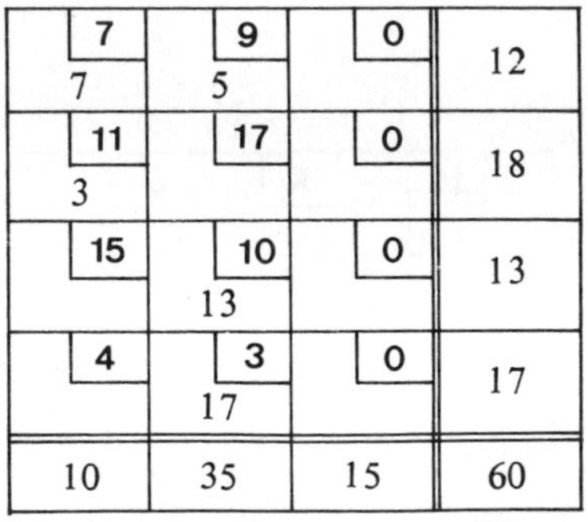

7 9 0 12
7 5
11 17 0 18
3
15 10 0 13
13
4 3 0 17
17
10 35 15 60

圖 8.14(a)

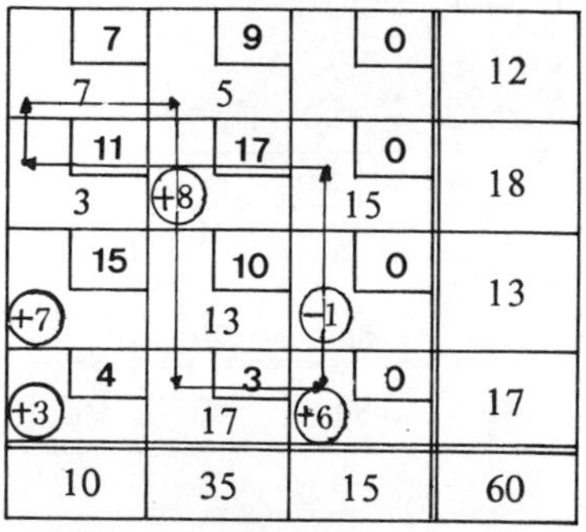

7 9 0 12
7 5
11 17 0 18
3 +8 15
15 10 0 13
+7 13 -1
4 3 0 17
+3 17 +6
10 35 15 60

圖 8.14(b)

MODI 法需要指派數個踏石格的數值，每個行（V_j）與列（U_i），使每個踏石格中成本值爲 U_i 與 V_j 的和，即 $U_i+V_j=c_{ij}$。

c_{ij} 爲已知常數，U_i，V_j 爲未知，共有 $m+n$ 個變數，而僅有 $m+n-1$ 個線性獨立方程式，但由於下述的原因，U_i 及 V_j 的值，均可很快解出。由前面的討論知道$m+n$個限制條件中，有一個是多餘的 (redundant constraint)，對於這一多餘條件，其邊際值等於零。因此在$m+n$個條件中，我們可以任意設定其中一個爲多餘的，也就是可在m個 U_i 中或n個 V_j 中，任意選定一個等於零，其結果使上述聯立方程式系統變成$m+n-1$個變數，使得變數與方程式數目相等，而且方程式中並無線性相依情況，所以可解出未知數。不過由於這聯立方程式構造特殊，根本無需實際求解，只要將選定等於零的變數代入方程式中，就可自動解出該方程式的另一變數，而經由反覆 (recursive) 代入方法，可將所有未知數解出。

回到水泥例，本例有 4 個方程式（每個踏石格有一方程式）及 5 個未知數（每一行與一列有一個），分別爲

$$U_1+V_1=12$$
$$U_1+V_3=5$$
$$U_2+V_2=15$$
$$U_2+V_3=20$$

	$V_1=12$	$V_2=0$	$V_3=5$	
$U_1=0$	12 / 40	30	5 / 10	50
$U_2=15$	35	15 / 80	20 / 20	100
	40	80	30	150

(a)

	$V_1=7$	$V_2=-5$	$V_3=0$	
$U_1=5$	12 / 40	30	5 / 10	50
$U_2=20$	35	15 / 80	20 / 20	100
	40	80	30	150

(b)

圖 8.15

例 8.4(a) 水泥例——MODI 數 (b) 水泥例——另一組 MODI 數，假設我們隨意指派一個數給 U_1，則我們有 4 未知數和 4 方程式，並且可解得其他各值（令 $U_1=0$）

$$V_1=12-U_1=12-0=12$$

$$V_3=5-U_1=5-0=5$$

$$U_2=20-V_3=20-5=15$$

$$V_2=15-U_2=15-15=0$$

我們不必寫出方程式就可找到 MODI 數。例如在圖 8.15(a) 中，令 $U_1=0$，則針對（1，1）方格，我們得到 $V_1=12$ 等等。事實上，不一定要令 $U_1=0$，我們也可指派其他數，例如 $V_3=0$，則可得出另一組 MODI 數。

找到一組 MODI 數之後，接下來的工作就是利用它們來評估每一空格的 Δf_{ij} 值。我們利用關係式

$$\Delta f_{ij}=c_{ij}-(U_i+V_j)$$

這個關係式對所有格子都成立，但是在前述過程中，我們在計算 MODI 數時強迫對每一踏石格是 $\Delta f_{ij}=0$，因此目前只需對空格計算該值。

例如依據圖 8.15(b) 的 MODI 數，我們可得

$$\Delta f_{12}=c_{12}-(U_1+V_2)=30-[5+(-5)]=+30$$

和　$$\Delta f_{21}=c_{21}-(U_2+V_1)=35-[20+7]=+8$$

這些數值與我們用踏石法所得相同。讀者可嘗試查證，看看圖 8.16(a) 的 MODI 數是否可得到相同的 Δf_{ij} 值。

其次我們利用 MODI 法檢定在圖 8.9(d) 的 VAM 初始解是否已是最佳解。我們將該初始解複製如下圖 8.16(a)。

爲了決定那一個 MODI 數指派爲 0，一個有用的經驗法則是指派給含有最多踏石格的行或列。在本例中是第二行，它有 4 個踏石格。因

	$V_1=$	$V_2=0$	$V_3=$	
$U_1=$	[11]	[3] 10	[6]	10
$U_2=$	[4] 12	− [12] 8	+ [9]	20
$U_3=$	[7]	[2] 10	[16]	10
$U_4=$	[0]	+ [0] 3	− [0] 7	10
	12	31	7	50

(a) **MODI 數及踏石路徑**

	$V_1=$	$V_2=0$	$V_3=$	
$U_1=$	[11]	[3] 10	[6]	10
$U_2=$	[4] 12	[12] 1	[9] 7	20
$U_3=$	[7]	[2] 10	[16]	10
$U_4=$	[0]	[0] 10	[0]	10
	12	31	7	50

(b) **MODI 數及最佳解**

圖 8.16

此 $U_1=3$，$U_2=12$，$U_3=2$ 及 $U_4=0$，利用踏石格（2，1）和（4，3），可得 $V_1=-8$ 及 $V_3=0$ 依據這些 MODI 數，各空格的 Δf_{ij} 值計算如下:

$$\Delta f_{11}=C_{11}-[U_1+V_1]=11-[3+(-8)]=+16$$
$$\Delta f_{13}=6-[3+0]=+3$$
$$\Delta f_{23}=9-[12+0]=-3$$
$$\Delta f_{31}=7-[2+(-8)]=+13$$
$$\Delta f_{33}=16-[2+0]=+14$$
$$\Delta f_{41}=0-[0+(-8)]=+8$$

其中只有（2，3）格為 $\Delta f_{23}=-3$，因此我們找出其踏石路徑，並決定應移多少單位至這空格，以及那一個踏石格必須退出可行解。移出量為踏石格中負號格中最小的數值，修訂後的結果如圖8.16(b)所示。由於有 $x_{23}=7$，每一單位可節省 3 元，因此調整後的新目標函數值應比前一目標函數值少 21 元，情形正是如此。3(10)+4(12)+12(8)+2(10)+0(3)+0(7)=194 降至 3(10)+4(12)+12(1)+9(7)+2

(10)＋0(10)＝173。

繼續找最佳解，若用 $V_2=0$，則 $U_1=3$，$U_2=12$，$U_3=2$，$U_4=0$。由第二列，我們可得 $V_1=-8$ 及 $V_3=-3$，這時各空格的 Δf_{ij} 值分別爲

$$\Delta f_{11}=11-[3+(-8)]=+16$$

$$\Delta f_{13}=6-[3+(-3)]=+6$$

$$\Delta f_{31}=7-[2+(-8)]=+13$$

$$\Delta f_{33}=16-[2+(-3)]=+17$$

$$\Delta f_{41}=0-[0+(-8)]=+8$$

$$\Delta f_{43}=0-[0+(-3)]=+3$$

由於各 Δf_{ij} 均爲正值，因此可知已找到最佳解。

8.2.4　特殊狀況及其解

在運輸問題的求解程序中，往往可能遇到特殊狀況，例如退化解(degenerate solution)，多重解(multiple solution)或有不可行格(nonfeasible cell)的情形應如何處置，將在本節略加探討。

1. 退化解的處置

所謂「退化解」是指在可行解中的非零變數的個數少於線性獨立方程式的個數。解決之道在於可行解中含一個或多於一個零值。

退化的狀況可能發生於第一表(initial tableau)，或中途表(intermediate tableau)或最佳表(optimal tableau)。在初始解中，如果指派的數字恰巧同時滿足其行與列第二限制條件(除了填入最後一格的情形之外，因爲塡最後一格時必然總是如此)。結果是踏石格數少於獨立方程式($m+n-1$)的個數。解決之道是讓那個同時滿足行與列的限制條件的格子在行或列上取一零值(稱爲虛格(dummy cell))也置入解中。

例如在圖8. 17(a) 中，利用西北角法，指派10單位於（1，1），滿足第一行的需求，將第一行中其他空格畫上「×」號，然後指派10單位於（1，2），完成了第一列的需求，也是將第一列中其他空格畫上「×」號。下一步驟是分配10單位於（2，2），該值同時行與列的限制條件，這表示將會發生退化解，在（3，3）指派 15 及（3，4）指派25就完成初始解，但是踏石格只有 5 格，少於$m+n-1=3+4-1=6$。如此一來將無法指派 MODI 數或對某些空格完成踏石路徑。

爲了免除這項困擾，我們在造成問題的（2，2）格的行或列中未畫「×」號的空格指派一個零值。假若我們指派 0 於（2，3）格，如圖8. 17(b) 所示，則剩餘所有空格都將有有效的踏石路徑。在本例中，除了（2，1）之外的其他空格都是相同良好的位置。一旦增加該零值之後，踏石路徑和 MODI 數都已成可能，分析方式可如常進行。退化有可能發生於求解的任一階段。當在踏石路徑中有兩個或以上格子同時被用盡，就會發生退化。例如在圖 8. 18(a) 的踏石路徑中，在(3，2) 格中的 20 以 30 取代時就發生退化，其解決之道爲如圖 8. 18(b) 指派 0 於（2，2）或如圖 8. 18(c) 指派 0 值於（3，3）。

10	10	×	×	20
×	10			10
×		15	25	40
10	20	15	25	70

(a)

10	10			20
	10	0		10
		15	25	40
10	20	15	25	70

(b)

圖 8.17 (a) 第一表的退化情形 (b) 第一表退化情形的解

如果退化解並非最佳解（有一個或以上的 Δf_{ij} 爲負值），則退化對下一個解的影響有三種可能性存在

(1) 虛格並未涉入於改變中而維持不變，如圖 8. 19(a) 所示。

30			30
	10		10
	20	10	30
5	5		10
35	35	10	80

(a)

30			30
	0	10	10
	30		30
5	5		10
35	35	10	80

(b)

30			30
		10	10
	30	0	30
5	5		10
35	35	10	80

(c)

圖 8.18 (a) 在中途表中發生退化 (b) 解決退化狀況

(c) 另一種解決方式

(2) 虛格變為一個主變數 (active variable)，如圖 8.19(b) 所示。

(3) 虛格移至另一位置，但仍保持 0 值，如圖 8.19(c) 所示。

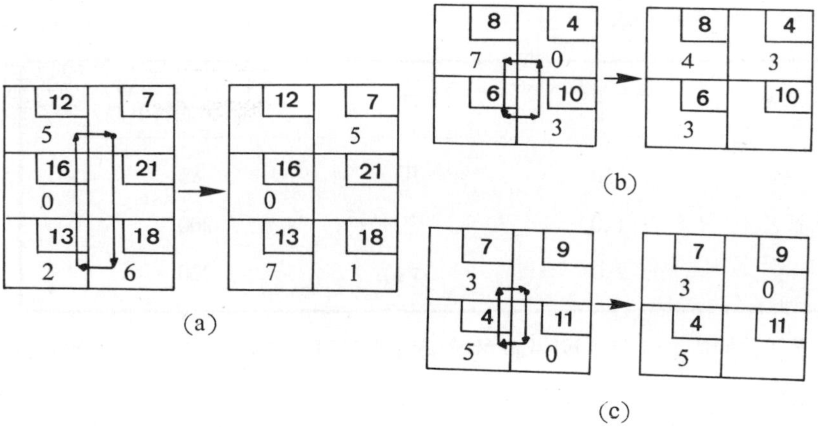

圖 8.19 (a) 虛格未涉入踏石路徑中 (b) 虛格消失

(c) 虛格移位

2. 多重解

如同一般線性規劃問題，運輸問題有時也會有多於一個解使目標函數得到相同值。這種狀況發生於當不在可行解中的一個變數（空格）使 $\Delta f_{ij}=0$。假如有其他空格是 $\Delta f_{ij}<0$，則我們不必理會前述情形。

但是如果所有其他空格的 $\Delta f_{ij}>0$，則表示該題有多於一個最佳解，如圖 8.20 所示。

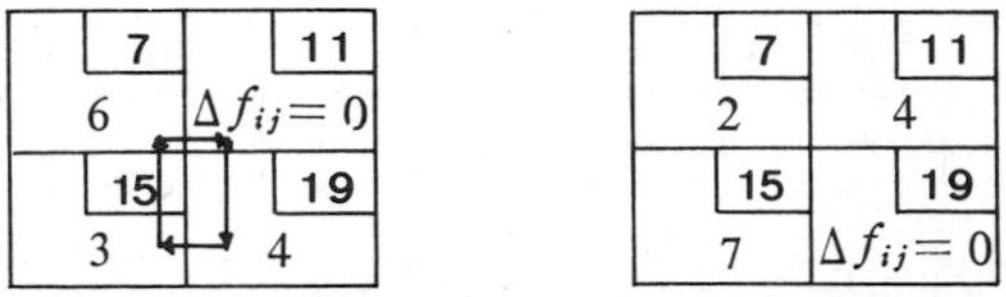

圖 8.20 多重解

例 8.4 達永公司爲某電子零件的專業廠商。主要的訂單來自甲乙丙三市，該公司在這三市都沒有倉庫。公司的三座工廠並非與倉庫在同一地方，而是分別設於東甲，西乙和丁地。由於市場不景氣，公司的業務嚴重萎縮，如下表所示

工廠	工廠每年最大產量（千個）	倉庫	來年倉庫預期各地需求量（千個）
東甲	210	甲	80
西乙	140	乙	200
丁	290	丙	200

距離東甲和西乙工廠最近的倉庫分別爲甲市和乙市，丙市倉庫與三工廠距離幾乎相等。由工廠至倉庫的單位運輸成本及生產成本如下

工廠＼倉庫	甲	乙	丙	生產成本
東甲	2	4	4	11
西乙	4	3	4	14
丁	3	6	4	12

公司目前的流通策略如下：所有甲市倉庫的需求由東甲廠供應，所

有西乙廠的產品都運至乙市倉庫，乙市倉庫不足的需求量都由東甲廠供應，丙市的需求量完全由丁廠供應。

(1) 評估來年採用現行策略的成本。您認為為何公司要採用這種規定?

(2) 決定來年可達成最低生產及流通成本的策略。試問最佳策略可節省多少錢? 該解是否為唯一? 若否，請列出所有其他替代方案。

(3) 假設公司考慮關閉西乙廠，假設公司以最低成本方式操作，則上述動作在生產和流通的總變動成本方面有何影響?

解:

(1) 首先將問題列成標準格式，其中成本為流通與生產的總成本

工廠＼倉庫	A 甲	B 乙	C 丙	D 虛行	供應量
東甲 1	13	15	15	0	210
西乙 2	18	17	18	0	140
丁 3	15	18	16	0	290
需求量	80	200	200	160	640

利用 VAM 法求得起始可行解

	A	B	C	D	
1	13 80	15 60	15	0 70	210
2	18	17 140	18	0	140
3	15	18	16 200	0 90	290
	80	200	200	160	640

其中東甲廠有 70,000 單位產能未用和丁廠有 90,000 單位產能未用。

$$成本=13\times80+15\times60+17\times140+16\times200=7,520\text{（千元）}$$

(2) 其次以 MODI 法查驗是否已達最佳解

		$v_1=13$ A	$v_2=15$ B	$v_3=16$ C	$v_4=0$ D	
$u_1=0$	1	[13] 80	[15] 60	[15]	[0] 70	210
$u_2=2$	2	[18]	[17] 140	[18]	[0]	140
$u_3=0$	3	[15]	[18]	[16] 200	[0] 90	290
		80	200	200	160	640

空　格	U_i	V_j	c_{ij}	Δf_{ij}
（1，C）	0	16	15	－1
（2，A）	2	13	18	3
（2，C）	2	16	18	0
（2，D）	2	0	0	－2
（3，A）	0	13	15	2
（3，B）	0	15	18	3

由於（1，C）和（2，D）二空格中的 $\Delta f<0$，因此未達最佳解，將（2，D）引入可行解

	A	B	C	D	
1	[13] 80	[15] 60 ＋	[15]	[0] 70 －	210
2	[18]	[17] － 140	[18]	[0] ＋	140
3	[15]	[18]	[16] 200	[0] 90	290
	80	200	200	160	640

	A	B	C	D	
1	[13] 80	[15] 130	[15]	[0]	210
2	[18]	[17] 70	[18]	[0] 70	140
3	[15]	[18]	[16] 200	[0] 90	290
	80	200	200	160	640

再次進行 MODI 法查驗

	$v_1=13$	$v_2=15$	$v_3=14$	$v_4=-2$	
$u_1=0$	[13] 80	[15] 130	[15]	[0]	210
$u_2=2$	[18]	[17] 70	[18]	[0] 70	140
$u_3=2$	[15]	[18]	[16] 200	[0] 90	290
	80	200	200	160	640

空 格	U_i	V_j	c_{ij}	Δf_{ij}
(1, C)	0	14	15	1
(1, D)	0	−2	0	2
(2, A)	2	13	18	3
(2, C)	2	14	18	2
(3, A)	2	13	15	0
(3, B)	2	15	18	1

由於（3, A）的 $\Delta f_{ij}=0$，因此最佳解並非唯一，另一可能爲

	A	B	C	D	
1	[13] 10	[15] 200	[15]	[0]	210
2	[18]	[17]	[18]	[0] 140	140
3	[15] 70	[18]	[16] 200	[0] 20	290
	80	200	200	160	640

(3) 由於上解中未用到西乙廠，因此該廠若關閉不致影響生產與流通總成本的支出。當然，在實際作業中，關閉工廠必在其他方面有支出

花費。

3. 不可行格

在許多運輸問題中往往發生若干起點無法運送至某些終點的情形，這時在表中就有若干個不可行格，我們只要將這些不可行解的成本設爲非常高的M值，就可達成不使這些變數進入可行解的目的。

如果問題是以手算，則將該空格以畫「×」表示較方便，同時可完全忽略不計。在圖 8.21 中，BI 及 CⅢ 都是不可行格。

	Ⅰ	Ⅱ	Ⅲ	
A	2 / 5	8	7 / 2	7
B	M ×	4 / 1	10 / 3	4
C	11	3 / 4	M ×	4
	5	5	5	15

圖 8.21　不可行格

8.3 轉運問題

前述運輸問題爲假設貨物由起點直接運送至終點，但是有時候託運者可能希望透過中途站，或其他另一個地點來轉運。因爲轉運點如果能提供良好的服務（如金融、包裝），或能因數量增多而取得運費折扣，則雖然路途可能遠些，但是總運輸成本則反而低廉。這類運輸問題稱爲轉運問題 (transshipment problem)。轉運問題仍可利用運輸問題的解題程序，但需略加修改。

由於轉運點是指貨物由某些起點透過轉運站轉運至其他終點，因此它既是一個終點也是一個起點，事實上這裏所謂的「終點」與「起點」只不過是臨時性質而已。所以第一個步驟的修改是將轉運站同時列爲起點及終點。

在此以舉例方式解說，或許有助於讀者對轉運問題的瞭解。

例 8.5　已知某運輸問題的資料如下。

	D_1	D_2	D_3	
S_1	5	3	5	10
S_2	4	1	2	20
	10	10	10	30

其最佳解爲 $x_{11}=10$，$x_{22}=10$，$x_{23}=10$，總成本爲 80 元。今若假設允許轉運（原有起點及終點均可轉運）。其成本：S_1 至 S_2 爲 1 元，D_1 至 D_2 爲 2 元，D_1 至 D_3 爲 1 元，D_2 至 D_3 爲 3 元，並假設所有反向的運輸成本也相同，例如 S_2 至 S_1 亦爲 1 元（讀者應該注意：影響運輸成本的因素很多，例如運送的數量、方法、路徑、折扣等，同時，起點與終點對於運輸的需求量與供給量，也會影響運價，因此回程的與去程的運輸成本不一定會相同）。經過前述第一步的修改後可得圖 8.22。

上表成本矩陣可分割爲四個子矩陣(submatrices)，右上角爲原來的成本矩陣，左下角爲其轉置矩陣(transpose matrix)，其餘兩個子矩陣中，除了對角線外，都是各種途徑的轉運成本。至於對角線上的元素，

	S_1	S_2	D_1	D_2	D_3	
S_1	0	1	5	3	5	10
S_2	1	0	4	1	2	20
D_1	5	4	0	2	1	0
D_2	3	1	2	0	3	0
D_3	5	2	1	3	0	0
	0	0	10	10	10	

圖 8.22

需要稍加解釋: 以 S_1 運到 S_1 而言，代表一種虛作業(slack activity)，事實上，這個變數代表的是不運送至其他轉運點，所以運送成本應爲零。如果我們允許由 S_1 轉運 50 單位至其他地點（包括 S_2, D_1, D_2 至 D_3），而這些轉運途徑成本過高，則我們應該允許 50 單位全部或一部分保留在 S_1。換句話說，虛作業的用意在於避免被迫採用較昂貴的轉運方式。

圖 8.22 雖然得到成本矩陣，但是各起點與終點的供給量及需求量卻仍未表明可以轉運。如果 S_1 允許轉運，則其供給量必將大於 10，但其數量究應爲多少？假若考慮在極端情形時，所有供需集中一處轉運，則 $\sum S_i$ 爲其上限。就 S_1 及 D_1 而言，我們可將其供給量及需求量增加一個 $\sum S_i$ 或 $\sum D_j$（因爲兩者相等）。同理，其他各行各列均可依此類推。也就是說，要在每一行及每一列增加 $\sum S_i$，以代表轉運的可能性，其結果見圖 8.23。

	S_1	S_2	D_1	D_2	D_3	
S_1	0	1	5	3	5	40
S_2	1	0	4	1	2	50
D_1	5	4	0	2	1	30
D_2	3	1	2	0	3	30
D_3	5	2	1	3	0	30
	30	30	40	40	40	

圖 8.23

接下來的解題程序與運輸問題完全相同。本題的解答見圖 8.24: 對角線上的解答表示留在原地而未運送的虛作業，因此可忽略不計。本最佳解的總成本爲 \$70，比原解答的 \$80 爲低。解答的內容表示: 由

	S_1	S_2	D_1	D_2	D_3	
S_1	0 / 30	1 / 10	5	3	5	40
S_2	1	0 / 20	4	1 / 10	2 / 20	50
D_1	5	4	0 / 30	2	1	30
D_2	3	1	2	0 / 30	3	30
D_3	5	2	1 / 10	3	0 / 20	30
	30	30	40	40	40	

圖 8.24　轉運模型最佳解

S_1 運 10 件至 S_2，S_2 加上原來的 20 件共有 30 件，其中 10 件運往 D_2，正好滿足 D_2 之需求，另 20 件運往 D_3，D_3 除自留 10 件外，另 10 件運往 D_1。

轉運問題在 Wagner（註）和 Hillier 與 Lieberman（註）所著的兩本作業研究中有詳細的解說，有興趣的讀者可自行參閱。另外，如果某些路徑不通，則可用不可行格表示。

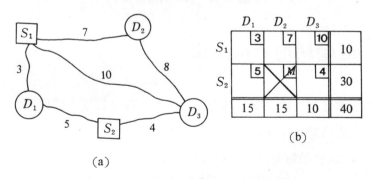

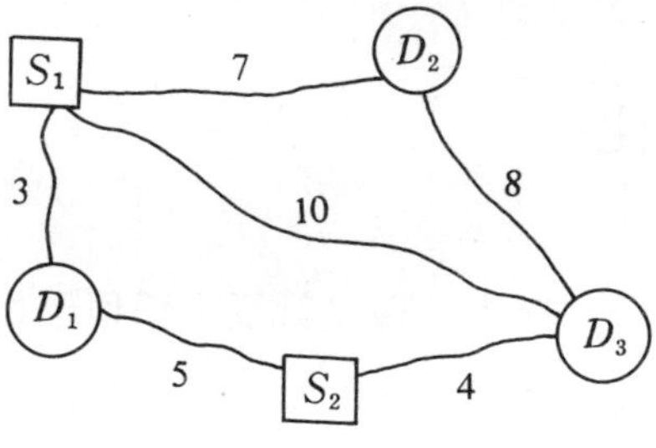

(a)

	D_1	D_2	D_3	
S_1	3	7	10	10
S_2	5	M (×)	4	30
	15	15	10	40

(b)

圖 8.25　(a) 運輸路徑圖　(b) 運輸資料

（註）Wagner, H. M. (1975), *principles of Management Science*, Prentice Hall.

（註）Hillier, F. S., G. J. Lieberman (1974), *Introduction to Operation Research*, Holden-Day.

例 8.6 達永運輸公司接受嵐玲公司的委託將該公司產品由起點 S_1 與 S_2 二地運送至終點 D_1，D_2 和 D_3，其路徑如圖 8.25 (a) 所示其中數字表由 S_i 至 S_j 的單位成本。而基本運輸資料如圖 8.25(b) 所示。

如果將圖 8.25(b) 的資料改寫爲轉運模式，則可表示如圖 8.25 (c) 所示。

起點 ＼ 終點	S_1	S_2	D_1	D_2	D_3	
S_1	0	M	3	7	10	50
S_2	M	0	5	12	4	70
D_1	3	5	0	M	M	40
D_2	7	14	M	0	8	40
D_3	10	4	M	8	0	40
	40	40	55	55	50	240

圖 8.25 (c) 轉運模式

8.4 運輸問題的極大化

雖然常見的運輸問題多爲極小化成本，但是卻沒有任何理由認爲本程序無法處置銷售，或利潤或其他應求極大化的主題。當用最佳空格法或 VAM 求初始解時，我們用最大值而非最小值卽可，當一差異在於使用踏石法或 MODI 程序時，我們改以—M表示不可行格，並且在考慮那一個空格應進入可行解中時，爲考慮 $\Delta f_{ij}>0$ 而非負值。

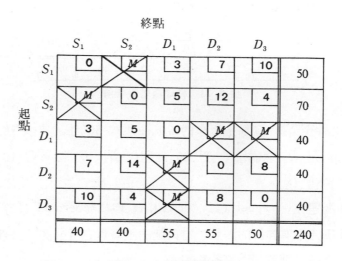

8.5 指派問題

指派問題是一種在很多決策制定狀況下常見的企業管理問題。例如，典型的指派問題是指派工作給機器，指派工人給職務或專案，指派推銷員至推銷領域等等。指派問題的特性是一個工作、工人等只能指派給一架且僅一架機器、職務等。目標在於達成最低成本，最少時間或最大利潤。

例 8.7 嵐玲廣告公司接受 3 位客戶委託的 3 項市場調查工作。王總經理面臨如何指派 3 位專案經理誰應接那一項個案的問題。目前有 3 位專案經理甲、乙、丙 3 人有空。然而，王總明知完成每項工作所需的時間與擔任該專案的經理的經驗與能力有密切關係。由於這 3 項專案的迫切性都相同，公司希望指派每位負責一項專案，以使完成時間為最低，應如何指派為最佳?

為了回答這個問題，首先王總經理必須列出甲、乙、丙 3 人個別完成 A、B、C 三項專案的時間估計值，如表 8.1 所示

表 8.1　每位經理完成專案時間估計（天）

經理＼專案	A	B	C
甲	10	15	9
乙	9	18	5
丙	6	14	3

例如甲完成 A 專案約需10天，而丙完成 C 專案約為 3 天等等。

由於本題僅涉及 3 位經理及三個專案，我們可以列出所有可能的指派方式，並計算各種指派的總完工天數，然後採用完工總天數最低的指

派法。在本例中僅有 $3 \times 2 \times 1 = 6$ 種可能指派方式，結果如下

表 8.2 所有可能指派方式

經理＼指派	1	2	3	4	5	6
甲	A(10)	B(15)	C(9)	A(10)	B(15)	C(9)
乙	B(18)	A(9)	A(9)	C(5)	C(5)	B(18)
丙	C(3)	C(3)	B(14)	B(14)	A(6)	A(6)
完工總天數	31	27	32	29	26	33

最佳指派方式顯然是第 5 種，即甲負責 B 專案，乙負責 C 專案，而丙負責 A 專案，則共需 26 天即可全部完工。

然而上述方法遇到大型問題 n 很大時（本例爲 $n = 3$），其所有可能的指派法有 $n!$ 種，變得十分繁雜乏味。例如有 8 個人指派至 8 種工作，則 $8! = 40,320$ 種可能指派方法，缺少效率，因此必須另行找出其他解法。

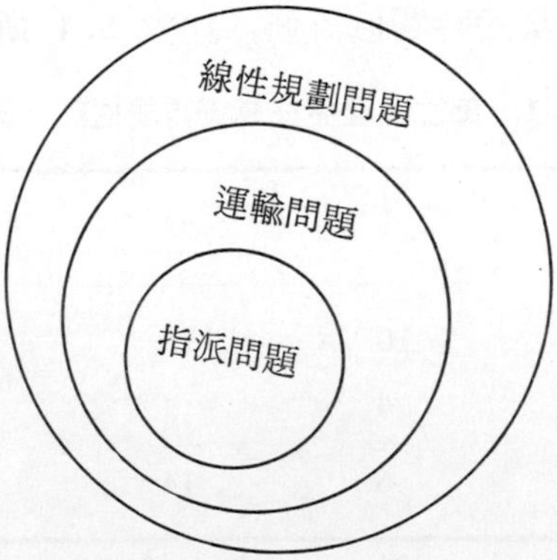

圖 8.26 指派問題，運輸問題與線性規劃問題之間的關係

8.5.1　匈牙利法

如同早先緒言所說，指派問題是一種特殊形式的運輸問題。其兩大特徵爲（1）列數與行數相等，（2）其供應量與需求量均分別爲 1，且各行各列中的數值非零卽 1。

表 8.3

來源＼去路	Ⅰ	Ⅱ	Ⅲ	Ⅳ	供應
A	1	0	0	0	1
B	0	1	0	0	1
C	0	0	0	1	1
D	0	0	1	0	1
需　求	1	1	1	1	

來源相當於被分派的事或物；去路相當於分派的去處，問題在於如何分派方能使成本最低。

指派問題雖也可用線性規劃或運輸模式求解，但是如果運用線性規劃求解運輸模式，缺乏效率。

例 8.8　設有三項工作（A、B、C）需待完成，皆可於三部機器（Ⅰ、Ⅱ、Ⅲ）做。各項工作於各機器上做，但因效率關係，其成本不等:

表 8.4

工作＼機器	Ⅰ	Ⅱ	Ⅲ
A	\$12	\$10	\$14
B	9	15	19
C	18	6	5

指派問題係求解如何指派工作 A、B、C 於機器Ⅰ、Ⅱ、Ⅲ而使成本最低。

這項問題如果用運輸模式來表示，將可瞭解其缺乏效率的原因。上列問題的運輸模式初解表如下:

表 8.5 指派模式中的原始分配

工作 \ 機器	Ⅰ	Ⅱ	Ⅲ	工作量
A	[12] 1	[10]	[14]	1
B	[9]	[15] 1	[19]	1
C	[18]	[6]	[5] 1	1
機器產能	1	1	1	

上列初解表的意義是將 A 工作指派由機器Ⅰ完成； B 工作由機器Ⅱ完成； C 工作由機器Ⅲ完成。這項初解僅有三個適宜解 (feasible solution)，較 $m+n-1=3+3-1=5$ 個適宜解的要求還缺少兩個解。因此須引進兩個假設的指派以便在運輸方法下繼續求解過程以獲得最適解。由於指派問題的特殊形式，在求解的每一步驟都遭遇了退化情形。基於這理由可知運輸方法不是很適合解指派問題。

本節將提供的解法是 1955 年由 H. W. Kuhn 所創的方法。由於它所依據的是 König 定理和 Egervary 的方法，這兩人都是匈牙利數學家。因此 Kuhn 稱之爲匈牙利法 (Hungarian method)，這個名稱沿用至今。

匈牙利法的指派法則由三個步驟組成，是一種比運輸法更有效的方法。

1. 機會成本觀念

指派法是基於機會成本（opportunity　cost）觀念的應用。所謂「機會成本」是指機會損失或放棄的成本，這可由表 8.4 詳細說明。

工作A可被指定給任何一部機器。同樣地，機器Ⅰ可執行任何一項工作。假設，指定工作A給機器Ⅰ，將花費 \$12。從表 8.4 發現機器Ⅰ可執行工作B，僅花費 \$9。但是，假如指定工作 A 給機器Ⅰ，則不能指定工作B給機器Ⅰ。指定工作A給機器Ⅰ的決策涉及放棄節省成本\$3的機會。同理，假如決定將工作C指派給機器Ⅰ，則將放棄節省成本\$9（18－9）的機會。這意謂指派工作A給機器Ⅰ的機會成本是 \$3，工作B指派給機器Ⅰ爲 0，工作C指定給機器Ⅰ爲\$9，這些即爲我們所稱的工作機會成本。同理，我們可決定機器Ⅱ的工作機會成本。這些是指派工作A給機器Ⅱ \$4，指派工作B給機器Ⅱ \$9，指派工作C給機器Ⅱ爲 0。對於指派工作 A、B、C 給機器Ⅲ，其工作機會成本分別爲 \$9、\$14、 0。決定工作機會成本的方式是找出成本表中每一行最小的數同時該行同減這一個數。從工作機會成本所建立的表稱爲「機會成本矩陣」。這些數值顯示於表 8.6:

表 8.6　工作機會成本矩陣

工作＼機器	Ⅰ	Ⅱ	Ⅲ
A	12－9＝3	10－6＝4	14－5＝9
B	9－9＝0	15－6＝9	19－5＝14
C	18－9＝9	6－6＝0	5－5＝0

如同決定工作機會成本，我們同時也可求出機器機會成本。依據表 8.4可知指派工作A給機器Ⅰ的成本是\$12，而相同工作指派給機器Ⅱ的成本是 \$10，因此指派工作A給機器Ⅰ的機會成本爲 \$2(12－10)，同樣地，指派工作A給機器Ⅲ的機會成本爲\$4，如果選擇每一列最小數字

和該列同減這一個數的方式就可推導出一系列的機會成本數字。

指派法的第一步是由兩方面組成，一方面建立如表 8.6 的機會成本矩陣。另一方面是建立有關總機會成本矩陣。總機會成本矩陣須含有工作機會成本和機器機會成本，也就是行或列的機會成本。在決定機器機會成本時，如果利用表 8.6 的機會成本表將可了解總機會成本是一個相關的觀念。選擇表 8.6 每一列最小的數字和從該列同減這一數字，將可得表 8.7(a)。

表 8.7(a) 總機會成本矩陣

工作＼機器	Ⅰ	Ⅱ	Ⅲ
A	3－3＝0	4－3＝1	9－3＝6
B	0－0＝0	9－0＝9	14－0＝14
C	9－0＝9	0－0＝0	0－0＝0

2. 最佳指派的測試

指派法的第二步是測試是否爲最佳指派已達成。目標之所以會指派工作給機器，正是基於最低總成本的原則。因此，假如指派某一工作給機器且其機會成本爲零，則該工作指派就是最佳指派。

在表 8.7(a) 總機會成本表中，有四個零，每一個顯示指派的機會成本爲零。我們可指派工作 *A* 或 *B* 給機器Ⅰ，工作 *C* 指派給機器Ⅱ或Ⅲ，因爲它們的機會成本爲零。假如指派工作 *A* 給機器Ⅰ，則不能同時指派工作 *B* 給機器Ⅰ，雖然該項指派的機會成本爲零。同理，假如指派工作 *C* 給機器Ⅲ，則不能指派給機器Ⅱ。因此，無法指派工作 *B* 給任何機器。關於最佳指派，我們必須能找出三個指派而其機會成本爲零。這只有一種可能，就是不管總機會成本矩陣中有多少個零，但同一列（或行）不能有兩個零出現。雖然表 8.7(a) 中有四個零，但僅有兩個零實際上可用來作指派，因為其他兩個零出現在同一列（或行）。有一簡便的方法來決定是否已完成最佳指派，可在總機會成本矩陣中沿着有零出現的行或列劃一直線。假如，所劃直線的個數等於列或行的個數，則已達成最佳指派。總機會成本矩陣中沿着有零出現的每一列或行劃直線，可表示於表 8.7(b)：

表 8.7(b)　機會成本矩陣

工作＼機器	Ⅰ	Ⅱ	Ⅲ
A	0	1	6
B	0	9	14
C	9	0	0

因為僅能劃兩條直線，無法達成最佳指派。所以必須建立一個新的總機會成本矩陣。

3. 建立新的總機會成本表

指派法第三步是建立新的總機會成本矩陣。我們由表 8.7 (b) 之總成本矩陣作修正，考慮列或行中未被直線劃過的數字加以指派。我們得知最小機會成本是 1，而選擇此數來作指派。這意謂指派工作 *A* 給機器Ⅱ，經由這項指派將機會成本由 1 改為 0。

表 8.8　新機會成本矩陣

工作＼機器	Ⅰ	Ⅱ	Ⅲ	
A	0	1 − 1 = 0	6 − 1 = 5	第 1 條直線
B	0	9 − 1 = 8	14 − 1 = 13	
C	10	0	0	第 3 條直線
	第二條直線			

這項指派的機械式過程是選擇在未被直線劃過的最小數字，同時將未被直線劃過的數字同減此數，並且將此數加於直線交點的數字上。新的總機會成本矩陣顯示於表 8.8。

我們接着沿有包含零的列或行劃直線 。 現在， 已劃直線的數目是 3，剛好等於列或行的個數。這顯示最佳指派已達成。最佳指派因此爲指派工作 A 給機器Ⅱ，工作 B 給機器Ⅰ，工作 C 給機器Ⅲ。這項最佳指派有最低總成本 \$24(10＋9＋5)。

在本例中，我們可很容易獲得有關最小成本的指派，因爲僅有三列和三行。但是， 在較大的問題中就沒那麼容易獲得 。 在所有這些例子中，我們遵照一種系統過程，也就是找出列或行有零的元素，根據零所在的位置劃經過列或行的直線，然後將未被劃直線的列或行，重複找出零和劃直線的過程，直到所得直線數至少等於列數或行數。

例 8.9 可簡化爲列表格式表示如下:

(1) 決定工作機會成本與機器機會成本(job and machine opportunity costs)。

	Ⅰ	Ⅱ	Ⅲ
A	12	10	14
B	9	15	19
C	18	6	5
	−9	−6	−5

⟹

	Ⅰ	Ⅱ	Ⅲ
A	3	4	9
B	0	9	14
C	9	0	0

	Ⅰ	Ⅱ	Ⅲ	
A	3	4	9	−3
B	0	9	14	−0
C	9	0	0	−0

⟹

	Ⅰ	Ⅱ	Ⅲ
A	0	1	6
B	0	9	14
C	9	0	0

(2) 決定可否求得最佳指派，其原則爲指派具有零值的機會成本去完成工作爲最佳。獲得總機會成本表是:

	Ⅰ	Ⅱ	Ⅲ
A	0	1	6
B	0	9	14
C	9	0	0

其具有零值機會成本的途徑，不足以分派完畢全部的工作。觀察上表，僅有兩條通過零的劃線（以最少的線劃去所有的零），而無三條線（表示有三個解），故需進行下列第三項步驟。

(3) 重新計算總機會成本表: 由於目前的機會成本水準，尚不足以將三個工作分派完畢，因此需重新求總機會成本，也就是需啟用新的途徑以便將三項工作全部分派出去。其程序如下: (a) 未劃線部分的各項數值，均減去其最低數值（由於有零值者必已劃線，所以這項最低數值必然大於零）；(b) 劃線部分之數值，除兩線交會點處的數值需加上此項最低數值外，其餘均不予變動。

	Ⅰ	Ⅱ	Ⅲ	
A	0	1	6	−1
B	0	9	14	−1
C	9	0	0	0

⟹

	Ⅰ	Ⅱ	Ⅲ
A	0	[0]	5
B	[0]	8	13
C	10	0	[0]

其總成本爲

*A*Ⅱ	10
*B*Ⅰ	9
*C*Ⅲ	5
合計	24

8.5.2 不平衡型問題

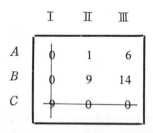

早先我們曾經提及指派問題的特徵爲列數與行數相等，然而在實際狀況下，往往會遇到上述條件不符的情形，本書稱列數與行數不相等的

指派問題爲不平衡型問題 (unbalanced problem)。面對這種情形，通常的做法是增加成本爲 0 的虛行 (dummy column) 或虛列 (dummy row)，而使問題達成平衡的狀態。

例 8.10 雲玲公司新近招募了三位工人，王領班負責將他們分別指派操作一種機器，已知工人 B 不會操作機器 II，其機會成本矩陣如下所示

表 8.9(a)

工人＼機器	I	II	III	IV
A	13	10	12	11
B	15	M	13	20
C	5	7	10	6

由於 B 不會操作機器 II，因此在該處的成本爲 M，即無限大的意思或畫上大×。另一方面，因爲有 4 種機器卻只有 3 個工人，因此應增設一位虛列

表 8.9(b)

工人＼機器	I	II	III	IV
A	13	10	12	11
B	15	M	13	20
C	5	7	10	6
D	0	0	0	0

其他程序與一般求解程序相同。

其他的例子如下:

1. 訓練成本

員工＼職位	店　員	職　員	司　機	速記員	清潔工
甲	5	15	2	M	3
乙	M	0	2	1	3
丙	7	3	2	5	2
丁	10	2	3	4	1
虛	0	0	0	0	0

2. 機器設置成本（千元）

機器＼地點	Ⅰ	Ⅱ	Ⅲ	Ⅳ	Ⅴ
A	4	7	╳	12	3
B	6	╳	9	15	╳
C	10	13	11	8	6
虛	0	0	0	0	0
虛	0	0	0	0	0

3. 準備學期專題所需時間（小時）

學生 課程	甲	乙	丙	虛	虛	虛
馬可夫鏈	6	4	7	0	0	0
PERT	5	8	2	0	0	0
單體法	3	2	5	0	0	0
競局論	4	6	7	0	0	0
模　擬	5	3	8	0	0	0
存　貨	4	3	2	0	0	0

8.5.3 極大化型的指派問題

如前所述，通常所遇到的指派問題多為極小化型的指派問題，換句話說，目標在求最低成本，最短時間等等。但是這並不表示指派問題不涉及極大化的目標，例如我們可求最大利潤。

面對極大化型的指派問題，有兩種處置方式，分別敍述如下。

方法（1）：將利潤轉為機會損失（opportunity loss）

這種做法是由原本的利潤矩陣中，以各行的最大值減去該行的每一數。如此一來，就將求最大利潤改為求最小機會損失。

例 8.11 達永百貨公司有五個大門市部：鞋類，玩具，汽車零件，五金以及唱片，該公司新近欲擴大營業，尋找四個不同的可能地點，已知各門市部在各不同地點的可能年獲利估計值如下表（單位：千元／月），

表 8.10

門市部 \ 地點	1	2	3	4
鞋類	10	6	12	8
玩具	15	18	5	11
汽車零件	17	10	13	16
五金	14	12	13	10
唱片	14	16	6	12

試問應如何指派使獲利最大?

解: 首先增加一虛列如下:

表 8.11(a)

10	6	12	8	0
15	(18)	5	11	0
(17)	10	(13)	(16)	0
14	12	13	10	0
14	16	6	12	0

現將上面的求最大利潤改爲求最小機會損失, 以圈中數字減該行各數字:

表 8.11(b)

7	12	1	8	0
2	0	8	5	0
0	8	0	0	0
3	6	0	6	0
3	2	7	4	0

依據求最小指派的程序，得如下結果

表 8.11(c)

7	12	①	8	0	−1
2	0	8	5	0	0
0	8	0	0	0	0
3	6	0	6	0	0
3	2	7	4	0	−1

由於只有四條直線，而矩陣爲 5 × 5 ，因此並非最佳解。

表 8.11(d)

6	11	0	7	0	−1
2	0	8	5	1	0
0	8	0	0	1	0
3	6	0	6	1	−1
2	①	6	3	0	−1

表 8.11(e)

5	10	0	6	0
2	0	9	5	2
0	8	1	0	2
2	5	0	5	1
①	0	6	2	0
−1	0	0	−1	0

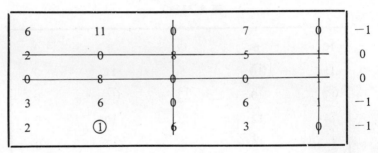

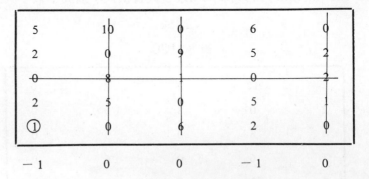

表 8.11(f)

4	10	0	5	0
1	0	9	4	2
0	8	2	0	3
1	5	0	4	1
0	0	6	1	0

因爲直線條數與行、列數相等，因此爲最佳解。

由上表可知

表 8.12

門市部	指派位置	估計利潤
玩　具	2	18
汽車零件	4	16
五　金	3	13
唱　片	1	14
未指派：鞋類部門		合計　61

方法 (2)：將原矩陣中各數值的符號改爲相反，即將「＋」改爲「－」

表 8.13

販賣機＼地點	*A*	*B*	*C*	*D*
飲　料	5	2	0	4
咖　啡	3	6	2	3
糖　菓	3	－2	3	4

和「－」改為「＋」，則原求最大值卽變為改求最小值。

例 8.12 玲達公司的總務主任計畫將新購三架販賣機指派至四個不同地點的休息室，各販賣機放在各不同地點的估計獲利（百元／月）如下，試求如何分派使獲利最大?

解: 將上表改為求最小指派

－5	－2	0	－4	＋5
－3	－6	－2	－3	＋6
－3	＋2	－3	－4	＋4
0	0	0	0	0

0	3	5	1
3	0	4	3
1	6	1	0
0	0	0	0

最佳指派為

飲料販賣機置於 A 地點	500元/月
咖啡販賣機置於 B 地點	600元/月
糖菓販賣機置於 D 地點	400元/月
無販賣機置於 C 地點	0元/月
合計	1500元/月

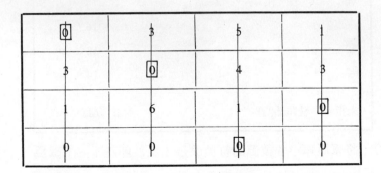

例 8.13 玲嵐房地產公司有六塊地待售，而有 5 位買主有興趣，第 i 位買方對第 j 塊地所願付出的錢（百萬元）至多爲 P_{ij}，若 P_{ij} 的值如下矩陣所示，試問該公司應如何決定那一塊地售給那一位買方，方能賺取最大金額?

買主＼地	1	2	3	4	5	6
1	6	7	6	2	9	4
2	0	5	8	1	1	10
3	5	10	6	5	10	3
4	2	7	12	4	10	7
5	6	9	9	5	7	9

解: 首先應增一虛列，以使矩陣成爲平衡型，由於本題爲求極大，因此爲了要將問題改爲求極小，將每位數字以本題中最大值相減，結果如下:

	1	2	3	4	5	6
1	6	5	6	10	3	8
2	12	7	4	11	11	2
3	7	2	6	7	2	9
4	10	5	0	8	2	5
5	6	3	3	7	5	3
6	12	12	12	12	12	12

然後依據匈牙利法進行求解

	1	2	3	4	5	6
1	3	2	3	7	0	5
2	10	5	2	9	9	0
3	5	0	4	5	0	7
4	10	5	0	8	2	5
5	3	0	0	4	2	0
6	0	0	0	0	0	0

在上表中涵蓋所有 0 的最少直線數只有5，因此必須再找一條直線，由於未蓋部分中最小數爲3，所以每個未蓋住的數減去3，並在直線交叉點上各加3。

買主＼地	1	2	3	4	5	6
1	0	2	3	4	0	5
2	7	5	2	6	9	0
3	2	0	4	2	0	7
4	7	5	0	5	2	5
5	0	0	0	1	2	0
6	0	3	3	0	3	3

本題有兩組最佳解，分別爲以小方塊和圈表示。

(1) 第1塊地售給買主1

2　　5

3　　4

4　　6（即未出售）

5　　3

6　　2

總售價＝ 6 ＋ 9 ＋12＋10＋10＝47

(2) 第 1 塊地售給買主 5

第 2 塊地售給買主 3

第 3 塊地售給買主 4

第 4 塊地售給買主 6（即未出售）

第 5 塊地售給買主 1

第 6 塊地售給買主 2

總售價＝6＋10＋12＋9＋10＝47

習　題

1. 試以最小成本法求下列問題的起始可行解，並與以 VAM 法求得的起始可行解。

(1)

2	3	5	6	5
2	1	3	5	10
3	8	4	6	15
12	8	4	6	

(2)

6	7	8	10
15	80	78	15
15	5	5	

2. 達永公司有 3 家工廠及 4 個倉庫，已知由工廠運貨至倉庫的每單位成本，工廠產能及倉庫需求如下表所示

工廠＼倉庫	*A*	*B*	*C*	*D*	工廠產能
I	12	13	10	11	10
II	11	12	14	10	9
III	14	11	15	12	7
倉庫需求	6	5	7	8	26

試問應如何運送，使成本爲最低？

3. 達永公司接到*A*、*B*、*C*、*D*，4 種零件的訂單必須於某期間內交貨 150 件，公司有 3 架機械可生產這些零件，各機械生產 1 單位零件所需時間，以及零件需求量和機械產能如圖所示，試求最少時間的配置方式。

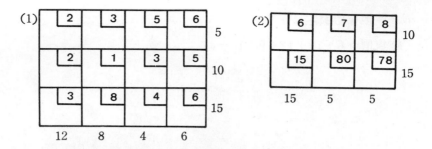

機率＼零件	A	B	C	D	產　能
A	5	9	×	4	28
B	6	10	3	×	32
C	4	2	5	7	60
需求量	48	29	40	33	120 ＼ 150

4. 已知達玲公司的 3 座工廠Ⅰ、Ⅱ、Ⅲ，以及 4 個倉庫的每日生產量（批）、需求量（批）以及由工廠至倉庫的運輸成本如下表所示:

	倉		庫		生產量（批）
	A	B	C	D	
工廠 Ⅰ	10	6	7	12	4
工廠 Ⅱ	16	10	5	9	9
工廠 Ⅲ	15	4	10	10	5
需要量（批）	5	3	4	6	18

試決定應如何運送，以使總運輸成本為最低?

5. 試求下列二運輸問題的最低總運輸成本。

(a)

工廠＼倉庫	1	2	3	
A	10	16	12	25
B	7	11	11	20
C	7	9	8	15
	20	27	13	

(b)

工廠 \ 門市	1	2	3	4	
A	18	16	8	13	100
B	14	14	6	10	125
C	20	15	17	15	70
D	8	12	19	11	80
	55	130	95	95	

6. 某大盤商有 3 家庫房，他的貨主要是供應 4 個零售商。庫房的存量及零售商需求量分別為:

庫房	存量（個）	零售商	需求量（個）
Ⅰ	20	1	15
Ⅱ	28	2	19
Ⅲ	17	3	13
	65	4	18
			65

每單位貨由庫房運至零售商處的費用（元）如下表

庫房 \ 零售商	1	2	3	4
Ⅰ	3	6	8	4
Ⅱ	6	1	2	5
Ⅲ	7	8	3	9

試問應如何運送方能使運輸成本為最低?

7. 已知某運輸問題的基本資料如下所示

	1	2	3	4	供應量
A	11	5	6	5	24
B	2	10	5	9	23
C	7	4	2	7	13
需求量	12	16	17	15	60

試求最低總成本的運送分配方式。

8. 旭昶百貨公司每年需要如下 5 類衣服（千件）的數量爲

類型	*A*	*B*	*C*	*D*	*E*
需要量（千件）	18	9	12	20	16

有 4 家廠商承諾供應這些貨品，各家的總量（5 類總和）如下:

廠商	1	2	3	4
供應量（千件）	20	18	25	19

該公司估計由各廠商訂購所製各類每件的獲利（元）如下:

廠商 \ 類型	*A*	*B*	*C*	*D*	*E*
1	2.0	1.9	2.3	1.5	3.2
2	1.8	1.9	2.1	1.6	2.8
3	2.5	2.4	2.2	1.7	3.6
4	2.2	1.4	2.1	1.8	2.8

(1) 試問應如何訂貨方爲最佳? 這種最佳配置是否爲唯一?

(2) 假設該公司已與廠商 2 簽約採購 C 類衣服8,000件 (這8,000件 C 類衣服包含於廠商 2 所能供應數量之內), 試問至多可付廠商 2 多少錢, 以便與其解除該約?

9. 已知由倉庫 A, B, C 運送給顧客 1, 2, 3, 4 的單位運輸成本 (元) 以及倉庫的庫存量以及顧客的需求量如下表所示

倉庫＼顧客	1	2	3	4	庫存量
A	7	8	11	10	30
B	10	12	5	4	45
C	6	10	11	9	35
需求量	20	28	17	33	110 ＼ 98

(1) 試求 VAM 法的起始可行解的總運輸成本。

(2) 試求最佳解和總運輸成本。

(3) 試問要使由倉庫 B 運貨給顧客 1, 則其單位運輸成本應降爲若干?

(4) 假設倉庫 B 的存量及顧客 1 的需求量都同時增加 5 單位, 爲了滿足這個條件應多增加多少額外支出? 這個解有何特色?

10. 嵐玲便利商店每月需要如下 5 類不同的食品 (打):

類　別	A	B	C	D	E
個　數	16	24	20	22	15

該店的食品來自 4 個供應商

供應商	1	2	3	4
最大供應量	24	30	23	25

每類食品的每打利潤如下

供應商＼類別	A	B	C	D	E
1	20	15	23	25	13
2	19	12	25	27	21
3	17	13	22	21	18
4	22	12	27	23	18

(1) 試問應如何訂購才能使獲利爲最大?

(2) 假設該店已向供應商 1 簽約每月購買E類食品 7 打，試問該店每月至多願出多少錢以求解約?

(3) 假若向供應商 2 和 3 的訂購量爲固定，但是向供應商 1 和 4 的訂購量可變動（總和不變），這項彈性如何能最佳利用?

(4) 假設B類食品的需求量每月增加爲 30 打，而僅有供應商 2 可增加供應量（至多爲 36 打），則總利潤可增加多少?

11. 福生公司的管理部門因業務需要而計畫擴編，預定增加 11 人，其專長要求及支付月薪如下:

專長	人數	月薪
會計	2	50,000
資訊處理	3	47,000以上
一般管理實務	6	44,000以上

公司願支付錄用者的月薪爲錄用者月薪津及所擔任職位支薪的較高者，現有 14 位申請人都有管理實務經驗，此外其專長及月薪分布如下:

專長	人數	現薪
會計及資訊*B*	2	48,000
會計*A*	4	46,000
資訊*D*	5	45,000
無上述專長*G*	3	42,000

上級要求管理部主管針對於這 11 位增加的人員部分提出一份每月增支的金額預估報告，試利用「來源」和「目的地」的方式用運輸問題方法決定一份合理的預估報告。若最佳解並非唯一，列出所有其他可能的答案。

12. 大生公司有 4 座工廠和 4 個門市部，門市與工廠並不在一起，單位運輸成本及其他相關資訊如下所示:

門市／工廠	1	2	3	4	工廠產能（個）	每個產品（元）原料	每個產品（元）勞力及間接成本
A	10	14	7	10	140	4	6
B	8	12	5	10	100	5	8
C	3	7	11	8	150	4	9
D	9	12	6	13	160	3	8
需求量（個）	80	120	130	110	440 ＼ 550		
單位售價（元）	26	32	30	25			

試求一使公司的利潤爲極大的計畫，並計畫其最大利潤值。

13. 天生製造公司有兩家工廠，分別座落在甲、乙二地甲廠每天至多可生產產品 150 架，乙廠每天至多可生產產品 200 架。完成品必須空運送交在戊及己二地的客戶， 各地顧客每天需要 130 架產品， 由於空運費折扣的規定，該公司認爲將部份產品先運經丙地或丁地而後轉抵終點比較合算，空運一產品的成本如下表所示，天生公司應如何運送以使總運輸成本爲最低。

由＼至	供應點 甲	乙	轉運點 丙	丁	終點 戊	己
甲	$0	—	$ 8	$13	$25	$28
乙	—	$0	$15	$12	$26	$25
丙	—	—	$ 0	$ 6	$16	$17
丁	—	—	$ 6	$ 0	$14	$16
戊	—	—	—	—	$ 0	—
己	—	—	—	—	—	$0

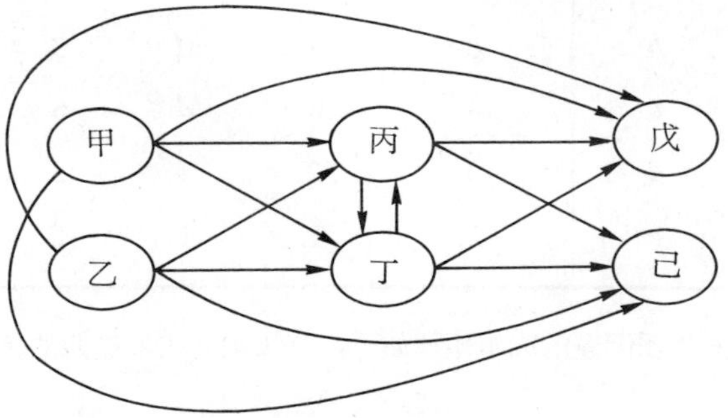

轉運問題示意圖

14. 早先在第五章中曾提及下題:

金生貿易公司有兩座倉庫 W_1、W_2 和 3 家門市部 O_1、O_2 和 O_3。由倉庫至門市部的單位運輸成本如下表所示:

由＼至	O_1	O_2	O_3	供應量
W_1	3	5	3	12
W_2	2	7	1	8
需 求 量	8	7	5	

假若倉庫的每日供應量和需求量如表所示，試問應如何運送能使運輸成本爲最低？（利用運輸問題解法）

15. 下圖爲將 5 個工作指派給 5 架機械的相對成本，由於有些機械無法執行某些工作，因此設其相對成本爲M（即一個很大的數值），試求最低成本指派方式。

機械＼工作	A	B	C	D	E
a	5	4	2	1	M
b	6	4	M	3	2
c	4	8	M	6	7
d	3	2	4	2	2
e	2	1	1	3	5

16. 假設某一指派問題的成本矩陣如下，試決定其成本最低的指派。

$$\begin{bmatrix} 1 & 7 & 8 & 2 & 6 \\ 1 & 6 & 1 & 4 & 8 \\ 7 & 2 & 4 & 9 & 10 \\ 8 & 11 & 5 & 2 & 3 \\ 4 & 4 & 1 & 2 & 4 \end{bmatrix}$$

17. 達生機器工廠購入 3 架不同的機器，在廠中有 4 處可以安置這些機器的所

在，各處對該機器的需要因其離某工廠中心的遠近而異，在各處的不同機器其單位時間內所需的原料運輸成本估計如下表:

機器 ＼ 安裝位置	1	2	3	4
A	13	10	12	11
B	15	X	13	20
C	5	7	10	6

試問應如何將機器安置於最合適的場所，以使原料運送的總成本最低?

18. 文生建設公司擁有 4 部分置在不同地點的堆土機。現欲將此 4 部堆土機運送到 4 處工地，堆土機到工地的距離如下表所示（以哩計）。試問此 4 部堆土機應如何分派到 4 處工地，才能使總運送距離為最小?

堆土機 ＼ 工地	1	2	3	4
1	90	75	75	80
2	35	85	55	65
3	125	95	90	105
4	45	110	95	115

19. 生生婚姻介紹所接受互不相干的 5 男 4 女的委託，替他們覓尋終生伴侶。為謀求最大的成功率，該代理人預先替此 5 男 4 女進行配對，並依彼此相配的程度，分別給予 0 到 10 分。其中 0 分表示極不相配，10 分表示極為相配。此代理人所作的配對表如下表所示:

準新娘＼準新郎	小 趙	小 錢	小 孫	小 李	小 周
阿 美	7	4	7	3	10
阿 香	5	9	3	8	7
阿 芳	3	5	6	2	9
阿 媛	6	5	0	4	8

試問：此代理人應如何爲其顧客配對，始能得到配對分數和爲最大?

20. 大學擬利用春假一週的時間，在 3 棟大樓裝設空調系統，因此邀請 3 位承包商對 3 棟大樓的裝設工程分別提出報價。各承包商的報價如下表所示（單位：1,000元）。由於在一個星期的時間內，各個承包商皆只有完成一棟大樓的估價工作能力，因此必需將 3 位承包商分配到 3 棟大樓。試求大學應如何分配工程，才能使報價總金額爲最小。

	報 價		
	大 樓 1	大 樓 2	大 樓 3
承包商 1	53	96	37
承包商 2	47	87	41
承包商 3	60	92	86

21. 有 5 個工作必須指派給 4 架機械，其相對成本如下表所示，試求最低成本的指派方式。

機械＼工作	A	B	C	D	E
a	9	6	5	4	2
b	7	6	3	2	8
c	6	7	4	5	3
d	2	6	4	9	6

22. 達永公司的行銷部經理擬指派 4 位推銷員至 4 個推銷區，由於每位推銷員的經驗和能力不同，他評估各可能獲利如下（千元單位），試求應如何指派，使獲利爲最大？

推銷員＼推銷區	A	B	C	D
a	35	27	28	37
b	28	34	29	40
c	35	24	32	33
d	24	32	25	28

23. 國生工廠的領班欲將 4 位新進工人指派四個工作，已知每位工人做某一工作所花費的時間如下表所示（假設所有工人的工資相同，否則應以成本取代）。試問應如何指派方能使花費時間爲最低？

工人＼工作	A	B	C	D
a	15	18	21	24
b	19	23	22	18
c	26	17	16	19
d	19	21	23	17

24. 嵐生公司的主管擬將 5 位新進員工指派 5 個職位，已知每位員工做某一職

位所花費的時間如下表所示:

職 位

		A	B	C	D	E
員工	a	2	4	5	1	4
	b	4	7	8	11	7
	c	3	9	8	10	5
	d	1	3	5	1	4
	e	7	1	2	1	2

試問應如何指派方能使總花費時間為最低?

25. 設有一項工作的指派問題，其成本矩陣如下，試求最低成本的指派方式。

	Ⅰ	Ⅱ	Ⅲ	Ⅳ	Ⅴ
A	11	17	8	16	20
B	9	7	12	6	15
C	13	16	15	12	16
D	21	24	17	28	26
E	14	10	12	11	15

26. 旭生工廠擬裝置3部機器（A、B、C），計有4處位置（Ⅰ、Ⅱ、Ⅲ、Ⅳ）可以安裝。由於各處對該機器的需要，因其離開某工廠中心的遠近而不同，因此，廠長的目的在將機器安裝於最適合的場所，以便原料運送的總成本最低。現將於各處的不同機器，其單位時間所需的原料運送成本估計如下:

位 置

		Ⅰ	Ⅱ	Ⅲ	Ⅳ
機器	A	13	10	12	11
	B	15	M	13	20
	C	5	7	10	6

試決定分派方式。

27. 昶生工廠中有 4 個新員工與 4 項工作，每人僅能做一個工作，而各項工作也僅能配置一個人，因工作項目不同，且各人工作效率有高低，因此所須工作時間也有差異，如甲做工作Ⅰ，須 2 小時，做工作Ⅳ則須 4 小時。同樣工作Ⅲ由丙去做，須 4 小時，由丁去做，則須 11 小時（參見下表），試問應如何將四項工作，同時指派給 4 個人，使工作沒有落空，而個人也無閒置，並且總工作時間最少（或工作效率最大）？

個人＼工作	工作Ⅰ	工作Ⅱ	工作Ⅲ	工作Ⅳ
甲	2	3	1	4
乙	3	5	9	10
丙	2	7	4	8
丁	5	8	11	7

28. 玲生工廠有 5 部機器 5 種生產工作。每部機器都能生產這 5 種不同商品，不過成本不一樣。則在五種生產需要同時進行時，應由那部機器從事那樣生產方可使總成本最小呢？設各機器做各種生產時所需之成本如下：

機器＼工作	A	B	C	D	E
(1)	\$430	\$320	\$295	\$270	\$245
(2)	440	340	300	290	240
(3)	465	350	330	310	265
(4)	480	375	320	275	280
(5)	490	380	320	280	250

29. 華生企業有 5 項契約擬與 5 家可能公司 A, B, C, D, E 簽約，每家公司僅可得一項契約，各家公司對各項契約所提估計金額（千元）如下表所示：

公司 \ 契約	1	2	3	4	5
A	35	15	—	30	30
B	25	20	15	25	40
C	20	—	30	20	50
D	15	40	35	15	40
E	10	50	40	30	35

為了使總成本最低，試問公司應如何指派?

30. 達嵐租車公司在臺北有 5 個租車中心，各有一輛車可租給顧客使用，各顧客住處與租車公司的距離（公里）如下表所示，試問應如何指派，使總里程數為最少?

顧客 \ 租車中心	1	2	3	4	5
1	16	10	14	24	14
2	21	26	15	20	19
3	20	18	20	21	19
4	25	15	18	24	19
5	25	12	20	27	14

31. 美生公司有 4 座工廠，各工廠可生產 4 種產品的任一種，由於生產量和產品品質的不同因而銷售利潤（千元）和生產成本都不同，相關資料如下表所示，試問各廠應生產何種產品，使總利潤為極大?

	銷售利潤（千元）					生產成本（千元）			
工廠 \ 產品	1	2	3	4	工廠 \ 產品	1	2	3	4
A	50	68	49	62	*A*	49	60	45	61
B	60	70	51	74	*B*	55	63	45	69
C	55	67	53	70	*C*	52	62	49	68
D	58	65	54	69	*D*	55	64	48	66

32. 英生公司有 6 位員工可從事 4 個職位，每位員工擔任各工作的訓練費用如下表所示:

員工＼職位	1	2	3	4
A	13	15	11	14
B	12	7	13	13
C	14	19	17	17
D	9	17	12	15
E	11	14	16	12
F	15	18	18	16

(1) 試求最佳指派。

(2) 該最佳解是否爲唯一?

(3) 本矩陣有何特點可用以縮小矩陣?

第 III 篇

機遇模式篇

第九章　馬可夫鏈

9.1 緒　　言

如果讀者仔細觀察日常所發生的許多事情，必然會發現有些事件的未來發展或演變與該事件現階段的狀況（state）全然無關，而另一些事件則受到事件目前的狀況的影響。假若將事件的演變（evolution）表成隨時間的變動的數學模式，通常稱之爲隨機過程（stochastic process）。前者則是獨立變數過程（process of independent trials），例如柏努利過程和波瓦松過程，後者是相依變動過程（process of dependent rtials），例如馬可夫過程（Markov process）。隨機過程是機率理論中重要的一分支，本節僅專注於離散型馬可夫過程，即馬可夫鏈的討論。

馬可夫鏈是俄國數學家 Andrei Markov（1856～1922）所創的一種特殊型態的機率問題，可以推測未來的出象，而且也是一種特殊的差分方程式問題。一階馬可夫鏈（lst-order Markov chain）爲讀者將基礎篇中所習關於矩陣代數以及行列式在線性方程式組的應用的知識提供一個絕佳的練習機會。大多數常見在管理科學模式的應用以及管理數學的技術是設計以依據現有資訊做爲預測和面對未來之用。雖然馬可夫理論最早是用以預測在實驗室條件下的氣體行爲，卻在商業和社會科學方面有很多有用且有趣的應用。例如，如果知道消費者購物的品牌換用的過去記錄，以及目前產品羣的市場佔有率，研究人員就可以預測未來一段時期各種產品的市場佔有率以及各產品的最終市場佔有率。又如我們可預測機器部門的機器狀況，訓練方案中受訓人員的績效和很多其他類似的狀況。

9.2 機率向量

首先在此界定一些基本名詞。

定義 9.1 列向量 $\mathbf{u}=(u_1, u_2, \cdots\cdots, u_n)$ 若滿足下列條件:

(1) $\mu_i \geqslant 0$　　$i=1, 2, \cdots\cdots, n$

(2) $\sum \mu_i = 1$

則稱 **u** 爲機率向量 (probability vector)。

例 9.1 考慮下列諸向量

$$\mathbf{u}=\left(\frac{1}{2}, 0, \frac{3}{4}, -\frac{1}{4}\right), \quad \mathbf{v}=\left(\frac{3}{4}, \frac{1}{2}, 0, \frac{1}{4}\right)$$

和 $\mathbf{w}=\left(\frac{1}{4}, \frac{1}{4}, 0, \frac{1}{2}\right)$

其中僅 **w** 爲一機率向量，爲什麼?

讀者請注意：由於一機率向量的各分量 (component) 的總和等於 1，因此任意有 n 分量的機率向量均可用 $n-1$ 個未知數表示如下:

$$(x_1, x_2, \cdots\cdots, x_{n-1}, 1-x_1-x_2-\cdots\cdots-x_{n-1})$$

尤其，任意含 2 分量和 3 分量的機率向量可分別表示如下:

$(x, 1-x)$ 和 $(x, y, 1-x-y)$

定義 9.2 若一方陣 $P=(P_{ij})$ 的每一分量均爲機率向量，則該方陣稱爲隨機矩陣 (stochastic matrix)。

例 9.2 考慮下列矩陣中那些爲隨機矩陣

(1) $\begin{bmatrix} \frac{1}{3} & \frac{1}{3} & \frac{1}{3} \\ \frac{1}{3} & 0 & \frac{2}{3} \\ \frac{3}{4} & \frac{1}{2} & -\frac{1}{4} \end{bmatrix}$

(2) $\begin{bmatrix} \frac{1}{4} & \frac{3}{4} \\ \frac{1}{3} & \frac{1}{3} \\ \frac{3}{4} & \frac{1}{2} \end{bmatrix}$

(3) $\begin{bmatrix} 0 & 1 & 0 \\ \frac{1}{2} & \frac{1}{6} & \frac{1}{3} \\ \frac{1}{3} & \frac{2}{3} & 0 \end{bmatrix}$

解: 只有 (3) 爲隨機矩陣。爲什麼?

定理 9.1 若P和Q爲二隨機矩陣，則其乘積 PQ 仍爲隨機矩陣。因此P的所有乘冪 P^* 均爲隨機矩陣。

9.3 方陣的固定點

定義 9.3 設P爲一方陣，若非零列向量 $\mathbf{u}=(u_1, u_2, \cdots\cdots, u_n)$

滿足 $\mathbf{u}P=\mathbf{u}$ (9.1)

則稱$\mathbf{u}$爲方陣P的固定點 (fixed point) 或穩定狀態向量 (steady-state vector)。

例 9.3 設 $P=\begin{bmatrix} 2 & 1 \\ 2 & 3 \end{bmatrix}$ 則 $\mathbf{u}=[2, -1]$ 爲P的固定點，因爲

$$\mathbf{u}P=[2, -1]\begin{bmatrix} 2 & 1 \\ 2 & 3 \end{bmatrix}=[2, -1]=\mathbf{u}$$

向量$2\mathbf{u}=[4, -2]$，也是P的固定點

$$[4, -2]\begin{bmatrix} 2 & 1 \\ 2 & 3 \end{bmatrix}=[4, -2]$$

定理 9.2 若$\mathbf{u}$爲矩陣P的一固定點，則對於任何非零數λ，$\lambda\mathbf{u}$仍爲P的固定點，即

$$(\lambda\mathbf{u})P=\lambda(\mathbf{u}P)=\lambda\mathbf{u} \tag{9.2}$$

例 9.4 一輛車出租經紀人分別在臺北、臺中和高雄等三地擁有出租據點，分別標以1，2，3。顧客可由任意出租據點租用轎車，並可在任一出租據點歸還轎車。依據經驗判斷，該經紀人求出顧客歸還轎車到各個出租據點是依以下的機率

還車據點

$$\begin{array}{cc} & \begin{array}{ccc} 1 & 2 & 3 \end{array} \\ P= \begin{array}{c} 1 \\ 2 \\ 3 \end{array} & \begin{bmatrix} .8 & .1 & .1 \\ .3 & .2 & .5 \\ .2 & .6 & .2 \end{bmatrix} \end{array} \quad \text{出租據點}$$

假若某輛轎車最初係由據點2租出，則其初始狀態向量爲

$$\mathbf{x}^{(0)}=[0, 1, 0]$$

使用此向量與定理 9.2，可得表 9.1 所列的後繼狀態向量。

表 9.1

$\mathbf{x}^{(n)}$ \ n	0	1	2	3	4	5	6	7	8	9	10	11
$x_1^{(n)}$	0	.300	.400	.477	.511	.533	.544	.550	.553	.555	.556	.557
$x_2^{(n)}$	1	.200	.370	.252	.261	.240	.238	.233	.232	.231	.230	.230
$x_3^{(n)}$	0	.500	.230	.271	.228	.227	.219	.217	.215	.214	.214	.213

對所有大於11的n值，其狀態向量皆等於 $\mathbf{x}^{(11)}$（算到小數第三位）。

讀者由上例應能發現兩件事。(1) 不需知道顧客租用轎車的時間長短，亦即，在隨機過程中，兩個觀察時的時間週期，並不需要固定的。(2) 隨著 n 值的增大，狀態向量將趨近某固定向量 $\mathbf{u}$。

因此，線性方程組 $\mathbf{u}P=\mathbf{u}$ 或 $\mathbf{u}(I-P)=0$，亦即

$$[u_1, u_2, u_3]\begin{bmatrix} .2 & -.1 & -.1 \\ -.3 & .8 & -.5 \\ -.2 & -.6 & .8 \end{bmatrix}=[0, 0, 0]$$

則係數矩陣的簡約列梯型為

$$\begin{bmatrix} 1 & 0 & 0 \\ 0 & 1 & 0 \\ -\frac{34}{13} & -\frac{14}{13} & 0 \end{bmatrix}$$

$$[u_1, u_2, u_3]\begin{bmatrix} 1 & 0 & 0 \\ 0 & 1 & 0 \\ -\frac{34}{13} & -\frac{14}{13} & 0 \end{bmatrix}=[0, 0, 0]$$

所以原方程式組與上方程組為同義的

$$u_1=\left(\frac{34}{13}\right)u_3$$

$$u_2=\left(\frac{14}{13}\right)u_3$$

設 $u_3=\alpha$，則以上的線性方程式組的一般解為

$$\mathbf{u}=\alpha\left[\frac{34}{13},\ \frac{14}{13},\ 1\right]$$

為使 $\mathbf{u}$ 成為一機率向量，可設

$$\alpha=\frac{1}{\frac{34}{13}+\frac{14}{13}+1}=\frac{13}{61}$$

因此，該系統的穩定狀態向量爲

$$\mathbf{u}=\left[\frac{34}{61},\ \frac{14}{61},\ \frac{13}{61}\right]=[0.5573, 0.2295, 0.2131]$$

與表 9.1 所得數值完全相同。$\mathbf{u}$ 中的三個元素，分別表示長期以往轎車將歸還到據點 1，2 與 3 的機率。因此，若該轎車出租經紀人擁有1,000 輛出租轎車，則應設計他的設備，使據點 1 至少擁有 558 個停車位，據點 2 至少擁有 230 個停車位以及據點 3 至少擁有 214 個停車位。

例 9.5 假設烏有鎮有兩家便利商店「全時」與「安利」，彼此相互爭取顧客。在某年三月底的一次調查中，獲知「全時」與「安利」的顧客各佔全鎮之半。假若依據過去的經驗得知「全時」每月都是維持原有顧客的80%而有20%會改至「安利」購買，另一方面，「安利」每月可維持原有顧客的70%，另外30%則轉向「全時」交易。「全時」的老板想要知道在四月底時，該店的市場佔有率爲何？長期以往，該店的市場佔有率又是如何？

解： 本例的轉移方陣可表示如下

$$\begin{bmatrix} 0.8 & 0.2 \\ 0.3 & 0.7 \end{bmatrix}$$

設全時與安利次月的佔有率分別爲 x 與 y，則

$$[x, y]=[0.5, 0.5]\begin{bmatrix} 0.8 & 0.2 \\ 0.3 & 0.7 \end{bmatrix}=[0.55, 0.45]$$

因此全時商店的次月佔有率爲55%。

若欲求長期以往，平衡狀況的市場佔有率：

設 x 與 y 分別爲全時與安利的佔有率

$$[x, y]=[x, y]\begin{bmatrix} 0.8 & 0.2 \\ 0.3 & 0.7 \end{bmatrix}$$

$$\begin{cases} 0.8x+0.3y=x \\ 0.2x+0.7y=y \\ x+\quad y=1 \end{cases}$$

即

$$\begin{cases} -0.2x+0.3y=0 \\ 0.2x-0.3y=0 \\ x+\quad y=1 \end{cases}$$

由於前二式相同，因此可刪除其一，得

$$0.2x-0.3y=0$$

$$x+\quad y=1$$

$$x=\frac{\begin{vmatrix} 0 & 0.3 \\ 1 & 1 \end{vmatrix}}{\begin{vmatrix} -0.2 & -0.3 \\ 1 & 1 \end{vmatrix}}=\frac{0.3}{0.5}=0.6$$

$$y=\frac{\begin{vmatrix} 0.2 & 0 \\ 1 & 1 \end{vmatrix}}{\begin{vmatrix} 0.2 & -0.3 \\ 1 & 1 \end{vmatrix}}=\frac{0.2}{0.5}=0.4$$

因此可知，長期以往，全時的佔有率60%，安利佔有率40%。

例 9.6 假設在烏有鎮又開一家新的名爲超市的便利商店。在這第三家便利商店加入一年之後，顧客的購買行爲如下。全時每月維持原有顧客80%，分別流失10%至安利與超市。安利保有原有顧客70%，並且有20%轉向全時，10%轉向超市。超市保有原有顧客90%而有10%流向全時，沒有顧客流向安利。因此轉移矩陣可表示如下:

$$\begin{bmatrix} 0.1 & 0.1 & 0.1 \\ 0.2 & 0.7 & 0.1 \\ 0.1 & 0 & 0.9 \end{bmatrix}$$

假若有一月底，全時，安利及超市的市場佔有率分別爲45%，30%及25%。如果轉移機率保持不變，試問二月底時各家的佔有率爲何? 長期以往，各家的市場佔有率又如何?

解:

(1) $$[0.45, 0.3, 0.25]\begin{bmatrix}0.8 & 0.1 & 0.1\\ 0.2 & 0.7 & 0.1\\ 0.1 & 0 & 0.9\end{bmatrix}=[0.445, 0.255, 0.3]$$

即在二月底時，全時、安利和超市的市場佔有率分別爲44.5%，22.5%及30%。

(2) 設 x，y，z 分別表全時，安利和超市的長期佔有率

$$[x, y, z]\begin{bmatrix}0.8 & 0.1 & 0.1\\ 0.2 & 0.7 & 0.1\\ 0.1 & 0 & 0.9\end{bmatrix}=[x, y, z]$$

且 $x+y+z=1$

$$0.8x+0.2y+0.1z=x$$
$$0.1x+0.7y+\quad z=y$$
$$0.1x+0.1y+0.9z=z$$
$$x+\quad y+\quad z=1$$

可改寫成

$$-0.2x+0.2y+0.1z=0$$
$$0.1x-0.3y+\quad z=0$$
$$0.1x+0.1y-0.1z=0$$
$$x+\quad y+\quad z=1$$

由於前三式中任一式可由另二式導出，因此可刪除任何一個式子，例如除去第二式，則剩下的式子爲

$$-0.2x+0.2y+0.1z=0$$
$$0.1x+0.1y-0.1z=0$$
$$x+\quad y+\quad z=1$$

$$\begin{bmatrix}-0.2 & 0.2 & 0.1\\ 0.1 & 0.1 & -0.1\\ 1 & 1 & 1\end{bmatrix}\begin{bmatrix}x\\ y\\ z\end{bmatrix}=\begin{bmatrix}0\\ 0\\ 1\end{bmatrix}$$

利用柯拉謨法則

$$x=\frac{\begin{vmatrix}0 & 0.2 & 0.1\\ 0 & 0.1 & -0.1\\ 1 & 1 & 1\end{vmatrix}}{\begin{vmatrix}-0.2 & 0.2 & 0.1\\ 0.1 & 0.1 & -0.1\\ 1 & 1 & 1\end{vmatrix}}=\frac{-0.03}{-0.08}=0.375$$

$$y=\frac{\begin{vmatrix}-0.2 & 0 & 0.1\\ 0.1 & 0 & -0.1\\ 1 & 1 & 1\end{vmatrix}}{\begin{vmatrix}-0.2 & 0.2 & 0.1\\ 0.1 & 0.1 & -0.1\\ 1 & 1 & 1\end{vmatrix}}=\frac{-0.01}{-0.08}=0.125$$

$$z=1-x-y=1-0.375-0.125=0.5$$

因此長期以往，全時佔有率爲37.5%，安利的佔有率爲12.5%，以及超市的佔有率爲50%。

在上例中，我們假設轉移機率不會隨著時間而改變。然而在現實生活上，這是不可能的假設。無論是保留，損失或獲利等比率必然會逐期不斷變動。

既然轉移機率會變，然而我們卻使用轉移矩陣計算發生於不確定的未來的平衡狀況市場佔有率，這種作法有什麼意義呢？答案是由目前的轉移矩陣計算出平衡狀況的市場佔有率有助於讓管理者瞭解目前狀況一直不變，則市場的未來會是何種情景。

那些對市場佔有率的變動很滿意的管理者自然不會做出任何舉動影響目前轉移機率，只是靜待競爭對手改變策略，然後再設計反擊策略。另一方面，那些對變動趨勢不滿意的管理者必然會改採新策略以求改變目前機率。

事實上，有關消費者的品牌忠誠度及品牌改變之類的市場資訊的蒐集很難或很費錢。另一方面，由於流行的改變或市場策略的改弦更張，也會使轉移矩陣經常隨之改變。但是，在工業方面，資訊往往可容易且不必花大錢就可取得。因此，馬可夫鏈可以有效率地使用並且得到更爲可靠的結果。例如，馬可夫分析可有效率地應用於在大型機械廠內的預防維修方案。機械當長期使用而磨耗，因而精確度也隨之降低。它們由最初的高度精密，而至勉強可用而最後終於完全不精確或故障。利用馬可夫方法，維修部管理者可以計畫他的工作負荷需求以及預測在任何一個時期平均有多少機械將可能停機。

由上各例可知「隨著觀測次數的增加，其狀態向量逐漸趨近於某一固定向量」。現要討論前述現象是否必然成立。下一例題將說明此一情況並不一定會成立。

例 9.7 設 $P=\begin{bmatrix} 0 & 1 \\ 1 & 0 \end{bmatrix}$ 與 $\mathbf{x}^{(0)}=[1 \quad 0]$

因 $P^2=I$ 與 $P^3=P$，故得

$$\mathbf{x}^{(0)}=\mathbf{x}^{(2)}=\mathbf{x}^{(4)}=\cdots\cdots=[1 \quad 0]$$

則 $$\mathbf{x}^{(1)}=\mathbf{x}^{(3)}=\mathbf{x}^{(6)}=\cdots\cdots=[0 \quad 1]$$

該系統在兩個狀態向量 $[1 \quad 0]$ 與 $[0 \quad 1]$ 間，不斷的振動，因此不趨近於任一固定的向量。

但若在轉移矩陣上加上一溫和條件，就可證明隨機矩陣必然趨近一固定極限狀態。下述定義，即爲描述該條件。

定義 9.4 若一隨機矩陣 P 的 m 次乘冪 P^m 中每一元素均爲正數，則 P 稱爲正規隨機矩陣 (regular stochastic matrix)。

例 9.8

(1) 隨機矩陣 $P=\begin{bmatrix}0 & 1\\ \frac{1}{2} & \frac{1}{2}\end{bmatrix}$ 爲正規，因爲

$$P^2=\begin{bmatrix}0 & 1\\ \frac{1}{2} & \frac{1}{2}\end{bmatrix}\begin{bmatrix}0 & 1\\ \frac{1}{2} & \frac{1}{2}\end{bmatrix}=\begin{bmatrix}\frac{1}{2} & \frac{1}{2}\\ \frac{1}{4} & \frac{3}{4}\end{bmatrix}$$

其中每一元素均爲正數。

(2) $Q=\begin{bmatrix}1 & 0\\ \frac{1}{2} & \frac{1}{2}\end{bmatrix}$ 不爲正規隨機矩陣，因爲

$$Q^2=\begin{bmatrix}1 & 0\\ \frac{3}{4} & \frac{1}{4}\end{bmatrix}\quad Q^3=\begin{bmatrix}1 & 0\\ \frac{7}{8} & \frac{1}{8}\end{bmatrix}\quad Q^4=\begin{bmatrix}1 & 0\\ \frac{15}{16} & \frac{1}{16}\end{bmatrix}$$

事實上，任何次冪的 Q^m 的第一行均爲 1 和 0 ，因此 Q 不爲正規隨機矩陣。

正規隨機矩陣和固定點的主要關係表明如下:

定理 9.3　設 P 爲一正規隨機矩陣，則

(1) P 有一唯一的固定機率向量 t ，同時 t 的所有分量均爲正數。

(2) P 的冪次所行成序列 $P, P^2, P^3, \cdots\cdots$ 趨近矩陣 T，其中 T 的每一列均爲固定向量 t 。

(3) 若 r 爲任意機率向量， 則向量序列 $rP, rP^2, \cdots\cdots$ 趨近於固定點 t 。

讀者請注意: P^n 趨近於 T 意即 P^n 的每一元素 (entry) 趨近於相對應位置中 T 的元素，而 rP^n 中每一分量趨近於相對位置 t 的分量。

例 9.9 設正規隨機矩陣$P=\begin{bmatrix}0 & 1\\ \frac{1}{2} & \frac{1}{2}\end{bmatrix}$，欲求一機率向量

$t=[x, 1-x]$ 使得 $tP=t$

$$[x, 1-x]\begin{bmatrix}0 & 1\\ \frac{1}{2} & \frac{1}{2}\end{bmatrix}=[x, 1-x]$$

$$\left[\frac{1}{2}-\frac{1}{2}x, \frac{1}{2}+\frac{1}{2}x\right]=[x, 1-x]$$

$$\frac{1}{2}-\frac{1}{2}x=x$$

$$x=\frac{1}{3}$$

$$\frac{1}{2}+\frac{1}{2}x=1-x$$

因此 $t=[x, 1-x]$ 爲P的唯一固定機率向量。

根據定理 9.3，序列 $P, P^2, P^3,$ ……趨近於矩陣T，其中T的每一列均爲向量 t

$$T=\begin{bmatrix}\frac{1}{3} & \frac{2}{3}\\ \frac{1}{3} & \frac{2}{3}\end{bmatrix}=\begin{bmatrix}0.33 & 0.67\\ 0.33 & 0.67\end{bmatrix}$$

上述事實可由下列計算得出

$$P^2=\begin{bmatrix}\frac{1}{2} & \frac{1}{2}\\ \frac{1}{4} & \frac{3}{4}\end{bmatrix}=\begin{bmatrix}0.5 & 0.5\\ 0.25 & 0.75\end{bmatrix}$$

$$P^3=\begin{bmatrix}\frac{1}{4} & \frac{3}{4}\\ \frac{3}{8} & \frac{5}{8}\end{bmatrix}=\begin{bmatrix}0.25 & 0.75\\ 0.37 & 0.63\end{bmatrix}$$

$$P^4=\begin{bmatrix}\frac{3}{8} & \frac{5}{8}\\ \frac{5}{16} & \frac{11}{16}\end{bmatrix}=\begin{bmatrix}0.37 & 0.63\\ 0.31 & 0.69\end{bmatrix}$$

$$P^5=\begin{bmatrix}\frac{5}{16} & \frac{11}{16}\\ \frac{11}{32} & \frac{2}{3}\end{bmatrix}=\begin{bmatrix}0.31 & 0.69\\ 0.34 & 0.66\end{bmatrix}$$

9.4 馬可夫鏈

定義 9.5 考慮一行列的試行，其出象滿足下列兩大性質:

(1) 每一出象均爲有限出項集合 $S=\{a_1, a_2, \cdots\cdots, a_m\}$ 中之一， S 稱爲系統 (system) 的狀況空間 (state space)。

例如第 n 次試行的出象爲 a_i， 則稱系統於時間 n 或第 n 步在狀況 a_i。

(2) 任何試行的出象與其緊鄰的前一試行 (immediately preceding trial) 的出象相關，而與其他任何以前出象無關，稱爲馬可夫性質 (Markov property)。對於每一對狀況 (a_i, a_j) 有一已知機率 P_{ij} 表示前一試行的出象爲 a_i 時，其緊鄰後一試行的出象爲 a_j 的機率，稱爲轉移機率 (transition probability)。

滿足上述條件的隨機過程稱爲馬可夫鏈。而轉移矩陣能安排成一矩陣

$$P=\begin{bmatrix}P_{11} & P_{12}\cdots\cdots P_{1m}\\ P_{21} & P_{22}\cdots\cdots P_{2m}\\ \vdots & \vdots \qquad\quad \vdots\\ P_{m1} & P_{m2}\cdots\cdots P_{mm}\end{bmatrix}$$

稱爲轉移矩陣 (transition matrix)。

另一種表示轉移機率的方法爲利用轉移圖形(transition diagram),

例如圖 9.1。

簡單的說，有限馬可夫鏈有如下性質:

(1) 有限個狀況。

(2) 具有馬可夫性質。

(3) 穩定的轉移機率。

(4) 一組初始機率對所有 i，

$P\ (\mathbf{x}_0=a_i)$。

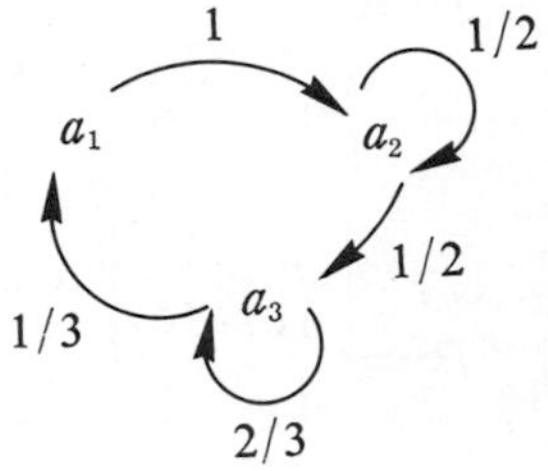

圖 9.1

上圖可用轉移矩陣表示如下:

$$P=\begin{matrix} & a_1 & a_2 & a_3 \\ a_1 & 0 & 1 & 0 \\ a_2 & 0 & \frac{1}{2} & \frac{1}{2} \\ a_3 & \frac{1}{3} & 0 & \frac{2}{3} \end{matrix}$$

例 9.10 將 n 黑球和 n 白球混合後分置二袋，每袋含 n 球。假設每次由二袋中隨機各抽取一球，而後將由袋 I 中取出的球置入袋 II，反之亦然。現以袋 I 中的黑球數表狀況。在任何時間只要知道該數，則我們全然清楚每袋中黑球與白球的數目。換句話說，若袋 I 中有 $n-j$ 個白球，袋 II 中有 j 個白球。假若目前在狀況 j，倘若由袋 I 中取到黑球，袋 II 中取到白球，則交換後，變成狀況 $j-1$，倘若由二袋中分別取到同色球，則下一步仍在狀況 j，若由袋 I 取出白球，袋 II 取出黑球，則下一步在狀況 $j+1$，則轉移機率爲

$$P_{j,j-1}=\left(\frac{j}{n}\right)^2,\quad j>0$$

$$P_{j,j}=\frac{2j(n-j)}{n^2}$$

$$P_{j,j+1}=\left(\frac{n-j}{n}\right)^2,\quad j<n$$

$P_{jk}=0$ 其他

對於每一狀況 a_i，相對於轉移矩陣P的第 i 列$\pi_i=(P_{i1}, P_{i2}, \cdots\cdots,$ $P_{im})$，若系統爲在狀況 a_i，則該列向量代表下一試行的所有可能出現的機率，因此該列向量爲一機率向量，所以有下述定理:

定理 9.4 馬可夫鏈的轉移矩陣P爲一隨機矩陣。

在研究馬可夫鏈問題時，最令人感興趣的問題之一是假如系統現在是在狀況 a_i，則走了n步之後會在狀況 a_j 的機率爲若干? 這種機率以 $P_{ij}^{(n)}=P_r(a_{n+k}=j \mid a_k=i)$ 表示，並注意這並非 P_{ij} 的n次冪。事實上，對由所有任一起點狀況 a_i，n 步後到所有任意終點 a_j 的機率均相當關切。

讀者可簡捷的將這些機率以矩陣表示，例如三個狀況的馬可夫鏈，其n步後的機率爲

$$P^{(n)}=\begin{bmatrix} P_{11}^{(n)} & P_{12}^{(n)} & P_{13}^{(n)} \\ P_{21}^{(n)} & P_{22}^{(n)} & P_{23}^{(n)} \\ P_{31}^{(n)} & P_{32}^{(n)} & P_{33}^{(n)} \end{bmatrix} \tag{9.4}$$

例 9.11 設已知馬可夫鏈的轉移機率如圖 9.1 所示，試求由狀況 a_1開始 3 步後至各狀況的機率。

解: 首先建造以a_1爲起點的樹形圖，並且標明各轉移機率，如圖 9.2。

$P_{13}^{(3)}$的值爲所有由 a_1 開始而終止於 a_3 的路徑 (path) 的各機率之和，即

$$P_{13}^{(3)}=1\cdot\frac{1}{2}\cdot\frac{1}{2}+1\cdot\frac{1}{2}\cdot\frac{2}{3}=\frac{7}{12}$$

同法可得

$$P_{12}^{(3)}=1\cdot\frac{1}{2}\cdot\frac{1}{2}=\frac{1}{4},\quad P_{11}^{(3)}=1\cdot\frac{1}{2}\cdot\frac{1}{3}=\frac{1}{6}$$

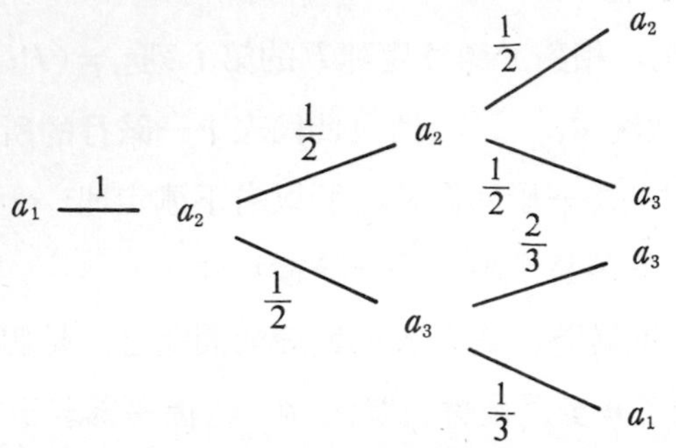

圖 9.2

同法可建造以a_2和a_3爲起點的樹形圖，計算出$P_{21}^{(3)}$， $P_{22}^{(3)}$， $P_{23}^{(3)}$和$P_{31}^{(3)}$， $P_{32}^{(3)}$， $P_{33}^{(3)}$而得轉移矩陣

$$P^{(3)}=\begin{matrix} & a_1 & a_2 & a_3 \\ a_1 & \frac{1}{6} & \frac{1}{4} & \frac{7}{12} \\ a_2 & \frac{7}{36} & \frac{7}{24} & \frac{37}{72} \\ a_3 & \frac{4}{27} & \frac{7}{18} & \frac{25}{54} \end{matrix}$$

例 9.12 隨機漫步問題 (random-walk problem)，小李站在排列成一直線的 6 狀況之一上，

$$a_1—a_2—a_3—a_4—a_5—a_6$$

其中 a_1 與 a_6 爲邊界狀況。若他每次向右跨一步的機率爲 p，向左跨一步的機率爲 $q=1-p$。小李將移動直至其到達邊界狀況爲止。則此隨機跨步之轉移矩陣爲:

$$P=\begin{array}{c} \\ a_1 \\ a_2 \\ a_3 \\ a_4 \\ a_5 \\ a_6 \end{array}\begin{array}{c} \begin{array}{cccccc} a_1 & a_2 & a_3 & a_4 & a_5 & a_6 \end{array} \\ \begin{bmatrix} 1 & 0 & 0 & 0 & 0 & 0 \\ q & 0 & p & 0 & 0 & 0 \\ 0 & q & 0 & p & 0 & 0 \\ 0 & 0 & q & 0 & p & 0 \\ 0 & 0 & 0 & q & 0 & p \\ 0 & 0 & 0 & 0 & 0 & 1 \end{bmatrix} \end{array}$$

此矩陣的第一與最後一行相對於邊界狀況，第二列則表示小李由狀況a_2轉至 a_3 的機率為p，而至狀況 a_1 的機率為q；第三列表小李由狀況 a_3 至 a_4 的機率為p，而至狀況 a_2 的機率為q；以此類推。

現若假設$p=q=\frac{1}{2}$，則轉移矩陣為:

$$P=\begin{array}{c} \\ a_1 \\ a_2 \\ a_3 \\ a_4 \\ a_5 \\ a_6 \end{array}\begin{array}{c} \begin{array}{cccccc} a_1 & a_2 & a_3 & a_4 & a_5 & a_6 \end{array} \\ \begin{bmatrix} 1 & 0 & 0 & 0 & 0 & 0 \\ \frac{1}{2} & 0 & \frac{1}{2} & 0 & 0 & 0 \\ 0 & \frac{1}{2} & 0 & \frac{1}{2} & 0 & 0 \\ 0 & 0 & \frac{1}{2} & 0 & \frac{1}{2} & 0 \\ 0 & 0 & 0 & \frac{1}{2} & 0 & \frac{1}{2} \\ 0 & 0 & 0 & 0 & 0 & 1 \end{bmatrix} \end{array}$$

本轉移矩陣的樹形圖示於圖 9.3 中。 該過程的開始點假設為狀況 a_4。

若欲求在第三步時，此過程將於狀況a_3的機率，則可將所有導至a_3狀況的路徑機率(path probabilities)相加而得之，即$\frac{1}{8}+\frac{1}{8}+\frac{1}{8}=\frac{3}{8}$。同理，第四步將於 a_1 狀況之機率為$\frac{1}{8}$。而開始於狀況 a_4 兩步後於狀況 a_5 的機率顯然為0。

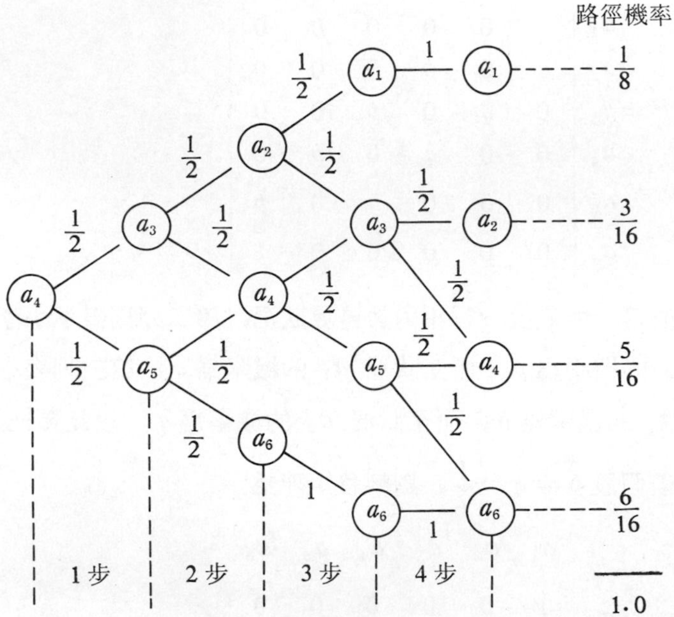

圖 9.3

從上樹形圖中可求出各步的機率分配向量，由上例，其機率分配向量爲:

$$\begin{array}{cccccccc} & & a_1 & a_2 & a_3 & a_4 & a_5 & a_6 \end{array}$$

$$\pi_0=\begin{bmatrix}0 & 0 & 0 & 1 & 0 & 0\end{bmatrix}$$

$$\pi_1=\begin{bmatrix}0 & 0 & \frac{1}{2} & 0 & \frac{1}{2} & 0\end{bmatrix}$$

$$\pi_2=\begin{bmatrix}0 & \frac{1}{4} & 0 & \frac{1}{2} & 0 & \frac{1}{4}\end{bmatrix}$$

$$\pi_3=\begin{bmatrix}\frac{1}{8} & 0 & \frac{3}{8} & 0 & \frac{1}{4} & \frac{1}{4}\end{bmatrix}$$

$$\pi_4=\begin{bmatrix}\frac{1}{8} & \frac{3}{16} & 0 & \frac{5}{16} & 0 & \frac{3}{8}\end{bmatrix}$$

因此，由 π_3 可知，開始於狀況 a_4 而過程在第三步將於狀況 a_1, a_2,

a_3, a_4, a_5, a_6 的機率分別爲$\frac{1}{8}$，0，$\frac{3}{8}$，0，$\frac{1}{4}$，及$\frac{1}{4}$。

本問題的數學式爲:

$$P_r(X_k=a_j)=\sum_i P_r(X_{k-1}=a_i)P_r(X_k=a_j|X_{k-1}=a_i)$$

$$=\sum_i P_i^{(k-1)}P_{ij}$$

$$=P_j^{(k)} \qquad (9.5)$$

換句話說，過程在第 k 步時將於狀況 a_j 的機率等於所有第（$k-1$）步時於狀況 a_i 而於下一步時由狀況 a_i 移至狀況 a_j 的機率的總和。

注意 $P_i^{(k-1)}$ 爲第（$k-1$）步機率。所以當 $k=1$ 時，

$$P_j^{(1)}=\sum_i P_i^{(0)}P_{ij}$$

式中 $P_i^{(0)}$ 爲起始（$n=0$ 步）機率，起始機率向量:

$$\pi_0=[P_1^{(0)}, P_2^{(0)}, \cdots\cdots, P_m^{(0)}]$$

當 $k=2$ 時，

$$P_j^{(2)}=\sum_i P_i^{(1)}P_{ij}$$

式中 $P_i^{(1)}$ 爲第一步機率的第 i 個元素，其可形成機率向量

$$\pi_1=[P_1^{(1)}, P_2^{(1)}, \cdots\cdots, P_m^{(1)}]$$

（9.5）式可對 k 作歸納而證明爲眞，而其爲一列向量（機率分配向量）與一矩陣（轉移矩陣）的乘積。因此可寫成:

$$\pi_k=\pi_{k-1}-P,\quad k\geq i \qquad (9.6)$$

上式也可寫成

$$[P_1^{(k-1)}, P_2^{(k-1)}, \cdots\cdots, P_i^{(k-1)}, \cdots\cdots, P_m^{(k-1)}]\begin{bmatrix} P_{11} & P_{12}\cdots P_{1m} \\ P_{21} & P_{22}\cdots P_{2m} \\ \vdots & \vdots \qquad \vdots \\ P_{m1} & P_{m2}\cdots P_{mm} \end{bmatrix}$$

$$=\left[\sum_{i=1}^{m} P_i^{(k-1)}P_{i1},\quad \sum_{i=1}^{m} P_i^{(k-1)}P_{i2}\cdots\cdots,\quad \sum_{i=1}^{m} P_i^{(k-1)}P_{ij}, \cdots\cdots \sum_{i=1}^{m} P_j^{(k-1)}P_{im}\right]$$

$$=\pi_k$$

連續重複 (9.5) 式，第 k 步機率分配量 π_k 可得如下

$$\pi_k=\pi_{k-1}P$$
$$=\pi_{k-2}P^2=\pi_{k-3}P^3=\cdots\cdots=\pi_1P^{k-1}=\pi_0P^k \qquad (9.7)$$

因此，欲求第 k 步機率分配向量可將起始機率分配向量乘以一步轉移機率矩陣的 k 次方。因而，已知一馬可夫鏈的起始機率分配及轉移矩陣，則應用 (9.6) 或 (9.7) 式可得任一時間的機率分配向量。

例 9.13 試應用 (9.6) 式以計算例9.12中的轉移矩陣的第一，第二，第三，及第四步機率分配向量。

$$\text{(a)}\ \pi_1=\pi_0P=[0,0,0,1,0,0]\begin{bmatrix}1&0&0&0&0&0\\ \frac{1}{2}&0&\frac{1}{2}&0&0&0\\ 0&\frac{1}{2}&0&\frac{1}{2}&0&0\\ 0&0&\frac{1}{2}&0&\frac{1}{2}&0\\ 0&0&0&\frac{1}{2}&0&\frac{1}{2}\\ 0&0&0&0&0&1\end{bmatrix}$$

$$=\left[0,\ 0,\ \frac{1}{2},\ 0,\ \frac{1}{2},\ 0\right]$$

$$\text{(b)}\ \pi_2=\pi_1P=\left[0,\ 0,\ \frac{1}{2},\ 0,\ \frac{1}{2},\ 0\right]\begin{bmatrix}1&0&0&0&0&0\\ \frac{1}{2}&0&\frac{1}{2}&0&0&0\\ 0&\frac{1}{2}&0&\frac{1}{2}&0&0\\ 0&0&\frac{1}{2}&0&\frac{1}{2}&0\\ 0&0&0&\frac{1}{2}&0&\frac{1}{2}\\ 0&0&0&0&0&1\end{bmatrix}$$

$$=\left[0,\ \frac{1}{4},\ 0,\ \frac{1}{2},\ 0,\ \frac{1}{4}\right]$$

$$(c)\ \pi_3=\pi_2 P=\left[0,\ \frac{1}{4},\ 0,\ \frac{1}{2},\ 0,\ \frac{1}{4}\right]\begin{bmatrix}1&0&0&0&0&0\\ \frac{1}{2}&0&\frac{1}{2}&0&0&0\\ 0&\frac{1}{2}&0&\frac{1}{2}&0&0\\ 0&0&\frac{1}{2}&0&\frac{1}{2}&0\\ 0&0&0&\frac{1}{2}&0&\frac{1}{2}\\ 0&0&0&0&0&1\end{bmatrix}$$

$$=\left[\frac{1}{8},\ 0,\ \frac{3}{8},\ 0,\ \frac{1}{4},\ \frac{1}{4}\right];$$

$$(d)\ \pi_4=\pi_3 P=\left[\frac{1}{8},\ 0,\ \frac{3}{8},\ 0,\ \frac{1}{4},\ \frac{1}{4}\right]\begin{bmatrix}1&0&0&0&0&0\\ \frac{1}{2}&0&\frac{1}{2}&0&0&0\\ 0&\frac{1}{2}&0&\frac{1}{2}&0&0\\ 0&0&\frac{1}{2}&0&\frac{1}{2}&0\\ 0&0&0&\frac{1}{2}&0&\frac{1}{2}\\ 0&0&0&0&0&1\end{bmatrix}$$

$$=\left[\frac{1}{8},\ \frac{3}{16},\ 0,\ \frac{5}{16},\ 0,\ \frac{3}{8}\right];$$

可見利用 (9.5) 式所求得的機率分配與由樹形圖所求得相同。

因此，可知產生一序列馬可夫狀況的一隨機過程，若有固定的轉移機率，則完全由已知的原始機率密度及轉移機率所決定。

9.5 查普曼—柯摩哥羅夫方程式

馬可夫鏈轉移矩陣 P 中的元素 P_{ij} 爲過程在單一步中由狀況 a_i 改變至狀況 a_j 的機率。然而，有許多過程中，無法在一步中由狀況

a_i 至狀況 a_j。譬如，圖 9.3 所示的狀況圖中，此過程即無法在下一步中由狀況 a_2 至狀況 a_1, $a_i \sim> a_j$，定義爲:

$$P_{ij}=P_r(X_n=a_j \mid X_{n-1}=a_i)$$

而兩步轉移，$a_i \sim> a_k -> a_j$，因過程由狀況 $a_i \sim> a_k$ 與 $a_k \sim> a_j$ 爲獨立，所以，將所有可能的中間狀況相加，則得兩步轉移機率:

$$P_r(X_{n-1}=a_k \mid X_{n-2}=a_i)。P_r(X_n=a_j \mid X_{n-1}=a_k)=P_{ir}P_{rj}。$$

同理，三步轉移機率爲:

$$P_{ij}^{(3)}=\sum_k P_{ik}^{(2)}P_{kj}$$

以此類推（$n+1$）步的通用轉移機率爲:

$$P_{ij}^{(n+1)}=\sum_k P_{ik}^{(n)}P_{kj}。 \quad (9.8)$$

接著將證明所有 k，

$$P_r(X_{m+n}=a_j \mid X_m=a_i)=P_{ij}^{(k)} \quad (9.9)$$

當 $k=1$ 時，根據馬可夫鏈的定義，(9.9) 式爲眞。假設當 $k=n$ 時 (9.9) 式爲眞。則

$$P_r(X_{m+n+1}=a_j \mid X_m=a_i)=\sum_k P_r(X_{m+n}=a_k, X_{m+n+1}=a_j \mid X_m=a_i) \quad (9.10)$$

因 $P_r(A\cap B \mid C)=P_r(A \mid C)P_r(B \mid A\cap C)$。

故，(9.10) 式可寫爲:

$$\begin{aligned}&P_r(X_{m+n+1}=a_j \mid X_m=a_i)\\&=\sum_k P_r(X_{m+n}=a_k \mid X_m=a_i)P_r(X_{m+n+1}=a_j \mid X_m=a_i,\\&X_{m+n}=a_k)。\end{aligned}$$

應用馬可夫鏈性質，則上式成爲:

$$P_r(X_{m+n+1}=a_j \mid X_m=a_i)$$

$$=\sum_k P_r(X_{m+n}=a_k \mid X_m=a_i)P_r(X_{m+n+1}=a_j \mid X_m=a_i, X_{m+n}=a_k)。$$

$$=\sum_k P_{ik}^{(n)} P_{kj}$$

$$=P_{ij}^{(n+1)}$$

因此，根據歸納法，對所有 k，(9.9) 式爲眞。

(9.8) 式的一般式可如下得之：假設一過程在 m＋n 步中由狀況 a_i 變至狀況 a_j，而欲求轉移機率 $P_{ij}^{(m+n)}$。前 m 步將使過程由狀況 a_i 變至某中間狀況 a_k，而後 n 步將使過程由狀況 a_k 變至狀況 a_j。這二種轉移機率的乘積對所有可能經過的中間狀況而求和，則得第 $(m+n)$ 步轉移機率:

$$P_{ij}^{(m+n)}=\sum_k P_{ik}^{(m)} P_{kj}^{(n)} \tag{9.11}$$

式中

$$P_{ij}^{(0)}=\begin{cases}1 \text{ 當 } i=j, \\ 0 \text{ 當 } i\neq j。\end{cases}$$

讀者請注意，當 $m=1$ 時，(9.11) 式則導至 (9.8) 式。應用歸納法可證明對所有 m，(9.11) 式均爲眞。

9.4 節中已定義了一步轉移矩陣，可描述一馬可夫鏈的行爲。同理，對 n 步轉移機率，也可定義 n 步轉移矩陣。

定義 9.6　一過程若有狀況 $a_1, a_2, \cdots\cdots, a_k$，及 n 步轉移機率 $P_{ij}^{(n)}$，i，$j=1, 2, \cdots\cdots, k$，則其 n 步轉移矩陣定義爲:

$$P^{(n)}=\begin{bmatrix} P_{11}^{(n)} & P_{12}^{(n)} & P_{13}^{(n)}\cdots P_{1j}^{(n)}\cdots P_{1k}^{(n)} \\ P_{21}^{(n)} & P_{22}^{(n)} & P_{23}^{(n)}\cdots P_{2j}^{(n)}\cdots P_{2k}^{(n)} \\ \vdots & \vdots & \vdots \qquad \vdots \qquad \vdots \\ P_{i1}^{(n)} & P_{i2}^{(n)} & P_{i3}^{(n)}\cdots P_{ij}^{(n)}\cdots P_{ik}^{(n)} \\ \vdots & \vdots & \vdots \qquad \vdots \qquad \vdots \\ P_{k1}^{(n)} & P_{k2}^{(n)} & P_{k3}^{(n)}\cdots P_{kj}^{(n)}\cdots P_{kk}^{(n)} \end{bmatrix}$$

式中，

$P_{ij}^{(n)}>0$； $i，j=1，2，\cdots\cdots，k$

且對所有 i，$\sum_j P_{ij}^{(n)}=1$。

顯然 $P^{(n)}$ 爲一方陣；而 $P_{ij}^{(n)}$ 代表過程在 n 步中由狀況 i 至狀況 j 的轉移機率。

(9.11) 式根據定義爲:

$$P^{(m+n)}=P^{(m)}P^{(n)} \tag{9.12}$$

上式就是查普曼一柯摩哥羅夫（Chapman-Kolmogorov）方程式的矩陣式，在馬可夫鏈理論中相當重要。同時，從應用觀點來看，(9.12)式也是非常有用的結果。通常矩陣並不運算，但轉移矩陣滿足下列等式:

$$P^{(m+n)}=P^{(m)}P^{(n)}=P^{(n)}P^{(m)}$$

轉移矩陣 P 有一基本性質，即 n 步轉移矩陣等於 P 的 n 次冪，

$$P^{(n)}=P^n \tag{9.13}$$

若欲證明 (9.13) 式，考慮一過程在 k 時於狀況 a_i；而欲求過程載 $k+n$ 時於狀況 a_j 的機率 $P_{ij}^{(n)}$。因過程在 k 時於狀況 a_i，故原始機率分配向量，$\pi_i=(0，0，0，\cdots\cdots，1，\cdots\cdots，0，0，0)$，狀況 a_i 時爲 1，其餘的爲零。根據 (9.6) 式可得:

$$\pi_n=\pi_0P^{(n)}$$

$$=(0\ 0\ 0\cdots 1\cdots 0\ 0\ 0)\begin{bmatrix} P_{11} & P_{12}\cdots P_{ij}\cdots P_{ik} \\ P_{21} & P_{22}\cdots P_{2j}\cdots P_{2k} \\ \vdots & \vdots \qquad \vdots \qquad \vdots \\ P_{i1} & P_{i2}\cdots P_{ij}\cdots P_{ik} \\ \vdots & \vdots \qquad \vdots \qquad \vdots \\ P_{k1} & P_{k2} \quad P_{kj} \quad P_{kk} \end{bmatrix}$$

$$=(P_{i1}P_{i2}\cdots P_{ij}\cdots P_{ik})^n,$$

$$=(P_{i1}^{(n)}\ P_{i2}^{(n)}\cdots P_{ij}^{(n)}\cdots P_{ik}^{(n)})。$$

也就是轉移矩陣 P^n 的第 i 列。所以 $P_{ij}^{(n)}$ 爲 P^n 的第 i 列中第 j 個元素；因而，$P^{(n)}=P^n$。

例9.14 已知轉移矩陣 $P=\begin{bmatrix} 1 & 0 \\ \frac{1}{2} & \frac{1}{2} \end{bmatrix}$ 及起始機率分配 $\pi_{(0)}=\left(\frac{1}{3},\ \frac{2}{3}\right)$，

試定義及求得 (1) $P_{21}^{(3)}$ (2) $\pi_{(3)}$ (3) $P_2^{(3)}$

解：

(1) $P_{21}^{(3)}$ 由狀況 2 經移動 3 步到狀況 1 的機率，因

$$P^2=\begin{bmatrix} 1 & 0 \\ \frac{3}{4} & \frac{1}{4} \end{bmatrix},\quad P^3=\begin{bmatrix} 1 & 0 \\ \frac{7}{8} & \frac{1}{8} \end{bmatrix}$$

因此 $P_{21}^{(3)}=\frac{7}{8}$

(2) $\pi_{(3)}$ 爲系統於移動 3 步後的機率分布

$$\pi_{(3)}=\pi_{(0)}P^3=\left[\frac{1}{3},\ \frac{2}{3}\right]\begin{bmatrix} 1 & 0 \\ \frac{7}{8} & \frac{1}{8} \end{bmatrix}=\left[\frac{11}{12},\ \frac{1}{12}\right]$$

(3) $P_2^{(3)}$ 爲系統於移動 3 步後在狀況 2 的機率，即 $\pi_{(3)}$ 的第二分量，

$P_2^{(3)}=\frac{1}{12}$。

例9.15 考慮一馬可夫鏈的一步轉移矩陣:

$$P=\begin{array}{c} \\ a_1 \\ a_2 \\ a_3 \\ a_4 \end{array}\begin{array}{c} \begin{array}{cccc} a_1 & a_2 & a_3 & a_4 \end{array} \\ \begin{bmatrix} 0 & \frac{1}{3} & \frac{1}{3} & \frac{1}{3} \\ \frac{1}{2} & 0 & 0 & \frac{1}{2} \\ \frac{2}{3} & 0 & 0 & \frac{1}{3} \\ 1 & 0 & 0 & 0 \end{bmatrix} \end{array}$$

兩步轉移矩陣 P^2 為:

$$P^2=P\cdot P=\begin{bmatrix} 0 & \frac{1}{3} & \frac{1}{3} & \frac{1}{3} \\ \frac{1}{2} & 0 & 0 & \frac{1}{2} \\ \frac{2}{3} & 0 & 0 & \frac{1}{3} \\ 1 & 0 & 0 & 0 \end{bmatrix}\begin{bmatrix} 0 & \frac{1}{3} & \frac{1}{3} & \frac{1}{3} \\ \frac{1}{2} & 0 & 0 & \frac{1}{2} \\ \frac{2}{3} & 0 & 0 & \frac{1}{3} \\ 1 & 0 & 0 & 0 \end{bmatrix}$$

$$=\begin{bmatrix} \frac{13}{18} & 0 & 0 & \frac{5}{18} \\ \frac{1}{2} & \frac{1}{6} & \frac{1}{6} & \frac{1}{6} \\ \frac{1}{3} & \frac{2}{9} & \frac{2}{9} & \frac{2}{9} \\ 0 & \frac{1}{3} & \frac{1}{3} & \frac{1}{3} \end{bmatrix}$$

三步轉移矩陣 P^3 為:

$$P^3=P^2\cdot P=\begin{bmatrix} \frac{13}{18} & 0 & 0 & \frac{5}{18} \\ \frac{1}{2} & \frac{1}{6} & \frac{1}{6} & \frac{1}{6} \\ \frac{1}{3} & \frac{2}{9} & \frac{2}{9} & \frac{2}{9} \\ 0 & \frac{1}{3} & \frac{1}{3} & \frac{1}{3} \end{bmatrix}\begin{bmatrix} 0 & \frac{1}{3} & \frac{1}{3} & \frac{1}{3} \\ \frac{1}{2} & 0 & 0 & \frac{1}{2} \\ \frac{2}{3} & 0 & 0 & \frac{1}{3} \\ 1 & 0 & 0 & 0 \end{bmatrix}$$

$$=\begin{bmatrix} \frac{5}{18} & \frac{13}{5} & \frac{13}{54} & \frac{13}{54} \\ \frac{13}{36} & \frac{1}{6} & \frac{1}{6} & \frac{11}{36} \\ \frac{13}{27} & \frac{1}{9} & \frac{1}{9} & \frac{8}{27} \\ \frac{13}{18} & 0 & 0 & \frac{5}{18} \end{bmatrix}$$

P^3 的第三列，

$$\pi^3=\left[\frac{13}{27},\ \frac{1}{9},\ \frac{1}{9},\ \frac{8}{27}\right]$$

代表事件發生三次後，在 a_1, a_2, a_3 及 a_4 狀況的相對機率分別爲 $\frac{13}{37}$，$\frac{1}{9}$，$\frac{1}{9}$，以及 $\frac{8}{27}$。

例 9.16 賭徒破產問題（gambler's-ruin problem）。

假設小王與對手玩機會遊戲。比賽開始每人先付三元。每次比賽中，小王可能贏對方 1 元或輸對方 1 元。比賽當他輸光或贏光對方所有錢時停止，即小王財產到達 0 元或 6 元時。若在每次比賽中，小王獲勝的機率爲 p，即輸的機率爲 $q=1-p$。因而其財產保持不變，機率爲零，當 $p>q$ 時，比賽利於小王；當 $p=q$ 時，比賽均等；當 $p<q$ 時，則比賽利於他的對手。

令 a_i，$i=1，2，3，4，5，6，7$，代表小王財產的可能狀況，其中 $a_1=0$，$a_2=1$，……，$a_7=6$，則其財產可表成在這些可能狀況下之一隨機跨步。每一比賽中，跨向右一步（小王贏 1 元）之機率爲 p，而跨向左一步（小王輸 1 元）之機率爲 q。所以馬可夫鏈的轉移機率矩陣爲:

$$P = \begin{array}{c} \\ a_1 \\ a_2 \\ a_3 \\ a_4 \\ a_5 \\ a_6 \\ a_7 \end{array} \begin{array}{c} \begin{array}{ccccccc} a_1 & a_2 & a_3 & a_4 & a_5 & a_6 & a_7 \end{array} \\ \begin{bmatrix} 1 & 0 & 0 & 0 & 0 & 0 & 0 \\ q & 0 & p & 0 & 0 & 0 & 0 \\ 0 & q & 0 & p & 0 & 0 & 0 \\ 0 & 0 & q & 0 & p & 0 & 0 \\ 0 & 0 & 0 & q & 0 & p & 0 \\ 0 & 0 & 0 & 0 & q & 0 & p \\ 0 & 0 & 0 & 0 & 0 & 0 & 1 \end{bmatrix} \end{array}$$

本題中的三步轉移機率矩陣的元素 $P_{jk}^{(3)}$ 代表已知於狀況 a_j 後玩三次而於狀況 a_k 的機率，則此矩陣爲:

$$P^3 = \begin{bmatrix} 1 & 0 & 0 & 0 & 0 & 0 & 0 \\ q+pq & 0 & 2pq & 0 & p & 0 & 0 \\ q & 2pq & 0 & 3pq & 0 & p & 0 \\ q & 0 & 3pq & 0 & 3pq & 0 & p \\ 0 & q & 0 & 3pq & 0 & 2pq & p \\ 0 & 0 & q & 0 & 2pq & 0 & p+pq \\ 0 & 0 & 0 & 0 & 0 & 0 & 1 \end{bmatrix}$$

9.6 正規馬可夫鏈的穩定分布

定義 9.7 設馬可夫鏈的轉移矩陣 p 爲正規，則稱該馬可夫鏈爲正規馬可夫鏈 (regular Markov chain)。

依據定理 9.3 可知當 n 越來越大時，n 步轉移矩陣 p^n 會趨近矩陣 T，該矩陣的每一行列均爲 P 的唯一固定機率向量 t，因此當 n 相當大時，狀況 a_j 發生的 n 步轉移機率 $P_{ij}^{(n)}$ 與起始狀況 a_i 相獨立而趨近於向量 t 的分量 t_j，換句話說:

定理 9.5 設馬可夫鏈的轉移矩陣爲正規，則在長期情形之下，任何狀況 a_j 發生的機率大約等於 P 的固定機率向量 t 的分量 t_j。

由上述現象可知啟始狀況或系統的啟始機率分布的影響力隨著步數的增加而減弱。另外，每一機率分布系列趨近於P的固定機率向量t，稱爲馬可夫鏈的穩定分布 (stationary distribution)。這是馬可夫鏈理論中最重要的結果之一。

例9.17 假設子虛鎮僅A, B, C三種不同品牌的香皂應市，經過一段期間，由於受廣告，價格或對品牌香皂的不滿意，有些顧客會從原品牌改爲使用其他品牌，假設每月各品牌顧客變動率爲固定，其變動情形如下矩陣所示:

$$P=\begin{bmatrix}0.8 & 0.1 & 0.1\\ 0.2 & 0.7 & 0.1\\ 0.1 & 0.3 & 0.6\end{bmatrix}$$

設 $X_i=(X_{i1}, X_{i2}, X_{i3})$ 爲第 i 個月底各品牌香皂所佔市場比率，$i=0, 1, 2, 3, \cdots\cdots$

若已知$X_0=(0.2, 0.3, 0.5)$

則 $X_1=X_0P=(0.27, 0.38, 0.35)$

$X_2=X_1P=(0.327, 0.398, 0.275)$

$\vdots$

在每一階段的計算，都是進位爲小數點後三位

$X_4=(0.397, 0.384, 0.219)$

$X_8=(0.442, 0.357, 0.201)$

$X_{16}=(0.450, 0.350, 0.200)$

$X_{17}=X_{16}\cdot A=(0.450, 0.350, 0.200)=X_{16}$

即 $X_i=(0.450, 0.350, 0.200)\ i\geq 16$ (9.14)

換句話說，經過一段時間，A, B, C所佔市場比率趨於穩定狀態。

(另法):

設$X=(x, y, z)$ 爲穩定狀態時 A, B, C三品牌的顧客佔有比率，則

$X_{t-1}=X_t=X$ 亦即 $X=XA$，或 $X(I-A)=0$

$$0.2x-0.2y-0.1z=0$$
$$-0.1x+0.3y-0.3z=0$$
$$-0.1x-0.1y+0.4z=0$$

同時，$x+y+z=1$，解以下的聯立方程式

$$x+\quad y+\quad z=1$$
$$0.2x-0.2y-0.1z=0$$
$$-0.1x+0.3y-0.3z=0$$

可得 $x=0.45$，$y=0.35$，$z=0.20$ 與（9.14）式相同。

例9.18 戴先生上班有三種不同交通工具：自家車、臺汽客運和火車，每種交通工具絕不連續採用兩次。若昨天自己開車，則今天搭公路局車的機率爲$\frac{1}{2}$，若昨天搭臺汽客運，則今天搭火車的機率爲$\frac{1}{4}$，若昨天搭火車，則今天自己開車的機率爲$\frac{1}{8}$，試問長此以往，那一種交通工具使用得最多，其機率是多少？

解：由於

$$P=\begin{pmatrix} 0 & \frac{1}{2} & \frac{1}{2} \\ \frac{3}{4} & 0 & \frac{1}{4} \\ \frac{1}{8} & \frac{7}{8} & 0 \end{pmatrix}$$

爲一正規轉移矩陣，因此由定理 9.5 我們可直接求出長期以後各種交通工具分別使用的比率。

$$(w_1, w_2, w_3)\begin{pmatrix} 0 & \frac{1}{2} & \frac{1}{2} \\ \frac{3}{4} & 0 & \frac{1}{4} \\ \frac{1}{8} & \frac{7}{8} & 0 \end{pmatrix}=(w_1, w_2, w_3)$$

$$\frac{3}{4}w_1+\frac{1}{8}w_3=w_1$$

$$\frac{1}{2}w_1+\frac{7}{8}w_3=w_2$$

$$\frac{1}{2}w_1+\frac{1}{4}w_2=w_3$$

$$w_1+w_2+w_3=1$$

解得　$w_1=\frac{1}{3}$，$w_2=\frac{2}{5}$，$w_3=\frac{4}{15}$，即長期以往，戴先生搭臺汽客運的機率最大。

9.7　吸收性馬可夫鏈

在本節中，我們將討論一種具有特殊性質的馬可夫鏈。

定義 9.8　馬可夫鏈中的狀況若進入後即不會脫離，則稱該狀況爲吸收性的狀況 (absorbing state)。

由定義可知，一狀況 a_j 爲吸收性狀況的充要條件爲轉移矩陣 P 有 1 在主對角線位置，而其他位置均爲 0。

定義 9.9　具有下列二性質的馬可夫鏈稱爲吸收性馬可夫鏈

(1) 至少含有一個吸收性狀況。

(2) 由任何非吸收性狀況開始轉移，均可能到達吸收性狀況（不限於一步即可到達）。

例 9.19　設若矩陣 P 爲馬可夫鏈的轉移矩陣

$$P=\begin{matrix} & \begin{matrix} a_1 & a_2 & a_3 & a_4 & a_5 \end{matrix} \\ \begin{matrix} a_1 \\ a_2 \\ a_3 \\ a_4 \\ a_5 \end{matrix} & \begin{bmatrix} \frac{1}{4} & 0 & \frac{1}{4} & \frac{1}{4} & \frac{1}{4} \\ 0 & 1 & 0 & 0 & 0 \\ \frac{1}{2} & 0 & \frac{1}{4} & \frac{1}{4} & 0 \\ 0 & 1 & 0 & 0 & 0 \\ 0 & 0 & 0 & 0 & 1 \end{bmatrix} \end{matrix}$$

則 a_2 和 a_5 均爲吸收性狀況。

設 P 爲一馬可夫鏈的一轉移矩陣, 若 a_i 爲一吸收性狀況, 則當 $i = j$, 對每一個 n, n 步轉移機率 $P_{ij}^{(n)} = 0$, 因此, P 次的每個冪次必有 0 元素, 卽 P 並非正規矩陣。

定理 9.6 若一隨機矩陣 P 有一個 1 在對角線位置, 則 P 必非正規 (除非 P 爲 1×1 矩陣), 當一系統到達一吸收性狀況, 則稱其被吸收。

定理 9.7 對一吸收性馬可夫鏈而言, 系統被吸收的機率等於 1。

略證: 以上題爲例, 設 a_j 爲非吸收狀況。從 a_i 出發的粒子至少在 n_j 步以後尚未到達吸收狀況的機率爲 P_j, 則 $P_j < 1$。令 n_j 中最大數爲 n, P_j 中最大機率爲 P, 則在 n 步後尚沒有被吸收的機率等於 P, 在 $2n$ 步後還沒有被吸收的機率等於 P^2, ……。因 $P < 1$, 所以

$$1 > P > P^2 > \cdots\cdots > P^n > \cdots\cdots$$

在很多步以後尚沒有被吸收的機率等於 0。

個案研究

商戰中最尖銳化的行動就是爭取顧客, 每個公司行號都盡力設法能留住老主顧, 和以出其制勝的手法爭取新顧客, 並且也想搶走競爭對手的熟戶。舉例來說, 電視事業在國內發展已近 20 年了, 看電視的人數大致穩定, 新看電視或放棄看電視的人所佔比率相當少。電視觀眾有的是經常收看某一電視臺或某一節目的忠實觀眾, 也有的是經常轉移目標的新奇觀眾。假設甲臺, 乙臺和丙臺彼此爭取觀眾, 根據過去的經驗, 其轉移矩陣如下:

$$
\begin{array}{c}
\begin{array}{ccc} 甲臺 & 乙臺 & 丙臺 \end{array} \\
\begin{array}{c} 甲臺 \\ 乙臺 \\ 丙臺 \end{array}
\begin{bmatrix}
0.4 & 0.1 & 0.2 \\
0.4 & 0.5 & 0.3 \\
0.2 & 0.4 & 0.5
\end{bmatrix}
\end{array}
$$

我們想知道以下數個問題的答案:

(1) 這種觀眾流動的情形是否會趨於穩定，若答案是肯定的，那時各臺的收視率分別爲若干?

$$\begin{bmatrix}0.4 & 0.1 & 0.2\\0.4 & 0.5 & 0.3\\0.2 & 0.4 & 0.5\end{bmatrix}\begin{bmatrix}x\\y\\z\end{bmatrix}=\begin{bmatrix}x\\y\\z\end{bmatrix}$$

$$0.4x+0.1y+0.2z=x$$
$$0.4x+0.5y+0.3z=y$$
$$0.2x+0.4y+0.5z=z$$
$$x+\quad y+\quad z=1$$

簡化之後，可得

$$-0.6x+0.1y+0.2z=0$$
$$0.4x+0.5y+0.3z=0$$
$$x+\quad y+\quad z=1$$

解得 $x=0.2$，$y=0.4$，$z=0.4$。

即甲臺佔 20 %，乙臺佔 40 %，丙臺佔 40 %。

(2) 若甲臺想實行「留客政策」，設法使觀眾對甲臺的忠貞率由 0.4 提高至 0.6，下述三條策略以何者爲佳?

(a) 降低乙臺的搶掠率由 0.4 降至 0.2。

(b) 降低丙臺的搶掠率由 0.2 降至 0。

(c) 雙面防禦，降低乙臺的搶掠率由 0.4 降至 0.3，同時降低丙臺的搶掠率由 0.2 降至 0.1。

(i) 若採行策 (a)，則

$$\begin{bmatrix}0.6 & 0.1 & 0.2\\0.2 & 0.5 & 0.3\\0.2 & 0.4 & 0.5\end{bmatrix}\begin{bmatrix}x\\y\\z\end{bmatrix}=\begin{bmatrix}x\\y\\z\end{bmatrix}$$

$$x+y+z=1$$

解得　$x=0.277$，$y=0.340$，$z=0.383$

(ii) 若採行策 (b)，則

$$\begin{bmatrix}0.6 & 0.1 & 0.2\\0.4 & 0.5 & 0.3\\0 & 0.4 & 0.5\end{bmatrix}\begin{bmatrix}x\\y\\z\end{bmatrix}=\begin{bmatrix}x\\y\\z\end{bmatrix}$$

$$x+y+z=1$$

解得　$x=0.327$，$y=0.408$，$z=0.265$

(iii) 若採行策 (c)，則

$$\begin{bmatrix}0.6 & 0.1 & 0.2\\0.3 & 0.5 & 0.3\\0.1 & 0.4 & 0.5\end{bmatrix}\begin{bmatrix}x\\y\\z\end{bmatrix}=\begin{bmatrix}x\\y\\z\end{bmatrix}$$

$$x+y+z=1$$

解得　$x=0.271$，$y=0.375$，$z=0.354$

三種不同策略使穩定狀況下各臺收視率如下:

	原　狀	策略 (a)	策略 (b)	策略 (c)
甲　臺	0.2	0.277	0.327	0.271
乙　臺	0.4	0.340	0.408	0.375
丙　臺	0.4	0.383	0.265	0.354

如果再進一步分析，可以將原來觀眾分布自各策略下觀眾分布下相比較，就可看出三臺收視率增減的情形。

	採取下列策略時觀眾的增減		
	(a)	(b)	(c)
甲 臺	+0.077	+0.127	+0.071
乙 臺	−0.060	+0.008	−0.025
丙 臺	−0.017	−0.135	−0.046

可見以第二個策略，也就是使丙臺無法搶走甲臺的舊觀眾爲最佳，但這策略使乙臺平白的漁翁得利，坐享其成。

(3) 如果甲臺想用「挖角策略」打擊乙臺，使乙臺的舊觀眾轉移爲甲臺的新觀眾，其機率自 0.1 增至 0.3 時，甲臺有兩個方案:

(a) 向忠於乙臺的觀眾下手，使其忠貞率自 0.5 降至 0.3。

(b) 向離開乙臺轉看丙臺的觀眾著眼，使轉臺率由 0.4 降至 0.2。

以上兩個方案，那一個較佳?

(i) 依據方案 (a)，則

$$\begin{bmatrix} 0.4 & 0.3 & 0.2 \\ 0.4 & 0.3 & 0.3 \\ 0.2 & 0.4 & 0.5 \end{bmatrix} \begin{bmatrix} x \\ y \\ z \end{bmatrix} = \begin{bmatrix} x \\ y \\ z \end{bmatrix}$$

$$x + y + z = 1$$

解得 $x = 0.291$, $y = 0.329$, $z = 0.380$

(ii) 依據方案 (b)，則

$$\begin{bmatrix} 0.4 & 0.3 & 0.2 \\ 0.4 & 0.5 & 0.3 \\ 0.2 & 0.2 & 0.5 \end{bmatrix} \begin{bmatrix} x \\ y \\ z \end{bmatrix} = \begin{bmatrix} x \\ y \\ z \end{bmatrix}$$

$$x + y + z = 1$$

解得 $x = 0.301$, $y = 0.413$, $z = 0.280$

這兩大方案比較起來，以方案(b)增加甲臺的收視率較多，但這個方案的實施在打擊丙臺之餘，徒使乙臺坐收漁利，平白增加了0.013的收視率，反之，方案(a)卻能同時打擊乙臺和丙臺。

習　　題

1. 下列那些矩陣爲隨機矩陣?

(1) $A=\begin{bmatrix}\frac{1}{3} & \frac{1}{3} & \frac{1}{3}\\ \frac{1}{2} & 0 & \frac{1}{2}\end{bmatrix}$　(2) $B=\begin{bmatrix}\frac{15}{16} & \frac{1}{16}\\ \frac{2}{3} & \frac{2}{3}\end{bmatrix}$

(3) $C=\begin{bmatrix}1 & 0\\ \frac{1}{2} & \frac{1}{2}\end{bmatrix}$　(4) $D=\begin{bmatrix}\frac{1}{2} & -\frac{1}{2}\\ \frac{1}{4} & \frac{3}{4}\end{bmatrix}$

2. (1) 試求正規隨機矩陣$A=\begin{bmatrix}\frac{3}{4} & \frac{1}{4}\\ \frac{1}{2} & \frac{1}{2}\end{bmatrix}$的唯一固定機率向量。

(2) 矩陣 A^n 趨於什麼矩陣?

3. (1) 試證 2×2 隨機矩陣$P=\begin{bmatrix}1-a & a\\ b & 1-b\end{bmatrix}$的固定點爲$u=(b, a)$。

(2) 利用 (1) 的結果試求下列各矩陣的唯一固定機率向量

$$A=\begin{bmatrix}\frac{1}{2} & \frac{2}{3}\\ 1 & 0\end{bmatrix},\quad B=\begin{bmatrix}\frac{1}{2} & \frac{1}{2}\\ \frac{2}{3} & \frac{1}{3}\end{bmatrix},\quad C=\begin{bmatrix}0.7 & 0.3\\ 0.8 & 0.2\end{bmatrix}$$

4. 試求正規隨機矩陣$P=\begin{bmatrix}\frac{1}{2} & \frac{1}{4} & \frac{1}{4}\\ \frac{1}{2} & 0 & \frac{1}{2}\\ 0 & 1 & 0\end{bmatrix}$的唯一固定機率向量。

5. (1) 以下兩個馬可夫鏈的轉移機率爲以稱爲轉移圖 (transition diagram) 的圖形表示，其中 P_{ij} 爲以箭頭表示由狀況 a_i 至狀況 a_j。試求下列各轉移圖的轉移矩陣。

(1)

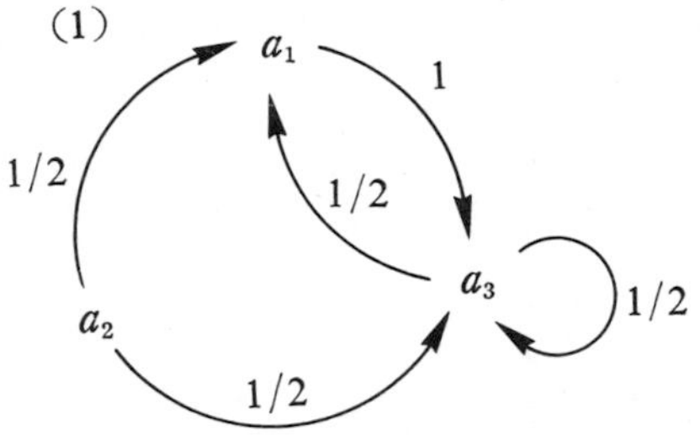

(2)

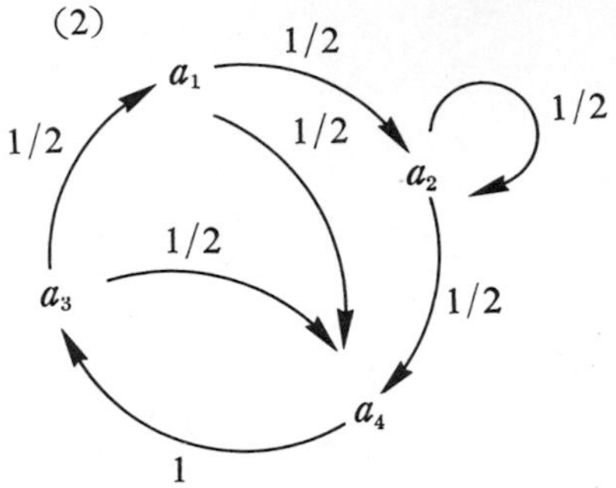

(2) 假設馬可夫鏈的轉移矩陣P爲

$$P=\begin{bmatrix} \frac{1}{2} & \frac{1}{2} & 0 & 0 \\ \frac{1}{2} & \frac{1}{2} & 0 & 0 \\ \frac{1}{4} & \frac{1}{4} & \frac{1}{4} & \frac{1}{4} \\ \frac{1}{4} & \frac{1}{4} & \frac{1}{4} & \frac{1}{4} \end{bmatrix}$$

試問馬可夫鏈是否爲正規矩陣?

6. 試求正規隨機矩陣$P=\begin{bmatrix} 0 & 1 & 0 \\ \frac{1}{6} & \frac{1}{2} & \frac{1}{3} \\ 0 & \frac{2}{3} & \frac{1}{3} \end{bmatrix}$的唯一固定機率向量，並決定$P^n$趨於什麼矩陣。

7. 兩個男孩 b_1 與 b_2 及兩個女孩 g_1 與 g_2 彼此相互拋投一球。每位男孩將球投給另一男孩的機率爲$\frac{1}{2}$，而投給每位女孩的機率各爲$\frac{1}{4}$。反之，每位女孩投給每位男孩的機率爲$\frac{1}{2}$，而不會將球拋給女孩。長期以往，每位會接到球的機率爲若干?

8. 推銷員王先生的推銷領域包含A, B, C 3 市，他的習慣是絕不連續兩天在同一市內推銷，若他某日在A市推銷，則次日必到B市，然而若他在B或C推銷，則次日在A推銷的機會是其他市推銷的兩倍，試問長期而言，他在各市推銷的機率爲若干?

9. 設有運貨卡車一輛，往返於A、B兩站，在A站有貨的機率爲$\frac{3}{4}$，B站有貨的機率爲$\frac{1}{4}$，卡車行駛成本每次爲1,000元，保養維護成本爲500元，每次載貨的運費收入爲5,500元。假設司機有下列三項方案可以選擇:

（甲）待至有貨，方行開車。

（乙）在A站有貨方行開車，在B站無論是否有貨，均返A站。

（丙）在兩站均不等候，無貨即開另一站。

試問以上三個方案，何者最佳?

10. 烏有鎭有3家麵包店「美味」、「珍香」和「銀座」供應全鎭的麵包。由於廣告，對服務不滿或其他原因，顧客往往會向別家購買，爲了簡化問題起見，假設在這期間，無新顧客進入，也無老顧客離開這市場。假設有如下顧客流動的資料

三月一日 店名	顧客數	得自 美味	珍香	銀座	流向 美味	珍香	銀座	四月一月
美味	200	0	35	25	0	20	20	220
珍香	500	20	0	20	35	0	15	490
銀座	300	20	15	0	25	20	0	290

試求(1) 轉移矩陣P。

(2) 解說轉移矩陣P中各行與列的意義。

(3) 試求長期以往各店的顧客佔有率。

11. 若$t=\left(\frac{1}{4},\ 0,\ \frac{1}{2},\ \frac{1}{4},\ 0\right)$爲一隨機矩陣$P$的一固定點，試問爲何$P$並非正規矩陣?

12. 試問下列隨機矩陣，何者爲正規矩陣?

(1) $A=\begin{bmatrix} \frac{1}{2} & \frac{1}{2} \\ 0 & 1 \end{bmatrix}$　(2) $B=\begin{bmatrix} 0 & 1 \\ 1 & 0 \end{bmatrix}$

(3) $C=\begin{bmatrix} \frac{1}{2} & \frac{1}{4} & \frac{1}{4} \\ 0 & 1 & 0 \\ \frac{1}{2} & \frac{1}{2} & 0 \end{bmatrix}$　　(4) $D=\begin{bmatrix} 0 & 0 & 1 \\ \frac{1}{2} & \frac{1}{4} & \frac{1}{4} \\ 0 & 1 & 0 \end{bmatrix}$

13. 王先生的讀書習慣如下：如果他某晚讀書，則有70％機率在次晚不讀書。另一方面，如果他某晚未讀書，則他次晚不讀書的機率爲60％。長期以往，他讀書的機率爲何？

14. 心理學家丁博士對老鼠面對某種餵食計畫的行爲有如下假設：每次餵食時，在上次實驗右轉的老鼠有80％在本次仍右轉，而在上次實驗左轉的老鼠有60％在本次將右轉。若該心理學家在第一次試驗時有 50％ 的老鼠右轉，試問他應預測 (1) 在第 2 次 (2) 在第 3 次 (3) 在第 1,000 次將有多少百分比的老鼠會右轉？

15. 已知A盒內有 2 白球及B盒內有 3 紅球。每次步驟爲由各盒隨機抽取一球而後交換分別放爲盒內。設狀況 a_i 表 i 個紅球在A盒內。(1) 試求轉移矩陣P，(2) 試問在 3 步驟後有 2 紅球在A盒的機率，(3) 長期以往，有 2 個紅球在A盒內的機率爲若干？

16. 已知矩陣$P=\begin{bmatrix} 1 & 0 \\ \frac{1}{2} & \frac{1}{2} \end{bmatrix}$及起始機率分布 $P^{(0)}=\left(\frac{1}{3},\ \frac{2}{3}\right)$，試界定和計算

(1) $P_{21}^{(3)}$　(2) $P^{(3)}$　(3) $P_{2}^{(3)}$。

17. 已知轉移矩陣$P=\begin{bmatrix} 0 & \frac{1}{2} & \frac{1}{2} \\ \frac{1}{2} & \frac{1}{2} & 0 \\ 0 & 1 & 0 \end{bmatrix}$及起始機率分布 $P^{(0)}=\left(\frac{2}{3},\ 0,\ \frac{1}{3}\right)$，試求 (1) $P_{22}^{(2)}$及$P_{13}^{(2)}$ (2) $P^{(4)}$及$P_{3}^{(4)}$ (3) 向量 $P^{(0)}P^n$ 的趨向 (4) P^n 趨向的矩陣。

18. 老王身邊有 2 元，他每次賭 1 元，同時贏 1 元的機率爲$\frac{1}{2}$。他玩至輸 2 元和贏 4 元即停止。(1) 試問他至多玩 5 次即輸玩 2 元的機率爲若干？(2)

試問他可玩多於 7 次的機率爲若干?

19. 重覆投擲一公正骰子，設 X_n 爲前 n 次投擲中出現的最大數。

(1) 試求馬可夫鏈的轉移矩陣P，試問P是否爲正規矩陣?

(2) 試求 $P^{(1)}$ 投擲一次後的機率分布。

(3) 試求 $P^{(2)}$ 及 $P^{(3)}$。

20. 無論是企業或家庭都有設備維護的問題，究竟應否等到損壞不能用時才修理或應定期採取例行保養，這類問題可借助馬可夫鏈來求解。假設一部機器在每天的可能狀態有四: 1.情況良好。2.略有誤差，但不嚴重。3.操作不穩定。4.損壞不能操作。

針對該機器，可能採取下列五種行動之一，其成本如下表:

行動方案	代號	成本
1.不採任何行動	n	$ 0
2.僅作例行性保養	r	100
3.小　修	a	300
4.小修且作例行性保養	a及r	350
5.全面整修	o	1,000

試問那一個行動方案最佳?

第十章　決策理論

10.1 緒　言

企業經營者常常需要從事決策制訂 (decision making) 的工作。雖然決策制訂在系統科學理論方面佔有重要地位只是近二十年的事，然而人類的決策行爲與思想卻遠在數千年前就因戰爭和其他形式的競爭而存在。其基本的作法不外符合如下兩大原則:

1. 理性原則

所謂「理性」，就是使個人主觀自覺地、主動地與客觀事實相結合。一個企業的高階管理者在企業經營的過程中，必須透過自己的努力，使策略制訂和執行符合本項原則。

企業的客觀情勢包括: 宏觀的方針政策、社會的需求，特別是市場需求、競爭對手的情況、資源供應者的情況、自身的條件和素質等。企業經營中遵循理性原則，就要考慮是否符合消費者的需求、意願和興趣; 是否適應自身的條件和素質，能否在競爭中領先和取勝等。此外也應注意，客觀情況是會變化的，因此競爭方案要具有一定的彈性，並適時進行調整，才能適應形勢的變化。總之，策略的制訂和實施，要順應社會和消費者的需要，才能利於企業自身的生存和發展。

2. 趨利原則

所謂「趨利」就是要本着「趨利避害」的理念，盡力取得最大的經濟效益。遵循趨利原則，則應在企業經營中力求投入最少，盡可能地節約資源，並且所冒風險最小；爭取最大的效果，圓滿實現策略目標；力求以最短的時間取得最大的成果，也就是追求最高的效率。

理性原則和趨利原則是缺一不可的有機整體。前者是後者的前提和條件，後者則是前者的具體和深化。違背前者，策略就失去了科學的依據；同樣地，違背後者，則策略就失去其價值和意義。

本章將介紹有關決策分析的決策理論（decision theory)，以協助決策者決定最佳策略（strategy)。決策模式若以最簡潔的形式表示，不外三種要素：(1) 抉擇（choice），(2) 機遇（chance）以及 (3) 後果（consequence)。其間的關係爲

抉擇＋機遇──→後果

所謂「抉擇」是指決策者在數個替代方案（alternatives）中經過評估分析，由其中擇取其一「最佳」者做爲問題解答的行動。

所謂「機遇」是指抉擇所面對事件出象（outcome）的不確定本質。依據我們對各種出象會發生的可能性的知識，大致可分成三類的決策狀況：(1) 確定性（certainty)，(2) 不確定性（uncertainty）以及 (3) 風險性（risk）。

簡易的決策過程模式中的第三個要素爲「後果」。行動（抉擇）和事件（機遇）的後果構成我們在由可供抉擇的各替代方案中決定選取其一達到最佳化的目標函數。這些後果，或償付（payoff）的本質或許是獲得（利潤、銷售量、淨值、效用）或支出（成本、時間、遺憾值），因而決定其最佳化的方向（極大化或極小化），但是本章所引介的程序則不因償付的形式而異。

順帶值得在此一提的是，決策分析的首要步驟是透過調查研究與綜合分析來認識現在和預測未來。對於一個具有相當程度專業素養的管理者來說，認識現狀並非什麼困難的問題，但是任何人對於未來的事態發展卻只能採取估計和預測。如果對決策所需的訊息資料掌握的比較充分、準確、及時，同時對訊息資料的分析實事求是而又符合邏輯，那麼對未來的預測就會相對的精確，對各種狀態的機率估計基本上就能符合客觀世界的眞實面目，所作出的決策承擔的風險也就比較小，相對的成功的可能性就很大。因此如何精確地估計各種狀態的機率值，實爲管理者所關切的問題關鍵所在。

10.2 決策表

不定性狀況下決策最簡單的結構爲以決策表 (decision table) 表示。舉例來說，一件有關設計圖的決策可以用決策表表示如下：一方面是依設計圖所製產品有三種可能：無法操作、低效率和績效滿意，另一方面公司對設計圖的反應也有三種：接受該圖，要求修訂以及拒收，其結果如下表所示

決策＼狀況	無法操作	低效率	績效滿意
接受	浪費資源	商譽受損	良機掌握
要求修訂	重新設計	改進設計	良機延誤
拒收	免除進一步損失	商譽確保	良機喪失

在利用決策表時，有兩大事項必須具備

(1) 對每一事件的發生機率指定一數值

例如:

P（無法操作）=0.3

P（低效率）=0.2

P（績效滿意）=0.5

(2) 對每一出象找到一個適當的償付。適當的償付值依問題的本質而有不同的量測指標:

平均失效時間 (mean time between failures)

機械效率 (mechanical efficiency)

可靠度機率 (reliability probability)

淨利 (net profit)

投資回收率 (return of investment)

單位成本節省 (unit cost saving)

等等。換句話說，利潤並非唯一的償付值，但卻是最常用的償付值，

10.3 決策理論的作法

為了示範決策理論的作法，本章將先敍述兩個案例，然後逐步引進各項相關概念。

例 10.1 欣隆資訊公司是一家電腦服務公司，營業項目包括為企業公司從事諸如顧客對產品滿意度的調查，資料分析之類的資訊服務。為了擴展業務，欣隆公司在高雄成立分公司。如今面對在最經濟的條件下，租用那一型容量大小（大型、中型、小型）電腦系統的問題。這個問題的答案必須要看該公司在高雄可能會有多少業務量而定。本章將透過決

策分析理論爲該公司的電腦租用問題做出決策。

對於任何已知問題，決策分析的作法是必須列出可能被決策者考量的所有決策方案。對於欣隆公司來說，最後的決定是在三種不同電腦容量中選取其一。設 d_1，d_2 及 d_3 分別表示這三種決策方案:

d_1＝租用大型電腦

d_2＝租用中型電腦

d_3＝租用小型電腦

正如先前所述，決策者決定選用那一型電腦必須視業務量而定，但是這個資訊卻是開張之後才會確知。換句話說，決策者面對的狀況是雖然知道有多少未來事件，卻不知道那一個未來事件會發生。決策者無法控制的這些未來事件稱爲該問題的「本性狀況」(states of nature)。

決策分析的第二個步驟就是列出所有的本性狀況，即應具周延性 (extensive)，同時其中任一個都互不重疊。換句話說，本性狀況的集合必須互斥且周延。

在欣隆公司的案例中，高雄分公司的業務量有兩種本性狀況，分別以 θ_1 和 θ_2 表示。

θ_1＝業務量高

θ_2＝業務量低

面對有三種決策方案以及兩種本性狀況，決策者必須決定擇取其中一種方案。爲了回答上述問題，他必須獲得上述六種組合中每一種的利潤的資訊。

例如公司決定租用大型電腦 d_1，而業務量爲 θ_1，則其利潤爲若干? 又如公司決定採用 d_2 方案，而業務量爲 θ_2，這時的獲利又是多少? 等等。

用決策專用術語來說，得自做出某一決策和發生某一本性狀況的結果稱爲償付（payoff)。利用最多可能的資訊，欣隆的高階主管預估了六種抉擇一機遇組合的償付值。如表10.1所示，通稱爲償付表（payoff table)。

表 10.1

決策＼本性狀況	θ_1	θ_2
d_1	200,000	−20,000
d_2	150,000	20,000
d_3	100,000	60,000

例 10.2 阿丁每星期週末都到臺北動物園外作生意，他可以賣冰淇淋或賣熱紅豆湯，但無法同時兼賣兩樣，而賣這兩種生意的收益視當天的天氣而定。依據長期經驗，如果該日天氣熱，則賣冰淇淋平均可賺 450 元，賣熱紅豆湯平均只能賺到 250 元；若是天冷，賣冰淇淋平均能賺 165 元，而賣熱紅豆湯平均可賺 630 元。如果是天暖，則賣冰淇淋平均賺 280 元，賣熱紅豆湯平均可賺 370 元。由於 450 元的賺取是因爲賣冰淇淋，而且碰上天熱，所以 450 元是一條件收益。假設以 θ_1，θ_2 和 θ_3 分別表示天熱，天冷和天暖，而以 d_1，d_2 分別代表賣冰淇淋和賣熱紅豆湯，可得出償付矩陣如下。

表 10.2

決策＼本性狀況	θ_1	θ_2	θ_3
d_1	450	165	280
d_2	250	630	370

一般而言，償付表中的每一元素代表採行決策 d_i，並且發生狀況

θ_j 的結果，可能是利潤，成本或其他適用於衡量被分析的狀況的產出的單位。以 $V\ (d_i,\ \theta_j)$ 表示。例如在欣隆案例中，$V\ (d_1,\theta_2)=-20,000$，$V\ (d_3,\theta_1)=100,000$。

界定決策方案（抉擇），本性狀況（機遇）以及展開償付表（後果）是解決決策分析問題的首要三大基本工作。剩下來的問題是決策者應如何善用償付表的資訊做出「最佳」決策。

10.4 確定型與非確定型決策

當決策者面對問題的時候，通常會考慮到數種可行的替代方案，每個方案都是針對不同的本性狀況而擬定的。其中並沒有一個可行方案在任何狀況下所產生的結果都會明顯地優於其他方案。由於不能確知什麼狀況會出現，因此要決定採取那一方案之前就得動點腦筋好好想想，無法直覺地立刻決定了。

10.4.1 確定型的決策準則

確定型決策爲確定狀況下的決策準則，即僅有一個本性狀況存在，因此決策者確知未來事件。

確定型的決策準則十分單純，由於償付表只有一列，最佳決策是該列中找出最大利潤的方案。例如欣隆公司如果確知業務量高，則償付表中沒有 θ_2，這時的最佳決策爲租用大型電腦，即採用 d_1 決策方案，因爲 $V(d_1,\theta_1)=200,000$ 爲最大值。

決策分析主要是針對探討非確定型或風險型問題。決策者首先必須決定一個決策準則，然後再依據該決策準則，衡量那一個決策方案爲最佳。

10.4.2 不確定型的決策準則

不確定型的決策制訂是指決策者雖然知道所有可能的本性狀況，但卻不知其發生機率。面對這種狀況，他有如下數種準則可循:（1）樂觀準則（criterion of optimism），（2）悲觀準則（criterion of pessimism），（3）賀威茲準則（Hurwicz criterion）以及（4）沙凡奇準則（Savage criterion）。

1. 樂觀準則

假若決策者是一個天生的樂觀派，他會採取這個行動準則。利用這個準則，他由面對的各替代方案中決定最爲可能的出象，然後由這些最好的出象中再選最好的方案。也就是本着「兩利相權取其重」的原則。換句話說，在極大化的狀況下，他由各列中選出列極大，而後再由其中選極大值，因此本準則也稱爲「大中取大準則」（maximax）。

例 10.3 在欣隆公司例中

表 10.3

決策＼本性狀況	θ_1	θ_2	列極大	
d_1	200,000	−20,000	200,000	←—maximax
d_2	150,000	20,000	150,000	
d_3	100,000	60,000	100,000	

由於 200,000 元是得自租用大型系統，因此依據樂觀準則應推薦租用大型電腦系統。

例 10.4 在小販阿丁例中

表 10.4

決策＼本性狀況	θ_1	θ_2	θ_3	列極大	
d_1	450	165	280	450	
d_2	250	630	370	630	←—maximax

由於 630 元爲賣熱紅豆湯所得，因此建議賣熱紅豆湯。

2. 悲觀準則

雖然我們所認識的人中有些人凡事都採用樂觀準則，事實上卻有更多的人採用悲觀準則。因爲這些人深信莫非定律（Murphy's law）所說「任何可能會發生的倒楣事就會發生。」通常人們歸功於美國統計學家華德（Abraham Wald），因此往往也稱之爲華德準則。

本準則的作法爲首先由各列中選出最劣狀況，然後由其中選取最佳者，悲觀者的準則另一個名稱爲小中取大（maximin）準則。在本準則下，決策制定者試圖由他的多個極小的可能利潤中取其中最大者，因此稱爲小中取大。根據償付表中所含資訊，決策者首先列出在各決策方案中最小償付，然後由其中選取最大者。

例 10.5

表 10.5 欣隆公司案各決策方案極小償付

決策方案	θ_1	θ_2	列極小	
大型系統 d_1	200,000	−20,000	−20,000	
中型系統 d_2	150,000	20,000	20,000	
小型系統 d_3	100,000	60,000	60,000	←—maximin

由於 60,000 元對應於租用小型系統，是各最小利潤中的最大值，

因此租用小型系統是小中取大決策所推薦的決策。

例 10.6 在小販阿丁例中

表 10.6

決策＼本性狀況	θ_1	θ_2	θ_3	列極小	
d_1	450	165	280	165	
d_2	250	630	370	250	←—maximin

即阿丁應賣熱紅豆湯。

這是一個保守派的看法，因爲決策者認爲他所獲得的不致比所選的極小值還低，除非是最倒楣的狀況發生，否則償付值應會高於maximin值。

對於償付值爲有待極小化的成本支出，則應將小中取大的準則改爲大中取小 (minimax)。換句話說，就是由各決策方案中決定各最大成本，然後取其中最小者。也就是說，當面對極小化問題，本準則改爲大中取小。

3. 賀威茲準則

上述樂觀準則和悲觀準則的共同缺點是二者都是偏向償付值中的極端值。樂觀者似乎忽略了倒楣的可能性，而悲觀者也未見有利出象的可能性。

賀威茲建議在二個極端中採用一個較爲彈性和現實的作法，就是對最佳與最劣狀況各取一個加權值 α。這個加權值 α 視決策者的樂觀程度而定。其中 $\alpha=0$ 代表悲觀主義者，$\alpha=1$ 代表完全樂觀者。賀氏值 (Hurwicz value) 可用下列公式

$$H=(\alpha)(\text{最好})+(1-\alpha)(\text{最劣}) \quad 0\leq\alpha\leq1 \quad (10.1)$$

該問題的最佳的抉擇是取最高H值的替代方案。

例 10.7　在欣隆公司例中，若決策者對現狀有點樂觀（$\alpha=0.6$）

決策＼本性狀況	θ_1	θ_2
d_1	200,000	−20,000
d_2	150,000	20,000
d_3	100,000	60,000

H 值

d_1: $(0.6)(200,000)+(0.4)(-20,000)=112,000$ ←—最佳

d_2: $(0.6)(150,000)+(0.4)(20,000)=98,000$

d_3: $(0.6)(100,000)+(0.4)(60,000)=84,000$

由於最佳H值爲決策 d_1，因此應建議租用大型電腦系統。

例 10.8　在小販阿丁例中，若阿丁對週末天氣有點悲觀（$\alpha=0.4$）

決策＼本性狀況	θ_1	θ_2	θ_3
d_1	450	165	280
d_2	250	630	370

H 值

d_1: $(0.4)(450)+(0.6)(165)=279$

d_2: $(0.4)(630)+(0.6)(250)=302$ ←—最佳

最佳H值爲賣熱紅豆湯。

4. 沙凡奇準則

本準則不專注於原本償付矩陣而是注重遺憾值矩陣（regret matrix）或稱「條件機會損失」(conditional opportunity loss) 矩陣。遺憾值矩陣的做法爲矩陣內找出每行中最好的值，而先以該值減去該行的每一個數值。這種做法的理由如下：在小販阿丁的例子中，若天氣熱，而阿丁爲選賣冰淇淋，則他沒有損失，因爲那是最佳選擇，但是如果阿丁爲選賣熱紅豆湯，則他因選擇不當而少賺 450－250＝200 元，即他有遺憾值 200 元，其他各行的做法也相同。沙凡奇準則採悲觀準則，選取能極小化極大遺憾值的替代方案。因此也稱爲大遺憾值中取小準則。

例 10.9 在小販阿丁例中

償 付 矩 陣

決策＼本性狀況	θ_1	θ_2	θ_3
d_1	450	165	280
d_2	250	630	370

表 10.7 遺憾值矩陣

決策＼本性狀況	θ_1	θ_2	θ_3	列極大
d_1	0	465	90	465
d_2	200	0	0	200 ←—最佳抉擇 (minimax 遺憾值)

因此依據沙凡奇準則，阿丁應賣熱紅豆湯。

設 $R(d_i, \theta_j)$＝本性狀況 θ_j 發生，卻採用決策 d_i 的遺憾值

$V^*(\theta_j)$＝在本性狀況 θ_j 之下的最優償付

則機會損失或遺憾的通式爲

$$R(d_i, \theta_j) = |V^*(\theta_j) - V(d_i, \theta_j)| \tag{10.2}$$

在欣隆公司的案例中，在本性狀況 θ_1 之下採用決策 d_3

$$V^*(\theta_1) = 200,000,\ V(d_3, \theta_1) = 100,000$$

利用（10.2）式可以計算各種決策 d_i 和本性狀況 θ_j 的所有組合的遺憾值。由於在利潤極大化的問題中，$V^*(\theta_j) \geq V(d_i, \theta_j)$，以及 $V^*(\theta_j) - V(d_i, \theta_j) \geq 0$。因此絕對值並無必要。然而，在極小化問題中，$V^*(\theta_j) \leq V(d_i, \theta_j)$。因此有必要採用絕對值，以便使遺憾值或機會損失呈正值。

表 10.8　欣隆公司案中的遺憾值或機會損失值

決策方案＼本性狀況	高度接受 θ_1	低度接受 θ_2	列極大
大系統 d_1	0	80,000	80,000
中系統 d_2	50,000	40,000	50,000←　←minimax
小系統 d_3	100,000	0	100,000

應用大中取小遺憾值準則的第二步驟需要決策分析者確認每決策方案的極大遺憾值，如表 10.8 所示。然後由其中選取極小的數值，該值就是大中取小遺憾值（minimax regret)。

假設我們做出租用小型電腦 d_3 的作業，然而事後才知道市場對欣隆公司的服務反應相當熱烈，該分公司的業務量為 θ_1，由於租用小型電腦的最大利潤為 100,000 元，而在確知 θ_1 發生的狀況下，最佳決策應為利用大型電腦，其利潤為 200,000 元，這種最佳償付（200,000 元）與實際償付（100,000 元）之間的差異稱為 θ_1 發生時採用 d_3 的遺憾值（regret）或機會損失（opportunity)。假如在本例中，決策者

決定採用決策 d_2 而 θ_1 發生，則其機會損失或遺憾值爲 200,000－150,000＝50,000（元）。

本節所論四種不同的決策準則導致不同的推薦方案。它反應出在不同的準則之下各種決策策略的差異。決策者本身應自行決定採用最適切的準則，然後得出最終決策。

10.5 風險性決策

在不確定狀況下，決策者通常並不知道各本性狀況發生的機率。風險性問題的特性爲在於N個本性狀況中每一本性狀況的發生機率爲已知。設 $P(\theta_j)$＝本性狀況 θ_j 發生的機率，則滿足下列二大條件，即對於所有本性狀況 j

$$P(\theta_j) \geq 0 \quad 及$$

$$\sum_{j=1}^{N} P(\theta_j) = 1$$

機率資訊可能得自過去資料，市場研究或類似分析，直覺或主觀評估，或者利用 LaPlace 法則（LaPlace principle）。

10.5.1 LaPlace 法則

LaPlace 法則或稱不充足理由法則（principle of insufficient reason），提供一個由不確定狀況改爲風險狀況的工具。簡單地說：「在沒有其他充足理由的前提下，我們可假設每一個本性狀況都有相同發生的機率。」假若有N個本性狀況，則每個本性狀況的發生機率爲$\frac{1}{N}$。

例 10.10　在小販阿丁例中，若利用 LaPlace 法則

表 10.9

本性狀況 / 決策	θ_1	θ_2	θ_3
d_1	450	165	280
d_2	250	630	370
機　　率	$\frac{1}{3}$	$\frac{1}{3}$	$\frac{1}{3}$

期望利潤

$$d_1:\ \frac{1}{3}(450)+\frac{1}{3}(165)+\frac{1}{3}(280)=\frac{895}{3}$$

$$d_2:\ \frac{1}{3}(250)+\frac{1}{3}(630)+\frac{1}{3}(370)=\frac{1,250}{3}\longleftarrow\text{最佳抉擇}$$

10.5.2　期望值

期望值準則需要分析者計算出每一個決策方案的期望值，然後選用最大期望值的方案。每個決策方案 d_i 的期望值為

$$EV(d_i)=\sum_j P(\theta_j)V(d_i,\theta_j) \tag{10.3}$$

換句話說，每個決策方案的期望值是對該方案的加權償付的總和。對各償付的加權是該本性狀況的機率，也就是使該償付發生的機率。

例 10.11　欣隆公司的管理者認為本性狀況被高度接受的機率為 $P(\theta_1)=0.3$，而低度接受的機率為 $P(\theta_2)=0.7$。則三種決策方案的期望值分別是

$$EV(d_1)=0.3(200,000)+0.7(-20,000)=46,000$$

$$EV(d_2)=0.3(150,000)+0.7(20,000)=59,000$$

$$EV(d_3)=0.3(100,000)+0.7(60,000)=72,000$$

利用期望值準則於這個利潤極大化問題，則小系統決策 d_3 因期望值 72,000 元爲最大而成爲被推薦的決定。

上述計算的意義是指假若該公司利用決策 d_3 多次，約有 30%的機會可得 100,000 元的利潤，和約70%的機會可得 60,000 元的利潤。長期以往，決策 d_3 可得平均每次 72,000 元的利潤。換句話說，一個決策對立方案的期望值是提供其「長期以往的平均值」，對欣隆公司而言，最佳的「長期以往的平均值」是來自決策 d_3。

請注意，假若本性狀況的機率改變了，則可能會改採不同的決策。例如，若 $P(\theta_1)=0.6$ 和 $P(\theta_2)=0.4$，則可證決策 d_1 有期望值。

$$EV(d_1)=0.6(200,000)+0.4(-20,000)=112,000$$

爲最佳決策。

例 10.12 俗話說:「商場如戰場」，在商戰理念中有二大基本原則:一是多賺，二是少賠，兩者似乎是一而二，二而一。人人都想只賺不賠，但是由於意外風險非人力所能控制，因此在面臨決策時，作法因人而異。譬如，R 在銀行的帳戶中有存款 100 萬元，朋友邀他合夥投資進口廢鐵，經過分析得出如下結論（單位爲 10 萬元）

主觀策略 / 客觀條件	合夥投資	存款生息
廢鐵景氣	5	1
廢鐵不景氣	−2	1

如果 R 是個樂觀冒險的人，只怕沒有賺錢的機會，不怕賠不起，就會抱着多賺的原則，看到廢鐵景氣時可以賺上 50 萬比存款生息多上 40 萬的份上而決定投資。反之，如果 R 是個悲觀保守的人，錢賺多少無所

謂，老本可虧不起，看在存款生息不必冒風險而穩賺 10 萬，可能會選擇存款生息的策略。

比較進取而又穩健的做法是請專家做一個市場預測，依據景氣與不景氣的機率來決定採取那一策略。設 p 表廢鐵景氣的機率，則其策略爲（p，$1-p$），其合夥投資的期望報酬爲

$$p\times 5-(1-p)\times 2$$

而存款生息的期望報酬是

$$p\times 1+(1-p)\times 1=1$$

因此如果

$$p\times 5-(1-p)\times 2>1$$

時應投資，否則就存款生息，上式簡化解得廢鐵景氣的機率 $p>\frac{3}{7}$時以投資爲宜。

廢鐵景氣與否是由「上天」決定的，「上天」不會因甲的抉擇而故意改變「天意」，但是人與人爭就和人與天爭不同了。商戰中競爭者彼此相互監視，伺機而動，互相打擊及反擊，以謀取自己最大獲利。

10.5.3 期望機會損失

期望機會損失 (expected opportunity loss) 以 EOL 表示，該準則爲利用本性狀況機率做爲機率損失值的權重，其計算公式如下所示

$$\text{EOL}\ (d_i)=\sum_j P\ (\theta_j)\ R\ (d_i,\ \theta_j) \qquad (10.4)$$

其中 $R\ (d_i,\ \theta_j)$ 表示在本性狀況 θ_j 時採決策 d_i 的遺憾值或機會損

失。例 10.11 假設欣隆公司的本性狀況 $P(\theta_1)=0.3$ 和 $P(\theta_2)=0.7$ 以及機會損失爲

表 10.10

	θ_1	θ_2
d_1	0	80,000
d_2	50,000	40,000
d_3	100,000	0
機　　率	0.3	0.7

則這三個決策的期望機會損失成爲

$$\text{EOL}(d_1)=0.3(0)+0.7(80,000)=56,000$$

$$\text{EOL}(d_2)=0.3(50,000)+0.7(40,000)=43,000$$

$$\text{EOL}(d_3)=0.3(100,000)+0.7(0)=30,000$$

由於欣隆公司欲求使期望機會損失爲越小越好，因此，長期以往，採用小系統 d_3 的期望機會損失爲最小。

讀者請注意，在風險性決策的期望機會損失所提供的選擇必然永遠與使用期望值準則的結果相同。由於二者所得結果一致，因此在實際應用時，風險性決策大多採期望值的作法。

10.5.4 期望效用

在風險性決策中的另一種準則是採極大化期望效用 (expected utility)。所謂「效用」(utility) 是指在決策理論問題中償付的另一種量測。例如在欣隆公司例中，原本是以金錢做爲償付的量測。因而採用最

佳期望金額值做爲選取最佳決策的標準。但是在實際情況下，仍有其他的償付量測值可用。

效用是決策者用以考量金錢價值以及所涉風險的偏好衡量（preff-ered measure）。最爲理想的狀況是決策者以其效用量測償付，同時依據期望效用而不是期望金額數值來選取最佳決策策略。然而，評估眞實的效用函數對決策者而言並非易事。

如果想要採用效用做爲量測的工具，首先必須對每一償付值以其相當的效用值取代。若想要得到效用值，決策者必須發展出一條如同圖 10.1 的效用曲線（utility curve）。

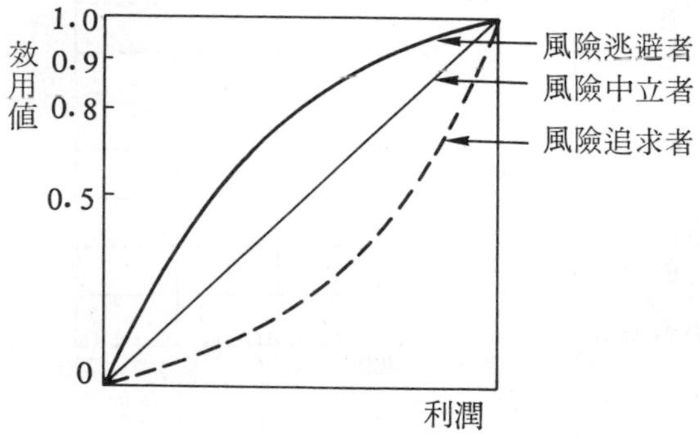

圖 10.1　效用曲線

一般而言，效用值的決定依決策者的個性而分爲風險逃避者（risk avoider），風險中立者（risk neutral）以及風險追求者（risk seeker）三大類，因而得出三條不同的曲線。

例如，丁仁面對兩種可能的投資機會。投資機會 A 可穩得利潤 50,000 元，而投資機會 B 則有 50% 的可能可獲利潤 100,002 元，但也有 50% 可能一無所獲。則 B 的期望值爲

$$E(B)=0.5(100,002)+0.5(0)=50,001$$

如果以期望金額值準則做爲償付的量測， 他應選投資決策 B 。 但是，有許多決策者或許寧願選取決策 A。換句話說，他們寧願選取穩得 50,000 元而不要選取 50－50 機會的 100,002 元利潤。這正是大多數穩紮穩打型的人的心態，因而他們採用圖中最上面的曲線來換算效用值。

例 10.13 在小販阿丁例中，假若依阿丁的觀點得出如下效用曲線

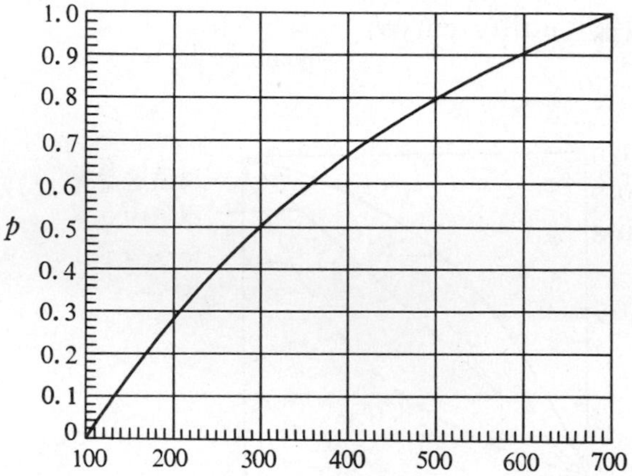

圖 10.2 效用曲線

表 10.11 效用值

本性狀況 / 決策	θ_1	θ_2	θ_3
d_1	0.75	0.20	0.48
d_2	0.40	0.93	0.64
機　　率	0.6	0.1	0.3

d_1: (0.6)(0.75)+(0.1)(0.2)+(0.3)(0.48)=0.614

d_2: (0.6)(0.4)+(0.1)(0.93)+(0.3)(0.64)=0.525

可知依據效用值準則，建議賣冰淇淋。

10.6 有實驗的決策理論

在前述討論中，各本性狀況發生的機率通常是未知的，決策者往往僅能依據經驗而提出事前機率估計值 (prior probability estimates)。然而，爲了能得出最佳可能決策，決策者或許願意尋求關於本性狀況另一最新資訊。這新資訊可用以修訂事前機率，以便使最終決策能有更爲精確的本性狀況估計值。

爲了尋求附加的資訊，最常採用的方法是經由實驗。例如原料抽驗，產品測試以及預試市場研究都是有助於修訂本性狀況機率的實驗實例。

本節仍將以欣隆公司來示範可能實施的實驗的種類，以及如何使用所取得的新資訊來修訂本性狀況的機率，以及決定出最佳決策的策略。

首先設 $P(\theta_1)=0.3$ 和 $P(\theta_2)=0.7$。假若公司管理者決定委託市調公司對潛在顧客進行調查，以便得到顧客對欣隆公司的服務的接受程度的最新資訊。透過第四章曾界定的貝氏分析 (Bayesian analysis) 的程序，利用事前機率和新資訊即可得到最新的本性狀況的估計值。這些經新修定的估計值稱爲事後機率 (posterior probability)。整個修定機率的過程如下圖所示

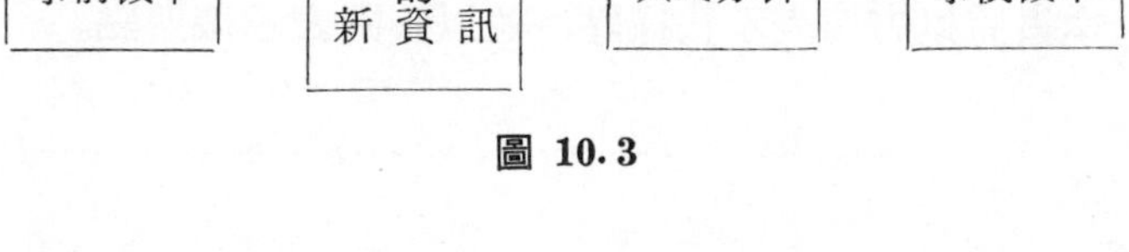

圖 10.3

通常我們稱所取得的新資訊爲「指標」(indicator)。在許多取得新資訊的實驗中多爲涉及抽取一統計樣本。在這些狀況下，習稱所得新資訊爲「樣本出象」(sample outcome)。採用指標的術語，在此可將欣隆行銷研究的出象表示如下

I_1＝報告指出市場接受度高

I_2＝報告指出市場接受度低

在此的最終目的是求得各本性狀況實驗後的改良機率估計值。貝氏分析的結果爲一組如同 $P(\theta_j|I_k)$ 的事後機率。$P(\theta_j|I_k)$ 表觀察到出象 I_k 後本性狀況 θ_j 會出現的條件機率。

表 10.12

指標 ＼ 本性狀況	已知本性狀況 θ_1	已知本性狀況 θ_2
I_1	$P(I_1\|\theta_1)=0.8$	$P(I_1\|\theta_2)=0.1$
I_2	$P(I_2\|\theta_1)=0.2$	$P(I_2\|\theta_2)=0.9$

10.6.1 決策償付樹

在涉及混合各種指標後，各決策方案以及本性狀況的決策問題，利用決策償付樹 (decision tree) 的圖形表示往往對辨認最佳決策的決策制訂過程很有幫助。決策樹提供決策者一個標準的作法和參考的視覺架構，決策者可以因此而看到整個問題和各部分之間的相互關係。

決策樹有兩個基本構建部分：決策結點 (decision nodes) 或抉擇點 (choice points) 和事件結點 (event nodes) 或機遇點 (chance points)。本書將以方塊表示抉擇點，並以圓圈表示機遇點。

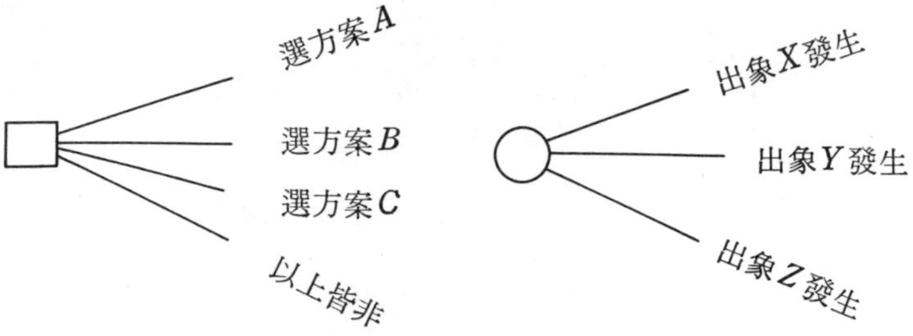

圖 10.4　抉擇點與機遇點

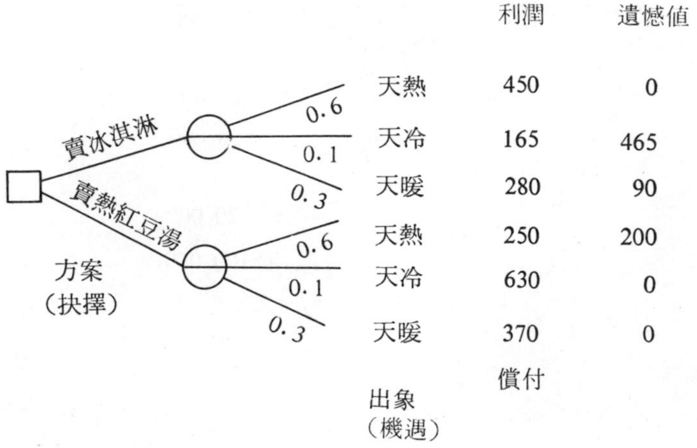

圖 10.5　小販阿丁的決策樹

接下來，我們將探討如何將這新資訊併入決策制訂的過程。

例 10.14　圖 10.6 示範以決策償付樹表示欣隆公司的決策制訂問題。請注意，該樹表現了當市場研究施行時的決策制訂過程的邏輯順序。首先，該公司得到市場研究報告指示（I_1 或 I_2），其次做出決策（d_1, d_2 或 d_3)，最後考慮本性狀況（θ_1 或 θ_2)。決策與本性狀況合併可提

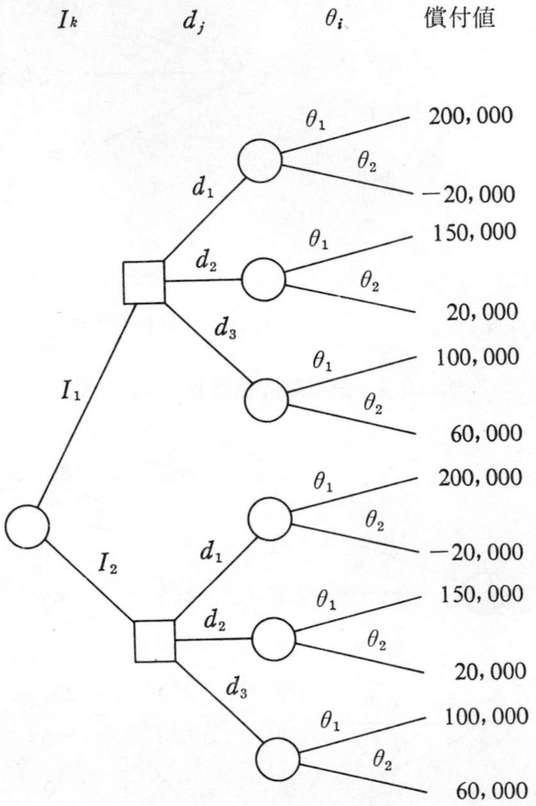

圖 10.6 欣隆公司的決策樹

供最終的利潤和償付。

在決策樹右端結點的數值相對於某一連串事件的償付。例如，右端最上的數字 200,000 是當市場研究調查指出市場接受度高 (I_1)，公司管理者決定採購大系統 (d_1) 以及事實上市場接受度高的償付值。

在上圖中，爲了協助管理者由決策樹中找出最佳決策，在此首先介定決策樹的結點 (node) 和分支 (branch)。

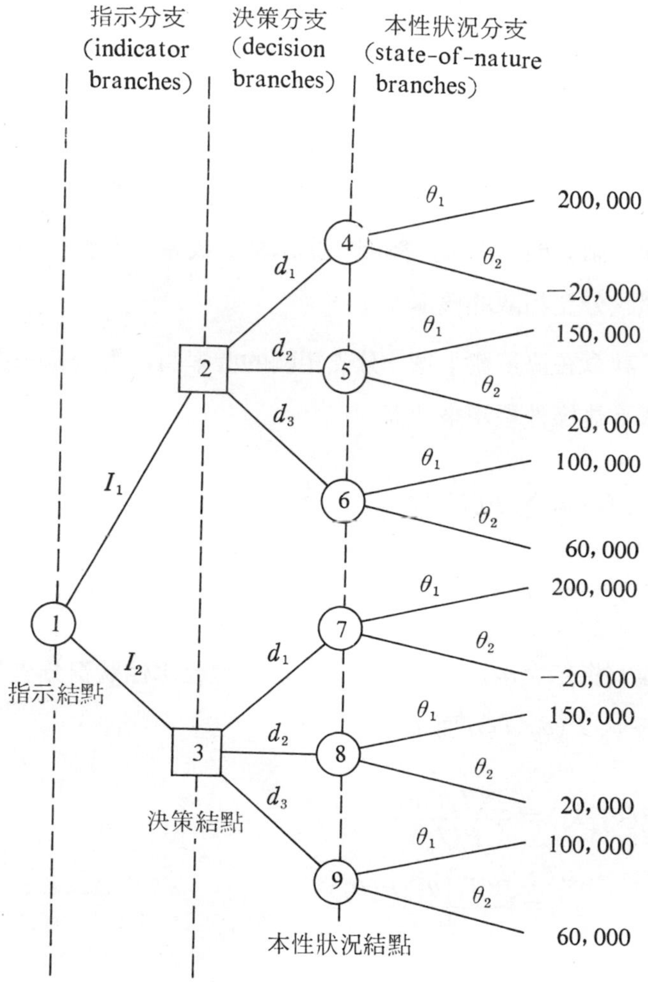

圖 10.7　欣隆決策樹的結點和分支標示

所謂「分支」(branch) 是指結點間的連線。在本例中，分別將指示結點 (indicator node) 和決策結點以及本性狀況結點編號 1 至 9，稱離開指示結點至決策結點的分支爲「指示分支」，離開決策結點至本性狀況結點的分支爲「決策分支」，離開本性狀況結點至終點的分支爲

「本性狀況分支」。

10.6.2 貝氏法則

在決策結點，決策者必須由 d_1, d_2 和 d_3 中選取一個。選取最佳決策分支相當於做出最佳決策。請注意，指示分支和本性狀況分支並非由決策者控制。換句話說，離開一指示結點或本性狀況結點的任一分支完全依賴該分支相關的機率。

為了計算在決策樹中每一分支相關的機率值，對於每一指示分支，必須根據下述條件機率來計算。

$$P(I_k)=\sum_{j=1}^{n} P(I_k \cap \theta_j) = \sum_{j=1}^{n} P(I_k|\theta_j)P(\theta_j) \qquad (10.5)$$

在觀察指示之後，本性狀況將出現。因此本性狀況分支的機率為依據事後機率 $P(\theta_j|I_k)$ 而定。

$$P(\theta_j|I_k)=\frac{P(I_k \cap \theta_j)}{P(I_k)} = \frac{P(I_k|\theta_j)P(\theta_j)}{P(I_k)} \qquad (10.6)$$

上式稱為貝氏定理，提供了本性狀況的事後機率。

在欣隆公司例中，由於事前機率 $P(\theta_1)=0.3$，$P(\theta_2)=0.7$ 且條件機率 $P(I_1|\theta_1)=0.8$，$P(I_2|\theta_1)=0.2$，$P(I_1|\theta_2)=0.1$ 及 $P(I_2|\theta_2)=0.9$。

因此可計算出指示各分支的機率分別為

$$P(I_1)=P(I_1|\theta_1)P(\theta_1)+P(I_1|\theta_2)P(\theta_2)$$
$$=(0.8)(0.3)+(0.1)(0.7)=0.31$$

及 $$P(I_2)=P(I_2|\theta_1)P(\theta_1)+P(I_2|\theta_2)P(\theta_2)$$
$$=(0.2)(0.3)+(0.9)(0.7)=0.69$$

另一計算 $P(I_2)$ 的方法則是

$$P(I_2)=1-P(I_1)=0.69$$

利用上述資訊，可得已知指標 I_1 的事後機率。

$$P(\theta_1|I_1)=\frac{P(I_1|\theta_1)P(\theta_1)}{P(I_1)}=\frac{(0.8)(0.3)}{(0.31)}=\frac{24}{31}$$
$$=0.774$$

和 $$P(\theta_2|I_1)=\frac{P(I_1|\theta_2)P(\theta_2)}{P(I_1)}=\frac{(0.1)(0.7)}{(0.31)}=\frac{7}{31}$$
$$=0.226$$

同理已知 I_2 的事後機率分別爲 $P(\theta_1|I_2)=\frac{6}{69}$及 $P(\theta_2|I_2)=\frac{63}{69}$。

上述修訂機率是在市場研究調查完成之後的本性狀況分支的機率估計值。例如若報告爲有利，$P(\theta_1|I_1)=\frac{24}{31}=0.774$ 表示市場接受程度高的機率爲 0.774。然而，報告爲有利，但仍有可能欣隆公司的服務被接受的程度低，這項機率爲 $P(\theta_2|I_1)=\frac{7}{31}=0.226$。換句話說，當已知 I_1 發生後，本性狀況機率 $P(\theta_1)=0.3$ 及 $P(\theta_2)=0.7$ 已分別被修訂爲 0.774 及 0.226。同理，若市場報告爲 I_2，則可得到類似的結果，如圖 10.8 所示。

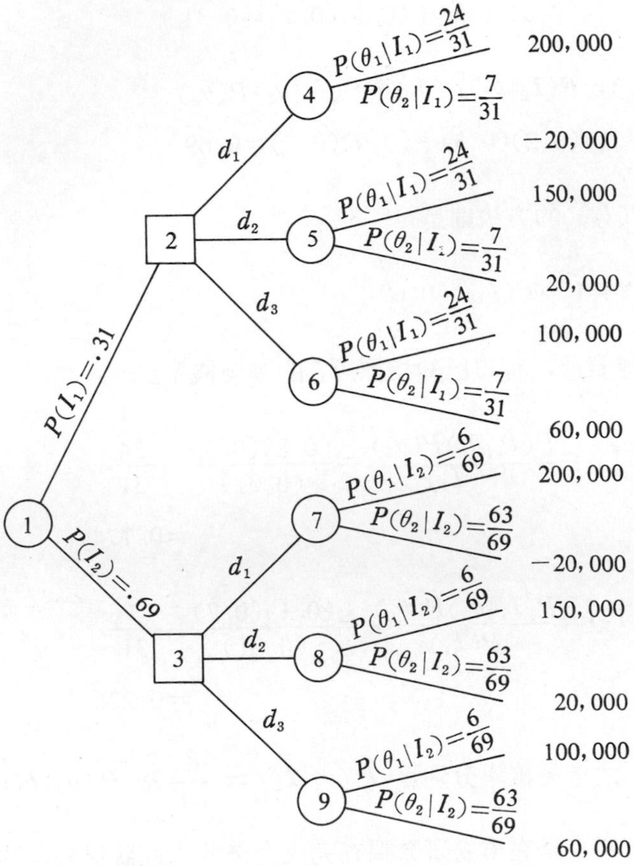

圖 10.8 欣隆公司決策樹的指標及本性狀況分支機率

現在可以利用分支機率和期望值準則求得欣隆公司的最佳決策。透過決策樹後向作業，首先可以計算每一本性狀況結點的期望值。換句話說，我們對每一本性狀況結點，求其期望值。

$$EV\ (\text{node } 4) = \left(\frac{24}{31}\right)(200,000) + \left(\frac{7}{31}\right)(-20,000) = 150,323$$

$$EV\ (\text{node } 5) = \left(\frac{24}{31}\right)(150,000) + \left(\frac{7}{31}\right)(20,000) = 120,645$$

$$EV\ (\text{node } 6) = \left(\frac{24}{31}\right)(100,000) + \left(\frac{7}{31}\right)(60,000) = 90,967$$

$$EV\ (\text{node } 7) = \left(\frac{6}{69}\right)(200,000) + \left(\frac{63}{69}\right)(-20,000) = -870$$

$$EV\ (\text{node } 8) = \left(\frac{6}{69}\right)(150,000) + \left(\frac{63}{69}\right)(20,000) = 31,304$$

$$EV\ (\text{node } 9) = \left(\frac{6}{69}\right)(100,000) + \left(\frac{63}{69}\right)(60,000) = 63,478$$

其次，繼續透過後向作業，求出決策結點的期望值。既然決策者可控制離開決策結點的分支，同時我們想求最大利潤，因此，在結點 2 的最佳決策爲取 d_1，而 d_1 可得期望值 150,323 元。因此，若取決策 d_1，則

$$EV\ (\text{node } 2) = 150,323$$

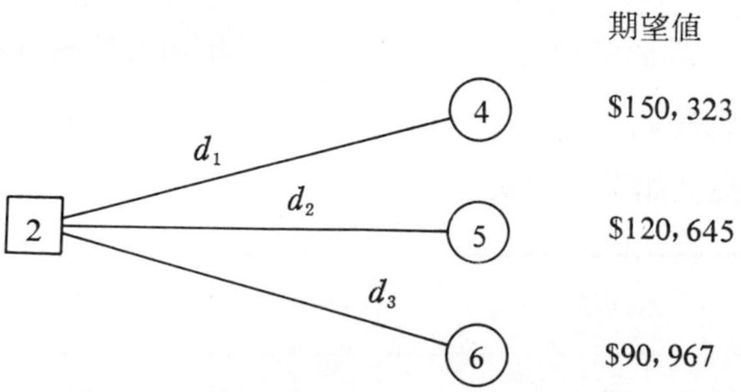

圖 10.9

同理，對結點 3 進行類似分析， 可知在結點 3 的最佳決策爲 d_3。其期望值爲

$$EV\ (\text{node } 3\ )=63,478$$

最後步驟，繼續後向作業到指標結點，並求出其期望值。

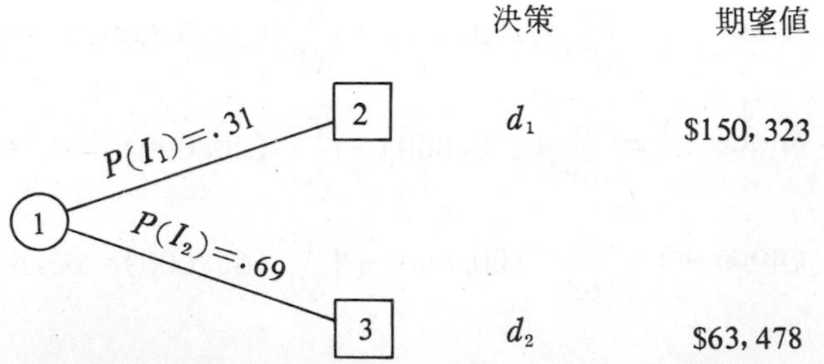

圖 10.10

$$EV(\text{node } 1\ )=(0.31)(150,323)+(0.69)(63,478)$$
$$=90,400$$

換句話說， 當使用市場研究結果， 則整個決策過程的期望值爲 90,400 元。

請注意， 最後決策仍未確立。 在決策租用大系統（d_1）或小系統（d_3）之前必須知道市場調查的結果。但是，經過決策理論分析後，至此我們可以提供如下最佳決定策略。

若（*if*）	則（*then*）
報告爲有利（I_1）	租用大型系統（d_1）
報告爲不利（I_2）	租用小型系統（d_3）

經由上述解說，我們對於風險性決策，知道如何採用實驗以取得額外資料，並且利用決策償付樹求得最佳決策的策略。現將方法摘要敍述如下：

(1) 分析者必須繪出包括指標、決策以及本性狀況等的結點和分支的決策樹，以描述該決策制訂過程。

(2) 計畫所有指標分支和本性狀況分支的機率。

(3) 透過決策樹，後向作業以求出本性狀況結點和指標結點的期望值。

(4) 選取各決策結點的最佳決策分支，求得最佳決策的策略以及該問題相關的期望值。

10.6.3 樣本資訊的期望值

在欣隆公司例中，如今管理者的決策策略是如果市場調查報告爲有利，則租用大型電腦系統，假如市場調查報告爲不利，則租用小型電腦系統。由於市調公司所提供的資訊必須付費，因此欣隆公司的管理者必然會詢問這則新增的資訊的價值。資訊價值 (value of information) 的概念對於確認決策者應爲這項資訊所付費用的上限十分重要。

資訊的價值往往是以所謂「樣本資訊期望值」(expected value of sample information, EVSI) 來衡量。對於求極大值的問題

$$\text{EVSI} = \begin{bmatrix}\text{使用樣本資訊}\\\text{的最佳決策的}\\\text{期望值}\end{bmatrix} - \begin{bmatrix}\text{未用樣本資訊}\\\text{的最佳決策的}\\\text{期望值}\end{bmatrix}$$

例 10.15　對於欣隆公司而言，市場研究資訊就是視同「樣本資訊」。決策樹的計算指出使用市場研究資訊的最佳決策期望值爲 90,400 元，而沒做市場研究資訊的最佳決策期望值爲 72,000 元，因此依據上式可知該項資訊的期望值爲

$$EVSI = 90,400 - 72,000 = 18,400$$

換句話說，欣隆公司的管理者爲這則資訊願付市調公司的上限爲 18,400 元。

10.6.4 完全資訊下決策

假如採用期望值準則，若只是使用事前機率，欣隆公司例的最佳決策爲 d_3。假若管理者對於實際本性狀況有完全資訊 (perfect information)。依據表 10.1 的償付表可知，當選擇決策 d_3，而完全資訊確知本性狀況 θ_1 發生的價值爲

$$V(\theta_1) - V(d_3, \theta_1) = 200,000 - 100,000 = 100,000$$

請注意，這結果與當採用決策 d_3 而眞正本性狀況是 θ_1 的機會損失或遺憾值 $R(d_3, \theta_1)$ 相等。同理，若 θ_2 爲眞實本性狀況，則獲知完全資訊的價值爲 $R(d_3, \theta_2)$ 或 0 元。換句話說，在本性狀況下，完全資訊毫無價值，因爲我們可在沒有它的情況下做出最佳決策。在已知事前機率時，我們可說若可能獲致完全資訊，$P(\theta_1) = 0.3$ 爲完全資訊告訴我們 θ_1 爲眞正本性狀況的機率。

同理，$P(\theta_2) = 0.7$ 爲完全資訊告知 θ_2 爲眞正本性狀況。因此，在此可利用事前機率計算完全資訊的期望值 (expected value of perfect information, EVPI)，其公式爲

$$EVPI = \sum_{j=1}^{N} P(\theta_j) R(d^*, \theta_j) \tag{10.7}$$

其中 d^* 爲僅使用事前機率資訊時的最佳決策，在 10.5.3 節中，可知欣隆公司例中 d^* 爲 d_3。

爲了計算欣隆公司例的 EVPI，由於 $P(\theta_1)=0.3$，$P(\theta_2)=0.7$，$R(d_3,\theta_1)=100,000$ 和 $R(d_3,\theta_2)=0$，因此

$$\text{EVPI}=(0.3)(100,000)+(0.7)(0)=30$$

這表示在完全資訊之下，我們可比原本決策的期望值 72,000 元多增加期望值 30,000 元。換句話說，欣隆公司購買附加資訊的最高上限不應超過 30,000 元。

最後要提及的一點是，EVPI 與在事前機率下的最小期望機會損失相同。

例 10.16 老賈所開設的小工廠有能力生產甲乙丙丁四種產品，其銷售狀況深受景氣的影響，每月償付值如下表所示

表 10.13

景氣＼償付值＼產品	甲產品	乙產品	丙產品	丁產品	機率
景氣差	−5,000	20,000	10,000	2,000	0.5
景氣好	25,000	15,000	20,000	2,000	0.5

如果用決策樹表示，可得如下結果。其中非最佳結果以「//」表示切斷該路徑。

假設在本例中，我們可以購買有關實際會發生的機遇出象的增加資訊，同時我們也假設該指標爲一個完美資訊即能 100%準確地預知機遇事件的出象，則上圖可擴增新條件如下圖所示，其中有數點值得一提:

(1) 由於我們假設有完美資訊，因此預測的機率與該出象的事前機率相同，例如景氣好的事前機率爲 0.5，因此預測景氣好的機率也是 0.5。

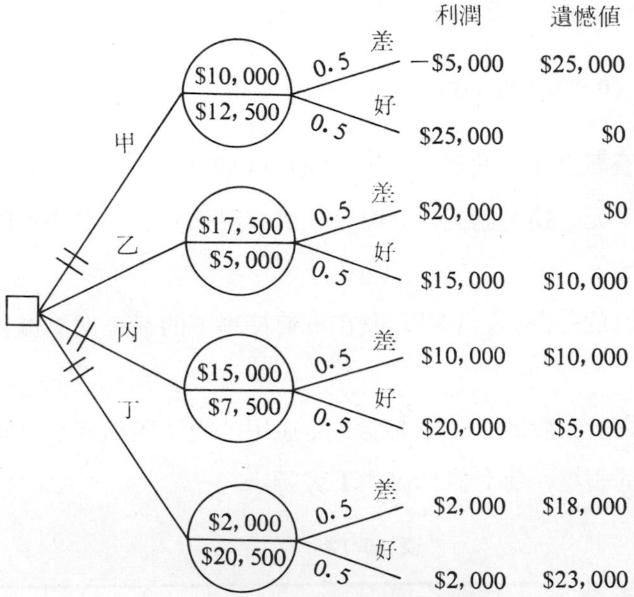

圖 10.11 決策樹

(2) 由於預測十分完美，在我們接受資訊後，該出象發生的機率爲 1.0，而其他出象發生的機率都是 0。

(3) 利用完美資訊如同在確定狀況下做決策，因此最佳抉擇的期望遺憾值總是 0。

計算 EVPI 的意義何在呢？主要的原因是 EVPI 爲非完美資訊期望值 (expected value of imperfect information) EVII 的上限，同時是比較非完美指標 (imperfect indicator) 效率的一個標準。

所增添資訊的基本用法在於修訂事前機率的估計值，在完美資訊的情況下，事前估計值經修訂後成爲 0 或 1.0。非完美指標則不足以讓我們將以機率表示的不確定性得到如此重大的削減，而使我們仍處於風險

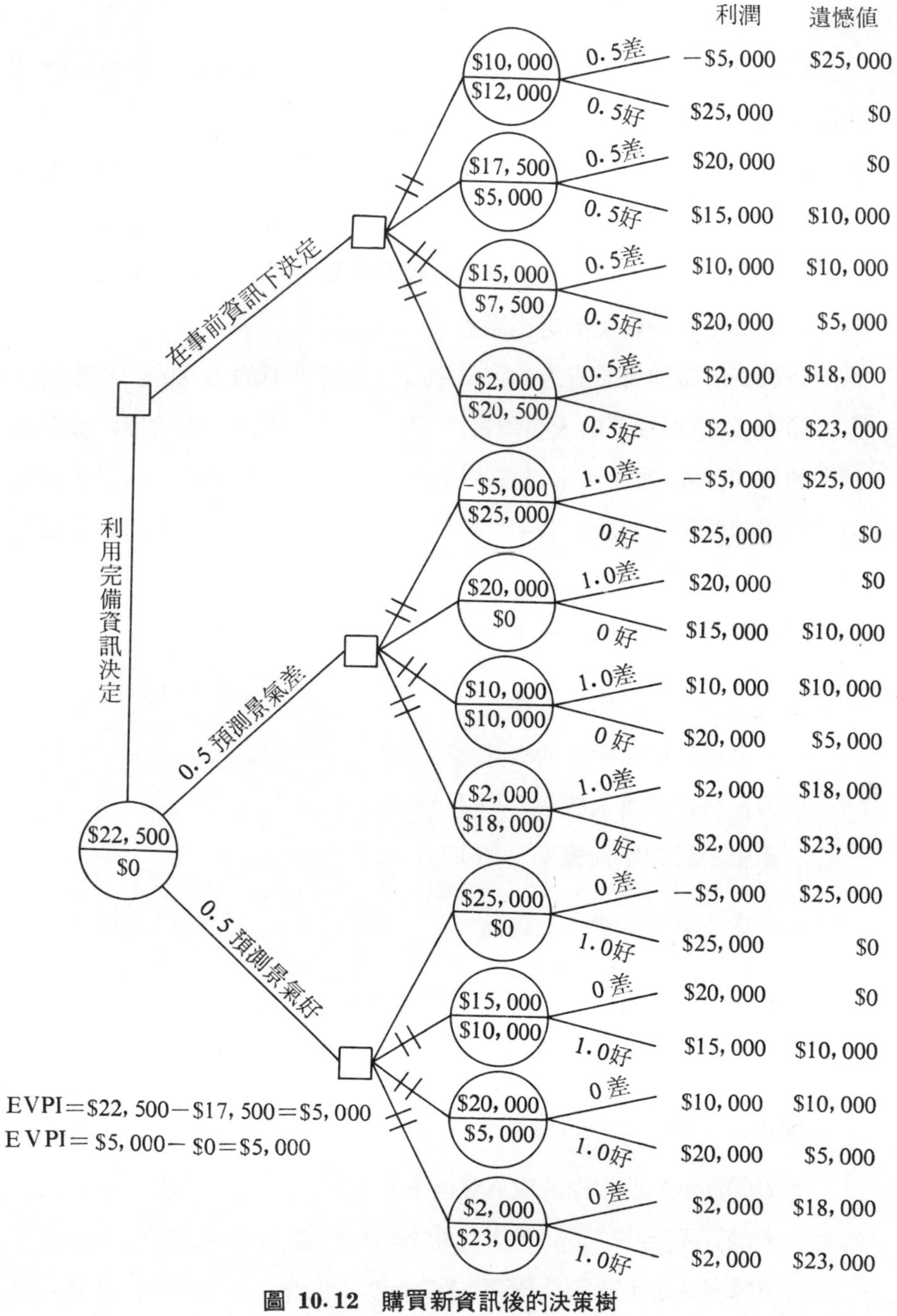

圖 10.12　購買新資訊後的決策樹

之下。

貝氏修訂程序如果改以列聯表的形式表示，較易理解。茲以一例示範如下。

例 10.17 名教授丁博士曾出版多本著作，應邀擔任一家大專教科書出版公司的諮詢顧問，他的工作是審查書稿，並預測這些來稿出版後在市場上是否會受歡迎。爲了要決定丁教授的判斷的準確性，出版商必須查看丁教授所審查的書稿的過去記錄。

假設在所有他曾審查過的書稿中， 他所推薦的有 80% 成爲暢銷書，而有 20%不推薦的成暢銷書。另一方面， 在滯銷書方面，他正確判斷的佔 60%，而他原本認爲將暢銷的佔 40%。如果有一本書稿出版商認爲暢銷與滯銷的機率各半，試問經丁教授審查之後的修訂機率爲若干?

首先將題中資料改述如下:

若以 X表預測會暢銷的事件

Y表書稿確實暢銷的事件

書稿將暢銷事前機率 $P(Y)=0.5$

書稿將滯銷事前機率 $P(Y')=0.5$

則丁教授審查意見的過去記錄爲

$P(X\mid Y)=0.8$ $P(X'\mid Y')=0.6$

$P(X'\mid Y)=0.2$ $P(X\mid Y')=0.4$

欲求

$P(X)=?$ $P(X')=?$

$P(Y\mid X)=?$ $P(Y'\mid X')=?$

$P(Y'\mid X)=?$ $P(Y\mid X')=?$

爲了解決上述問題，首先將所有資料以列聯表表示。假設丁教授共審查 100 册書稿，依據事前機率，有 50 本爲暢銷，另 50 本爲滯銷。

	X	X'	
Y			50
Y'			50
			100

(a) 事前機率

利用過去記錄，在50本暢銷書中，有40本爲原本他推薦的(50×0.8=40)，另 10 本爲他原先並不看好的(50×0.2=10)。

	X	X'	
Y	40	10	50
Y'	20	30	50
			100

(b) 聯合機率

另一方面，在 50 本滯銷書中，有 20 本是他原本推薦的 (50×0.4=20)， 其他 30 本是他原本就不推薦的(50×0.6=30)。

	X	X'	
Y	40	10	50
Y'	20	30	50
	60	40	100

(c) 上表的結果

將圖 10.13(b) 中的各行內數字相加，得出圖 10.13(c)。

即預測成功的機率

$$P(X)=\frac{60}{100}=60\%$$

而預測不成功的機率爲

$$P(X')=\frac{40}{100}=40\%$$

圖 10.13　例 10.17 的列聯表

經由列聯表，出版商可決定在接到丁教授的意見之後，對該書的事

後機率

$$P(Y|X)=\frac{40}{60}=\frac{2}{3}$$

$$P(Y'|X)=\frac{20}{60}=\frac{1}{3}$$

$$P(Y|X')=\frac{10}{40}=\frac{1}{4}$$

$$P(Y'|X')=\frac{30}{40}=\frac{3}{4}$$

以上各值也可由決策樹圖中看出。

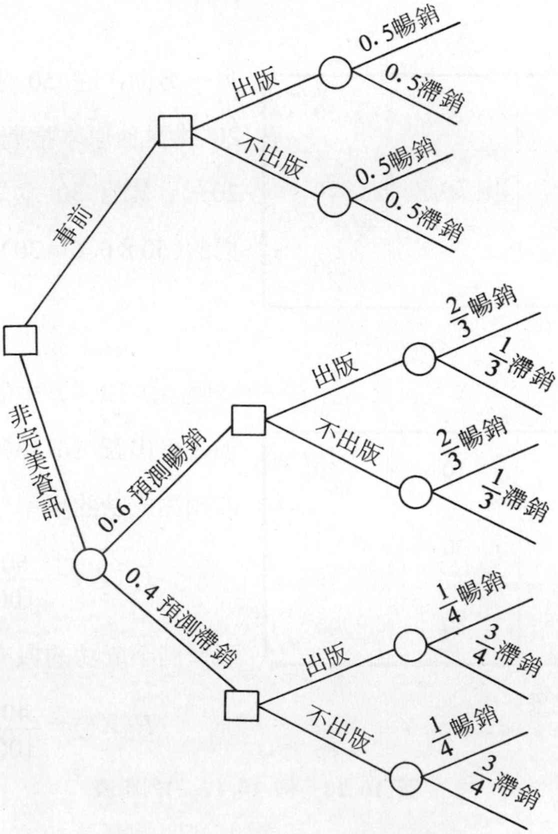

圖 10.14 出版商的決策及修訂機率

例 10.18　回到老買所設小工廠例。假設老買獲知華通大學的王教授在產品行銷方面的學識與經驗十分豐富，當景氣差時，他能正確地預測的機率爲 60%，而當景氣好時，他能正確預測的機率爲 90%。已知老買認爲景氣好壞的機率各半，則我們可得出列聯表如下

實際 ＼ 預測	景氣差	景氣好	
景氣差	30	20	50
景氣好	5	45	50
	35	65	100

50(0.6)=30

50(0.4)=20

50(0.1)= 5

50(0.9)=45

由這個列聯表我們可以得出圖 10.15 的下半部分決策樹。王教授預測景氣差的機率爲 35%，而預測景氣好的機率爲 65%。在王教授預測景氣差而確實景氣差的條件機率爲 $\frac{30}{35}=86\%$，另一方面，在預測景氣好而確實景氣好的條件機率爲 $\frac{45}{65}=69\%$。

10.6.5　有實驗的決策理論的列表法

如果決策理論問題有一系列的指標，決策，本性狀況以及償付，可以開發出一個決定該問題最佳決策策略的列表計算程序。雖然最後所得到的結論與早先所介紹的決策樹法相同，但是下述方法較易使用，尤其是對大型決策理論問題爲然。

本節將以逐步解說的方式以欣隆公司爲例示範如下。

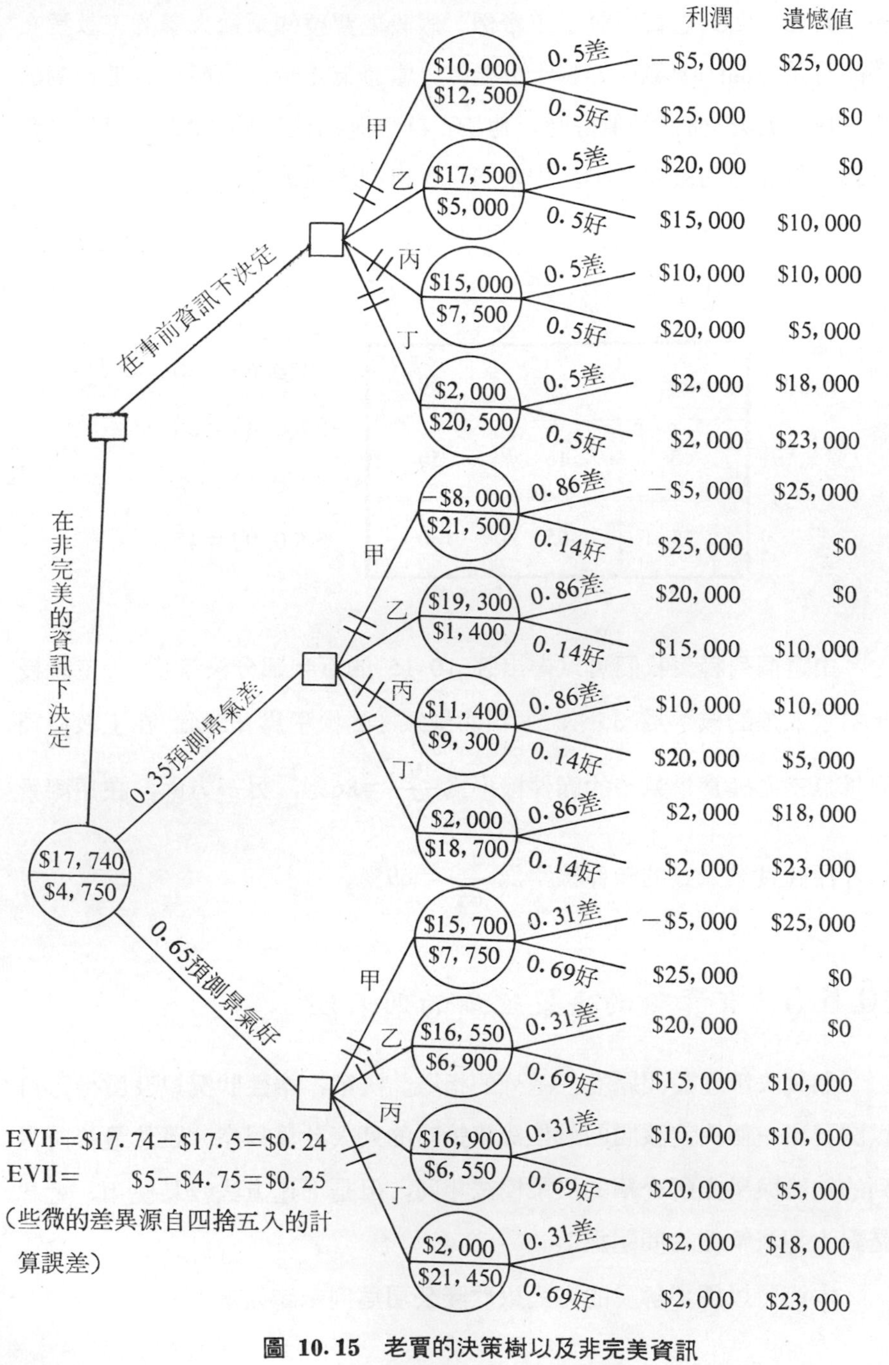

圖 10.15 老賈的決策樹以及非完美資訊

步驟 1　準備一個有二行的列表，行A爲本性狀況，行B則爲列出各本性狀況的事前機率。

A 本　性　狀　況	B 事　前　機　率 $P(\theta_j)$
θ_1	0.3
θ_2	0.7

步驟 2　準備一個表示本性狀況與 $P(I_k\|\theta_j)$ 的相關表（C）

C	$P(I_k\|\theta_j)$ I_1	 I_2
θ_1	0.8	0.2
θ_2	0.1	0.9

步驟 3　準備表D，$P(I_k \cap \theta_j)=P(I_k|\theta_j)P(\theta_j)$

D	$P(I_k\cap\theta_j)=P(I_k\|\theta_j)P(\theta_j)$ I_1	 I_2
θ_1	(0.3)(0.8)=0.24	(0.3)(0.2)=0.06
θ_2	(0.7)(0.1)=0.07	(0.7)(0.9)=0.63
	0.31	0.69

步驟 4 準備一個償付表E

E	償 付 $V(d_i,\theta_j)$ d_1	d_2	d_3
θ_1	200,000	150,000	100,000
θ_2	−20,000	20,000	60,000

步驟 5 將表D中每一行與表E中各行相乘，如表F所示，後將表下各行加總。

F	指標 I_1 可能選擇			I_2 可能選擇		
θ_1	48,000	36,000	24,000	12,000	9,000	6,000
θ_2	−1,400	1,400	4,200	−12,600	12,600	37,800
合計	46,600 ↑	37,400	28,200	−600	21,600	43,800 ↑

I_1 最佳選擇　　　　I_2 最佳選擇

例如表F中的 I_1，d_1 和 θ_1 爲(0.24)(200,000)=48,000，而對 I_1，d_1 和 θ_2 爲 (0.07)(−20,000)=−1,400 等等。

步驟 6 將每一指標 I_k 下的最佳行和圈出。這就是最佳決策策略。所有圈出數值的總和提供了在市場研究調查執行後的決策策略的期望值。

在表F中可見最佳決策策略如下。如果 I_1 發生，選取決策 d_1 和如果 I_2 發生，則選取決策 d_3。這個策略的期望值爲 46,602+43,800 =90,400 (元) 。這數值與原先利用決策樹所得結果相同。

雖然上述列表法在解決指標—決策—本性狀況，決策狀況的決策理論問題或許不如決策樹法在直覺上那麼容易瞭解，但是卻是相當的。

在上述列表求解的過程中，我們可輕易得到事後機率 $P(\theta_j|I_k)$。由於 $P(\theta_j|I_k)=P(I_k\cap\theta_j)/P(I_k)$，只要在表D中各行中各數以該行總和相除即得。

本性狀況 ＼ 事後機率	$P(\theta_j \mid I_k)$ I_1	$P(\theta_j \mid I_k)$ I_2
θ_1	$\frac{24}{31}$	$\frac{6}{69}$
θ_2	$\frac{7}{31}$	$\frac{63}{69}$

在上述二例中，還有一個相關的概念值得一提，抽樣的期望淨利 (expected net gain from sampling)，以 ENGS 表示，意指 EVSI 與抽樣支出的差額。假若 ENGS 爲一負值，則表示由抽樣所得資訊的價值低於獲得該項資訊的支出，這時就不應進行抽樣。

當利用抽樣方式獲取資訊時，樣本量每增加一單位樣本，則樣本成本也隨之增加，然而樣本資訊的邊際價值卻下降，樣本量 (sample size) N，抽樣成本以及樣本資訊價值的一般性關係如圖 10. 16 所示。

雖然當N增大，每個增添的樣本比前一樣本所能爲 EVSI 增添的價值遞減，但當N很大時，EVSI 的値逐漸接近 EVPI。樣本成本通常爲與個數呈線性比例增加。ENGS 爲樣本資訊價值 EVSI 及抽樣成本的差額，最佳樣本量 N^* 爲當 ENGS 達最大值時。

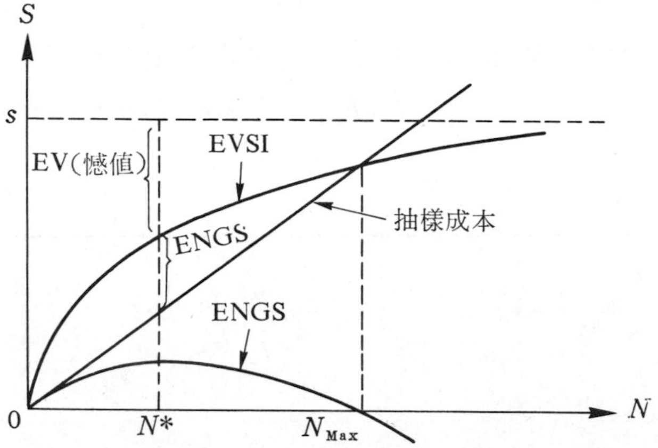

圖 10.16 決定最佳樣本量

讀者請注意，遺憾值的期望值是，風險或不確定性的衡量值，EVPI 和 EVSI 的差額。在某些時候，或許有必要將樣本量增至 N_{Max}，這時樣本資訊的價值與抽樣成本相等，而 ENGS 等於零。雖然由抽樣所獲淨利爲零，但是期望遺憾值（風險）卻比 N^* 時低很多，即對有利出象有較高信心。樣本量N若超過 N_{Max}，則將引發降低期望利潤的後果。

10.6.6 資訊效率

另一種資訊價值的衡量爲透過抽樣或其他類型的調查，稱爲效率 (efficiency)。完全資訊的「效率比值」(efficiency rating) 爲100%。效率比值的計算公式爲

$$E=\frac{\text{EVSI}}{\text{EVPI}}\times 100$$

以欣隆公司例來說，效率比值E爲

$$E=\frac{18,420}{30,000}\times 100=61\%$$

換句話說，由市調公司所獲資訊的效率是完全資訊的 61%。資訊的效率比值偏低表示該種資訊價值低，應另尋其他類型的調查。另一方面，假若資訊的效率比值高，則表示它與完全資訊很接近，因此不值得進一步取得更多資訊。

例 10.19　利用上述資訊，老賈的決策是若王教授預測景氣差，則生產乙產品，若王教授預測景氣好則生產丙產品。這時的非完美資訊期望值 EVII 爲該項資訊所導致而增加的期望利潤之量或因而減少的期望遺憾值之量（約爲 250,000 元）。老賈至多願意付給王教授這個數目的支出做爲他的研究費用。EVII 事實上就是 EVSI，因爲非完美資訊只不過是樣本資訊的另一種稱呼；也就是該項資訊所能消除遺憾值的百分率。在本例中，由於$E=\frac{250,000}{5,000,000}=5\%$，因此，王教授所提供的資訊對老賈而言，並不十分有價值。

10.7　結　語

在前述決策理論模式的討論中，只是考慮有限的本性狀況的決策情形。下一步驟實應考慮本性狀況多至不易，若非不可能，以離散隨機變數表示的情況。這時本性狀況應以連續隨機變數表示，但這類討論受篇幅所限，不擬在本書中探討。

總之，本章所討論的問題是那些無法明確歸類爲諸如線性規劃之類高度結構化的最佳化技術的問題。在實用上，很少有問題會歸於本類。因爲正確的企業決策，必須遵循科學的決策程序。決策程序的首要步驟是透過調查研究與綜合分析來認識現在和預測未來。通常是由於未來無法確定，同時相關資訊不存在或必須花費驚人的費用才能蒐集。換句話說，掌握現代的決策技術的關鍵和困難在於如何精確估計各種狀態的機率值。

本章的主旨只是爲我們所能分析的廣泛範圍各類問題示範提供一個通用的架構。透過少數的例子，所想傳遞的訊息，不外是決策過程的基本性質也可採用各種不同程度的知識以及不同類型的決策準則應用於多種不同領域，解決各種不同大小（size）和尺度（scale）的問題。期望讀者能將這個一般性架構轉化爲未來自己在工作或日常生活中所遭遇的特殊決策情況，協助自己的求解思考。

習　　題

1. 旭昶公司即將推出新產品上市，行銷部門提出三種促銷決策:

d_1: 在電視上廣告，如果成功，回報很大，但若產品不受市場歡迎，則支出浩大廣告費，卻回報很小。

d_2: 在某區域進行試銷，支出費用不大，但不會有大成功或大失敗。

d_3: 在雜誌和報紙上廣告，回報介於 A_1 與 A_2 之間。

市場對該新產品的反應預估可分成如下三大類，估計利潤（每萬元獲利）如下所示。試決定各不同決策準則之下應採何種促銷行動?

反應 / 決策	θ_1 良	θ_2 可	θ_3 劣
d_1	110	45	−30
d_2	80	40	10
d_3	90	55	−10

(a) 採 Maximin 準則

(b) 採 Maximax 準則

(c) 採賀威茲準則（① $\alpha=0.3$ 及② $\alpha=0.7$）

(d) 採 LaPlace 準則

(e) 採 Minimax regret 準則

2. 臺中農業研究所估計對某一面積的土地，在標準的土壤狀況和耕種，四種不同稻米品種的年度利潤依雨量不同而異，如下表所示。

雨量 / 品種	低	中	高
A	11,200	9,100	7,000
B	10,100	14,000	5,600
C	6,800	10,800	7,300
D	9,900	13,500	5,500

農夫王先生擁有該面積的農地，試問在如下各不同決策準則之下，各應採用那一品種種子。

(a) Maximax

(b) Maximin

(c) 賀威茲準則（$\alpha=0.6$）

(d) LaPlace 準則

(e) Minimax regret

3. 德生百貨公司的服飾採購員必須在推出新裝的 9 個月前向服飾製造商簽約下訂單。她預期迷妳裙將會盛行，其收益如下所示

本性狀況 / 決策	θ_1: 迷妳裙大流行	θ_2: 迷妳裙被接受	θ_3: 迷妳裙被排斥
d_1: 不訂	−50	0	70
d_2: 訂少量	−10	30	35
d_3: 訂中量	60	45	−30
d_4: 訂大量	80	40	−45

試求在下列各準則下的決策爲何?

(a) 採 Maximin 準則

(b) 採 Maximax 準則

(c) 採 Minimax 準則

(d) 採賀威茲準則（$\alpha=0.4$）

4. 復生天然氣公司向地主王小姐提議願出 60,000 元取得探勘權在她的土地上探求有天然氣的蘊藏量的可能性，並且提供未來開發的可行性。如果探勘發現該地油氣多，公司願付 600,000 元給她買下這塊地。但是王小姐認爲復生公司的興趣是該地有天然氣的好指標，因此想要自行開發。這時她必須與一家有探勘能力的公司簽約，這項費用爲 100,000 元，如果結果爲否定則這筆費用就泡湯了。如果答案是好消息，則地主估計其淨利爲 2,000,000 元。在本題中，本性狀況 θ_1: 地下無油氣，θ_2 地下有油氣。決策 d_1: 接受復生的提議，d_2: 自行開發，其利益（千元）如下表所示。

狀況 / 決策	θ_1	θ_2
d_1	60	660
d_2	-100	2000

試問在下列各準則下應如何抉擇?

(a) 採 Minimax 準則

(b) 採賀威茲準則（$\alpha=0.6$）

(c) 採 LaPlace 準則

5. 賣報小販明玉在市區大街賣日報，每天都必須決定訂報份數。明玉付給報社每份 20 分，而她出售爲每份 25 分。如果報紙過了午後三點仍未售出，就無價值。明玉知道每天她可售出的份數介於 6 至 10 份之間，每一數值都有相同可能，試列出她的所有可能報酬情況。

6. (續上題)

①試列出明玉的各種極大遺憾值，並求其 Minimax 值

②試計算明玉的各種期望報酬

7. (繼上題)

①試求明玉的 Maximin 策略的決策

②試求她的 Maximax 策略的決策

8. 假設有2種選擇 d_1 和 d_2，其發生機率如下表所示

本性狀況 / 決策	θ_1 $p=0.999$	θ_2 $p=0.001$
d_1	-200（元）	-200（元）
d_2	0（元）	$-100,000$（元）

試問應選取那一個?

9. 假設某甲擁有一塊地，地下或許有石油，他有三種選擇: ①不鑽井開發，②自費 500,000 元開挖及③出讓開發權給他人， 如果開發成功， 則抽取某一比率的利潤， 已知本性狀況 θ_1： 乾井，θ_2： 油藏不多，θ_3： 油藏量大的機率分別爲 0.6，0.3 及 0.1，其報酬如下表所示

本性狀況 / 決策	θ_1 $p_1=0.6$	θ_2 $p_2=0.3$	θ_3 $p_3=0.1$
d_1	0	0	0
d_2	$-500,000$	300,000	9,300,000
d_3	0	125,000	1,250,000

試問某甲應如何抉擇?

10. 老陳最近買了一幢房子， 面臨是否要投保火災險的問題， 其相關資料如下: d_1 爲投保，d_2 爲不投保

本性狀況 / 決策	θ_1: 無火災 $p_1=0.999$	θ_2: 火 災 $p_2=0.001$
d_1	-200	0
d_2	-200	$-100,000$

試問老陳應如何抉擇?

11. 在德生百貨例中，若採購員對本性狀況的各估計值爲 $P(\theta_1)=0.25$，$P(\theta_2)=0.40$ 和 $P(\theta_3)=0.35$。試問她應採那一個決策?

12. 在 4. 題中，如果地主估計找到油氣的機率爲 0.6。試問她會採取那一個決策?

13. 在復生天然氣公司的問題中，地主以 30,000 元的代價雇人利用音測法測試該地是否有油氣，結果顯示並無油氣，但這結果並非完全可信。復生公司的專家指出，事實上地下有油氣而音測指示爲無油氣的機率爲 30%，而當地下無油氣，音測指示爲無油氣的機率爲 90%。試利用這些資料，將地主認爲地下有油氣的機率 $P(\theta_2)=0.6$ 加以修訂，然後再指出她會採那一對策?

14. 在上題中，若音測指示地下有油氣，試解上題。

15. 在復生天然氣公司的問題中，如果地主只是想要雇人進行音測而尚未實施，其他資料都與 4. 和 13. 相同，則她會採何種決策?

16. 小莉有一張職棒比賽的入場券，氣象預報當天的天氣會下雨的機率爲 40%，如果那天下雨，她可留在家中觀看電視轉播。而如果天晴則到現場觀戰，若以效用表示的報償矩陣如下所示。

狀況／決策	θ_1	θ_2
d_1	0	100
d_2	85	50

θ_1：下雨　　θ_2：不下雨

d_1：到現場看球　　d_2：留在家中

試問小莉應如何抉擇?

17. 在德生百貨公司的問題中，假設百貨公司對金錢的效用以圖表示如下，試求採購員的決策。

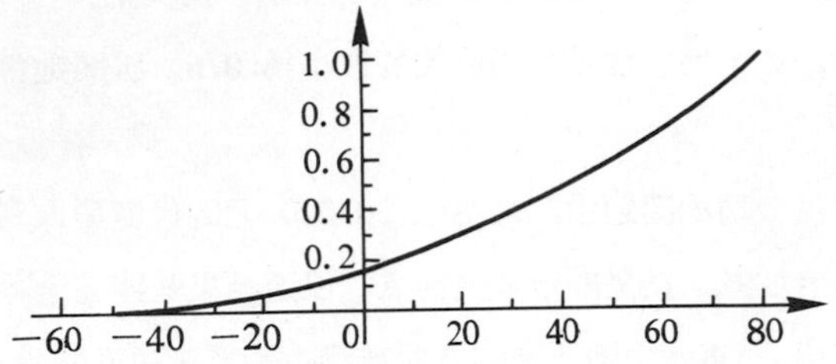

18. 富生電腦公司製造記憶晶片，每 10 個爲一盒。依據過去的經驗，公司知道 80%的盒中有 10%的不良晶片，以及 20%的盒中有 50%的不良晶片。如果良品盒（10%不良）送往下一生產階段，加工成本爲 1,000元，而如果不良品盒（50%不良）送往下一生產階段，則加工成本爲 4,000 元。公司也可採另行重做一盒的方式，成本 1,000 元。經重做的盒必可確定爲良品盒。還有一種方式是以 100 元的成本由盒中抽取 1 個測試以決定是否爲不良品盒。試問該公司應如何進行，以使每盒的期望總成本爲最低，同時並計算 EVSI 和 EVPI。

19. 良生體育用品社的老板必須決定爲夏季訂購多少件網球衫。對於某一型的網球衫，他必須以 100 件爲一單位。如果他訂 100 件，則平均每件成本 10 元；如果訂 200 件，每件成本 9 元，如果訂購 300 件或以上，則每件成本 8.5 元。他的售價爲每件 12 元，如果在夏季結束時仍有存貨未售出，則以每件 6 元廉售。假設依經驗老板知道需求量爲 100，150 或 200 件。如果存貨不足，每件的機會損失爲 0.5元。

(1) 試列出償付表。

(2) 假若已知 $P(\theta_1)=0.5$，$P(\theta_2)=0.3$，$P(\theta_3)=0.2$，依據期望值準則，老板的抉擇爲何?

(3) 試列出機會損失表。

(4) 試以機會損失期望值爲準則，則老板如何決定?

(5) 試求老板的 EVPI。

20. 道生石油公司雇用鑽井隊計畫在某地鑽井以探勘石油。已知該地的可能狀況分別爲θ_1：乾井，θ_2：中蘊量和θ_3：高蘊量，機率分別爲$P(\theta_1)=0.5$, $P(\theta_2)=0.3$ 和 $P(\theta_3)=0.2$。若鑽井費用爲 70,000 元，如果爲高蘊量，則鑽井隊利潤 270,000 元，而中蘊量的利潤爲 120,000 元。鑽井隊也可用音測以協助瞭解地質結構，其成本爲 10,000 元，音測結果有三種可能:
S_1：差，S_2：中等，S_3：良好。
依據過去經驗，有如下結果可資參考

井類 / 探測反應	θ_1	θ_2	θ_3
S_1	0.6	0.3	0.1
S_2	0.3	0.4	0.4
S_3	0.1	0.3	0.5

試問鑽井隊應否進行音測?

21. 試問在上題中，如果鑽井隊有前述資訊，他們應如何決定? 試以決策樹表示。

22. 發明家王博士有一個新發明，該產品如果上市，有 3 種可能狀況θ_1：銷售良好，θ_2：銷售平平以及 θ_3：銷售不佳。王博士有 2 種決策可行，一種是自行生產，其次是將專利權賣給製造商。相關資料如下償付表所示（單位：萬元）

狀況 / 決策	θ_1	θ_2	θ_3
d_1	80	20	-5
d_2	40	7	1

(a) 試求機會損失償付表。

(b) 試求在期望機會損失準則下的決策。

(c) 若已知 $P(\theta_1)=0.2$，$P(\theta_2)=0.5$，$P(\theta_3)=0.3$，試問王博士應如何抉擇?

(d) 試求 EVPI 的值。

23. 在上題中，王博士爲了瞭解消費者對新產品的反應而委託信心行銷基金會進行調查，依據報告，樣本結果有三類 S_1：樣本顯示暢銷，S_2：樣本顯示平平，S_3：樣本顯示反應不佳，而對王博士的新產品試銷結果爲 S_2。假若

$$P(S_2|\theta_1)=0.1，P(S_2|\theta_2)=0.8，P(S_2|\theta_3)=0.2$$

(a) 試求 $P(\theta_i|S_2)$ 之值。

(b) 試決定應採那一決策?

(c) 試求事後 EVPI。

第十一章　競賽理論

11.1 緒　言

截至目前爲止，各章所談論的主題都只是一個決策者的問題，本章將討論兩個決策者對抗的狀況。在競賽理論（game theory）中的一個決策者的目標函數的值並非完全由他掌握，而是也要依賴他人的行動而定。上章所述決策理論也可視爲本章的特例，換句話說，「對手」是「天意」，因爲天威難測，因此本性狀況只能以機率分布表現。新產品上市的「對手」則是「消費者的心意」，也就是「市場」。

競賽理論的全名應爲競賽策略理論(theory of game of strategy)，以別於機率問題（game of chance）。在計量領域中是一種較新的分支，在社會科學及管理科學尤其有用。理由之一是它提供了二人或多人競賽時某些衝突狀況的量化和分析的方法，這類衝突狀況包括政治、經濟和個人競爭加上戰爭以及與大自然的對立。心理學家以及社會學家對於競爭者本身行爲的分析也十分關切。然而，競賽理論可應用的許多問題相當複雜，本書無意涉及。

早在 1921 年，法國數學家 Emile Borel 就曾首次從事競賽問題的數學分析。1928 年 Von Neumann 在量子力學的邏輯基礎方面再次探討了競賽理論。直到 1944 年，Von Neumann 和 Morgenstein 合著

Theory of Games and Economic Behavior（註）一書出版之後，競賽理論方才引起人們的注意，對於競爭決策引起新的思考方式。

本章僅擬概略介紹一些競賽理論的基本概念。11.2 節略談一些有關競賽的基本概念，11.3 節介紹零和（zero sum game）與非零和（non-zero sum game）競賽的意義，11.4 節再深入一點，提出單純策略（pure strategy）以及 11.5 節爲混合策略（mixed strategy），11.6 節介紹優勢策略（dominant strategy）和引退策略（recessive strategy）的意義，11.7 節介紹競賽理論的解題程序，最後在 11.8 節探討競賽理論的應用。

11.2 基本概念

在正式討論競賽之前，先對一些基本名詞略加介紹，在往後文中將會有正式定義。

所謂競賽（game）是指有一組參賽者必須熟知的規則，規範他們的行動及結果(outcome)，以及各人的選擇所得的償付值(payoffs)。每位參賽者在規定規則下透過選取行動途徑而爭取達成該目標。在某些狀況下，競賽的目標在於以最有效率的方式達成目標，效率的衡量爲以得分表示，例如高爾夫球賽或棒球賽。在高爾夫比賽中，目標是以最少的揮桿數完成18洞（或其他約定洞數）。在另一些狀況下，效率爲以率先達成目標的時間表示。有些競賽的目標爲只有一個人或一隊可以獲得，譬如象棋比賽就是一例。

競賽如果只有一方可獲勝而各方都想爭取，則具競爭性。這時，參賽者對於該目標有衝突性。每位參賽者必須在競賽規則之下各顯神通，

（註）Von Neumann, J. O. Morgenstern (1944), *Theory of Games and Economic Behavior*, Princeton University Press.

設法達成目標。每人都有一組可能的選擇，由其中擇一稱爲「走一步」(move)。附帶在此一提，美國人 Radner 曾創 Theory of Teams（註），探討雙方合作的種種理論，換句話說，二決策者並非一定要對抗。

在許多競賽中，目標的達成通常附帶某種償付，大多狀況下是以金錢表示。這種酬金（payment）是一種表示競賽結果的方式。本章將假設「贏得」一競賽必然可將報酬轉爲以金錢表示，因爲我們的興趣是經濟性競賽，換句話說，企業競賽。

讀者請注意，競賽理論並非嘗試描述競賽應如何運作。它是關於行動途徑應如何選擇的程序與原則。事實上，競賽理論是應用於競爭狀況的決策理論。

定義 11.1　一個 $m\times n$ 矩陣 A 若滿足下述條件，則代表一個競賽，稱爲償付矩陣（payoff matrix）。

(1) 參賽者僅二人，但每一參賽者可代表一組人，例如公司或國家。

(2) 每次進行競賽時，一參賽者 R(row) 可選 m 個抉擇之一，而另一參賽者 C (column) 可選 n 個抉擇之一。

(3) 若 R 選 R_i 且 C 選 C_j，則 C 付 R 酬金 a_{ij}，其中 a_{ij} 爲矩陣 A 中第 (i, j) 位置數值，同時酬金爲以適切單位（通常爲以錢，但不規定一定要用錢）表示。若 a_{ij} 爲正值，則 R 由 C 接受 a_{ij}。之，如果 a_{ij} 爲負值，則表示 C 由 R 接受 $|a_{ij}|$ 單位。

$$A=\overbrace{\begin{bmatrix} a_{11} & a_{12} & \cdots & a_{1n} \\ \vdots & a_{ij} & & \vdots \\ a_{m1} & a_{m2} & \cdots & a_{mn} \end{bmatrix}}^{\text{參賽者}C}\left.\vphantom{\begin{bmatrix}a\\a\\a\end{bmatrix}}\right\}\text{參賽者}R$$

（註）Wilkes, F. M. (1987), *Elements of Operational Research*, McGraw-Hill, p. 235.

例 11.1 R與C二人猜拳爲戲，各按己意同時出「剪刀、石頭、布」中的一種。（據說中國式的版本是人吃鷄，鷄啄蠍子，蠍子螫人。）勝負的償付辦法由二人協議如下，其中正值表R的獲利，負值表R的損失，例如當二人出相同手勢，則R得 2 元，二人出不同手勢時R損失 1 元。

x \ y	剪刀	石頭	布
剪刀	2	−1	−1
石頭	−1	2	−1
布	−1	−1	2

即償付矩陣爲

$$A=\begin{bmatrix} 2 & -1 & -1 \\ -1 & 2 & -1 \\ -1 & -1 & 2 \end{bmatrix}$$

例 11.2 矩陣 $\begin{bmatrix} 2 & 4 & -3 & 6 \\ -1 & 3 & 7 & 0 \\ 3 & -6 & 5 & 1 \end{bmatrix}$

代表一個競賽，其「酬金」爲錢。

(1) 每位參賽者有多少抉擇?

(2) 若R選 R_2 而C選 C_3，則酬金爲若干?

(3) 若R選 R_3 而C選 C_2，則酬金又如何?

解: (1) 由於矩陣爲有 3 列和 4 行，因此R有 3 種選擇，C有 4 種選擇。

(2) 若R選 R_2，同時C選 C_3，則酬金爲矩陣（2，3）位置的數值 $a_{23}=7$，即R由C接受 7 元。

(3) 若R選 R_3，同時C選 C_2，則酬金爲 $a_{32}=-6$，即R需付給 C 6元。

例 11.3　競賽參賽者R與C由1，2，3選中一數，同時出示該數。若二人出示相同數字，則無輸贏。但若所選數字不同，當二數總和P爲偶數，R獲勝，否則爲C獲勝。勝者由對方手中取得P元，試求代表該競賽的矩陣。

解：設 $R_i=i$ 及 $C_j=j$，則 $a_{ii}=0$，$i=1, 2, 3$，這些位置代表二人出示相同數字。

$R_1+C_2=1+2=3$，由於3爲奇數，C獲勝，因此R必須付C 3元，即$a_{12}=-3$

$R_1+C_3=1+3=4$，由於4爲偶數，R獲勝，因此R由C得4元，即 $a_{13}=4$

同理可得 $a_{21}=-3$，$a_{23}=-5$，$a_{31}=4$，$a_{32}=-5$，因此，競賽的代表矩陣A爲

$$A=\begin{bmatrix} 0 & -3 & 4 \\ -3 & 0 & -5 \\ 4 & -5 & 0 \end{bmatrix}$$

11.3 零和與非零和競賽

定義 11.2　二人零和競賽 (two-person zero sum game) 爲R與C的酬金總和爲0的競賽，即一人的所得酬金等於另一人的付出。

我們假設該競賽可重覆地進行，R的主要動機爲使其獲勝爲極大，而C爲使自己的損失爲極小。讀者請注意，競賽矩陣中的元素 a_{ij} 爲代表「列參賽者」R的觀點。

假若在一矩陣競賽中，「行參賽者」C的行選擇爲可預測，則若R

够聰明的話，如有可能，必會調整自己的抉擇來增加自己的獲利。另一方面，若C够聰明的話，他也可做些調整以減少自己的損失。因此有一個問題很自然會被人提起：「當對手的反應爲不可預期，則參賽者是否仍可決定自己的抉擇以使自己的獲益爲最高？」本題的答案在於期望值以及策略（strategy）等概念。

定義 11.3 矩陣競賽中R的「策略」是指 R 採行各列的機率分布的決定，通常用機率向量 $\mathbf{x}$ 表示

$$\mathbf{x}=(x_1, x_2, \cdots\cdots, x_m) \quad 滿足 \sum_{i=1}^{m} x_i=1$$

其中m表 $\mathbf{x}$ 內元素的個數。

C的策略是指C採行各行的機率分布的決定，以機率向量 $\mathbf{y}$ 表示

$$\mathbf{y}=(y_1, y_2, \cdots\cdots, y_n)^T \quad 滿足 \sum_{j=1}^{n} y_j=1$$

其中n表 $\mathbf{y}$ 內元素的個數

在例 11.1 的猜拳問題中，假設R所採策略爲$\left(\frac{1}{2}, \frac{1}{4}, \frac{1}{4}\right)$，意即$R$每次出「剪刀」的機率爲$\frac{1}{2}$，出「石頭」和「布」的機率各爲$\frac{1}{4}$。這個策略可用一個包括三個結果的隨機實驗來執行。將一個圓分成四等分，圓心有一指針，轉動指針，若指針停在Ⅰ，Ⅱ象限則出「剪刀」，停在Ⅲ象限出「石頭」，而停在Ⅳ象限則出「布」。另外也可不經意地看手錶，若分針正在 1 至 6 點，出「剪刀」，在 7 至 9 之間出「石頭」，而在 10 至 12 之間則出「布」。

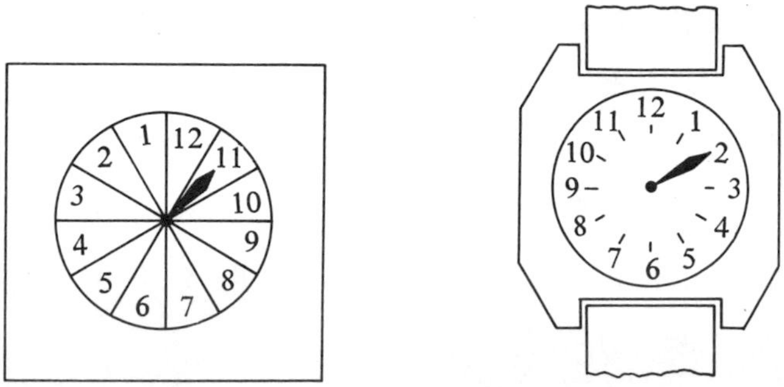

圖 11.1 隨機器具

或許有人認為將競賽的選取依賴一個隨機器具來決定似乎有點不負責任，但是事實並非如此。在後面各節的解說中，讀者將會發現依賴隨機器具的策略是使參賽者在無論對手所採策略為何的狀況下，對自身的期望值最好的方式。另外，在大多數的狀況下，不讓對方猜到自己的策略十分重要，隨機器具正好可確保這目的。

例 11.4 烏有市原本只有一家大眾百貨公司， 最近又新成立一家新新百貨公司。這家新公司的廣告方式有三種選擇。大眾百貨公司也有三種反制的廣告方式，希望能留住原有顧客，使其流失人數為最小。假設他們的廣告結果以下列償付矩陣表示:

表內數字代表由大眾改為新新的顧客人數，以 10,000 人為單位			
大眾 \ 新新	反制廣告 1	反制廣告 2	反制廣告 3
廣告 1	2	3	7
廣告 2	1	4	6
廣告 3	9	5	8

試求大衆和新新這兩家百貨公司的最佳策略?

解: 每家百貨公司都希望採用對自身最爲有利的策略，新新百貨希望由大衆百貨爭取最多顧客，而大衆百貨則希望儘量降低顧客流失的人數。爲了達到這個目的，小中取大原則是可行之道。新新體認到大衆將找尋最小損失，該公司注意到廣告 1 的最小獲利爲 20,000 人，廣告 2 的最小獲利爲 10,000 人，而廣告 3 的最小獲利爲 50,000 人。因此，新新應採小中取大原則而用廣告 3 。

另一方面， 大衆體認到新新將採自身的反制廣告的最大獲利， 因此，大衆只注意極大値，反制廣告 1 的最大損失爲 90,000 人，反制廣告 2 的最大損失爲50,000人，而反制廣告 3 的最大損失爲 80,000 人。因此，大衆採取大中取小原則卽反制廣告 2 ，如此，他們可減少損失至最低。

分析本例可知，零和競賽的假定前提爲一方之「得」正是另一方之「失」，可能與事實不符。因新新公司增加廣告開拓銷路，並非一定使大衆公司蒙受損失，也可能因市場的開拓，引起社會上對百貨產品需要增加，而間接使大衆公司受益。所以對於零和競賽的應用宜注意其特有的性質。

11.4 有鞍點競賽

例 11.5 設有一個競賽矩陣 A，其酬金爲錢

$$A=\begin{bmatrix} 6 & 1 & 0 & 2 \\ 5 & 3 & 5 & 7 \\ 1 & -3 & 6 & -4 \end{bmatrix}$$

試問 R 與 C 各應選取何種行動以達成最有利自己的目標?

解: R或許會試著選取第二列以爭取 7 元。R知道C很聰明必不致於選第四行。因此R應分析當C採取最佳可能對策時自己所能贏得的酬金。因此R應考慮自己三種選擇中的每種最低酬金。即矩陣A中有圈的數字

$$A=\begin{bmatrix} 6 & 1 & \textcircled{0} & 2 \\ 5 & \textcircled{3} & 5 & 7 \\ 1 & -3 & 6 & \textcircled{-4} \end{bmatrix}$$

顯然，R會選所有被圈選數字中的最大數，在本例中是 3，他會一直選第二列。

另一方面，C想要盡量減少損失。因此C考量每種行動中的最劣狀況，也就是各行中的最大數字。我們將之用方格表示如下

$$\mathrm{A}=\begin{bmatrix} \boxed{6} & 1 & 0 & 2 \\ 5 & \boxed{3} & 5 & \boxed{7} \\ 1 & -3 & \boxed{6} & -4 \end{bmatrix}$$

由於C是要損失極小化，他自然會選方格中最小的數，也是 3，並且一直會選第二行。

在本例中，第二列和第二行分別是R與C的最佳策略。換句話說，假若R持續選第二列，但C改選第二行之外的任一行，則C的損失必定不會減少。反之，若C一直選第二行，R則改選第二列之外的任一列，R的獲利並不會增加。這種競賽稱爲「嚴格既定型」(strictly determined game)。

現將上述解說改以下列方式表示。設R可採行動爲 $\mathbf{x}=(x_1, x_2, x_3)$，而$C$的行動爲 $\mathbf{y}=(y_1, y_2, y_3, y_4)$

x \ y	y_1	y_2	y_3	y_4	$\underset{y}{\text{Min}}\ A(x, y)$
x_1	6	1	0	2	0
x_2	5	3	5	7	3
x_3	1	-3	6	-4	-4
$\underset{x}{\text{Max}}\ A(x, y)$	6	3	6	7	

R 的最佳策略爲取 $\underset{y}{\text{Min}}\ A(x, y)$ 中的最大數，卽

$$\underset{x}{\text{Max}}\ \underset{y}{\text{Min}}\ A(x, y)=\underset{x}{\text{Max}}(0, 3, -4)=3$$

C 的最佳策略爲取 $\underset{x}{\text{Max}}\ A(x, y)$ 中的最小數，卽

$$\underset{y}{\text{Min}}\ \underset{x}{\text{Max}}\ A(x, y)=\underset{y}{\text{Min}}(6, 3, 6, 7)=3$$

由上例，我們可界定如下的各專有名詞:

定義 11.4 二人競賽 $G=(\mathbf{x}, \mathbf{y}, A)$ 中，若滿足

$$\underset{x}{\text{Max}}\ \underset{y}{\text{Min}}\ A(x, y)=\underset{y}{\text{Min}}\ \underset{x}{\text{Max}}\ A(x, y)$$

設該值爲 V_G，則稱 V_G 爲競賽單純值 (pure value) 或簡稱爲競賽的值，其所在位置稱爲鞍點 (saddle point)，分別爲雙方的最佳行動。

一般而言，最佳策略並不一定是唯一，如下例所示。

例 11.6 考慮下述競賽矩陣

$$A=\begin{bmatrix} 6 & 5 & 8 & 5 \\ 1 & 2 & 4 & 3 \\ 7 & 5 & 9 & 5 \end{bmatrix}$$

(1) 試證A爲嚴格決定型，並求其值

(2) 試求各參賽者的最佳策略

y / x	y_1	y_2	y_3	y_4	$\underset{y}{\text{Min}}\ A(x, y)$
x_1	6	5	8	5	5
x_2	1	**2**	4	3	1
x_3	7	**5**	9	5	5
$\underset{x}{\text{Max}}\ A(x, y)$	7	5	9	5	

R的最佳策略爲

$$\underset{x}{\text{Max}}\ \underset{y}{\text{Min}}\ A(x, y) = \underset{x}{\text{Max}}\ (5, 1, 5) = 5$$

C的最佳策略爲

$$\underset{y}{\text{Min}}\ \underset{x}{\text{Max}}\ A(x, y) = \underset{y}{\text{Min}}\ (7, 5, 9, 5) = 5$$

由於有鞍點存在，因此競賽矩陣爲嚴格決定型在本例中，R的最佳策略可選第一列或第三列，C的最佳策略可選第二行或第四行。

11.5 混合策略競賽

並非所有競賽矩陣均爲嚴格決定型，以下考慮較複雜的競賽，例如下表所示。

y / x	y_1	y_2
x_1	5	-5
x_2	-5	5

就R而言，兩列都是相似，假若R選擇第二列，則C將會知道R的行動，並利用這資訊而選第一行。所以對R來說，保密是很重要的。他應各以$\frac{1}{2}$的機率選 x_1 和 x_2，任何的選擇都是根據隨機的指示， 譬如擲銅板，使C無法事先預知自己的抉擇，C也是相同的情況。

定義 11.5 若競賽的機率向量 **x** 或 **y** 中有一分量爲 1， 其他分量 均爲 0，則稱該策略爲單純策略 (pure strategy)，否則稱其爲混合策略 (mixed strategy)。

在例 11.5 中R與C的最佳策略分別爲$[0, 1, 0]$和$[0, 1, 0]^T$。又如在例 11.6 中，R的最佳策略爲$[1, 0, 0]$或$[0, 0, 1]$而C的最佳策略則爲 $[0, 1, 0, 0]^T$ 或 $[0, 0, 0, 1]^T$。

判斷一矩陣競賽是單純策略或混合策略的方法很簡單，如果償付矩陣中有鞍點，就是單純策略，否則卽爲混合策略，競賽問題的解就是找出其最佳策略。

例 11.7 試完成下列矩陣，使其成爲一個非嚴格旣定型競賽矩陣

$$\begin{bmatrix} 2 & \\ & 7 \end{bmatrix}$$

解: 設 $A=\begin{bmatrix} 2 & a_{12} \\ a_{21} & 7 \end{bmatrix}$，則

$2 \leq a_{12} \leq 7$，不應成立。

因爲假若上式成立， 則無論 a_{21} 的值爲若干 A 必然是嚴格旣定型。因爲

(1) 若 $a_{21} \leq 2$，則 2 爲一鞍點

(2) 若 $2 < a_{21} < 7$，則 a_{21} 爲一鞍點

(3) 若 $7 \leq a_{21}$，則 7 爲一鞍點

因此 a_{12} 必須小於 2 或大於 7，設 $a_{12} = 1$，則

$$A = \begin{bmatrix} 2 & 1 \\ a_{21} & 7 \end{bmatrix}$$

這時 a_{21} 不得滿足 $7 \leq a_{21}$，否則 7 將成爲鞍點。同理可知，不得滿足 $2 \leq a_{21} \leq 7$，因此 $a_{21} < 2$，令 $a_{21} = 0$，則

$$A = \begin{bmatrix} 2 & 1 \\ 0 & 7 \end{bmatrix}$$

若選 $a_{12} > 7$，則必須令 $a_{21} > 7$，例如

$$A = \begin{bmatrix} 2 & 8 \\ 9 & 7 \end{bmatrix}$$

本例的想法可用以證明下述定理

定理 11.1　2×2 競賽矩陣 $A = \begin{bmatrix} a & b \\ c & d \end{bmatrix}$ 爲非嚴格旣定型的充要條件爲

$$\text{Max}(b, c) < \text{Min}(a, d) \tag{11.1}$$

或　Max $(a, d) < $Min (b, c)　　(11.2)

因爲若 (11.1) 或 (11.2) 成立，則 a，b，c，d 的任何一個都不可能同時爲列極小和行極大，因此矩陣沒有鞍點，也就是說競賽屬非嚴格既定型。

反之，設若 A 爲一非嚴格既定型競賽矩陣，如同上例的推理，則

(1) $b <$ Min (a, d) 和 $c <$ Min (a, d)

卽 Max $(b, c) <$ Min(a, d)

或 (2) $b >$ Max(a, d) 和 $c >$ Max(a, d)

卽 Max $(a, d) <$ Min (b, c)

計算 $n \times m$ 競賽的償付矩陣的混合策略有一種簡單的方法，就是計算其優勝比 (odd)。本節擬就 2×2，$2 \times m$，3×3 三種狀況分別以例題加以解說。

1. 2×2 償付矩陣

例 11.8 試求 2×2 矩陣的混合策略

R \ C	1	2
1	0	7
2	10	4

在行的方面，以上列減下列，得出數值如下:

C / R	1	2
1	0	7
2	10	4
C odd	10	3

C	1	2
	−10	3

C_1 與 C_2 的優勝比值 (oddment) 分別為 3 與 10 (取絕對值)，即 C 的混合策略為　$\mathbf{y}=\left[\frac{3}{13}, \frac{10}{13}\right]^T$

同理，在列的方面

R			R odd
1	0	7	6
2	10	4	7

即 R_1 與 R_2 的優勝比值分別為 6 和 7 (取絕對值)。換句話說，R 的混合策略為 $\mathbf{x}=\left[\frac{6}{13}, \frac{7}{13}\right]$。

2. 2 × 3 償付矩陣

例 11.9　試求 2 × 3 矩陣的混合策略

C / R	1	2	3
1	− 6	− 1	4
2	7	− 2	− 5

解: 在 $2\times m$ 矩陣中，至多有 $\frac{m(m-1)}{2}$ 個 2×2 矩陣，我們必須用試誤法逐一查驗各 2×2 矩陣。

首先查驗第一個 2×2 矩陣。

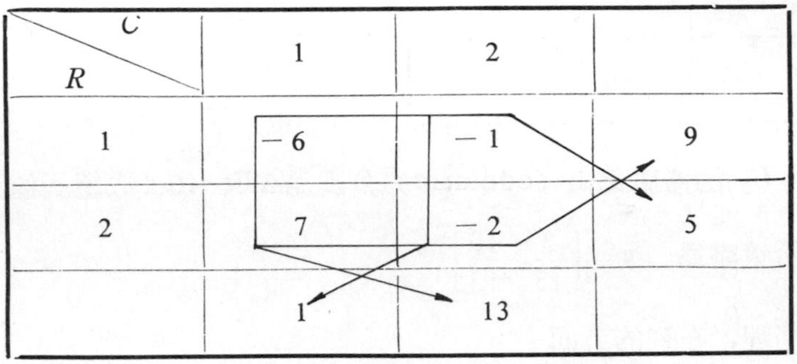

因此 R 的混合策略爲 $\mathbf{x}=\left[\frac{1}{14},\ \frac{13}{14}\right]$, C 的混合策略爲 $\mathbf{y}^T=\left[\frac{9}{14},\ \frac{5}{14}\right]^T$。

當 R 採 R_1 與 R_2 爲 $\left[\frac{9}{14},\ \frac{5}{14}\right]$ 的混合策略，而 C 採 C_1 的單純策略則該競賽的值爲

$$\frac{9(-6)+5(7)}{9+5}=\frac{-54+35}{14}=\frac{-19}{14}$$

當 R 採 $\left[\frac{9}{14},\ \frac{5}{14}\right]$ 的混合策略，而 C 採 C_2 的單純策略，則該競賽的值爲

$$\frac{9(-1)+5(-2)}{9+5}=\frac{-9-10}{14}=-\frac{19}{14}$$

而 R 採 $\left[\frac{9}{14},\ \frac{5}{14}\right]$ 的混合策略，而 C 採 C_3 的單純策略，則該競賽的值爲

$$\frac{9(4)+5(-5)}{9+5}=\frac{36-25}{14}=\frac{11}{14}>-\frac{19}{14}$$

因此 R 採 $\left[\frac{9}{14}, \frac{5}{14}\right]$ 而 C 採 $\left[\frac{1}{14}, \frac{13}{14}, 0\right]$ 爲一個好的混合策略。若 R 採 $\left[\frac{9}{14}, \frac{5}{14}\right]$ 的混合策略，而 C 採 C_3 的單純策略的競賽值 $< -\frac{19}{14}$，則應嘗試其他 2×2 矩陣。

3. 3×3 償付矩陣

例 11.10　試求 3×3 償付矩陣的混合策略

R \ C	1	2	3
1	6	0	6
2	8	－2	0
3	4	6	5

解：首先求 C 的優勝比值，分別將第一列減第二列，以及第二列減第三列，得

C	1	2	3
	－2	2	6
	4	－8	－5

C_1 的優勝比值的計算法爲

	2	6
	－8	－5

2	
	－5

減

	6
－8	

即　　2(－5)－6(－8)＝38

C_2 的優勝比值的計算法爲

－2		6
4		－5

－2	
	－5

減

	6
4	

即　　(－2)(－5)－(4)(6)＝14

C_3 的優勝比值也以類似方法計算得出 8

即　C 的混合策略的優勝比爲 38：14：8 或 19：7：4

$$\mathbf{y}=\left[\frac{38}{60},\ \frac{14}{60},\ \frac{8}{60}\right]^T \text{ 或} \left[\frac{19}{30},\ \frac{7}{30},\ \frac{4}{30}\right]^T$$

R 的優勝比值的計算方式爲分別將第一行減第二行，以及第二行減第三行，得

R		
1	6	－6
2	10	－2
3	－2	1

R_1 的優勝比值爲:

(10)(1)－(－2)(－2)＝6

10	－2
－2	1

同理可得 R_2 及 R_3 的優勝比值分別爲＋6（取絕對值）及 48，換句話說，R 的優勝比爲 6 ： 6 ：48 或 1 ： 1 ： 8　或　$\mathbf{x}=\left[\frac{6}{60}, \frac{6}{60}, \frac{48}{60}\right]$

或 $\left[\frac{1}{10}, \frac{1}{10}, \frac{8}{10}\right]$

R \ C	1	2	3	R odd
1	6	0	6	6
2	8	－2	0	6
3	4	6	5	48
C odd	38	14	8	

假設 R 採 R_1, R_2 及 R_3 爲 $\left[\frac{1}{10}, \frac{1}{10}, \frac{8}{10}\right]$ 的混合策略，而

(1) C 爲採 C_1 的單純策略，則 R 的競賽值即平均獲勝值爲

$$\frac{1\times 6+1\times 8+8\times 4}{1+1+8}=\frac{23}{5}$$

(2) C 爲採 C_2 的單純策略，則 R 的競賽值爲

$$\frac{1\times 0+1\times(-2)+8\times 6}{1+1+8}=\frac{23}{5}$$

(3) C 爲採 C_3 的單純策略，則 R 的競賽值爲

$$\frac{1\times 6+1\times 0+8\times 5}{1+1+8}=\frac{23}{5}$$

反之，若 C 爲採 $\left[\frac{19}{30}, \frac{7}{30}, \frac{4}{30}\right]^T$ 的混合策略，而 R 爲採 R_1 的單純

策略，則C的競賽值（平均損失）為

$$\frac{19\times 6+7\times 0+4\times 6}{19+7+4}=\frac{23}{5}$$

當R採 R_2 和 R_3 的單純策略，也得相同損失$\frac{23}{5}$，因此本例的競賽值為$\frac{23}{5}$。換句話說，當任一參賽者以其最佳混合策略與另一參賽者的最佳混合策略中的任一單純策略對抗，必可得相同的平均償付值。

3 × 3 償付矩陣的求解並不必然總是如同上例一般順利，如下例所示。

例 11.11 試求 3 × 3 償付矩陣的混合策略

R \ C	1	2	3
1	6	0	3
2	8	－2	3
3	4	6	5

解: 我們應用上例相同的方式分別計算C與R的優勝比，結果得到R的優勝比為0 ： 0 ： 0，而C的優勝比為4 ： 4 ： 8，可見本法並不適用。

為了矯正上述的缺憾，暫時將R中的任一列棄置，例如刪除 R_1，則得到如下 2 × 3 償付矩陣

R \ C	1	2	3
2	8	－2	3
3	4	6	5

我們由這 2 × 3 矩陣中任取一個 2 × 2 的子矩陣。

例如

C / R	1	2
2	8	−2
3	4	6

然後可輕易地分別求出 R 與 C 的優勝比。

C / R	1	2	3	R odd
2	8	−2	3	2
3	4	6	5	10
C odd	8	4	0	

或對原始矩陣來說

C / R	1	2	3	R odd
1	6	0	3	0
2	8	−2	3	1
3	4	6	5	5
C odd	2	1	0	

這個結果是否爲一解答？我們必須一一查驗。

設R爲以$\left[0, \frac{1}{6}, \frac{5}{6}\right]$的混合策略對抗$C$的 C_1 單純策略，則R的競賽值爲

$$\frac{0\times6+1\times8+5\times4}{0+1+5}=\frac{14}{3}$$

對抗 C_2 和 C_3 也得相同結果

另一方面，C以$\left[\frac{2}{3}, \frac{1}{3}, 0\right]$的混合策略對抗 R_1 單純策略，C的競賽值（平均損失）爲

$$\frac{2\times6+1\times0+0\times3}{2+1+0}=4$$

這個結果爲可接受，因爲當 R 採用不在最佳混合策略中的任一策略，C通常會得比平均償付爲佳的值。因此所得確爲一個好解答。

例 11.12 兩家經營相同航線的航空公司爲了擴大本身的市場佔有率而進行廣告戰，R公司有兩種策略，R_1 爲放寬特惠價的適用對象，R_2 則爲強調經營特色（例如食物美味及有電影），而規模較大的C公司有三種策略，C_1 爲按兵不動，「平常心」看待R公司的促銷動作，C_2 爲放寬特惠價的適用對象，C_3 爲強調經營特色（例如食物美味及座位舒適），R公司的管理部門依多年來資料估計每月的盈虧如下表所示（增減顧客人數）。

R \ C	1	2	3
1	300	−25	−50
2	150	155	175

試問二公司的競賽策略各爲何？

解:　由於償付矩陣沒有鞍點及優勢行或列，因此必須求混合策略，將 2 × 3 矩陣分爲三個 2 × 2 子矩陣

R \ C	1	2
1	300	−25
2	150	155

R \ C	1	3
1	300	−50
2	150	175

R \ C	2	3
1	−25	−50
2	155	175

①

R \ C	1	2	
1	300	−25	＋5 (取絕對值)
2	150	155	325
	＋180 (取絕對值)	150	

R 的混合策略爲 $\left[\frac{5}{330}, \frac{325}{330}\right]$ 或 $\left[\frac{1}{66}, \frac{65}{66}\right]$

C 的混合策略爲 $\left[\frac{180}{330}, \frac{150}{330}\right]$ 或 $\left[\frac{36}{66}, \frac{30}{66}\right]$

競賽值爲 $\dfrac{5(300)+325(150)}{5+325}=152.27$

②

R \ C	1	3	
1	300	−50	＋25 (取絕對值)
2	150	175	350
	＋225 (取絕對值)	150	

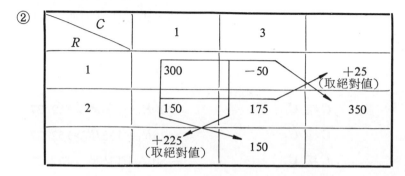

R的混合策略爲$\left[\frac{25}{375}, \frac{350}{375}\right]$ 或 $\left[\frac{1}{15}, \frac{14}{15}\right]$

C的混合策略爲$\left[\frac{225}{375}, \frac{150}{375}\right]$ 或 $\left[\frac{9}{15}, \frac{6}{15}\right]$

競賽值爲 $\frac{25(300)+350(150)}{25+325}=160$

③

R \ C	1	2	R Min
1	−25	-50	−25
2	155	175	−155*
C Max	155*	175	

鞍點爲 155（即競賽值爲 155）。C_1 和 R_2 分別C與R 的單純策略。

由於C公司有三種策略選擇，並沒有必要三種都採用，而由以上三種競賽值而言，第一個的 152.27 爲最低，也就是說對C的損失爲最低。因此C的最佳混合策略應爲 $\left[\frac{36}{66}, \frac{30}{66}, 0\right]$，而$R$的混合策略爲 $\left[\frac{1}{66}, \frac{65}{66}\right]$。

以上說明可用下列代數式示範。R的策略是希望使吸引顧客人數越多越好。

	R的平均獲利值
C採 C_1	$300R_1+150R_2\geq 152.27$
C採 C_2	$-25R_1+155R_2\geq 152.27$
C採 C_3	$-50R_1+175R_2\geq 152.27$

以上各式表示無論C採何種策略R期望可爭取 152.27 位顧客

由於R的最佳混合策略爲$\left[\frac{1}{66}, \frac{65}{65}\right]$，因此

對 C_1 而言

$$300\left(\frac{1}{66}\right)+150\left(\frac{65}{66}\right)\geq 152.27 \qquad 4.57+147.73=152.27$$

對 C_2 而言

$$-25\left(\frac{1}{66}\right)+155\left(\frac{65}{66}\right)\geq 152.27 \qquad -0.38+152.65=152.27$$

對 C_3 而言

$$-50\left(\frac{1}{66}\right)+175\left(\frac{65}{66}\right)\geq 152.27 \qquad -0.76+172.35\geq 152.27$$

$$171.59>152.27$$

可見若 C 採 C_3 將使R贏得比（平均）152.27 人爲多的（平均）171.59 人，這正是C不採 C_3 的原因。

在此順便查驗C的混合策略$\left[\frac{36}{66}, \frac{30}{66}, 0\right]$是否爲最佳策略。由於$C$的目的在於使損失爲最低。

	C的平均獲利值
R採 R_1	$300C_1-25C_2-50C_3\leq 152.27$
R採 R_2	$150C_1+155C_2+175C_3\leq 152.27$

其中小於和等於符號表示若R採用不當策略，則C將減少失去顧客人數，如果C的混合策略確爲最佳，則應滿足以上二不等式

$300\left(\frac{36}{66}\right)-25\left(\frac{30}{66}\right)-50(0)\leq 152.27 \qquad 163.64-11.37-0=152.27$

$150\left(\frac{36}{66}\right)+155\left(\frac{30}{66}\right)+175(0)\leq 152.27 \qquad 81.82+70.45+0=152.27$

以上二不等式確實滿足，因此可知由第一個子矩陣所得結果爲最佳解，挑選了最低的競賽值，由於五個不等式都滿足，因而確定二混合策略都是最佳策略。沒有經過以上的印證，我們無法確信棄卻 C_3 是否明智。

例 11.13 考慮如下競賽的償付矩陣

x \ y	y_1	y_2
x_1	5	−1
x_2	−5	1

解:

x \ y	y_1	y_2	$\underset{y}{\text{Min}}A(x, y)$
x_1	5	−1	−1
x_2	−5	1	−5
$\underset{x}{\text{Max}}A(x, y)$	5	1	

$$\underset{y}{\text{Min}}\ \underset{x}{\text{Max}}A(x, y)=\underset{y}{\text{Min}}(5, 1)=1$$

$$\underset{x}{\text{Max}}\ \underset{y}{\text{Min}}A(x, y)=\underset{x}{\text{Max}}(-1, -5)=-1$$

由於二者不相等，也就是說償付矩陣沒有鞍點，因此是混合策略。

y / x	1	2	
1	5	−1	6 （取絕對值）
2	−5	1	6
	2 （取絕對值）	10	

可知 **x** 的最佳混合策略為 $\left[\frac{1}{2}, \frac{1}{2}\right]$，而 **y** 的最佳混合策 略為

$$\left[\frac{1}{6}, \frac{5}{6}\right]^T。$$

接下來將探討尋求 2 × 2 非嚴格既定型競賽矩陣中 R 與 C 的最佳策略的另一種計算程序。基本原則為 R 以極大化極小期望所得的方式極大化期望獲利。同理 C 以極小化極大期望損失的方式極小化期望損失。

例 11.14　試決定非嚴格既定型競賽矩陣 $A=\begin{bmatrix} 3 & 1 \\ -2 & 5 \end{bmatrix}$ 中參賽者 R 與 C 的最佳策略。

解: 設 R 的策略為　$\mathbf{x}=[x, 1-x]$，則若 C 選第一行，R 的期望獲利為

(1) $E_R=3x+(-2)(1-x)=5x-2$

x	0	1
E_R	−2	3

同理，若 C 選第二行，R 的期望獲利為

(2) $E_R=x+5(1-x)=-4x+5$

x	0	1
E_R	5	1

這兩個方程式如圖 11.2 所示

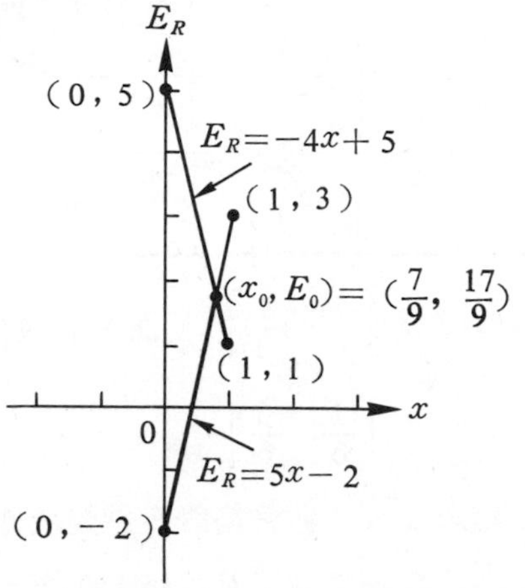

圖 11.2

設 (x_0, E_0) 爲二方程式的交點，則若 $0<x<x_0$，方程式(1)爲在方程式 2 之下，因此若 C 選第一行時 R 的期望所得將減少。另一方面，若 $x_0<x$，這時若 C 選第二行時，R 的期望所得將減少，由上分析可知 (x_0, E_0) 是極小期望獲利中的極大值，解聯立方程組。

$$\begin{aligned}E_R&=5x-2\\E_R&=-4x+5\end{aligned}\qquad \text{得}\quad x=\frac{7}{9}\quad \text{及}\ E_R=\frac{17}{9}$$

因此 R 的最佳策略爲 $\mathbf{x}^*=\left[\frac{7}{9},\ \frac{2}{9}\right]$

同理，設若 $\mathbf{y}$ 的策略爲 $\mathbf{y}=[y, 1-y]^T$

若 R 選第一列，R 的期望獲利爲

(1) $E_R=3y+(1-y)=2y+1$。

若 R 選第二列，R 的期望獲利爲

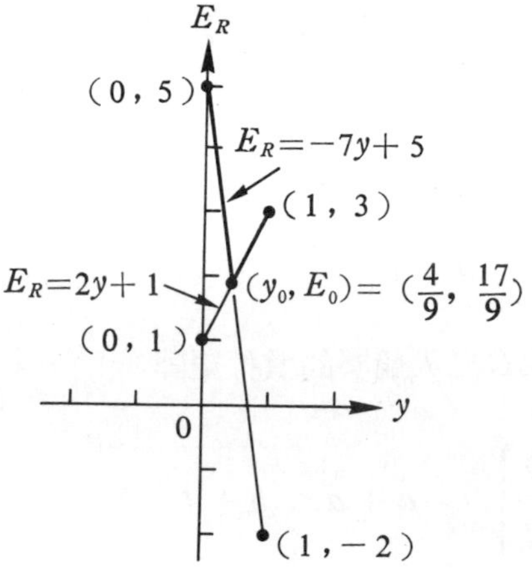

圖 11.3

(2) $E_R=(-2)y+5(1-y)=-7y+5$。

設 (y_0, E_0) 爲二方程式的交點，當 $0<y<y_0$，方程式 (2) 的圖形在方程式 (1) 之上，這時 R 選第二列將贏得更多（C 損失更多）。當 $y>y_0$，方程式 (1) 在方程式 (2) 之上，卽 R 選第一列時 R 將贏得更多（C 損失更多）。由於 C 試圖盡量降低損失，解方程式組。

$$\begin{aligned} E_R &= 2y+1 \\ E_R &= -7y+5 \end{aligned} \quad 得 \quad y=\frac{4}{9} \text{ 及 } E_R=\frac{17}{9}$$

因此 C 的最佳策略爲　$\mathbf{y}^*=\left[\frac{4}{9}, \frac{5}{9}\right]^T$

競賽的值

$$V=E(\mathbf{x}^*,\mathbf{y}^*)=\mathbf{x}^*A\mathbf{y}^*$$

$$=\left[\frac{7}{9},\ \frac{2}{9}\right]\begin{bmatrix}3 & 1\\ -2 & 5\end{bmatrix}\begin{bmatrix}\frac{4}{9}\\ \frac{5}{9}\end{bmatrix}$$

$$=\left[\frac{17}{9},\ \frac{17}{9}\right]\begin{bmatrix}\frac{4}{9}\\ \frac{5}{9}\end{bmatrix}=\frac{17}{9}$$

定義 11.6 設R與C二人競賽的償付矩陣

$$A=\begin{bmatrix}a & b\\ c & d\end{bmatrix}\qquad a+d\neq b+c$$

而R及C的混合策略分別爲

$$\mathbf{x}=(x,\ 1-x)\ 和\ \mathbf{y}=\begin{bmatrix}y\\ 1-y\end{bmatrix}$$

則 (1) R的期望值爲

$$E(\mathbf{x},\mathbf{y})=\mathbf{x}A\mathbf{y}=(x,\ 1-x)\begin{bmatrix}a & b\\ c & d\end{bmatrix}\begin{bmatrix}y\\ 1-y\end{bmatrix}$$

$$=(a-b-c+d)xy-(d-b)x-(d-c)y+d$$

(2) 二人零和競賽中，C的期望值爲R的期望值的負值。

(3) 若$E(\mathbf{x},\mathbf{y})=0$，則稱此對局爲公平競賽 (fair game)。

2×2競賽的混合策略求法如下:

$$E(\mathbf{x},\mathbf{y})=(a-b-c+d)xy-(d-b)x-(d-c)y+d$$

爲使R所能獲得的期望值爲極大，必須

$$\frac{\partial E}{\partial x}=(a-b-c+d)y-(d-b)=0$$

$$\frac{\partial E}{\partial y}=(a-b-c+d)x-(d-c)=0$$

即　$x^*=\dfrac{d-c}{a-b-c+d}=\dfrac{d-c}{D}$，$y^*=\dfrac{d-b}{a-b-c+d}=\dfrac{d-b}{D}$

期望值　$E=\dfrac{ad-bc}{a-b-c+d}=\dfrac{ad-bc}{D}$

因此R及C的最佳混合策略的值分別爲

$$\mathbf{x}^*=\left(\frac{d-c}{D},\ \frac{a-b}{D}\right)$$

$$\mathbf{y}^*=\begin{bmatrix}\dfrac{d-b}{D}\\ \dfrac{a-c}{D}\end{bmatrix}$$

$$E=\frac{ad-bc}{D}$$

上式中若$D=a-b-c+d=0$，則爲單純策略的情況，必有鞍點存在。

例 11.15　在例 11.13 中得知競賽矩陣A爲非嚴格旣定型，$a=5$

$b=-1\quad c=-5\quad d=1$

則R的最佳混合策略爲

$$\mathbf{x}^*=\left[\frac{1-(-5)}{5-(-1)-(-5)+1},\ \frac{5-(-1)}{5-(-1)-(-5)+1}\right]$$

$$=\left[\frac{6}{12},\ \frac{6}{12}\right]=\left[\frac{1}{2},\ \frac{1}{2}\right]$$

$$\mathbf{y}^*=\left[\frac{1-(-1)}{5-(-1)-(-5)+1},\ \frac{5-(-5)}{5-(-1)-(-5)+1}\right]^T$$

$$=\left[\frac{2}{12},\ \frac{10}{12}\right]^T=\left[\frac{1}{6},\ \frac{5}{6}\right]^T$$

期望值 $E=\dfrac{(5)(1)-(-1)(-5)}{5-(-1)-(-5)+1}=0$

例 11.16 R與C兩國交戰，已知R軍有兩座補給站，第一座的價值是第二座的兩倍，C軍計畫襲擊，但只能攻擊一處補給站。R軍獲情報知道C軍有襲擊的可能，而只有足够能力很成功的抵擋一次攻擊，試問R軍應防守那一補給站。

解: 首先將問題改寫成如下償付矩陣

y \ x	攻擊大補給站	攻擊小補給站
防守大補給站	0	−1
防守小補給站	−2	0

由於$D=a-b-c+d\neq 0$，因此為混合策略問題，R方的最佳混合策略為

$$\mathbf{x}^*=\left[\frac{0-(-2)}{0-(-1)-(-2)+0},\ \frac{0-(-1)}{0-(-1)-(-2)+0}\right]$$

$$=\left[\frac{2}{3},\ \frac{1}{3}\right]$$

因此R軍應該在三次攻擊中防守大補給站兩次，而決定應以隨機的狀況下產生，可將兩個註明「防守大補給站，和一個防守小補給站」的籤置於帽中，然後隨機從中抽取。如果不如此隨機的決定，則C軍可能會預先期待所採用的合理抉擇。

例 11.17　設競賽矩陣A的酬金為錢

$$A=\begin{bmatrix}30 & -60\\ -45 & 90\end{bmatrix},\ 若\ \mathbf{x}=\begin{bmatrix}\frac{1}{3}, & \frac{2}{3}\end{bmatrix}\ 和\ \mathbf{y}=\begin{bmatrix}\frac{1}{5}\\ \frac{4}{5}\end{bmatrix}分別為R與C$$

的策略

(1) R得償付 30 元的機率為若干?

(2) C得償付 45 元的機率為若干?

(3) C得償付 60 元的機率為若干?

(4) R得償付 90 元的機率為若干?

(5) R的競賽期望值為若干?

(6) 試計算 $\mathbf{x}A\mathbf{y}$ 並將所得與 (5) 相比較。

解: (1) 若R選第一列，同時C選第一行時，R得償付30元，但上述選擇的機率分別是$\frac{1}{3}$與$\frac{1}{5}$，因此二者同時發生的機率為$\left(\frac{1}{3}\right)\left(\frac{1}{5}\right)=\frac{1}{15}$。

(2) 若R選第一列，同時C選第二行時，C得償付 45 元，但上述選擇的機率分別是$\frac{1}{3}$和$\frac{4}{5}$，因此二者同時發生的機率為$\left(\frac{1}{3}\right)\left(\frac{4}{5}\right)=\frac{4}{15}$。

(3) 同理可求出C得 60 元的機率為$\left(\frac{2}{3}\right)\left(\frac{1}{5}\right)=\frac{2}{15}$。

(4) 同理可求出R得 90 元的機率為$\left(\frac{2}{3}\right)\left(\frac{4}{5}\right)=\frac{8}{15}$。

(5) 因此，依據期望值的定義

$$E=30\left(\frac{1}{15}\right)+(-45)\left(\frac{4}{15}\right)+(-60)\left(\frac{2}{15}\right)+90\left(\frac{8}{15}\right)=30$$

即R的競賽期望值爲 30 元。

(6) $$\mathbf{x}A\mathbf{y}=\left[\frac{1}{3},\ \frac{2}{3}\right]\begin{bmatrix}30 & -45\\ -60 & 90\end{bmatrix}\begin{bmatrix}\frac{1}{5}\\ \frac{4}{5}\end{bmatrix}$$

$$=[-30,\ 45]\begin{bmatrix}\frac{1}{5}\\ \frac{4}{5}\end{bmatrix}=30$$

即 $\mathbf{x}A\mathbf{y}$ 與R的競賽期望值相等。

一般而言，若 $A=[a_{ij}]$ 爲一個$m\times n$競賽矩陣

$$\mathrm{x}=[x_1, x_2, \cdots\cdots, x_m] \text{ 和 } \mathbf{y}=[y_1, y_2, \cdots\cdots, y_n]^T$$

分別爲R與C的策略，則若R選第 i 列且C選第 j 行時，R可得償付 a_{ij}，其機率分別爲 x_i 與 y_j。換句話說，R得償付 a_{ij} 的機率爲 x_iy_j。如果想計算R的競賽期望值，則 $E=\sum_i\sum_j a_{ij}x_iy_j=\mathbf{x}A\mathbf{y}$。

11.6 優勢策略

某些競賽矩陣的維度 (dimension) 可以減少因爲其中某些列或行絕對不會被參賽者選用。

例 11.18 設競賽矩陣

$$A=\begin{bmatrix}0 & -1 & -2 & 4\\ 1 & 2 & 4 & 3\\ 6 & 5 & 9 & 3\end{bmatrix}$$

試刪除絕對不會被參賽者選用的任何列或行

解: 由於R的目標是將所得極大化，因此R絕對不會選第二列，因爲第三列中個數值均不小於第二列中相對位置的數，因此可刪除第二列。

$$B=\begin{bmatrix} 0 & -1 & -2 & 4 \\ 6 & 5 & 9 & 3 \end{bmatrix}$$

其次，由於C的目標爲將損失極小化，C絕對不會選用第一行取代第二行。因爲第一行中每個數均大於第二行中相對位置的數。因此無論R如何抉擇，C若選第一行卻不取第二行，則C將損失更多，所以可刪除第一行。

$$C=\begin{bmatrix} -1 & -2 & 4 \\ 5 & 9 & 3 \end{bmatrix}$$

定義 11.7 設A爲$m\times n$競賽矩陣

(1) 若A的第 i 列中每個數均小於或等於第 k 列中的相對位置的數，即

$$a_{ij}\leq a_{kj} \qquad j=1, 2, \cdots\cdots, n$$

則稱第 i 列爲「引退列」(recessive row)

同時稱第 k 列爲「優勢列」(dominant row)。

(2) 若A中的第 j 行中每個數均小於或等於相對位置中第 k 行中的數，即

$$a_{ij}\leq a_{ik} \qquad i=1, 2, \cdots\cdots, m$$

則第 k 行稱爲引退行且第 i 行爲優勢行。

最佳策略絕對不會是引退列或引退行，因此這些列與行可以刪除。

例 11.19 設競賽矩陣

$$A=\begin{bmatrix} 4 & 2 & 1 & 0 & 3 \\ 1 & 2 & 7 & -1 & -3 \\ 0 & 7 & 5 & -3 & -4 \\ 6 & 5 & 3 & 2 & 4 \\ -7 & 3 & 0 & 1 & 5 \end{bmatrix}$$

(1) 若適當的話，減縮A的維度

(2) 試制定A是否爲嚴格決定型競賽矩陣

(3) 若 (2) 的回答爲肯定，試求下列各小題答案

(a) 所有鞍點

(b) R與C的最佳策略

(c) 競賽的值

解: 由於第一列的各數均小於第四列的相對位置數值，因此第一列爲引退列，可以刪除

$$B=\begin{bmatrix} 1 & 2 & 7 & -1 & -3 \\ 0 & 7 & 5 & -3 & -4 \\ 6 & 5 & 3 & 2 & 4 \\ -7 & 3 & 0 & 1 & 5 \end{bmatrix}$$

另一方面，第二行的每個數均大於第四行的相對位置數值，因此第二行是引退行，可以刪除

$$C=\begin{bmatrix} 1 & 7 & -1 & -3 \\ 0 & 5 & -3 & -4 \\ 6 & 3 & 2 & 4 \\ -7 & 0 & 1 & 5 \end{bmatrix}$$

由於矩陣C中第二列各數均小於第一列各相對位置的數，因此可以刪除

$$D=\begin{bmatrix} 1 & 7 & -1 & -3 \\ 6 & 3 & 2 & 4 \\ -7 & 0 & 1 & 5 \end{bmatrix}$$

(a) 試求鞍點

$\mathbf{x}$ \ $\mathbf{y}$	y_1	y_2	y_3	y_4	$\underset{y}{\text{Min}}\ D(x, y)$
x_1	1	7	−1	−3	−3
x_2	6	3	2	4	2
x_3	−7	0	1	5	−7
$\underset{x}{\text{Max}}\ D(x, y)$	6	7	2	5	

$$\underset{y}{\text{Min}}\ \underset{x}{\text{Max}}\ D(x, y)=\underset{y}{\text{Min}}(6, 7, 2, 5)=2$$

$$\underset{x}{\text{Max}}\ \underset{y}{\text{Min}}\ D(x, y)=\underset{x}{\text{Max}}(-3, 2, -7)=2$$

即2爲本例的鞍點。

(b) R的最佳策略爲選矩陣D中的第二列，C的最佳策略爲選矩陣D中的第三行。

換句話說，R的最佳策略爲選矩陣A中的第四列，C的最佳策略爲選矩陣A中的第四行。

(c) 競賽矩陣的值爲2。

定義 11.8　若A爲一個$m\times n$競賽矩陣，$\mathbf{x}=[(x_1, x_2, \cdots\cdots, x_m)]$和$\mathbf{y}=[y_1, y_2, \cdots\cdots, y_n]^T$ 分別爲R與C的策略。則當R採用策略$\mathbf{x}$及C用策略$\mathbf{y}$時，R的期望值爲以E（$\mathbf{x}$，$\mathbf{y}$）表示，其中

$E(\mathbf{x}, \mathbf{y})=\mathbf{x}A\mathbf{y}$

以下是競賽理論的基本定理

定理 11.2 設A爲一$m\times n$競賽矩陣，若 $\mathbf{x}^*$ 和 $\mathbf{y}^*$ 分別爲R與C的策略，則存有一個數V，對於C的每一個策略$\mathbf{y}$

滿足 $\mathbf{x}^*A\mathbf{y}\geq V$

並且對於R的每一個策略$\mathbf{x}$

滿足 $\mathbf{x}A\mathbf{y}^*\leq V$

定義 11.9 在基本定理敍述中的策略 $\mathbf{x}^*$ 和 $\mathbf{y}^*$ 分別稱爲R與C的最佳策略，同時V爲競賽的值。當$V=0$，則稱之爲公平 (fair) 競賽。

在先前，我們已知每位參賽者可能會有多於一個最佳策略，因爲該競賽矩陣有多於一個鞍點，然而競賽矩陣的值卻是唯一的。

定理 11.3 若A爲一競賽矩陣，$\mathbf{x}^*=[x_1^*, x_2^*, \cdots\cdots, x_m^*]$ 和 $\mathbf{y}^*=[y_1^*, y_2^*, \cdots\cdots, y_n^*]^T$ 分別爲R與C的最佳策略，則$E(\mathbf{x}^*, \mathbf{y}^*)=\mathbf{x}^*A\mathbf{y}^*=V$。

例 11.20 試解下述競賽矩陣

$$A=\begin{bmatrix} 4 & 3 & 7 & 5 \\ 0 & -2 & 4 & -1 \\ 8 & 6 & 3 & -1 \end{bmatrix}$$

解: 矩陣A中的第一列比第二列爲優勢，因此，第二列可刪除

$$B=\begin{bmatrix} 4 & 3 & 7 & 5 \\ 8 & 6 & 3 & -1 \end{bmatrix}$$

矩陣B中的第一行與第三行爲引退行，所以可刪掉

$$C=\begin{bmatrix} 3 & 5 \\ 6 & -1 \end{bmatrix}$$

由於C爲 2 × 2 非嚴格既定型競賽矩陣，因此可利用公式求解，$a=3$　$b=5$　$c=6$　$d=-1$，即　$D=[3+(-1)]-(5+6)=-9$，所以

$$x_1^*=\frac{d-c}{D}=\frac{-1-6}{-9}=\frac{7}{9} \quad x_2^*=1-\frac{7}{9}=\frac{2}{9}$$

$$y_1^*=\frac{d-b}{D}=\frac{-1-5}{-9}=\frac{2}{3} \quad y_2^*=1-\frac{2}{3}=\frac{1}{3}$$

同時　$V=\dfrac{ad-bc}{D}=\dfrac{3(-1)-5(6)}{-9}=\dfrac{11}{3}$

即　$\mathbf{x}^*=\begin{bmatrix}\frac{7}{9} & \frac{2}{9}\end{bmatrix}$，$\mathbf{y}^*=\begin{bmatrix}\frac{2}{3} & \frac{1}{3}\end{bmatrix}^T$

競賽的值爲$\dfrac{11}{3}$。

如果用原始矩陣A表示，則

$\mathbf{x}^*=\begin{bmatrix}\frac{7}{9} & 0 & \frac{2}{9}\end{bmatrix}$及 $\mathbf{y}^*=\begin{bmatrix}0 & \frac{2}{3} & 0 & \frac{1}{3}\end{bmatrix}^T$

$$E(\mathbf{x}^*,\mathbf{y}^*)=\mathbf{x}^*A\mathbf{y}^*=\begin{bmatrix}\frac{7}{9} & 0 & \frac{2}{9}\end{bmatrix}\begin{bmatrix}4 & 3 & 7 & 5 \\ 0 & -2 & 4 & -1 \\ 8 & 6 & 3 & -1\end{bmatrix}\begin{bmatrix}0 \\ \frac{2}{3} \\ 0 \\ \frac{1}{3}\end{bmatrix}$$

$$=\begin{bmatrix}\frac{44}{9} & \frac{33}{9} & \frac{55}{9} & \frac{33}{9}\end{bmatrix}\begin{bmatrix}0 \\ \frac{2}{3} \\ 0 \\ \frac{1}{3}\end{bmatrix}=\frac{11}{3}$$

11.7 競賽理論的解題程序

當我們面對二人競賽的問題時，若能遵循如下解題程序，將有助於解題的思考。

步驟 1　尋求是否有鞍點，即是否有單純策略存在

步驟 2　尋求優勢策略，以簡化問題

步驟 3　求解混合策略

以下將舉例加以解說

例 11.21　小明與小華的父親帶回一輛價值 800 元的玩具汽車，兄弟二人都想要，經過一番爭吵後，二人同意以書面投標方式來決定汽車歸誰，標金較高者將標金付給對方而取得該輛車子。如果二人出價相同，則以投擲硬幣猜人頭的方式無償解決。兩人都同意以百元為單位，已知小明有現金 500 元，而小華有 800 元，試問二人的獲勝策略應如何訂定?

解: 假若車子的所有權以投硬幣方式決定，則二人的期望值相同，由於汽車價值 800 元，因此期望值為 400 元，可得競賽矩陣如下所示。

查驗是否有鞍點存在，答案是肯定的，二人都應以 300 元或 400 元為標金。事實上以 300 元投標較好，因為如果對方投標不當，將付出較大代價。

小明 \ 小華	0	1	2	3	4	5	6	7	8	*R* Min
0	4	1	2	3	4	5	6	7	8	1
1	7	4	2	3	4	5	6	7	8	2
2	6	6	4	3	4	5	6	7	8	3
3	5	5	5	4	4	5	6	7	8	4*
4	4	4	4	4	4	5	6	7	8	4*
5	3	3	3	3	3	4	6	7	8	3
C Max	7	6	5	4*	4*	5	6	7	8	

例 11.22 心理學家丁博士進行一項猫與鼠的迷宮試驗，假設猫與鼠進入迷宮的方式如下圖所示，二者前進的速度相同，而且不會轉身調頭走動

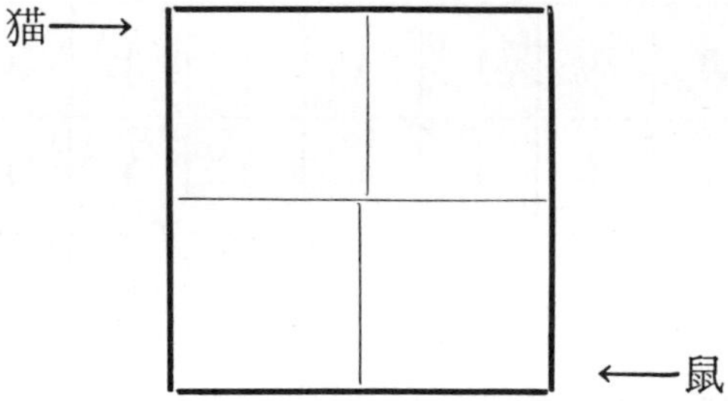

圖 11.4

因此二者的策略有如下八種:

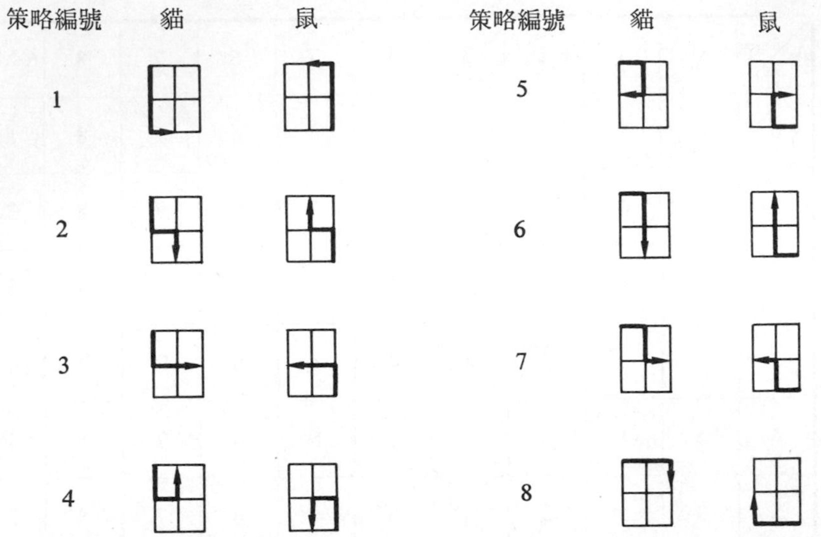

圖 11.5

貓＼鼠	1	2	3	4	5	6	7	8
1	0	0	0	1	0	0	0	1
2	0	1	1	1	1	1	1	0
3	0	1	1	1	1	1	1	0
4	1	1	1	1	1	1	1	0
5	0	1	1	1	1	1	1	1
6	0	1	1	1	1	1	1	0
7	0	1	1	1	1	1	1	0
8	1	0	0	0	1	0	0	0

依據上述不同策略，猫抓到鼠以 1 表示，否則以 0 表示，則可用一個 8 × 8 矩陣表示所有結果。

在該矩陣中，猫 5 爲猫 1，2，3，6 及 7 列的優勢列和猫 4 爲猫 8 的優勢列，而鼠 5 爲鼠 1 的優勢行以及鼠 4 爲鼠 8 的優勢行，同時鼠 2，3，6 和 7 行也相同。因此，本競賽可縮爲

猫＼鼠	1	2	8
4	1	1	0
5	0	1	1

因而很容易求解。猫應以 1 ： 1 方式採第 4 和第 5 的混合策略，而鼠爲以相等比例採第 1 和第 8 的混合策略。換句話說，猫應小格走動，而鼠應延外圈走動，方爲上策。

一般來說，面對 3 × 3 或更大的償付矩陣時，如果找不到鞍點，同時優勢行或列也沒有。這時求混合策略較好的方法就是利用線性規劃的解法。

例 11.23 虛無市原本只有一家速食店「金美味」，最近另一家速食店「香酥炸鷄」也在此開張，爲了爭取顧客，香酥店的廣告策略 R_1 爲降

R＼C	1	2	3
1	4	1	− 3
2	3	1	6
3	− 3	4	− 2

價，R_2 爲每買超過 100 元送一杯可樂，R_3 爲超過 400 元送一個玻璃杯。金美味的老板也不甘示弱，提出相對的促銷策略 C_1，C_2 和 C_3，依據經驗，香酥店的總經理認爲市場佔有率(%)的增減估計值如上表，試分別求出二店的最佳混合策略。

解: 首先求解C的最佳混合策略 $\mathbf{y}^T=[y_1, y_2, y_3]^T$

$$4y_1+y_2-3y_3\leq E \qquad E=\text{競賽值}$$

$$3y_1+y_2+6y_3\leq E$$

$$-3y_1+4y_2-2y_3\leq E$$

$$y_1+y_2+y_3=1$$

$$\frac{4y_1}{E}+\frac{y_2}{E}-\frac{3y_3}{E}\leq 1$$

$$\frac{3y_1}{E}+\frac{y_2}{E}+\frac{6y_3}{E}\leq 1$$

$$-\frac{3y_1}{E}+\frac{4y_2}{E}-\frac{2y_3}{E}\leq 1$$

爲了簡化計算起見，設 $\bar{y}_i=\dfrac{y_i}{E}$，因此以上三式可改寫爲

$$4\bar{y}_1+\bar{y}_2-3\bar{y}_3\leq 1$$

$$3\bar{y}_1+\bar{y}_2+6\bar{y}_3\leq 1$$

$$-3\bar{y}_1+4\bar{y}_2-2\bar{y}_3\leq 1$$

$$y_1+y_2+y_3=1 \text{ 應改爲}$$

$$\frac{y_1}{E}+\frac{y_2}{E}+\frac{y_3}{E}=\frac{1}{E}$$

$$\bar{y}_1+\bar{y}_2+\bar{y}_3=\frac{1}{E}$$

所以C的關係式爲

$$\overline{y}_1+\overline{y}_2+\overline{y}_3=\frac{1}{E}$$

$$4\overline{y}_1+\overline{y}_2-3\overline{y}_3\leq 1$$

$$3\overline{y}_1+\overline{y}_2+6\overline{y}_3\leq 1$$

$$-3\overline{y}_1+4\overline{y}_2-2\overline{y}_3\leq 1$$

C的目標爲使競賽值E爲最小或$\frac{1}{E}$爲極大。因此線性規劃的形式爲

Maximize $\overline{y}_1+\overline{y}_2+\overline{y}_3=\frac{1}{E}$

限制式　$4\overline{y}_1+\overline{y}_2-3\overline{y}_3+\overline{y}_4+0\overline{y}_5+0\overline{y}_6=1$

$3\overline{y}_1+\overline{y}_2+6\overline{y}_3+0\overline{y}_4+\overline{y}_5+0\overline{y}_6=1$

$-3\overline{y}_1+4\overline{y}_2-2\overline{y}_3+0\overline{y}_4+0\overline{y}_5+\overline{y}_6=1$

其中 $\overline{y}_4, \overline{y}_5, \overline{y}_6$ 爲惰變數。單形法的第一表爲

			1	1	1	0	0	0	
i	c_B	$\overline{y}_B$	$\overline{y}_1$	$\overline{y}_2$	$\overline{y}_3$	$\overline{y}_4$	$\overline{y}_5$	$\overline{y}_6$	b_i
1	0	$\overline{y}_4$	4	1	−3	1	0	0	1
2	0	$\overline{y}_5$	3	1	6	0	1	0	1
3	0	$\overline{y}_6$	−3	4	−2	0	0	1	1
		f_j	0	0	0	0	0	0	0
		c_j-f_j	1	1	1	0	0	0	

最後可求得

$\bar{y}_1=\frac{27}{161}$，$\bar{y}_2=\frac{62}{161}$，$\bar{y}_3=\frac{3}{161}$

$\frac{1}{E}=\frac{4}{7}$卽$E=\frac{7}{4}$，換句話說

$$y_1=\bar{y}_1\times E \qquad y_2=\bar{y}_2\times E \qquad y_3=\bar{y}_3\times E$$

$$y_1=\frac{27}{161}\times\frac{7}{4} \qquad y_2=\frac{62}{161}\times\frac{7}{4} \qquad y_3=\frac{3}{161}\times\frac{7}{4}$$

$$y_1=\frac{27}{92} \qquad y_2=\frac{62}{92} \qquad y_3=\frac{3}{92}$$

其次在R方面 $\mathbf{x}=[x_1, x_2, x_3]$，可列式如下

$$4x_1+3x_2-3x_3\geq E$$
$$x_1+x_2+4x_3\geq E$$
$$-3x_1+6x_2-2x_3\geq E$$
$$x_1+x_2+x_3=1$$

或

$$\frac{4x_1}{E}+\frac{3x_2}{E}-\frac{3x_3}{E}\geq 1$$

$$\frac{x_1}{E}+\frac{x_2}{E}+\frac{4x_3}{E}\geq 1$$

$$\frac{-3x_1}{E}+\frac{6x_2}{E}-\frac{2x_3}{E}\geq 1$$

$$\frac{x_1}{E}+\frac{x_2}{E}+\frac{x_3}{E}=\frac{1}{E}$$

設 $\bar{x}_i=\frac{x_i}{E}$，R本來是求E的極大，或$\frac{1}{E}$的極小，因此可改寫爲

Minimize $\bar{x}_1+\bar{x}_2+\bar{x}_3=\frac{1}{E}$

限制式 $4\bar{x}_1+3\bar{x}_2-3\bar{x}_3\geq 1$

$$\bar{x}_1+\bar{x}_2+4\bar{x}_3\geq 1$$

$$-3\bar{x}_1+6\bar{x}_2-2\bar{x}_3\leq 1$$

標準型線性規劃格式爲

$$\text{Minimize}\quad \bar{x}_1+\bar{x}_2+\bar{x}_3=\frac{1}{E}$$

$$4\bar{x}_1+3\bar{x}_2-3\bar{x}_3-\bar{x}_4+0\bar{x}_5+0\bar{x}_6+\bar{x}_7+0\bar{x}_8+0\bar{x}_9=1$$

$$\bar{x}_1+\bar{x}_2+4\bar{x}_3+0\bar{x}_4-\bar{x}_5+0\bar{x}_6+0\bar{x}_7+\bar{x}_8+0\bar{x}_9=1$$

$$-3\bar{x}_1+6\bar{x}_2-2\bar{x}_3+0\bar{x}_4+0\bar{x}_5-\bar{x}_6+0\bar{x}_7+0\bar{x}_8+\bar{x}_9=1$$

其中 $\bar{x}_4, \bar{x}_5$, 和 $\bar{x}_6$ 爲惰變數，而 $\bar{x}_7, \bar{x}_8$, 和 $\bar{x}_9$ 爲人工變數，利用單形法可得

$$\bar{x}_1=\frac{1}{7},\quad \bar{x}_2=\frac{2}{7},\quad \bar{x}_3=\frac{1}{7}$$

換句話說，

$$x_1=\frac{1}{7}\times\frac{7}{4}\quad x_1=\frac{1}{4}$$

$$x_2=\frac{2}{7}\times\frac{7}{4}\quad x_2=\frac{1}{2}$$

$$x_3=\frac{1}{7}\times\frac{7}{4}\quad x_3=\frac{1}{4}$$

因此 $\mathbf{x}=\left[\frac{1}{4},\ \frac{1}{2},\ \frac{1}{4}\right]$

例 11.24 試將如下償付矩陣的競賽改寫爲線性規劃問題。

R \ C	1	2
1	2	4
2	6	1

解: 由於R的 Maximin 策略爲採 R_1 而C的 Minimax 策略爲採 C_2，而二者之值不等，因此無鞍點存在。然而，若設R選 R_1 的機率p，選 R_2 的機率（$1-p$），則可計算對R的競賽值E。

R採混合策略對抗 C_1 的期望值

$$E_1=2p+6(1-p)=-4p+6$$

同理 $E_2=4p+(1)(1-p)=3p+1$，可繪圖如下

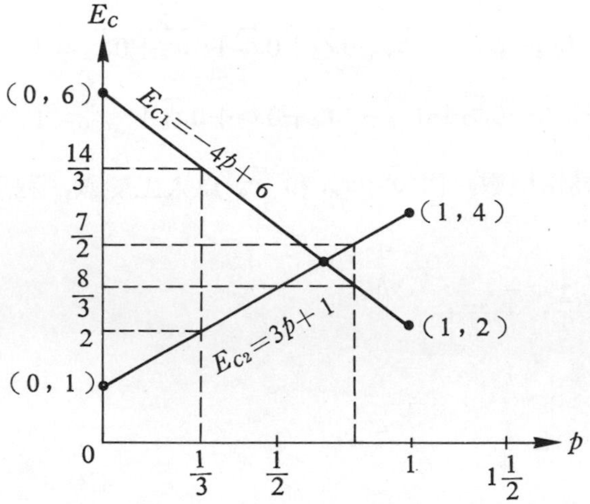

對於任何p值的選取，$0\leq p\leq 1$，$E_1, E_2>0$。

設M表R的混合策略的最小期望值。例如，若 $p=\frac{1}{3}$，則 $M=E_2$，因爲 $E_2=2$ 小於 $E_1=\frac{14}{3}$。反之，若 $p=\frac{5}{6}$，則 $M=E_1$，因爲 $E_1=\frac{10}{3}$ 小於 $E_2=\frac{7}{2}$。

定義s和t如下: $s=\frac{p}{M}$，$t=\frac{1-p}{M}$ (1)

則 $s+t=\frac{p}{M}+\frac{1-p}{M}=\frac{1}{M}$

因此 Max M 相當於 Min ($s+t$)，$s\geq 0$，$t\geq 0$。

另一方面，s和t的限制式爲來自對於任意p

$$E_1 \geq M, \quad 即 \quad 2p+6(1-p) \geq M$$

$$E_2 \geq M \qquad 4p+(1)(1-p) \geq M \tag{2}$$

但由 (1) 可知，$p=sM$ 和 $(1-p)=tM$，由此 (2) 可改寫爲

$$2sM+6tM \geq M$$

$$4sM+tM \geq M$$

或

$$2s+6t \geq 1$$

$$4s+t \geq 1$$

因此，對 R 而言，線性規劃形式爲

Min $s+t$

限制式 $2s+6t \geq 1$

$$4s+t \geq 1 \tag{3}$$

$$s \geq 0,\quad t \geq 0$$

依類似邏輯，C 的線性規劃形式爲

Max $x+y$

限制式 $2x+4y \leq 1$

$$6x+y \leq 1 \tag{4}$$

$$x \geq 0,\quad y \geq 0$$

請注意（4）爲（3）的對偶，依據對偶理論，若二者有最佳值存在，則應相等。由競賽理論的觀點，從任一參賽者的觀點，所計算出的競賽值 E 應相同。最後順便一提，George Dantzig 曾證明任何競賽問題都可改寫爲一線性規劃形式，反之亦然。

對於一般 $m \times n$ 償付矩陣，其中所有 $a_{ij}>0$，在 R 方面的線性規劃形式爲

R \ C	1	2	…	n
1	a_{11}	a_{12}	…	a_{1n}
2	a_{21}	a_{22}		a_{2n}
⋮	⋮	⋮		⋮
m	a_{m1}	a_{m2}	…	a_{mn}

$$\text{Min}\ \left(\frac{1}{E}\right)=x_1+x_2+\cdots+x_m$$

限制式 $a_{11}x_1+a_{21}x_2+\cdots+a_{m1}x_m\geq 1$

$a_{12}x_1+a_{22}x_2+\cdots+a_{m2}x_m\geq 1$

……………………

$a_{1n}x_1+a_{2n}x_2+\cdots+a_{mn}x_m\geq 1$

$x_i\geq 0 \qquad i=1, 2, \cdots\cdots, m$

設 競賽值$E=\dfrac{1}{x_1+x_2+\cdots+x_m}$，則$R$的最佳策略$[r_1, r_2, \cdots\cdots, r_m]$分別爲 $r_i=Ex_i$，$i=1, 2, \cdots\cdots, m$。

在C方面的線性規劃形式爲:

$$\text{Max}\ \left(\frac{1}{E}\right)=y_1+y_2+\cdots+y_n$$

限制式 $a_{11}y_1+a_{12}y_2+\cdots+a_{1n}y_n\leq 1$

$a_{21}y_1+a_{22}y_2+\cdots+a_{2n}y_n\leq 1$

……………………

$a_{m1}y_1+a_{m2}y_2+\cdots+a_{mn}y_n\leq 1$

$y_j\geq 0, \qquad j=1, 2, \cdots\cdots, n$

設　競賽值 $E=\dfrac{1}{y_1+y_2+\cdots+y_n}$，則 C 的最佳策略 $[c_1, c_2, \cdots\cdots, c_n]^T$ 分別爲 $c_j=Ey_j$，$j=1, 2, \cdots\cdots, n$。

請注意，償付矩陣的每一元素 a_{ij} 必須爲正值，否則可對每一元素加上相同正數，使其每一元素爲正值。

11.8　競賽理論的應用

例 11.25　假設烏有市有四個區，在各區之間有三個購物中心。現有兩家性質相似的便利商店 R 與 C，擬在三個購物中心之一設立新店，已知 R 店能吸引 90% 居住靠近它的顧客，以及吸引 20% 居住靠近 C 的顧客，R 可吸引60%住家爲與 R 及 C 等距離的顧客，在以上狀況之下，R 與 C 的管理者應如何決定在何處設店？

解：在本例中，我們可利用競賽矩陣 A 將上式條件表示出來，譬如 R 若設在購物中心 1，C 設在購物中心 2，則

$$a_{12}=3,000\times\frac{90}{100}+5,000\times\frac{60}{100}+2,000\times\frac{20}{100}=6,100$$

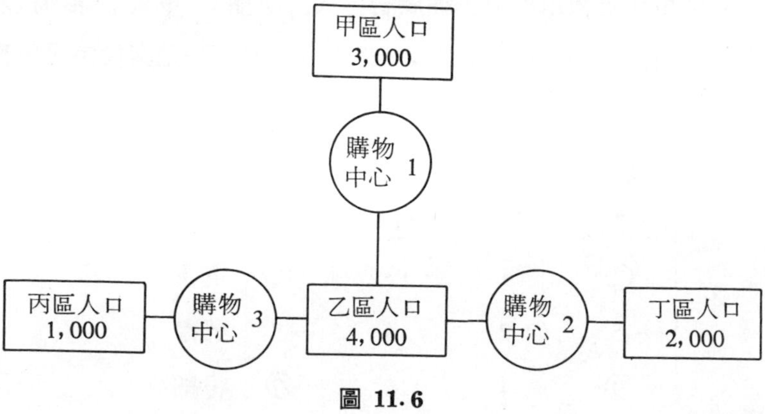

圖 11.6

利用類似方法，可得矩陣A如下

$$A = \begin{bmatrix} 6,000 & 6,100 & 6,500 \\ 5,400 & 6,000 & 6,200 \\ 5,100 & 5,500 & 6,000 \end{bmatrix}$$

若將A改寫成如下形式

x y	y_1	y_2	y_3	$\underset{y}{\text{Min}}\ A\ (x,\ y)$
x_1	6,000	6,100	6,500	6,000
x_2	5,400	6,000	6,200	5,400
x_3	5,100	5,500	6,000	5,100
$\underset{x}{\text{Max}}\ A(x,\ y)$	6,000	6,100	6,500	

$$\underset{y}{\text{Min}}\ \underset{x}{\text{Max}}\ A(x,\ y) = \underset{y}{\text{Min}}\ (6,000,\ 6,100,\ 6,500) = 6,000$$

$$\underset{x}{\text{Max}}\ \underset{y}{\text{Min}}\ A(x,\ y) = \underset{x}{\text{Max}}\ (6,000,\ 5,400,\ 5,100) = 6,000$$

可知鞍點爲 6,000，換句話說，R與C的最佳策略分別爲第一列及第一行，卽 $\mathbf{x}^* = (1,\ 0,\ 0)$ 及 $\mathbf{y}^* = (1,\ 0,\ 0)^T$。

例 11.26 虛無市有兩家百貨公司R與C括分該市的所有生意，假若每月各公司選用且僅選用如下一種廣告方式：廣播，電視，郵寄以及報紙。永立顧問公司提供如下資訊，競賽矩陣中每一元素代表R所獲 50%以上市場佔有百分率。

$$A = \begin{matrix} & \text{廣播} & \text{電視} & \text{郵寄} & \text{報紙} & \\ & \begin{bmatrix} -1 & -3 & -12 & 2 \\ ② & 1 & -3 & ⑧ \\ -5 & 2 & 4 & -7 \\ ⑨ & 4 & 6 & ⑦ \end{bmatrix} & & & & \begin{matrix} \text{廣播} \\ \text{電視} \\ \text{郵寄} \\ \text{報紙} \end{matrix} \end{matrix}$$

(1) 試分別求R與C的最佳策略以及競賽的值。

(2) 若R總是選報紙而C用其最佳策略，則R的競賽期望值爲何？

(3) 若R用最佳策略而C總是用電視打廣告，則R的競賽期望值爲何？

解：在競賽矩陣A中第二列及第四列分別爲比第一列及第三列爲佳的優勢矩陣，因此可以刪除第一列及第三列

$$B=\begin{bmatrix} 2 & 1 & -3 & 8 \\ 9 & 4 & 6 & 7 \end{bmatrix}$$

另一方面，第一行及第四行均是優勢行，即

$$C=\begin{bmatrix} 2 & 8 \\ 9 & 7 \end{bmatrix}$$

爲一個 2 × 2 非嚴格競賽矩陣。

(1) 利用公式，$a=2$，$b=8$，$c=9$，$d=7$

則　$D=(a+d)-(b+c)=(2+7)-(8+9)=-8$

$$x^*=\frac{d-c}{D}=\frac{7-9}{-8}=\frac{-2}{-8}=\frac{1}{4},\quad 1-x^*=\frac{3}{4}$$

$$y^*=\frac{d-b}{D}=\frac{7-8}{-8}=\frac{1}{8},\qquad 1-y^*=\frac{7}{8}$$

同時　$V=\dfrac{ad-bc}{D}=\dfrac{(2)(7)-(8)(9)}{-8}=\dfrac{14-72}{-8}=\dfrac{58}{8}=\dfrac{29}{4}$

即對矩陣C而言，R與C的最佳策略分別爲 $\mathbf{x}^*=\left[\frac{1}{4},\ \frac{3}{4}\right]$ 及 $\mathbf{y}^*=\left[\frac{1}{8},\ \frac{7}{8}\right]^T$。即對原始競賽矩陣$A$，$R$與$C$的最佳策略分別爲 $\mathbf{x}^*=\left[0,\ \frac{1}{4},\ 0,\ \frac{3}{4}\right]$及 $\mathbf{y}^*=\left[\frac{1}{8},\ 0,\ 0,\ \frac{7}{8}\right]^T$。

(2) 若R總是選用報紙，即 $\mathbf{x}=[0,0,0,1]$ 而C用

$\mathbf{y}^*=\left[\frac{1}{8}, 0, 0, \frac{7}{8}\right]^T$，則

$$\mathbf{x}A\mathbf{y}^*=[0,0,0,1]\begin{bmatrix}-1 & -3 & -12 & 2\\ 2 & 1 & -3 & 8\\ -5 & 2 & 4 & -7\\ 9 & 4 & 6 & 7\end{bmatrix}\begin{bmatrix}\frac{1}{8}\\ 0\\ 0\\ \frac{7}{8}\end{bmatrix}$$

$$=[9,4,6,7]\begin{bmatrix}\frac{1}{8}\\ 0\\ 0\\ \frac{7}{8}\end{bmatrix}=\frac{9}{8}+\frac{49}{8}=\frac{58}{8}=\frac{29}{4}$$

(3) 若R用 $\mathbf{x}^*$ 而C總是選用電視，即 $\mathbf{y}=[0,1,0,0]^T$

則 $$\mathbf{x}^*A\mathbf{y}=\left[0, \frac{1}{4}, 0, \frac{3}{4}\right]\begin{bmatrix}-1 & -3 & -12 & 2\\ 2 & 1 & -3 & 8\\ -5 & 2 & 4 & -7\\ 9 & 4 & 6 & 7\end{bmatrix}\begin{bmatrix}0\\ 1\\ 0\\ 0\end{bmatrix}$$

$$=\left[\frac{29}{4}, \frac{13}{4}, \frac{15}{4}, \frac{29}{4}\right]\begin{bmatrix}0\\ 1\\ 0\\ 0\end{bmatrix}=\frac{13}{4}$$

習　　題

1. 設有R與C兩公司生產同類產品電視、冷氣、洗衣機三種。R公司計畫擴充市場，並準備增加廣告費用一百萬元，但不知應增加於何項產品最爲有利。而且C公司也可能同時增加廣告費以對抗之。設R公司估計兩公司的各項行動的結果如下（單位：萬元）

R公司 \ C公司	增加電視廣告費	增加冷氣廣告費	增加洗衣機廣告費	不採取行動
增加電視廣告費	60	−30	150	−110
增加冷氣廣告費	70	10	90	50
增加洗衣機廣告費	−30	0	−50	80

試問這二家公司各應採取何種對策?

2. 兩家彼此競爭的電視公司（R與C）分別計畫在同一時段推出長達一小時的電視節目。其中R公司有三個企劃案可資選擇，C公司有四個企劃案可資選擇。由於彼此不知對方要推出那個節目，故只得求助外面的民意調查公司，預估各個企劃案配對後收視率的分佈情形。(不巧，兩家電視臺竟求助於同一家民意調查公司。）該民意調查公司完成的收視率調查如表 5.2 所示。表中元素（i，j）表示R公司推出節目i對抗C公司節目j時，R公司所得的收視率（假設開機率爲100%)。若欲獲得最高收視率，兩家電視臺各應推出什麼節目?

R \ C	1	2	3	4
1	60	20	30	55
2	50	75	45	60
3	70	45	35	30

3. 試解下述競賽償付矩陣。

(a)

R \ C	1	2	3
1	1	2	3
2	0	3	−1
3	−1	−2	4

(b)

R \ C	1	2	3	4
1	2	3	−3	2
2	1	3	5	2
3	9	5	8	10

4. 兩位土地掮客各自希望為自己所服務的公司爭購土地。甲公司有 3 種購地的選擇，乙公司有 4 種購地的選擇。他們發現各公司如果採用某一購地選擇將會影響另一公司的業務，其數量如下償付矩陣所示

甲公司策略 \ 乙公司策略	B_1	B_2	B_3	B_4
A_1	−2	3	−3	2
A_2	−1	−3	−5	12
A_3	9	5	8	10

矩陣表內正值表示由乙公司轉至甲公司的業務百分比，負值表示由甲公司轉至乙公司的業務百分比，試分別求二公司的最佳策略。

5. 甲與乙二人玩一種遊戲，即二人同時出示 1 指或 2 指，若兩人同時出 1 指，則為和局；但若同時出 2 指，則乙付甲 3 元；若甲出 1 指和乙出 2

指，乙付甲 1 元，但若甲出 2 指和乙出 1 指，則甲付乙 1 元，試問這競賽的償付矩陣爲何？它是否爲公平競賽。

6. 甲，乙二人同時出示 1 指或 2 指，若和爲偶數，乙付甲該數值的錢數，但若是奇數，則是甲付乙該數值的錢數，試問二人各應採何種策略？

7. 子虛鎮鎮公所計畫對其人民施行預防接種，以抗禦引發流行性感冒的某種濾過性病毒。該濾過性病毒已知有兩種類型，但尚不清楚各類型所佔的比例。假若現已研究開發出兩種疫苗，且經試驗後，證明疫苗 1 對類型 1 具有 85%的功效，對類型 2 具有 70%的功效，疫苗 2 對類型 1 具有 60%的功效，對類型 2 具有 90%的功效。試問鎮公所應採用何種預防接種策略？

8. 透心涼與甜心兩家冰淇淋專賣店爲了爭取對方的顧客而採取優待的措施，做法是針對熱門口味的冰淇淋特賣或全面特賣，他們發現下面的償付矩陣表示由一家轉向另一家的顧客人數（百人）：正值表由透心涼轉向甜心，負值表由甜心轉向透心涼

甜心 \ 透心涼	全面特賣	熱門品特賣
全面特賣	4	−3
熱門品特賣	−3	2

試求各店的最佳策略。

9. 試解下列各競賽問題。

(1)

R \ C	1	2	3
1	3	0	2
2	4	5	1
3	2	3	−1

(2)

C / R	1	2	3
1	3	0	2
2	−4	−1	3
3	2	−2	−1

10. 小王和小丁都想與小玲約會，他們二人都不知道小玲每天何時回到家。事實上，她在下午3，4，5點回家的機會都相等。小玲比較喜歡小王，因此如果小玲先接到小丁的電話，她不會馬上答應與他約會，總是先掛斷電話，等一下才給小丁回話，希望這期間小王能來電話。如果她等不到小王的電話，就會答應跟小丁約會。假設小王和小丁每天至多打一次電話，試求二人的最佳策略。

11. 爲了提醒觀衆（單位爲十萬人）在晚間8～9點觀看本臺的節目，兩家電視臺同時在電視中宣布在該時段將要播放的影片。據估計，收看人數如下（十萬人）

C 臺 / R 臺	西部片	連續劇	喜劇片
西部片	35	15	60
連續劇	45	58	50
喜劇片	38	14	70

(1) 試決定各臺最佳策略。

(2) 試求本題的競賽值，並說明其意義。

(3) 若R臺採最佳策略，而C臺卻採非最佳策略，結果會如何?

12. 試求下列競賽償付矩陣的解。

(a)

R \ C	1	2	3	4	5	6
1	3	5	7	2	3	6
2	7	5	5	4	5	5
3	4	6	8	3	4	7
4	5	0	3	4	4	2
5	7	2	2	3	5	3
6	6	5	4	5	6	5

(b)

R \ C	1	2	3	4
1	6	5	6	5
2	1	4	2	−1
3	8	5	7	5
4	0	2	6	2

13. 考慮一般式 2 × 2 償付矩陣的競賽

R \ C	1	2
1	a_{11}	a_{12}
2	a_{21}	a_{22}

試證若這競賽有一鞍點，則它必有一優勢行或列。

14. (1) 某市有兩家商店R與C，計畫於兩鎮之一設立分店，已知鎮A有該市 60%的人口，鎮B有 40%的人口。假若二店均在同一鎮設店，則將平分所有業務。但若在不同鎮設店，則將獨佔該鎮業務，試問各店應採何種策略才對本身最爲有利?

(2) 假若推廣至有三鎮，償付矩陣如下所示

R \ C	A	B	C
A	50	50	80
B	50	50	80
C	20	20	80

其中格內數字表R店在各狀況下所佔業務百分比，試問各店應採何種策略才對本身最爲有利?

15. 試求下列償付矩陣的競賽值E。

(a)

R \ C	1	2	3	4
1	2	3	−3	2
2	1	3	5	2
3	9	5	8	10

(b)

R \ C	1	2	3	4
1	0	−1	2	−4
2	1	3	3	6
3	2	−4	5	1

16. 試求下列競賽的償付矩陣的競賽值。

R \ C	1	2
1	2	−3
2	−3	4

17. 假設R與C的償付矩陣如下表所示

R \ C	1	2
1	−3	7
2	6	1

(1) 已知該競賽無鞍點，試求二者的最佳混合策略。

(2) 試問R是否可保證至少有某一極小獲利？該值爲何？

(3) 試問C是否可保證至多不會超過某一極大損失？該值爲何？

18. 設競賽的償付矩陣爲

(a)

R \ C	1	2
1	2	14
2	6	12
3	8	6

(b)

R \ C	1	2
1	0	12
2	4	10
3	6	4

試求C的最佳策略。

19. 設競賽的償付矩陣 $\begin{bmatrix} 5 & 3 \\ 1 & 4 \end{bmatrix}$

(a) 試以線性規劃形式決定R的最佳策略。

(b) 若C用最好對策，試決定R的競賽值。

(c) 試以線性規劃形式決定C的最佳策略。

第十二章　專案規劃技術

12.1　緒　言

近些年來管理人員憑藉着網路模式 (network model) 與網路分析技術 (network analysis technique) 的協助，曾經成功地解決了許多在專案規劃 (project planning) 的排程與管制、運輸系統設計以及通訊系統設計等領域中的管理問題。正如眾所皆知，「網路」是對一個問題現狀的描述或圖形表示，利用特定網路分析演算法，例如計畫評核術 PERT (program evaluation and review technique) 及要徑法 CPM (critical path method) 可以得出某些特別問題的答案。事實上，在這些技術尚未發展出來之前，甘特圖 (Gantt chart) 一直是生產管制人員從事專案規劃與管制時不可或缺的工具。本章將對甘特圖、PERT 以及 CPM 做一番概略性的介紹。主要是以時間的控制爲考量，附帶對於成本和資源的有效應用也有所涉及。

12.2　甘特圖

甘特圖或稱爲甘特專案規劃圖 (Gantt project planning charts)，是 Henry L. Gantt 於第一次世界大戰時發展出來的，多年來甚至至今一直都是生產管制人員不可或缺的工具。然而，雖然它能讓人一目瞭然地看出各項工作的進展，對計畫的控制發揮了很大作用，但對於龐大複雜的計畫的管理仍感無法勝任。因爲甘特圖所列示者僅爲每項作業的時間進度，雖然能够將每一作業的起訖日期，無論是預定或實績都能表示出來，做爲檢討與分析的對象，但對於整個計畫的成本以及形成整個計畫的各個因素間之相互關係，甚至足以影響整個計畫的瓶頸何在等都未能表示。除此之外，在工作的執行當中，隨着情況的變化，必須隨時掌握計畫的內容或工期將要躭誤時，甘特圖也無能提供我們具體可靠的資訊以幫助我們提出準確的改善措施。換句話說，對整個計畫的綜合性管理，甘特圖已不足以作爲一極有效的控制工具。因而在複雜的專案方面，其功能已被 PERT 或 CPM 所取代。雖然市面上如今也有三度空間式多色的甘特圖出售，但是這種表已喪失了早先甘特圖簡單易懂的特色。

本節將舉例對甘特圖略加解說，以做爲進行 PERT 和 CPM 探討的起點。

例 12.1 建生公司製造某產品共有八項工作，其所需時間如下表所示

表 12.1

工　作	工作標示	立即前置作業	工作時間（日）
採購物料	A		30
製造零件 1	B	A	40
製造零件 2	C	A	30
製造零件 3	D	A	35
磨光零件 1	E	B	25
磨光零件 2	F	C, D	30
裝配	G	E	15
測試與交貨	H	G, F	20

如果以甘特圖標示各項工作進度，如下圖所示

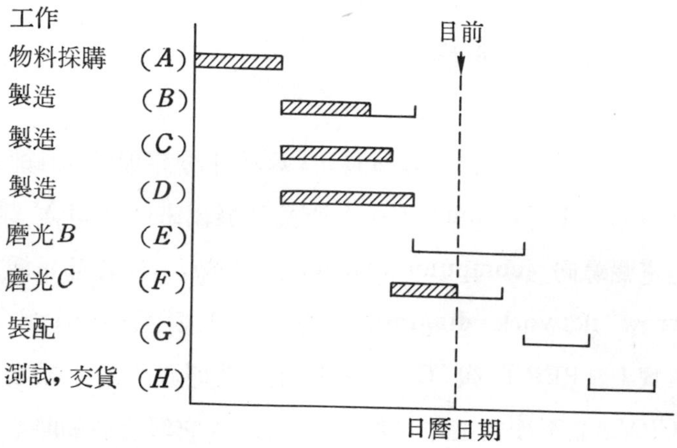

圖 12.1　甘特圖

使用甘特圖的先決條件如下：

1. 各項不同工作的確認。
2. 工作順序。
3. 各項工作完工時間的估計值。
4. 定期回顧審視進度。

使用甘特圖至少可獲致下述好處：

1. 系統化地列出各項工作。
2. 實際進度可與預計進度比較。
3. 容易瞭解。
4. 可進行資源排程。

然而，由於電腦的發展和越來越多複雜專案的推展，甘特圖顯然

不足以符合實際的需要， 以提供更多的訊息， 因而在 1950 年代遂有 PERT 和 CPM 之類更爲有效的管制技術的發展。

12.3 CPM 的發展

要徑法 CPM 在許多方面都與 PERT 十分相似， 但卻是由杜邦 (E. I. du Pont de Nemours Co.) 獨立發展出來的。CPM 和 PERT 二者都是電腦導向 (computer-oriented) 技術， 二者都是採用箭頭網路圖 (arrow network diagram) 的概念以及要徑 (critical path) 的概念。事實上，PERT 與 CPM 幾乎是同時開發的，這兩者主要的差異在於 CPM 並不涉及工作時數的不定性。 它假設活動時數與配置於該項活動的資源數量成比例，當資源水準改變時，活動時數和專案完工時數可以改變。因此，CPM 假設類似專案的事前經驗， 由其中得到資源和工作時數爲已知。因此，CPM 可評估專案時數和專案完工時間之間的互償 (trade off)。

CPM 最早的應用在於製造和裝配作業方面， 近些年來其應用領域逐漸擴大，甚至包含一般行政問題。例如

1. 建立一公司的新分公司或部門。
2. 引進大型新程序。
3. 新建築的規劃和建設。
4. 規劃供料程序。
5. 契約的預備。
6. 研發計畫的管制。
7. 維修程序的規劃與管制。
8. 規劃展覽會，大型會議和訓練計畫。

目前 CPM 最常使用於營建專案， 因它可由處理類似的專案而獲

得事前經驗。在現行的實務上，PERT 和 CPM 有時交互使用，或以 CPM/PERT 法表示。

12.4 網路圖的繪製

在正式探討 CPM 的展開方式之前，首先看一個實例。

例 12.2 旭昶家電公司多年來一直從事冷氣機的生產銷售。最近，公司的新產品研發部門提出一份建議案，認爲公司應從事分離式冷氣的研製，因爲現代家庭越來越重視冷氣安靜無聲的要求。

旭昶的高階主管希望進行一個計畫以研究該建議案的可行性分析。爲了能及時完成該項計畫，研究小組需要來自研發、產品測試、製造、成本評估以及市場研究單位的資訊。然後研究小組才能決定如何估計該項計畫的完成參數？他們該在何時通知產品測試單位排定測試時間？

在目前的階段，研究小組並沒有足够的資訊回答上述問題，但在本章的進行中利用經由學習 PERT 技術將可回答這些問題，同時提供該計畫完整的排程和控制資訊。

實施 CPM 計畫排程過程的首要步驟在於決定組成該計畫的各項作業。旭昶冷氣案的各項作業如表 12.2 所示。

表 12.2 爲本計畫中的重要步驟。由於研究小組規劃整個計畫並將依據本表所列各項作業估計計畫完成日數，低劣的規劃和作業項目的遺漏的後果十分嚴重，並將導致完全不準確的排程。本書將假設分離式冷氣的計畫工作已十分完備，同時表 12.2 已包括所有重要步驟。

在表 12.2 中另有一行提供關於該作業的立即前置作業（immediately predecessor）的資訊。先前曾經提及計畫內的各項作業有其相依性，爲了展開 CPM 網路，研究小組需要關於各作業之間的關係的資訊。得到這種資訊的方法之一就是決定各項作業的立即前置作業。換句

表 12.2 旭昶分離式冷氣的主要作業表

作業	描述	立即前置作業
A	R&D產品設計	—
B	計畫市場研究	—
C	途程（製造工程）	A
D	建造雛型	A
E	預備行銷小册	A
F	成本預估（工業工程）	C
G	初步產品測試	D
H	市場調查	B, E
I	訂價及預測報告	H
J	期終報告	F, G, I

話說，就是在進行本項作業之前的所有作業。例如，作業H的立即前置作業是B和E，也就是在進行市場調查作業之前，必須先完成行銷小册以及規劃市場研究這兩項作業。

我們可將表 12.2 的各項作業之間關係以一個圖形，如圖 12.2 表示。這個 CPM 網路圖只不過是由數個編號的圈以及數個箭頭連接所形成。以網路的一般用語來說，這些圈稱爲節點 (node)， 而箭頭則稱爲分支（branch）或弧（arc）。在 CPM 網路中， 圈間的箭頭表示計畫中的作業，而圈則對應於作業的開始與結束。當所有作業都指向一個終點，則這個終點稱爲事件（event）。例如 3 號圈， 稱爲節點 3，當作業B和作業E完成時，可說是一個事件。

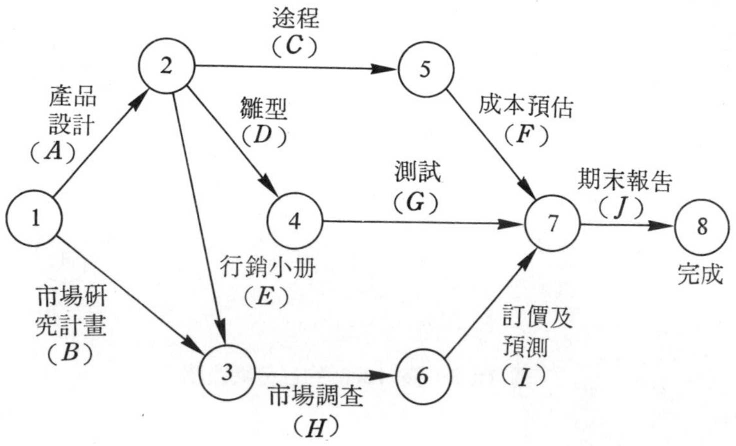

圖 12.2　例 12.2 的網路圖

在某些其他 CPM 網路中可能出現兩個作業有相同的起點和終點，如表 12.3 所示。在本例中，作業 C 和 D 有共同的前置作業。

表 12.3

作　　業	立即前置作業 immediately predecessor
A	—
B	—
C	A
D	A, B

如果以網路圖表示，則如圖 12.3 所示。

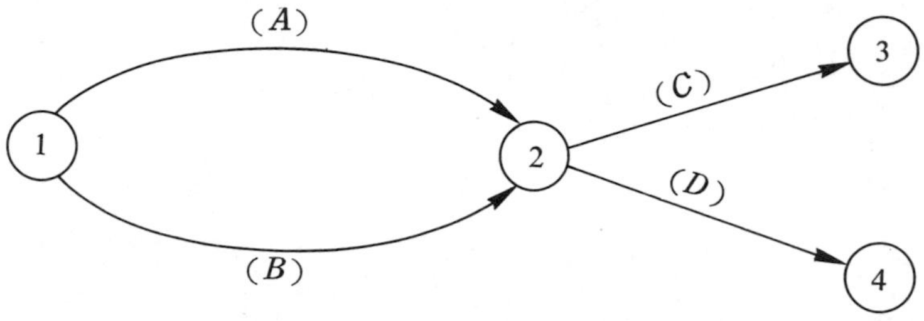

圖 12.3 表 12.3 的部分網路圖

上例所列的問題在於網路中，作業A和B均爲作業C的前置作業。這個問題之所以會發生是因爲作業 A 和 B 有相同的起始節點和終止節點。研究小組可於圖 12.3 中加入一個啞作業 (dummy activity)，使網路圖改繪如圖 12.4 就可避免前述問題。

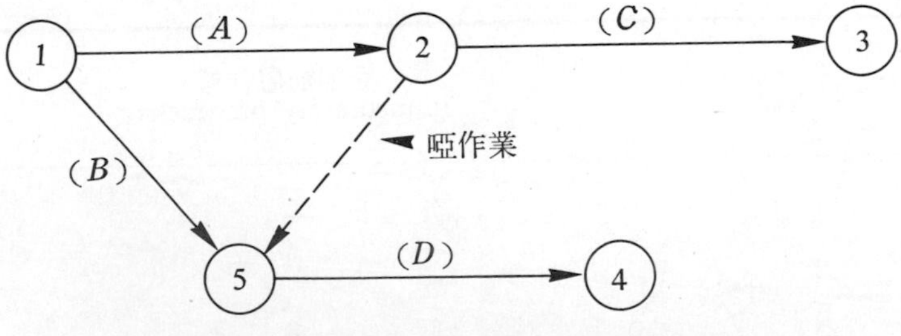

圖 12.4 加入啞作業的圖 12.2

上圖中以虛線箭頭表示的啞作業可使 PERT 網路有正常的前置關係。透過啞作業，可以適切反映出作業C必須在A完工之後才可開工，以及作業D必須在A與B均完工之後才開工的事實。這種啞作業在未來的 PERT 的網路分析中的完工時間為 0。

例 12.3　試依表 12.1 的相關資料可整理成表 12.4，因而繪出 PERT 網路圖如下

表 12.4

工　　作	開工與完工節點	工作時間（日）
A	1—2	30
B	2—3	40
C	2—5	30
D	2—4	35
D'	4—5	0
E	3—6	25
F	5—7	30
G	6—7	15
H	7—8	20

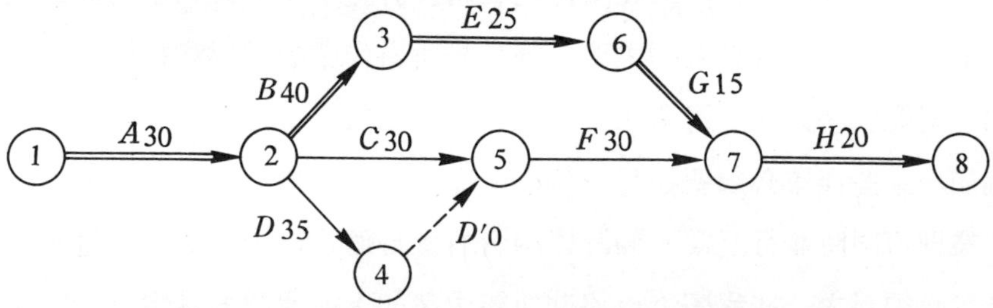

圖 12.5　建生公司生產的 PERT 網路圖

12.5 PERT 的發展

PERT 是在 1950 年代末期，美國海軍為了加速開發北極星艦上彈道飛彈 (Polaris Fleet Ballistic Missile) 而逐漸發展出來的。這項武器的發展涉及協調數以千計民間承包商以及其他政府機構之間的工作，由於透過 PERT 的協調十分成功，使得該項計畫提前兩年完工。這個結果促使美軍陸海空許多基地的武器開發方案也多應用 PERT 來規劃、協調以及控制。目前，PERT 已普遍地應用於美國工業界以及其他服務業。

通常，研發工作中完成各項作業所需時間並無法事先知道，因此，在 PERT 的分析中對作業時間加入不定性。它以指定截止日期的方法決定計畫中各階段作業完工的機率，同時預計整個計畫完工的期望時間。PERT 分析的一項重要且有用的副產品是確認計畫中的各項「瓶頸」作業。換句話說，它確認出相當有可能導致整個計畫排程延誤的各項作業。也就是說，在計畫還沒開動之前，計畫管理師已知道那些作業可能出現延誤的狀況。因此他（她）可採取必要的預防措施來減少這類可能的延誤，以維持計畫排程的正常進行。正由於 PERT 具有處理工作時間不定性的能力，因此廣泛地在研發計畫中使用於大型研發或建築計畫。因為計畫管理師的主要任務就是所有作業的排程和協調，促使整個計畫能及時完成。這項任務的複雜之處在於各項作業之間的相依性。例如，某些作業必須要在另一些作業完成之後才能開始進行，另外一些作業則可同時並行。當一個計畫內含有數百個特定的作業，計畫管理師自然必須尋求一些程序，以協助他尋求諸如下述問題的答案:

(1) 整個計畫預期完成的參數是幾天?

(2) 每一特定活動的開工日及完工日為何?

(3) 那些活動是「瓶頸」活動，必須要完全依照排定時間完成，才能保持整個計畫及時完工?

(4) 那些「非緊要」活動至多可延遲多少天而不致影響整個計畫的完工時間?

PERT 最早爲大眾所知是透過 1958 年由美國海軍所刊行的兩本小册，其最佳化的準則——如果最佳化 (optimality) 是正確的用字——是爲一指定專案決定一個時間表，使其在某種特定的時限內有某種成功的達成機率。例如，對於一項研發作業，管理者希望知道那一種排程有95%的機率能够達成規劃的目的。PERT 試圖能達到這個目的。

12.6 PERT 的作業時間估計

PERT 的網路圖的建構與 CPM 相同，完成了計畫的 PERT 網路圖之後，其次需要得知完成各項作業所需時間。這項資訊將用於計算整個計畫完工的時間，以及各項作業的排程。準確的時間估計對於計畫管理的成功有重大的影響，作業時間估計值的偏誤將導致排程以及計畫完工日期預測上的偏誤。

對於諸如建築／維修之類常重覆進行的計畫，管理者或許有經驗或必要的過去資料可用以提供精確作業時間的估計值。然而，對於全新或獨特的計畫，作業時間的估計或許更爲不易。事實上，在許多狀況下，作業時間並不確定，或許最好是以某範圍內可能值表示此一個特定作業時間估計值爲佳。在這個情形下，不定作業時間應以隨機變數和其機率分配描述，同時利用 PERT 程序提供有關計畫符合指定完工日期的機率敍述。

爲了將不確定的作業時間加入 PERT網路模式，對於每一項作業，我們必須得到三種時間估計值。這三種估計值爲:

(1) 樂觀時間 a: 若一切進展都合乎理想的作業時間。

(2) 最可能時間 m: 在正常狀況下最可能的作業時間。

(3) 悲觀時間 b: 若遭遇重大停工和/或延遲的作業時間。

這三種估計值有助於管理者對作業時間做出最佳的猜測。然後，以提出由樂觀時間至悲觀時間的範圍的方式表達其不定性。

現仍然以旭昶公司的案例來說明。表12.5就是分離式冷氣的樂觀、最可能、以及悲觀時間的估計值。

表 12.5 分離式冷氣的各項作業時間的樂觀、最可能及悲觀估計值（週）

作 業	樂 觀 a	最可能 m	悲 觀 b
A	4	5	12
B	1	1.5	5
C	2	3	4
D	3	4	11
E	2	3	4
F	1.5	2	2.5
G	1.5	3	4.5
H	2.5	3.5	7.5
I	1.5	2	2.5
J	1	2	3

以產品設計作業 A 爲例，管理者的估計值是本作業完工時間爲由樂觀的 4（週）至悲觀的 12（週），而最可能是 5 週。如果這項作業能够重覆很多次，則其平均完工時間爲多久？ PERT 程序估計這平均值 t 爲對作業 A 來說，估計平均數或期望完工時間爲

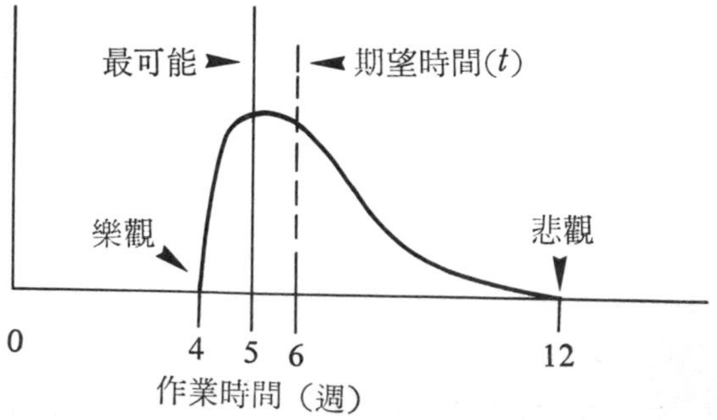

圖 12.6 旭昶分離式冷氣產品設計作業 A 的作業時間分配

$$t=\frac{4+4(5)+6}{6}=\frac{36}{6}=6 \text{（週）}$$

公式（12.1）是依據 PERT 假設不確定作業時間以貝他機率分布（beta distribution）描述最佳。也就是說，（12.1）式爲貝他機率分配的特例提供了平均時間，是作業時間的變動性的最佳描述。這個分配假設，被 PERT 的開發者判定爲合理提供了作業 A 的時間分配，如圖 12.6 所示。

對於不確定作業時間，我們可以使用一般統計衡量的變異數來描述作業時間值的變動狀況。在 PERT 中所用的變異數公式爲

$$\sigma^2=\left(\frac{b-a}{6}\right)^2 \qquad (12.2)$$

這個式子是依據標準差約爲分配的二極端值差的 1/6 即〔$(b-a)/6$〕的想法，變異數只不過是標準差的平方而已。表 12.6，是旭昶分離式冷氣各項作業的期望時間和變異數。

表 12.6 旭昶分離式冷氣的各項作業期望時間與變異數

作業	期望時間 t（週）	變異數 σ^2
A	6	1.78
B	2	0.44
C	3	0.11
D	5	1.78
E	3	0.11
F	2	0.03
G	3	0.25
H	4	0.69
I	2	0.03
J	2	0.11
	32	

由上式可知，悲觀時間估計值 b 和樂觀時間估計值 a 的差異大大影響了變異數的數值。當這兩數相差太大，管理者對該項作業就有高度的不定感。因此，由（12.2）式所得變異數也大。旭昶分離式冷氣的作業 A 的變異數爲

$$\sigma^2=\left(\frac{12-4}{6}\right)^2=1.78$$

旭昶冷氣的各項作業期望時間及變異數的數值如表 12.6 所示。

12.7 PERT 網路的要徑

一旦給出 PERT 網路圖並且得到期望作業時間，這些必要資訊足够我們決定整個計畫的期望完工時間，以及一個詳細的作業排程。在表 12.6 中，我們將各期望作業時間看成每項作業的固定長或已知持續時間，在本節中將會分析時間變異性的效應。

由表 12.6 中得知完成所有作業的總期望時間爲 32 週，但是由圖 12.1 中可見有些作業可以同時並行，例如作業 A 與 B。由此可知如此一來就可使得整個計畫的總作業時間要比 32 週爲短。然而，這項整個計畫完工時間的資訊卻無法直接由表 12.6 得到。

爲了要得到計畫持續時間估計值，我們必須分析該網路的途徑，並且決定其「要徑」(critical path)。所謂「途徑」(path) 是由起始節點 (1) 至完工節點 (8) 的一連串相連的作業。以節點 1-2-5-7-8 所連接的作業形成一個包含作業 A, C, F 與 J 的一條途徑。節點 1-2-4-7-8 界定一條與作業 A, D, G 與 J 的途徑。由於所有途徑都必須經過才能完成整個計畫，我們必須分析各途徑所需時間。尤其是，我們將對通過網路的最長途徑感興趣。由於所有其他途徑都比這條途徑短，因此最長途徑決定計畫的期望總時數或計畫的期望持續時數。假如在最長途徑上的作業延遲了，則整個計畫都會因而延遲。因此最長途徑作業爲網路的要徑。如果管理者想要減少總計畫時數，則應由縮短要徑作業的持續時數下手。以下的討論將提供一個尋求 PERT 網路的逐步程序或演算法。

由網路的原點（節點 1）開始，使用時數 0，計算網路中每一作業的最早開工 (earliest start) 和最早完工 (earliest finish) 時數。將最早開工時數註於作業的前端，最早完工時數註於作業的末端。以作業 A

爲例，可繪出圖形如下

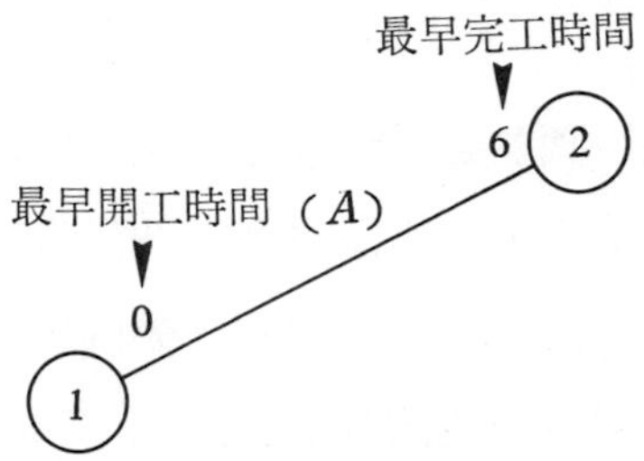

設　ES＝最早開工時間　EF＝最早完工時間

t ＝作業期望完成時間

圖 12.7　最早開工時間與最早完工時間的表示

我們可用下式求出作業的最早完工時間

$$EF=ES+t \tag{12.3}$$

對作業 A 而言，ES＝0 和 $t=6$，因此最早完工時間爲

$$EF=ES+t=0+6=6$$

請注意，只有當所有流向該節點的作業都完成之後，PERT 事件才算發生。另一方面，只有當所有流向該節點的作業都已完成，同時事件也已發生，由該節點出發的作業方可開工。上述邏輯導出下列計算法則。

最早開工時間法則

一作業離開某一節點的最早開工時間等於所有進入該節點的作業最早完工時間的最大值。

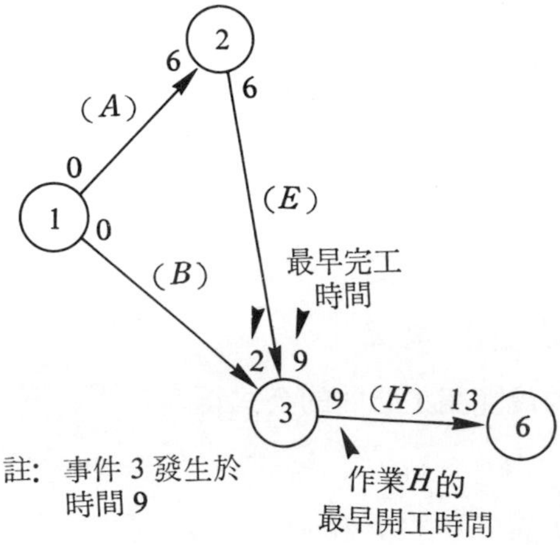

圖 12.8　事件中 ES 與 EF 的決定

應用上述法則於旭昶公司涉及節點 1，2，3 及 6 的部分網路，得到如圖 12.8 所示結果。用前向行進 (forward pass) 方式通過網路，我們可對每項作業首先寫出最早動工時間 ES，然後是最早完工時間 EF，旭昶分離式冷氣的整個計畫如圖 12.9 所示的結果。

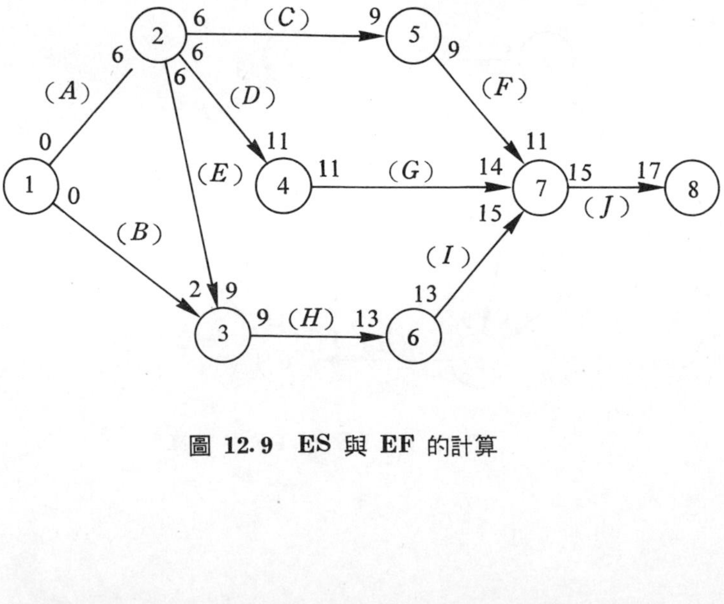

圖 12.9　ES 與 EF 的計算

由圖可知其中最後作業J的最早完工時間爲 17 週。也就是說，整個計畫的最早完成時間爲 17 週。

接下來，進行後向行進（backward pass）的計算，以便決定要徑。由節點 8 以作業J的最晚完工時間 17 開始，追溯網路中每項作業的最晚開工及最晚完工時間

設 LS＝最晚開工時間

LF＝最晚完工時間

則計算一作業的最晚開工時間的公式爲

$$LS=LF-t \tag{12.4}$$

例如作業J的 LF＝17 和 $t=2$，則這項作業的最晚開工時間爲

$$LS=17-2=15$$

下述原則爲計算網路中任何一個作業的最晚完工時間的規定

最晚完工時間法則

任一作業進入一指定節點的最晚完工時間等於所有離開該節點的作業中最晚開工時間的最小數值。

旭昶公司的後向行進的網路圖中每項作業的 LS 和 LF 如圖12.10所示。

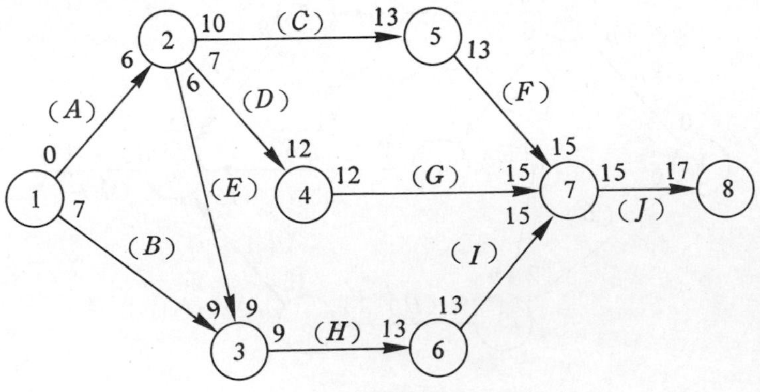

圖 12.10 LS 和 LF 的計算

對於每項作業，比較其最早開工時間和最晚開工時間（或最晚完工時間及最早完工時間），可以發現每項作業的寬裕量（slack）或自由時間。所謂「寬裕」是指可以延遲但卻不致影響整個計畫的數值。利用

$$寬裕 = LS - ES = LF - EF \tag{12.5}$$

可見作業C的寬裕時間爲 LS－ES＝10－6＝4（週）。這是說途程作業至多可延遲4週（由第6週至第10週任何時間開始），但整個計畫仍可以在17週完工。這項作業並非要緊作業，因此不屬部分要徑。

利用（12.5）式，我們可見作業E的寬裕爲6－6＝0。因此，行銷小册作業必須依照規定準時完成。這項作業不得有任何延遲，否則就會影響整個計畫的完成。換句話說，作業E是一項要緊作業，它是要徑的一部分。一般而言，要緊作業就是零寬裕的作業。如表12.7所示的作業排程有助於確認要徑。旭昶公司的作業要徑爲由作業 A, E, H, I

表 12.7　旭昶分離式冷氣計畫（以週爲單位）

作業	最早開工 ES	最早完工 EF	最晚開工 LS	最晚完工 LF	寬裕 (LS-ES)	要徑
A	0	0	6	6	0	是
B	0	7	2	9	7	
C	6	10	9	13	4	
D	6	7	11	12	1	
E	6	6	9	9	0	是
F	9	13	11	15	4	
G	11	12	14	15	1	
H	9	9	13	13	0	是
I	13	13	15	15	0	是
J	15	15	17	17	0	是

和 J 所組成。另外，由本表也可看出非要緊作業容許延遲的週數。

12.8 計畫完成日期的變動性

在上述要徑的計算過程中，我們將各項作業時間定於其期望值。現在我們已可進一步考量作業時間的不確定性，並且決定這種不確定性或變動性對於整個計畫完成日期的影響。前面曾經提到要徑決定了整個計畫的完成日期。在旭昶案例中，要徑 $A-E-H-I-J$ 導出期望完成時間爲 17 週。

正如同要徑作業決定了期望計畫完成日期，要徑作業的變動也會引起完成日期的重大變動。非重要作業的變動通常由於寬裕時間的存在，並不會影響計畫完成日期。然而，如果一項非要徑作業延遲其最大寬裕量，則這項作業成爲新要徑的一部分。這時如果還要再延遲，將會影響計畫的完成時間，導致要徑作業較長總時數的變動性，將會延長計畫完成日期。另一方面，除非有其他作業成爲要緊作業，否則促使要徑作業成爲較短要徑的變動性也會使計畫比期望完成日期提早完工。

利用各要徑作業的變異數， PERT 程序可決定計畫完成日期的變異數。

設 T 爲計畫持續時間，則旭昶公司中由要徑 $A-E-H-I-J$ 組成的計畫持續時間 T 的期望值爲

$$ET=t_A+t_E+t_H+t_I+t_J=6+3+4+2+2=17$$

同理，T 的變異數也是爲要徑作業的變異數的和。因此旭昶的計畫持續時間 T 的變異數 V 爲

$$\sigma^2=\sigma^2_A+\sigma^2_E+\sigma^2_H+\sigma^2_I+\sigma^2_J=1.78+0.11+0.69+0.03+0.11$$
$$=2.72$$

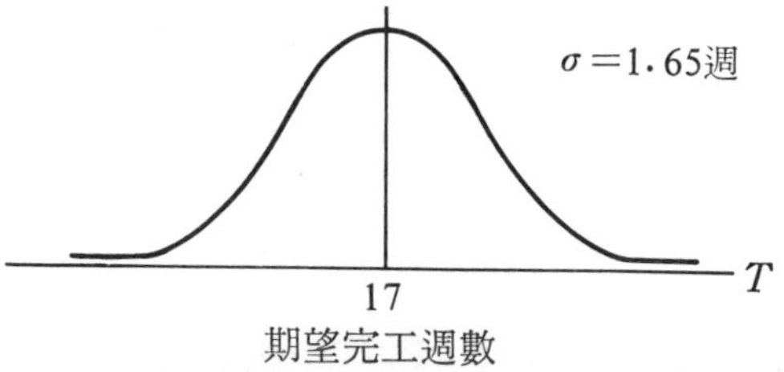

圖 12.11

上式爲依據所有作業時間都是獨立的假設。如果有兩個或以上作業爲相依，則公式所得結果只是計畫完成時間變異數的近似值。作業越接近獨立，則所得近似值越佳。根據統計學得知標準差 σ 是變異數的正平方根，因此旭昶公司計畫完成時間的標準差 σ 爲

$$\sigma=\sqrt{\sigma^2}=\sqrt{2.72}=1.65$$

PERT 的最後一個假設，計畫持續時間 T 的分配依循常態和鐘形分配，如圖 12.11 所示。有了這個分配，我們可以計算符合指定計畫完成日期的機率。例如，假若旭昶的管理者允許給該計畫 20 週，

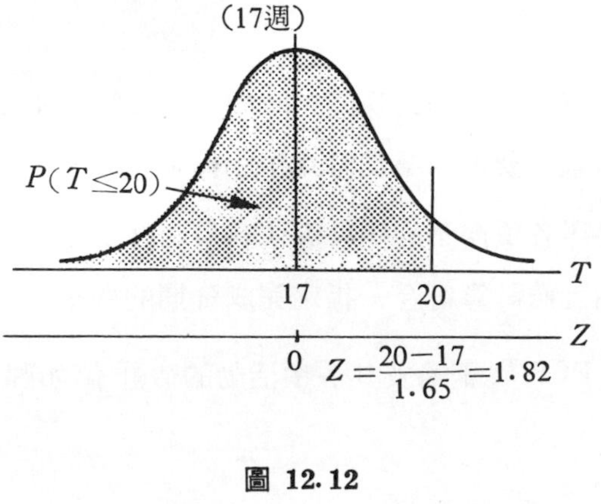

圖 12.12

而研究小組期望 17 週可完成，則會符合 20 週的截止期限的機率爲多少?

$$P(T \leq 20) = P\left(Z \leq \frac{20-17}{1.65}\right)$$
$$= P(Z \leq 1.82) = 0.9656$$

因此，雖然作業時間變動性可能使計畫超過 17 週的期望完成日期，但是仍有相當大的機率會在 20 週的期限內完成。

12.9 PERT 程序的摘要

在討論 PERT 的貢獻之前，首先簡要回顧一下使用 PERT 程序分析一個計畫的過程。當利用 PERT 分析任一計畫，應執行下列步驟。

步驟 1 開發出組成該計畫的作業單，包括各項作業的前置作業:

步驟 2 繪製出對應步驟 1 中所述作業的網路圖。

步驟 3 估計各項作業的期望作業時間以及其變異數。

步驟 4 利用期望作業時間的估計值，決定各作業和最早開工時間 ES 以及最早完工時間 EF。整個計畫的最早完工時間等於最後一項作業的最早完工時間。

步驟 5 在決定每項作業的最晚開工時間以及最晚完工時間之後，計算每項作業的寬裕量。要徑作業爲零寬裕的作業。

步驟 6 利用要徑各項作業的變異數估計整個計畫完成日期的變異數，然後利用這些估計值計算符合一指定完成日期的機率。

例 12.4 設一 PERT 網路及其各項活動的估計值如圖 12.13 所示

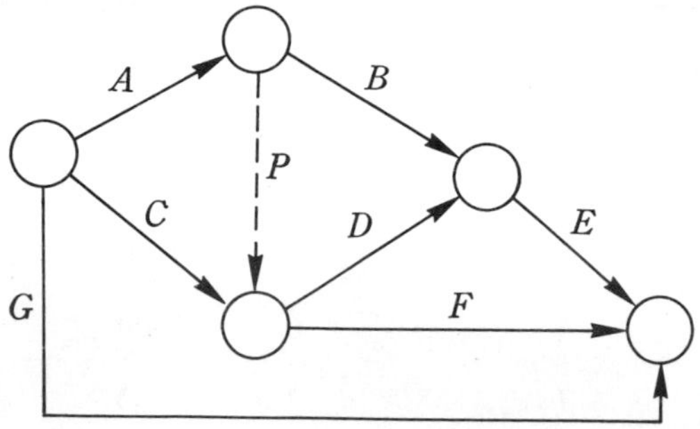

圖 12.13　PERT 網路圖及各估計值

表 12.8

活　動	PERT 時間估計值 a	m	b
A	4	6	14
B	3	4	8
C	4	5	6
D	7	7	7
E	3	3	6
F	6	8	14
G	13	18	20

首先計算各項活動的平均數和變異數，摘要如下

表 12.9

活 動	a	m	b	μ_i*	σ_i^2**
A	4	6	14	7.00	100/36
B	3	4	8	4.50	25/36
C	4	5	6	5.00	4/36
D	7	7	7	7.00	0
E	3	3	6	3.50	9/36
F	6	8	14	8.67	64/36
G	13	18	20	17.50	49/36

$*\mu_i = \dfrac{a+4m+b}{6}$ **

$\sigma_i^2 = \left[\dfrac{b-a}{6}\right]^2$

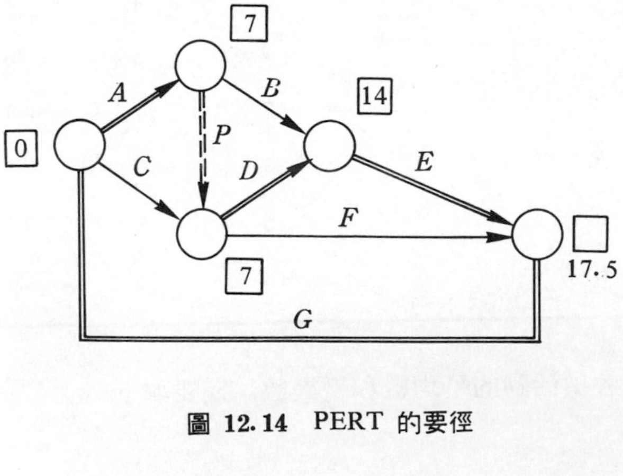

圖 12.14 PERT 的要徑

本例有兩條要徑，分別爲 $APDE$ 及G，前條要徑的變異數爲

$$\sigma_A^2+\sigma_P^2+\sigma_D^2+\sigma_E^2=\frac{100+0+0+9}{36}=\frac{109}{36}$$

後者的變異數爲 $\sigma_G{}^2=\frac{49}{36}$

由於前者有最大的變異數，因此專案完工時間爲常態分布 $\mu=17.50$ 和 $\sigma^2=\frac{109}{36}$。設若管理者想要知道機率 95%的信心能完工的天數，則

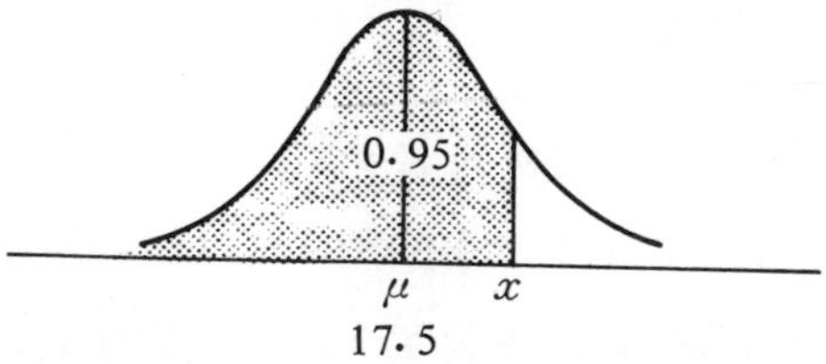

圖 12.15

設 $z=\dfrac{x-17.50}{\sqrt{\frac{109}{36}}}$

相對於 0.95 的Z值可由標準常態數表中查到 $Z=1.64$

$$1.64=\frac{x-17.50}{\sqrt{\frac{109}{36}}}$$

$$x=\frac{(1.64)(10.45)}{6}+17.50=20.35\approx 21$$

因此，管理者有 95%信心在 21 天內本專案可完工。

12.10 CPM與成本

CPM 的基本目的在於建構一個使專案的總期望成本爲最低的專案排程，或在允許的專案成本範圍內決定一個專案排程或一連串排程。

許多專案規劃人員都認爲應將成本概念引入 PERT 中，他們認爲管理者固然關切活動時數，同時也對活動費用十分留意，成本管制通常與時間或進度控制同樣重要，有時甚至更爲重要。

PERT 與 CPM 的成本計算可供做爲整項專案中各項活動的預算的參考值，同時也可做爲與實際支出的比較之用，從而決定是否應趕工以保持進度不致落後太多。

PERT 與 CPM 的成本系統與大多數一般的會計系統主要的差異在於前者的成本是以專案本身衡量和控制，而非依公司的部門別來決定。因此，在 PERT 或 CPM 管理制度下，專案管理者較易看出各項活動和成本是否超支。例如，在部門別的成本系統中，如果工程部門的花費比預期費用爲高，它可能是來自目前工程部門所處理的多項專案或活動中的任何一項。但是如果是依專案爲基礎，則費用超支與否，可以很明確的看出是那一項活動之故。

當使用 CPM 方法於時間和成本都列入考量的問題時，應將成本與時間之間的關係以系統化的方式表示，問題的複雜性在於成本與時間如何變動。有時當工作時間延長時，成本也隨之增加，因此當使工作時間縮短至極致也使成本降至最低，但在整體計畫的觀點，大家都知道專案中各項活動有些，甚至全部，都可以採用增加直接成本的方式配置較多資源而提高其績效。一旦採取這個行動，可有許多不同組合的方式縮短完工時間。當然，每種組合的排程方式都有不同的總專案成本。管理者最常面對的問題並非專案整個成本的最小化，而是如何以最低可能的成本在既定的期限內將該專案完成。

例 12.5　考慮如表 12.10 所示的簡單八項活動的專案。每項活動可以不同時數完工。

表 12.10　網路中活動時間／成本資料

活　動	正常		趕工		成本斜率
	時間（日）	成　本	時間（日）	成　本	
(0, 1)	4	$ 210	3	$ 280	$ 70
(0, 2)	8	400	6	560	80
(1, 2)	6	500	4	600	50
(1, 4)	9	540	7	600	30
(2, 3)	4	500	1	1, 100	200
(2, 4)	5	150	4	240	90
(3, 5)	3	150	3	150	—[a]
(4, 5)	7	600	6	750	150
		$3, 050		$4, 280	

a: 本活動無法趕工

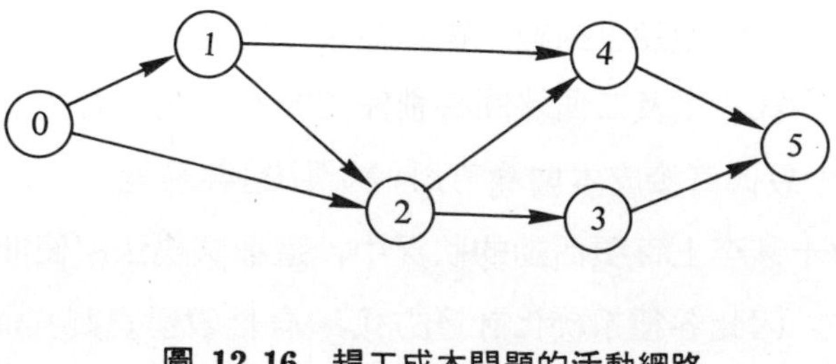

圖 12.16　趕工成本問題的活動網路

假設每項活動的時間／成本的互償爲線性關係，則在正常和趕工的時數之間的各種可能時數可輕易地由各活動的單一成本「斜率」數值決定。例如以 7 天而非 8 天完成活動（0，2）的成本爲 400＋80＝480（元）。

假若所有活動時數都設定於「正常」值，則完成整個專案的時數爲 22（天），它是由包括活動（0，1），（1，2），（2，4），（4，5）的要徑所決定。其計算如表 12.10 所示，整個專案的相關費用爲 3,050 元，如圖 12.17 所示。請注意，如果自作聰明地決定對所有非要徑上所有活動都採趕工，則對提前完工並無幫助，但這項費用可能增至 3,870 元。在上述二種可能之外，仍有數種其他可能值，要看有幾項非要徑活動採趕工而定。

假若所有活動時數都採「趕工」值，則專案完工時數可減至 17 天，但是總費用則高達 4,280 元。然而，我們也可用不對不必要的活動採趕工措施的較低成本，達成 17 天完工的目的。例如活動（0，2）以 7 天取代 6 天，活動（1，4）以 8 天取代 7 天，以及活動（2，3）以 4 天取代 1 天，其他各項活動都採趕工值，則可以 3,520 元在 17 天完工。這種做法是以 17 天完工花費最少的方式，讀者可以各種不同方式實驗決定。

在 17 天及 22 天之間仍有數種不同可能的完工天數，如圖 12.17 所示。每一種完工天數又有不同的費用可能，要看各項活動的完工時間以及是否對不必趕工的活動也採趕工措施而定。圖 12.17 表示最高成本和最低成本的曲線，以及二曲線間每種完工時數可能花費的區域。

在本例中，最低直接成本曲線可用「試誤法」輕易地決定，然而，在更爲現實包括數十甚至上百項活動的狀況中，這種試誤法卽使非不可能，也是十分乏味。因此各種系統化計算方式，包括數學規劃 (mathematical programming)，都陸續開發出來，以便協助決定各種不同完工時數的最小成本曲線。有些這類的計算是針對活動的時間／成本關係爲非線性的假設。另外有些也可同時得出如圖 12.18 所示最低總成本曲線（即直接成本與間接成本的總和）。

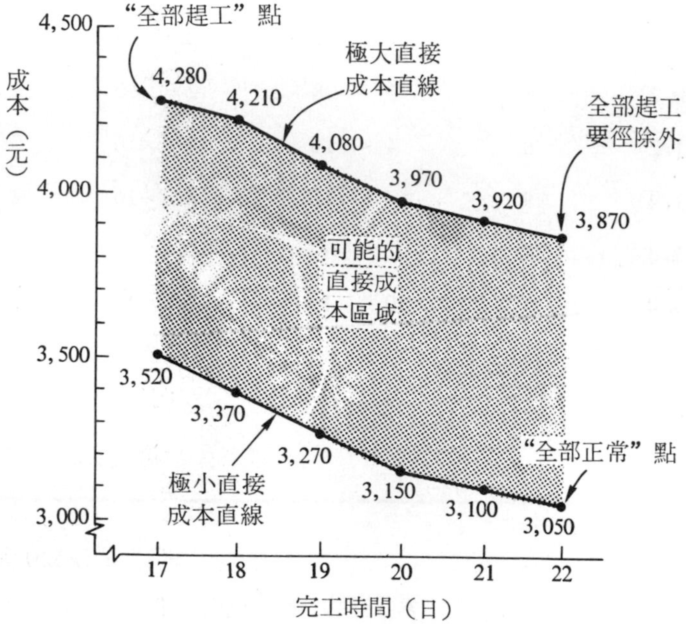

圖 12.17　專案完工時間 vs. 直接成本

在上例中設每日固定間接成本 130 元，則上圖變爲如圖 12.19 所示，其計算摘要如表 12.12。

表 12.11 要徑分析

活動	完工時間	最早 ES	最早 EF	最晚 LS	最晚 LF	寬裕	要徑
(0,1)	4	0	4	0	4	0	*
(0,2)	8	0	8	2	10	2	
(1,2)	6	4	10	4	10	0	*
(1,4)	9	4	13	6	15	2	
(2,3)	4	10	14	15	19	5	
(2,4)	5	10	15	10	15	0	*
(3,5)	3	14	17	19	22	5	
(4,5)	7	15	22	15	22	0	*

總完工時間 22 (日)

表 12.12 趕工成本

趕工活動	完工時間(日)	直接成本	間接成本	總成本
(要徑)	22	$3,050	$2,860	$5,910
(1,2)	21	3,100	2,730	5,830
(1,2)	20	3,150	2,600	5,750
(2,4)及(1,4)	19	3,220	2,470	5,690 (最佳)
(4,5)	18	3,370	2,340	5,710
(0,1)及(0,2)	17	3,520	2,210	5,730

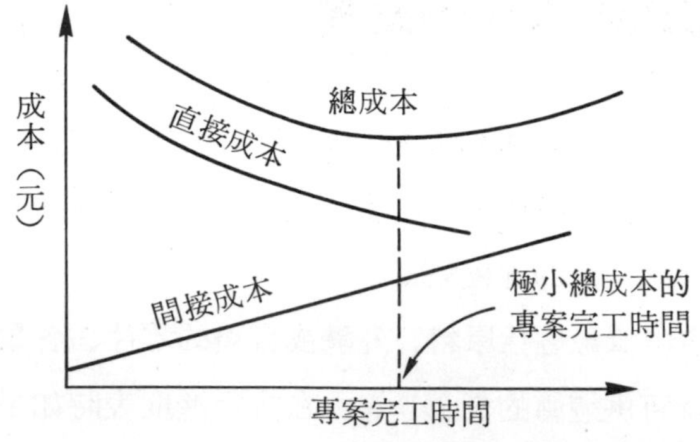

圖 12.18　決定專案排程的極小總成本

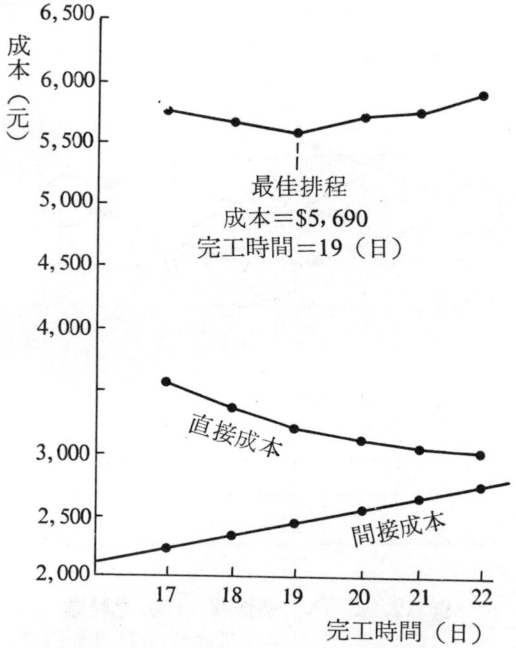

圖 12.19　最佳趕工的直接與間接成本

12.11 CPM 與資源配置

在前些節中於討論 CPM 與 PERT 時，有一個假設是資源的供應爲無限的。當然，這項假設往往並不成立。由於資源的有限性，常常使計畫無法依據所制訂的排程完工。

典型的有限資源包括原料、外購或自製的零件、各類技能的人工、庫存空間以及可供週轉的資金等等。在排定進度表時如果未將有限或稀有資源列入考量，必將使所擬排程不可行。退一步來說，即使有充分的資源可用，如何安排這些資源也會對實施成本有所影響。

舉個很簡單的例子來說，一個有 4 項活動的網路，其排程如下圖所示:

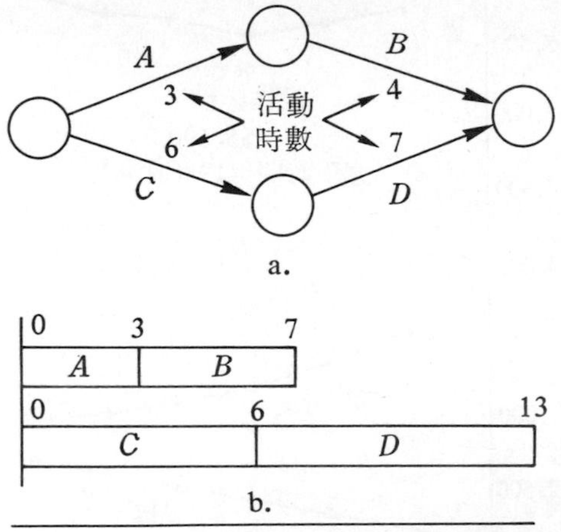

圖 12.20 (a) 網路圖 (b) 甘特圖

假設每項活動都需要勞工，同時每位被指派的工人必須一直做到完工爲止，每項活動所需勞工人數如下

A	2人	*C*	3人
B	2人	*D*	2人

另外，每次所能提供的工人總數最多爲 4 人，所使用的資源水準狀況 (resource profile) 如圖 12.21 所示

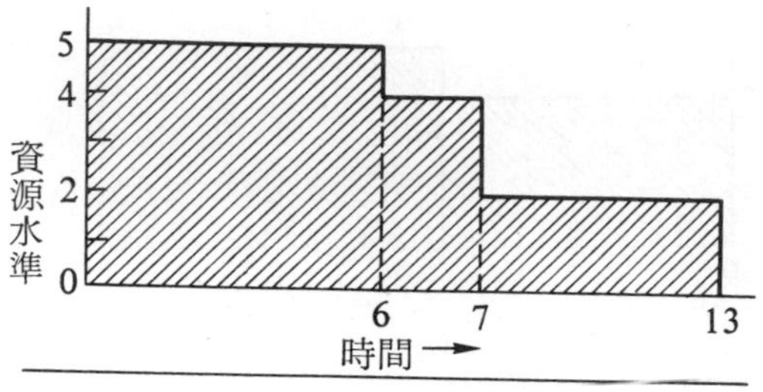

圖 12.21　資源狀況

由於至時間單位 6 爲止需要 5 人卻只有 4 位工人可用，因此可見前述進度不可行。將活動 *A* 與 *B* 延後 6 個時間單位，則可使任務於 13 時間單位完成，這種反覆的過程稱爲資源配置問題 (resource allocation problem)。現實的資源配置問題相當複雜，本書不擬深入探討，有志者請參閱專書（註）。

雖然由邏輯的觀點來說，不同個數的工作同時進行並沒有問題，然而在現實的資源使用上並不切實際。例如在第一週用 500 人，第二及第三週用 1,200 人，第四週用 3,600 人，而第 5 週只用 10 人等等，顯然是很可笑的做法。因爲專案管制者或許有 200 位工人可用，當工作需求的用人量與這個人數相差太多時，即使有可能滿足需求，也就是必

（註）Bedworth, D. D., James E. Bailey, (1987), *Integrated Production Control System*, 2nd ed., Wiley.

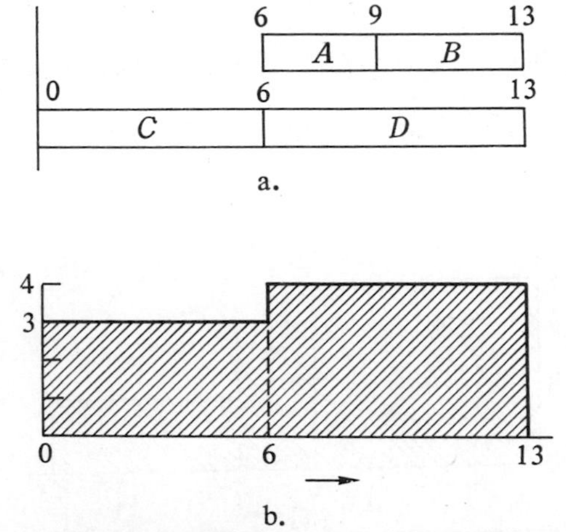

圖 12.22 上圖的重新配置

須隨時臨時雇用或遣散許多工人，其所費必然不貲。這在管理上是很重要的考量。因此如何做合理的資源利用值得深思。

首先我們必須區分兩類資源和兩種狀況。通常資源可分爲共用資源 (pool resource) 和非共用資源 (non-pool resource)。 前者爲現在不用，未來仍可用的資源，例如物料。後者則是無法儲存的資源，例如可用人工時間或機械時間，今天未用無法留待明天再用。又如某班車未坐滿的座位也不能保留爲後來再用，通常管理者比較關切的資源正是這類非共同資源的利用，也是以下討論的課題。另一方面，有些問題是額外的資源必然由外界引入，另一些問題則是用於某一工作的額外資源必須挪用來自其他工作的資源。在後者狀況下，彼此之間的相關性很重要。

資源問題的確切解答 (exact solution) 即使用最現代的工具和技術也不易獲得，因此在此只是考慮「合理解答」。這時甘特圖在某些單純的狀況下正可派得上用處。

例 12.6　假設某專案的工作的初步安排如圖 12.23 (a) 所示。其中各橫線上數字表需用工人人數，其長度表完工日數，圖 12.23(b) 中縱軸上的數字表示某種資源的數量，譬如工人人數。例如當 A 與 B 同時進行時必須用 8 人，而 A, B, D 三件工作同時進行時必須 10 人，A 與 D 共需用 5 人，而後降為 2 人，再增為 9 人，又減為 7 人。上上下下，變化太大。

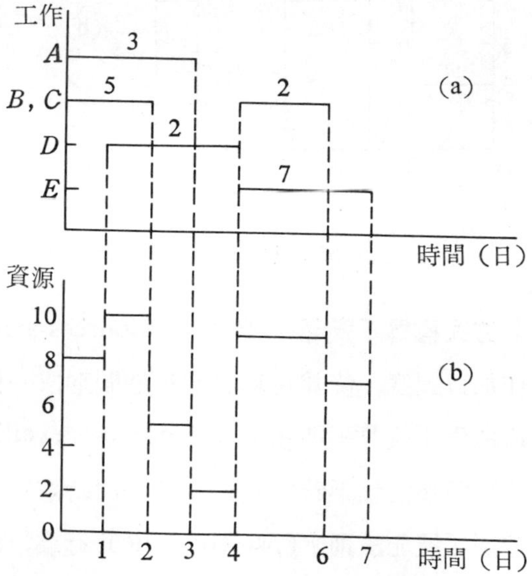

圖 12.23　工作和資源的甘特圖

如果我們把工作 B 和 D 略加調整，則可改善資源（工人）使用上的困擾，如下圖所示，資源數量不再是上下不斷變動，而是逐步先上昇再下降，如此一來在工人調動方面，比較容易掌握。

這種方式的甘特圖是一種非正式的啟發式（heuristic）的資源管理，有經驗的老手對小型專案可駕輕就熟地運用自如。大型專案的問題解決則必須用到電腦。

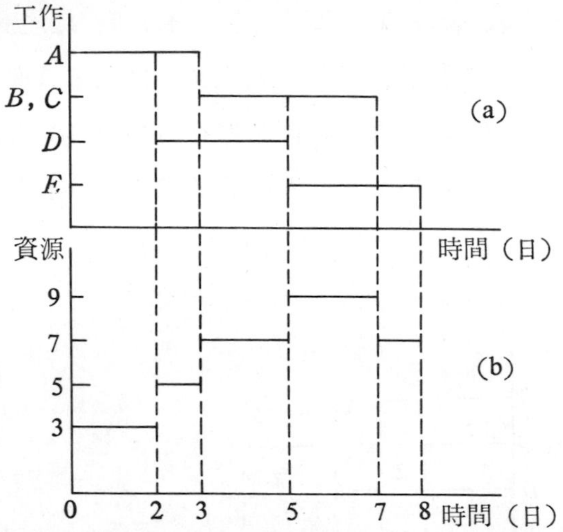

圖 12.24 調整後的工作和資源甘特圖

前述的解題方式稱爲「資源平滑化」(resources smoothing)，就是將所涉及各工作加以調度，使其在專案進行期間形成一條平滑曲線。比本法略遜的方法稱爲「資源平準化」(resources levelling)，就是重排工作順序，以使資源預定量不致超過。當多個同時進行的工作必須爭取有限資源時，遵照「優先法則」(priority rule) 行事，兩個或以上工作相衝突時

(1) 最短工期的工作先動工。

(2) 最早「晚結束」(late finish) 的工作先動工。

(3) 最少總寬裕量 (total float) 的工作先動工。

以上那一種法則會運作得最好無法事前決定，必須視情況而定，同時沒有任何一個法則隨時都最好。

12.12 結 語

無論是 PERT 或 CPM 都是理性量化的思考計算過程，是規劃、排程和控制的工具。現實上，往往由於諸多無法量化的因素以及現實隨機變動的因素並未列入考量，因此使得實際執行專案時常常無法完全符合依據上述方法而預計的成本或進度進行。

表 12.13 成本與進度不符預計的原因（註）

・成本低估	・使用「buy-in」策略
・缺少替代支撐（backup）策略	
・缺少專案小組目標承諾	
・機能，而非專案化，專案組織	
・設訂進度時缺乏專案小組參與	
・缺少團隊精神，任務意識	
・控制程序不足	
・未充分使用網路技術	
・未充分使用進度／現狀報告	
・過度樂觀的現狀報告	
・決策延誤	
・不足的改變程序	
・專案管理者權威和影響不充分	
・對預算和進度缺乏承諾	
・整體缺乏類似經驗	

（註）Cleland, D. I., William, R. King, (1983), *Project Management Handbook*, p. 690.

上表中所謂「buy-in」策略是指故意低估成本，以期能得到該項契約或希望得到承諾能繼續承包後繼的契約變更，或另外的經費以彌補原本的低估。雖然如此，PERT/CPM 仍然有其實用性，至少能讓專案管理者對整個專案的進行有個整體的瞭解及預測。

習　題

1. 某專案中各項工作的相關資料如下所示

工作	前置工作	正常工期(日)	工作	前置工作	正常工期(日)
A	—	3	*H*	*B*, *E*	5
B	—	5	*I*	*C*, *H*	6
C	—	4	*J*	*H*	4
D	—	3	*K*	*G*, *H*	4
E	*A*	6	*L*	*I*, *J*	2
F	*C*, *H*	7	*M*	*D*, *F*	5
G	*E*	4			

試繪出網路，並指出要徑。

2. 慶生公司承包一項工程，其相關資料如下所示

工作	前置工作	工期（日）		成本（元）	
		正常	趕工	正常	趕工
A	—	5	5	2,500	2,500
B	*A*	6	4	4,600	5,200
C	*A*	10	8	3,800	4,800
D	*A*	7	6	2,800	3,200
E	*B*	3	2	4,300	4,650
F	*C*, *E*	3	2	1,300	1,600
G	*C*	2	1	5,200	5,900
H	*D*	6	5	4,100	4,600
I	—	10	7	6,800	8,450

試決定其排程的要徑和成本。

3. 試求如下網路圖的要徑以及有最大寬裕量的路徑。

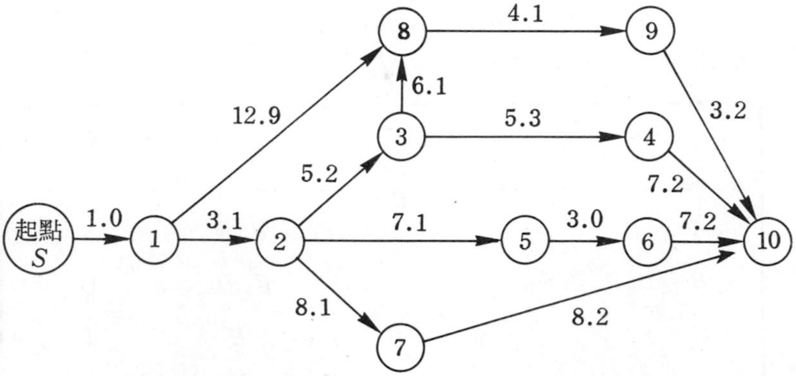

4. 在執行上題的專案時，發現工作 3 — 4 少算了 2 單位時間，試重新評估該網路，並找出要徑及最大寬裕的路徑。

5. 如下的網路圖與 12.3 的網路圖的唯一不同在於節點 4 — 5 之間有一啞工作，試求要徑和有最大寬裕的路徑。

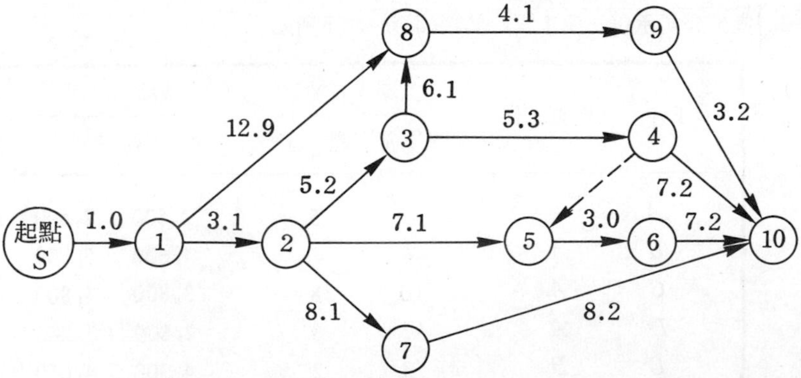

6. (1) 試求如下網路圖的要徑。

(2) 若作業 1 ～ 2 縮短 2 日，則要徑爲何?

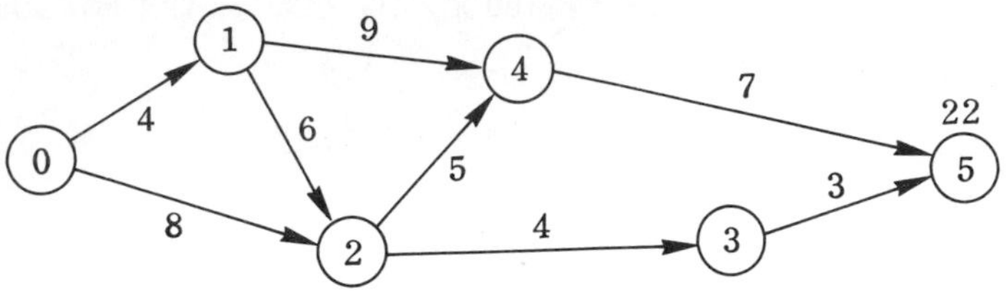

7. (a) 在上題中若每日的間接成本爲 1,000 元，試決定有最低總成本的路徑，並以工期時間的函數描述間接成本，直接成本和總成本。

(b) 設公司執行最低總成本路徑，在第 9 天時回顧成果如下

(1) 工作 A 和 I 完工

(2) 工作 B 共需要 8 日才完工

(3) 工作 C 共需要 6 日才完工

(4) 工作 D 共需要 3 日才完工

試問應如何抉擇？爲什麼？

8. 宗生公司承包一專案，相關資料如下

作業		完工日數		總成本（正常）	每日工人人數
起始節點	終止節點	正常	趕工		
0	9	6	3	480	4
0	10	10	5	900	5
10	7	7	4	490	5
7	8	9	2	540	4
9	2	8	4	560	6
3	4	5	2	300	4
7	3	6	3	500	4
6	11	6	3	520	6
1	6	7	4	510	5
8	4	10	5	920	6
4	5	8	4	580	6
2	8	10	5	940	5
0	1	9	6	560	4
11	4	8	4	480	4

以上任一作業的趕工成本為 100 元／日，已知每一作業無法僅縮短 1 日或 2 日，試回答下列各問題:

(a) 計算本專案的正常工期，其正常成本及指出要徑。

(b) 指出由開始至完工不同路徑。

(c) 計算本專案的最低完工時間並指出其要徑。

(d) 若所有作業都以最早開工日期作業，則本專案完成所需工人的最高人數。

9. 假若上題的間接成本為每日 650 元，試決定使整體成本為最低的排程。

10. 某計畫的網路圖如下所示，其相關資料如下

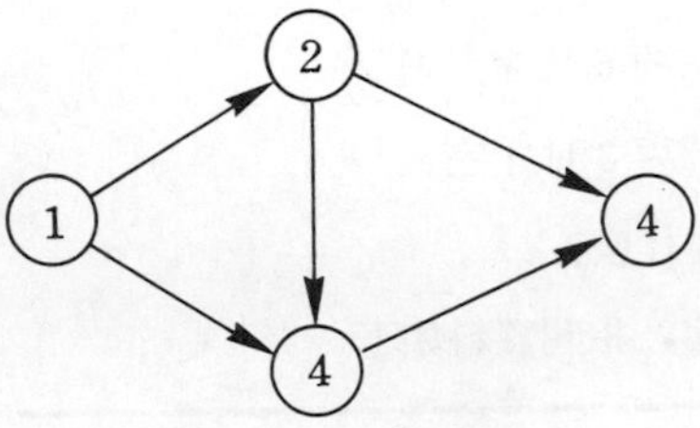

作業	工期（日）		直接成本（元）	
	正常	趕工	正常	趕工
1－2	4	3	70	100
1－3	6	5	30	50
2－3	3	2	95	120
2－4	4	3	40	70
3－4	2	1	65	100

試決定最低直接成本的路徑。

11. 某工程的網路圖如下所示，其相關資料如下表所示

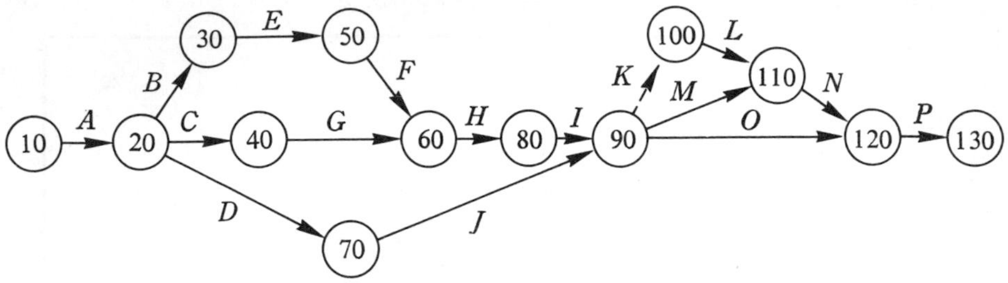

工　作	工　期（日）		直接成本（元）	
	正常	趕工	正常	趕工
A	10	10	200	200
B	20	20	2,000	2,000
C	40	40	1,800	1,800
D	28	20	3,000	4,000
E	8	6	1,000	1,800
F	30	12	3,000	6,240
G	3	2	200	300
H	24	20	4,900	6,100
I	12	8	2,500	3,200
J	10	10	400	400
K	0	0	0	0
L	6	5	500	750
M	10	6	3,500	5,900
N	4	4	600	600
O	6	6	400	400
P	4	4	1,500	1,500

試決定該工程的要徑及工期和直接總成本。

12. 宇生公司接到一項契約，其相關資料如下表所示

工 作	前置工作	正常時間（日）	正常成本（元）	趕工時間（日）	趕工成本（元）
A		12	10,000	8	14,000
B		10	5,000	10	5,000
C	A	0	0	0	0
D	A	6	4,000	4	5,000
E	B, C	16	9,000	14	12,000
F	D	16	3,200	8	8,000
		60	31,200	44	44,000

在前置工作未完工前無法進行下一工作，試回答下列問題:

(a) 繪出網路圖，並指出要徑。

(b) 若工作必須在 30 日內完成，應如何抉擇? 其成本爲若干?

(c) 假設工作E完工天數的估計值爲在 12 天至 20 天之間，但可以 3,000 元的代價趕工 2 日，其他各工作的估計值不變，目標完工日數爲 30 天，延遲的罰款爲 5,000 元，試問應如何修改原先計畫?

13. 已知網路圖如下所示，試回答下列問題:

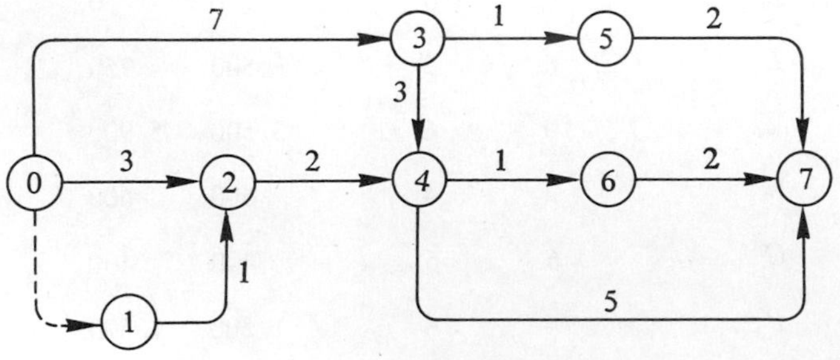

(1) 最早開工時間和最早完工時間為何?

(2) 最晚開工時間和最晚完工時間為何?

(3) 要徑為何?

14. 已知網路圖如下所示

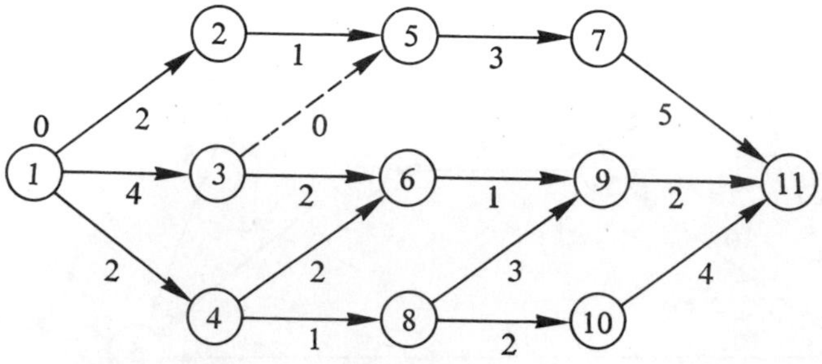

試求其最早開工時間和最晚完工時間。

15. 假設 PERT 網路圖如下所示，其相關資料如下表所示

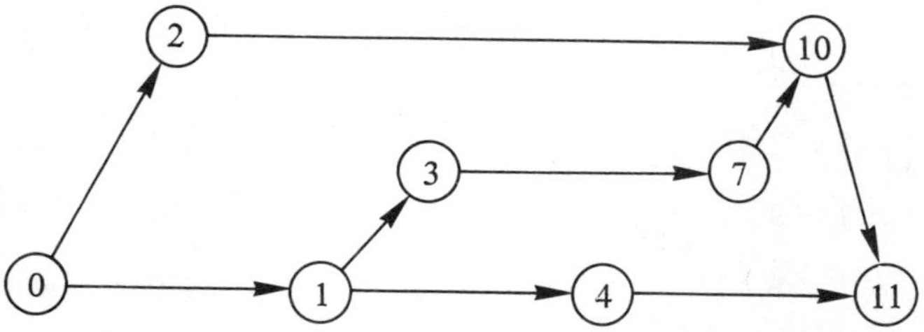

作　業	a	m	b
0－1	9	14	6
0－2	5	8	14
1－3	3	5	8
1－4	10	14	20
2－10	12	15	21
3－7	12	16	26
4－11	5	5	10
7－10	3	7	16
10－11	2	4	12

(1) 試求其完工的期望值和變異數。

(2) 試求在 48 (週) 內完工的機率。

16. 已知如下網路圖的相關資料如下表所示

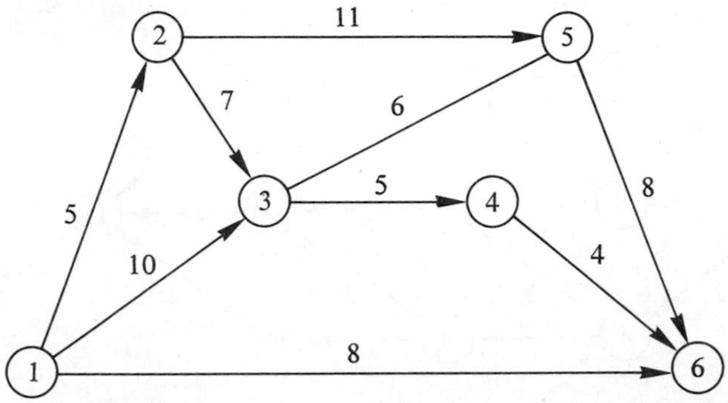

作業	工期(日)		成本(元)	
	正常	趕工	正常	趕工
(1－2)	5	4	220	300
(1－3)	10	8	480	660
(1－6)	8	6	440	640
(2－3)	7	5	600	720
(2－5)	11	9	560	640
(3－4)	5	2	600	1,200
(3－5)	6	5	150	250
(4－6)	4	4	180	180
(5－6)	8	7	600	760

(1) 試求要徑的工期和成本。

(2) 若欲縮短工期 1 天，則成本爲若干?

(3) 若欲縮短工期 2 天，則成本爲若干?

(4) 若在 (3) 之後欲再縮短工期 1 天，則成本爲若干?

(5) 若欲縮短工期 3 天，則成本爲若干? 與 (4) 的結果是否相同?

17. 某計畫的相關資訊如下表所示

作　業	正常工期（日）	正常總成本（元）	趕工工期（日）	趕工一日成本(元)
1－2	3	140	1	110
2－3	2	200	1	175
2－4	3	160	1	125
2－5	2	300	1	200
3－6	2	250	1	175
4－6	6	400	1	70
5－6	5	230	1	70
6－7	5	230	1	90

契約指定 15 日完工，每節省一天可得獎金 100 元，15 日後每延一天罰款 200 元

(a) 試計算正常工期及成本。

(b) 在 15 日內完工的最低成本爲若干?

(c) 試求最佳計畫。

(d) 若在 10 日後，實際情況如下。

(i) 以正常成本完工的作業爲 1－2；2－3；3－6；2－4；2－5。

(ii) 未動工作業 4－6；5－6；6－7。

如果仍想在 15 日內完成，應如何行動，其總成本爲若干?

18. 良生公司有一個計畫包含 8 個工作 (A, B, C, D, E, F, G, H)，相關資料如下表所示

工　作	前置工作	正常時間（日）	趕工時間（日）	趕工每日成本($)
A	—	10	7	4
B	—	5	4	2
C	*B*	3	2	2
D	*A*, *C*	4	3	3
E	*A*, *C*	5	3	3
F	*D*	6	3	5
G	*E*	5	2	1
H	*F*, *G*	5	4	4

已知每日的間接成本爲 5 元，試決定一最佳計畫路徑。

19. 新生公司完成一客戶訂單的工作的相關資料如下

工　　作	前置工作	正常日數	每日之變動成本支出（元）
1. 接到訂單，查證信用等	—	2	5
2. 準備物料規格，物料可用度等	1	4	10
3. 檢驗，包裝等	2	1	7
4. 安排運輸工具	1	5	5
5. 交貨	3, 4	3	2

已知工作 1，3，5 的完工日數爲固定，工作 2 的工期爲 2 日和 6 日各有一半機率， 工作 4 的完工日數爲 4 日機率 0.7； 6 日機率 0.2 以及 10 日機率 0.1

(a) 試繪出 PERT 網路圖。

(b) 指出要徑，計算在正常日數下的完工天數及變動成本。

(c) 計算最長工期及最短工期以及相關機率。

20. 立生建築公司的某一建築計畫包含以下九大工作，相關資料如下表所示

(1) 工作	(2) 立即前置作業	(3) 正常完工時間（日）	(4) 成本（元）	(5) 趕工完工時間（日）	(6) 成本
A		10	5,000	10	5,000
B	A	8	4,000	8	4,000
C	A	8	4,500	8	4,500
D	C	4	6,000	4	6,000
E	B	7	5,500	5	6,500
F	B	9	3,750	4	13,750
G	D	8	2,000	1	4,800
H	E, F, G	15	6,500	12	14,900
I	H	10	5,000	10	5,000

假若本計畫完工日數爲 48 天，試問每一工作應費時幾日以便在最低可能成本之下在指定日數內完工?

21. 在題 1 中，PERT 的相關資料如下所示

(a) 那一條要徑有 95%機率可達成?

(b) 在 6 日內完成工作H的機率。

(c) 在 16 日內完成本專案的機率。

工 作	a	m	b
A	1	2	3
B	2	4	6
C	3	3	3
D	3	5	7
E	1	1	1
F	1	4	7
G	2	3	4
H	1	3	5
I	3	3	3
J	4	5	6
K	2	3	10
L	5	5	5
M	8	9	16

22. 下圖爲一個 PERT 網路圖，其中各項工作的估計值如表所示

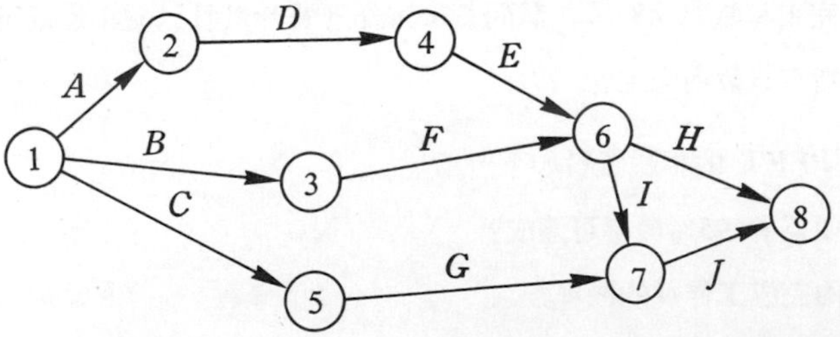

(a) 試問在 30 天內完工的機率爲若干?

(b) 何種工期有65%的機率完成?

工　作	a	m	b
A	3	7	8
B	5	8	10
C	4	5	6
D	2	2	2
E	4	5	6
F	3	7	10
G	10	14	16
H	3	7	8
I	3	6	9
J	7	8	12

23. 達嵐製造廠有一個專案可分為 9 個工作（$A, B, \cdots\cdots I$），相關資料如下表所示，各項工作先後關係如下圖所示

各項活動前後關係及時間估計值

		樂觀時間 a	最可能時間 m	悲觀時間 b
A	—	2	5	8
B	A	6	9	12
C	A	6	7	8
D	B, C	1	4	7
E	A	8	8	8
F	D, E	5	14	17
G	C	3	12	21
H	F, G	3	6	9
I	H	5	8	11

① 試問該專案是否可能在 50 天內完工的機率爲若干?

② 試問該專案比期望值早 4 天的機率爲若干?

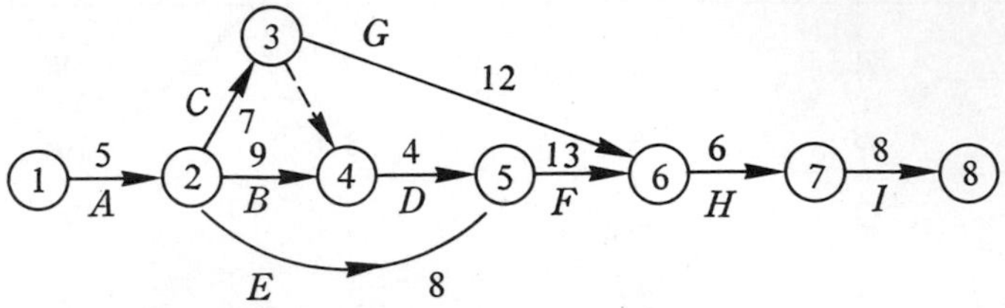

参 考 書 目

1. Bedworth, D. D., J. E. Bailey, (1987): *Integrated Production Control Systems*, 2nd ed., Wiley.
2. Fogiel, M., (1984): *The Finite Mathematics Problem Solver*, Staff of Research and Education Association.
3. Fogiel, M., (1983): *The Operations Research Problem Solver*, Staff of Research and Education Association.
4. Fogiel M., (1980): *The Linear Algebra Problem Solver*, Staff of Research and Education Association.
5. Goldstein, Larry J., David I. Schneider, Matha J. Siegel, (1991): *Finite Mathematics and Its Applications*, Prentice Hill.
6. Holloway, Charles A., (1979): *Decision Making Under Uncertainty Models and Choices*, Holt, Rinehart and Winston.
7. Hamburg, Morris, (1979): *Statistical Analysis for Descision Making*, 2nd ed., Harcourt Brace Jovanovich.
8. Hunkins, Dalton R., Latty R. Mugridge, (1985): *Applied Finite Mathematics*, 2nd ed., Prindle, Weber & Schmidt.
9. Jones, J. Morgan, (1977): *Introduction to Decision Theory*, Irwin.
10. Lang, Serge, (1986): *Introduction to Linear Algebra*,

2nd ed., Addison-Wesley.

11. Lapin, L. L., (1990): *Probability and Statistics for Modern Engineering*, 2nd ed., Pws-Kent.

12. Maki, Daniel P., Maynard Thompson, (1989): *Finite Mathematics*, 3rd ed., McGraw-Hill.

13. Pinney, W. E., D. B. Mcwilliams, (1982): *An Introduction to Quantitative Analysis for Management*, Harper & Row.

14. Shore, B., (1978): *Quantitative Methods for Business Decisions*, McGraw-Hill.

15. Wilkes, F. M., (1987): *Elements of Operational Research*, McGraw-Hill.

16. Winston, Wayne L., (1991): *Operations Research Applications and Algorithms*, 12th ed., Pws-Kent Co.

17. Williams, J. D., (1966): *The Compleat Strategyst*, The Rand Co.

18. Wu, Nesa, Richard Coppins, (1981): *Linear Programming and Extensions*, McGraw-Hill.

索　　引

A

absorbing state	吸收性狀況	479
action courses	行動途徑	1
active variable	主變數	403
additivity	相加性	46,209
adequacy	合宜性	7
adjacent solution	相鄰解	223
adjoint matrix	伴隨方陣	54
algorithmic	算則式	6
alternatives	替代方案	492
approximation	近似	6
arc	弧	612
arrow network diagram	箭頭網路圖	610
artificial variable	人工變數	250
assignment problem	指派問題	383
associative law	結合律	28
augmented matrix	增廣矩陣	68
axiomatic probability	公設機率	125

B

backward-substitution	後向代入法	70
balanced problem	平衡型問題	384
basic column	基本行	81

basic feasible solution	基本可行解	246
basic matrix	基底矩陣	87
basic solution	基本解	87
basic variables	基本變數	91
Bayesian analysis	貝氏分析	511
Bayesian statistical inference	貝氏統計推論	146
Bayes' theorem	貝氏定律	146
best cell method	最佳空格法	389
beta distribution	貝他機率分配	619
big-M method	大M法	250
binomial coefficients	二項式係數	139
binomial theorem	二項式定理	139
Boole's inequality	布爾不等式	126
boundaries	邊際條件	18
branch	分支	514,612

C

canonical form	規範形式	319
certainty	確定性	492
chance	機遇	113,492
chance points	機遇點	512
choice	抉擇	492,512
choice points	抉擇點	512
classical probability	古典機率	114
coefficient matrix	係數矩陣	68
cofactor	餘因式	40
column	行	25
column expansion	行展開式	41

column vector	行向量	27
commutative law	交換律	28
complete solution	全解	78
component	分量	450
computer-oriented	電腦導向	610
consequences	結果	1,114,492
consistent	一致	86
constraint	限制式	18
continuity	連續	3
continuity correction	連續化校正值	185
controllable variable	可控變數	17
convex combination	凸組合	215
convex cone	凸錐體	217
convex polyhedron	凸方邊形	217
corner-point feasible solution	端點可行解	223
correlation coefficient	相關係數	165
countable additivity	可數相加性	125
covariance	共變數	162
Cramer's rule	柯拉謨法則	68
criterion of optimiism	樂觀準則	498
criterion of pessimism	悲觀準則	498
critical path method, CPM	要徑法	607

D

decision making	決策制訂	491
decision nodes	決策結點	512
decision table	決策表	493
decision theory	決策理論	114,492

decision tree	決策樹	512
decision variable	決策變數	208
degeneracy	退化	248
degenerate basic solution	退化的基本解	87
degree of confidence	程度大小	124
demand vector	需求向量	104
derivative	導數	39
determinant	行列式	40
deterministic model	確定模式	4
diagonal matrix	對角方陣	26
dimensionless quantity	無因次的量	165
divisibility	可除性	209
dominant strategy	優勢策略	546
dual form	對偶形式	316
duality	對偶性	313
dual problem	對偶問題	313
dummy activity	啞作業	614
dynamic	動態	6

E

earliest finish	最早完工	621
earliest start	最早開工	621
element	元素	25
elementary row operation	基本列運算	37
empirical probability	經驗機率	123
endogenous	內生變數	17
equivalent	同義	69
equivalent event	同義事件	150

event nodes	事件結點	512
evolution	演變	449
exact solution	確切解答	640
expected net gain from sampling, ENGS	抽樣的期望淨值	533
expected opportunity loss	期望機會損失	507
expected utility	期望效用	508
expected value	期望值	156
expected value of perfect information, EVPI	完全資訊的期望值	522
expected value of sample information, EVSI	樣本資訊的期望值	521
exponent	冪數	6
extensive	周延性	495
extreme point	端點	216
extremes	極端點	222
exogenous	外生變數	17

F

fair game	公平競賽	574
feasible alternative solution	可行對策	19
feasible region	可行域	220,223
feasible solution	可行解	220
finitely additivity	有限可加性	126
first differences	第一差額	390
full rank	全秩	37

G

game theory	對局理論、競賽理論	24,545
Gantt chart	甘特圖	607
Gantt project planning charts	甘特專案規劃圖	607
Gauss-Jordan triangularization process	高斯一焦丹三角化程序	54
generalized binomial coefficient	概化的二項式係數	141
general multiplication rule	廣義乘法法則	131
graphical method	圖解法	208
graph theory	圖形理論	24

H

heuristic	啟發式、自啟式	6,641
heuristic argument	啟發式論點	248
homogeneity	均一性	45
homogeneous equation	齊次方程式	69
Hungarian method	匈牙利法	416
Hurwicz criterion	賀威茲準則	498
hyperplane	超平面	216,219

I

identity matrix	單位方陣	26
ill-structured and not well defined	沒有良好的界定	11
immediately predecessor	立即前置作業	611
imperfect indicator	非完美指標	524
inconsistent	不一致	77
independence	獨立性	175
indicator	指標	512
indicator node	指示結點	512
infeasible solution	不可行解	220

infinite sample space	無限樣本空間	117
initial basic feasible solution	最初基本可行解	387
initial tableau	第一表	401
input-output analysis	投入一產出分析	102
integer programming	整數規劃	296
intensity vector	密度向量	105
intermediate tableau	中途表	401
invertible matrix	逆矩陣	56

L

lack of clustering	不聚集	175
late finish	晚結束	642
least cost method	最小成本法	387
limiting processes	極限過程	3
linear	線性	6
linear algebra	線性代數	23
linear combination	線性組合	35
linear model	線性模式	67
linear programming, LP	線性規劃	25,207
linearly dependent	線性相依	35
loop method	環路法	393

M

main diagonal	主對角線	26
marginal values	邊際價值	316
Markov process	馬可夫過程	449
Markov property	馬可夫性質	461
mathematical programming	數學規劃	208,634

matrix	矩陣	23
matrix of constants	常項矩陣	68
maximax	大中取大準則	498
maximin	小中取大準則	499
mean time between failures, MTBF	平均失效時間	494
mean value	平均數	156
mechanical efficiency	機械效率	494
method of Gaussian elimination	高斯消去法	70
method of Lagrange multiplier	拉氏乘數法	205
minimax	大中取小	500
minimax regret	大中取小遺憾值	503
minor	子行列式	40
mixed strategy	混合策略	546
model economics	模式經濟	25
modeling process	模式構建過程	11
modified distribution method, MODI	模式構建過程法	384
monotone property	單調性	126
multivariate	多變數	6
Murphy's law	莫非定律	113,499

N

net profit	淨利	494
network analysis technique	網路分析技術	607
network model	網路模式	607
node	結點	514,612
nonbasic matrix	非基底矩陣	87
nondegenerate basic solution	非退化的基本線	87
non-homogeneous equation	非齊次方程式	69

non-linear	非線性	6
non-negativity	非負性	209
non-pool-resource	非共用資源	640
nonsingular matrix	非特異矩陣	37
nontrivial solution	非顯明解	92
normal distribution	常態分配	178
northwest corner rule	西北角法則	387
null matrix	零矩陣	25

O

objective function	目標函數	208
opportunity loss	機會損失	424
opportunity cost	機會成本	417
optimal decision	最佳的決策	14
optimization model	最佳化模式	14
optimization procedure	最佳化程序	205
optimum solution	最佳解	205,223
order	階數	205
outcome	出象	113,492

P

parameter	參數	18,78,155
parsimony in paramenters	參數精簡性	7
particular solution	特殊解	78
partition	分割	143
partitioned matrix	分割矩陣	33
path probabilities	路徑機率	465
patternable	有跡可尋性	114

payoff	償付	492
penalty value	最大受罰值	390
perfect information	完全資訊	522
pivot column	樞轉行	253
pivot element	樞轉元素	255
pivot row	樞轉列	255
Poisson distribution	波氏分配	174
pool resource	共同資源	640
posterior probability	事後機率	511
post-optimality analysis	後最佳分析	335
preffered measure	偏好衡量	509
primal-dual relationship	原始一對偶關係	325
primal problem	原始問題	313
principle of insufficient reason	不充足理由法則	504
prior probability	先驗機率	114
prior probability estimates	事前機率估計值	511
probability distribution	機率分配	147
probability vector	機率向量	450
process of dependent trials	相依變動過程	449
process of independent trials	獨立變動過程	449
productive	生產性	105
profit margin	利潤邊際	335
program	方案	209
program evaluation and review technique, PERT	計畫評核術	607
programming	規劃	209
project planning	專案規劃	607
proportionality	比例性	209

pure strategy	單純策略	546

Q

quadratic programming	二次規劃	296
qualitative	定性地	148
quantitative	定量地	148

R

random experiments	隨機試驗	5,113
random variable	隨機變數	114,147
random-walk problem	隨機漫步問題	464
range space	值域	149
recessive strategy	引退策略	546
reduced row echelon form	最簡列梯形	80
reduced sample space	緊縮樣本空間	129
region	區域	222
region of definition	定義域	222
regular Markov chain	正規馬可夫鏈	476
regular stochastic matrix	正規隨機矩陣	458
relative frequency diagram	相對次數圖	147
reliability probability	可靠度機率	494
repeatable	可重複性	114
reproductive property	再生性	189
resource allocation problem	資源配置問題	639
resource levelling	資源平準化	642
resource smoothing	資源平滑化	642
return of investment	投資回收率	494
risk	風險	492

risk avoider	風險逃避者	509
risk neutral	風險中立者	509
risk seeker	風險追求者	509
row	列	25
row echelon form	列梯形	80
row echelon matrix	列矩陣	80
row equivalent	列同義	37
row expansion	列展開式	41
row vector	列向量	27

S

saddle point	鞍點	554
Savage criterion	沙凡奇準則	498
scalar	純量	76
scalar matrix	純量方陣	26
sensitivity analysis	敏感性分析	9,19,335
sequence	序列	125
shadow prices	影子價格	316,357
simple point	樣本點	115
simple space	樣本空間	115
simplex method	單形法	36,208,245
simplicity	簡潔性	7
singular matrix	特異矩陣	37
slack activity	虛作業	410
slack variable	惰變數	246,388
solution set	解集合	68
square matrix	方陣	25
standard deviation	標準差	161

standardization	標準化	180
state	狀況	449
states of nature	本性狀況	495
static	靜態	6
stationary distribution	穩定分布	477
statistical probability	統計的機率	123
steady-state vector	穩定狀態向量	451
stepping stone method	踏石法	384
Stirling formula	史迪林公式	140
stochastic matrix	隨機矩陣	450
stochastic model	隨機模式	4
stochastic process	隨機過程	449
strategy	策略	492
strictly determined game	嚴格旣定型	553
strong duality property	強對偶性質	325
subjective probability	主觀機率	114
submatrices	子矩陣	409
substitution coefficient	替代係數	210
surplus variable	剩餘變數	246
system of interest	小系統	8

T

tableau	表列	248
technological coefficient	技術係數	210
the inverse	逆方陣	57
theorem of compound probability	複合機率定理	131
theory of game of strategy	競賽策略理論	545
total float	總寬裕量	642

total probability	全機率	144
transition diagram	轉移圖型	461
transition probability	轉移機率	461
transportation problem	運輸問題	383
transpose matrix	轉置矩陣	32,409
transshipment problem	轉運問題	408
trial and error	試誤法	1
trivial solution	顯明解	92
two-person zero sum game	二人零和競賽	549
two-phase method	二階段法	250,289

U

uncertainty	不確定性	492
unconditional probability	非條件機率	143
undefined	未定義	129
uncontrollable variable	不可控變數	17
unit cost saving	單位成本節省	494
univariate	單變數	6
unpredictable	不可預測性	114
unrestricted variable	未受限變數	286
user friendly	親和力	296

V

validation	驗證	11
validity	有效性	18
Volgel's approximation method' VAM	佛格爾近似法	387

W

weak duality property	弱對偶性質	325
weighted average	加權平均	156
well-defined	良好界定	16

Z

zero matrix	零矩陣	25

附錄

表 A.1　標準常態分布的百分位和累計機率

(a)　累計機率

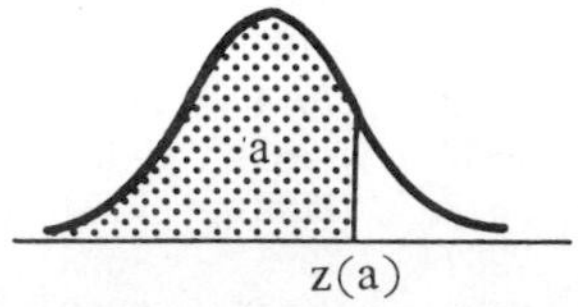

Z	0	1	2	3	4	5	6	7	8	9
-3.	.0013	.0010	.0007	.0005	.0003	.0002	.0002	.0001	.0001	.0000
-2.9	.0019	.0018	.0017	.0017	.0016	.0016	.0015	.0015	.0014	.0014
2.8	.0026	.0025	.0024	.0023	.0023	.0022	.0021	.0021	.0020	.0019
-2.7	.0035	.0034	.0033	.0032	.0031	.0030	.0029	.0028	.0027	.0026
-2.6	.0047	.0045	.0044	.0043	.0041	.0040	.0039	.0038	.0037	.0036
-2.5	.0062	.0060	.0059	.0057	.0055	.0054	.0052	.0051	.0049	.0048
-2.4	.0082	.0080	.0078	.0075	.0073	.0071	.0069	.0068	.0066	.0064
-2.3	.0107	.0104	.0102	.0099	.0096	.0094	.0091	.0089	.0087	.0084
-2.2	.0139	.0136	.0132	.0129	.0126	.0122	.0119	.0116	.0113	.0110
-2.1	.0179	.0174	.0170	.0166	.0162	.0158	.0154	.0150	.0146	.0143
-2.0	.0228	.0222	.0217	.0212	.0207	.0202	.0197	.0192	.0188	.0183
-1.9	.0287	.0281	.0274	.0268	.0262	.0256	.0250	.0244	.0238	.0233
-1.8	.0359	.0352	.0344	.0336	.0329	.0322	.0314	.0307	.0300	.0294
-1.7	.0446	.0436	.0427	.0418	.0409	.0401	.0391	.0384	.0375	.0367
-1.6	.0548	.0537	.0526	.0516	.0505	.0495	.0485	.0475	.0465	.0455
-1.5	.0668	.0655	.0643	.0630	.0618	.0606	.0594	.0582	.0570	.0559
-1.4	.0808	.0793	.0778	.0764	.0749	.0735	.0722	.0708	.0694	.0681
-1.3	.0968	.0951	.0934	.0918	.0901	.0885	.0869	.0853	.0838	.0823
-1.2	.1151	.1131	.1112	.1093	.1075	.1056	.1038	.1020	.1003	.0985
-1.1	.1357	.1335	.1314	.1292	.1271	.1251	.1230	.1210	.1190	.1170
-1.0	.1587	.1562	.1539	.1515	.1492	.1469	.1446	.1423	.1401	.1379
-0.9	.1841	.1814	.1788	.1762	.1736	.1711	.1685	.1660	.1635	.1611
-0.8	.2119	.2090	.2061	.2033	.2005	.1977	.1949	.1922	.1894	.1867
-0.7	.2420	.2389	.2358	.2327	.2297	.2266	.2236	.2206	.2177	.2148
-0.6	.2743	.2709	.2676	.2643	.2611	.2578	.2546	.2514	.2483	.2451
-0.5	.3085	.3050	.3015	.2981	.2946	.2912	.2877	.2843	.2810	.2776
-0.4	.3446	.3409	.3372	.3336	.3300	.3264	.3228	.3192	.3156	.3121
-0.3	.3821	.3783	.3745	.3707	.3669	.3632	.3594	.3557	.3520	.3483
-0.2	.4207	.4168	.4129	.4090	.4052	.4013	.3974	.3936	.3897	.3859
-0.1	.4602	.4562	.4522	.4483	.4443	.4404	.4364	.4325	.4286	.4247
-0.0	.5000	.4960	.4920	.4880	.4840	.4801	.4761	.4721	.4681	.4641

表A.1（續）

Z	0	1	2	3	4	5	6	7	8	9
0.0	.5000	.5040	.5080	.5120	.5160	.5199	.5239	.5279	.5319	.5359
0.1	.5398	.5438	.5478	.5517	.5557	.5596	.5636	.5675	.5714	.5753
0.2	.5793	.5832	.5871	.5910	.5948	.5987	.6026	.6064	.6103	.6141
0.3	.6179	.6217	.6255	.6293	.6331	.6368	.6406	.6443	.6480	.6517
0.4	.6554	.6591	.6628	.6664	.6700	.6736	.6772	.6808	.6844	.6879
0.5	.6915	.6950	.6985	.7019	.7054	.7088	.7123	.7157	.7190	.7224
0.6	.7257	.7291	.7324	.7357	.7389	.7422	.7454	.7486	.7517	.7549
0.7	.7580	.7611	.7642	.7673	.7703	.7734	.7764	.7794	.7823	.7852
0.8	.7881	.7910	.7939	.7967	.7995	.8023	.8051	.8078	.8106	.8133
0.9	.8159	.8186	.8212	.8238	.8264	.8289	.9315	.8340	.8365	.8389
1.0	.8413	.8438	.8461	.8485	.8508	.8531	.8554	.8577	.8599	.8621
1.1	.8643	.8665	.8686	.8708	.8729	.8749	.8770	.8790	.8810	.8830
1.2	.8849	.8869	.8888	.8907	.8925	.8944	.8962	.8980	.8997	.9015
1.3	.9032	.9049	.9066	.9082	.9099	.9115	.9131	.9147	.9162	.9177
1.4	.9192	.9207	.9222	.9236	.9251	.9265	.9278	.9292	.9306	.9319
1.5	.9332	.9345	.9357	.9370	.9382	.9394	.9406	.9418	.9430	.9441
1.6	.9452	.9463	.9474	.9484	.9495	.9505	.9515	.9525	.9535	.9545
1.7	.9554	.9564	.9573	.9582	.9591	.9599	.9608	.9616	.9625	.9633
1.8	.9641	.9648	.9656	.9664	.9671	.9678	.9686	.9693	.9700	.9706
1.9	.9713	.9719	.9726	.9732	.9738	.9744	.9750	.9756	.9762	.9767
2.0	.9772	.9778	.9783	.9788	.9793	.9798	.9803	.9808	.9812	.9817
2.1	.9821	.9826	.9830	.9834	.9838	.9842	.9846	.9850	.9854	.9857
2.2	.9861	.9864	.9868	.9871	.9874	.9878	.9881	.9884	.9887	.9890
2.3	.9893	.9896	.9898	.9901	.9904	.9906	.9909	.9911	.9913	.9916
2.4	.9918	.9920	.9922	.9925	.9927	.9929	.9931	.9932	.9934	.9936
2.5	.9938	.9940	.9941	.9943	.9945	.9946	.9948	.9949	.9951	.9952
2.6	.9953	.9955	.9956	.9957	.9959	.9960	.9961	.9962	.9963	.9964
2.7	.9965	.9966	.9967	.9968	.9969	.9970	.9971	.9972	.9973	.9974
2.8	.9974	.9975	.9976	.9977	.9977	.9978	.9979	.9979	.9980	.9981
2.9	.9981	.9982	.9982	.9983	.9984	.9984	.9985	.9985	.9986	.9986
3.	.9987	.9990	.9993	.9995	.9997	.9998	.9998	.9999	.9999	1.0000

(b) 常用特定百分位

a:	.10	.05	.025	.02	.01	.005	.001
z(a):	-1.282	-1.645	-1.960	-2.054	-2.326	-2.576	-3.090
a:	.90	.95	.975	.98	.99	.995	.999
z(a):	1.282	1.645	1.960	2.054	2.326	2.576	3.090

例如：$P(Z \leqslant 1.96) = 0.9750$，故$Z(0.9750) = 1.96$

表 A.2　二項分布機率值

表內爲機率 $P(X=x)=\binom{n}{x}P^{x}(1-P)^{n-x}$

n	x	.01	.02	.03	.04	.05	.06	.07	.08	.09	
		P									
2	0	0.9801	0.9604	0.9409	0.9216	0.9025	0.8836	0.8649	0.8464	0.8281	2
	1	0.0198	0.0392	0.0582	0.0768	0.0950	0.1128	0.1302	0.1472	0.1638	1
	2	0.0001	0.0004	0.0009	0.0016	0.0025	0.0036	0.0049	0.0064	0.0081	0 2
3	0	0.9703	0.9412	0.9127	0.8847	0.8574	0.8306	0.8044	0.7787	0.7536	3
	1	0.0294	0.0576	0.0847	0.1106	0.1354	0.1590	0.1816	0.2031	0.2236	2
	2	0.0003	0.0012	0.0026	0.0046	0.0071	0.0102	0.0137	0.0177	0.0221	1
	3	0.0000	0.0000	0.0000	0.0001	0.0001	0.0002	0.0003	0.0005	0.0007	0 3
4	0	0.9606	0.9224	0.8853	0.8493	0.8145	0.7807	0.7481	0.7164	0.6857	4
	1	0.0388	0.0753	0.1095	0.1416	0.1715	0.1993	0.2252	0.2492	0.2713	3
	2	0.0006	0.0023	0.0051	0.0088	0.0135	0.0191	0.0254	0.0325	0.0402	2
	3	0.0000	0.0000	0.0001	0.0002	0.0005	0.0008	0.0013	0.0019	0.0027	1
	4	0.0000	0.0000	0.0000	0.0000	0.0000	0.0000	0.0000	0.0000	0.0001	0 4
5	0	0.9510	0.9039	0.8587	0.8154	0.7738	0.7339	0.6957	0.6591	0.6240	5
	1	0.0480	0.0922	0.1328	0.1699	0.2036	0.2342	0.2618	0.2866	0.3086	4
	2	0.0010	0.0038	0.0082	0.0142	0.0214	0.0299	0.0394	0.0498	0.0610	3
	3	0.0000	0.0001	0.0003	0.0006	0.0011	0.0019	0.0030	0.0043	0.0060	2
	4	0.0000	0.0000	0.0000	0.0000	0.0000	0.0001	0.0001	0.0002	0.0003	1
	5	0.0000	0.0000	0.0000	0.0000	0.0000	0.0000	0.0000	0.0000	0.0000	0 5
6	0	0.9415	0.8858	0.8330	0.7828	0.7351	0.6899	0.6470	0.6064	0.5679	6
	1	0.0571	0.1085	0.1546	0.1957	0.2321	0.2642	0.2922	0.3164	0.3370	5
	2	0.0014	0.0055	0.0120	0.0204	0.0305	0.0422	0.0550	0.0688	0.0833	4
	3	0.0000	0.0002	0.0005	0.0011	0.0021	0.0036	0.0055	0.0080	0.0110	3
	4	0.0000	0.0000	0.0000	0.0000	0.0001	0.0002	0.0003	0.0005	0.0008	2
	5	0.0000	0.0000	0.0000	0.0000	0.0000	0.0000	0.0000	0.0000	0.0000	1
	6	0.0000	0.0000	0.0000	0.0000	0.0000	0.0000	0.0000	0.0000	0.0000	0 6
7	0	0.9321	0.8681	0.8080	0.7514	0.6983	0.6485	0.6017	0.5578	0.5168	7
	1	0.0659	0.1240	0.1749	0.2192	0.2573	0.2897	0.3170	0.3396	0.3578	6
	2	0.0020	0.0076	0.0162	0.0274	0.0406	0.0555	0.0716	0.0886	0.1061	5
	3	0.0000	0.0003	0.0008	0.0019	0.0036	0.0059	0.0090	0.0128	0.0175	4
	4	0.0000	0.0000	0.0000	0.0001	0.0002	0.0004	0.0007	0.0011	0.0017	3
	5	0.0000	0.0000	0.0000	0.0000	0.0000	0.0000	0.0000	0.0001	0.0001	2
	6	0.0000	0.0000	0.0000	0.0000	0.0000	0.0000	0.0000	0.0000	0.0001	1
	7	0.0000	0.0000	0.0000	0.0000	0.0000	0.0000	0.0000	0.0000	0.0000	0 7
8	0	0.9227	0.8508	0.7837	0.7214	0.6634	0.6096	0.5596	0.5132	0.4703	8
	1	0.0746	0.1389	0.1939	0.2405	0.2793	0.3113	0.3370	0.3570	0.3721	7
	2	0.0026	0.0099	0.0210	0.0351	0.0515	0.0695	0.0888	0.1087	0.1288	6
	3	0.0001	0.0004	0.0013	0.0029	0.0054	0.0089	0.0134	0.0189	0.0255	5
	4	0.0000	0.0000	0.0001	0.0002	0.0004	0.0007	0.0013	0.0021	0.0031	4
	5	0.0000	0.0000	0.0000	0.0000	0.0000	0.0000	0.0001	0.0001	0.0002	3
	6	0.0000	0.0000	0.0000	0.0000	0.0000	0.0000	0.0000	0.0000	0.0000	2
	7	0.0000	0.0000	0.0000	0.0000	0.0000	0.0000	0.0000	0.0000	0.0000	1
	8	0.0000	0.0000	0.0000	0.0000	0.0000	0.0000	0.0000	0.0000	0.0000	0 8
9	0	0.9135	0.8337	0.7602	0.6925	0.6302	0.5730	0.5204	0.4722	0.4279	9
	1	0.0830	0.1531	0.2116	0.2597	0.2985	0.3292	0.3525	0.3695	0.3809	8
	2	0.0034	0.0125	0.0262	0.0433	0.0629	0.0840	0.1061	0.1285	0.1507	7
	3	0.0001	0.0006	0.0019	0.0042	0.0077	0.0125	0.0186	0.0261	0.0348	6
	4	0.0000	0.0000	0.0001	0.0003	0.0006	0.0012	0.0021	0.0034	0.0052	5
	5	0.0000	0.0000	0.0000	0.0000	0.0000	0.0001	0.0002	0.0003	0.0005	4
	6	0.0000	0.0000	0.0000	0.0000	0.0000	0.0000	0.0000	0.0000	0.0000	3
	7	0.0000	0.0000	0.0000	0.0000	0.0000	0.0000	0.0000	0.0000	0.0000	2
	8	0.0000	0.0000	0.0000	0.0000	0.0000	0.0000	0.0000	0.0000	0.0000	1
	9	0.0000	0.0000	0.0000	0.0000	0.0000	0.0000	0.0000	0.0000	0.0000	0 9
		.99	.98	.97	.96	.95	.94	.93	.92	.91	x n
		P									

表 A.2 二項分布機率值（續上）

		P										
n	x	.10	.15	.20	.25	.30	.35	.40	.45	.50		
2	0	0.8100	0.7225	0.6400	0.5625	0.4900	0.4225	0.3600	0.3025	0.2500	2	
	1	0.1800	0.2550	0.3200	0.3750	0.4200	0.4550	0.4800	0.4950	0.5000	1	
	2	0.0100	0.0225	0.0400	0.0625	0.0900	0.1225	0.1600	0.2025	0.2500	0	2
3	0	0.7290	0.6141	0.5120	0.4219	0.3430	0.2746	0.2160	0.1664	0.1250	3	
	1	0.2430	0.3251	0.3840	0.4219	0.4410	0.4436	0.4320	0.4084	0.3750	2	
	2	0.0270	0.0574	0.0960	0.1406	0.1890	0.2389	0.2880	0.3341	0.3750	1	
	3	0.0010	0.0034	0.0080	0.0156	0.0270	0.0429	0.0640	0.0911	0.1250	0	3
4	0	0.6561	0.5220	0.4096	0.3164	0.2401	0.1785	0.1296	0.0915	0.0625	4	
	1	0.2916	0.3685	0.4096	0.4219	0.4116	0.3845	0.3456	0.2995	0.2500	3	
	2	0.0486	0.0975	0.1536	0.2109	0.2646	0.3105	0.3456	0.3675	0.3750	2	
	3	0.0036	0.0115	0.0256	0.0469	0.0756	0.1115	0.1536	0.2005	0.2500	1	
	4	0.0001	0.0005	0.0016	0.0039	0.0081	0.0150	0.0256	0.0410	0.0625	0	4
5	0	0.5905	0.4437	0.3277	0.2373	0.1681	0.1160	0.0778	0.0503	0.0312	5	
	1	0.3280	0.3915	0.4096	0.3955	0.3601	0.3124	0.2592	0.2059	0.1562	4	
	2	0.0729	0.1382	0.2048	0.2637	0.3087	0.3364	0.3456	0.3369	0.3125	3	
	3	0.0081	0.0244	0.0512	0.0879	0.1323	0.1811	0.2304	0.2757	0.3125	2	
	4	0.0004	0.0022	0.0064	0.0146	0.0283	0.0488	0.0768	0.1128	0.1562	1	
	5	0.0000	0.0001	0.0003	0.0010	0.0024	0.0053	0.0102	0.0185	0.0312	0	5
6	0	0.5314	0.3771	0.2621	0.1780	0.1176	0.0754	0.0467	0.0277	0.0156	6	
	1	0.3543	0.3993	0.3932	0.3560	0.3025	0.2437	0.1866	0.1359	0.0938	5	
	2	0.0984	0.1762	0.2458	0.2966	0.3241	0.3280	0.3110	0.2780	0.2344	4	
	3	0.0146	0.0415	0.0819	0.1318	0.1852	0.2355	0.2765	0.3032	0.3125	3	
	4	0.0012	0.0055	0.0154	0.0330	0.0595	0.0951	0.1382	0.1861	0.2344	2	
	5	0.0001	0.0004	0.0015	0.0044	0.0102	0.0205	0.0369	0.0609	0.0938	1	
	6	0.0000	0.0000	0.0001	0.0002	0.0007	0.0018	0.0041	0.0083	0.0156	0	6
7	0	0.4783	0.3206	0.2097	0.1335	0.0824	0.0490	0.0280	0.0125	0.0078	7	
	1	0.3720	0.3960	0.3670	0.3115	0.2471	0.1848	0.1306	0.0872	0.0547	6	
	2	0.1240	0.2097	0.2753	0.3115	0.3177	0.2985	0.2613	0.2140	0.1641	5	
	3	0.0230	0.0617	0.1147	0.1730	0.2269	0.2679	0.2903	0.2918	0.2734	4	
	4	0.0026	0.0109	0.0287	0.0577	0.0972	0.1442	0.1935	0.2388	0.2734	3	
	5	0.0002	0.0012	0.0043	0.0115	0.0250	0.0466	0.0774	0.1172	0.1641	2	
	6	0.0000	0.0001	0.0004	0.0013	0.0036	0.0084	0.0172	0.0320	0.0547	1	
	7	0.0000	0.0000	0.0000	0.0001	0.0002	0.0006	0.0016	0.0037	0.0078	0	7
8	0	0.4305	0.2725	0.1678	0.1001	0.0576	0.0319	0.0168	0.0084	0.0039	8	
	1	0.3826	0.3847	0.3355	0.2670	0.1977	0.1373	0.0896	0.0548	0.0312	7	
	2	0.1488	0.2376	0.2936	0.3115	0.2965	0.2587	0.2090	0.1569	0.1094	6	
	3	0.0331	0.0839	0.1468	0.2076	0.2541	0.2786	0.2787	0.2568	0.2188	5	
	4	0.0046	0.0185	0.0459	0.0865	0.1361	0.1875	0.2322	0.2627	0.2734	4	
	5	0.0004	0.0026	0.0092	0.0231	0.0467	0.0808	0.1239	0.1719	0.2188	3	
	6	0.0000	0.0002	0.0011	0.0038	0.0100	0.0217	0.0413	0.0703	0.1094	2	
	7	0.0000	0.0000	0.0001	0.0004	0.0012	0.0033	0.0079	0.0164	0.0312	1	
	8	0.0000	0.0000	0.0000	0.0000	0.0001	0.0002	0.0007	0.0017	0.0039	0	8
9	0	0.3874	0.2316	0.1342	0.0751	0.0404	0.0207	0.0101	0.0046	0.0020	9	
	1	0.3874	0.3679	0.3020	0.2253	0.1556	0.1004	0.0605	0.0339	0.0176	8	
	2	0.1722	0.2597	0.3020	0.3003	0.2668	0.2162	0.1612	0.1110	0.0703	7	
	3	0.0446	0.1069	0.1762	0.2336	0.2668	0.2716	0.2508	0.2119	0.1641	6	
	4	0.0074	0.0283	0.0661	0.1168	0.1715	0.2194	0.2508	0.2600	0.2461	5	
	5	0.0008	0.0050	0.0165	0.0389	0.0735	0.1181	0.1672	0.2128	0.2461	4	
	6	0.0001	0.0006	0.0028	0.0087	0.0210	0.0424	0.0743	0.1160	0.1641	3	
	7	0.0000	0.0000	0.0003	0.0012	0.0039	0.0098	0.0212	0.0407	0.0703	2	
	8	0.0000	0.0000	0.0000	0.0001	0.0004	0.0013	0.0035	0.0083	0.0176	1	
	9	0.0000	0.0000	0.0000	0.0000	0.0000	0.0001	0.0003	0.0008	0.0020	0	9
		.90	.85	.80	.75	.70	.65	.60	.55	.50	x	n
		P										

表 A.2　二項分布機率值（續上）

n	x	.01	.02	.03	.04	.05	.06	.07	.08	.09	
10	0	0.9044	0.8171	0.7374	0.6648	0.5987	0.5386	0.4840	0.4344	0.3894	10
	1	0.0914	0.1667	0.2281	0.2770	0.3151	0.3438	0.3643	0.3777	0.3851	9
	2	0.0042	0.0153	0.0317	0.0519	0.0746	0.0988	0.1234	0.1478	0.1714	8
	3	0.0001	0.0008	0.0026	0.0058	0.0105	0.0168	0.0248	0.0343	0.0452	7
	4	0.0000	0.0000	0.0001	0.0004	0.0010	0.0019	0.0033	0.0052	0.0078	6
	5	0.0000	0.0000	0.0000	0.0000	0.0001	0.0001	0.0003	0.0005	0.0009	5
	6	0.0000	0.0000	0.0000	0.0000	0.0000	0.0000	0.0000	0.0000	0.0001	4
	7	0.0000	0.0000	0.0000	0.0000	0.0000	0.0000	0.0000	0.0000	0.0000	3
	8	0.0000	0.0000	0.0000	0.0000	0.0000	0.0000	0.0000	0.0000	0.0000	2
	9	0.0000	0.0000	0.0000	0.0000	0.0000	0.0000	0.0000	0.0000	0.0000	1
	10	0.0000	0.0000	0.0000	0.0000	0.0000	0.0000	0.0000	0.0000	0.0000	0 10
12	0	0.8864	0.7847	0.6938	0.6127	0.5404	0.4759	0.4186	0.3677	0.3225	12
	1	0.1074	0.1922	0.2575	0.3064	0.3413	0.3645	0.3781	0.3837	0.3827	11
	2	0.0060	0.0216	0.0438	0.0702	0.0988	0.1280	0.1565	0.1835	0.2082	10
	3	0.0002	0.0015	0.0045	0.0098	0.0173	0.0272	0.0393	0.0532	0.0686	9
	4	0.0000	0.0001	0.0003	0.0009	0.0021	0.0039	0.0067	0.0104	0.0153	8
	5	0.0000	0.0000	0.0000	0.0001	0.0002	0.0004	0.0008	0.0014	0.0024	7
	6	0.0000	0.0000	0.0000	0.0000	0.0000	0.0000	0.0001	0.0001	0.0003	6
	7	0.0000	0.0000	0.0000	0.0000	0.0000	0.0000	0.0000	0.0000	0.0000	5
	8	0.0000	0.0000	0.0000	0.0000	0.0000	0.0000	0.0000	0.0000	0.0000	4
	9	0.0000	0.0000	0.0000	0.0000	0.0000	0.0000	0.0000	0.0000	0.0000	3
	10	0.0000	0.0000	0.0000	0.0000	0.0000	0.0000	0.0000	0.0000	0.0000	2
	11	0.0000	0.0000	0.0000	0.0000	0.0000	0.0000	0.0000	0.0000	0.0000	1
	12	0.0000	0.0000	0.0000	0.0000	0.0000	0.0000	0.0000	0.0000	0.0000	0 12
15	0	0.8601	0.7386	0.6333	0.5421	0.4633	0.3953	0.3367	0.2863	0.2430	15
	1	0.1303	0.2261	0.2938	0.3388	0.3658	0.3785	0.3801	0.3734	0.3605	14
	2	0.0092	0.0323	0.0636	0.0988	0.1348	0.1691	0.2003	0.2273	0.2496	13
	3	0.0004	0.0029	0.0085	0.0178	0.0307	0.0468	0.0653	0.0857	0.1070	12
	4	0.0000	0.0002	0.0008	0.0022	0.0049	0.0090	0.0148	0.0223	0.0317	11
	5	0.0000	0.0000	0.0001	0.0002	0.0006	0.0013	0.0024	0.0043	0.0069	10
	6	0.0000	0.0000	0.0000	0.0000	0.0000	0.0001	0.0003	0.0006	0.0011	9
	7	0.0000	0.0000	0.0000	0.0000	0.0000	0.0000	0.0000	0.0001	0.0001	8
	8	0.0000	0.0000	0.0000	0.0000	0.0000	0.0000	0.0000	0.0000	0.0000	7
	9	0.0000	0.0000	0.0000	0.0000	0.0000	0.0000	0.0000	0.0000	0.0000	6
	10	0.0000	0.0000	0.0000	0.0000	0.0000	0.0000	0.0000	0.0000	0.0000	5
	11	0.0000	0.0000	0.0000	0.0000	0.0000	0.0000	0.0000	0.0000	0.0000	4
	12	0.0000	0.0000	0.0000	0.0000	0.0000	0.0000	0.0000	0.0000	0.0000	3
	13	0.0000	0.0000	0.0000	0.0000	0.0000	0.0000	0.0000	0.0000	0.0000	2
	14	0.0000	0.0000	0.0000	0.0000	0.0000	0.0000	0.0000	0.0000	0.0000	1
	15	0.0000	0.0000	0.0000	0.0000	0.0000	0.0000	0.0000	0.0000	0.0000	0 15
20	0	0.8179	0.6676	0.5438	0.4420	0.3585	0.2901	0.2342	0.1887	0.1516	20
	1	0.1652	0.2725	0.3364	0.3683	0.3774	0.3703	0.3526	0.3282	0.3000	19
	2	0.0159	0.0528	0.0988	0.1458	0.1887	0.2246	0.2521	0.2711	0.2818	18
	3	0.0010	0.0065	0.0183	0.0364	0.0596	0.0860	0.1139	0.1414	0.1672	17
	4	0.0000	0.0006	0.0024	0.0065	0.0133	0.0233	0.0364	0.0523	0.0703	16
	5	0.0000	0.0000	0.0002	0.0009	0.0022	0.0048	0.0088	0.0145	0.0222	15
	6	0.0000	0.0000	0.0000	0.0001	0.0003	0.0008	0.0017	0.0032	0.0055	14
	7	0.0000	0.0000	0.0000	0.0000	0.0000	0.0001	0.0002	0.0005	0.0011	13
	8	0.0000	0.0000	0.0000	0.0000	0.0000	0.0000	0.0000	0.0001	0.0002	12
	9	0.0000	0.0000	0.0000	0.0000	0.0000	0.0000	0.0000	0.0000	0.0000	11
	10	0.0000	0.0000	0.0000	0.0000	0.0000	0.0000	0.0000	0.0000	0.0000	10
	11	0.0000	0.0000	0.0000	0.0000	0.0000	0.0000	0.0000	0.0000	0.0000	9
	12	0.0000	0.0000	0.0000	0.0000	0.0000	0.0000	0.0000	0.0000	0.0000	8
	13	0.0000	0.0000	0.0000	0.0000	0.0000	0.0000	0.0000	0.0000	0.0000	7
	14	0.0000	0.0000	0.0000	0.0000	0.0000	0.0000	0.0000	0.0000	0.0000	6
	15	0.0000	0.0000	0.0000	0.0000	0.0000	0.0000	0.0000	0.0000	0.0000	5
	16	0.0000	0.0000	0.0000	0.0000	0.0000	0.0000	0.0000	0.0000	0.0000	4
	17	0.0000	0.0000	0.0000	0.0000	0.0000	0.0000	0.0000	0.0000	0.0000	3
	18	0.0000	0.0000	0.0000	0.0000	0.0000	0.0000	0.0000	0.0000	0.0000	2
	19	0.0000	0.0000	0.0000	0.0000	0.0000	0.0000	0.0000	0.0000	0.0000	1
	20	0.0000	0.0000	0.0000	0.0000	0.0000	0.0000	0.0000	0.0000	0.0000	0 20
		.99	.98	.97	.96	.95	.94	.93	.92	.91	x n
						p					

表 A.2 二項分布機率值（續上）

n	x	p .10	.15	.20	.25	.30	.35	.40	.45	.50		
10	0	0.3487	0.1969	0.1074	0.0563	0.0282	0.0135	0.0060	0.0025	0.0010	10	
	1	0.3874	0.3474	0.2684	0.1877	0.1211	0.0725	0.0403	0.0207	0.0098	9	
	2	0.1937	0.2759	0.3020	0.2816	0.2335	0.1757	0.1209	0.0763	0.0439	8	
	3	0.0574	0.1298	0.2013	0.2503	0.2668	0.2522	0.2150	0.1665	0.1172	7	
	4	0.0112	0.0401	0.0881	0.1460	0.2001	0.2377	0.2508	0.2384	0.2051	6	
	5	0.0015	0.0085	0.0264	0.0584	0.1029	0.1536	0.2007	0.2340	0.2461	5	
	6	0.0001	0.0012	0.0055	0.0162	0.0368	0.0689	0.1115	0.1596	0.2051	4	
	7	0.0000	0.0001	0.0008	0.0031	0.0090	0.0212	0.0425	0.0746	0.1172	3	
	8	0.0000	0.0000	0.0001	0.0004	0.0014	0.0043	0.0106	0.0229	0.0439	2	
	9	0.0000	0.0000	0.0000	0.0000	0.0001	0.0005	0.0016	0.0042	0.0098	1	
	10	0.0000	0.0000	0.0000	0.0000	0.0000	0.0000	0.0001	0.0003	0.0010	0	10
12	0	0.2824	0.1422	0.0687	0.0317	0.0138	0.0057	0.0022	0.0008	0.0002	12	
	1	0.3766	0.3012	0.2062	0.1267	0.0712	0.0368	0.0174	0.0075	0.0029	11	
	2	0.2301	0.2924	0.2835	0.2323	0.1678	0.1088	0.0639	0.0339	0.0161	10	
	3	0.0852	0.1720	0.2362	0.2581	0.2397	0.1954	0.1419	0.0923	0.0537	9	
	4	0.0213	0.0683	0.1329	0.1936	0.2311	0.2367	0.2128	0.1700	0.1208	8	
	5	0.0038	0.0193	0.0532	0.1032	0.1585	0.2039	0.2270	0.2225	0.1934	7	
	6	0.0005	0.0040	0.0155	0.0401	0.0792	0.1281	0.1766	0.2124	0.2256	6	
	7	0.0000	0.0006	0.0033	0.0115	0.0291	0.0591	0.1009	0.1489	0.1934	5	
	8	0.0000	0.0001	0.0005	0.0024	0.0078	0.0199	0.0420	0.0762	0.1208	4	
	9	0.0000	0.0000	0.0001	0.0004	0.0015	0.0048	0.0125	0.0277	0.0537	3	
	10	0.0000	0.0000	0.0000	0.0000	0.0002	0.0008	0.0025	0.0068	0.0161	2	
	11	0.0000	0.0000	0.0000	0.0000	0.0000	0.0001	0.0003	0.0010	0.0029	1	
	12	0.0000	0.0000	0.0000	0.0000	0.0000	0.0000	0.0000	0.0001	0.0002	0	12
15	0	0.2059	0.0874	0.0352	0.0134	0.0047	0.0016	0.0005	0.0001	0.0000	15	
	1	0.3432	0.2312	0.1319	0.0668	0.0305	0.0126	0.0047	0.0016	0.0005	14	
	2	0.2669	0.2856	0.2309	0.1559	0.0916	0.0476	0.0219	0.0090	0.0032	13	
	3	0.1286	0.2184	0.2501	0.2252	0.1700	0.1110	0.0634	0.0318	0.0139	12	
	4	0.0428	0.1156	0.1876	0.2252	0.2186	0.1792	0.1268	0.0780	0.0417	11	
	5	0.0105	0.0449	0.1032	0.1651	0.2061	0.2123	0.1859	0.1404	0.0916	10	
	6	0.0019	0.0132	0.0430	0.0917	0.1472	0.1906	0.2066	0.1914	0.1527	9	
	7	0.0003	0.0030	0.0138	0.0393	0.0811	0.1319	0.1771	0.2013	0.1964	8	
	8	0.0000	0.0005	0.0035	0.0131	0.0348	0.0710	0.1181	0.1647	0.1964	7	
	9	0.0000	0.0001	0.0007	0.0034	0.0116	0.0298	0.0612	0.1048	0.1527	6	
	10	0.0000	0.0000	0.0001	0.0007	0.0030	0.0096	0.0245	0.0515	0.0916	5	
	11	0.0000	0.0000	0.0000	0.0001	0.0006	0.0024	0.0074	0.0191	0.0417	4	
	12	0.0000	0.0000	0.0000	0.0000	0.0001	0.0004	0.0016	0.0052	0.0139	3	
	13	0.0000	0.0000	0.0000	0.0000	0.0000	0.0001	0.0003	0.0010	0.0032	2	
	14	0.0000	0.0000	0.0000	0.0000	0.0000	0.0000	0.0000	0.0001	0.0005	1	
	15	0.0000	0.0000	0.0000	0.0000	0.0000	0.0000	0.0000	0.0000	0.0000	0	15
20	0	0.1216	0.0388	0.0115	0.0032	0.0008	0.0002	0.0000	0.0000	0.0000	20	
	1	0.2702	0.1368	0.0576	0.0211	0.0068	0.0020	0.0005	0.0001	0.0000	19	
	2	0.2852	0.2293	0.1369	0.0669	0.0278	0.0100	0.0031	0.0008	0.0002	18	
	3	0.1901	0.2428	0.2054	0.1339	0.0716	0.0323	0.0123	0.0040	0.0011	17	
	4	0.0898	0.1821	0.2182	0.1897	0.1304	0.0738	0.0350	0.0139	0.0046	16	
	5	0.0319	0.1028	0.1746	0.2023	0.1789	0.1272	0.0746	0.0365	0.0148	15	
	6	0.0089	0.0454	0.1091	0.1686	0.1916	0.1712	0.1244	0.0746	0.0370	14	
	7	0.0020	0.0160	0.0545	0.1124	0.1643	0.1844	0.1659	0.1221	0.0739	13	
	8	0.0004	0.0046	0.0222	0.0609	0.1144	0.1614	0.1797	0.1623	0.1201	12	
	9	0.0001	0.0011	0.0074	0.0271	0.0654	0.1158	0.1597	0.1771	0.1602	11	
	10	0.0000	0.0002	0.0020	0.0099	0.0308	0.0686	0.1171	0.1593	0.1762	10	
	11	0.0000	0.0000	0.0005	0.0030	0.0120	0.0336	0.0710	0.1185	0.1602	9	
	12	0.0000	0.0000	0.0001	0.0008	0.0039	0.0136	0.0355	0.0727	0.1201	8	
	13	0.0000	0.0000	0.0000	0.0002	0.0010	0.0045	0.0146	0.0366	0.0739	7	
	14	0.0000	0.0000	0.0000	0.0000	0.0002	0.0012	0.0049	0.0150	0.0370	6	
	15	0.0000	0.0000	0.0000	0.0000	0.0000	0.0003	0.0013	0.0049	0.0148	5	
	16	0.0000	0.0000	0.0000	0.0000	0.0000	0.0000	0.0003	0.0013	0.0046	4	
	17	0.0000	0.0000	0.0000	0.0000	0.0000	0.0000	0.0000	0.0002	0.0011	3	
	18	0.0000	0.0000	0.0000	0.0000	0.0000	0.0000	0.0000	0.0000	0.0002	2	
	19	0.0000	0.0000	0.0000	0.0000	0.0000	0.0000	0.0000	0.0000	0.0000	1	
	20	0.0000	0.0000	0.0000	0.0000	0.0000	0.0000	0.0000	0.0000	0.0000	0	20
		.90	.85	.80	.75	.70	.65	.60	.55	.50	x	n
		p										

例如：當n＝12，p＝0.25，和x＝3，P（X＝3）＝0.2581.當n＝15，p＝0.55，和x＝10，p（X＝10）＝0.1404

表 A.3　波瓦松分布機率值

表內機率　$P(X=x)=\dfrac{\lambda^x \exp(-\lambda)}{x!}$

x	λ=.1	.2	.3	.4	.5	.6	.7	.8	.9
0	0.9048	0.8187	0.7408	0.6703	0.6065	0.5488	0.4966	0.4493	0.4066
1	0.0905	0.1637	0.2222	0.2681	0.3033	0.3293	0.3476	0.3595	0.3659
2	0.0045	0.0164	0.0333	0.0536	0.0758	0.0988	0.1217	0.1438	0.1647
3	0.0002	0.0011	0.0033	0.0072	0.0126	0.0198	0.0284	0.0383	0.0494
4	0.0000	0.0001	0.0003	0.0007	0.0016	0.0030	0.0050	0.0077	0.0111
5	0.0000	0.0000	0.0000	0.0001	0.0002	0.0004	0.0007	0.0012	0.0020
6	0.0000	0.0000	0.0000	0.0000	0.0000	0.0000	0.0001	0.0002	0.0003

x	λ=1.0	1.5	2.0	2.5	3.0	3.5	4.0	4.5	5.0
0	0.3679	0.2231	0.1353	0.0821	0.0498	0.0302	0.0183	0.0111	0.0067
1	0.3679	0.3347	0.2707	0.2052	0.1494	0.1057	0.0733	0.0500	0.0337
2	0.1839	0.2510	0.2707	0.2565	0.2240	0.1850	0.1465	0.1125	0.0842
3	0.0613	0.1255	0.1804	0.2138	0.2240	0.2158	0.1954	0.1687	0.1404
4	0.0153	0.0471	0.0902	0.1336	0.1680	0.1888	0.1954	0.1898	0.1755
5	0.0031	0.0141	0.0361	0.0668	0.1008	0.1322	0.1563	0.1708	0.1755
6	0.0005	0.0035	0.0120	0.0278	0.0504	0.0771	0.1042	0.1281	0.1462
7	0.0001	0.0008	0.0034	0.0099	0.0216	0.0385	0.0595	0.0824	0.1044
8	0.0000	0.0001	0.0009	0.0031	0.0081	0.0169	0.0298	0.0463	0.0653
9	0.0000	0.0000	0.0002	0.0009	0.0027	0.0066	0.0132	0.0232	0.0363
10	0.0000	0.0000	0.0000	0.0002	0.0008	0.0023	0.0053	0.0104	0.0181
11	0.0000	0.0000	0.0000	0.0000	0.0002	0.0007	0.0019	0.0043	0.0082
12	0.0000	0.0000	0.0000	0.0000	0.0001	0.0002	0.0006	0.0016	0.0034
13	0.0000	0.0000	0.0000	0.0000	0.0000	0.0001	0.0002	0.0006	0.0013
14	0.0000	0.0000	0.0000	0.0000	0.0000	0.0000	0.0001	0.0002	0.0005
15	0.0000	0.0000	0.0000	0.0000	0.0000	0.0000	0.0000	0.0001	0.0002

x	λ=5.5	6.0	6.5	7.0	7.5	8.0	9.0	10.0	11.0
0	0.0041	0.0025	0.0015	0.0009	0.0006	0.0003	0.0001	0.0000	0.0000
1	0.0225	0.0149	0.0098	0.0064	0.0041	0.0027	0.0011	0.0005	0.0002
2	0.0618	0.0446	0.0318	0.0223	0.0156	0.0107	0.0050	0.0023	0.0010
3	0.1133	0.0892	0.0688	0.0521	0.0389	0.0286	0.0150	0.0076	0.0037
4	0.1558	0.1339	0.1188	0.0912	0.0729	0.0573	0.0337	0.0189	0.0102
5	0.1714	0.1606	0.1454	0.1277	0.1094	0.0916	0.0607	0.0378	0.0224
6	0.1571	0.1606	0.1575	0.1490	0.1367	0.1221	0.0911	0.0631	0.0411
7	0.1234	0.1377	0.1462	0.1490	0.1465	0.1396	0.1171	0.0901	0.0646
8	0.0849	0.1033	0.1188	0.1304	0.1373	0.1396	0.1318	0.1126	0.0888
9	0.0519	0.0688	0.0858	0.1014	0.1144	0.1241	0.1318	0.1251	0.1085
10	0.0285	0.0413	0.0558	0.0710	0.0858	0.0993	0.1186	0.1251	0.1194
11	0.0143	0.0225	0.0330	0.0452	0.0585	0.0722	0.0970	0.1137	0.1194
12	0.0065	0.0113	0.0179	0.0263	0.0366	0.0481	0.0728	0.0948	0.1094
13	0.0028	0.0052	0.0089	0.0142	0.0211	0.0296	0.0504	0.0729	0.0926
14	0.0011	0.0022	0.0041	0.0071	0.0113	0.0169	0.0324	0.0521	0.0728
15	0.0004	0.0009	0.0018	0.0033	0.0057	0.0090	0.0194	0.0347	0.0534
16	0.0001	0.0003	0.0007	0.0014	0.0026	0.0045	0.0109	0.0217	0.0367
17	0.0000	0.0001	0.0003	0.0006	0.0012	0.0021	0.0058	0.0128	0.0237
18	0.0000	0.0000	0.0001	0.0002	0.0005	0.0009	0.0029	0.0071	0.0145
19	0.0000	0.0000	0.0000	0.0001	0.0002	0.0004	0.0014	0.0037	0.0084
20	0.0000	0.0000	0.0000	0.0000	0.0001	0.0002	0.0006	0.0019	0.0046
21	0.0000	0.0000	0.0000	0.0000	0.0000	0.0001	0.0003	0.0009	0.0024
22	0.0000	0.0000	0.0000	0.0000	0.0000	0.0000	0.0001	0.0004	0.0012
23	0.0000	0.0000	0.0000	0.0000	0.0000	0.0000	0.0000	0.0002	0.0006
24	0.0000	0.0000	0.0000	0.0000	0.0000	0.0000	0.0000	0.0001	0.0003
25	0.0000	0.0000	0.0000	0.0000	0.0000	0.0000	0.0000	0.0000	0.0001

表 A.3 波瓦松分布機率值（續上）

x	λ								
	12	13	14	15	16	17	18	19	20
0	0.0000	0.0000	0.0000	0.0000	0.0000	0.0000	0.0000	0.0000	0.0000
1	0.0001	0.0000	0.0000	0.0000	0.0000	0.0000	0.0000	0.0000	0.0000
2	0.0004	0.0002	0.0001	0.0000	0.0000	0.0000	0.0000	0.0000	0.0000
3	0.0018	0.0008	0.0004	0.0002	0.0001	0.0000	0.0000	0.0000	0.0000
4	0.0053	0.0027	0.0013	0.0006	0.0003	0.0001	0.0001	0.0000	0.0000
5	0.0127	0.0070	0.0037	0.0019	0.0010	0.0005	0.0002	0.0001	0.0001
6	0.0255	0.0152	0.0087	0.0048	0.0026	0.0014	0.0007	0.0004	0.0002
7	0.0437	0.0281	0.0174	0.0104	0.0060	0.0034	0.0019	0.0010	0.0005
8	0.0655	0.0457	0.0304	0.0194	0.0120	0.0072	0.0042	0.0024	0.0013
9	0.0874	0.0661	0.0473	0.0324	0.0213	0.0135	0.0083	0.0050	0.0029
10	0.1048	0.0859	0.0663	0.0486	0.0341	0.0230	0.0150	0.0095	0.0058
11	0.1144	0.1015	0.0844	0.0663	0.0496	0.0355	0.0245	0.0164	0.0106
12	0.1144	0.1099	0.0984	0.0829	0.0661	0.0504	0.0368	0.0259	0.0176
13	0.1056	0.1099	0.1060	0.0956	0.0814	0.0658	0.0509	0.0378	0.0271
14	0.0905	0.1021	0.1060	0.1024	0.0930	0.0800	0.0655	0.0514	0.0387
15	0.0724	0.0885	0.0989	0.1024	0.0992	0.0906	0.0786	0.0650	0.0516
16	0.0543	0.0719	0.0866	0.0960	0.0992	0.0963	0.0884	0.0772	0.0646
17	0.0383	0.0550	0.0713	0.0847	0.0934	0.0963	0.0936	0.0863	0.0760
18	0.0255	0.0397	0.0554	0.0706	0.0830	0.0909	0.0936	0.0911	0.0844
19	0.0161	0.0272	0.0409	0.0557	0.0699	0.0814	0.0887	0.0911	0.0888
20	0.0097	0.0177	0.0286	0.0418	0.0559	0.0692	0.0798	0.0866	0.0888
21	0.0055	0.0109	0.0191	0.0299	0.0426	0.0560	0.0684	0.0783	0.0846
22	0.0030	0.0065	0.0121	0.0204	0.0310	0.0433	0.0560	0.0676	0.0769
23	0.0016	0.0037	0.0074	0.0133	0.0216	0.0320	0.0438	0.0559	0.0669
24	0.0008	0.0020	0.0043	0.0083	0.0144	0.0226	0.0328	0.0442	0.0557
25	0.0004	0.0010	0.0024	0.0050	0.0092	0.0154	0.0237	0.0336	0.0446
26	0.0002	0.0005	0.0713	0.0029	0.0057	0.0101	0.0164	0.0246	0.0343
27	0.0001	0.0002	0.0007	0.0016	0.0034	0.0063	0.0109	0.0173	0.0254
28	0.0000	0.0001	0.0003	0.0009	0.0019	0.0038	0.0070	0.0117	0.0181
29	0.0000	0.0001	0.0002	0.0004	0.0011	0.0023	0.0044	0.0077	0.0125
30	0.0000	0.0000	0.0001	0.0002	0.0006	0.0013	0.0026	0.0049	0.0083
31	0.0000	0.0000	0.0000	0.0001	0.0003	0.0007	0.0015	0.0030	0.0054
32	0.0000	0.0000	0.0000	0.0001	0.0001	0.0004	0.0009	0.0018	0.0034
33	0.0000	0.0000	0.0000	0.0000	0.0001	0.0002	0.0005	0.0010	0.0020
34	0.0000	0.0000	0.0000	0.0000	0.0000	0.0001	0.0002	0.0006	0.0012
35	0.0000	0.0000	0.0000	0.0000	0.0000	0.0000	0.0001	0.0003	0.0007
36	0.0000	0.0000	0.0000	0.0000	0.0000	0.0000	0.0001	0.0002	0.0004
37	0.0000	0.0000	0.0000	0.0000	0.0000	0.0000	0.0000	0.0001	0.0002
38	0.0000	0.0000	0.0000	0.0000	0.0000	0.0000	0.0000	0.0000	0.0001
39	0.0000	0.0000	0.0000	0.0000	0.0000	0.0000	0.0000	0.0000	0.0001

例如： 當$\lambda=14$和$x=8$，$P(X=8)=0.0304$

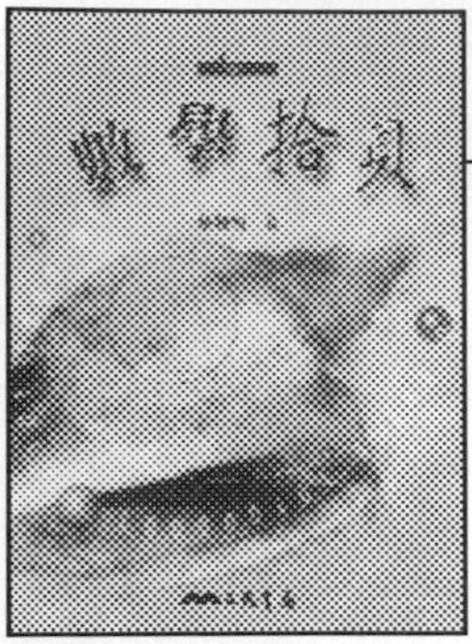

數學拾貝　蔡聰明／著

數學的求知活動有兩個階段，發現與證明，並且是先有發現，然後才有證明。在本書中，我們強調發現的思考過程，這是作者心目中的「建構式的數學」，會涉及數學史、科學哲學、文化思想背景……這些會更有趣！

線性代數（修訂版）　謝志雄／著

本書特點是列入主軸定理、廣義反矩陣及特徵值在穩度與決策上的應用，另一特點是重視矩陣的操作與應用。全書內容取材豐富，涵蓋大專程度之線性代數課程的重要理論，具備良好的啟發性，並明示如何將理論應用於實際，適合對線性代數有興趣之讀者研讀與參考。

機率導論　戴久永／著

本書強調理論與實際並用，首重於引起學習動機，附上各種圖表來比較類似概念之異同，以輔助讀者瞭解機率理論。每章均以「本章提要」結尾，提綱挈領的總結該章重點，對於解題方法特別重視，同一例題均提供兩種不同解法。各章末均附豐富習題以供讀者演練，是本最佳的機率理論入門書。

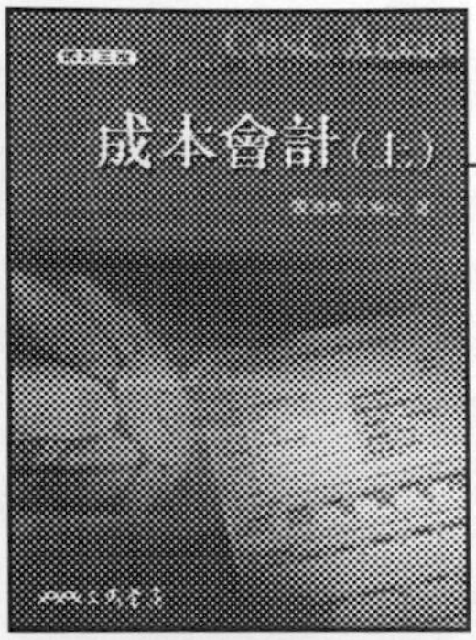

成本會計（上）（下）（修訂三版）　費鴻泰、王怡心／著

本書依序介紹各種成本會計的相關知識，並以實務焦點的方式，將各企業成本實務運用的情況，安排於適當的章節之中，朝向會計、資訊、管理三方面整合型應用。不僅可適用於一般大專院校相關課程使用，亦可作為企業界財務主管及會計人員在職訓練之教材，可說是國內成本會計教科書的創舉。

成本會計習題與解答（上）（下）（增訂三版）　費鴻泰、王怡心/著

本書分為作業解答與挑戰題。前者依選擇、問答、練習、進階的形式，讓讀者循序漸進，將所學知識應用於實際狀況；後者為作者針對各章主題，另行編寫較為深入的綜合題目，期望讀者能活用所學。不論為了升學、考試或自修，相信都能從本書獲得足夠的相關知識與技能。

政府會計——與非營利會計（增訂四版）　張鴻春／著

迥異於企業會計的基本觀念，政府會計乃是以非營利基金會計為主體，且其施政所需之基金，須經預算之審定程序。為此，本書便以基金與預算為骨幹，對政府會計的原理與會計實務，做了相當詳盡的介紹；而有志進入政府單位服務或對政府會計運作有興趣的讀者，本書必能提供您相當大的裨益。

政府會計題解——與非營利會計（增訂四版）　張鴻春、劉淑貞／著

政府會計迥異於企業會計的觀念與實務，雖然已於《政府會計——與非營利會計》一書中介紹，但唯有透過實例演練，才能將所學的知識技能，實際應用於政府會計的運作。此外，對有志進入政府單位服務的讀者，本書更是必備的參考用書。

會計資訊系統　顧裔芳、范懿文、鄭漢鐔／著

未來的會計資訊系統必將高度運用資訊科技，如何以科技技術發展會計資訊系統並不難，但系統若要能契合組織的會計制度，並建構良好的內部控制機制，則有賴會計人員與系統發展設計人員的共同努力。而本書正是希望能建構一套符合內部控制需求的會計資訊系統，以合乎企業界的需要。

管理會計（修訂二版）　王怡心／著

資訊科技的日新月異，不斷促使企業ｅ化，對經營環境也造成極大的衝擊。為因應此變化，本書詳細探討管理會計的理論基礎和實務應用，並分析傳統方法的適用性與新方法的可行性。除適合作為教學用書外，本書並可提供企業財務人員，於制定決策時參考；隨書附贈的光碟，以動畫方式呈現課文內容、要點，藉此增進學習效果。

管理會計習題與解答（修訂二版）　王怡心/著

會計資料可充分表達企業的營運情況，因此若管理者清楚管理會計的基礎理論，便能十足掌握企業的營運現狀，提昇決策品質。本書採用單元式的演練方式，由淺而深介紹管理會計理論和方法，使讀者易於瞭解其中的道理。同時，本書融合我國商業交易行為的會計處理方法，可說是本土化管理會計的最佳書籍。

商用統計學　顏月珠／著

本書除了學理與方法的介紹外，特別重視應用的條件、限制與比較。全書共分十五章，章節分明、字句簡要，所介紹的理論與方法可應用於任何行業，特別是工商企業的經營與管理，不但可作為大專院校的統計學教材、投考研究所的參考用書，亦可作為工商企業及各界人士實際作業的工具。

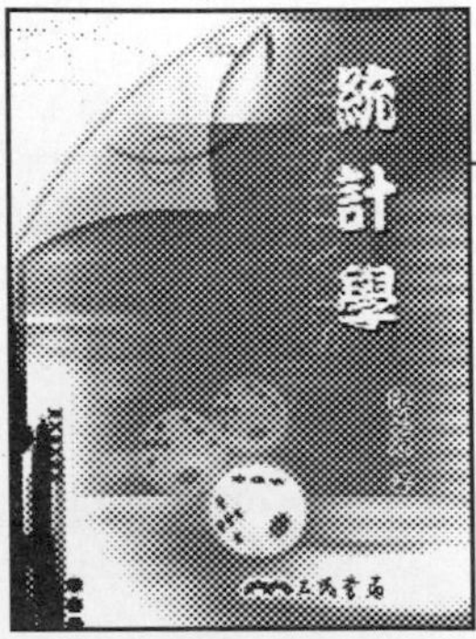

統計學　陳美源／著

統計學是一種工具，幫助人們以有效的方式瞭解龐大資料背後所埋藏的事實，或將資料經過整理分析後，使人們對不確定的事情有進一步的瞭解，作為決策的依據。本書注重於統計問題的形成、假設條件的陳述，以及統計方法的選定邏輯，至於資料的數值運算，則只使用一組資料來貫穿書中的每一個章節以及各種統計分析方法，以避免例題過多所造成的缺點，並介紹如何使用電腦軟體幫助計算。

商用年金數學　洪鴻銘／著

年金制度隨著高齡化社會來臨已普遍受到各界重視，其規劃需以年金數學的分析為基礎，而年金商品之設計更需透過年金數學以釐訂適當費率。本書整合了商用數學及精算數學中與年金相關的基本概念，內容主要涵蓋確定年金及生存年金兩大部分，由淺入深介紹年金數學之理論及應用，並輔以範例解說，於各章末更設計了相關習題以供讀者演練，適合作為精算數學之入門或年金訓練課程之教材。

國民年金制度　陳聽安／著

本書集結作者多年學術研究心得，以及在政府政策制定過程中的深入參與經驗，除對國民年金制度的理念和本質、其在社會中所扮演的功能與所面對的限制，有相當深入的探討外，特以專篇剖析先進國家實行國民年金制度所遭遇之各種問題，以為未來施政殷鑑。

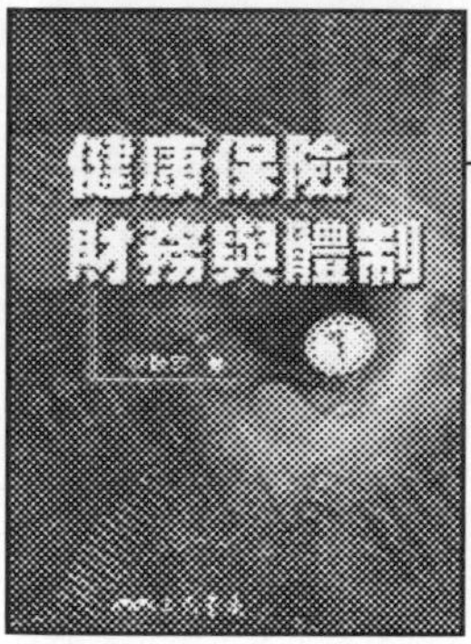

健康保險財務與體制　陳聽安／著

邇近健保保費之調升與部分負擔之調漲，形成各界所謂的「雙漲問題」。實質上，「雙漲」僅係健保的表徵，此舉雖能使健保財務獲得暫時喘息的機會，惟健保的核心問題，卻依然未能因此獲致解決。本書內容為作者於臺灣健保建制前後所陸續發表之文章和相關研究結果，係針對健保財務與體制提出之建議，具有相當的參考價值。凡是關心健保問題的人士，尤其是財經、社會保險以及醫藥公衛等科系背景的系所與莘莘學子，均可藉由本書得到深入的了解。

海上保險原理與案例　周詠棠／著

本書從海上保險觀念之起源，闡釋保險補償原理的歷史演進過程，進而敘述近代海上保險體制之形成。在討論現代各種海上保險實務之餘，搜集中外古今有關海上保險賠償爭訟之典型案例百則加以印證，以落實保險理論於從事航海相關業者實際需要之保障。本書以英、美兩國之海上保險規制為論述主幹，配合具有實用之最新資料，為大專院校之理想教材，並可供保險、貿易、航運及金融界人士之業務參考。

保險學理論與實務　邱潤容／著

本書針對保險理論與實務加以分析與探討。全書共分為七篇，以風險管理與保險理論為引導，結合國內外保險市場之實務及案例，並輔以保險相關法令的列舉及解說，深入淺出地對保險作整體之介紹。每章均附有關鍵詞彙與習題，以供讀者複習與自我評量。本書不僅可作為修習相關課程之大專院校學生的教科用書，對於實務界而言，更是一本培育金融保險人員的最佳參考用書。

生產與作業管理（增訂三版）　潘俊明／著

本學門內容範圍涵蓋甚廣，而本書除將所有重要課題囊括在內，更納入近年來新興的議題與焦點，並比較東、西方不同的營運管理概念與做法，研讀後，不但可學習此學門相關之專業知識，並可建立管理思想及管理能力。因此本書可說是瞭解此一學門，內容最完整的著作。

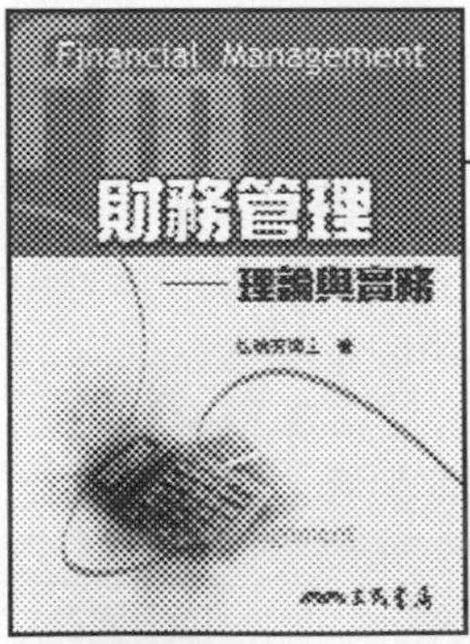

財務管理——理論與實務　張瑞芳／著

財務管理是企業的重心所在，關係經營的成敗，不可不用心體察，盡力學習控制管理；然而財務衍生的金融、資金、倫理……，構成一複雜而艱澀的困難學科。且由於部分原文書及坊間教科書篇幅甚多，內容艱深難以理解，因此本書著重在概念的養成，希望以言簡意賅、重點式的提要，能對莘莘學子及工商企業界人士有所助益。並提供教學光碟（投影片、習題解答）供教師授課之用。

現代管理通論　陳定國／著

本書首用中國式之流暢筆法，將作者在學術界十六年及企業實務界十四年之工作與研究心得，寫成適用於營利企業及非營利性事業之最新管理學通論。尤其對我國齊家、治國、平天下之諸子百家的管理思想，近百年來美國各時代階段策略思想的波濤萬丈，以及世界偉大企業家的經營策略實例經驗，有深入介紹。